高 等 学 校 小 学 教 育 专 业 教 材

U0225457

数学分析

（上 册）

主　　编　吴顺唐
编写人员　刘　东　吴顺唐
　　　　　夏俊生　颜世瑜

南京大学出版社

图书在版编目（CIP）数据

数学分析：上下册 / 吴顺唐主编. —南京：南京
大学出版社，2022.3
ISBN 978-7-305-25174-0

Ⅰ.①数…　Ⅱ.①吴…　Ⅲ.①数学分析-高等学校-
教材　Ⅳ.①O17

中国版本图书馆 CIP 数据核字（2021）第 236232 号

出版发行　南京大学出版社
社　　　址　南京市汉口路 22 号　　邮　编　210093
出 版 人　金鑫荣

书　　　名　**数学分析（上册）**
主　　　编　吴顺唐
责任编辑　钱梦菊　　　　　　　编辑热线 025-83592146
照　　　排　南京紫藤制版印务中心
印　　　刷　南京京新印刷有限公司
开　　　本　787×1092　1/16　印张 12.5　字数 290 千
版　　　次　2022 年 3 月第 1 版　2022 年 3 月第 1 次印刷
ISBN 978-7-305-25174-0
定　　　价　65.00 元（上下册）

网址：http://www.njupco.com
官方微博：http://weibo.com/njupco
官方微信号：njupress
销售咨询热线：(025)83594756

前　言

　　"数学分析"的主要内容是微积分,它是高等学校理科各专业的一门重要基础课.对各级师范院校的学生来说,它不但是学习其他自然科学乃至现代社会科学的必备基础,也是进一步理解中小学数学课程内容的重要工具,对提高自身的科学素质,将起着十分重要的作用.

　　在编写本书时,我们遵循了培养小学教师、着重提高学生数学素质这一原则.根据这一原则,我们对与中小学教材有直接联系的集合、映射等内容做了较为详细的阐述;对极限理论和一元函数微积分,则以实数连续性这一平台为起点,尽可能地做了较为完整的介绍.对多元函数微积分部分,则侧重于基本概念的介绍和计算与应用能力的培养.并且在介绍概念、引进定理时,尽量考虑到授课对象的实际情况,力求做到由简到繁,由具体到抽象,由特殊到一般,通俗易懂,以利自学.

　　本教材所介绍的是属于传统的内容.虽然如此,我们在内容选取与编排上,还是做了一些改革尝试.例如,在第一章介绍映射与函数时,除了传统的方式外,还利用了关系概念,使函数的定义更接近现代的方式.对导数和定积分概念的介绍,我们采用了集中处理的方式,使读者能更清楚地看到两者的区别与联系,对立和统一.在介绍微分概念时,我们强调了局部线性化的观点,并且在这个基础上发展成为函数的逼近与展开.不定积分则与定积分计算统一考虑,使得叙述显得更加紧凑.此外,考虑到实际应用的需要,对数值微分和数值积分等也做了简要的介绍.上述处理方式,只能是一种尝试,合理与否,还请各位同仁指正.

　　本书为小学教育专业(理科)教材,其中有"＊"的部分为选学内容,各校可视具体情况决定取舍.由于本书是针对培养小学教师而编写的,所以也可用作在职小学教师培训班、函授等的教材或教学参考书.

　　本书由吴顺唐教授主编.参加编写的人员有:吴顺唐(第一、二、三、十一、十三章),夏俊生(第四、七、八章),颜世瑜(第五、九、十章)和刘东(第六、十二章),并由吴顺唐完成了全书的统稿定稿工作.

　　由于我们水平有限,再加时间仓促,书中定有不少缺点错误,恳请读者批评指正.

编　者
2022 年 1 月

目　　录

微信扫码

习题答案

第1章 集合与映射

1.1 集合及其运算

现代数学的各个分支都要用到集合的概念.中小学的数学课程也广泛地使用了集合论的语言、符号和方法.高中代数课本还较为集中地介绍了集合论中最简单的一些知识,本节将对这些内容作较为系统的叙述.

1.1.1 集合的概念

集合是数学中最基本的概念,它很难用更原始的词汇给予严谨的定义,除非使用公理化的方法.但我们可以给予一较为直观的描述:将具有确定内容或适合一定条件的事物全体看作一整体,那么这个整体便称作**集合**或**集**,其中的事物便称为集合的**元素**.例如,小于 100 的偶数,方程 $x^2-2x-15=0$ 的解,平面内的三角形,某小学的学生,某台计算机的所有内存单元等,都是集合.集合一般都用大写字母,如 A、B、C、D 等表示,元素一般用小写字母,如 a、b、c、d 等表示.

设 A 是一个集合,如果 a 是 A 的元素,便记作

$$a \in A;$$

如果 a 不是 A 的元素,便记作

$$a \overline{\in} A(\text{或} a \notin A).$$

应注意:对于一个给定的集合,它的元素必须是明确的.所以像"比较大的自然数""高个子学生"等,就不能构成集合.此外,我们还要求集合中的元素是互不相同,不分先后次序的.

不含任何元素的集合称为**空集**.例如,方程 $x^2+x+1=0$ 的实数解全体是空集.空集用 $\varnothing$ 表示.以集合为元素的集,称为**集族**.例如,某校学生社团全体是集族.

1.1.2 集合的表示法

为了表示集合,常用**列举法**,即将集合中的所有元素一一列出,写在同一括号内.例如,若 A 为"小于 10 的正偶数"所成的集,则可将 A 表示成

$$A=\{2,4,6,8\}.$$

但有些集,如自然数全体,平面内的所有三角形等,就难以用列举法表示.此时可用**描述法**:设 E 为一给定的集合,P 为一给定的性质,那么 E 中具有性质 P 的元素全体为一

集,可表示为$\{x\,|\,P(x),x\in E\}$.例如,
$$\{x\,|\,x\text{ 为自然数}\},\{x\,|\,x\text{ 是江苏省的一个市}\},$$
都是集合.此外,在不引起误解的情况下,我们还可以只写出集合的一部分元素,其余元素用省略号来替代的方法来表示.例如,
$$\{2,4,\cdots,100\},\{1,3,5,7,\cdots\}$$
就分别表示 $1\sim100$ 之间的全体正偶数和全体正奇数所成的集.

1.1.3 子集

定义 1.1.1 设 A、B 为两集.如果 A 的每个元素都属于 B,就称 A 是 B 的一个**子集**,或 B 包含 A,记为
$$A\subseteq B\quad\text{或}\quad B\supseteq A.$$
如果 $A\subseteq B$,而且存在元素 $b\in B$ 但 $b\notin A$,就称 A 是 B 的**真子集**,记为
$$A\subsetneqq B\quad\text{或}\quad B\supsetneqq A.$$
$A\nsubseteq B$ 是指存在 $x\in A$ 但 $x\notin B$.

如果 A 和 B 含有完全相同的元素,就称集合 A 与 B 相等,记为 $A=B$.

集合的包含关系 $\subseteq$ 有以下性质:

定理 1.1.1 设 A,B,C 等为集合,则

(1) $A\subseteq A$;

(2) $A\subseteq B$ 且 $B\subseteq A$,则 $A=B$;

(3) $A\subseteq B$ 且 $B\subseteq C$,则 $A\subseteq C$.

这里的性质(2)常用来证明两集合相等.

定理 1.1.2 空集是任一集合的子集.空集只有一个.

证 设 S 为任一集合,$x\notin S$.因 $\varnothing$ 是空集,故必 $x\notin\varnothing$.所以不属于 S 的元素都不属于 $\varnothing$,即 $\varnothing\subseteq S$.

如果 $\varnothing_1$ 为另一空集,则由上面所证明的,$\varnothing_1\subseteq\varnothing$;又有 $\varnothing\subseteq\varnothing_1$,所以 $\varnothing_1=\varnothing$. □

1.1.4 集合的运算

设 A、B 等为集合,那么可以通过建立一些"运算"关系构造出新的集合.

定义 1.1.2 设 A、B 为给定集合,那么属于 A 或属于 B 的元素所成的集,称为 A 和 B 的**并集**,记为 $A\bigcup B$.

定义 1.1.3 设 A、B 为给定集合,那么既属于 A 又属于 B 的元素所成的集,称为 A 和 B 的**交集**,记为 $A\bigcap B$.

定义 1.1.4 设 A、B 为给定集合,那么属于 A,但不属于 B 的元素所成的集,称为 A 和 B 的**差集**,记为 $A-B$.

在许多场合,我们所考虑的集都是某个集合 E 的子集,这时 E 便称为**全集**.

定义 1.1.5 设 E 为全集,$A\subseteq E$.则 E 中不属于 A 的元素所成的集称为 A 的**补集**,记为 $C(A)$.

例 1.1.1 设 $E=\{1,2,3,\cdots,10\}$ 为全集,$A=\{2,4,6,8\}$,$B=\{1,2,3,4\}$,则

$A \bigcap B = \{2,4\}$；

$A \bigcup B = \{1,2,3,4,6,8\}$；

$A - B = \{6,8\}$；

$C(A) = \{1,3,5,7,9,10\}$.

集合 A、B 的交、并、差、补可用图 1.1.1 形象地表示出来.图中的长方形表示全集 E，有斜线的区域表示图下方所指出的相应集合.表示集合间关系的这种示意图称为韦恩（Venn）图.

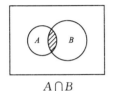 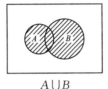 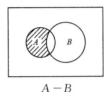 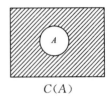

$A \bigcap B$　　　　　　$A \bigcup B$　　　　　　$A - B$　　　　　　$C(A)$

图 1.1.1

交、并、差、补是集合的四种最基本的运算,它们有以下性质:

(1) $A \bigcup A = A, A \bigcap A = A$；

(2) $A \bigcup B = B \bigcup A, A \bigcap B = B \bigcap A$；

(3) $A \bigcup (B \bigcup C) = (A \bigcup B) \bigcup C (= A \bigcup B \bigcup C)$；

　　$A \bigcap (B \bigcap C) = (A \bigcap B) \bigcap C (= A \bigcap B \bigcap C)$；

(4) $A \bigcap (B \bigcup C) = (A \bigcap B) \bigcup (A \bigcap C)$；

　　$A \bigcup (B \bigcap C) = (A \bigcup B) \bigcap (A \bigcup C)$；

(5) $A \bigcup \varnothing = A, A \bigcap \varnothing = \varnothing$；

(6) $A \bigcup E = E, A \bigcap E = A$；

(7) $C(C(A)) = A, C(\varnothing) = E, C(E) = \varnothing$；

(8) $C(A \bigcap B) = C(A) \bigcup C(B)$；

　　$C(A \bigcup B) = C(A) \bigcap C(B)$.

这些等式都可用韦恩图加以验证.但也可以用定理 1.1 的性质（2）加以严格证明.作为例子,我们证明性质（8）的第二式.

例 1.1.2　证明: $C(A \bigcup B) = C(A) \bigcap C(B)$.　　　　　　　　　　　　(1)

证　任取 $x \in C(A \bigcup B)$,则 $x \notin A \bigcup B$.所以 $x \notin A$ 且 $x \notin B$,即 $x \in C(A)$ 且 $x \in C(B)$.于是 $x \in C(A) \bigcap C(B)$.因 x 是任意的,所以

$$C(A \bigcup B) \subseteq C(A) \bigcap C(B).$$

又,若 $x \in C(A) \bigcap C(B)$,则 $x \in C(A)$ 且 $x \in C(B)$,即 $x \notin A$ 且 $x \notin B$,于是 $x \notin A \bigcup B$,即 $x \in C(A \bigcup B)$.因 x 是任意的,所以

$$C(A) \bigcap C(B) \subseteq C(A \bigcup B),$$

由定理 1.1,便得（1）.　　　　　　　　　　　　　　　　　　　　　　　　□

性质（8）称为德·摩根（de Morgan）定律.这是一组关于交、并的对偶公式.利用这个公式,可以将关于并（交）的性质转变为交（并）的性质.

两个集合的交、并运算,还可推广到任意多个集合的情形.设有集族 $Z=\{A_\alpha,\alpha\in I\}$,其中 I 为指标集,α 取遍 I.

定义 1.1.6 由属于每个 A_α 的元素所成的集,称为 $\{A_\alpha\}$ 当 α 取遍 I 时的交集,记为 $\bigcap\limits_{\alpha\in I}A_\alpha$.

定义 1.1.7 由至少属于某个 A_α 的元素所成的集,称为 $\{A_\alpha\}$ 当 α 取遍 I 时的并集,记为 $\bigcup\limits_{\alpha\in I}A_\alpha$.

两个集合交、并、差、补的许多性质,都可推广到任意多个集合的情形.例如,

定理 1.1.3 设 A、$A_\alpha(\alpha\in I)$ 均为集合,则

$$A\bigcap(\bigcup\limits_{\alpha\in I}A_\alpha)=\bigcup\limits_{\alpha\in I}(A\bigcap A_\alpha);$$
$$A\bigcap(\bigcap\limits_{\alpha\in I}A_\alpha)=\bigcap\limits_{\alpha\in I}(A\bigcup A_\alpha).$$

定理 1.1.4 (德·摩根定律)设 $A,A_\alpha(\alpha\in I)$ 均为集合,则

$$A-(\bigcup\limits_{\alpha\in I}A_\alpha)=\bigcap\limits_{\alpha\in I}(A-A_\alpha);$$
$$A-(\bigcap\limits_{\alpha\in I}A_\alpha)=\bigcup\limits_{\alpha\in I}(A-A_\alpha).$$

这些定理都可用例 1.1.2 的方法加以证明.

1.1.5 有序偶与笛卡尔积

我们知道,集合由它的元素唯一确定,而与这些元素的先后次序无关.因此,集合 $\{a,b\}$ 和 $\{b,a\}$ 表示同一个集.但在有些场合,需要考虑元素间的先后次序.例如,在解析几何中,$(1,2)$ 和 $(2,1)$ 就表示两个不同的点.

定义 1.1.8 两个确定了先后次序的元素 a、b 组成的元素对,称为**有序元素对**,简称为**有序偶**,记为 (a,b).

两个有序偶 (a,b)、(c,d) 当且仅当 $a=c,b=d$ 时,才称为相等,并记作 $(a,b)=(c,d)$.

现在可以引进两集合间的另一种运算,即笛卡尔(Descartes)乘积:

定义 1.1.9 设 A、B 为给定集合,则有序偶集合

$$\{(a,b)\,|\,a\in A,b\in B\}$$

称为集合 A 和 B 的笛卡尔乘积,记为 $A\times B$.

例 1.1.3 设 $A=\{1,2,3\}$,$B=\{x,y\}$,求 $A\times B$,$B\times A$,$A\times A$ 和 $B\times B$.

解 $A\times B=\{(1,x),(1,y),(2,x),(2,y),(3,x),(3,y)\}$;

$B\times A=\{(x,1),(y,1),(x,2),(y,2),(x,3),(y,3)\}$;

$A\times A=\{(1,1),(1,2),(1,3),(2,1),(2,2),(2,3),(3,1),(3,2),(3,3)\}$;

$B\times B=\{(x,x),(x,y),(y,x),(y,y)\}$.

由例 1.1.3 可以看出,$A\times B\neq B\times A$,即笛卡尔乘积不满足交换律.

类似地,我们还可以定义有序元素组和两个以上集合的笛卡尔乘积.

定义 1.1.10 n 个确定了先后次序的元素 $a_1,a_2,\cdots,a_n$ 称为有序元素组,记为 $(a_1,a_2,\cdots,a_n)$.

定义 1.1.11 设 $A_1,A_2,\cdots,A_n$ 为给定集合,则有序元素组集合

$$\{(a_1,a_2,\cdots,a_n)\,|\,a_1\in A_1,a_2\in A_2,\cdots,a_2\in A_n\},$$

称为集合 $A_1, A_2, \cdots, A_n$ 的笛卡尔乘积,记为 $A_1 \times A_2 \times \cdots \times A_n$.

习　题　1.1

1. 设 $E = \{a, b, c, d, e, f, g\}$ 为全集,而集合 $A = \{a, b, c, f\}$,$B = \{c, d, g\}$,$C = \{a, c, e, f\}$ 为其子集.求下列集合:

(1) $A \bigcup B$;　　　　　　　　　　　　　(2) $A \bigcup C(B)$;

(3) $A \bigcap B \bigcap C$;　　　　　　　　　　　(4) $(A \bigcup B) \bigcap C$;

(5) $C(A)$、$C(B)$;　　　　　　　　　　　(6) $C(A - B) \bigcap A$;

(7) $C(A \bigcap B) \bigcup C(A \bigcup B)$;　　　　　(8) $C((A - B) \bigcap C)$.

2. 设 $E = \{x \mid 1 \leqslant x \leqslant 10, x$ 为整数$\}$,A、B、C 为 E 的子集,且 A 中的元素为偶数,B 中的元素为奇数,C 中的元素为 3 的倍数.试写出下列各集:

(1) $B \bigcap C$;　　　(2) $A \bigcap B$;　　　(3) $A \bigcup C$;　　　(4) $A \bigcup B$;

(5) $C(A)$;　　　(6) $C(A \bigcap C)$;　　　(7) $C(A \bigcup C)$;　　　(8) $C(A) \bigcap C(B)$.

3. 求 $A \bigcup B$、$A \bigcap B$、$A - B$、$B - A$,已知:

(1) $A = \{x \mid |x - 3| < 4\}$,$B = \{0, 1, 2\}$;　　　(2) $A = \{x \mid 2 \leqslant x < 5\}$,$B = \{x \mid 3 \leqslant x < 6\}$.

4. 设 A、B、C 为任意集合,证明:

(1) $A - C(B) = A \bigcap B$;　　　　　　　　(2) $(A - B) \bigcap B = \varnothing$;

(3) 若 $A \bigcap C = \varnothing$,则 $A \bigcap (B \bigcup C) = A \bigcap B$;　　(4) 若 $A \bigcap B = \varnothing$,$A \bigcup B = C$,则 $C - A = B$.

5. 设 $A = \{1, 2\}$,$B = \{2, 3, 4\}$,试求:

(1) $A \times B$;　　　(2) $B \times A$;　　　(3) $A \times A$;　　　(4) $B \times B$.

6. 在直角坐标系中,如果 $X = \{x \mid -1 \leqslant x \leqslant 3\}$,$Y = \{y \mid -2 \leqslant y \leqslant 0\}$.求 $X \times Y$ 与 $Y \times X$.

1.2 实 数 集

1.2.1 数集

在中小学课程中,我们已接触到了自然数、整数、有理数、无理数和实数等概念.以数为元素的集合称为数集,这是本书中用得最多的集合.

自然数是人类历史上最早产生的数,它们是 $1,2,3,4,\cdots,n,\cdots$.**自然数集**常记作 **N**,是古人比较如牛、羊等可以逐个数下去的,数离散性的事物多少而抽象出来的.自然数集 **N** 对普通数的加法、乘法运算是封闭的,即两个自然数的和或积仍为自然数;但对减法和除法运算不封闭.

正整数、负整数和零一起构成**整数集**.整数集用 **Z** 表示:
$$\mathbf{Z}=\{\cdots,-4,-3,-2,-1,0,1,2,3,4,\cdots\}.$$

整数集对数的加法、乘法和减法运算封闭,但对除法运算不封闭,而两整数相除是经常会发生的,如三个人分五只羊,便会出现 $5\div3$.这就引出了有理数的概念.

形如 $\dfrac{m}{n}$ 的数,称为有理数,其中 m,n 为整数,且规定 $n\neq0$.有理数集常记作 **Q**,它对加、减、乘、除四则运算是封闭的.有理数还有如下**特性**:在任意两个有理数之间总存在第三个有理数.这个性质称为有理数的**稠密性**.自然数集 **N** 和整数集 **Z** 都没有这种性质.

规定了原点、方向和长度单位的直线称为**数轴**.如果将有理数 0 对应于坐标原点 O,那么对任一有理数 a,在数轴上都有唯一的点 P 与之对应,使 P 到 O 的距离等于 $|a|$.当 $a>0$ 时,P 在数轴的正方向上;当 $a<0$ 时,P 在数轴的负方向上(图 1.2.1).数轴上表示有理数的点称为有理点,而有理数 a 称为点 P 的坐标.

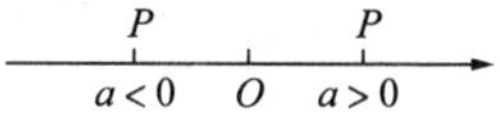

图 1.2.1

由有理数的稠密性知,在整个数轴上任意两个有理点之间总存在第三个有理点,即有理点也是稠密的.但数轴上的点并非都对应了有理数.

例 1.2.1 在数轴正方向上取点 A,使 $|OA|$ 等于单位正方形对角线的长度,那么 A 不是有理点.

证 用反证法.如果存在有理数 $x=\dfrac{m}{n}$ 对应点 A,其中 m,n 为正整数,且 $(m,n)=1$.那么,由勾股定理,
$$x^2=2$$
或
$$m^2=2n^2. \tag{1}$$
由(1)知,m^2 为偶数,所以 m 也是偶数.设 $m=2k,k$ 为正整数,那么由(1)又可得
$$2k^2=n^2,$$
因此 n 也是偶数.这样,2 是 m,n 的一个公因数,与假设 $(m,n)=1$ 相矛盾.所以点 A 不能表示有理数. □

可见,有理点虽然在数轴上处处稠密,但却不能填满整个数轴.

数轴上点 A 如不是有理点,就称为**无理点**.

我们设想,数轴上的无理点也对应了某种数,这种数就称为**无理数**.有理数和无理数总称为**实数**,并记为 **R**.

这样,任一实数都对应了数轴上一个点,而数轴上的每个点也都对应了一个实数,即实数全体与数轴上的点之间可以作一一对应.

注意:上面所介绍的无理数只是假想为无理点所对应的数.至于这种数是否存在,如果存在,怎样表示等等,都没有讨论.有兴趣的读者可参考有关书籍,这里仅指出三点:

(1) 我们能像用整数构造有理数那样,用有理数来构造无理数,从而构造出全体实数,而且构造方法不止一种.

(2) 在实数集 **R** 中可以建立四则运算关系和大小顺序关系.

(3) 每个实数都可以用十进位小数表示,且每个有理数都可以用有限十进位小数或无限十进循环小数表示;每个无理数都可以用无限十进不循环小数表示.

1.2.2　实数的性质

实数有许多性质,主要是:

(1) 实数对加、减、乘、除(除数不为零)四则运算是封闭的,即两个实数的和、差、积、商仍为实数.

(2) 实数是有序的,即在实数集 **R** 内定义了顺序关系"$<$",而且 $\forall a 、b \in \mathbf{R}$,必满足三个关系之一:$a<b, a=b, b<a$.

(3) 实数集具有稠密性,即任意两个不相等实数之间必有另一个实数.

(4) 实数集 **R** 具有阿基米德(Archimedes)性质,即 $\forall a, b \in \mathbf{R}, b>a>0, \exists n \in \mathbf{N}$,使 $b<na$.

(5) 任一实数都对应数轴上的一个点;反之,数轴上的任意一个点都对应了一个实数,也正因为这个原因,今后将"实数 a"与"数轴上点 a"这两种说法看成同一回事而不加区别.

有理数也满足性质(1)～(4),但不满足性质(5).性质(5)实际上是说表示实数的点填满了整个实轴而无空隙,这就是实数的连续性.实数连续性是整个数学分析的基础,它也可以写成下面的形式:

(5)′ 设 $X 、Y$ 为 **R** 的两个子集,而且 $\forall x \in X, y \in Y$ 都有 $x \leqslant y$.则必存在 $c \in \mathbf{R}$,使 $\forall x \in X, y \in Y$ 有

$$x \leqslant c \leqslant y.$$

这条性质,在本书中将作为公理加以接受.

注　(2)和(4)中的"$\forall$""$\exists$"是两个逻辑符号."$\forall$"表示"对任意一个""对每一个";"$\exists$"则表示"至少有一个""存在某个".这样,阿基米德性质可叙述为:对任意的 $a 、b \in \mathbf{R}$,$b>a>0$,总存在某个 $n \in \mathbf{N}$,使 $b<na$.

1.2.3 绝对值

设 $a \in \mathbf{R}$,那么 a 的绝对值 $|a|$ 定义为

$$|a| = \begin{cases} a, & a \geqslant 0; \\ -a, & a < 0. \end{cases}$$

它的几何意义是:数轴上点 a 到原点 O 的距离.

关于绝对值及其运算有以下性质:

(1) $|a| = |-a| \geqslant 0$,当且仅当 $a = 0$ 时,才有 $|a| = 0$;

(2) $|a \cdot b| = |a| \cdot |b|$;

(3) $\left| \dfrac{a}{b} \right| = \dfrac{|a|}{|b|}(b \neq 0)$;

(4) $-|a| \leqslant a \leqslant |a|$;

(5) 不等式 $|a| < h$ 与 $|a| \leqslant h$ 分别等价于 $-h < a < h$, $-h \leqslant a \leqslant h$.

以上性质都可由绝对值的定义直接得到.

(6) $\forall a, b \in \mathbf{R}, |a \pm b| \leqslant |a| + |b|$.

这个不等式称为三角不等式.

证 由性质(4),

$$-|a| \leqslant a \leqslant |a|, -|b| \leqslant b \leqslant |b|,$$

两式相加,

$$-(|a| + |b|) \leqslant a + b \leqslant |a| + |b|,$$

它等价于

$$|a + b| \leqslant |a| + |b|.$$

将 b 改为 $-b$,并利用性质(1)即知上式仍成立,所以

$$|a \pm b| \leqslant |a| + |b|.$$

推论 $\forall a, b \in \mathbf{R}$,

$$|a \pm b| \geqslant |a| - |b|.$$

证 由三角不等式

$$|a| = |(a - b) + b| \leqslant |a - b| + |b|;$$
$$|a| = |(a + b) - b| \leqslant |a + b| + |b|.$$

就得

$$|a| - |b| \leqslant |a \pm b|.$$

1.2.4 区间和邻域

区间是数学分析中常用的数集.区间的类型很多,现简述如下:

设 $a, b \in \mathbf{R}, a < b$.则称数集 $\{x \mid a < x < b\}$ 为**开区间**,记作 (a, b);数集 $\{x \mid a \leqslant x \leqslant b\}$ 为**闭区间**,记作 $[a, b]$;数集 $\{x \mid a \leqslant x < b\}$ 和 $\{x \mid a < x \leqslant b\}$ 为**半开区间**,分别记为 $[a, b)$ 和 $(a, b]$.

如果用数轴上点来表示,那么开区间 (a, b) 就是数轴上 a、b 两点间所有点的集合,但

不包含端点 a 和 b;闭区间 $[a,b]$ 也是数轴上 a、b 两点间所有点的集合,但包括端点 a 和 b.

开区间、闭区间和半开区间统称为**有限区间**.类似地,可定义无限区间:设 $a\in\mathbf{R}$,

$$[a,+\infty)=\{x\,|\,x\geqslant a\};\quad(-\infty,a]=\{x\,|\,x\leqslant a\};$$
$$(a,+\infty)=\{x\,|\,x>a\};\quad(-\infty,a)=\{x\,|\,x<a\}.$$

此外,实数集 $\mathbf{R}$ 也可表示为 $(-\infty,+\infty)$.

邻域也是数学分析中常用的点集.

设 $a\in\mathbf{R}$,$\delta>0$,则称数集 $\{x\,|\,|x-a|<\delta\}$ 为点 a 的 δ 邻域,记作 $U(a,\delta)$ 或 $U(a)$. $U(a,\delta)$ 实际上是开区间 $(a-\delta,a+\delta)$;称数集 $\{x\,|\,0<|x-a|<\delta\}$ 为点 a 的去心 δ 邻域, 记为 $\mathring{U}(a,\delta)$ 或 $\mathring{U}(a)$.显然 $\mathring{U}(a,\delta)=U(a,\delta)-\{a\}$.

1.2.5　有界集

设 $S\subseteq\mathbf{R}$ 为数集.如果存在常数 M,使 $\forall x\in S$,$x\leqslant M$,则称 S 为有上界的集,M 为 S 的一个**上界**.如果存在常数 L,使 $\forall x\in S$,$x\geqslant L$,则称 S 为有下界的集,L 为 S 的一个**下界**.

既有上界又有下界的集称为**有界集**,不是有界集的集,称为**无界集**.

如果 S 为有上界的集,那么必有无限多个上界.其中最小的那个上界,称为 S 的**上确界**.

定义 1.2.1　设 $S\subseteq\mathbf{R}$ 为给定数集.如果常数 M 满足

(1) $\forall x\in S$,$x\leqslant M$;

(2) $\forall\delta>0$,$\exists x\in S$,使 $x>M-\delta$,

则称 M 为 S 的**上确界**,记为 $\sup S$.

在这个定义中,条件(1)表示 M 是 S 的一个上界,条件(2)说明比 M 小的任何数都不是 S 的上界,所以 M 是 S 的最小上界.

类似地,可定义数集的下确界:

定义 1.2.2　设 $S\subseteq\mathbf{R}$ 为给定数集.如果常数 L 满足

(1) $\forall x\in S$,$x\geqslant L$;

(2) $\forall\delta>0$,$\exists x\in S$ 使 $x<L+\delta$,

那么就称 L 为 S 的**下确界**,记为 $\inf S$.

由定义知,S 的下确界是 S 的最大下界.

例 1.2.2　设 $S=(0,1)$,则 $\sup S=1$,$\inf S=0$.

证　显然 $\forall x\in S$,$x<1$,所以 1 是 S 的一个上界.又 $\forall\delta>0$,必存在 $x\in S$,使 $x>1-\delta$.事实上,当 $\delta\geqslant1$ 时,任取 $x\in S$ 都有 $x>0\geqslant1-\delta$.当 $0<\delta<1$ 时,由实数的稠密性,$\exists x_0$ 使 $0<1-\delta<x_0<1$.所以 $\sup S=1$.

同理可证　$\inf S=0$. □

在例 1.2.2 中,如果取 $S=[0,1]$,则同样有 $\sup S=1$,$\inf S=0$.所以一个数集的上、下确界可以属于这个集合,也可能不属于这个集合.而且,如果上(下)确界属于这个集合,则它必定是这个集合的最大(小)数.

另外,并不是每个数集都存在上、下确界的.例如,对自然数集 $\mathbf{N}$,$\inf \mathbf{N}=0$,但 $\sup \mathbf{N}$ 不存在;对整数集 $\mathbf{Z}$,$\inf \mathbf{Z}$ 和 $\sup \mathbf{Z}$ 都不存在.一般地,对无界集合,上、下确界中至少有一个不存在.但对有上界或下界的集合,下面的定理成立:

确界原理 非空有上(下)界的数集,必存在唯一的上(下)确界.

确界原理是后面极限理论的基础,它与实数连续性是等价的.

习 题 1.2

1. 解下列不等式,并将其解集用区间表示:

(1) $|x-3|>1$;

(2) $x^2-3x-10\leqslant 0$;

(3) $|x+1|>|x-2|$;

(4) $|x+2|+|x-2|<5$.

2. 设 $a_1,a_2,\cdots,a_n$ 为实数,证明不等式:

$$\left| \sum_{i=1}^{n} a_i \right| \leqslant \sum_{i=1}^{n} |a_i|$$

并说明式中等号成立的条件.

3. 证明:若 $a^2=3$,则 a 不是有理数.

4. 证明:两个不同有理数之间有无限多个有理数,也有无限多个无理数.

5. 设 a 为有理数,b 为无理数.求证:$a+b$ 和 $a-b$ 都是无理数.当 $a\neq 0$ 时,ab、$\dfrac{b}{a}$ 也是无理数.

6. 在下列集合中,哪些集合是有界集?哪些集合是无界集?

(1) $\left\{ \dfrac{n+1}{n} \,\middle|\, n\in \mathbf{N} \right\}$;

(2) $\{x \mid |x-1|+|x-2|>1\}$;

(3) $\{(-1)^n \mid n\in \mathbf{N}\}$;

(4) $\{x \mid x^2+x-2<0\}$.

7. 设 A、B 都是有界集,证明:$A\cup B$ 也是有界集.

8. 证明:集合 $A=\left\{ x \,\middle|\, x=\dfrac{1}{t},t\in \mathbf{R},t>0 \right\}$ 有下界,并求下确界.

1.3 关系、映射、函数

1.3.1 关系

在数学和其他学科中,经常会使用"关系"这个词,如人与人之间的师生关系、数与数之间的相等关系、大小关系,平面内三角形间的全等、相似关系,火车启动后时间与行程的关系,某种商品的成本与产量的关系等等.从这些例子可以看出,所谓关系,无非是一些有序偶的集合.

定义 1.3.1 设 A、B 为给定集合,则 $A\times B$ 的任一子集 R,称为集合 A 到 B 的**关系**. 若 $(x,y)\in R$,则称元素 x 和 y 之间有关系 R,记作 xRy;若 $(x,y)\notin R$,则称 x 和 y 之间不具关系 R,记作 $x\overline{R}y$.

在定义 1.3.1 中,如果 $A=B=X$,便称 R 为集合 X 上的关系.

在集合 A 到 B 的所有关系中,关系 $R=\varnothing$ 称为**零关系**,关系 $R=A\times B$ 称为**全关系**.
X 上的关系 $I=\{(x,x)|x\in X\}$ 称为**恒等关系**.

例 1.3.1 设 A 为由 a、b、c、d、e、f 六位学生所成的集合,B 为音乐、美术、舞蹈三门选修课程所成的集合.图 1.3.1 是 6 位学生的选课情况,它确定了 A 到 B 的一个关系 R:

$R=\{(a,$美术$),(a,$音乐$),(b,$音乐$),(c,$舞蹈$),(d,$美术$),$
$(e,$舞蹈$),(f,$舞蹈$)\}$.

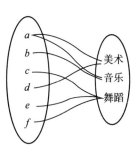

图 1.3.1

例 1.3.2 设 $A=\{0,2,3,4,5\}$,$B=\{1,3,5,7,9\}$,R 为 A 到 B 的关系,xRy 当且仅当 $x>y$.那么 $R=\{(2,1),(3,1),(4,1),(4,3),(5,1),(5,3)\}$.

例 1.3.3 设 $x,y\in\mathbf{R}$,则
$$R=\{(x,y)|2x+y=1\}$$
为实数集 $\mathbf{R}$ 上的关系,xRy 当且仅当 (x,y) 在直线 $2x+y=1$ 上.

定义 1.3.2 设 R 为集合 A 到 B 的关系,则称 A 的子集
$$\{x|\exists y\in B,使(x,y)\in R\}$$
为关系 R 的定义域,记为 $\mathrm{dom}\,R$;称 B 的子集
$$\{y|\exists x\in A,使(x,y)\in R\}$$
为关系 R 的值域,记为 $\mathrm{ran}\,R$.

例 1.3.4 求例 1.3.1~1.3.3 中关系的定义域和值域.

解 对例 1.3.1,
$$\mathrm{dom}\,R=\{a,b,c,d,e,f\},$$
$$\mathrm{ran}\,R=\{美术,音乐,舞蹈\}.$$

对例 1.3.2,
$$\mathrm{dom}\,R=\{2,3,4,5\},$$
$$\mathrm{ran}\,R=\{1,3\}.$$

对例 1.3.3,
$$\mathrm{dom}\,R=(-\infty,+\infty),$$
$$\mathrm{ran}\,R=(-\infty,+\infty).$$

1.3.2 映射

在许多实际问题中,经常要考察两个集合元素间的对应关系.

例 1.3.5 1998 年底,我国出现了罕见的暖冬天气.表 1.3.1 是江苏某地 1998 年 12 月 21 日~30 日每天最低气温的变化情况:

表 1.3.1

日期 D	21	22	23	24	25	26	27	28	29	30
最低气温 T(℃)	1	2	2	3	2	−1	0	1	2	3

这里有两个集合:日期集合 D 和最低气温集合 T.表 1.3.1 就给出了这两个集合元素间的相互依赖关系,对 D 中的每个日期 d,在集合 T 中都有唯一确定的温度 t 与之对应.

例 1.3.6 圆的面积 A 与半径 r 间满足关系式

$$A = \pi r^2. \tag{1}$$

假定 X、Y 分别为半径集合和面积集合，那么这个公式就给出了集合 X 与 Y 元素间的相互依赖关系，即对 X 中的每个元素 r，通过公式，在 Y 中有唯一的一个元素 A 与之对应.

集合间的这种对应关系，就是所谓映射.在中学代数里，已给出了映射的定义：

定义 1.3.3 设 X、Y 是两个集合.如果按照某种对应法则 f，对集合 X 中的任一元素 x，在集合 Y 中都有唯一的元素 y 与它对应，这样的对应就叫作从集合 X 到集合 Y 的**映射**.

根据这个定义，例 1.3.5 中的表 1.3.1 就给出了集合 D 到 T 的一个映射；例 1.3.6 中的公式 (1) 给出了集合 X 到 Y 的一个映射.

现在我们将定义 1.3.3 中集合 X 的元素 x 和集合 Y 中与之对应的元素 y 配成有序偶 (x, y)，那么这些有序偶全体所成的集完全由映射 f 所确定，而这种有序偶集合也给出了映射 f 的全部信息.可见，映射实际上是具有以下特点的关系：

(1) 定义域是整个集合 X；

(2) 给定 $x \in X$，只能有一个 $y \in Y$ 与它对应.这样，我们可以给出映射的另一定义：

定义 1.3.4 设 X 和 Y 是两个集合，f 是 X 到 Y 的关系.如果

(1) dom $f = X$；

(2) 若 $(x, y) \in f$，$(x, z) \in f$，则 $y = z$.

那么就称关系 f 是集合 X 到 Y 的映射，并记为

$$f : X \to Y.$$

根据定义 1.3.4，例 1.3.3 中的关系为映射.例 1.3.1、例 1.3.2 中的两个关系都不是映射.因为对例 1.3.1，定义中的条件 2 不满足；对例 1.3.2，定义中的两个条件都不满足.

设 $f : X \to Y$ 为映射，$(x, y) \in f$.那么称 y 为映射 f 下 x 的像，x 为 y 的原像.$(x, y) \in f$ 也常表示为

$$y = f(x). \tag{2}$$

注意，这里的 $f(x)$ 为元素 x 的像，但为方便计，今后也常用来表示映射本身.

对于不同的映射，可以用不同的字母如 f、g、φ、ψ 等表示.如果 f 和 g 都是 X 到 Y 的映射，而且作为 $X \times Y$ 的子集两者相等，那么就称这两个映射相等，并记作 $f = g$.显然，两个映射 f、g 相等的充要条件是

(1) 有相同的定义域；

(2) 对定义域内的任一 x，$f(x) = g(x)$.

1.3.3 函数

映射也称为变换、对应.当 X、Y 都是数集时，就称为**函数**.在本书中，主要讨论函数.

设 $f : X \to Y$ 为函数，那么和映射一样，它也可记作

$$y = f(x), x \in X,$$

这里的 x 是集合 X 中元素的代表符号，y 是集合 Y 中元素的代表符号，它们在考察过程中可以各自表示所在集合的不同元素，所以称为**变量**.而那种在考察过程中不变的量，如

例 1.3.6 中的 π,就叫作**常量**.在 x、y 两个变量中,由于 y 是由 x 所唯一确定的,所以将 x 称作**自变量**,对应于 x 的 y 就称作**因变量**,并称 y 是 x 的函数.

X 为函数的定义域,函数值 y 所成的集叫作函数的值域.函数 $f(x)$ 的值域也记作 $f(X)$,显然 $f(X) \subseteq Y$.

1.3.4　函数的表示法

设 f 为 X 到 Y 的函数.根据定义,f 是 $X \times Y$ 的一个子集,所以可以用表示集合的方法来表示函数.

（1）解析法

因 f 的元素为有序偶 (x, y),其中 $x \in X$,$y \in Y$,而且 y 由 x 唯一确定.如果我们能给出由 x 确定 y 的某个法则,那么也就给出了函数 f.如果这个法则能借助某些数学公式给出,例如在例 1.3.6 中,给定了半径 r,则其面积 $A = \pi r^2$,此时 r、A 之间的函数关系就可以用描述法表示：

$$\{(r, A) \mid A = \pi r^2, r \in [0, +\infty)\},$$

或更简单地表示为

$$A = \pi r^2, r \in [0, +\infty), \tag{1'}$$

这种表示函数的方法就称为**解析法**,在数学分析里,大多用解析法表示函数.这样,

$$y = 3x^2 + x + 1; \tag{3}$$

$$y = \sqrt{1 - x^2}; \tag{4}$$

$$y = \frac{1 + x}{1 - x} \tag{5}$$

等,都表示函数.注意,用解析法表示函数时,如无特别说明,使公式有意义的数 x 全体,就是它的定义域.如上面三个函数,(3)的定义域为 $\mathbf{R} = (-\infty, +\infty)$,(4)的定义域为 $[-1, 1]$,(5)的定义域 $(-\infty, 1) \cup (1, +\infty)$.在这种情形,可不必将定义域写出.但在某些实际问题中,还要考虑到实际需要而对定义域作特殊的要求,如因半径 r 总是非负的,所以在 $(1')$ 中定义域写为 $[0, +\infty)$,虽然公式 πr^2 对一切实数都有意义.另外,在用解析法表示函数时,还会出现对定义域的不同子集用不同的数学公式表示的情况.

例 1.3.7

$$y = \begin{cases} x^2, & x \in (1, +\infty); \\ 2 - x, & x \in (-1, 1]; \\ -x^2, & x \in (-\infty, -1] \end{cases}$$

是 $\mathbf{R}$ 到 $\mathbf{R}$ 的函数.用这种形式表示的函数称为分段函数.在实际问题中,经常会遇到分段函数的例子.

例 1.3.8　在国内投寄外埠平信,每封信在 100 g 以内时,每 20 g 重邮资为 0.8 元.那么,每封信应付的邮资 y(元)是信重 x(克)的函数：

$y = 0.8k$,当 $20(k-1) < x \leqslant 20k$ 时；$k = 1, 2, 3, 4, 5$,这是一个分段函数.

（2）列表法

列表法来自表示集合的列举法.因函数 f 的元素有序偶 (x, y),因此 f 的所有元素有

时可以用一张含有第一元素 x 和第二元素 y 的表格来表示,这就是**列表法**.如表 1.3.1 就表示了在该期间内日期 d 与日最低气温 t 之间的函数关系.

(3) 图像法

有时函数关系可以用一张图来表示.

例 1.3.9 一列火车从 A 城出发,用了 360 分钟驶到 500 公里外的 B 城.图 1.3.2 表示了列车行驶时间与速度的关系,图 1.3.3 表示了行驶时间与里程的关系

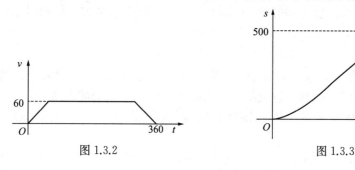

图 1.3.2 　　　　　　　　图 1.3.3

利用这两个图,可查出在任一时刻 t 列车的运行速度 v 和行驶里程 s.从图上可以看出,给定了时刻 t,有唯一的 v 与 s 与它对应.因此这两个图分别表示了 t 与 v 和 t 与 s 两个函数关系.

一般地,设 X、Y 为数集.则 X 到 Y 的函数 f 对应了坐标平面上的点集:

$$f=\{(x,y)\,|\,x\in X,y=f(x)\in Y\},$$

这个点集就称为函数 f 或 $y=f(x)$ 的图像.图 1.3.2 和 1.3.3 就分别是函数 $v=v(t)$ 和 $s=s(t)$ 的图像.而下面的图 1.3.4 和 1.3.5 分别是例 1.3.7 和例 1.3.8 中函数的图像.

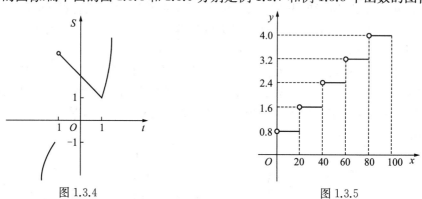

图 1.3.4 　　　　　　　　图 1.3.5

表示函数的方法,除以上三种以外,有时也可用语言直接描述.

例 1.3.10 设

$$D(x)=\begin{cases}1, & \text{当 } x \text{ 为}[0,1]\text{中的有理数;}\\ 0, & \text{当 } x \text{ 为}[0,1]\text{中的无理数.}\end{cases}$$

那么 D 是$[0,1]$到 **R** 内的函数.这个函数称为狄利克雷(Dirichlet)函数.

习　题　1.3

1. 设 $A=\{1,2,3,4,5,6\}$，R 为 A 上的关系，求 R 的元素、定义域和值域：

(1) $R=\{(i,j)\mid i=j\}$；

(2) $R=\{(i,j)\mid i>j\}$；

(3) $R=\{(i,j)\mid (i-j)^2\in A\}$；

(4) $R=\left\{(i,j)\;\middle|\;\dfrac{i}{j}\text{是质数}\right\}$.

2. 求下列实数集 $\mathbf{R}$ 上的关系的定义域和值域：

(1) $R=\{(x,x^2)\mid x\in\mathbf{R}\}$；

(2) $R=\{(x,y)\mid x^2+y^2=1,x\text{、}y\in\mathbf{R}\}$.

3. 写出集合 $A=\{a,b,c\}$ 到 $B=\{S,A\}$ 的所有关系.

4. 在下列 $\mathbf{R}$ 到 $\mathbf{R}$ 的各关系中，哪些是函数？

(1) $R=\{(x,y)\mid y^2=x+1\}$；

(2) $R=\{(x,y)\mid x^2=y+1\}$；

(3) $R=\{(x,y)\mid x^2-y^2=1\}$；

(4) $R=\{(x,y)\mid x^3+y^3=1\}$；

(5) $R=\{(x,y)\mid x\geqslant y\}$；

(6) $R=\{(x,y)\mid |x|+|y|=1\}$.

5. 下列函数是否相等？为什么？

(1) $f(x)=\log_a x^2$，$g(x)=2\log_a x$；

(2) $f(x)=\dfrac{x^2-4}{x+2}$，$g(x)=x-2$；

(3) $f(x)=\sqrt{x}\cdot\sqrt{x+1}$，$g(x)=\sqrt{x(x+1)}$；

(4) $f(x)=\sin^2 x+\cos^2 x$，$g(x)=1$.

6. 若 $f(x)=x^2+1$，求 $f(t+1)$，$f(t^2+1)$，$f(2)$，$2f(t)$ 和 $f^2(t)+1$.

7. 若 $f(x)=x^2+2x+3$，求：

(1) $f(2+h)$；

(2) $f(2+h)-f(2)$.

8. 设 $f(x)=\begin{cases}2x-3,&x\geqslant0;\\3x^2,&x<0.\end{cases}$ 求 $f(0)$，$f(1)$，$f(-2)$，$f(f(0))$，$f(x^2)$ 和 $f(x+3)$.

9. 求下列函数的定义域：

(1) $y=\sqrt{x^2-3x+2}$；

(2) $y=\sqrt{\sin x}$；

(3) $y=\log_a\dfrac{x+1}{x-1}$；

(4) $y=\log_a\cos x$.

10. 设函数 $y=f(x)$ 的图像如下图所示，试写出它的解析表达式.

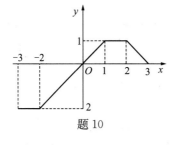
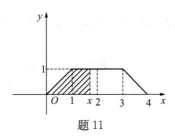

题 10　　　　　　　　题 11

11. 有一梯形如上图所示. 当一垂直于 x 轴的直线扫过该梯形时，试将扫过梯形的面积 y 表示为垂足 $x(-\infty<x<+\infty)$ 的函数.

12. 从甲地到乙地行李收费如下：行李不超过 20 kg 时，每 kg 收费 0.8 元；超过 20 kg 时，超重部分每 kg 加收 0.4 元. 如 x 表示行李重量(kg)，y 表示行李运费，求 x 与 y 间的函数关系.

1.4 函数的运算

函数间的运算除加、减、乘、除四则运算外,还有函数复合和求逆运算.利用这些运算,我们可以从几个常见的简单函数出发,构造出许多复杂的函数来.

1.4.1 函数的四则运算

设 $f:X_1 \to Y_1, g:X_2 \to Y_2$ 为两个函数,$X=X_1 \bigcap X_2$.定义 X 到 $\mathbf{R}$ 的函数 F 如下:
$$\forall x \in X, F(x)=f(x)+g(x)$$
则称 F 为函数 f 和 g 的和,记为
$$F=f+g, \quad 或 \quad F(x)=f(x)+g(x), x \in X.$$

类似地,可定义函数 f 和 g 的差 $f-g$、积 $f \cdot g$ 和商 $\dfrac{f}{g}$.

例 1.4.1 设 $f(x)=\sqrt{1-x^2}, g(x)=\log_a x(a>0, a \neq 1)$它们的定义域分别是$[-1, 1]$和$(0,+\infty)$.那么
$$(f+g)(x)=\sqrt{1-x^2}+\log_a x, x \in (0,1], \left(\frac{f}{g}\right)(x)=\frac{\sqrt{1-x^2}}{\log_a x}, x \in (0,1).$$

1.4.2 关系的复合

在实际生活中,会发生两个关系复合成一个新关系的情况.例如,如果甲和乙是父子关系,乙和丙是父女关系,那么甲和丙便是祖孙关系.后面的关系就是前面两个关系的复合.

定义 1.4.1 设 R 是集合 A 到 B 的关系,S 为集合 B 到 C 的关系.那么
$$\{(x,z) \mid 存在 y \in B, 使(x,y) \in R, (y,z) \in S\}$$
是集合 A 到 C 的关系,并称为关系 R、S 的复合,记为 $S \circ R$.

注意:并不是任意两个关系都可复合成一个新关系的.由定义知,当且仅当
$$\operatorname{ran} R \bigcap \operatorname{dom} S \neq \varnothing$$
时,$S \circ R$ 才有意义.

例 1.4.2 设 $A=\{a_1,a_2,a_3\}, B=\{b_1,b_2,b_3,b_4,b_5\}, C=\{c_1,c_2,c_3\}$为给定集合.$R$,$S$ 为关系:
$$R=\{(a_1,b_2),(a_2,b_3),(a_3,b_1),(a_3,b_4)\},$$
$$S=\{(b_1,c_1),(b_2,c_2),(b_3,c_3),(b_5,c_3)\},$$
那么
$$S \circ R=\{(a_1,c_2),(a_2,c_3),(a_3,c_1)\}.$$
图 1.4.1 是复合关系 $S \circ R$ 的示意图.从图中可看出,$S \circ R$ 是由 A、C 间有线可连的那些有序偶所成的集合.

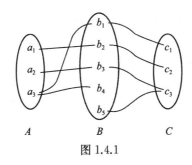

图 1.4.1

1.4.3 复合函数

假定 X、U、Y 为三个数集，$g:X \to U$，$f:U \to Y$ 为函数.因函数是特殊的关系，所以 f 和 g 可以复合成一个 X 到 Y 的新关系 $h = f \circ g$.显然，h 也是一个函数.事实上，因 g 是函数，所以 $\forall x \in X$，在 U 中有唯一的 u 与之对应.又因 f 是函数，所以对此 u，在 Y 中有唯一的 y 与之对应.这样，$\forall x \in X$，在 Y 中有唯一的 y 与之对应，h 是 X 到 Y 的函数.

定义 1.4.2 设 $g:X \to U$，$f:U \to Y$ 为函数，$h = f \circ g$，则称函数 h 为函数 f 和 g 的复合函数.

如果将函数 g、f 写成下面的形式：

$$u = g(x), \quad y = f(u),$$

那么复合函数 h 可以写成

$$h = (f \circ g)(x) = f(g(x)),$$

其中 f 称为外函数，g 称为内函数.

从这个式子可以看出，在一般情形，当且仅当

$$\mathrm{dom}\, f \bigcap \mathrm{ran}\, g \neq \varnothing$$

时，复合函数 $f \circ g$ 才有意义.所以，和关系一样，并不是任意两个函数都可以复合成一个新函数.

例 1.4.3 设 $y = f(u) = \sqrt{1-u}$，$u = g(x) = \dfrac{x^2}{1+x^2}$.求：$f \circ g$.

解 因 $\mathrm{dom}\, f = (-\infty, 1]$，$\mathrm{ran}\, g = [0, 1)$，

$$\mathrm{dom}\, f \bigcap \mathrm{ran}\, g = [0, 1) \neq \varnothing$$

所以复合函数 $f \circ g$ 存在，且

$$f \circ g = \frac{1}{\sqrt{1+x^2}}, \quad x \in (-\infty, +\infty).$$ □

例 1.4.4 将函数 $y(x) = (1+x^3)^{20}$ 表示成一个复合函数.

解 将一个函数表示成复合函数时，只需考虑如何计算函数值.因在求函数值时，内函数代表首先要做的运算，外函数则代表其次要作的运算.对函数 $y = (1+x^3)^{20}$ 来说，首先要作的运算是立方加 1，所以

$$u(x) = 1 + x^3.$$

其次要做的运算是计算 20 次幂,所以

$$f(u)=u^{20}.$$

注意,将一个函数表示成复合函数,可能有不同的答案.例如,对例 1.4.4 中的函数,还可分解为

$$u(x)=x^3,f(u)=(1+u)^{20}.$$

上面我们讨论了两个关系及两个函数的复合.有时还会遇到多个关系或函数复合成一个关系或函数的情形.

例 1.4.5 函数

$$y=\sin(1+x^3)^{20}$$

可以看成三个函数

$$y=\sin u,u=v^{20},v=1+x^3$$

相继复合而成的函数,其定义域为 $(-\infty,+\infty)$.

1.4.4 逆关系

在例 1.3.1 中,关系 $R:A\to B$ 告诉我们,每个学生选择了哪些课程.现在我们换一个角度来描述学生与选修课程之间的关系,即看一看各门课程被哪些学生所选修.结果如图 1.4.2 所示.图 1.4.2 实际上给出了集合 B 到 A 的一个关系,这个关系就称为关系 R 的**逆关系**.

定义 1.4.3 设 R 为集合 A 到 B 的关系,则 $B\times A$ 的子集

$$\{(y,x)|(x,y)\in R\subseteq A\times B\},$$

称为 R 的逆关系,记为 R^{-1}.

图 1.4.2

从定义可以看出,逆关系的定义域即为原关系的值域,逆关系的值域就是原关系的定义域,而且有

$$(R^{-1})^{-1}=R,R\circ R^{-1}=I,R^{-1}\circ R=I,I \text{ 为恒等关系.}$$

1.4.5 反函数

大家知道,函数是一种特殊的关系,它也存在逆关系,这个逆关系也可能是一个函数.例如,图 1.3.3 表示列车在行驶过程中行程 s 和时间 t 的函数关系 $s=f(t)(0\leqslant t\leqslant 360)$,即 $f=\{(t,s)|s=f(t),t\in[0,360]\}$.

利用这个关系,知道了行驶时间 t 就可算出行驶里程 s.如果反过来,知道了行程 s 求行驶时间 t,那么需考虑 f 的逆关系 f^{-1},$f^{-1}=\{(s,t)|s=f(t),t\in[0,360]\}$.

在实际计算时,仍可利用图 1.3.3.而且从图上可以看出,对 0～500 公里内的任一 s,只有一个 t 与它对应,因此 f^{-1} 也是一个函数.这个函数就叫作原来函数的**反函数**.

定义 1.4.4 设 $y=f(x)$ 为 X 到 Y 的函数.如果 f 的逆关系也是一个函数,那么这个函数就称为 f 的反函数,记为 f^{-1},或

$$x=f^{-1}(y) \tag{1}$$

f^{-1} 是数集 Y 到 X 上的函数,f^{-1} 的定义域是 f 的值域,f^{-1} 的值域则是 f 的定义域.

要注意,并不是每个函数都存在反函数的.例如,图 1.3.2 所给出的列车行驶速度 v 与

时间 t 之间的函数 $v=f(t)$，作为关系，它存在逆关系.但从图上可以看出，当 $v=60$ 时，有无限多个 t 与之对应，因此这个逆关系不是一个函数，函数 $v=f(t)$ 也就不存在反函数.

那么一个函数在什么条件下，才存在反函数？从图像上看，一个函数当且仅当它的图像与任何水平线至多相交一次时，才有反函数.严格地说，函数 $f:X\rightarrow Y$ 必须具备下面二个条件才存在反函数：

（1）f 的值域为整个集合 Y；

（2）$\forall y\in Y$，在 X 中 f 只有一个原像 x.

满足上面条件的函数称为一一对应函数.一一对应的函数必定存在反函数.

例 1.4.6　函数

$$y=x^3,x\in(-\infty,+\infty) \tag{2}$$

存在反函数.函数

$$y=x^2\quad x\in(-\infty,+\infty),$$

不存在反函数.这两个函数的图像如图 1.4.3 和 1.4.4 所示.

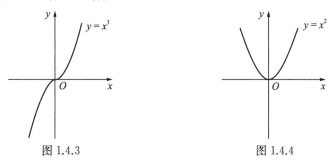

图 1.4.3　　　　　　　　　　　　　图 1.4.4

从图上可以看出，函数

$$y=x^2,x\in[0,+\infty) \tag{3}$$

和

$$y=x^2,x\in(-\infty,0] \tag{4}$$

都存在反函数.可见，函数是否存在反函数，不但与对应法则有关，而且和函数的定义域有关.

如果一个函数用解析法表示，那么它的反函数有时也能用解析法表示.例如，(2)式的反函数为

$$x=\sqrt[3]{y},y\in(-\infty,+\infty);$$

（3）式的反函数为

$$x=\sqrt{y}\quad y\in[0,+\infty);$$

（4）式的反函数为

$$x=-\sqrt{y},y\in[0,+\infty).$$

现在假定 $y=f(x),x\in X$ 是函数，它存在反函数 $x=f^{-1}(y),y\in Y=f(X)$.从关系角度看，f 和 f^{-1} 不过是对同一个关系从两个不同的侧面观察所得的结果而已，两者没有什么区别，它们在坐标平面上的图像也没有本质差别，所不同的只是 f^{-1} 的定义域在纵轴

上.不过,在习惯上我们常用 x 表示函数的**自变量**,y 表示函数的**因变量**.所以反函数(1)式又常写成

$$y=f^{-1}(x).\tag{5}$$

它的图像与(1)式的图像关于直线 $y=x$ 对称.这样,当函数的反函数采用(5)的记法时,f^{-1} 的图像是 f 关于直线 $y=x$ 的对称图像.图 1.4.5 分别画出了函数 $y=x^3(-\infty<x<+\infty)$ 和 $y=x^2(0\leqslant x<+\infty)$ 及其反函数的图像,其中虚线为反函数的图像.

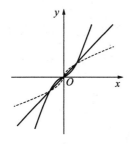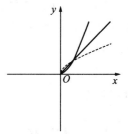

图 1.4.5

习 题 1.4

1. 设集合 $A=\{1,2\},B=\{1,2,3\},C=\{2,3,4,5\}$ 及关系
$$R=\{(1,3),(2,2)\},S=\{(2,4),(3,2),(3,3)\},$$
求 $R\circ S$ 和 $S\circ R$.

2. 设 R_1,R_2 为集合 **R** 上的关系:
$$R_1=\left\{(x,y)\,\middle|\,y=x+1 \text{ 或 } y=\frac{x}{2}\right\},R_2=\{(x,y)\mid x=y+2\}.$$
求 $R_1\circ R_2,R_2\circ R_1,R_1^2$.

3. 求复合函数 $f(\varphi(x))$ 和 $\varphi(f(x))$,并确定其定义域:

(1) $f(x)=x^2,\varphi(x)=\sqrt{x^2-1}$;

(2) $f(x)=\lg x,\varphi(x)=\dfrac{1}{x}$;

(3) $f(x)=x+x^2,\varphi(x)=\operatorname{sgn}x$;

(4) $f(x)=\begin{cases}0,\text{当 }x\leqslant0;\\x,\text{当 }x>0,\end{cases}\varphi(x)=\begin{cases}0,&\text{当 }x\leqslant0;\\-x^2,&\text{当 }x>0.\end{cases}$

4. 设函数 $f(x)=\dfrac{1}{1-x}$,求 $f(f(x))$ 和 $f(f(f(x)))$.

5. 求下列函数的反函数:

(1) $y=\dfrac{1}{2}\left(x-\dfrac{1}{x}\right),(0<x<\infty)$; 　　　　(2) $y=\dfrac{x}{1+x}(x\neq-1)$;

(3) $y=\begin{cases}3x+1,&-\infty<x<1;\\x^2+3,&x\geqslant1;\end{cases}$ 　　　　(4) $y=x^2-1(x\leqslant0)$.

6. 问函数 $y=x-\varepsilon\sin x(0<\varepsilon<1)$ 是否存在反函数?

1.5　函数的特性

在实际问题中,函数往往是非常复杂的,要比较准确地了解或描写函数,常常从了解函数是否具有某些特性着手.这些特性主要是指以下四种.

1.5.1　有界性

设函数 $y=f(x)$ 定义在数集 X 上,如果 $\exists M>0$,使 $\forall x\in X$ 有

$$|f(x)|\leqslant M,$$

则称函数 $f(x)$ 在数集 X 上**有界**.

函数有界的几何意义是,它的图像位于两水平线 $y=M$ 和 $y=-M$ 之间.

例 1.5.1　函数 $y=\sin x$ 和 $y=\dfrac{x^2}{1+x^2}$ 在 $(-\infty,+\infty)$ 上有界.因为 $\forall x\in(-\infty,+\infty)$,

$$|\sin x|\leqslant 1,\quad \left|\frac{x^2}{1+x^2}\right|\leqslant 1.$$

不是有界的函数,称为**无界函数**.它的几何意义是:不论 M 多么大,函数的图像总有一部分落在两水平线 $y=\pm M$ 之外.如果用数学符号表示就是:如果 $\forall M>0$,$\exists x'\in X$,使

$$|f(x')|>M,$$

则称 f 是 X 上的无界函数.

例 1.5.2　证明:函数 $f(x)=\dfrac{1}{x}$ 在 $(0,+\infty)$ 上无界.

证　因 $\forall M>0$,只要取 $x'=\dfrac{1}{2M}\in(0,+\infty)$,就有

$$f(x')=2M>M,$$

所以 f 在 $(0,+\infty)$ 上无界.　　　　　　　　　　　　　　　　　□

1.5.2　奇偶性

设函数 $y=f(x)$ 的定义域 X 关于坐标原点对称,如果 $\forall x\in X$,

$$f(-x)=-f(x),$$

则称 $f(x)$ 是**奇函数**;如果 $\forall x\in X$,

$$f(-x)=f(x),$$

则称 $f(x)$ 是**偶函数**.

奇函数的图像关于坐标原点对称.因为如果点 $(x,y)=(x,f(x))$ 在图像上,那么由

$$(-x,-y)=(-x,-f(x))=(-x,f(-x))$$

知,点 $(-x,-y)$ 也在图像上.而点 (x,y)、$(-x,-y)$ 是关于原点是对称的.类似地可证明偶函数的图像关于 y 轴对称.

例 1.5.3　函数 $y=x^3,x\in(-\infty,+\infty)$ 是奇函数,函数 $y=x^2,x\in(-\infty,+\infty)$ 是

偶函数.但函数
$$y = x^3 + x^2, x \in (-\infty, +\infty)$$
既不是奇函数,也不是偶函数.

如果函数 f 是奇函数(或偶函数),只要知道了 $x \geqslant 0$(或 $x \leqslant 0$)时 f 的信息,就能知道它的全部信息.

1.5.3　单调性

设函数 $y = f(x)$ 定义在数集 X 上.如果 $\forall x_1, x_2 \in X, x_1 < x_2$ 都有
$$f(x_1) \leqslant f(x_2) \quad (\text{或 } f(x_1) \geqslant f(x_2)),$$
那么就称函数 $f(x)$ 是 X 上的**单调递增**(或**单调递减**)**函数**.如果当 $x_1 < x_2$ 时有
$$f(x_1) < f(x_2) \quad (\text{或 } f(x_1) > f(x_2)),$$
那么就称 f 是 X 上的**严格单调递增**(**严格单调递减**)**函数**.

单调递增(减)、严格单调递增(减)函数统称为**单调函数**.

容易看出:严格单调递增(减)函数都是一一对应函数,都存在反函数.

例 1.5.4　函数 $y = x^3 + x + 1$ 在 $(-\infty, +\infty)$ 上严格单调递增.

证　设 $f(x) = x^3 + x + 1$.那么 $\forall x_1, x_2 \in (-\infty, +\infty), x_1 < x_2$,则
$$f(x_2) - f(x_1) = (x_2^3 + x_2 + 1) - (x_1^3 + x_1 + 1)$$
$$= (x_2 - x_1)\left[\left(x_1 + \frac{1}{2}x_2\right)^2 + \frac{3}{4}x_2^2 + 1\right] > 0,$$
即
$$f(x_1) < f(x_2),$$
所以 $f(x)$ 是 $(-\infty, +\infty)$ 上的严格单调递增函数.　□

例 1.5.5　函数 $y = [x]$ 是 $(-\infty, +\infty)$ 上的单调递增函数,这里 $[x]$ 表示 x 的整数部分.

这是显然的.它实际上是阶梯函数,它的图像如图 1.5.1 所示.

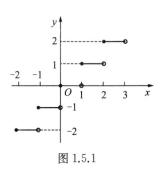

图 1.5.1

1.5.4　周期性

设函数 $y = f(x)$ 在数集 X 上定义.如果存在某个正数 k,使 $\forall x \in X$,
$$f(x + k) = f(x),$$
那么就称 f 是**周期函数**,k 是 f 的一个**周期**.

如果 f 是周期函数,k 是它的周期,那么 $2k, 3k, 4k, \cdots$ 都是它的周期.所以周期函数一定有**无限多个周期**.如果在无限多个周期中存在最小的正数 T,那么 T 就称为 f 的最小正周期,简称周期.

例 1.5.6　函数
$$y = x - [x]$$
是周期函数,周期为 1(图 1.5.2).

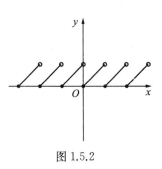

图 1.5.2

例 1.5.7　狄利克雷函数 $D(x)$ 是周期函数,每个有理数都是它的周期.这个周期函数不存在最小正周期.

对于周期为 T 的周期函数来说,如果知道了它在某个长为 T 的区间内的情况,就知道了它的整个定义域内的情况.

习　题　1.5

1. 在下列函数中,哪些函数是有界的?

(1) $y=\dfrac{x^2}{1+x^2}$;

(2) $y=x+x^3$;

(3) $y=\sin x+\cos x$;

(4) $y=\sqrt{x^2+x-2}$.

2. 试判断下列函数的奇偶性:

(1) $y=x\sin x$;

(2) $y=|\tan x|$;

(3) $y=\lg(x+\sqrt{1+x^2})$;

(4) $y=\dfrac{e^x-1}{e^x+1}$.

3. 在下列函数中,哪些函数是周期函数?

(1) $y=|\sin x|$;

(2) $y=\sin 2x+\cos 3x$;

(3) $y=\sin x+\sin\sqrt{2}x$.

4. 下列函数在指定区间内是否是单调函数? 如果是,请说明理由.

(1) $y=x^3,(-\infty,+\infty)$;

(2) $y=\dfrac{x}{1+x},(-1,+\infty)$;

(3) $y=x+\sqrt{x},[0,+\infty]$;

(4) $y=\sin^2 x,\left(0,\dfrac{\pi}{2}\right)$.

5. 证明:两个奇函数的积为偶函数,一奇一偶两个函数的积为奇函数.

6. 证明:区间 $[a,b]$ 上两个有界函数的和与积仍是有界函数.

7. 设 $f(x)$、$g(x)$ 都是 **R** 上的单调函数,证明:$f[g(x)]$ 也是 **R** 上的单调函数.

8. 设 $f(x)$ 在 **R** 上有定义.证明:

(1) $F(x)=f(x)+f(-x)$ 是 **R** 上的偶函数;

(2) $G(x)=f(x)-f(-x)$ 是 **R** 上的奇函数;

(3) **R** 上的任一函数都可表示成一个偶函数与一个奇函数的和.

1.6　初　等　函　数

在中学数学里,我们已学习了常量函数、幂函数、指数函数、对数函数、三角函数和反三角函数.这些函数统称为基本初等函数.这里我们将这些函数再复习一下.

1.6.1　常量函数

$$y=c,x\in(-\infty,+\infty),\text{其中 }c\text{ 为已知常数.}$$

常量函数是有界偶函数,是不存在最小正周期的周期函数.常量函数的图像是通过点 $(0,c)$ 的水平直线.

1.6.2　幂函数

$$y = x^{\alpha}, \alpha \text{ 为给定常数.} \tag{1}$$

幂函数是一类应用非常广泛的函数.例如,边长为 x 的正方形面积 $A = x^2$;半径为 r 的球体积 $V = \frac{4}{3}\pi r^3$;与地球距离为 r 的单位质量所受的万有引力 $F = \frac{k}{r^2}$,其中 k 为正常数;一个岛上物种的平均数 $N = kA^{\frac{1}{3}}$,其中 A 是该岛的面积,k 为与该岛所处地域有关的常数等,这些函数都是幂函数.

幂函数的性质与 α 的取值有关.

(1) 当 α 为正整数时,幂函数 $y = x^{\alpha}$ 的定义域为 $(-\infty, +\infty)$,而且当 α 为奇数时是严格单调递增的奇函数;当 α 为偶数时是在 $(-\infty, 0)$ 内严格单调递减,在 $(0, +\infty)$ 内严格单调递增的偶函数.图 1.6.1 画出了当 α 取几个不同正整数时函数的图像.

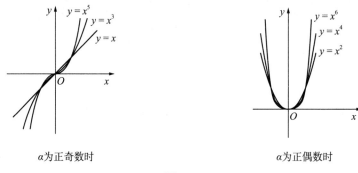

图 1.6.1

(2) 当 α 为负整数时,幂函数 $y = x^{\alpha}$ 的定义域为 $\mathbf{R} - \{0\}$.图 1.6.2 给出了 α 取几个不同负整数时函数的图像.从图上可以看出这些函数的奇偶性和单调性.

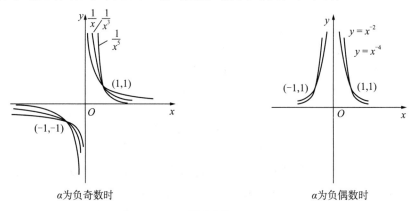

图 1.6.2

(3) α 为非整数的有理数时,情形较为复杂.这里仅举几例.

函数 $y = x^{\frac{1}{3}}$,可看作函数 $y = x^3$ 的反函数.它的定义域是 $(-\infty, +\infty)$,是严格单调递增函数.

函数 $y=x^{\frac{1}{2}}$ 可看作函数 $y=x^2,x\in[0,+\infty)$ 的反函数,它也是 $[0,+\infty)$ 上的严格单调递增函数.

对函数 $y=x^{-\frac{1}{3}},y=x^{-\frac{1}{2}}$ 等也可作类似的处理.所有这些函数的图像,都可将它所对应的反函数的图像作关于直线 $y=x$ 的对称变换而得到.

（4）α 为无理数时,幂函数(1)的定义域规定为 $[0,+\infty)$.其确切的定义需用极限的方法,因为它要用到无理数乘幂的概念.

1.6.3　指数函数

$$y=a^x,(a>0,a\neq1). \qquad (2)$$

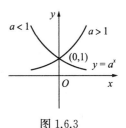

指数函数(2)的定义域为 $(-\infty,+\infty)$,值域为 $(0,+\infty)$.当 $a>1$ 时是严格单调递增函数,当 $0<a<1$ 时,是严格单调递减函数.它的图像如图 1.6.3 所示.注意它们都经过点 $(0,1)$.

图 1.6.3

指数函数也是一类应用十分广泛的函数.如银行存贷款本利的计算、人口增长规律、放射性物质的衰减规律等等,都可以用指数函数表示.

1.6.4　对数函数

$$y=\log_a x(a>0,a\neq1). \qquad (3)$$

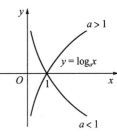

对数函数(3)是指数函数的反函数,它的定义域为 $(0,+\infty)$,值域为 $(-\infty,+\infty)$.

和指数函数相类似,当 $a>1$ 时,是严格单调递增函数;当 $0<a<1$ 时是严格单调递减函数.它的图像都经过点 $(1,0)$（见图 1.6.4）.

图 1.6.4

1.6.5　三角函数

在中学数学里已介绍了三角函数.

三角函数开始是用直角三角形的线段比来定义的,后来则改用单位圆中的有向线段来定义,这样就使三角函数具有周期性.很多自然现象如潮位涨落、血压升降、行星运动、交流电电压变化等,都有周期性,这些自然现象就可用三角函数来表示.

三角函数主要是指:

（1）正弦函数　$y=\sin x,x\in(-\infty,+\infty)$;

（2）余弦函数　$y=\cos x,x\in(-\infty,+\infty)$;

（3）正切函数　$y=\tan x,x\in(-\infty,+\infty),x\neq\dfrac{\pi}{2}+k\pi(k\in\mathbf{Z})$.

并已证明:正弦和余弦函数都是周期为 2π 的有界周期函数,值域都是 $[-1,1]$.

正弦函数为奇函数,在 $\left[-\dfrac{\pi}{2},\dfrac{\pi}{2}\right]$ 上严格单调递增,在 $\left[\dfrac{\pi}{2},\dfrac{3\pi}{2}\right]$ 内严格单调递减（图 1.6.5）.

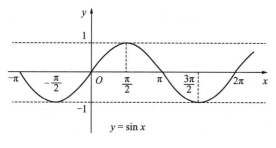

图 1.6.5

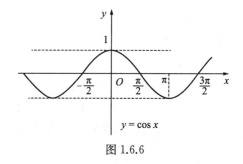

图 1.6.6

余弦函数为偶函数,在$[0,\pi]$内严格单调递减,在$[\pi,2\pi]$内严格单调递增(图 1.6.6).

正切函数是周期为 π 的无界周期函数,且是奇函数,在$\left(-\dfrac{\pi}{2},\dfrac{\pi}{2}\right)$内严格单调递增(图 1.6.7).

此外,还有

(4) 余切函数　$y=\cot x,x\neq k\pi$;

(5) 正割函数　$y=\sec x,x\neq k\pi+\dfrac{\pi}{2}$;

(6) 余割函数　$y=\csc x,x\neq k\pi$.

它们分别是正切、余弦和正弦函数的倒数.故在一般计算器上不使用这三种函数,而仅使用前三种三角函数.

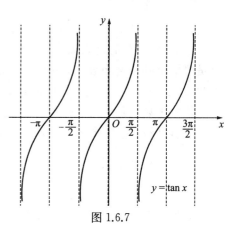

图 1.6.7

1.6.6　反三角函数

由于三角函数不是一一对应,所以必需适当选定一严格单调分支,对这个分支求反函数,而得到反三角函数.

例如,正弦函数 $y=\sin x$ 在区间$\left[-\dfrac{\pi}{2},\dfrac{\pi}{2}\right]$上严格单调递增,在这个区间上取反函数就得反正弦函数

$$y=\arcsin x,x\in[-1,1],y\in\left[-\dfrac{\pi}{2},\dfrac{\pi}{2}\right].$$

类似地,可得反余弦函数和反正切函数:

$$y=\arccos x,x\in[-1,1],y\in[0,\pi];$$
$$y=\arctan x,x\in(-\infty,+\infty),y\in\left(-\dfrac{\pi}{2},\dfrac{\pi}{2}\right).$$

反三角函数的图像如图 1.6.8~1.6.10 所示.

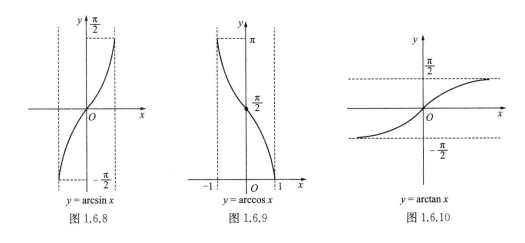

$y=\arcsin x$	$y=\arccos x$	$y=\arctan x$
图 1.6.8	图 1.6.9	图 1.6.10

1.6.7　初等函数

基本初等函数经过有限次加、减、乘、除及函数复合运算而得到的函数,称为初等函数.例如,函数

$$y=3x^2+x+1;\tag{4}$$

$$y=\sqrt{x^2-4}+\sqrt{9-x^2};\tag{5}$$

$$y=\cos n(\arccos x);\tag{6}$$

$$y=\ln(1+\sin 3x)+2^{\sin x+\cos x}\tag{7}$$

都是初等函数.但狄利克雷函数 $D(x)$ 不是初等函数.

初等函数的定义域就是表达式的存在域.例如,对函数(5),存在域应为同时使 $\sqrt{x^2-4}$ 和 $\sqrt{9-x^2}$ 有意义的数集.而函数 $\sqrt{x^2-4}$ 的定义域为

$$D_1=(-\infty,-2]\cup[2,+\infty),$$

函数 $\sqrt{9-x^2}$ 的定义域为

$$D_2=[-3,3],$$

所以函数(5)的定义域为

$$D=D_1\cap D_2=[-3,-2]\cup[2,3].$$

习　题　1.6

1. 作幂函数 $y=x^n$ 的图形,其中

(1) $n=3$;　　　　(2) $n=4$;　　　(3) $n=-3$;　　　(4) $n=-2$.

2. 作指数函数 $y=a^x$ 的图形,其中

(1) $a=\dfrac{1}{2}$;　　　　　　　　(2) $a=3$.

3. 作对数函数 $y=\log_a x$ 的图形,其中

(1) $a=\dfrac{1}{2}$;　　　　　　　　(2) $a=2$.

4. 作下列三角函数的图形：

(1) $y=3\sin\left(x-\dfrac{\pi}{3}\right)$；

(2) $y=4\sin\left(2x+\dfrac{\pi}{3}\right)$；

(3) $y=\sin x+\cos x$.

5. 求下列初等函数的定义域：

(1) $y=\log_a\left(\sin\dfrac{\pi}{x}\right)$；

(2) $y=\arcsin(1-x)+\log_a(\log_a x)$；

(3) $y=(x-2)\sqrt{\dfrac{1+x}{1-x}}$；

(4) $y=(x-\ln x)\sqrt{\tan^2\pi x}$.

6. 试问函数 $y=|x|$ 是否是初等函数？

7. 非洲某国 1984 年的人口是 19.5 百万，1986 年的人口是 21.2 百万，假设人口是按指数增长的.

(1) 求该国人口作为时间函数的表达式；

(2) 从 1984 年开始，多少年后人口将增加一倍？

8. 某海湾的海潮，其高低水位之差达 15 m.假设在该海湾某一特定点水的深度 y 作为时间 t 的函数为

$$y=y_0+A\cos\omega(t-t_0),$$

其中 t 为 2000 年 1 月 1 日午夜以来的小时数.

(1) 求 A 的值；

(2) 假定连续两次高潮位的时间间隔为 12.5 小时，求 ω 的值；

(3) 作出该函数的图像；

(4) 解释 t_0，y_0 的物理意义.

1.7*　有限集与无限集

有限集和无限集这两个概念，是我们所熟悉的，并且已多次使用过.例如，我们常说集合 $A=\{a,b,c\}$ 是有限集，自然数集 $\mathbf{N}$ 是无限集等等.但究竟哪些集合是有限集，哪些集合是无限集，却从未正式讨论过.本节将讨论这个问题.由于这两个概念都与比较集合元素的多少有关，所以这里先介绍集合的对等与基数.

1.7.1　集合的对等

在很多场合，需要比较集合间元素的多少.比较的方法很多，例如，对所谓"有限集"，只要数一下它所含元素的个数就可以了.但对某些集合，如自然集 $\mathbf{N}$、整数集 $\mathbf{Z}$ 等，这个方法就失效了，因为这些集合的元素是数不完的.比较集合元素多少的另一个方法是在两个集合的元素间建立一对一的对应关系，并观察最后哪个集合的元素没有对应完，没有对应完的集合元素个数自然要多一些.例如，在教室里一名学生一个座位.铃响人齐后，如果正好既无空位，又无站者，那么座位和学生一样多；如果座位已满而还有学生站着，自然说明学生多而座位少；如果学生都已落座，却还有座位空着，那么当然是座位多而学生少.现在假定 A 为教室内座位集合，B 为学生集合.那么上述比较方法用数学语言表示就是：如果集合 A 与集合 B 的一个真子集间存在一一对应，那么 A 的元素就不会多于 B 的元素；如果 A 的一个真子集与 B 之间存在一一对应，那么 B 的元素就不会多于 A 的元素.如果集

合 A 与 B 间存在一一对应,那么 A 与 B 的元素就一样多.这就有了下面的定义:

定义 1.7.1 假设 A、B 为两个集合,如果存在一一对应关系 $f:A \to B$,那么就称集合 A 和 B **对等**,记作 $A \sim B$.

例 1.7.1 集合 $A = \{1,2,3\}$,$B = \{a,b,c\}$,$C = \{$音乐、美术、舞蹈$\}$,彼此对等.

例 1.7.2 设 $\mathbf{N}_1 = \{2,4,6,\cdots\}$ 为偶数集合,则 $\mathbf{N} \sim \mathbf{N}_1$.

证 作映射 $f:\mathbf{N} \to \mathbf{N}_1$ 如下:

$$\forall n \in \mathbf{N}, f(n) = 2n \in \mathbf{N}_1,$$

则 f 是 $\mathbf{N}$、$\mathbf{N}_1$ 间的一一对应,所以 $\mathbf{N} \sim \mathbf{N}_1$. □

例 1.7.3 记 $I = (-1,1)$,则 $I \sim \mathbf{R}$.

证 作映射 $f:I \to \mathbf{R}$ 如下:

$$\forall x \in I, \quad f(x) = \tan \frac{\pi}{2} x \in \mathbf{R},$$

由函数 $f(x) = \tan \frac{\pi}{2} x$ 在 $(-1,1)$ 内的严格单调性与 $f(I) = \mathbf{R}$,就知 f 是 I 与 $\mathbf{R}$ 间的一一对应,所以 $I \sim \mathbf{R}$. □

集合间的对等关系"$\sim$"有下面的简单性质:

定理 1.7.1 设 A、B 等为集合,那么

(1) $A \sim A$; (自反性)

(2) 若 $A \sim B$,则 $B \sim A$; (对称性)

(3) 若 $A \sim B$,$B \sim C$,则 $A \sim C$. (传递性)

1.7.2 集合的基数

设 A、B 是两个集合.如果 $A \sim B$,那么我们就说 A 和 B 的基数相同,并记为 $\overline{\overline{A}} = \overline{\overline{B}}$.

这里对基数再稍作说明.如果将相互对等的集合组成一集类,并用一个记号,例如 a 来表示,那么这个 a 就当作这个等价类中任一集合的**基数**.例如,在例 1 中的集合 A、B、C 等都对等,凡与这些集合对等的集合组成一集类,这个集类就用符号"3"来表示,这个"3"就是集合 A、B、C 等所共有的基数.可见,基数概念是"有限集"元素个数概念的推广,它反映出一切彼此对等的集在数量属性上的共性.通俗地说两个集合如果基数相同,那么它们所含的元素从数量上讲一样多.

集合的基数还可作比较.

定义 1.7.2 设 A、B 为给定集合.如果 A 与 B 的某个子集对等,则称 A 的基数不超过 B 的基数,并记为

$$\overline{\overline{A}} \leqslant \overline{\overline{B}};$$

如果 $\overline{\overline{A}} \leqslant \overline{\overline{B}}$ 且 $\overline{\overline{A}} \neq \overline{\overline{B}}$,则称 A 的基数小于 B 的基数,并记为

$$\overline{\overline{A}} < \overline{\overline{B}}.$$

我们可以证明:对任意两个集合 A,B,我们总可以比较它们基数的大小,而且如果 $\overline{\overline{A}} \leqslant \overline{\overline{B}}$ 且 $\overline{\overline{B}} \leqslant \overline{\overline{A}}$,则必有 $\overline{\overline{A}} = \overline{\overline{B}}$.但要证明这些,非常复杂,这里从略.

1.7.3 有限集与无限集

现在我们可以给有限集、无限集以一较为准确的定义：

定义 1.7.3 设 A 是一个集合，如果 $\exists n \in \mathbf{N}$，使得

$$A \sim M_n = \{1, 2, \cdots, n\},$$

则称 A 为有限集，并记它的基数为 n：

$$\overline{\overline{A}} = n.$$

空集的基数规定为零.

定义 1.7.4 不是有限集的集合称为无限集.

例 1.7.4 自然数集 $\mathbf{N}$ 是无限集.

证 任取自然数 n 及映射 $f: M_n \to \mathbf{N}$. 那么 f 一定不是 M_n 与 $\mathbf{N}$ 间的一一对应. 事实上如取 $k = 1 + \max\{f(1), f(2), \cdots, f(n)\}$，那么 $k \in \mathbf{N}$，但 $\forall i \in M_n, f(i) \neq k$. 所以不存在 n，使 $\mathbf{N} \sim M_n$，$\mathbf{N}$ 不是有限集，是无限集. $\square$

1.7.4 可列集与连续统

现在介绍无限集中两个最常见的基数.

定义 1.7.5 设 A 为集合. 若 $A \sim \mathbf{N}$，则称 A 为**可列集**.

可列集是无限集，它的基数用 $\aleph_0$ 表示，读作 Alef 零.

由可列集的定义知，集合 A 为可列集的充分必要条件是：可以将它的元素按先后次序排成一列：

$$A = \{a_1, a_2, a_3, \cdots, a_n, \cdots\}.$$

例 1.7.5 偶数集 $\mathbf{N}$ 是可列集.

例 1.7.6 整数集 $\mathbf{Z}$ 是可列集.

证 将 $\mathbf{Z}$ 的元素排列如下：

$$\mathbf{Z} = \{0, 1, -1, 2, -2, \cdots\}$$

可见它是可列集. $\square$

例 1.7.7 $[0, 1)$ 中的有理数全体为可列集.

证 记 $Q_0 = [0, 1) \cap \mathbf{Q}$，那么 A 中的元素可先按分母，后按分子的大小排成一列：

$$Q_0 = \left\{0, \frac{1}{2}, \frac{1}{3}, \frac{2}{3}, \frac{1}{4}, \frac{3}{4}, \frac{1}{5}, \frac{2}{5}, \frac{3}{5}, \frac{4}{5}, \cdots\right\}$$

可见 Q_0 为可列集. $\square$

可列集有以下性质.

定理 1.7.2 有限个或可列个可列集的并集为可列集.

证 设 $A_1, A_2, \cdots, A_n, \cdots$ 均为可列集：

$$A_1 = \{a_{11}, a_{12}, a_{13}, \cdots, a_{1n}, \cdots\};$$
$$A_2 = \{a_{21}, a_{22}, a_{23}, \cdots, a_{2n}, \cdots\};$$
$$\cdots$$

$$A_n = \{a_{n1}, a_{n2}, a_{n3}, \cdots, a_{nn}, \cdots\};$$
$$\cdots\cdots$$

那么可将 $\overset{\infty}{\underset{n=1}{\bigcup}} A_n$ 的元素按如下方式排成一列：

$$\overset{\infty}{\underset{n=1}{\bigcup}} A_n = \{a_{11}, a_{12}, a_{21}, a_{13}, a_{22}, a_{31}, \cdots\},$$

在排列过程中，如果某个 a_{ij} 在前面已出现，就将它删去.这就说明 $\overset{\infty}{\underset{n=1}{\bigcup}} A_n$ 为可列集.类似地，可以证明有限个可列集的并集是可列集. □

例 1.7.8　有理数全体 $\mathbf{Q}$ 为可列集.

证　记 Q_n 为 $[n, n+1)$ 内的有理数全体，那么 $Q_n \sim [0,1) \bigcap \mathbf{Q}$,为可列集.所以

$$Q = Q_0 \bigcup Q_1 \bigcup Q_{-1} \bigcup Q_2 \bigcup Q_{-2} \bigcup \cdots$$

为可列集. □

定理 1.7.3　任一无限集都含有可列子集.

证　设 A 为无限集，则 A 必定非空.任取元素 $a_1 \in A$,那么 $A - \{a_1\}$ 仍为无限集.在 $A - \{a_1\}$ 中再取元素 a_2,则 $A - \{a_1, a_2\}$ 仍为无限集.将这个过程重复下去，显然不会经有限次而中止，因 A 是无限集.这样可得可列集 $\{a_1, a_2, \cdots, a_n, \cdots\}$,它是 A 的子集. □

这个定理表明:可列集是基数最小的无限集.那么是否存在基数不是 $\aleph_0$ 的无限集?结论是肯定的.我们有下面的定理:

定理 1.7.4　实数集的子集 $[0,1]$ 是不可列集.

证　用反证法.假设 $[0,1]$ 可列，它的所有元素可以排成一无限序列: $x_1, x_2, \cdots,$ $x_n, \cdots$,并将每个 x_n 用十进位小数表示:

$$x_1 = 0.\, x_{11} x_{12} x_{13} \cdots x_{1n} \cdots$$
$$x_2 = 0.\, x_{21} x_{22} x_{23} \cdots x_{2n} \cdots$$
$$\cdots\cdots$$
$$x_n = 0.\, x_{n1} x_{n2} x_{n3} \cdots x_{nn} \cdots$$
$$\cdots\cdots$$

现在另作一个十进位小数 $x = 0.\, a_1 a_1 \cdots a_n \cdots$,其中

$$a_i = \begin{cases} 2, & \text{当 } x_{ij} = 1 \text{ 时}; \\ 1, & \text{当 } x_{ij} \neq 1 \text{ 时}. \end{cases}$$

那么 $x \in [0,1]$,但与所有 x_i 都不同.这与假设矛盾.所以 $[0,1]$ 不是可列集. □

集合 $[0,1]$ 的基数称为**连续统**,记为 c 或 $\aleph$.

例 1.7.9　设 $I = [a,b]\,(a<b)$,则 $\overline{\overline{I}} = c$.

证　设 $\varphi(x) = a + (b-a)x$,则 φ 为 $[0,1]$ 与 $[a,b]$ 间的一一映射，所以 $I \sim [0,1]$. □

今设 I 为任一区间，开的或闭的.那么必有两闭区间 I_1, I_2 使

$$I_1 \subseteq I \subseteq I_2.$$

注意 $\overline{\overline{I_1}} = \overline{\overline{I_2}} = c$,所以 $\overline{\overline{I}} = c$.即直线上的任一非空区间都具连续统基数.不但如此，由例 1.7.3 知，实数集 $\mathbf{R}$ 的基数也是 c.那么还存在基数比 c 更大的无限集? 回答是肯定的.事实上我们可以证明任给集合 A,总存在另一集合 B,使 $\overline{\overline{B}} > \overline{\overline{A}}$.即具有最大基数的集合是不存

在的.

1.7.5 无限集的特征

从前面的例子中看到,偶数集 N_1 与自然数集 N 对等,区间 $(0,1)$ 与实数集 R 对等.而这表明集合 N_1 与 N,$(0,1)$ 与 R 所含的元素"一样多",粗看起来这是不可思议的,因为 N_1 和 $(0,1)$ 分别是 N 和 R 的真子集!但这是事实,而且一般的无限集都有这种特性.

定理 1.7.5 任一无限集必与它的一个真子集对等.

证 设 A 为无限集,则由定理 1.7.3,A 存在可列子集,设为 $M=\{x_1,x_2,\cdots,x_n,\cdots\}$. 现在记 $A_1=A-\{x_1\}$,并作 A 到 A_1 的映射 f 如下:$\forall x\in A$,

$$f(x)=\begin{cases} x, & \text{当 } x\in A-M \text{ 时;} \\ x_{i+1}, & \text{当 } x=x_i\in M \text{ 时},i=1,2,3,\cdots \end{cases}$$

那么 f 是 A 与 A_1 间的一一对应,所以 $A\sim A_1$.而 A_1 显然是 A 的一个真子集. □

另一方面我们可以证明:任一有限集都不可能与其某个真子集对等.因此,能与自身某个真子集对等是无限集所特有的性质.这样,就可以给出无限集的一个新定义.

定义 1.7.6 凡与自己某个真子集对等的集称为无限集.

例 1.7.10 因为 $N\sim N_1$,N_1 是 N 的一个真子集,所以 N 是无限集.同理,R、$(0,1)$ 都是无限集.

习 题 1.7

1. 证明下列各组集合是对等的:

(1) $A=(0,1)$,$B=(3,7)$; (2) $A=N$,$B=N\times N$;

(3) $A=\{(x,y)\mid x^2+y^2=1\}$,$B=\{(x,y)\mid x^2+y^2=4\}$;

(4) $A=\{3,6,9,\cdots,3n,\cdots\}$,$B=\{1,3,5,\cdots,2n-1,\cdots\}$.

2. 证明下列集合为可列集:

(1) 整系数多项式全体; (2) 代数数全体; (3) 质数全体.

3. 设 A 为平面内的正方形:$A=\{(x,y)\mid 0\leqslant x\leqslant 1,0\leqslant y\leqslant 1\}$,证明:$\overline{\overline{A}}=c$.

4. 证明:$\overline{\overline{R^2}}=c$.

第 1 章 复 习 题

1. 证明:对任意集合 A、B、C,等式 $A-(B-C)=(A-B)-C$ 成立的充要条件是 $A\cap C=\varnothing$.

2. 设 $\{A_n\}$ 是一集族,令 $B_1=A_1$,$B_n=A_n-\bigcup\limits_{k=1}^{n-1}A_k(n>1)$,证明:

(1) $B_1,B_2,\cdots,B_n,\cdots$ 是一列两两互不相交的集合;

(2) $\bigcup\limits_{k=1}^{n}A_k=\bigcup\limits_{k=1}^{n}B_k$.

3. 设 a,b 为实数,证明:

(1) $\max(a,b)=\dfrac{a+b+|a-b|}{2}$; (2) $\min(a,b)=\dfrac{a+b-|a-b|}{2}$.

4. 已知函数 $f\left(\dfrac{1}{x}\right)=x+\sqrt{1+x^2}$，求 $f(x)$.

5. 设函数 $f(x)=\dfrac{x}{1+x^2}$，求 $\underbrace{(f\circ f\circ\cdots\circ f)}_{n\text{次}}(x)$.

6. 设函数 $f(x)=\dfrac{ax+b}{cx+d}$，问 a、b、c、d 满足什么条件时，$f(f(x))=x$ 成立？

7. 求下列集合的上下确界（需说明理由）：

(1) $E=\{x\,|\,x^2<2\}$；　　　　　　　　　(2) $E=\{x\,|\,x$ 为 $(0,1)$ 内的无理数$\}$；

(3) $E=\left\{x\,\Big|\,x=1-\dfrac{1}{2^n},n=1,2,\cdots\right\}$.

8. 设 S 为非空有界集，定义 $S^-=\{x\,|\,-x\in S\}$，证明：

(1) $\inf S^-=-\sup S$；　　　　　　　　　(2) $\sup S^-=-\inf S$.

第2章 极 限

2.1 数列极限概念

2.1.1 数列极限概念

在初等数学中,研究的对象和方法都是建立在"有限"基础上的.要求一个数,经过有限步代数运算即可算出它的准确值,要确定某种性质,通过有限步推理或运算就能作出正确判断等等.但这种思想方法,在许多实际问题中并不适用,下面就是一个典型的例子.

例 2.1.1 计算由抛物线 $y=x^2$, Ox 轴和直线 $x=1$ 围成的曲边三角形 OAB 的面积 A(图 2.1.1).

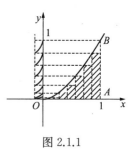

图 2.1.1

在初等数学中,我们只会求矩形、三角形、梯形等直线形和圆的面积.图形 OAB 不是直线形,而且也不能分割成有限个直线形,所以就不能用初等数学中的方法求它的面积.但我们可以用下面的方法:

首先将区间 $[0,1]$ 用分点

$$\frac{1}{n}, \frac{2}{n}, \cdots, \frac{n-1}{n}$$

n 等分,然后过每个分点作垂直于 OA 的直线将曲边三角形 OAB 分成 n 个小曲边梯形. 现在每个小曲边梯形都用底相同,高等于底左端点函数值的矩形近似代替,就得如图 2.1.1中有斜线的阶梯形.设这个阶梯形的面积为 A_n,那么

$$A_n = 0 \cdot \frac{1}{n} + \left(\frac{1}{n}\right)^2 \cdot \frac{1}{n} + \left(\frac{2}{n}\right)^2 \cdot \frac{1}{n} + \cdots + \left(\frac{n-1}{n}\right)^2 \cdot \frac{1}{n}$$

$$= \frac{1}{n^3}[1^2 + 2^2 + \cdots + (n-1)^2]$$

$$= \frac{1}{6}\left(1 - \frac{1}{n}\right)\left(2 - \frac{1}{n}\right). \tag{1}$$

从图 2.1.1还可看出,A_n 与曲边三角形 OAB 面积相差不超过边长分别为 $\frac{1}{n}$ 和 1 的矩形面积,即不超过 $\frac{1}{n}$.可见 A_n 可取作曲边三角形 OAB 面积 A 的近似值.而且 n 越大,误差

就越小.另一方面,从(1)式可以看出,n 越大,A_n 就越接近于 $\dfrac{1}{3}$.因此,曲边三角形 OAB 的面积 A 应等于 $\dfrac{1}{3}$. $\square$

这种求面积方法,古希腊人称之为"穷竭法".它的特点是通过无限多次运算逐步逼近所要的准确结果.这就是所谓极限方法,它是微积分中最基本的方法.

极限概念与方法,在我国也早已有之.例如,三国时期刘徽创造的"割圆术"就是典型例子.为了求圆的周长,可作圆的内接正三边形、内接正六边形、…、内接正 3×2^n 边形、….假定这些内接正多边形的周长依次为 $A_1,A_2,\cdots,A_n,\cdots$.

刘徽断言:"割之弥细,所失弥少.割之又割,又至于不可割,则与圆周合体而无所失矣."显然,这也是极限方法.

下面我们将较为系统地介绍这一方法.

2.1.2 数列极限的定义

定义在自然数集 **N** 上的函数

$$f:\mathbf{N}\to\mathbf{R}$$

称为**数列**.假定 f 为数列,那么就可以按照一定的顺序将它的函数值排成一列:

$$x_1,x_2,\cdots,x_n,\cdots \tag{2}$$

数列(2)也可简记为 $\{x_n,n=1,2,\cdots\}$ 或 $\{x_n\}$.其中 x_1 称为数列的**首项**,x_n 称为数列的第 n 项或**通项**.确定数列通项 x_n 的公式 $f(n)$ 就称为它的通项公式.前面在求曲边三角形 OAB 面积时得到的 $A_1,A_2,\cdots,A_n,\cdots$ 就是数列,它的通项公式为

$$A_n=\frac{1}{6}\left(1-\frac{1}{n}\right)\left(2-\frac{1}{n}\right).$$

下面是数列的另外一些例子:

$$1,\frac{1}{2},\frac{1}{3},\cdots,\frac{1}{n},\cdots; \tag{3}$$

$$\frac{2}{1},\frac{3}{2},\frac{4}{3},\cdots,\frac{n+1}{n},\cdots; \tag{4}$$

$$1,-1,1,\cdots,(-1)^{n-1},\cdots; \tag{5}$$

$$1,2,2^2,\cdots,2^{n-1},\cdots. \tag{6}$$

它们的通项分别是 $\dfrac{1}{n},\dfrac{n+1}{n},(-1)^{n-1}$ 和 2^{n-1}.

我们已看到,当 n 无限增大时,(1)中的数列 $\{A_n\}$ 无限接近于常数 $\dfrac{1}{3}$.同样的,当 n 无限增大时,(3)和(4)中的数列分别无限地接近常数 0 和 1.这种当 n 无限增大时,与一个常数无限接近的数列,叫作**收敛数列**,相应的常数叫作这个数列的**极限**.如果数列 $\{x_n\}$ 收敛,极限是 a,就记作

$$\lim_{n\to+\infty}x_n=a.$$

这样,数列(1)是收敛的,且

$$\lim_{n \to +\infty} A_n = \lim_{n \to +\infty} \frac{1}{6}\left(1-\frac{1}{n}\right)\left(2-\frac{1}{n}\right) = \frac{1}{3}.$$

(3)和(4)中的数列也是收敛的,且

$$\lim_{n \to +\infty} \frac{1}{n} = 0,$$

$$\lim_{n \to +\infty} \frac{n+1}{n} = 1.$$

(5)、(6)中的数列是不收敛的.因为对(5),当 n 增大时,各项的值始终在 1 和 -1 两个数上做来回跳动;对(6),当 n 增大时,2^n 的值也越来越大.所以当 n 无限增大时,这两个数列的项都不会无限地接近于一个确定的常数 a.

不收敛的数列就称为**发散数列**.$\{(-1)^n\}$ 和 $\{2^n\}$ 是发散数列.

2.1.3 数列极限定义

上面介绍了极限概念,但这只是一种通俗的描述,不能用作数学推理的根据.因为"无限增大""无限接近"等说法是很含糊的,没有确切的数学含义.为了给数列极限以正式的定义,就必须用明白无误的数学语言给出"无限增大""无限接近"等说法的确切含义.为此,我们重新回到曲边三角形 OAB 的面积问题.

我们知道,当 n 无限增大时,阶梯形面积 A_n 无限接近曲边三角形 OAB 的面积 A,是指 A_n 与 A 的误差要多小,就能多小,只要 n 充分大.例如,如果给定误差 $\frac{1}{100}$,那么由 $|A_n - A| < \frac{1}{n}$ 知,只要 $\frac{1}{n} < \frac{1}{100}$,或 $n > 100$,即数列 A_n 从第 101 项开始,都能有

$$|A_n - A| < \frac{1}{100}.$$

如果给定的误差为 $\frac{1}{1\,000}$,那么只要 $n > 1\,000$,即数列从第 1 001 项开始,都能使

$$|A_n - A| < \frac{1}{1\,000}$$

成立.总之,任意给定误差 $\varepsilon > 0$,总能找到一个号码,当 n 大过这个号码以后时,A_n 与 A 的误差就小于 ε,即 $|A_n - A| < \varepsilon$.如果给定的误差再小,那么只要 n 大到更大的程度时,上面的不等式仍能成立.这样,我们就可以给出数列极限的严格定义了:

定义 2.1.1 设有数列 $\{x_n\}$ 和常数 a.如果 $\forall \varepsilon > 0$,$\exists$ 非负整数 N,当 $n > N$ 时有

$$|x_n - a| < \varepsilon, \tag{7}$$

则称数列 $\{x_n\}$ 的极限为 a,或称数列 $\{x_n\}$ 收敛于 a.并记为

$$\lim_{n \to +\infty} x_n = a,$$

或

$$x_n \to a \, (n \to +\infty).$$

因为数 x_n、a 等可以用数轴上的点表示,不等式 $|x_n - a| < \varepsilon$ 表示点 x_n 位于点 a 的 ε-邻域 $U(a, \varepsilon)$ 之内,所以数列 $\{x_n\}$ 收敛于 a 的几何意义是:对任意正数 ε,必定存在某

个正整数 N，使数列 $\{x_n\}$ 中下标大于 N 的那些项 x_n 都落在邻域 $U(a,\varepsilon)$ 之内.在邻域 $U(a,\varepsilon)$ 之外的，只有有限多项(图 2.1.2).

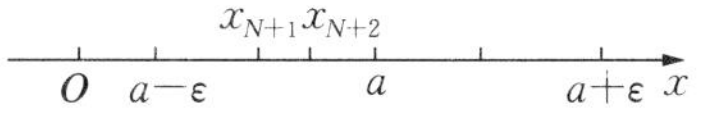

图 2.1.2

注意：上面定义中的 ε 是用来衡量 x_n 与 a 的接近程度的.所以为了表达 x_n 无限接近于 a，就必须要求它是要多小就多小的正数，即是一个可以任意小的正数，而不是一个固定的很小的数，如 $1/1\,000$、$1/10\,000$，甚至 $1/10^{100}$.这个任意给定的正数不一定要用 ε，也可以用 2ε、3ε、$\sqrt{\varepsilon}$、ε^2 等表示，因为后者也表达了"要多小就多小"的意思.

另外，定义中的 N 是随着 ε 的给定而选定的，所以可以写成 $N=N(\varepsilon)$.但 N 并非由 ε 唯一确定，因为对给定的 ε，如果 $N=100$ 能满足要求，那么 $N=101,102,\cdots$ 都能满足要求.

例 2.1.2　求证：$\lim\limits_{n\to+\infty}\dfrac{1}{n^k}=0$，其中 k 为正数.

证　因

$$\left|\frac{1}{n^k}-0\right|=\frac{1}{n^k}.$$

所以 $\forall\varepsilon>0$，要使

$$\left|\frac{1}{n^k}-0\right|<\varepsilon,$$

只要 $\dfrac{1}{n^k}<\varepsilon$ 或 $n>\left(\dfrac{1}{\varepsilon}\right)^{\frac{1}{k}}$.

所以取正整数 $N\geqslant\left(\dfrac{1}{\varepsilon}\right)^{\frac{1}{k}}$，则当 $n>N$ 时就有 $\left|\dfrac{1}{n^k}-0\right|<\varepsilon$，即

$$\lim\limits_{n\to+\infty}\frac{1}{n^k}=0.$$

例 2.1.3　求证：$\lim\limits_{n\to+\infty}q^n=0(0<q<1)$.

证　$\forall\varepsilon>0$，不妨假定 $\varepsilon<1$，要使 $|q^n-0|=q^n<\varepsilon$，只要 $n\lg q<\lg\varepsilon$ 或 $n>\dfrac{\lg\varepsilon}{\lg q}$.

所以取 $N\geqslant\dfrac{\lg\varepsilon}{\lg q}$，那么当 $n>N$ 时就有 $|q^n-0|<\varepsilon$，即

$$\lim\limits_{n\to+\infty}q^n=0.$$

例 2.1.4　证明：$\lim\limits_{n\to+\infty}\dfrac{2n^2+1}{n^2+n+1}=2$.

证　因

$$\left|\frac{2n^2+1}{n^2+n+1}-2\right|=\left|\frac{-2n-1}{n^2+n+1}\right|=\frac{2n+1}{n^2+n+1}<\frac{2n+n}{n^2}=\frac{3}{n},$$

所以 $\forall\varepsilon>0$，要使

$$\left|\frac{2n^2+1}{n^2+n+1}-2\right|<\varepsilon,$$

只需

$$\frac{3}{n}<\varepsilon \text{ 或 } n>\frac{3}{\varepsilon},$$

所以取 $N\geqslant\frac{3}{\varepsilon}$,那么当 $n>N$ 时,就有

$$\left|\frac{2n^2+1}{n^2+n+1}-2\right|<\varepsilon.$$

所以

$$\lim_{n\to+\infty}\frac{2n^2+1}{n^2+n+1}=2.$$ □

从上面三个例子可以看出,当用极限定义直接证明极限等式时,给了 ε,只要证明存在一个正整数 N 满足要求就可以了.所以当不等式 $|x_n-a|<\varepsilon$ 难解时,可将 $|x_n-a|$ 适当放大,使它小于某个量 $A(n)$.那么当 $A(n)<\varepsilon$ 时,必有 $|x_n-a|<\varepsilon$.如果不等式 $A(n)<\varepsilon$ 比较容易解,那么由此即可选择所要的 N.例如,在例 2.1.4 中,不等式

$$\left|\frac{2n^2+1}{n^2+n+1}-2\right|=\frac{2n+1}{n^2+n+1}<\varepsilon$$

较难解,将 $\frac{2n+1}{n^2+n+1}$ 适当放大,得

$$\frac{2n+1}{n^2+n+1}<\frac{3}{n},$$

那么不等式 $\frac{3}{n}<\varepsilon$ 就容易解得多,这样便可很方便地选取所要的 N.

例 2.1.5 证明:数列 $x_n=(-1)^n$ 极限不存在.

证 设 a 为任意实数,取 $\varepsilon_0=\frac{1}{2}$.那么不论 N 多么大,总存在两个号码 $2k$、$2k-1>N$.此时在数列的项

$$x_{2k}=(-1)^{2k} \text{ 和 } x_{2k-1}=(-1)^{2k-1}$$

中,总有一个在邻域 $\left(a-\frac{1}{2},a+\frac{1}{2}\right)$ 之外,这说明 a 不可能是数列 $\{x_n\}$ 的极限. □

习 题 2.1

1. 设 $x_n=\frac{n}{n+1},a=1$.

(1) 写出数列 $\{x_n\}$ 的前 n 项,观察它是否与 1 越来越接近;

(2) 如果要使 $|x_n-1|<\varepsilon$,那么 n 应取多大? 其中 ε 分别取 $0.1,0.01,0.001$.

(3) 对(2)中的那些 ε 分别求出极限定义中相应的 N.这样的 N 是否只能找到一个?

(4) 对上述 ε 的三个值找到了相应的 N,是否便可断言 $\lim_{n\to+\infty}x_n=1$? 为什么?

2. 以下几种叙述与极限 $\lim x_n = a$ 的定义是否等价? 为什么?

(1) $\forall \varepsilon > 0, \exists N \in \mathbf{N}$, 使 $\forall n \geqslant N$ 有 $|x_n - a| \leqslant \varepsilon$;

(2) 对无限多个正数 ε, 存在 $N \in \mathbf{N}$, 使 $\forall n > N$, 有 $|x_n - a| < \varepsilon$;

(3) 对任一 $k \in \mathbf{N}, \exists N \in \mathbf{N}$, 使 $\forall n > N$, 有 $|x_n - a| < \dfrac{1}{k}$;

(4) $\forall \varepsilon > 0$, 在 $\{x_n\}$ 中有无限多项位于邻域 $(a - \varepsilon, a + \varepsilon)$ 之内;

(5) 对任意两个正数 $\varepsilon_1, \varepsilon_2$, 只有有限多个 x_n 位于区间 $(a - \varepsilon_1, a + \varepsilon_2)$ 之外.

3. 根据极限的定义, 证明:

(1) $\lim\limits_{n \to +\infty} \dfrac{2n+3}{n} = 2$;

(2) $\lim\limits_{n \to +\infty} \dfrac{3n^2 + n}{n^2 + 1} = 3$;

(3) $\lim\limits_{n \to +\infty} 0.\underbrace{33\cdots3}_{n \uparrow} = \dfrac{1}{3}$;

(4) $\lim\limits_{n \to +\infty} \sin \dfrac{\pi}{n} = 0$;

(5) $\lim\limits_{n \to +\infty} (\sqrt{n+1} - \sqrt{n-1}) = 0$.

4. 证明下列极限:

(1) $\lim\limits_{n \to +\infty} \sqrt[n]{n} = 1$;

(2) $\lim\limits_{n \to +\infty} \dfrac{1 + 2 + \cdots + n}{n^2} = \dfrac{1}{2}$.

5. 证明: 如果 $\lim\limits_{n \to +\infty} x_n = a$, 则对任一自然 k, $\lim\limits_{n \to +\infty} x_{n+k} = a$.

6. 证明: 如果 $\lim\limits_{n \to +\infty} x_n = a$, 则 $\lim\limits_{n \to +\infty} |x_n| = |a|$.

2.2 数列极限的性质

前面介绍了数列极限的定义, 但没有提供求极限的方法. 为此, 我们先介绍极限的一些性质, 并在此基础上介绍求极限的一些方法.

2.2.1 唯一性

定理 2.2.1 如果数列 $\{x_n\}$ 收敛, 则极限唯一.

证 用反证法. 假定 $\{x_n\}$ 有两个不同的极限 a 和 b, 且 $a < b$, 那么对 $\varepsilon = \dfrac{b-a}{2} > 0$, $\exists N_1$, 使当 $n > N_1$ 时 $|x_n - a| < \varepsilon$, 此时有

$$x_n < a + \varepsilon = \frac{a+b}{2}. \tag{1}$$

又 $\exists N_2$, 当 $n > N_2$ 时 $|x_n - b| < \varepsilon$, 此时有

$$x_n > b - \varepsilon = \frac{a+b}{2}. \tag{2}$$

现取 $N = \max(N_1, N_2)$, 当 $n > N$ 时, 不等式(1)和(2)要同时成立, 这是不可能的. $\quad\square$

由这个定理知, 不管我们用什么方法求极限, 所得的结果就是所要求的.

2.2.2 有界性

因数列是定义在自然数集上的函数, 所以由函数的有界性定义可得有界数列的定义: 如果存在常数 $M > 0$, 使 $\forall n \in \mathbf{N}$,

$$|x_n| \leqslant M,$$

则称数列 $\{x_n\}$ 有界.

定理 2.2.2 如果数列 $\{x_n\}$ 收敛,则有界.

证 设 $\{x_n\}$ 的极限为 a,则对 $\varepsilon=1$,$\exists$ 整数 $N>0$,使 $\forall n>N$,$|x_n-a|<1$.此时

$$|x_n| = |x_n-a+a| \leqslant |x_n-a|+|a| < 1+|a|.$$

现在取

$$M = \max(|x_1|,|x_2|,\cdots,|x_N|,1+|a|),$$

那么 $\forall n \in \mathbf{N}$,有

$$|x_n| \leqslant M. \qquad\qquad \square$$

由定理 2.2.2,无界数列必定不收敛.但有界数列未必一定收敛.例如,数列 $\{(-1)^n\}$ 是有界的,但不收敛.所以有界性只是数列收敛的必要条件,而不是充分条件.

2.2.3 极限的四则运算

定理 2.2.3 如果极限 $\lim\limits_{n \to +\infty} x_n$,$\lim\limits_{n \to +\infty} y_n$ 都存在,则

(1) $\lim\limits_{n \to +\infty}(x_n \pm y_n) = \lim\limits_{n \to +\infty} x_n \pm \lim\limits_{n \to +\infty} y_n$;

(2) $\lim\limits_{n \to +\infty} x_n y_n = \lim\limits_{n \to +\infty} x_n \cdot \lim\limits_{n \to +\infty} y_n.$

(3) 如果 $y_n \neq 0$,$\lim\limits_{n \to +\infty} y_n \neq 0$,则 $\lim\limits_{n \to +\infty} \dfrac{x_n}{y_n} = \dfrac{\lim\limits_{n \to +\infty} x_n}{\lim\limits_{n \to +\infty} y_n}.$

证 (1) 设 $\lim\limits_{n \to +\infty} x_n = a$,$\lim\limits_{n \to +\infty} y_n = b$.则 $\forall \varepsilon>0$,$\exists N_1$,使 $\forall n>N_1$,

$$|x_n-a|<\varepsilon;$$

$\exists N_2$,使 $\forall n>N_2$,

$$|y_n-b|<\varepsilon.$$

现取

$$N = \max(N_1,N_2),$$

那么当 $n>N$ 时,就有

$$|(x_n \pm y_n)-(a \pm b)| \leqslant |x_n-a|+|y_n-b| < \varepsilon+\varepsilon = 2\varepsilon.$$

由 ε 的任意性,就知极限 $\lim\limits_{n \to +\infty}(x_n \pm y_n)$ 存在,且

$$\lim\limits_{n \to +\infty}(x_n \pm y_n) = a \pm b = \lim\limits_{n \to +\infty} x_n \pm \lim\limits_{n \to +\infty} y_n.$$

(2) 仍设 $\lim\limits_{n \to +\infty} x_n = a$,$\lim\limits_{n \to +\infty} y_n = b$.那么和(1)相仿,$\forall \varepsilon>0$,$\exists N>0$,使 $\forall n>N$ 同时有

$$|x_n-a|<\varepsilon,|y_n-b|<\varepsilon.$$

又由定理 2.2.2,$\{y_n\}$ 为有界数列,故存在常数 $M>0$,使 $\forall n$,$|y_n| \leqslant M$.现在,

$$|x_n y_n - ab| = |x_n y_n - ay_n + ay_n - ab|$$
$$\leqslant |y_n||x_n-a|+|a||y_n-b|$$
$$\leqslant (M+|a|)\varepsilon,$$

由 ε 的任意性,就知

$$\lim_{n \to +\infty} x_n y_n = ab.$$

（3）由（2），只需证明 $\lim\limits_{n \to +\infty} \dfrac{1}{y_n} = \dfrac{1}{b}$.

因 $\lim\limits_{n \to +\infty} y_n = b$，故对 $\varepsilon_0 = \dfrac{|b|}{0}$，$\exists N_1$，使 $\forall n > N_1$，$|y_n - b| < \dfrac{|b|}{2}$，此时

$$|y_n| = |b - (b - y_n)| \geqslant |b| - |b - y_n| > |b| - \frac{|b|}{2} = \frac{|b|}{2} > 0.$$

又 $\forall \varepsilon > 0$，$\exists N_2$，使 $\forall n > N_2$，$|y_n - b| < \varepsilon$.
取 $N = \max(N_1, N_2)$，则
当 $n > N$ 时，

$$\left| \frac{1}{y_n} - \frac{1}{b} \right| = \frac{|y_n - b|}{|y_n b|} < \frac{\varepsilon}{\dfrac{|b|}{2} \cdot |b|} = \frac{2}{b^2} \varepsilon.$$

由 ε 的任意性，就得 $\lim\limits_{n \to +\infty} \dfrac{1}{y_n} = \dfrac{1}{b}$.　　　　　　　　　　□

注意：在定理 2.2.3 中，都是在两个极限 $\lim\limits_{n \to +\infty} x_n$，$\lim\limits_{n \to +\infty} y_n$ 存在的条件下，才能推出左端极限存在，并且等式成立.如果仅假定左端极限存在，那么右端的两个极限就不一定存在.例如，如取

$$x_n = (-1)^n, \quad y_n = (-1)^{n+1},$$

那么 $\lim\limits_{n \to +\infty} (x_n + y_n) = 0$，但 $\lim\limits_{n \to +\infty} x_n$、$\lim\limits_{n \to +\infty} y_n$ 都不存在.
极限的运算性质对求数列的极限是有用的.

例 2.2.1　求极限 $\lim\limits_{n \to +\infty} \dfrac{2n^2 + 1}{n^2 + n + 1}$.

解　因为 $\lim\limits_{n \to +\infty} \dfrac{1}{n} = 0$. $\lim\limits_{n \to +\infty} \dfrac{1}{n^2} = 0$.

所以由极限的运算性质

$$\lim_{n \to +\infty} \frac{2n^2 + 1}{n^2 + n + 1} = \lim_{n \to +\infty} \frac{2 + \dfrac{1}{n^2}}{1 + \dfrac{1}{n} + \dfrac{1}{n^2}} = \frac{\lim\limits_{n \to +\infty} \left(2 + \dfrac{1}{n^2}\right)}{\lim\limits_{n \to +\infty} \left(1 + \dfrac{1}{n} + \dfrac{1}{n^2}\right)}$$

$$= \frac{2 + \lim\limits_{n \to +\infty} \dfrac{1}{n^2}}{1 + \lim\limits_{n \to +\infty} \dfrac{1}{n} + \lim\limits_{n \to +\infty} \dfrac{1}{n^2}} = \frac{2 + 0}{1 + 0 + 0} = 2.　　　□$$

一般地，如果数列 $\{x_n\}$ 的通项是 n 的有理分式，且分子的次数不超过分母的次数，那么都可以用这种方法求出极限.

例 2.2.2　设 $|q| < 1$，求极限 $\lim\limits_{n \to +\infty} (1 + q + \cdots + q^{n-1})$.

解　因 $|q| < 1$，所以 $\lim\limits_{n \to +\infty} q^n = 0$，则

$$\lim_{n \to +\infty} (1 + q + \cdots + q^{n-1}) = \lim_{n \to +\infty} \frac{1 - q^n}{1 - q} = \frac{\lim\limits_{n \to +\infty} (1 - q^n)}{1 - q} = \frac{1}{1 - q}.　　□$$

2.2.4 极限不等式

定理 2.2.4 设 $\lim\limits_{n\to+\infty} x_n = a, a>0$(或 $a<0$),那么 $\exists N>0$,使 $\forall n>N$,有 $x_n>0$(或 $x_n<0$).

证 由 $\lim\limits_{n\to+\infty} x_n = a>0$,取 $\varepsilon = \dfrac{a}{2}$,则存在 $N>0$,使 $\forall n>N$,

$$|x_n - a| < \frac{a}{2}.$$

由此得 $x_n > a - \dfrac{a}{2} = \dfrac{a}{2} > 0$. ☐

定理 2.2.4 是说:如果一个数列的极限为正(负),那么这个数列从某一项开始也必为正(负).这就是所谓**保号性定理**.

保号性定理的逆定理不成立.如数列 $x_n = \dfrac{1}{n}, n\in\mathbf{N}$.虽然各项都是正的,但极限却等于零.

定理 2.2.5 设数列 $\{x_n\}$、$\{y_n\}$ 都收敛,且 $\forall n\in\mathbf{N}, x_n\leqslant y_n$,那么
$$\lim\limits_{n\to+\infty} x_n \leqslant \lim\limits_{n\to+\infty} y_n.$$

证 用反证法.如果
$$\lim\limits_{n\to+\infty} x_n > \lim\limits_{n\to+\infty} y_n,$$
那么
$$\lim\limits_{n\to+\infty} (x_n - y_n) > 0.$$
由保号性定理,$\exists N$,当 $n>N$ 时,$x_n - y_n > 0$ 或 $x_n > y_n$,与假设相矛盾. ☐

推论 设数列 $\{x_n\}$ 收敛且 $\forall n\in\mathbf{N}, x_n\geqslant 0$ 则 $\lim\limits_{n\to+\infty} x_n \geqslant 0$.

习 题 2.2

1. 求下列极限:

(1) $\lim\limits_{n\to+\infty} \dfrac{3n+1}{4n+3}$;

(2) $\lim\limits_{n\to+\infty} \dfrac{n^3+3n^2+1}{2n^3+4n+3}$;

(3) $\lim\limits_{n\to+\infty} \dfrac{n^2+n+1}{n^3+1}$;

(4) $\lim\limits_{n\to+\infty} \dfrac{3^n+(-2)^n}{3^{n+1}+(-2)^{n+1}}$.

2. 求下列极限:

(1) $\lim\limits_{n\to+\infty} \dfrac{1+a+\cdots+a^{n-1}}{1+b+\cdots+b^{n-1}}$,其中 $|a|<1, |b|<1$;

(2) $\lim\limits_{n\to+\infty} \left[\dfrac{1}{1\cdot 2} + \dfrac{1}{2\cdot 3} + \cdots + \dfrac{1}{n(n+1)}\right]$.

3. 回答下列问题:

(1) 若 $\{x_n\}$、$\{y_n\}$ 都发散,那么 $\{x_n+y_n\}$、$\{x_n\cdot y_n\}$ 的敛散性如何?

(2) 如果 $\lim\limits_{n\to+\infty} x_n = a\neq 0$,而 $\{y_n\}$ 发散,那么 $\{x_n+y_n\}$、$\{x_n y_n\}$ 的敛散性如何?

(3) 如果 $\lim\limits_{n\to+\infty} x_n = 0$,而 $\{y_n\}$ 发散,那么 $\{x_n+y_n\}$、$\{x_n y_n\}$ 的敛散性如何?

4. 直接用定义证明:如果 $\lim\limits_{n\to+\infty}x_n=a$,则 $\forall k\in\mathbf{R}$, $\lim\limits_{n\to+\infty}(kx_n)=ka$.

5. 证明下面数列不收敛:

(1) $\left\{(-1)^n\dfrac{n+1}{n}\right\}$;　　　　　　　　(2) $\left\{\sin\dfrac{n\pi}{4}\right\}$.

6. 证明 $\{a_n\}$ 收敛的充要条件是:$\{a_{2k-1}\}$ 和 $\{a_{2k}\}$ 都收敛,且极限相等.

2.3　数列收敛性判别方法

前面介绍了数列极限的定义和性质.在讨论这些性质时,都是预先假定数列是收敛的.但并不是所有数列都是收敛的.因此自然会问:哪些数列是收敛的? 如何判别一个数列收敛或发散? 本节就来讨论这个问题.

2.3.1　迫敛定理

定理 2.3.1　设有三个数列 $\{x_n\}$、$\{y_n\}$ 和 $\{z_n\}$ 满足

(1) $\forall n\in\mathbf{N}, x_n\leqslant y_n\leqslant z_n$;

(2) $\lim\limits_{n\to+\infty}x_n=\lim\limits_{n\to+\infty}z_n=a$;

则数列 $\{y_n\}$ 收敛,且 $\lim\limits_{n\to+\infty}y_n=a$.

证　由条件(2),$\forall\varepsilon>0$,$\exists N$,使 $\forall n>N$ 有
$$a-\varepsilon<x_n<a+\varepsilon, a-\varepsilon<z_n<a+\varepsilon.$$
由条件(1),当 $n>N$ 时,$a-\varepsilon<x_n\leqslant y_n\leqslant z_n<a+\varepsilon$,即
$$|y_n-a|<\varepsilon,$$
所以
$$\lim\limits_{n\to+\infty}y_n=a.\qquad\square$$

由定理 2.3.1 知,要证明数列 $\{y_n\}$ 收敛,只要找出两个有相同极限的收敛数列将 y_n 夹在中间就可以了.

例 2.3.1　求极限 $\lim\limits_{n\to+\infty}(\sqrt{n+1}-\sqrt{n})$.

解　因 $\forall n\in\mathbf{N}, 0<\sqrt{n+1}-\sqrt{n}=\dfrac{1}{\sqrt{n+1}+\sqrt{n}}<\dfrac{1}{\sqrt{n}}$.

而 $\lim\limits_{n\to+\infty}0=0$, $\lim\limits_{n\to+\infty}\dfrac{1}{\sqrt{n}}=0$,所以由定理 2.3.1,得
$$\lim\limits_{n\to+\infty}(\sqrt{n+1}-\sqrt{n})=0.\qquad\square$$

例 2.3.2　证明 $\lim\limits_{n\to+\infty}\sqrt[n]{a}=1, a>0$.

证　先假定 $a>1$.记 $\alpha_n=\sqrt[n]{a}-1>0$,那么由
$$a=(1+\alpha_n)^n=1+n\alpha_n+\cdots>n\alpha_n$$
得
$$0<\alpha_n<\frac{a}{n} \text{ 或 } 1<\sqrt[n]{a}<1+\frac{a}{n}.$$

而 $\lim\limits_{n\to+\infty}\left(1+\dfrac{a}{n}\right)=1$,所以由定理 2.3.1,$\lim\limits_{n\to+\infty}\sqrt[n]{a}=1$.

当 $0<a<1$ 时,$\dfrac{1}{a}>1$.所以

$$\lim_{n\to+\infty}\sqrt[n]{\dfrac{1}{a}}=1,$$

$$\lim_{n\to+\infty}\sqrt[n]{a}=\lim_{n\to+\infty}\dfrac{1}{\sqrt[n]{\dfrac{1}{a}}}=\dfrac{1}{\lim\limits_{n\to+\infty}\sqrt[n]{\dfrac{1}{a}}}=1.$$

2.3.2 单调数列的收敛性

设 $\{x_n\}$ 为数列,如果 $\forall n\in\mathbf{N}$,$x_{n+1}\geqslant x_n$(或 $\leqslant x_n$),就称 $\{x_n\}$ 是单调递增(递减)数列.类似地,可定义严格单调递增(递减)数列.

单调递增、单调递减数列统称为**单调数列**.

定理 2.3.2 单调有界数列必定存在极限.

证 设 $\{x_n\}$ 为单调递增有上界的数列.由确界原理,它必存在上确界,记为 a.

由上确界定义,$\forall\varepsilon>0$,在集合 $\{x_n\}$ 中必存在某个数,例如 x_N,使

$$a-\varepsilon<x_N\leqslant a<a+\varepsilon.$$

因 $\{x_n\}$ 是单调递增的,所以 $\forall n>N$,有

$$x_N\leqslant x_n\leqslant a,$$

从而 $a-\varepsilon<x_n<a+\varepsilon$,即

$$|x_n-a|<\varepsilon,$$

所以 $\{x_n\}$ 收敛,且 $\lim\limits_{n\to+\infty}x_n=a$.

同理可证单调递减有下界的数列也必收敛.

例 2.3.3 设 $y_n=1+\dfrac{1}{2!}+\dfrac{1}{3!}+\cdots+\dfrac{1}{n!}$.证明 $\{y_n\}$ 存在极限.

证 由 $y_{n+1}-y_n=\dfrac{1}{(n+1)!}>0$ 知,$\{y_n\}$ 是严格单调递增的;又由

$$y_n<1+\dfrac{1}{2}+\dfrac{1}{2^2}+\cdots+\dfrac{1}{2^{n-1}}=\dfrac{1-\dfrac{1}{2^n}}{1-\dfrac{1}{2}}<2$$

知 $\{y_n\}$ 有上界.所以存在极限.

例 2.3.4 设 $x_1=\sqrt{2}$,$x_2=\sqrt{2+\sqrt{2}}$,$x_3=\sqrt{2+\sqrt{2+\sqrt{2}}}$,$\cdots$ 证明数列 $\{x_n\}$ 收敛,且 $\lim\limits_{n\to+\infty}x_n=2$.

证 这个数列是由递推关系

$$\begin{cases}x_1=\sqrt{2};\\x_{n+1}=\sqrt{2+x_n},\ n=1,2,3,\cdots\end{cases}$$

定义的.利用数学归纳法容易证明：$\forall n \in \mathbf{N}, x_n < 2$，所以 $\{x_n\}$ 是有界的.

又由

$$x_{n+1} - x_n = \sqrt{2+x_n} - x_n = \frac{2+x_n-x_n^2}{\sqrt{2+x_n}+x_n} = \frac{(1+x_n)(2-x_n)}{\sqrt{2+x_n}+x_n} > 0$$

可知，$\{x_n\}$ 是严格单调递增的.所以 $\{x_n\}$ 是收敛的.

设 $\lim\limits_{n \to +\infty} x_n = x$，注意

$$x_{n+1}^2 = 2 + x_n,$$

在上式中令 $n \to +\infty$，利用极限的运算性质，就得

$$x^2 = 2 + x,$$

所以 $x = 2$（因 x_n 显然大于 0，另一解 $x = -1$ 不合题意，舍去）. □

2.3.3 柯西收敛准则

单调有界是数列收敛的充分条件，但不是必要的.因为收敛数列未必都是单调的，如 $\left\{\dfrac{(-1)^n}{n}\right\}$.下面给出数列收敛的一个充要条件.

定义 2.3.1 设 $\{x_n\}$ 为数列.如果 $\forall \varepsilon > 0, \exists N > 0$，使 $\forall n > N, m > N$

$$|x_m - x_n| < \varepsilon, \tag{1}$$

那么就称 $\{x_n\}$ 为**基本列**.

容易证明，如果数列 $\{x_n\}$ 收敛，那么 $\{x_n\}$ 必定是基本列.事实上，如果 $\lim\limits_{n \to +\infty} x_n = a$，则 $\forall \varepsilon > 0, \exists N$，当 $n, m > N$ 时有

$$|x_n - a| < \frac{\varepsilon}{2}, \quad |x_m - a| < \frac{\varepsilon}{2}.$$

此时

$$|x_m - x_n| \leqslant |x_m - a| + |a - x_n| < \frac{\varepsilon}{2} + \frac{\varepsilon}{2} = \varepsilon,$$

所以 $\{x_n\}$ 是基本列.

反之，如果 $\{x_n\}$ 是基本列，那么我们可以证明 $\{x_n\}$ 必定收敛，即下面的定理成立：

定理 2.3.3 数列 $\{x_n\}$ 收敛的充要条件是，它是基本列.

定理 2.3.3 也称为柯西(Cauchy)收敛准则.它的必要性已证明如前，它的充分性则可用单调有界收敛定理或确界原理加以证明.其实，确界原理、单调有界收敛定理和柯西收敛准则彼此是等价的，都是实数连续性的等价命题.实数连续性的等价命题除了这三个外，还有很多.

基本列定义中的条件(1)，也可写成下面的形式：$\forall \varepsilon > 0, \exists N$，使 $\forall n > N$ 及 $p > 0$

$$|x_{n+p} - x_n| < \varepsilon. \tag{2}$$

在实际应用中，常使用这种形式，因为它可使推理变得更加简洁.

例 2.3.5 证明数列 $x_n = 1 + \dfrac{\sin 2}{2^2} + \dfrac{\sin 3}{2^3} + \cdots + \dfrac{\sin n}{2^n}$ 收敛.

证 因 $\forall p > 0$，

$$|x_{n+p}-x_n|=\left|\frac{\sin(n+1)}{2^{n+1}}+\frac{\sin(n+2)}{2^{n+2}}+\cdots+\frac{\sin(n+p)}{2^{n+p}}\right|$$

$$\leqslant\frac{1}{2^{n+1}}+\frac{1}{2^{n+1}}+\cdots+\frac{1}{2^{n+p}}=\frac{1}{2^{n+1}}\cdot\frac{1-\frac{1}{2^p}}{1-\frac{1}{2}}<\frac{1}{2^n},$$

所以 $\forall\varepsilon>0$，只要取 $N\geqslant-\dfrac{\lg\varepsilon}{\lg 2}$，那么 $\forall n>N$，$\forall p>0$ 有

$$|x_{n+p}-x_n|<\varepsilon.$$

由柯西收敛准则，$\{x_n\}$ 收敛.

例 2.3.6 证明数列 $x_n=1+\dfrac{1}{2}+\dfrac{1}{3}+\cdots+\dfrac{1}{n}$ 发散. (3)

证 $\forall p>0$，

$$|x_{n+p}-x_n|=\frac{1}{n+1}+\frac{1}{n+2}+\cdots+\frac{1}{n+p}>\frac{p}{n+p},$$

所以对 $\varepsilon_0=\dfrac{1}{2}$，不论 N 多么大 $\forall n>N$，取 $p=n$，总有

$$|x_{n+p}-x_n|>\frac{1}{2}=\varepsilon_0,$$

所以数列 $\{x_n\}$ 不是基本列，数列发散.

2.3.4 数 e

现在介绍数学中的一个重要常数 e.先考虑下面的例子.

例 2.3.7 证明数列 $x_n=\left(1+\dfrac{1}{n}\right)^n$ 收敛.

证 数列 $\{x_n\}$ 是单调递增有上界的数列.事实上，由算术平均数-几何平均数不等式得

$$\sqrt[n+1]{\left(1+\frac{1}{n}\right)^n}=\sqrt[n+1]{1\cdot\left(1+\frac{1}{n}\right)^n}\leqslant\frac{1+n\cdot\left(1+\frac{1}{n}\right)}{n+1}=1+\frac{1}{n+1},$$

所以

$$x_n=\left(1+\frac{1}{n}\right)^n\leqslant\left(1+\frac{1}{n+1}\right)^{n+1}=x_{n+1}(n=1,2,\cdots)$$

即 $\{x_n\}$ 是单调递增的.

再由牛顿(Newton)二项公式，当 $n>2$ 时，

$$\left(1+\frac{1}{n}\right)^n=1+n\cdot\frac{1}{n}+\frac{n(n-1)}{2!}\cdot\frac{1}{n^2}+\cdots+\frac{n(n-1)\cdots(n-k+1)}{k!}\cdot\frac{1}{n^k}+\cdots+\frac{1}{n^n}$$

$$=1+1+\frac{1}{2!}\left(1-\frac{1}{n}\right)+\cdots+\frac{1}{k!}\left(1-\frac{1}{n}\right)\left(1-\frac{2}{n}\right)\cdots\left(1-\frac{k-1}{n}\right)+\cdots$$

$$+\frac{1}{n!}\left(1-\frac{1}{n}\right)\left(1-\frac{2}{n}\right)\cdots\left(1-\frac{n-1}{n}\right)$$

46

$$\leqslant 2+\frac{1}{2!}+\frac{1}{3!}+\cdots+\frac{1}{n!}<2+\frac{1}{2}+\frac{1}{2^2}+\cdots+\frac{1}{2^{n-1}}$$

$$<3.$$

所以 $\{x_n\}$ 又是有界数列.由定理 2.3.2,$\{x_n\}$ 是收敛的. □

数列 $x_n=\left(1+\frac{1}{n}\right)^n$ 的极限用 e 表示,它是数学中最重要的常数之一. e 是无理数,且是超越数,它的前 16 位近似值是

$$\mathrm{e}=2.718\ 281\ 828\ 459\ 045\cdots$$

以 e 为底的对数称为**自然对数**.数 a 的自然对数记为 $\ln a$.在数学分析中,经常使用自然对数,因为它能使许多公式变得特别简单.

习 题 2.3

1. 用迫敛定理求下列极限:

(1) $\lim\limits_{n\to+\infty}\sqrt{1+\frac{1}{n^2}}$;

(2) $\lim\limits_{n\to+\infty}(\sqrt{n^2+n}-n)$;

(3) $\lim\limits_{n\to+\infty}\left[\frac{1}{n^2}+\frac{1}{(n+1)^2}+\cdots+\frac{1}{(2n)^2}\right]$;

(4) $\lim\limits_{n\to+\infty}(a^n+b^n)^{\frac{1}{n}}$ $(0<a\leqslant b)$.

2. 证明下列数列收敛,并求极限:

(1) $x_n=\left(1-\frac{1}{2}\right)\left(1-\frac{1}{4}\right)\cdots\left(1-\frac{1}{2^n}\right)$,$n\in\mathbf{N}$;

(2) $a_1=\sqrt{2}$,$a_{n+1}=\sqrt{2a}$,$n\in\mathbf{N}$.

3. 设 $x_0=1$,$x_{n+1}=1+\frac{1}{x_n}$ $(n=0,1,2,\cdots)$,求 $\lim\limits_{n\to+\infty}x_n$.

4. 利用 $\lim\limits_{n\to+\infty}\left(1+\frac{1}{n}\right)^n=\mathrm{e}$,求下列极限:

(1) $\lim\limits_{n\to+\infty}\left(1+\frac{1}{n}\right)^{n+1}$;

(2) $\lim\limits_{n\to+\infty}\left(\frac{n+2}{n+1}\right)^n$;

(3) $\lim\limits_{n\to+\infty}\left(1+\frac{1}{2n}\right)^n$;

(4) $\lim\limits_{n\to+\infty}\left(1-\frac{1}{n}\right)^n$.

5. 从一个数列 $\{x_n\}$ 中顺次选出一部分项来,得一新的数列,称为 $\{x_n\}$ 的一个子序列.设 $\{x_n\}$ 为单调数列,而且存在一收敛的子序列,证明 $\{x_n\}$ 是收敛序列.

6. 证明下列数列收敛:

(1) $x_n=\sin x+\frac{\sin 2x}{2^2}+\cdots+\frac{\sin nx}{n^2}$,$x\in\mathbf{N}$,$x\in\mathbf{R}$;

(2) $x_n=a_0+\frac{a_1}{10}+\frac{a_2}{10^2}+\cdots+\frac{a_n}{10^n}$,$n\in\mathbf{N}$,

其中 $a_0,a_1,\cdots,a_n,\cdots$ 为 $0\sim9$ 十个整数中的一个.

2.4 函 数 的 极 限

前面介绍了数列极限的概念.数列 $\{x_n\}$ 实际上是定义在自然数集 $\mathbf{N}$ 上的函数,n 是自

变量.当我们研究在自变量 n 无限增大过程中,函数值 x_n 的变化规律时,就产生了数列极限的概念.而在许多实际问题中,我们更多的是要研究一般函数当自变量变化时,相应函数值的变化规律,这就引出了函数极限的概念.

由于函数自变量变化的方式有很多,如有的可趋于 $\pm\infty$,有的可趋于某个有限点,等等.所以函数极限也就有很多不同的类型.

2.4.1 自变量趋于无穷的极限

在一定环境下,下落雨滴的速率可用函数

$$y = A(1-\mathrm{e}^{-x}) \tag{1}$$

表示,其中 x 为时间,y 为雨滴速率,A 是常数.当我们要求雨滴最终可能达到的速率时,就要研究当自变量 x 无限增大时,相应函数值 y 的变化情况.在这个例子中可看到,x 无限增大时,y 和 A 无限接近.对照数列的情形,就将 A 定义为函数(1)当 $x \to +\infty$ 时的**极限**.这种类型极限的严格定义如下:

定义 2.4.1 设函数 $f(x)$ 在区间 $(a,+\infty)$ 上有定义,A 是确定的常数.如果 $\forall \varepsilon > 0$,$\exists X > 0$ 使 $\forall x > X$ 有

$$|f(x) - A| < \varepsilon,$$

就称 A 是函数 $f(x)$ 当 $x \to +\infty$ 时的**极限**,记为

$$\lim_{n \to +\infty} f(x) = A \text{ 或 } f(x) \to A(x \to +\infty). \tag{2}$$

极限(2)的几何意义是:$\forall \varepsilon > 0$,$\exists X > 0$,当 $x > X$ 时,函数 $y = f(x)$ 的图像便全部落入以直线 $y = A$ 为对称轴,宽度为 2ε 的带状区域内.即随着 x 的无限增大,函数的图像和直线 $y = A$ 将无限贴近(但不一定相交)(图 2.4.1).

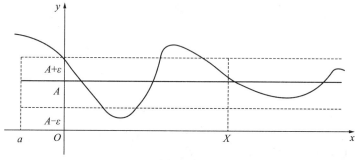

图 2.4.1

类似地可定义 $x \to -\infty$ 和 ∞ 时的极限:

定义 2.4.2 设函数 $f(x)$ 在 $(-\infty, a)$ 上有定义.如果 $\forall \varepsilon > 0$,$\exists X < 0$,使 $\forall x < X$ 有

$$|f(x) - A| < \varepsilon,$$

就称 A 是函数 $f(x)$ 当 $x \to -\infty$ 时的**极限**,记为 $\lim\limits_{n \to -\infty} f(x) = A$.

定义 2.4.3 设 $f(x)$ 在 $(-\infty, +\infty)$ 上有定义.如果 $\forall \varepsilon > 0$,$\exists X < 0$,使 $\forall |x| > X$ 有

$$|f(x) - A| < \varepsilon,$$

就称 A 是当 $x \to \infty$ 时函数 $f(x)$ 的**极限**,记为 $\lim\limits_{x \to \infty} f(x) = A$.

例 2.4.1　证明 $\lim\limits_{x \to +\infty} A(1-e^{-x})=A$.

证　因

$$|A(1-e^{-x})-A|=|A|\,e^{-x}.$$

所以 $\forall \varepsilon > 0$，要使 $|A(1-e^{-x})-A| < \varepsilon$，只需

$$|A|\,e^{-x} < \varepsilon \ \text{或} \ x > \ln\frac{|A|}{\varepsilon}.$$

所以可取 $X=\ln\dfrac{|A|}{\varepsilon}$，那么当 $x>X$ 时便有 $|A(1-e^{-x})-A| < \varepsilon$，即

$$\lim\limits_{x \to +\infty} A(1-e^{-x})=A.$$

注意：在此例中，当 $x \to -\infty$ 或 ∞ 时，极限都不存在.

例 2.4.2　证明：$\lim\limits_{x \to \infty}\dfrac{x^2}{1+x^2}=1$.

证　因

$$\left|\frac{x^2}{1+x^2}-1\right|=\frac{1}{1+x^2} < \frac{1}{x^2}.$$

所以 $\forall \varepsilon > 0$，取 $X=\sqrt{\dfrac{1}{\varepsilon}}$，则 $\forall \, |x| > X$，都有 $\left|\dfrac{x^2}{1+x^2}-1\right| < \dfrac{1}{x^2} < \varepsilon$，所以

$$\lim\limits_{x \to \infty}\frac{x^2}{1+x^2}=1.$$

注意：经此例中，当 $x \to +\infty$ 或 $-\infty$ 时，极限都存在而且相等. 一般地，我们有

定理 2.4.1　如果函数 $f(x)$ 在 $(-\infty, +\infty)$ 内有定义，那么 $\lim\limits_{x \to \infty} f(x)=A$ 的充要条件是 $\lim\limits_{x \to +\infty} f(x)=\lim\limits_{n \to -\infty} f(x)=A$.

2.4.2　x 趋于有限点时的极限

假定函数 $f(x)$ 在点 x_0 的去心邻域 $\mathring{U}(x_0, a)=\{x \mid 0 < |x-x_0| < a\}$ 内有定义，现在要研究当点 x 无限接近 x_0 时函数值 $f(x)$ 的变化规律.

定义 2.4.4　设函数 $f(x)$ 在 $\mathring{U}(x_0, a)$ 内定义，A 为给定常数. 如果 $\forall \varepsilon > 0$，$\exists \delta > 0$，使 $\forall x \in \mathring{U}(x_0, \delta)$ 有 $|f(x)-A| < \varepsilon$，就称 A 是函数 $f(x)$ 当 $x \to x_0$ 时的极限，记作

$$\lim\limits_{x \to x_0} f(x)=A \ \text{或} \ f(x) \to A \, (x \to x_0).$$

注意：在此定义中，只要求 f 在点 x_0 的近旁有定义，而并不要求 $f(x)$ 在点 x_0 处有定义，因为我们只研究 x 趋向于 x_0（但不等于 x_0）时函数值的变化趋势. 另外，如果 $f(x)$ 在 x_0 处有定义，也未必有 $A=f(x_0)$.

定义 2.4.4 也称为函数极限的 ε-δ 定义，它的几何意义是：$\forall \varepsilon > 0$，总 $\exists \delta > 0$，使当 $0 < |x-x_0| < \delta$ 时函数 $y=f(x)$ 的图像全部落在矩形

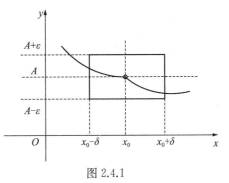

图 2.4.1

$$\{(x,y)\mid |x-x_0|<\delta, |y-A|<\varepsilon\}$$

之内,但点 $(x_0, f(x_0))$ 可能例外,如果 $f(x)$ 在 x_0 处有定义的话(图 2.4.1).

例 2.4.3 证明: $\lim\limits_{x\to 0} x\sin\dfrac{1}{x}=0$.

证 由

$$\left| x\sin\frac{1}{x} \right| \leqslant |x|$$

知, $\forall \varepsilon>0$,只要取 $\delta=\varepsilon$,那么当 $0<|x|<\delta$ 时,

$$\left| x\sin\frac{1}{x}-0 \right| \leqslant |x| < \varepsilon,$$

即

$$\lim_{x\to 0} x\sin\frac{1}{x}=0.$$

注意 在这个例子中,函数 $f(x)=x\sin\dfrac{1}{x}$ 在点 $x=0$ 处没有定义.

例 2.4.4 证明: $\lim\limits_{x\to 1}\dfrac{x^2-1}{x^2-3x+2}=-2$.

证 因为 $x\neq 1$,所以

$$\left| \frac{x^2}{x^2-3x+2}-(-2) \right| = \left| \frac{x+1}{x-2}+2 \right| = \frac{3|x-1|}{|x-2|}.$$

现在限制 $|x-1|<\dfrac{1}{2}$,即 $\dfrac{1}{2}<x<\dfrac{3}{2}$.此时 $|x-2|>\dfrac{1}{2}$,并有

$$\left| \frac{x^2-1}{x^2-3x+2}-(-2) \right| < 6|x-1|.$$

所以 $\forall \varepsilon>0$,只要取 $\delta=\min\left(\dfrac{\varepsilon}{6},\dfrac{1}{2}\right)$,那么当 $0<|x-1|<\delta$ 时,

$$\left| \frac{x^2-1}{x^2-3x+2}-(-2) \right| < 6|x-1| < \varepsilon,$$

即有

$$\lim_{x\to 1}\frac{x^2-1}{x^2-3x+2}=-2.$$

2.4.3 单侧极限

有些函数在某些点处可能仅在一侧有定义,如函数 $f(x)=\sqrt{1-x^2}$ 在点 $x_0=1$ 处,仅在左侧有定义;在点 $x_0=-1$ 处,仅在右侧有定义.又有些函数,如分段函数

$$f(x)=\begin{cases} x^2+1, & x\geqslant 1; \\ x-1, & x<1. \end{cases} \tag{3}$$

在点 $x_0=1$ 的左、右两侧有不同的解析式.函数在这些点处的求极限问题就只能单侧地加以研究,这就有了**单侧极限**的概念.

定义 2.4.5 设函数 $f(x)$ 在点 x_0 的右(左)侧邻域 (x_0, x_0+a) $((x_0-a, x_0))$ 内有定

义,A 为给定的常数.如果 $\forall \varepsilon > 0, \exists \delta > 0 (\delta < a)$,当 $0 < x - x_0 < \delta (-\delta < x - x_0 < 0)$ 时
$$|f(x) - A| < \varepsilon,$$

就称 A 为 $f(x)$ 当 $x \to x_0^+ (x_0^-)$ 时的右(左)极限,记作
$$\lim_{x \to x_0^+} f(x) = A (\lim_{x \to x_0^-} f(x) = A) \text{或} f(x) \to A(x \to x_0^+)(f(x) \to A(x \to x_0^-)).$$

左极限、右极限统称为单侧极限,它们的极限值常记为 $f(x_0 - 0)$ 和 $f(x_0 + 0)$,即
$$f(x_0 - 0) = \lim_{x \to x_n^-} f(x), f(x_0 + 0) = \lim_{x \to x_0^+} f(x).$$

例 2.4.5 设 $f(x)$ 为(3)式的函数.证明:$f(1+0) = 2, f(1-0) = 0$.

证 先证 $f(1+0) = 2$.限制 $0 < x - 1 < 1$,即 $x \in (1, 2)$.那么此时
$$|f(x) - 2| = |(x^2 + 1) - 2| = (x+1)(x-1) < 3(x-1),$$

所以 $\forall \varepsilon > 0$,取 $\delta = \min\left(\dfrac{\varepsilon}{3}, 1\right)$,则当 $0 < x - 1 < \delta$ 时便有 $|f(x) - 2| < \varepsilon$,即
$$f(1+0) = \lim_{x \to 1^+} f(x) = 2.$$

再证 $f(1-0) = 0$.当 $x < 1$ 时,
$$|f(x) - 0| = |x - 1| = 1 - x,$$

所以 $\forall \varepsilon > 0$,取 $\delta = \varepsilon$,则当 $-\delta < x - 1 < 0$ 时,$|f(x) - 0| < \varepsilon$,即
$$f(1-0) = \lim_{x \to 1^-} f(x) = 0.$$

函数 $f(x)$ 在点 x_0 处的三种极限虽有区别,但相互间也有联系.

定理 2.4.2 如果函数 $f(x)$ 在 $\overset{\circ}{U}(x_0, a)$ 内有定义,那么 $\lim\limits_{x \to x_0} f(x) = A$
的充要条件是
$$\lim_{x \to x_0^-} f(x) = \lim_{x \to x_0^+} f(x) = A.$$

证明较简单,留给读者.

习 题 2.4

1. 利用"$\varepsilon - X$"定义证明 $\lim\limits_{x \to +\infty} \dfrac{3x+1}{x+1} = 3$,

并填下表:

ε	0.1	0.01	0.001	0.000 1	...
X					...

2. 利用"$\varepsilon - \delta$"定义,证明 $\lim\limits_{x \to 3} \dfrac{x^2 - 9}{x - 3} = 6$,

并填下表:

ε	0.1	0.01	0.001	0.000 1	...
δ					...

3. 用定义证明：

(1) $\lim\limits_{x \to 1} x^3 = 1$；

(2) $\lim\limits_{x \to 1} \dfrac{x^4-1}{x-1} = 4$；

(3) $\lim\limits_{x \to 2} \sqrt{x^3+5} = 3$；

(4) $\lim\limits_{x \to 0} \cos x = 1$；

(5) $\lim\limits_{x \to +\infty} e^{-x} = 0$；

(6) $\lim\limits_{x \to +\infty} \dfrac{1}{x^k} = 0 (k > 0)$.

4. 研究下列函数在点 x_0 处的左、右极限或极限：

(1) $f(x) = \dfrac{|x|}{x}, x_0 = 0$；   (2) $f(x) = [x], x_0 = 2$；   (3) $f(x) = e^{\frac{1}{x}}, x_0 = 0$.

5. 设

$$f(x) = \begin{cases} x^2, & x \geqslant 2, \\ -ax, & x < 2. \end{cases}$$

(1) 求 $f(2-0), f(2+0)$；

(2) 当 a 取何值时，$\lim\limits_{x \to 2} f(x)$ 存在？

6. 设 $\lim\limits_{x \to x_0} f(x) = A$. 证明 $\lim\limits_{x \to x_0} |f(x)| = |A|$.

2.5 函数极限的性质

数列极限的一系列性质，如唯一性、有界性、保号性、四则运算性质、不等式等，都可推广到六种类型的函数极限中去. 现在以 $\lim\limits_{x \to x_0} f(x)$ 为例，列出有关性质.

2.5.1 唯一性

定理 2.5.1 若极限 $\lim\limits_{x \to x_0} f(x)$ 存在，则必唯一.

证 用反证法. 假定有两个不同的极限 A 和 B，且 $A < B$. 取 $r \in (A, B)$. 那么由极限的定义，对 $\varepsilon_1 = r - A$，$\exists \delta_1$，使 $\forall x \in \mathring{U}(x_0, \delta_1)$，

$$|f(x) - A| < \varepsilon_1 = r - A,$$

此时有

$$f(x) < A + \varepsilon_1 = r.$$

同样，对 $\varepsilon_2 = B - r$，$\exists \delta_2$，使 $\forall x \in \mathring{U}(x_0, \delta_2)$，

$$|f(x) - B| < \varepsilon_2 = B - r,$$

此时有

$$f(x) > B - \varepsilon_2 = r.$$

现在取 $\delta = \min(\delta_1, \delta_2)$，那么当 $x \in \mathring{U}(x_0, \delta)$ 时同时有

$$f(x) < r \quad 和 \quad f(x) > r,$$

这是不可能的.

类似地可以写出其余五种类型极限的唯一性定理.

2.5.2　局部有界性与局部保号性

定理 2.5.2　（**局部有界性**）如果极限 $\lim\limits_{x \to x_0} f(x)$ 存在,则 $f(x)$ 必在 x_0 的某个去心邻域 $\mathring{U}(x_0, \delta)$ 内有界.

证　假定 $\lim\limits_{x \to x_0} f(x) = A$,那么对 $\varepsilon = 1$,存在相应的 $\delta > 0$,使 $\forall x \in \mathring{U}(x_0, \delta)$,$|f(x) - A| < 1$,此时有

$$|f(x)| \leqslant |f(x) - A| + |A| < 1 + |A|.$$　　□

类似地,可以写出其余五种类型极限的局部有界性定理.例如,如果极限 $\lim\limits_{x \to +\infty} f(x)$ 存在,那么必定存在 $+\infty$ 的某个邻域 $(a, +\infty)$,使得 $f(x)$ 在该邻域内有界.

定理 2.5.3　（**局部保号性**）设 $\lim\limits_{x \to x_0} f(x) = A > 0$,则对任一正数 $r \in (0, A)$,存在 x_0 的去心邻域 $\mathring{U}(x_0, \delta)$ 使 $\forall x \in \mathring{U}(x_0, \delta)$ 有 $f(x) > r > 0$.

证　由极限的 ε-δ 定义,对 $\varepsilon_1 = A - r$,$\exists \delta > 0$,使 $\forall x \in \mathring{U}(x_0, \delta)$,$|f(x) - A| < \varepsilon_1$,此时
$$f(x) > A - \varepsilon_1 = A - (A - r) = r > 0.$$　　□

注意：如果定理中的 $A < 0$,那么对任一 $r \in (A, 0)$,存在 x_0 的某空心邻域 $\mathring{U}(x_0, \delta)$,使 $\forall x \in \mathring{U}(x_0, \delta)$,$f(x) < r < 0$.

2.5.3　不等式

定理 2.5.4　设函数 $f(x)$、$g(x)$ 在空心邻域 $\mathring{U}(x_0, a)$ 内有定义,且

(1) $f(x) \leqslant g(x)$　$(x \in \mathring{U}(x_0, a))$;
(2) 极限 $\lim\limits_{x \to x_0} f(x)$、$\lim\limits_{x \to x_0} g(x)$ 存在,则

$$\lim_{x \to x_0} f(x) \leqslant \lim_{x \to x_0} g(x).$$

证　用反证法.设 $\lim\limits_{x \to x_0} f(x) = A$,$\lim\limits_{x \to x_0} g(x) = B$ 且 $A > B$.则由极限定义,对 $\varepsilon = \dfrac{A - B}{2}$,

$\exists \delta_1 < a$,使 $\forall x \in \mathring{U}(x_0, \delta_1)$,$f(x) > A - \varepsilon = \dfrac{A + B}{2}$;

$\exists \delta_2 < a$,使 $\forall x \in \mathring{U}(x_0, \delta_2)$,$g(x) < B + \varepsilon = \dfrac{A + B}{2}$.

取 $\delta = \min(\delta_1, \delta_2)$,那么当 $x \in \mathring{U}(x_0, \delta)$ 时,$g(x) < \dfrac{A + B}{2} < f(x)$.与假设相矛盾.□

2.5.4　运算性质

定理 2.5.5　设函数 $f(x)$、$g(x)$ 在空心邻域 $\mathring{U}(x_0, a)$ 内有定义,且 $\lim\limits_{x \to x_0} f(x)$、$\lim\limits_{x \to x_0} g(x)$ 存在.

(1) $\lim\limits_{x\to x_0}(f(x)\pm g(x))=\lim\limits_{x\to x_0}f(x)\pm\lim\limits_{x\to x_0}g(x)$;

(2) $\lim\limits_{x\to x_0}f(x)\cdot g(x)=\lim\limits_{x\to x_0}f(x)\cdot\lim\limits_{x\to x_0}g(x)$;

(3) 如果在 $\mathring{U}(x_0,a)$ 内 $g(x)\neq 0$, 且 $\lim\limits_{x\to x_0}g(x)\neq 0$. 则 $\lim\limits_{x\to x_0}\dfrac{f(x)}{g(x)}=\dfrac{\lim\limits_{x\to x_0}f(x)}{\lim\limits_{x\to x_0}g(x)}$.

证明方法与数列极限相应定理的证法完全相同,这里从略.

利用极限的运算法则和一些简单函数的极限,可以求出较为复杂函数的极限.例如:

$$\lim\limits_{x\to x_0}x=x_0.$$

由乘法法则,对任意常数 A 和自然数 k,

$$\lim\limits_{x\to x_0}Ax^k=Ax_0^k.$$

从而对任意多项式 $P(x)$,

$$\lim\limits_{x\to x_0}P(x)=P(x_0).$$

例 2.5.1 求极限 $\lim\limits_{x\to 1}\dfrac{x^4-1}{x^3-1}$.

解: $\lim\limits_{x\to 1}\dfrac{x^4-1}{x^3-1}=\lim\limits_{x\to 1}\dfrac{x^3+x^2+x+1}{x^2+x+1}=\dfrac{\lim\limits_{x\to 1}(x^3+x^2+x+1)}{\lim\limits_{x\to 1}(x^2+x+1)}=\dfrac{4}{3}$. ☐

例 2.5.2 求极限 $\lim\limits_{x\to+\infty}\dfrac{2x^2+x+1}{3x^2+4x+1}$.

解: $\lim\limits_{x\to+\infty}\dfrac{2x^2+x+1}{3x^2+4x+1}=\lim\limits_{x\to+\infty}\dfrac{2+\dfrac{1}{x}+\dfrac{1}{x^2}}{3+\dfrac{4}{x}+\dfrac{1}{x^2}}=\dfrac{2}{3}$. ☐

习 题 2.5

1. 用精确语言表达以下陈述:

(1) 当 $x\to x_0$ 时, $f(x)$ 不以 A 为极限;

(2) 当 $x\to+\infty$ 时, $f(x)$ 不以 A 为极限.

2. 计算下列极限:

(1) $\lim\limits_{x\to 2}\dfrac{x^3-x-1}{x^2+1}$;

(2) $\lim\limits_{x\to 0}\dfrac{x^3+1}{x^4+2}$;

(3) $\lim\limits_{x\to 1}\dfrac{x^3-3x^2-x+3}{x^2-x}$;

(4) $\lim\limits_{x\to 4}\dfrac{\sqrt{1+2x}-3}{\sqrt{x}-2}$;

(5) $\lim\limits_{x\to+\infty}e^{-x}\sin x$;

(6) $\lim\limits_{x\to\infty}\dfrac{(2x+1)^{100}(3x-1)^{20}}{(5x+2)^{70}(x+3)^{50}}$;

(7) $\lim\limits_{x\to\infty}(\sqrt{x^2+2}-\sqrt{x^2+3})$;

(8) $\lim\limits_{h\to 0}\dfrac{(x+h)^3-x^3}{h}$;

(9) $\lim\limits_{x\to 1}\left(\dfrac{1}{1-x}-\dfrac{3}{1-x^3}\right)$;

(10) $\lim\limits_{x\to+\infty}\dfrac{\sqrt{1+x^2}+x}{\sqrt{x^3+x}-x}$.

3. 叙述并证明 $x \to +\infty$ 时的极限唯一性定理.

4. 叙述并证明 $x \to \infty$ 时的局部有界性定理.

5. 叙述并证明 $x \to x_0^-$ 时的局部保号性定理.

6. 设 $\lim\limits_{x \to x_0} f(x) = A$, 证明: $\lim\limits_{x \to x_0} f^2(x) = A^2$.

7. 证明 $\lim\limits_{x \to x_0} f(x) = A$ 的充要条件是: 对任一 $\lim\limits_{n \to \infty} x_n = x_0$ 的点列 $\{x_n\}$, $\lim\limits_{n \to +\infty} f(x_n) = A$.

8. 证明: 极限 $\lim\limits_{x \to 0} \sin \dfrac{1}{x}$ 不存在.

2.6 函数极限收敛性判别方法

2.6.1 数列极限迫敛定理的推广

数列极限收敛性的三个判别法都可推广到函数极限的情形. 下面的定理是数列极限迫敛定理的推广:

定理 2.6.1 如果函数 $f(x)$、$g(x)$、$h(x)$ 在邻域 $\mathring{U}(x_0, a)$ 内有定义, 且满足

(1) $g(x) \leqslant f(x) \leqslant h(x)$, $x \in \mathring{U}(x_0, a)$;

(2) $\lim\limits_{x \to x_0} g(x) = \lim\limits_{x \to x_0} h(x) = A$.

则极限 $\lim\limits_{x \to x_0} f(x)$ 存在, 且 $\lim\limits_{x \to x_0} f(x) = A$.

证 由 (2), $\forall \varepsilon > 0$, $\exists \delta, 0 < \delta < a$, 使 $\forall x \in \mathring{U}(x_0, \delta)$,

$$A - \varepsilon < g(x) < A + \varepsilon, A - \varepsilon < h(x) < A + \varepsilon,$$

再由 (1),

$$A - \varepsilon < g(x) \leqslant f(x) \leqslant h(x) < A + \varepsilon,$$

即

$$|f(x) - A| < \varepsilon.$$

所以

$$\lim\limits_{x \to x_0} f(x) = A. \qquad \qquad \square$$

单调有界原理和柯西收敛准则也可推广到函数极限的情形:

定理 2.6.2 如果 $f(x)$ 是区间 (a, b) 内的单调有界函数, 则存在极限

$$\lim\limits_{x \to a+0} f(x) \text{ 和 } \lim\limits_{x \to b-0} f(x).$$

定理 2.6.3 设函数 $f(x)$ 在邻域 $\mathring{U}(x_0, a)$ 内有定义, 则极限 $\lim\limits_{x \to x_0} f(x)$ 存在的充要条件是: $\forall \varepsilon > 0$, $\exists \delta > 0$, 使 $\forall x_1, x_2 \in \mathring{U}(x_0, \delta)$ 有 $|f(x_2) - f(x_1)| < \varepsilon$.

2.6.2 两个重要极限

作为上面定理的应用, 我们来计算两个重要极限.

例 2.6.1 证明 $\lim\limits_{x \to \infty} \left(1 + \dfrac{1}{x}\right)^x = \mathrm{e}$.

证 前面已证 $\lim\limits_{n\to+\infty}\left(1+\dfrac{1}{n}\right)^{n}=\mathrm{e}$.

对 $x>0$, 取 $n\in\mathbf{N}$, 使 $n\leqslant x<n+1$, 则有

$$1+\frac{1}{n+1}<1+\frac{1}{x}\leqslant 1+\frac{1}{n},$$

所以

$$\left(1+\frac{1}{n+1}\right)^{n}<\left(1+\frac{1}{x}\right)^{x}<\left(1+\frac{1}{n}\right)^{n+1}.$$

作 $[1,+\infty)$ 上的阶梯函数

$$f(x)=\left(1+\frac{1}{n+1}\right)^{n},\; n\leqslant x<n+1,$$

$$g(x)=\left(1+\frac{1}{n}\right)^{n+1},\; n\leqslant x<n+1,\; n=1,2,\cdots.$$

那么

$$f(x)<\left(1+\frac{1}{x}\right)^{x}<g(x),$$

$$\lim_{x\to+\infty}f(x)=\lim_{n\to+\infty}\left(1+\frac{1}{n+1}\right)^{n}=\lim_{n\to+\infty}\frac{\left(1+\dfrac{1}{n+1}\right)^{n+1}}{1+\dfrac{1}{n+1}}=\mathrm{e},$$

$$\lim_{x\to+\infty}g(x)=\lim_{n\to+\infty}\left(1+\frac{1}{n}\right)^{n+1}=\lim_{n\to+\infty}\left(1+\frac{1}{n}\right)^{n}\left(1+\frac{1}{n}\right)=\mathrm{e}.$$

所以由定理 2.6.1, $\lim\limits_{x\to+\infty}\left(1+\dfrac{1}{x}\right)^{x}=\mathrm{e}$.

又作如下代换 $x=-y$, 可得

$$\lim_{x\to-\infty}\left(1+\frac{1}{x}\right)^{x}=\lim_{y\to+\infty}\left(1-\frac{1}{y}\right)^{-y}=\lim_{y\to+\infty}\left(\frac{y}{y-1}\right)^{y}$$

$$=\lim_{y\to+\infty}\left(1+\frac{1}{y-1}\right)^{y-1}\cdot\left(1+\frac{1}{y-1}\right)=\mathrm{e}\cdot 1=\mathrm{e}.$$

所以

$$\lim_{x\to\infty}\left(1+\frac{1}{x}\right)^{x}=\mathrm{e}.$$

例 2.6.2 证明 $\lim\limits_{x\to 0}\dfrac{\sin x}{x}=1$.

证 作单位圆, x 表示以弧度为单位的圆心角 $\angle AOB$ (图 2.6.1). 那么 $x=\overparen{AB}$, $\sin x=BC$, $\tan x=AD$.

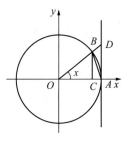

图 2.6.1

设 $0<x<\dfrac{\pi}{2}$, 由 $\triangle OAB$ 面积 $<$ 扇形 OAB 面积 $<\triangle OAD$ 面积可知

$$\frac{1}{2}\sin x<\frac{1}{2}x<\frac{1}{2}\tan x,\; \sin x<x<\tan x.$$

因此当 $0<x<\dfrac{\pi}{2}$ 时，

$$\cos x<\frac{\sin x}{x}<1. \qquad (1)$$

因为 $\cos x,\dfrac{\sin x}{x}$ 都是偶函数，所以当 $-\dfrac{\pi}{2}<x<0$ 时，(1)式仍成立. 当 $0<|x|<\dfrac{\pi}{2}$ 时，

$$0<|\sin x|\leqslant|x|.$$

由迫敛定理得

$$\lim_{x\to 0}\sin x=0.$$

利用 $\cos^2 x=1-\sin^2 x$，就得

$$\lim_{x\to 0}\cos x=1.$$

所以在(1)式中令 $x\to 0$ 并应用迫敛定理，就得

$$\lim_{x\to 0}\frac{\sin x}{x}=1. \qquad \square$$

利用这两个极限，可以求出另外一些极限.

例 2.6.3　求 $\lim\limits_{x\to 0}\dfrac{\sin 3x}{\sin 2x}$.

解　$\lim\limits_{x\to 0}\dfrac{\sin 3x}{\sin 2x}=\lim\limits_{x\to 0}\dfrac{3}{2}\cdot\dfrac{\dfrac{\sin 3x}{3x}}{\dfrac{\sin 2x}{2x}}=\dfrac{3}{2}\cdot\dfrac{\lim\limits_{x\to 0}\dfrac{\sin 3x}{3x}}{\lim\limits_{x\to 0}\dfrac{\sin 2x}{2x}}=\dfrac{3}{2}.$　$\square$

例 2.6.4　求 $\lim\limits_{x\to 0}(1+x)^{\frac{1}{x}}$.

解　作代换 $x=\dfrac{1}{y}$，那么当 $x\to 0$ 时，$y\to\infty$. 所以

$$\lim_{x\to 0}(1+x)^{\frac{1}{x}}=\lim_{y\to\infty}\left(1+\frac{1}{y}\right)^{y}=\mathrm{e}.\qquad \square$$

习 题 2.6

1. 计算下列极限：

(1) $\lim\limits_{x\to 0}\dfrac{\sin\dfrac{x}{2}}{3x}$；

(2) $\lim\limits_{x\to\infty}x\sin\dfrac{2}{x}$；

(3) $\lim\limits_{x\to 1}\dfrac{\sin(x^2-3x+2)}{x-1}$；

(4) $\lim\limits_{x\to 0}\dfrac{\sin(\sin x)}{x}$；

(5) $\lim\limits_{x\to\infty}\left(1-\dfrac{1}{x}\right)^{x}$；

(6) $\lim\limits_{x\to\infty}\left(1+\dfrac{1}{x+3}\right)^{x}$；

(7) $\lim\limits_{x\to 0}(1+2x)^{\frac{1}{x}}$；

(8) $\lim\limits_{x\to 0}(1-5x)^{\frac{2}{x}}$.

2. 用迫敛定理证明：

(1) $\lim\limits_{x \to +\infty} \dfrac{[x]}{x} = 1$；   (2) $\lim\limits_{x \to +\infty} (\sqrt{x^2+1} - x) = 0$.

2.7 无穷小量和无穷大量

2.7.1 无穷小量

定义 2.7.1 如果 $\lim\limits_{x \to x_0} f(x) = 0$，就称函数 $f(x)$ 为当 $x \to x_0$ 时的无穷小量，简称为**无穷小量**.

类似地可定义 $x \to \pm\infty, \infty, x_0^+, x_0^-$ 时的无穷小量.

例 2.7.1 当 $x \to 0$ 时，函数 $x^3, 1 - \cos x$ 与 $\tan x$ 为无穷小量.

当 $x \to \infty$ 时，函数 $\dfrac{1}{x^2}$ 与 $\dfrac{\cos x}{x}$ 为无穷小量.

当 $n \to +\infty$ 时，数列 $\left\{\dfrac{n}{1+n^2}\right\}$ 为无穷小量.

证明较容易，留给读者.

注意：一个函数是否是无穷小量，与自变量的变化过程有密切关系. 例如，对函数 $y = \cos x$，因为 $\lim\limits_{x \to \frac{\pi}{2}} \cos x = 0$，所以当 $x \to \dfrac{\pi}{2}$ 时是无穷小量；又因为 $\lim\limits_{x \to 0} \cos x = 1$，所以当 $x \to 0$ 时不是无穷小量.

函数极限与无穷小量间的关系是很密切的.

例如，对函数 $f(x) = \dfrac{x^2}{1+x^2}$，因 $\lim\limits_{x \to \infty} \dfrac{x^2}{1+x^2} = 1$，所以当 $x \to \infty$ 时，$f(x)$ 不是无穷小量. 但 $\dfrac{x^2}{1+x^2} - 1 = -\dfrac{1}{1+x^2}$ 是当 $x \to \infty$ 时的无穷小量.

一般地，利用极限和无穷小量的定义，容易证明下面的定理：

定理 2.7.1 当 $x \to x_0$ 时函数 $f(x)$ 以 A 为极限的充要条件是：当 $x \to x_0$ 时 $f(x) - A$ 是无穷小量.

证 根据极限定义，当 $x \to x_0$ 时函数 $f(x)$ 以 A 为极限等价于：$\forall \varepsilon > 0, \exists \delta > 0$，使 $\forall x \in \mathring{U}(x_0, \delta), |f(x) - A| < \varepsilon$，而这也等价于

$$\lim_{x \to x_0} (f(x) - A) = 0,$$

即 $f(x) - A$ 为无穷小量.   □

此外，利用极限的运算性质易得

定理 2.7.2 两个无穷小量的和为无穷小量.

证 设当 $x \to x_0$ 时，$f(x)$、$g(x)$ 为无穷小量，那么

$$\lim_{x \to x_0} f(x) = 0, \lim_{x \to x_0} g(x) = 0,$$

所以由极限的运算性质,
$$\lim_{x \to x_0}(f(x)+g(x))=\lim_{x \to x_0}f(x)+\lim_{x \to x_0}g(x)=0,$$
即当 $x \to x_0$ 时,$f(x)+g(x)$ 为无穷小量. □

定理 2.7.3　无穷小量与有界量的乘积为无穷小量.

证　设当 $x \to x_0$ 时,$f(x)$ 为有界量,$g(x)$ 为无穷小量.那么 $\exists \delta_1$ 及 $M>0$,使 $\forall x \in \mathring{U}(x_0,\delta_1)$,$|f(x)| \leqslant M$,且 $\forall \varepsilon>0$,$\exists \delta_2>0$,使 $\forall x \in \mathring{U}(x_0,\delta_2)$,$|g(x)|<\dfrac{\varepsilon}{M}$.

今取 $\delta=\min(\delta_1,\delta_2)$,那么 $\forall x \in \mathring{U}(x_0,\delta)$,$|f(x)g(x)|<M \cdot \dfrac{\varepsilon}{M}=\varepsilon$.

这表明
$$\lim_{x \to x_0}f(x)g(x)=0,$$
即当 $x \to x_0$ 时,$f(x)g(x)$ 为无穷小量. □

例 2.7.2　证明　$\lim\limits_{x \to 0}x^2\sin\dfrac{1}{x}=0$.

证　因为当 $x \to 0$ 时,x^2 为无穷小量,$\sin\dfrac{1}{x}$ 为有界量,所以 $x^2\sin\dfrac{1}{x}$ 为无穷小量,即
$$\lim_{x \to 0}x^2\sin\dfrac{1}{x}=0.$$
□

2.7.2　无穷大量

与无穷小量相对应的是所谓**无穷大量**.

定义 2.7.2　设 $f(x)$ 在 $\mathring{U}(x_0,a)$ 内有定义.如果 $\forall M>0$,$\exists \delta>0$,使 $\forall x \in \mathring{U}(x_0,\delta)$
$$f(x)>M, \tag{1}$$
则称函数 $f(x)$ 当 $x \to x_0$ 时有非正常极限 $+\infty$,记为
$$\lim_{x \to x_0}f(x)=+\infty.$$

如果将不等式(1)改成
$$f(x)<-M \text{ 或 } |f(x)|>M,$$
称函数 f 当 $x \to x_0$ 时有非正常极限 $-\infty$ 或 ∞,并记为
$$\lim_{x \to x_0}f(x)=-\infty \text{ 或 } \lim_{x \to x_0}f(x)=\infty.$$
类似地,还可定义 $x \to \pm\infty$,∞,x_0^+ 及 x_0^- 时函数的非正常极限.

定义 2.7.3　极限为无穷(包括 $+\infty$,$-\infty$ 和 ∞)的函数称为**无穷大量**.

关于"无穷大"及相应的符号 $\pm\infty$,∞ 等,我们早已使用过,应注意,无穷大量是存在非正常极限的变量而不是很大的数.在分析学中,所谓 $+\infty$ 可理解为比一切数都大;所谓 $-\infty$ 可理解为比一切数都小,即对一切实数 x,
$$-\infty<x<+\infty,$$
∞ 则是 $\pm\infty$ 的统称.由于 ∞ 等不是普通的数,所以一般也不参与代数运算.

同样,无穷小量也不是数,而是极限为零的变量.所以像 10^{-10},$10^{-1\,000}$ 等,虽然很小,

但是是数,而不是无穷小量.

例 2.7.3 证明:

(1) $\lim\limits_{x\to 0^+}\dfrac{1}{x^3}=+\infty$;　　　(2) $\lim\limits_{x\to 0^-}\dfrac{1}{x^3}=-\infty$;　　　(3) $\lim\limits_{x\to 0}\dfrac{1}{x^3}=\infty$.

证 (1) $\forall M>0$,只要取 $\delta=\dfrac{1}{\sqrt[3]{M}}$,那么当 $0<x<\delta$ 时,$\dfrac{1}{x^3}>\dfrac{1}{\delta^3}=M$,所以

$$\lim\limits_{x\to 0^+}\dfrac{1}{x^3}=+\infty.$$

同理可证(2)和(3).

无穷大量和无穷小量间有如下关系:

定理 2.7.4 若 $f(x)$ 在点 x_0 的某个邻域内不为零,则当 $x\to x_0$ 时 $f(x)$ 为无穷大量的充分必要条件是当 $x\to x_0$ 时 $\dfrac{1}{f(x)}$ 是无穷小量.

证 充分性.设当 $x\to x_0$ 时,$\dfrac{1}{f(x)}$ 是无穷小量,那么 $\forall M>0$,$\exists\delta>0$,使 $\forall x\in\mathring{U}(x_0,\delta)$,$\left|\dfrac{1}{f(x)}\right|<\dfrac{1}{M}$,即

$$|f(x)|>M.$$

这表明当 $x\to x_0$ 时 $f(x)$ 为无穷大量.类似可证必要性.

2.7.3 无穷小量和无穷大量的比较

设 $f(x)$ 和 $g(x)$ 都是当 $x\to x_0$ 时的无穷小量,那么当 $x\to x_0$ 时,他们的函数值都趋向于零,但趋向于零的速率可能有所不同.为了比较速率快慢,就引进无穷小量阶的概念.

定义 2.7.4 设当 $x\to x_0$ 时,函数 $f(x)$、$g(x)$ 为无穷小量.

(1) 如果 $\lim\limits_{x\to x_0}\dfrac{f(x)}{g(x)}=A\neq 0$,则称 $f(x)$ 与 $g(x)$ 为**同阶无穷小量**.特别地,当 $A=1$ 时,称 $f(x)$ 和 $g(x)$ 为**等价无穷小量**,并记作

$$f(x)\sim g(x)\,(x\to x_0),\text{或简记为 } f\sim g;$$

(2) 如果 $\lim\limits_{x\to x_0}\dfrac{f(x)}{g(x)}=0$,则称 $f(x)$ 是 $g(x)$ 的**高阶无穷小量**,记作

$$f(x)=o(g(x))\,(x\to x_0),$$

而 $f(x)=o(1)\,(x\to x_0)$ 表示 $f(x)$ 是当 $x\to x_0$ 时的无穷小量;

(3) 如果存在常数 $M>0$,使在 x_0 的某个邻域 $\mathring{U}(x_0,a)$ 内 $|f(x)|\leqslant M|g(x)|$,则记作

$$f(x)=O(g(x)).$$

定义中的记号"o"常读作"小 O";"O"读作"大 O".

例 2.7.4 当 $x\to 0$ 时以下关系成立:

(1) $\sin x\sim\tan x\sim x$;

(2) $1-\cos x$ 与 x^2 为同阶无穷小量;

(3) $\tan x = o(1), \sin x = o(1), x^3 = o(x + x^2 + x^3)$；

(4) $x \sin \dfrac{1}{x} = O(x)$.

为了进一步说明无穷小量趋向于零的速度,我们可以对无穷小量的阶进行量化:

定义 2.7.5 设 $f(x)$ 为当 $x \to x_0$ 时的无穷小量,如果存在常数 k,使

$$\lim_{x \to x_0} \frac{f(x)}{(x - x_0)^k} = A \neq 0,$$

则称 $f(x)$ 为当 $x \to x_0$ 时的 k 阶无穷小量.

例如,当 $x \to 0$ 时,$\sin x$, $\tan x$, $x + x^2 + x^3$ 为一阶无穷小量,$1 - \cos x$ 为二阶无穷小量,$x^3 + x^4$ 为三阶无穷小量.

类似地可引进无穷大量阶的概念,以比较他们趋向于无穷的速度.

定义 2.7.6 设 $f(x)$、$g(x)$ 为当 $x \to x_0$(或 $x \to \infty$)时的无穷大量.

(1) 如果 $\lim\limits_{x \to x_0} \dfrac{f(x)}{g(x)} = A \neq 0$,则称 $f(x)$、$g(x)$ 为同阶无穷大量.特别,当 $A = 1$ 时称 $f(x)$、$g(x)$ 为等阶无穷大量,记作

$$f(x) \sim g(x) (x \to x_0);$$

(2) 如果 $\lim\limits_{x \to x_0} \dfrac{f(x)}{g(x)} = 0$,则称 $f(x)$ 为 $g(x)$ 的低阶无穷大量或 $g(x)$ 为 $f(x)$ 的高阶无穷大量,记作

$$f(x) = o(g(x)) (x \to x_0);$$

(3) 如果存在常数 $M > 0$,使在 x_0 的某个邻域 $\mathring{U}(x_0, a)$ 内 $|f(x)| \leqslant M|g(x)|$,则记作

$$f(x) = O(g(x)) (x \to x_0).$$

(4) 如果存在 $k > 0$,使 $\lim\limits_{x \to x_0} |x - x_0|^k f(x) = A \neq 0 \left(\text{或} \lim\limits_{x \to \infty} \dfrac{f(x)}{x^k} = A \neq 0\right)$,则称 $f(x)$ 为当 $x \to x_0$(或 $x \to \infty$)时的 k 阶无穷大量.

例 2.7.5 设 $f(x) = x^2 + 1, g(x) = x^2 + 2x + 2, h(x) = 3x^2 + x + 1, I(x) = x^3 + x$,当 $x \to +\infty$ 时,则

(1) $f(x) \sim g(x)$；

(2) $f(x) = O(h(x)), g(x) = O(h(x))$；

(3) $f(x) = o(I(x))$.

(4) $f(x)$、$g(x)$ 和 $h(x)$ 为 2 阶无穷大量,$I(x)$ 为 3 阶无穷大量.

习 题 2.7

1. 证明以下各式:

(1) $x \sin x = o(x) (x \to 0)$；

(2) $\dfrac{x + 1}{x^3 + 2} = o\left(\dfrac{1}{x}\right) (x \to \infty)$；

(3) $x+x^2=o(1)(x\to0)$;

(4) $(1+x)^n=1+nx+o(x)(x\to0)$.

2. 证明下列各式：

(1) $\lim\limits_{x\to0}\dfrac{x+1}{x^2}=\infty$;

(2) $\lim\limits_{x\to1-0}\dfrac{x+1}{x-1}=-\infty$;

(3) $2x^3-3x^2+1=O(x^3)(x\to+\infty)$;

(4) $x^2+x\sin x=O(x^2)(x\to+\infty)$.

3. 在下列各式中，当 $x\to0$ 时与 x 相比，哪些是高阶无穷小量，哪些是同阶无穷小量，哪些是等价无穷小量？

(1) $x^3+\tan^3x$;

(2) $x+3x^{10}$;

(3) $1-\cos3x$;

(4) $\arctan^2\sqrt{x^2+x^4}$.

4. 求下列无穷小量或无穷大量的阶：

(1) $x-3x^3+x^5(x\to0)$;

(2) $\dfrac{x+1}{2x^3+1}(x\to\infty)$;

(3) $\dfrac{1}{\sin x}(x\to0)$;

(4) $\sqrt{x^2+\sqrt[3]{x}}(x\to\infty)$;

(5) $e^x-e(x\to1)$;

(6) $x^3-3x+2(x\to1)$.

2.8 连续函数

2.8.1 函数的连续性

我们知道，在一些实际问题中，区间 (a,b) 上的函数表示了某个事物的运动或变化过程.事物的运动或变化有时是渐变的，有时却会发生突变.如果用坐标平面上的曲线来表示函数，那么前者的函数图形是一条连绵不断的曲线；后者的函数图形是一条有间断的曲线.这就产生了函数连续与间断的概念.

定义 2.8.1 设函数 $y=f(x)$ 在邻域 $U(x_0,a)$ 内有定义.如果

$$\lim_{x\to x_0}f(x)=f(x_0),\tag{1}$$

就称函数 $f(x)$ 在点 x_0 处连续.

如用极限的"$\varepsilon-\delta$"语言来表示就是：如果 $\forall\varepsilon>0,\exists\delta>0$，使 $\forall x\in U(x_0,\delta)\subset U(x_0,a)$ 有

$$|f(x)-f(x_0)|<\varepsilon,$$

那么就称函数 $f(x)$ 在点 $x=x_0$ 处连续.

现在记

$$\Delta x=x-x_0,$$

称为自变量的**增量**；

$$\Delta y=f(x)-f(x_0)=f(x_0+\Delta x)-f(x_0),$$

称为函数的增量.因为"$x\to x_0$"等价于"$\Delta x\to0$"，所以函数 $f(x)$ 在点 x_0 处连续，当且仅当

$$\lim_{\Delta x\to0}\Delta y=0.\tag{2}$$

可见，函数 $y=f(x)$ 在点 x_0 连续的实质是：如果自变量在点 x_0 处有无限小的变化，那么相应函数值的变化也是无限小的.

另外,(1)式还可以写成

$$\lim_{x \to x_0} f(x) = f(\lim_{x \to x_0} x), \tag{3}$$

即对连续函数而言,极限运算与函数运算可交换

例 2.8.1 证明函数 $f(x)=3x+2$ 在点 $x=3$ 连续.

证 因为

$$\lim_{x \to 3} f(x) = \lim_{x \to 3}(3x+2) = 11 = f(3),$$

所以 $f(x)$ 在点 $x=3$ 处连续.

也可用等式(2)来证:在点 $x=3$ 处

$$\Delta y = f(3+\Delta x) - f(3) = 3(3+\Delta x) + 2 - 11 = 3\Delta x,$$

所以

$$\lim_{\Delta x \to 0} \Delta y = \lim_{\Delta x \to 0}(3\Delta x) = 0,$$

即 $f(x)=3x+2$ 在点 $x=3$ 处连续. □

例 2.8.2 函数 $f(x) = \begin{cases} x\sin\dfrac{1}{x}, & x \neq 0 \\ 0, & x = 0 \end{cases}$ 在点 $x=0$ 处连续.

证 因为 $\quad \lim_{x \to 0} f(x) = \lim_{x \to 0}\left(x\sin\dfrac{1}{x}\right) = 0 = f(0),$

所以 $f(x)$ 在点 $x=0$ 处连续. □

在定义 2.8.1 中,如果将(1)中的极限改为单侧极限,那么就得函数左、右连续的概念.

定义 2.8.2

(1) 设函数 $f(x)$ 在 $[x_0, x_0+a)$ 内有定义,且

$$\lim_{x \to x_0^+} f(x) = f(x_0),$$

则称函数 $f(x)$ 在点 x_0 处右连续;

(2) 设函数 $f(x)$ 在 $(x_0-a, x_0]$ 内有定义,且

$$\lim_{x \to x_0^-} f(x) = f(x_0),$$

则称函数 $f(x)$ 在点 x_0 处左连续.

例 2.8.3 函数

$$f(x) = \begin{cases} x^2, & x \geqslant 1, \\ x-1, & x < 1 \end{cases}$$

在点 $x=1$ 处右连续,因为

$$\lim_{x \to 1^+} f(x) = \lim_{x \to 1^+} x^2 = 1 = f(1)$$

但左不连续,因为

$$\lim_{x \to 1^-} f(x) = \lim_{x \to 1^-}(x-1) = 0 \neq f(1).$$

利用左、右极限与极限的关系就知道:函数 $f(x)$ 在点 x_0 连续的充要条件是:$f(x)$ 在点 x_0 既是左连续又是右连续的,即

$$f(x_0+0) = f(x_0-0) = f(x_0).$$

例 2.8.4 函数 $f(x)=\begin{cases}3x+2, & x\geqslant0, \\ x^2+2, & x<0\end{cases}$ 在点 x_0 处连续.

证 因为
$$\lim_{x\to0^+}f(x)=\lim_{x\to0^+}(3x+2)=2=f(0);$$
$$\lim_{x\to0^-}f(x)=\lim_{x\to0^-}(x^2+2)=2=f(0),$$

所以函数 $f(x)$ 在点 $x=0$ 处既是右连续,又是左连续的,从而在点 $x=0$ 处连续. □

2.8.2 函数的间断点

由定义 2.8.1 知,函数 $f(x)$ 在点 x_0 处连续必须满足

(1) $f(x)$ 在点 x_0 处有定义;

(2) 极限 $\lim\limits_{x\to x_0}f(x)$ 存在;

(3) 等式 $\lim\limits_{x\to x_0}f(x)=f(x_0)$ 成立.

如果三条中有一条不满足,那么函数 $f(x)$ 在该点就不连续.函数的不连续点就叫作它的**间断点**.

设 x_0 是函数 $f(x)$ 的不连续点,那么在上述三个条件中,至少有一条不满足.这样,我们就可以据此对间断点作分类.

定义 2.8.3 设 x_0 是函数 $f(x)$ 的间断点.

(1) 如果极限 $\lim\limits_{x\to x_0}f(x)$ 存在但不等于 $f(x_0)$(或 $f(x_0)$ 没有定义),则称 x_0 为函数的**可去间断点**;

(2) 如果在点 x_0 处左、右极限都存在但不相等,则称 x_0 为函数的**第一类间断点**;

(3) 如果在点 x_0 处左、右极限中至少有一个不存在,则称 x_0 为函数的**第二类间断点**.

例 2.8.5 $x_0=0$ 是函数
$$f(x)=\begin{cases}x\sin\dfrac{1}{x}, & x\neq0, \\ 1, & x=0\end{cases}$$
的可去间断点.因为 $\lim\limits_{x\to0}f(x)=0\neq f(0)$.

对照例 2.8.2,如果将函数在点 $x_0=0$ 的值重新定义为 0,那么它在点 0 处就连续了.这也是我们将这种间断点称为可去间断点的原因.

例 2.8.6 在例 2.8.3 中,点 $x_0=1$ 是函数的第一类间断点.

例 2.8.7 点 $x=0$ 是函数 $f(x)=\sin\dfrac{1}{x}$ 和 $g(x)=\dfrac{1}{x^2}$ 的第二类间断点.因为当 $x\to0$ 时,两者都不存在左、右极限.

注意:对函数 $g(x)$,当 $x\to0$ 时若存在非正常极限:
$$\lim_{x\to0}\frac{1}{x^2}=+\infty,$$

此时也将 $x_0=0$ 称为函数的无穷间断点.如果 x_0 为函数 $f(x)$ 的无穷间断点,那么直线 $x=x_0$ 是曲线 $y=f(x)$ 的垂直渐近线(图 2.8.1).

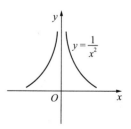

图 2.8.1

2.8.3　函数在区间上的连续性

定义 2.8.4　如果函数 $f(x)$ 在开区间 (a,b)（包括 $(a,+\infty)$，$(-\infty,a)$，$(-\infty,+\infty)$）的每一点处都连续，就称 f 在区间 (a,b) 上连续.如果函数 $f(x)$ 在 (a,b) 上连续,且在 a 处右连续,b 处左连续,就称 f 在闭区间 $[a,b]$ 上连续.

例 2.8.8　函数 $f(x)=3x+2$ 在 **R** 上连续.

例 2.8.9　正弦函数 $y=\sin x$ 在 **R** 上连续.

证　设 x_0 为 **R** 内的任意一点,则由

$$\left|\sin x-\sin x_0\right|=\left|2\sin\frac{x-x_0}{2}\cos\frac{x+x_0}{2}\right|\leqslant 2\left|\sin\frac{x-x_0}{2}\right|\leqslant|x-x_0|$$

可知,$\forall\varepsilon>0$,只要取 $\delta=\varepsilon$,那么当 $|x-x_0|<\delta$ 时就有

$$|\sin x-\sin x_0|<\varepsilon,$$

所以 $y=\sin x$ 在点 x_0 处连续.因 x_0 是 **R** 内的任意一点,所以正弦函数在 **R** 上连续.　□

同理可证余弦函数 $y=\cos x$ 在 **R** 上连续.

在区间 (a,b) 上连续的函数全体,记为 $C(a,b)$,$f\in C(a,b)$ 就表示 f 是区间 (a,b) 上的连续函数,例如,$\sin x\in C(-\infty,+\infty)$.对 $C[a,b]$ 也可作类似的理解.

2.8.4　一致连续

设 I 是一个区间,它们可以是开的,半开的,闭的,甚至是无界的.下面介绍函数 $f:I\to\mathbf{R}$ 一致连续的概念.

定义 2.8.5　如果 $\forall\varepsilon>0$,$\exists\delta>0$,使得 $\forall x_1,x_2\in I$,只要 $|x_1-x_2|<\delta$,便有 $|f(x_1)-f(x_2)|<\varepsilon$,那么就称函数 f 在区间 I 上**一致连续**.

一致连续与连续这两个概念,乍看起来有点相似,但实际上却存在着原则的差别.为了说明这点,先研究两个例子.

例 2.8.10　函数 $\sin x$、$\cos x$ 在 $(-\infty,+\infty)$ 上一致连续.

证　因对任何实数 x_1,x_2,

$$|\sin x_1-\sin x_2|\leqslant|x_1-x_2|,$$

所以 $\forall\varepsilon>0$,只要取 $\delta=\varepsilon$,那么当 $|x_1-x_2|<\delta$ 时便有

$$|\sin x_1-\sin x_2|<\varepsilon.$$

这表明 $\sin x$ 在 $(-\infty,+\infty)$ 上一致连续.同理可证 $\cos x$ 在 $(-\infty,+\infty)$ 上一致连续.　□

下面介绍一下不一致连续函数的例子.为此先给出不一致连续的精确表述.一个函数 f 在区间 I 上不一致连续,当且仅当存在某一 $\varepsilon_0>0$,使 $\forall n\in\mathbf{N}$,在 I 中能找到两点 $x_n^{(1)}$,$x_n^{(2)}$.虽然有 $|x_n^{(1)}-x_n^{(2)}|<\dfrac{1}{n}$,但是

$$|f(x_n^{(1)})-f(x_n^{(2)})|\geqslant\varepsilon_0.$$

例 2.8.11　证明函数 $f(x)=\dfrac{1}{x}$ 在 $(0,1)$ 上不一致连续.

证　$\forall n\in\mathbf{N}$,在 $(0,1)$ 中取两点 $x_n^{(1)}=\dfrac{1}{n}$,$x_n^{(2)}=\dfrac{1}{n+1}$,那么

$$|x_n^{(1)} - x_n^{(2)}| = \frac{1}{n} - \frac{1}{n+1} < \frac{1}{n}.$$

但

$$|f(x_n^{(1)}) - f(x_n^{(2)})| = \left| \frac{1}{1/n} - \frac{1}{1/(n+1)} \right| = 1,$$

所以 $f(x) = \dfrac{1}{x}$ 在 $(0,1)$ 上不一致连续. □

函数的一致连续性与前面所介绍的连续性是有联系的,因为它们都表明了函数当自变量作微小变化时,相应的函数值变化也不大这个性质.而且从两者的定义看出,在区间 I 上一致连续的函数必定是连续的.但是,例 2.8.11 表明,在区间 I 上连续的函数不一定一致连续,这又说明两者是有原则差别的.这种差别主要表现在定义中对 δ 的要求上.在函数连续的定义中,给定了 $\varepsilon > 0$,相应的 δ 不但与 ε 有关,而且与点 x_0 的位置有关.由于区间 I 内有无限多个点,因此,对同一个 ε,就有无限多个 δ.在这种情况下,就不一定存在一个最小的 δ,也即对区间 I 内各点都适用的 δ,使得不论在 I 的哪一点处,只要自变量的改变量不超过这个公共的 δ 时,相应的函数值的变化都不超过 ε.从图 2.8.2 上就可清楚地看出函数 $f(x) = \dfrac{1}{x}$ 在 $(0,1)$ 上不一致连续的原因.这个函数在 $(0,1)$ 上虽然是连续的,但函数值的变化是不均匀的.越靠近点 $x = 0$,曲线就越陡峭.因此,对同一个 $\varepsilon > 0$,x_0 越接近 0,相应的 δ 就越小,最小的 δ 是不存在的.注意,在一致连续的定义中,δ 仅与 ε 有关而与点 x_0

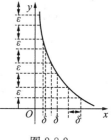

图 2.8.2

的位置无关.因此当一个函数 $f(x)$ 在区间 I 上一致连续时,如果自变量作微小改变,那么相应的函数值变化不但很小,而且是十分均匀的.

习 题 2.8

1. 利用定义证明下列函数在其定义域内连续:

(1) $f(x) = \dfrac{1}{x}$;

(2) $f(x) = x^2$.

2. 研究下列函数在指定点处的连续性:

(1) $f(x) = |x|, x = 0$;

(2) $f(x) = [x], x = 1$;

(3) $f(x) = \begin{cases} x^2 & x \geqslant 1, \\ x - 1 & x < 1, \end{cases} x = 1$;

(4) $f(x) = \begin{cases} \mathrm{e}^{-\frac{1}{x^2}}, & x \neq 1, \\ 0, & x = 0, \end{cases} x = 0$.

3. 指出下列函数的间断点,并说明其类型:

(1) $f(x) = \dfrac{x+1}{x-1}$;

(2) $f(x) = \dfrac{\sin 2x}{x}$;

(3) $f(x) = \operatorname{sgn} \sin x$;

(4) $f(x) = \cos^2 \dfrac{1}{x}$;

(5) $f(x) = \arctan \dfrac{1}{x}$；

(6) $f(x) = \begin{cases} \dfrac{1}{x+1}, & x < -1, \\ 1, & |x| \leqslant 1, \\ (x-1)\sin\dfrac{1}{x-1}, & x > 1. \end{cases}$

4. 定出常数 a、b、c，使函数 $f(x) = \begin{cases} -1, & x < -2, \\ ax^2 + bx + c, & |x| \leqslant 2, x \neq 0, \\ 0, & x = 0, \\ 1, & x > 2 \end{cases}$ 在 $(-\infty, +\infty)$ 上连续.

5. (1) 证明：$f(x) = \dfrac{1}{1+x^2}$ 在 **R** 上一致连续.

(2) 证明：函数 $f(x) = x^2$ 在 $[a,b]$ 上一致连续，但在 **R** 上不一致连续.

6. 如果函数 $f(x)$ 在 $[0,1]$ 上连续，且在任一有理点处 $f(x) = 0$，问 $f(x)$ 是怎样的函数？

7. 设 $f(x) = xg(x)$，$g(x)$ 是定义在 $U(0,a)$ 内的有界函数，$a > 0$. 证明 $f(x)$ 在点 $x = 0$ 连续.

8. 设函数 $f(x)$ 在点 x_0 连续，问 $|f(x)|$ 在点 x_0 处是否连续？

2.9　连续函数的性质

2.9.1　连续函数的局部性质

因为函数 $f(x)$ 在点 x_0 处连续是指极限 $\lim\limits_{x \to x_0} f(x)$ 存在且等于 $f(x_0)$. 所以利用极限的局部性质，就可得函数在连续点附近的局部性质.

定理 2.9.1　（局部有界性）　如果函数 $f(x)$ 在点 x_0 处连续，则 $f(x)$ 在点 x_0 的某个邻域内有界.

定理 2.9.2　（局部保号性）　如果函数 $f(x)$ 在点 x_0 处连续，且 $f(x_0) > 0$（或 < 0），则 $\forall r, 0 < r < f(x_0)$（或 $f(x_0) < -r < 0$），存在 x_0 的某邻域 $U(x_0)$，使 $\forall x \in U(x_0)$ 有

$$f(x) \geqslant r > 0 \ (\text{或} \ f(x) \leqslant -r < 0).$$

2.9.2　连续函数的运算

由极限的运算性质可以得到连续函数的运算性质；

定理 2.9.3　设函数 $f(x)$、$g(x)$ 在点 x_0 处连续，则

(1) 函数 $f(x) \pm g(x)$ 在点 x_0 处连续；

(2) 函数 $f(x) \cdot g(x)$ 在点 x_0 处连续；

(3) 函数 $\dfrac{f(x)}{g(x)} (g(x_0) \neq 0)$ 在点 x_0 处连续.

例 2.9.1　三角函数 $y = \tan x$，$y = \cot x$ 在其定义域内连续.

证　因 $\tan x = \dfrac{\sin x}{\cos x}$，函数 $\sin x$、$\cos x$ 在 **R** 内连续，且当 $x \neq \dfrac{\pi}{2} + k\pi$ 时，$\cos x \neq 0$，所以当 $x \neq \dfrac{\pi}{2} + k\pi$ 时，正切函数 $\tan x$ 连续.

同理可证当 $x \neq k\pi$ 时,余切函数 $\cot x$ 连续.

例 2.9.2 设 $P(x)$ 为多项式:

$$P(x) = a_0 x^n + a_1 x^{n-1} + \cdots + a_{n-1} x + a_n,$$

则 $P(x)$ 在 $(-\infty, +\infty)$ 内连续.

例 2.9.3 设 $P(x)$、$Q(x)$ 为多项式,那么有理分式

$$R(x) = \frac{P(x)}{Q(x)}$$

在其定义域

$$D = \{x \mid Q(x) \neq 0, x \in \mathbf{R}\}$$

内连续.

2.9.3 闭区间上连续函数的性质

如果函数 $f(x)$ 在闭区间 $[a,b]$ 上连续,那么它有一系列重要的性质,下面列举这些性质,其证明有的要用到实数连续性,这里从略.

定理 2.9.4 设函数 $f(x) \in C[a,b]$,$f(a) \cdot f(b) < 0$.则 $\exists \xi \in (a,b)$,使 $f(\xi) = 0$.

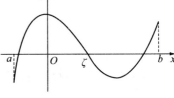

图 2.9.1

这个定理的几何意义是:如果一条连续曲线的两个端点 $(a, f(a))$ 和 $(b, f(b))$ 位于 x 轴的两侧,则它与 x 轴至少相交一次(图 2.9.1).

由定理 2.9.4 可推得下面的介值定理:

定理 2.9.5 (介值定理) 设 $f \in C[a,b]$,η 为介于 $f(a)$、$f(b)$ 之间的任一给定常数,则 $\exists \xi \in [a,b]$ 使 $f(\xi) = \eta$.

证 设 $g(x) = f(x) - \eta$,则

$$g(a) \cdot g(b) < 0.$$

对 $g(x)$ 应用定理 2.9.4,$\exists \xi$,使 $g(\xi) = 0$,即

$$f(\xi) = \eta.$$

定理 2.9.5 说明,连续函数 $f(x)$ 可以取到 $f(a)$、$f(b)$ 之间的一切值.

例 2.9.4 证明:方程 $x^3 + x - 1 = 0$ 在 $[0,1]$ 内有一实根.　　　　(1)

证 记

$$f(x) = x^3 + x - 1,$$

则 $f(x) \in C(-\infty, +\infty)$,且 $f(0) = -1$,$f(1) = 1$.所以由定理 2.9.4,$f(x)$ 在 $(0,1)$ 内有一零点,即方程(1)在 $[0,1]$ 内有一个根.

例 2.9.4 中函数 $f(x)$ 在 $(-\infty, +\infty)$ 内是严格单调递增的,因为 $\forall x_2, x_1 \in (-\infty, +\infty)$,$x_2 > x_1$,则

$$f(x_2) - f(x_1) = (x_2^3 + x_2 - 1) - (x_1^3 + x_1 - 1)$$

$$= (x_2 - x_1) \left[\left(x_2 + \frac{1}{2} x_1 \right)^2 + \frac{3}{4} x_1^2 + 1 \right] > 0.$$

所以 ξ 是方程(1)的唯一实根.为了求出根 ξ 较为精确的近似值,可反复应用定理 2.9.4.

取 $[0,1]$ 的中点 $x_1=\dfrac{1}{2}$，则 $f(x_1)=-\dfrac{3}{8}<0$，所以 $\xi\in\left(\dfrac{1}{2},1\right)$；

再取 $\left[\dfrac{1}{2},1\right]$ 的中点 $x_2=\dfrac{3}{4}$，则 $f(x_2)=\dfrac{11}{64}>0$，所以 $\xi\in\left(\dfrac{1}{2},\dfrac{3}{4}\right)$；

再取 $\left[\dfrac{1}{2},\dfrac{3}{4}\right]$ 的中点 $x_3=\dfrac{5}{8}$，则 $f(x_3)=-\dfrac{67}{512}<0$，所以 $\xi\in\left(\dfrac{5}{8},\dfrac{3}{4}\right)$；

$$\cdots$$

这样重复 n 步后，可得 $\xi\in(x_n,x_{n+1})$，且 $0<x_{n+1}-x_n<\dfrac{1}{2^n}$，此时可取 $\dfrac{x_n+x_{n+1}}{2}$ 为 ξ 的近似值，且

$$\left|\xi-\frac{x_n+x_{n+1}}{2}\right|<\frac{1}{2^{n+1}}.$$

这种求方程根近似值的方法，称为**二分法**.

定理 2.9.6　设 $f(x)\in C[a,b]$，则 $f(x)$ 在 $[a,b]$ 上一定有最大值和最小值.

这个定理的意思是：必定存在 $x_1,x_2\in[a,b]$，使 $\forall x\in[a,b]$，

$$f(x)\leqslant f(x_1),\quad f(x)\geqslant f(x_2).$$

其中 $f(x_1)$ 和 $f(x_2)$ 就是函数 $f(x)$ 在区间 $[a,b]$ 上的最大值和最小值.

推论　如果函数 $f(x)$ 在闭区间 $[a,b]$ 上连续，则必有界.

证　因为 $\forall x\in[a,b]$，

$$f(x_2)\leqslant f(x)\leqslant f(x_1),$$

这里，$f(x_1),f(x_2)$ 是函数 $f(x)$ 在 $[a,b]$ 上的最大值和最小值，$x_1,x_2\in[a,b]$.　　□

前面我们介绍了函数的一致连续性，并指出，在区间 I 上连续的函数不一定一致连续.那么在什么条件下，函数 $f(x)$ 的连续性也蕴涵 $f(x)$ 的一致连续性？ 对此我们有下面的结果：

定理 2.9.7　设函数 $f(x)$ 在闭区间 $[a,b]$ 上连续，则 $f(x)$ 在 $[a,b]$ 上一致连续.

习　题　2.9

1. 设 $f(x)$、$g(x)$ 在点 x_0 处连续，且 $f(x_0)>g(x_0)$，证明：存在某个邻域 $U(x_0,a)$，使 $\forall x\in U(x_0,a)$，$f(x)>g(x)$.

2. 用函数连续的"$\varepsilon-\delta$"语言证明：如果函数 $f(x)$、$g(x)$ 在点 x_0 处连续，则 $f(x)+g(x)$，$f(x)\cdot g(x)$ 在点 x_0 处也连续.

3. 求函数 $f(x)=\dfrac{x^3+x^2-3x+1}{x^2-3x+2}$ 的连续区间，并求极限 $\lim\limits_{x\to3}f(x)$.

4. 证明三次方程 $x^3+2x-1=0$ 在 $(0,1)$ 内有一个实根，并求这个根的近似值（精确到 10^{-2}）.

5. 证明方程 $x-2\sin x=a\,(a>0)$ 至少有一个正实根.

2.10　初等函数的连续性

现在我们研究初等函数的连续性.由于初等函数是由基本初等函数经过有限多次函

数复合和四则运算而得到的,所以我们先研究复合函数和反函数的连续性,再考虑基本初等函数的连续性.

2.10.1 复合函数的连续性

对复合函数,它的连续性可由内函数和外函数的连续性确定.

定理 2.10.1 设函数 $f(u)$ 在点 $u=u_0$ 处连续,函数 $u=g(x)$ 在点 x_0 处连续,且 $u_0=g(x_0)$.则复合函数 $(f \circ g)(x)$ 在点 x_0 处连续.

证 因 $f(u)$ 在点 u_0 连续,所以 $\forall \varepsilon>0, \exists \delta_1>0$,使当 $|u-u_0|<\delta_1$ 时,

$$|f(u)-f(u_0)|<\varepsilon, \tag{1}$$

因为 $g(x)$ 在点 x_0 处连续,所以对上述 $\delta_1, \exists \delta>0$,使当 $|x-x_0|<\delta$ 时,

$$|u-u_0|=|g(x)-g(x_0)|<\delta_1. \tag{2}$$

联合(1)、(2)便知,$\forall \varepsilon>0, \exists \delta>0$,使当 $|x-x_0|<\delta$ 时,

$$|f(g(x))-f(g(x_0))|=|f(u)-f(u_0)|<\varepsilon,$$

所以复合函数 $(f \circ g)(x)$ 在点 x_0 处连续. □

例 2.10.1 求极限 $\lim\limits_{x \to 0} \sin\left(\dfrac{\pi}{2} \cos x\right)$.

解 函数 $y=\sin\left(\dfrac{\pi}{2} \cos x\right)$ 可以看成函数

$$f(u)=\sin u, u=\frac{\pi}{2} \cos x$$

的复合,而函数 $f(u)=\sin u$ 在 $u=\dfrac{\pi}{2}$ 处连续,函数 $u=\dfrac{\pi}{2} \cos x$ 在 $x=0$ 处连续,且 $u(0)=\dfrac{\pi}{2}$.所以函数 $y=\sin\left(\dfrac{\pi}{2} \cos x\right)$ 在 $x=0$ 处连续,且

$$\lim_{x \to 0} \sin\left(\frac{\pi}{2} \cos x\right)=\sin\left(\frac{\pi}{2} \cos 0\right)=1. \quad □$$

2.10.2 反函数的连续性

定理 2.10.2 如果函数 $y=f(x)$ 在区间 $[a,b]$ 上连续且严格单调递增(减),则其反函数 f^{-1} 在区间 $[f(a),f(b)]$($[f(b),f(a)]$)上连续.

证 设 $f(x)$ 在 $[a,b]$ 上连续且严格单调递增,则由介值定理,$f(x)$ 的值域为 $[f(a),f(b)]$,且其反函数 $f^{-1}(y)$ 是 $[f(a),f(b)]$ 上的严格单调递增函数.

任取 $y_0 \in [f(a),f(b)]$,那么由 $f^{-1}(y)$ 的单调性在 y_0 处的两个单侧极限都存在,且

$$f^{-1}(y_0-0) \leqslant f^{-1}(y_0) \leqslant f^{-1}(y_0+0),$$

如 y_0 是 f^{-1} 的一个间断点,那么在上式中至少有一个不等号成立.例如,如果

$$f^{-1}(y_0-0)<f^{-1}(y_0),$$

那么此时 $f^{-1}(y)$ 的值域将包含在集合

$$[a,b]-[f^{-1}(y_0-0),f^{-1}(y_0)]$$

之内,这与 f^{-1} 的值域为区间 $[a,b]$ 相矛盾.　　　　　　　　　　　□

例 2.10.2　函数 $y=\sqrt{x}$ 和 $y=\sqrt[3]{x}$ 分别在其定义域 $[0,+\infty)$ 和 $(-\infty,+\infty)$ 内连续.

证　因函数 $y=\sqrt{x}$ 是函数 $y=x^2(x\geqslant 0)$ 的反函数,而函数 $y=x^2$ 在 $[0,+\infty)$ 内连续且严格单调递增,其值域为 $[0,+\infty)$,所以函数 $y=\sqrt{x}$ 在 $[0,+\infty)$ 内连续.

同理可证函数 $y=\sqrt[3]{x}$ 在 $(-\infty,+\infty)$ 内连续.　　　　　　　　□

例 2.10.3　反三角函数
$$y=\arcsin x(|x|\leqslant 1);$$
$$y=\arccos x(|x|\leqslant 1);$$
$$y=\arctan x(-\infty<x<+\infty).$$

在其定义域内连续,因为它们分别是下面三角函数的反函数:
$$y=\sin x\left(-\frac{\pi}{2}\leqslant x\leqslant\frac{\pi}{2}\right);$$
$$y=\cos x(0\leqslant x\leqslant\pi);$$
$$y=\tan x\left(-\frac{\pi}{2}<x<\frac{\pi}{2}\right).$$

而这些三角函数都是所给区间上严格单调递增或递减的连续函数.

2.10.3　初等函数的连续性

前面我们已证明了多项式、有理分式、三角函数和反三角函数在其定义域内是连续的,下面我们再证明指数函数、对数函数和一般幂函数在其定义域内也是连续的.

在第一章中,我们已介绍了指数函数
$$y=a^x,\tag{3}$$
但那里的介绍是不完整的,因为在中学数学里只给出了有理指数乘幂的定义,而没有讨论无理指数的乘幂,而(3)中的 x 可以取一切实数,包括有理数和无理数.所以,为了严格地定义指数函数,必须先严格地定义无理数指数的乘幂.

考虑函数
$$f(x)=x^n,1\leqslant x\leqslant a,n\in\mathbf{N},$$
其中 $a>1$ 为任意给定的实数.显然 $f(x)\in C[1,a]$,且
$$f(1)=1<a<a^n=f(a),$$
所以由介值定理,必定存在实数 $b\in(1,a)$,使
$$f(b)=b^n=a,\tag{4}$$
数 b 就称为数 a 的 n 次算术根,记为
$$b=a^{\frac{1}{n}}\text{或}b=\sqrt[n]{a}.$$

当 $0<a<1$ 时,同时可证 $\exists b>0$,使(4)式成立.这样,$\forall a>0$,a 的 n 次算术根总是存在的.有了这个基础,就可以定义任意实数的指数乘幂:

定义 2.10.1＊　设 a 为给定的正数,且 $a\neq 1$.

(1) 若 $q=\dfrac{m}{n}(m,n\in\mathbf{N},(m,n)=1)$ 为正有理数,则定义 $a^q=(\sqrt[n]{a})^m$.

(2) 若 q 为负有理数,则定义 $a^q = \dfrac{1}{a^{-q}}$.

(3) 若 $q = 0$,则规定 $a^0 = 1$.

(4) 若 λ 为无理数,且 $a > 1$,则定义 $a^\lambda = \sup\limits_{q < \lambda}\{a^q \mid q \text{ 为有理数}\}$;若 $0 < a < 1$,则定义 $a^\lambda = \inf\limits_{q < \lambda}\{a^q \mid q \text{ 为有理数}\}$.

为了说明上述定义有意义,尚需说明(4)中的上、下确界存在.注意,当 q 为有理数时,指数的三条性质仍成立.所以,取定有理数 $q_1 > \lambda$,那么当 $a > 1$ 时 $\forall q < \lambda$,q 为有理数,有

$$\frac{a^{q_1}}{a^q} = a^{q_1 - q} > 1, \text{ 即 } a^q < a^{q_1},$$

所以(4)中的上确界是存在的.又因为对任意有理数 q,$a^q > 0$,所以(4)中的下确界也是存在的.

这样,我们定义了任意实数的指数乘幂.可以证明此时指数乘幂的三条性质仍保持成立.

现在可以严格定义指数函数了.

定义 2.10.2* 当 $a > 1$ 时,规定

$$a^x = \sup\limits_{q \leqslant x}\{a^q \mid q \text{ 为有理数}\};$$

当 $0 < a < 1$ 时,规定

$$a^x = \inf\limits_{q \leqslant x}\{a^q \mid q \text{ 为有理数}\}.$$

定理 2.10.3* 指数函数 a^x 为 $(-\infty, +\infty)$ 内的严格单调连续函数.

证 先证单调性.设 $a > 1$,$x_1, x_2 \in \mathbf{R}$,且 $x_1 < x_2$.则由有理数的稠密性,$\exists q_1, q_2 \in \mathbf{Q}$,使 $x_1 < q_1 < q_2 < x_2$,所以

$$a^{x_1} = \sup\limits_{q \leqslant x_1} a^q \leqslant a^{q_1} < a^{q_2} \leqslant \sup\limits_{q \leqslant x_2} a^q = a^{x_2},$$

这表明,当 $a > 1$ 时,a^x 为严格单调递增函数.同理可证当 $0 < a < 1$ 时,a^x 为严格单调递减函数.

其次证函数 a^x 在点 $x = 0$ 连续.

不妨假定 $a > 1$.因为 $\lim\limits_{x \to +\infty} \sqrt[n]{a} = 1$,所以 $\forall \varepsilon > 0$,$\exists N > 0$,使

$$0 < a^{\frac{1}{N}} - 1 < \varepsilon.$$

因为 a^x 是严格单调递增函数,所以当 $0 < x < \dfrac{1}{N}$ 时,

$$0 < a^x - 1 < a^{\frac{1}{N}} - 1 < \varepsilon,$$

即

$$\lim\limits_{x \to 0^+} a^x = 1. \tag{5}$$

对函数 a^x 作变量代换 $x = -y$,即得

$$\lim\limits_{x \to 0^-} a^x = \lim\limits_{y \to 0^+} a^{-y} = \frac{1}{\lim\limits_{y \to 0^+} a^y} = 1. \tag{6}$$

由(5)、(6)可得

$$\lim_{x \to 0} a^x = 1,$$

所以函数 a^x 在点 $x=0$ 处连续.

最后由

$$\lim_{x \to x_0} a^x = \lim_{x \to x_0} a^{x_0} \cdot a^{x-x_0} = a^{x_0} \lim_{x \to x_0} a^{x-x_0} = a^{x_0} \lim_{t \to 0} a^t = a^{x_0}$$

就知当 $a>1$ 时, 函数 a^x 在任一点 x_0 处连续. 当 $0<a<1$ 时, 令 $a = \dfrac{1}{b}$, 则 $a^x = \dfrac{1}{b^x}$, 而 $b>1, b^x \in C(-\infty, +\infty), b^x \neq 0.$ 所以 a^x 在 $(-\infty, +\infty)$ 内仍连续. □

因为 a^x 是 $(-\infty, +\infty)$ 内的严格单调连续函数, 所以其反函数, 即对数函数 $y = \log_a x$ 在其定义域 $(0, +\infty)$ 内也连续.

前面提到的一般幂函数 $y=x^\alpha$ (α 为任意实数) 可以定义为

$$x^\alpha = e^{\alpha \ln x},$$

它可以看作函数 e^u 和 $u = \alpha \ln x$ 的复合函数, 所以由定理 2.10.1, 它在定义域 $(0, +\infty)$ 内连续.

至此, 我们已证得

定理 2.10.4　六个基本初等函数在其定义域内连续.

再由初等函数的定义和定理 2.9.3, 2.10.1, 2.10.2, 就得

定理 2.10.5　任何初等函数是有定义区间上的连续函数.

利用定理 2.10.5, 可以求出许多函数的极限.

例 2.10.4　求极限 $\lim\limits_{x \to 0} \dfrac{\ln(1+x)}{x}$.

解　由函数 $\ln x$ 的连续性,

$$\lim_{x \to 0} \frac{\ln(1+x)}{x} = \lim_{x \to 0} \ln(1+x)^{\frac{1}{x}} = \ln(\lim_{x \to 0}(1+x)^{\frac{1}{x}}) = \ln e = 1.$$ □

例 2.10.5　求极限 $\lim\limits_{x \to 1} \dfrac{\ln(1+x)}{\sin \frac{\pi}{2} x}$.

解　因初等函数 $f(x) = \dfrac{\ln(1+x)}{\sin \frac{\pi}{2} x}$ 在点 $x_0 = 1$ 处连续, 所以

$$\lim_{x \to 1} \frac{\ln(1+x)}{\sin \frac{\pi}{2} x} = f(1) = \frac{\ln 2}{1} = \ln 2.$$ □

例 2.10.6　求极限 $\lim\limits_{x \to 0}(1 + \sin 2x)^{\frac{1}{x}}$.

解　$\lim\limits_{x \to 0}(1+\sin 2x)^{\frac{1}{x}} = \lim\limits_{x \to 0} e^{\frac{1}{x} \cdot \ln(1+\sin 2x)} = \lim\limits_{x \to 0} e^{2 \cdot \frac{\sin 2x}{2x} \cdot \frac{\ln(1+\sin 2x)}{\sin 2x}}$

$$= e^{2 \cdot \lim\limits_{x \to 0} \frac{\sin 2x}{2x} \cdot \lim\limits_{x \to 0} \frac{\ln(1+\sin 2x)}{\sin 2x}} = e^2.$$ □

习 题 2.10

1. 计算下列极限：

(1) $\lim\limits_{x\to 0}\sqrt{x^2+3x+4}$；

(2) $\lim\limits_{x\to \frac{2}{\pi}}x\sin\dfrac{1}{x}$；

(3) $\lim\limits_{x\to \frac{\pi}{4}}\dfrac{\sin x-\cos x}{\cos 2x}$；

(4) $\lim\limits_{x\to 3}\dfrac{\sqrt{x+13}-2\sqrt{x+1}}{x^2-9}$；

(5) $\lim\limits_{x\to 0}\ln\left(\dfrac{\sin x}{x}e^x\right)$；

(6) $\lim\limits_{x\to +\infty}(\sin\sqrt{x+1}-\sin\sqrt{x})$；

(7) $\lim\limits_{x\to \infty}\left(\dfrac{3x+1}{3x+3}\right)^{2x+1}$；

(8) $\lim\limits_{x\to 0}(1+3\tan^2 x)^{\cot x}$.

2. 计算极限：

(1) $\lim\limits_{x\to +\infty}\left(\sin\dfrac{1}{x}+\cos\dfrac{1}{x}\right)^x$；

(2) $\lim\limits_{x\to 0}[2e^{x/(1+x)}-1]^{(x^2+1)/x}$.

3. 证明$\lim\limits_{x\to 0}\dfrac{a^x-1}{x}=\ln a(a>0)$.

第 2 章 复 习 题

1. 设函数$f(x)$为$[a,+\infty)$上的连续函数，且$\lim\limits_{x\to +\infty}f(x)=A$.证明：$f(x)$在$[a,+\infty)$上有界.

2. 证明方程
$$\frac{a_1}{x-\lambda_1}+\frac{a_2}{x-\lambda_2}+\frac{a_3}{x-\lambda_3}=0$$
分别在(λ_1,λ_2),(λ_2,λ_3)内各有一根，其中$a_1,a_2,a_3>0,\lambda_1<\lambda_2<\lambda_3$.

3. 若$\forall\varepsilon>0,f(x)$在$[a+\varepsilon,b-\varepsilon]$上都连续，能否由此推出$f(x)$在$(a,b)$内连续和在$(a,b)$内一致连续？

4. 证明任一实系数奇次多项式方程至少有一个实根.

5. 定出常数a和b，使得下面等式成立：$\lim\limits_{x\to +\infty}\left(\dfrac{x^2+1}{x+1}-ax-b\right)=0$.

6. 证明：数列$\{a_n\}$收敛的充要条件是它的任一子序列都收敛，且极限相同.

7. 设$x_n\leqslant a\leqslant y_n(n=1,2,\cdots)$且$\lim\limits_{n\to\infty}(y_n-x_n)=0$,求证：$\lim x_n=a$.

8. 证明：

(1) $\forall n\in\mathbf{N},\left(1+\dfrac{1}{n}\right)^n<e<\left(1+\dfrac{1}{n}\right)^{n+1}$；

(2) $\forall n\in\mathbf{N},0<e-\left(1+\dfrac{1}{n}\right)^n<\dfrac{3}{n}$.

9. 设$x_0=1,x_{n+1}=\dfrac{1+2x_n}{1+x_n}$.证明数列$\{x_n\}$收敛，并求极限.

10. 设$y_n=x_{n-1}+2x_n(n=1,2,\cdots)$,证明：当$\{y_n\}$收敛时，$\{x_n\}$也收敛.

第3章 微积分基本思想

数学分析的主要内容就是微积分.微积分包含微分学和积分学两部分.从历史上看,微分学是从研究函数的极值、曲线切线的斜率、物体运动的速度等问题开始的,积分学的产生则与面积、体积的计算密切相关.微分和积分的产生和发展,开始是相互独立的,积分在先,微分在后.到了十七世纪,牛顿(Newton)和莱布尼兹(Leibnitz)等人发现微分和积分实际上是两个互逆的运算,并建立了微积分基本定理将两者统一起来,从而奠定了微积分的基础.此后又经过几个世纪的发展和完善,它不但成为数学领域内占主导地位的一个分支,而且其应用贯穿于整个科学领域,成为包括自然科学、社会科学在内的现代科学不可缺少的重要工具.

3.1 导数概念

现在介绍导数概念,它是微分学中最重要的内容.我们从几个实际问题开始.

3.1.1 速率问题

计算运动物体的速率,是经常会发生的.例如,沪宁高速公路全长 284 千米,一辆汽车用了 2.5 小时跑完全程,那么人们就会说汽车的速率是

$$284 \div 2.5 = 113.6 (千米/小时).$$

再如,一个物体从 490 米的高空自由下落,10 秒后到达地面,那么人们就会说这个落体的速率是

$$490 \div 10 = 49 (米/秒).$$

不过上面算出的速率实际上是"平均速率",而不是汽车或自由落体在运动过程中的实际速率.汽车或自由落体在运动过程中的速率是变化的.

那么如何来计算自由落体在某个时刻,例如在 2 秒末这一瞬间的速率? 显然,应该缩短时间间隔,观察物体在 $t=2$ 秒附近时间段上的平均速度.表 3.1.1 就列出了部分观察结果,其中在计算物体下落距离时,使用了自由落体运动方程

$$s = s(t) = \frac{1}{2}gt^2 (g = 9.8 \ \text{米/秒}^2).$$

表 3.1.1

时间间隔$[t_1,t_2]$	运动距离 $s(t_2)-s(t_1)$	平均速率 $\dfrac{s(t_2)-s(t_1)}{t_2-t_1}$
$[1,2]$	14.700	14.700
$[1.9,2]$	1.911 0	19.110
$[1.95,2]$	0.967 75	19.355
$[1.999,2]$	0.195 95	19.595
$[1.999\ 5,2]$	0.097 988	19.598
$[2,2.000\ 5]$	0.098 012	19.603
$[2,2.001]$	0.196 05	19.605
$[2,2.05]$	0.992 25	19.845
$[2,2.1]$	2.009 0	20.090
$[2,3]$	24.500	24.500

可以想象,如果在 $t=2$ 秒附近的时间段越短,那么相应的平均速率就越准确地反映出物体在该时间段内的快慢情况,也越接近预期中的在 $t=2$ 秒时物体的准确速率.这就有了下面的定义:

定义 3.1.1 设一质点作直线运动,运动方程为
$$s=s(t).$$
t_0 为某一确定时刻,那么我们称
$$\overline{v}=\frac{s(t_0+h)-s(t_0)}{h}$$
为质点在时间段$[t_0,t_0+h]$(或$[t_0+h,t_0]$)内的平均速率.如果极限
$$\lim_{h\to 0}\frac{s(t_0+h)-s(t_0)}{h}$$
存在等于 v,则称 v 为运动质点在时刻 t_0 的瞬时速率.

例 3.1.1 求自由落体在 $t=2$ 秒时的瞬时速率.

解 自由落体的运动方程为
$$s=\frac{1}{2}gt^2.$$
对任意 h,在时间段$[2,2+h]$(或$[2+h,2]$)内的平均速率为
$$\overline{v}=\frac{s(2+h)-s(2)}{h}=\frac{\frac{1}{2}g(2+h)^2-\frac{1}{2}\cdot g\cdot 2^2}{h}=2g+\frac{1}{2}gh.$$
而
$$\lim_{h\to 0}\frac{s(2+h)-s(2)}{h}=\lim_{h\to 0}\left(2g+\frac{1}{2}gh\right)=2g,$$
所以在 $t=2$ 秒时的瞬时速率为 $2\times 9.8=19.6$ 米/秒.

从表 3.1.1 中可看出,在 $t=2$ 秒附近的时间段越短,相应的平均速率就越接近 19.6 米/秒.

3.1.2　曲线的切线

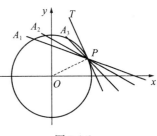

在古希腊时代,人们就研究曲线的切线问题.而且早已知道,与圆只有一个接触点的直线就是圆的切线,并且以此作为圆切线的定义.但这个定义很难推广到一般曲线中去.

如果观察图 3.1.1 则可以发现,当圆上的点 A_1,A_2,A_3, …沿着圆周趋近定点 P 时,相应的割线 $A_1P,A_2P,A_3P,$… 的斜率就趋向于切线 PT 的斜率.可见,切线 PT 可以看作当点 A 沿着圆周趋向于 P 点时割线 AP 的极限位置.这一性质不但可以用作圆的切线的定义,而且可以用作一般曲线切线的定义,并据此求出曲线切线的方程.

图 3.1.1

定义 3.1.2　设 L 为由方程 $y=f(x)$ 确定的曲线,$P(x_0,y_0)$ 和 $Q(x,y)$ 为 L 上的两点.那么割线 PQ 的斜率为

$$\tan\varphi=\frac{y-y_0}{x-x_0}=\frac{f(x)-f(x_0)}{x-x_0} \tag{3}$$

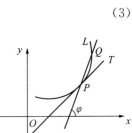

(图 3.1.2).如果当 Q 沿曲线无限接近 P 时,也即 $x\to x_0$ 时,割线 PQ 的斜率 $\tan\varphi$ 存在极限 k,即

$$\lim_{Q\to P}\tan\varphi=\lim_{x\to x_0}\frac{f(x)-f(x_0)}{x-x_0}=k, \tag{4}$$

那么过点 P,斜率为 k 的直线 PT 就叫作曲线 L 在点 P_0 处的切线.

例 3.1.2　求曲线 $y=x^2$ 在点 $P(1,1)$ 处的切线方程(图 3.1.3).

图 3.1.2

解　设 $Q(x,x^2)$ 为曲线上的点.那么割线 PQ 的斜率为

$$\frac{f(x)-f(1)}{x-1}=\frac{x^2-1}{x-1}=x+1(x\neq1),$$

所以曲线在 P 点处的切线斜率为

$$k=\lim_{x\to1}\frac{f(x)-f(1)}{x-1}=\lim_{x\to1}(x+1)=2,$$

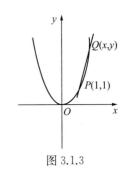

所求切线方程为

$$y-1=2(x-1)\text{或}y=2x-1.$$

图 3.1.3

3.1.3　导数概念

从上面两个例子可以看到,瞬时速率和切线斜率虽然是两个性质完全不同的问题,但解决问题的方法却是完全相同的.都是先作形如(1)或(3)的比,再求该比的极限.这就产

生了**导数**概念.

定义 3.1.3 设函数 $f(x)$ 在 x_0 的某个邻域 $U(x_0,a)$ 内有定义,如果极限

$$\lim_{h \to 0} \frac{f(x_0+h)-f(x_0)}{h}$$

存在且有限,则称函数 $f(x)$ 在点 x_0 处可导;这个极限称为函数 $f(x)$ 在点 x_0 处的导数,记为 $f'(x_0)$,即

$$f'(x_0) = \lim_{h \to 0} \frac{f(x_0+h)-f(x_0)}{h}. \tag{5}$$

如果用"ε - δ"语言来表示就是:如果存在常数 A,使 $\forall \varepsilon > 0$,$\exists \delta > 0$,当 $0 < |h| < \delta$ 时

$$\left| \frac{f(x_0+h)-f(x_0)}{h} - A \right| < \varepsilon,$$

那么就称函数 $f(x)$ 在点 x_0 可导,A 为 $f(x)$ 在点 x_0 处的导数,记为 $f'(x_0)$.

做直线运动的质点在时刻 t_0 的瞬时速度就等于位移函数 $s(t)$ 在点 t_0 的导数 $s'(t_0)$;曲线 $y=f(x)$ 在点 $(x_0,f(x_0))$ 切线斜率就等于函数 $f(x)$ 在点 x_0 的导数 $f'(x_0)$.在自然科学、社会科学中,还有许多概念可以用导数来表示.例如,如果 $Q(t)$ 为在时刻 t_0 到 t 内通过导线截面的电量,那么 $Q'(t)$ 就是在时刻 t 的电流强度;如果 $m(x)$ 表示一细杆 AB 上 AC 段的质量,x 为 AC 的长度,那么导数 $m'(x)$ 就表示该细杆在点 x 处的线密度;如果 $N(t)$ 表示某地区在时刻 t 的人口数,那么 $\dfrac{N'(t)}{N(t)}$ 就是该地区在时刻 t 的人口增长率,等等.

现在记 $x=x_0+h$,那么等式(5)就可写成

$$f'(x_0) = \lim_{x \to x_0} \frac{f(x)-f(x_0)}{x-x_0}. \tag{6}$$

在(6)式中,分母是自变量增量 Δx,即

$$\Delta x = x - x_0 (= h),$$

分子则是相应函数值增量 Δy,即

$$\Delta y = f(x)-f(x_0) = f(x_0+h)-f(x_0),$$

此时(5)或(6)就可写成增量比的极限:

$$f'(x_0) = \lim_{\Delta x \to 0} \frac{\Delta y}{\Delta x}. \tag{7}$$

注意:增量比 $\dfrac{\Delta y}{\Delta x}$ 表示在 x_0 到 $x=x_0+h$ 范围内,自变量每改变一个单位时函数值的相应改变量,因此 $\dfrac{\Delta y}{\Delta x}$ 就称为函数 $f(x)$ 在区间 $[x_0,x]$ 内的平均变化率.前面所介绍的平均速率、割线的斜率等,都是函数的平均变化率.而导数 $f'(x_0)$ 就表示函数 $f(x)$ 在点 x_0 处的变化率.

例 3.1.3 求函数 $y=\sin x$ 在点 $x=0$ 的导数和曲线 $y=\sin x$ 在原点 $(0,0)$ 的切线方程.

解 由导数的定义,得

$$\sin' x \big|_{x=0} = \lim_{h \to 0} \frac{\sin(0+h) - \sin 0}{h} = \lim_{h \to 0} \frac{\sin h}{h} = 1,$$

根据导数的几何意义,曲线 $y = \sin x$ 在原点处的切线斜率等于 1.故所求切线方程为

$$y = x.$$ □

3.1.4　左导数和右导数

在定义 3.1.3 中,如果将极限改为左极限或右极限,那么就得左导数或右导数的概念:

定义 3.1.4　设函数 $f(x)$ 在点 x_0 的右邻域 $[x_0, x_0+a)(a > 0)$ 内有定义.如果极限

$$\lim_{h \to 0^+} \frac{f(x_0+h) - f(x_0)}{h} \left(\text{或} \lim_{x \to x_0^+} \frac{f(x) - f(x_0)}{x - x_0} \right)$$

存在且有限,则这个极限就称为函数 $f(x)$ 在点 x_0 处的右导数,记为 $f'_+(x_0)$.类似地可定义左导数 $f'_-(x_0)$.

由左、右极限与极限间的关系就知,函数 $f(x)$ 在点 x_0 可导的充要条件是:左、右导数 $f'_+(x_0), f'_-(x_0)$ 存在且相等,等于导数 $f'(x_0)$.

例 3.1.4　设 $f(x) = |x|$,证明: $f(x)$ 在点 $x = 0$ 不可导.

证　因为
$$f'_+(0) = \lim_{h \to 0^+} \frac{|h| - |0|}{h} = \lim_{h \to 0^+} \frac{h}{h} = 1;$$

$$f'_-(0) = \lim_{h \to 0^-} \frac{|h| - |0|}{h} = \lim_{h \to 0} \frac{(-h)}{h} = -1.$$

因为
$$f'_+(0) \neq f'_-(0),$$
所以 $f(x)$ 在点 $x = 0$ 不可导. □

3.1.5　导函数

定义 3.1.5　设函数 $f(x)$ 在区间 $I = (a, b)$ 内有定义.如果 $\forall x \in I, f(x)$ 都可导,就称函数 $f(x)$ 在区间 I 内可导.如果函数 $f(x)$ 在区间 (a, b) 内可导,且在 a、b 处分别存在右导数和左导数,则称 $f(x)$ 在闭区间 $[a, b]$ 上可导.

如果函数 $f(x)$ 在区间 I(开的或闭的)上可导,那么 $\forall x \in I$,都对应了一个导数 $f'(x)$,显然 $f'(x)$ 也是区间 I 上的函数,这个函数就称为函数 $f(x)$ 的**导函数**.导函数也简称为**导数**.函数 $f(x)$ 的导函数记为 $f'(x)$ 或 $\dfrac{\mathrm{d}y}{\mathrm{d}x}, \dfrac{\mathrm{d}f}{\mathrm{d}x}$.

例 3.1.5　求常数函数 $f(x) = c$(c 为常数)的导数.

解　因 $\forall x \in \mathbf{R}$,　$\lim\limits_{h \to 0} \dfrac{f(x+h) - f(x)}{h} = \lim\limits_{h \to 0} \dfrac{c - c}{h} = 0,$
故
$$(c)' = 0.$$ □

所以,常数函数的导数恒等于零.反过来,在某区间 I 内导数恒等于零的函数必定是**常数函数**.这是容易理解的,因为 $f'(x) \equiv 0$ 表示函数 $f(x)$ 的值在 I 内处处不改变,所以为一常数.严格的证明留到第 6 章.

例 3.1.6 求函数 $y=x^n$ 的导函数,这里 $n \in \mathbf{N}$.

解 $\forall x \in \mathbf{R}$,由 Newton 二项式定理

$$\frac{y(x+h)-y(x)}{h}=\frac{(x+h)^n-x^n}{h}=nx^{n-1}+C_n^2hx^{n-2}+\cdots+C_n^nh^{n-1},$$

所以

$$\lim_{h \to 0}\frac{y(x+h)-y(x)}{h}=nx^{n-1},$$

即

$$(x^n)'=nx^{n-1}.$$

特别,当 $n=1$ 时,$(x)'=1$.

例 3.1.7 求正弦函数 $y=\sin x$ 的导函数.

解 $\forall x \in \mathbf{R}$,

$$\lim_{h \to 0}\frac{\sin(x+h)-\sin x}{h}=\lim_{h \to 0}\frac{2\sin\frac{h}{2}\cos\left(x+\frac{h}{2}\right)}{h}=\lim_{h \to 0}\cos\left(x+\frac{h}{2}\right)\cdot\lim_{h \to 0}\frac{\sin\frac{h}{2}}{\frac{h}{2}}$$

$$=\cos x,$$

故

$$(\sin x)'=\cos x.$$

类似地可证:$(\cos x)'=-\sin x, x \in \mathbf{R}$.

例 3.1.8 求对数函数 $y=\log_a x$ 的导数.

解 $\forall x>0$,

$$\lim_{h \to 0}\frac{\log_a(x+h)-\log_a x}{h}=\lim_{h \to 0}\frac{\log_a\left(1+\frac{h}{x}\right)}{h}=\frac{1}{x\ln a}\lim_{h \to 0}\frac{\ln\left(1+\frac{h}{x}\right)}{\frac{h}{x}}=\frac{1}{x\ln a},$$

所以

$$(\log_a x)'=\frac{1}{x\ln a}(x>0). \tag{8}$$

特别,对 e 为底的对数函数 $\ln x$,有:$(\ln x)'=\frac{1}{x}(x>0)$.它比(8)要简洁得多,这也是在高等数学中为什么经常使用自然对数的原因.

习 题 3.1

1. 若质点做直线运动的运动方程为 $s=t^2+3t$.

(1) 计算从 $t=2$(秒)到 $t=2+\Delta t$(秒)之间的平均速率;

(2) 计算当 Δt 分别为 1 秒、0.1 秒、0.01 秒时的上述平均速率;

(3) 求在 $t=2$ 秒时质点的瞬时速率.

2. 求下列曲线在指定点处的切线方程和法线方程:

(1) $y=\dfrac{1}{x}$,在点 $(1,1)$;

(2) $y=x^3$,在点 $(2,8)$;

(3) $y=\ln x$,在点 $(\mathrm{e},1)$;

(4) $y=\sin x$,在点 $\left(\dfrac{\pi}{6},\dfrac{1}{2}\right)$.

3. 根据导数的定义,求下列函数在指定点处的导数:

(1) $y=\dfrac{1}{x+1}$,$x_0=0$;

(2) $y=\sqrt{x+1}$,$x_0=3$.

4. 距离地心 r 处的重力加速度 g 可由下式给出:$g=\dfrac{GM}{r^2}$,M 是地球质量,G 是常数.

(1) 求 $\dfrac{\mathrm{d}g}{\mathrm{d}r}$;

(2) $\dfrac{\mathrm{d}g}{\mathrm{d}r}$ 的实际意义是什么? 为什么应该是负的?

(3) 已知 $M=6\times10^{24}\,\mathrm{kg}$,$G=6.67\times10^{-20}$.那么在地面处(即 $r=6400\ \mathrm{km}$)的 $\dfrac{\mathrm{d}g}{\mathrm{d}r}$ 是多少?

(4) 你认为在地面附近将 g 看成常量是否有道理?

5. 一艘抛了锚的船只在海水里上下浮动.它与海平面的距离 $y(\mathrm{m})$ 为时间 $t(\mathrm{min})$ 的函数:

$$y=5+\sin 2\pi t.$$

求时刻 t 时,船体上下摆动的速度.

6. 一听汽水放入冰箱后的温度 H 为时间 t 的函数:$H=4+16\mathrm{e}^{-t}$.

(1) 求汽水温度的变化率;

(2) 对 $t\geqslant0$,$\dfrac{\mathrm{d}H}{\mathrm{d}t}$ 在什么时候量值最大,为什么?

7. 在抛物线 $y=x^2$ 上哪一点的切线

(1) 平行于直线 $y=4x-5$;

(2) 垂直于直线 $2x-6y+5=0$.

8. 设函数 $f(x)$ 在 $x=0$ 可导且 $f(0)=0$.求极限 $\lim\limits_{x\to0}\dfrac{f(x)}{x}$.

9. 计算函数

$$f(x)=\begin{cases}x^2, & x\geqslant2, \\ ax+b, & x<2\end{cases}$$

在点 $x=2$ 的左导数和右导数.问:当 a、b 取何值时,$f(x)$ 在点 $x=2$ 处可导?

10. 计算函数

$$f(x)=\begin{cases}x^2\sin\dfrac{1}{x}, & x\neq0, \\ 0, & x=0,\end{cases}$$

在点 $x=0$ 处的导数.

11. (1) 如果 $f(x)$ 为奇函数,$f'(4)=5$,求 $f'(-4)$;

(2) 如果 $f(x)$ 为偶函数,且 $f'(10)=6$,求 $f'(-10)$.

(3) 如果 $f(x)$ 在 $x=0$ 处可导,求 $f'(0)$.

12. 已知半径为 r 的圆的面积与周长分别是 $f(r)=\pi r^2$ 与 $g(r)=2\pi r$.则显然有 $f'(r)=g(r)$.这个事实说明了什么?

3.2 导数的性质

导数是函数增量与自变量增量比的极限.因此极限中关于函数和、差、积、商四则运算定理,可以推广到导数中来.在介绍这些定理之前,我们先讨论函数的可导性与连续性之间的关系.

3.2.1 可导与连续的关系

函数 $f(x)$ 在点 x_0 处连续和可导之间有如下关系:

定理 3.2.1 如果函数 $f(x)$ 在点 x_0 处可导,则必连续.

证 因 $f(x)$ 在点 x_0 可导,所以

$$\lim_{h \to 0} \frac{f(x_0 + h) - f(x_0)}{h} = f'(x_0),$$

由定理 2.7.1,得

$$\frac{f(x_0 + h) - f(x_0)}{h} = f'(x_0) + \alpha$$

或

$$f(x_0 + h) = f(x_0) + h f'(x_0) + \alpha \cdot h,$$

其中 α 为 $h \to 0$ 时的无穷小量.在上式中令 $h \to 0$ 就得

$$\lim_{h \to 0} f(x_0 + h) = f(x_0),$$

所以 $f(x)$ 在点 x_0 处连续.

定理 3.2.1 的逆定理不成立.即连续不一定可导.例如,函数

$$f(x) = |x|$$

在点 $x = 0$ 处连续,但不可导.

连续但不可导的函数是很普遍的.例如,分段线性函数

$$f(x) = \begin{cases} x+1, & x \leqslant 1, \\ 3x-1, & x > 1 \end{cases}$$

处处连续,但在点 $x = 1$ 处不可导.函数

$$f(x) = |x| + |x+2| + |x-1| + |x-3|$$

处处连续,但有四个不可导点:$x = 0, -2, 1, 3$.函数的图像在这些点处都存在一个"角",没有切线.我们还可以作出在一个区间内处处连续但处处不可导的函数,这种函数的图像是一条连续的,但处处存在"角"的曲线.这种曲线在自然界里经常会见到的,如天上云彩的边缘、闪电的分枝、海岸线等.最近发展起来的一个数学分支——分形,就研究这些曲线.

3.2.2 导线的代数运算

定理 3.2.2 设函数 $f(x)$、$g(x)$ 在点 x 可导,则函数 $f(x) \pm g(x)$ 在点 x 处可导,且
$$(f(x) \pm g(x))' = f'(x) \pm g'(x). \tag{1}$$

证 令 $y(x) = f(x) \pm g(x)$.则

$$\frac{y(x+h)-y(x)}{h}=\frac{[f(x+h)\pm g(x+h)]-[f(x)\pm g(x)]}{h}$$

$$=\frac{f(x+h)-f(x)}{h}\pm\frac{g(x+h)-g(x)}{h}.$$

当 $h\to0$ 时,上式右端的两项极限都存在,所以由极限的运算性质,

$$\lim_{h\to0}\frac{y(x+h)-y(x)}{h}=\lim_{h\to0}\frac{f(x+h)-f(x)}{h}\pm\lim_{h\to0}\frac{g(x+h)-g(x)}{h}$$

$$=f'(x)\pm g'(x),$$

这说明 $y(x)=f(x)\pm g(x)$ 在点 x 可导,且

$$y'(x)=(f(x)\pm g(x))'=f'(x)\pm g'(x).$$

公式(1)也可写成

$$\frac{\mathrm{d}}{\mathrm{d}x}(f(x)\pm g(x))=\frac{\mathrm{d}f}{\mathrm{d}x}\pm\frac{\mathrm{d}g}{\mathrm{d}x}.$$

例 3.2.1 设函数 $y=x+\sin x$,求 $y'(x)$ 和 $y'\left(\frac{\pi}{2}\right)$.

解 $y'(x)=(x+\sin x)'=x'+(\sin x)'=1+\cos x,$

$$y'\left(\frac{\pi}{2}\right)=(1+\cos x)\Big|_{x=\frac{\pi}{2}}=1.$$

定理 3.2.3 设函数 $f(x)$、$g(x)$ 在点 x 处可导,则 $f(x)\cdot g(x)$ 在点 x 处也可导,且

$$[f(x)\cdot g(x)]'=f'(x)\cdot g(x)+f(x)\cdot g'(x) \tag{2}$$

证 令

$$y(x)=f(x)\cdot g(x),$$

那么

$$\frac{y(x+h)-y(x)}{h}=\frac{f(x+h)g(x+h)-f(x)\cdot g(x)}{h}$$

$$=\frac{f(x+h)-f(x)}{h}\cdot g(x+h)+f(x)\cdot\frac{g(x+h)-g(x)}{h}.$$

因为 $f(x)$、$g(x)$ 在点 x 处可导,$g(x)$ 在点 x 处连续(定理 3.2.1),所以由极限运算性质

$$\lim_{h\to0}\frac{y(x+h)-y(x)}{h}=\lim_{h\to0}\frac{f(x+h)-f(x)}{h}\cdot\lim_{h\to0}g(x+h)$$

$$+f(x)\lim_{h\to0}\frac{g(x+h)-g(x)}{h}$$

$$=f'(x)\cdot g(x)+f(x)\cdot g'(x),$$

即 $f(x)\cdot g(x)$ 在点 x 可导,且(2)式成立.

推论 1 设 $f(x)$ 可导,C 为常数,则 $[Cf(x)]'=Cf'(x)$.

推论 2 设 $f_1(x),f_2(x),\cdots,f_n(x)$ 在点 x 可导,则乘积 $f_1(x)f_2(x)\cdots f_n(x)$ 在点 x 可导,且

$$[f_1(x)f_2(x)\cdots f_n(x)]'=f'_1(x)f_2(x)\cdots f_n(x)+f_1(x)f'_2(x)$$

$$\cdots f_n(x)+\cdots+f_1(x)f_2(x)\cdots f'_n(x).$$

推论 2 可用数学归纳法证得.

例 3.2.2 设 $y=x\ln x$,求 $y'(x)$.

解 $y'(x)=(x)'\ln x+x(\ln x)'=1 \cdot \ln x+x \cdot \dfrac{1}{x}=\ln x+1$.

例 3.2.3 利用 $(x)'=1$,求 $(x^n)'$,其中 $n\in\mathbf{N}$.

解 $(x^n)'=(\underbrace{x \cdot x\cdots x}_{\text{有}n\text{个}x\text{相乘}})'$

$=1 \cdot \underbrace{x \cdot x\cdots x}+\underbrace{x \cdot 1 \cdot x\cdots x}+\cdots+\underbrace{x \cdot x\cdots x} \cdot 1$

每项都有 $(n-1)$ 个 x 相乘

$=x^{n-1}+x^{n-1}+\cdots+x^{n-1}=nx^{n-1}$.

这样,我们又得到了公式

$$(x^n)'=nx^{n-1},n\in\mathbf{N}.$$

以后我们会证明,当 n 为任意实数时,上式仍成立.

定理 3.2.4 设 $f(x)$、$g(x)$ 在点 x 可导,且 $g(x)\neq0$ 则 $\dfrac{f(x)}{g(x)}$ 在点 x 可导,且

$$\left(\frac{f(x)}{g(x)}\right)'=\frac{f'(x)g(x)-f(x)g'(x)}{g^2(x)}.$$

证 设 $y(x)=\dfrac{1}{g(x)}$.因 $g(x)\neq0$,所以存在 x 的某个邻域 U,使在 U 内 $g(x)\neq0$.现在设 h 充分小,使 $x+h\in U$,此时

$$\frac{y(x+h)-y(x)}{h}=\frac{\dfrac{1}{g(x+h)}-\dfrac{1}{g(x)}}{h}=-\frac{\dfrac{g(x+h)-g(x)}{h}}{g(x)g(x+h)},$$

所以

$$\lim_{h\to0}\frac{y(x+h)-y(x)}{h}=-\frac{\displaystyle\lim_{h\to0}\frac{g(x+h)-g(x)}{h}}{g(x)\displaystyle\lim_{h\to0}g(x+h)}=-\frac{g'(x)}{g^2(x)}$$

或

$$\left(\frac{1}{g(x)}\right)'=-\frac{g'(x)}{g^2(x)}.$$

最后利用定理 3.2.3,就得

$$\left[\frac{f(x)}{g(x)}\right]'=f'(x) \cdot \frac{1}{g(x)}+f(x) \cdot \left[\frac{1}{g(x)}\right]'=\frac{f'(x)}{g(x)}-f(x) \cdot \frac{g'(x)}{g^2(x)}$$

$$=\frac{f'(x)g(x)-f(x)g'(x)}{g^2(x)}.$$

例 3.2.4 设 $y=\tan x$,求 y'.

解 由定理 3.2.4,

$$(\tan x)'=\left(\frac{\sin x}{\cos x}\right)'=\frac{\cos x(\sin x)'-\sin x(\cos x)'}{\cos^2 x}$$

$$=\frac{\cos x \cdot \cos x - \sin x \cdot (-\sin x)}{\cos^2 x}=\frac{1}{\cos^2 x},$$

即

$$(\tan x)'=\sec^2 x. \qquad \square$$

类似地可得

$$(\cot x)'=-\csc^2 x.$$

习　题　3.2

1. 求下列函数的导数

(1) $y=x^3+2x^2+x+3$；

(2) $y=6x^4-3x^3$；

(3) $y=(x^3+2)(x^2+1)$；

(4) $y=x\sin x+\cos x$；

(5) $y=x^3\ln x$；

(6) $y=\dfrac{1}{t^2+2t-3}$；

(7) $y=\dfrac{x^2+1}{x^3+x+1}$；

(8) $y=x\sin x\ln x$；

(9) $y=\dfrac{\sin x}{x}+\dfrac{x}{\sin x}$；

(10) $y=\dfrac{1-\ln x}{1+\ln x}$.

2. 设 $f(x)=x(x-1)^2(x-2)^3$，求 $f'(0)$，$f'(1)$ 和 $f'(2)$.

3. 设 $f(x)=\dfrac{1}{x+2}+\dfrac{2}{x^2+1}$，求 $f'(0)$，$f'(-1)$.

4. 求曲线 $y=x^3-2x^2+x-2$ 在点 $x=-1$ 处的切线和法线方程.

5. 求曲线 $y=\dfrac{x}{1+x^2}$ 在点 $\left(1,\dfrac{1}{2}\right)$ 处的切线方程和法线方程.

6. 证明：双曲线 $xy=a(a>0)$ 在各点处的切线与两坐标轴所围成的三角形的面积为常数.

7. 利用 $1+x+x^2+\cdots+x^n$ 的求和，求出下列和式的和：

(1) $1+2x+3x^2+\cdots+nx^{n-1}$；

(2) $1^2+2^2\cdot x+3^2\cdot x^2+\cdots+n^2\cdot x^{n-1}$.

8. 求下面函数的导数：

(1) $y=\begin{cases}x+x^3, & x>0, \\ x\mathrm{e}^x, & x\leqslant 0;\end{cases}$

(2) $y=\begin{cases}x\sin x, & x\geqslant 0, \\ 1+x+x^2, & x<0.\end{cases}$

9. 有底半径为 R cm，高为 h cm 的正圆锥容器.顶点有一小孔，以便向容器内注水.今以 A cm³/s 的速度向容器内注水，试求当容器内水位等于锥高的一半时，水平面上升的速度.

10. 证明抛物线的光学性质：若置光源于抛物线的焦点上，经过抛物镜面的反射之后，成为一束平行于抛物线对称轴的光线.

3.3　微分及其性质

3.3.1　函数的微分

在导数的定义中，如记

$$\Delta x = x - x_0, \Delta y = f(x) - f(x_0) = f(x_0 + \Delta x) - f(x_0),$$

那么定义 3.1.3 中的(5)式或(7)式就可以写成

$$\Delta y = f'(x_0)\Delta x + o(\Delta x). \tag{1}$$

由这个公式知,当自变量增量 Δx 很小时,可略去高阶无穷小 $o(\Delta x)$,得函数增量的近似值:

$$\Delta y \approx f'(x_0)\Delta x$$

或

$$f(x) \approx f(x_0) + f'(x_0)(x - x_0). \tag{2}$$

这说明:如果函数在点 x_0 处可导,那么在点 $(x_0, f(x_0))$ 附近曲线 $y = f(x)$ 可以用直线 $y = f(x_0) + f'(x_0)(x - x_0)$ 近似代替,所产生的误差是自变量增量 $\Delta x = x - x_0$ 的高阶无穷小量,即函数在点 x_0 附近可局部线性化.一个比较复杂的函数如果在某点处可以局部线性化,那么就可以很方便地作出它在该点附近的近似图像或算出该点附近函数的近似值.因此,讨论一个函数是否可以局部线性化,是非常有意义的.

定义 3.3.1 设函数 $y = f(x)$ 在区间 (a,b) 内有定义,$x \in (a,b)$.如果存在常数 A,使

$$\Delta y = A \cdot \Delta x + o(\Delta x), \tag{3}$$

那么就称函数 $f(x)$ 在点 x 处可微,Δx 的线性函数 $A\Delta x$ 称为函数 $f(x)$ 在该点处的微分,记为 $\mathrm{d}y$ 或 $\mathrm{d}f(x)$,即

$$\mathrm{d}y = A\Delta x \text{ 或 } \mathrm{d}f(x) = A\Delta x.$$

例 3.3.1 设 $y = x^2$,求 $\mathrm{d}y$.

解 $\Delta y = (x + \Delta x)^2 - x^2 = 2x \cdot \Delta x + (\Delta x)^2 = 2x \cdot \Delta x + o(\Delta x)$,
所以函数 $y = x^2$ 在点 x 可微,且

$$\mathrm{d}y = 2x \cdot \Delta x. \qquad \square$$

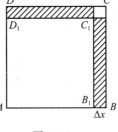

图 3.3.1

例 3.3.1 的几何意义是:Δy 为图 3.3.1 中正方形 $ABCD$ 和 $AB_1C_1D_1$ 面积之差.微分 $\mathrm{d}y$ 是图中有斜线的两个长方形面积的和.如取它作为 Δy 的近似值,那么误差只是图中最小那个正方形的面积.

从定义和例 3.3.1 可看出,微分是函数改变量关于自变量改变量的线性主要部分.

3.3.2 函数可微的条件

定理 3.3.1 设函数 $y = f(x)$ 在区间 (a,b) 内有定义.那么 $f(x)$ 在点 $x \in (a,b)$ 可微的充要条件是 $f(x)$ 在点 x 处可导,且有

$$\mathrm{d}y = f'(x)\Delta x. \tag{4}$$

证 先证必要性.如果 $f(x)$ 在点 x 可微,则存在常数 A,使

$$\Delta y = A \cdot \Delta x + o(\Delta x),$$

两端除以 Δx,得

$$\frac{\Delta y}{\Delta x} = A + \frac{o(\Delta x)}{\Delta x}.$$

因为 $\lim\limits_{\Delta x \to 0}\dfrac{o(\Delta x)}{\Delta x}=0$，所以

$$\lim_{\Delta x \to 0}\frac{\Delta y}{\Delta x}=A.$$

即 $f(x)$ 在点 x 可导，且

$$A=f'(x).$$

再证充分性．设 $f(x)$ 在点 x 处可导，那么由公式(1)，得

$$\Delta y=f'(x)\Delta x+o(\Delta x),$$

就知函数在点 x 可微，且

$$\mathrm{d}y=f'(x)\Delta x.$$

例 3.3.2　设函数 $y=x$．求 $\mathrm{d}y$．

解　因为 $y'=1$，所以

$$\mathrm{d}y=\Delta x.$$

可见自变量的增量等于函数 $y=x$ 的微分．也因为这个原因，我们就将自变量的增量 Δx 定义为自变量的微分：

$$\mathrm{d}x=\Delta x.$$

这样，(4)式就可以写成

$$\mathrm{d}y=f'(x)\mathrm{d}x \ \text{或} \ f'(x)=\frac{\mathrm{d}y}{\mathrm{d}x}.$$

现在，函数的导数就可以看成两个微分的商．所以导数也叫作微商．

例 3.3.3　设 $y=\sin x+\cos x$，求 $\mathrm{d}y$．

解　因为

$$y'=(\sin x+\cos x)'=\cos x-\sin x,$$

所以

$$\mathrm{d}y=(\cos x-\sin x)\mathrm{d}x.$$

利用微分与导数的关系，就可以得微分的代数运算性质：

定理 3.3.2　设 $u(x)$、$v(x)$ 在点 x 处可微，则

(1) $\mathrm{d}(u(x)+v(x))=\mathrm{d}u(x)+\mathrm{d}v(x)$；

(2) $\mathrm{d}(u(x)\cdot v(x))=v(x)\mathrm{d}u(x)+u(x)\mathrm{d}v(x)$；

(3) $\mathrm{d}\left(\dfrac{u(x)}{v(x)}\right)=\dfrac{v(x)\mathrm{d}u(x)-u(x)\mathrm{d}v(x)}{v^2(x)}$．

3.3.3　微分的应用

设函数 $y=f(x)$ 在点 x_0 处可微，那么它可以在 x_0 的邻域内局部线性化：

$$f(x)\approx f(x_0)+f'(x_0)(x-x_0), \tag{2}$$

即在 x_0 的充分小邻域内，函数 $f(x)$ 可以用线性函数来逼近．它的几何意义如图 3.3.2 所示．图中 PT 为切线，$\Delta y=|AC|$，$\mathrm{d}y=$

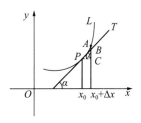

图 3.3.2

87

$|BC|$. 弧$\overset{\frown}{PA}$可用切线段PB近似代替. 这就是前面所说的局部线性化的几何意义.

在许多场合, $f(x_0)$, $f'(x_0)$是容易计算的. 此时利用(2)右端的线性函数, 就可求出$f(x)$的近似值. 而且x越接近x_0, 误差也越小. (2)式右端的线性函数就称为函数$f(x)$在点x_0邻域内的一次近似式. 下面是一些常见函数在点$x_0=0$邻域内的一次近似式:

$$\sin x \approx x;$$
$$\tan x \approx x;$$
$$\ln(1+x) \approx x;$$
$$e^x \approx 1+x.$$

例 3.3.4 求$\sin 31°$的近似值.

解 取$f(x)=\sin x$, $x_0=30°=\dfrac{\pi}{6}$, $x_1=31°=\dfrac{\pi}{6}+\dfrac{\pi}{180}$. 注意$(\sin x)'=\cos x$, 所以

$$\sin 31°=\sin\left(\frac{\pi}{6}+\frac{\pi}{180}\right)\approx\sin\frac{\pi}{6}+\cos\frac{\pi}{6}\cdot\frac{\pi}{180}$$

$$\approx\frac{1}{2}+0.8661\times0.01745\approx0.5151. \qquad \square$$

例 3.3.5 求$\sqrt[5]{33}$的近似值.

解 取$f(x)=x^{\frac{1}{5}}$, $x_0=32$, $x=33$. 则由

$$f'(x)=\frac{1}{5}x^{-\frac{4}{5}}$$

可得

$$\sqrt[5]{33}\approx\sqrt[5]{32}+\frac{1}{5}(32)^{-\frac{4}{5}}\cdot1=2+\frac{1}{80}\approx2.012\ 5. \qquad \square$$

例 3.3.6 设已测得一球的直径为 51 cm, 并知在测量中绝对误差不超过 0.05 cm. 求以此数据计算球体积时所引起的误差.

解 当直径$d=51$ cm 时, 球体积

$$V=f(d)=\frac{1}{6}\pi d^3\approx69\ 455.9\ \text{cm}^3.$$

因为

$$|\Delta d|\leqslant0.05,$$

所以球体积的绝对误差

$$|\Delta V|\approx|dV|=|f'(d)\Delta d|=\left|\frac{1}{2}\pi d^2\cdot\Delta d\right|\leqslant\frac{\pi}{2}\cdot51^2\cdot0.05=204.282(\text{cm}^3).$$

相对误差

$$\frac{\Delta V}{V}\approx\frac{dV}{V}=\frac{\frac{\pi}{2}d^2|\Delta d|}{\frac{\pi}{6}d^3}=\frac{3|\Delta d|}{d}\leqslant\frac{3\times0.05}{51}\approx0.002941. \qquad \square$$

习　题　3.3

1. 若 $x=1$，而 $\Delta x=0.1,0.01$，问对函数 $y=x^3$，Δy 与 $\mathrm{d}y$ 之差是多少？

2. 求下列函数的微分：

(1) $y=\dfrac{1}{x}$；

(2) $y=x^3+2x^2+x+1$；

(3) $y=x\ln x-x$；

(4) $y=x^2\sin x$；

(5) $y=x\tan x$.

3. 利用微分作近似计算：

(1) $\sqrt[3]{1.03}$；

(2) $\sqrt[4]{80}$；

(3) $\cos 46°$；

(4) $\lg 11$.

4. 在原点附近将下列函数的图像在 $x=0$ 邻域内局部线性化，并给出与图像近似的直线方程.

(1) $y=x-\sin x$；

(2) $y=\dfrac{\sin x}{1+\sin x}$；

(3) $y=\dfrac{x^2}{1+x^2}$；

(4) $y=\dfrac{x}{1+x}$；

(5) $y=\mathrm{e}^x-1$；

(6) $y=\begin{cases}\dfrac{\sin x}{x}-1, & x\neq 0,\\[2mm] 0, & x=0.\end{cases}$

5. 求下列函数在指定点的微分：

(1) $y=\sin x,\ x_0=\dfrac{\pi}{4}$；

(2) $y=x^3+x+1,\ x_0=1$；

(3) $y=x^2\ln x,\ x_0=0$；

(4) $y=x\cos x,\ x_0=0$.

6. 为了使计算球的体积准确到 1%，问质量半径 R 所允许发生的相对误差至多应多少？

3.4　定积分概念

前面我们介绍了导数概念，它是由研究物体运动的瞬时速率和曲线切线的斜率等实际问题而产生的.下面介绍的定积分概念，它也是在研究一些实际问题的过程中产生的.

3.4.1　运动物体的路程

如果一个物体做匀速直线运动，那么就有公式

$$路程＝速率×时间.$$

如果物体做变速直线运动，在时刻 t 的速率是 $v=v(t)$，那么如何来求物体在时间段 $[a,b]$ 内所走过的距离 s？

如果将物体运动近似地看作匀速的，并在区间 $[a,b]$ 内任取一点 ξ，将 $v(\xi)$ 当作物体在时间段 $[a,b]$ 上的平均速度，那么就得运动路程 s 的一个近似值：

$$s\approx v(\xi)(b-a).$$

这当然是不太精确的.为了减少误差，可以缩短时间段.例如，将时间段 $[a,b]$ 用分点

$$a=t_0<t_1<t_2<\cdots<t_n=b$$

分成 n 个子区间 $[t_0,t_1],[t_1,t_2],\cdots,[t_{n-1},t_n]$，如果每个子区间都很短，那么就可以设想运动物体在每个子区间上都是匀速的.因而在每个子区间 $[t_{i-1},t_i]$ 内各取一点 ξ_i，物体在 $[t_{i-1},t_i]$ 上的平均速度便可近似地取作 $v(\xi_i)$.此时在时间段 $[t_{i-1},t_1]$ 内运动物体走过的距离便近似地等于

$$v(\xi_i)(t_i-t_{i-1}),i=1,2,\cdots,n. \tag{1}$$

而它们的和

$$s_n=v(\xi_1)(t_1-t_0)+v(\xi_2)(t_2-t_1)+\cdots+v(\xi_n)(t_n-t_{n-1}) \tag{2}$$

可取作 s 的一个近似值：

$$s\approx s_n=\sum_{i=1}^{n}v(\xi_i)(t_i-t_{i-1}).$$

显然，分点越多、越密，即各个子区间的长度越短，S_n 与 S 的误差就越小.如果让 $n\to+\infty$，且每个子区间的长度都趋向于零，那么(3)式右端的极限就应等于 S：

$$s=\lim_{n\to+\infty}s_n=\lim_{n\to+\infty}\sum_{i=1}^{n}f(\xi_i)(t_i-t_{i-1}). \tag{3}$$

这里的极限过程是 $n\to+\infty$ 且每个子区间的长度都趋向于零.

3.4.2　曲边梯形的面积

在 2.1 节中，我们曾求过曲线 $y=x^2$、直线 $x=1$ 和 $y=0$ 所围成的图形的面积.现在我们来求图 3.4.1 中由曲线弧 $y=f(x)\geqslant 0 (a\leqslant x\leqslant b)$、直线 $x=a$、$x=b$ 及 x 轴所围成的图形 $AabB$ 的面积 A.这种图形称为**曲边梯形**.

仍用 2.1 中的方法.先将区间 $[a,b]$ 用分点

$$a=x_0<x_1<\cdots<x_{n-1}<x_n=b$$

分成 n 个子区间 $[x_0,x_1],[x_1,x_2],\cdots,[x_{n-1},x_n]$.过每个分点作垂直于 x 轴的直线，将曲边梯形 $AabB$ 分成 n 个小的曲边梯形 $S_1,S_2,\cdots,S_n$，它们的面积仍用 S_i 表示.

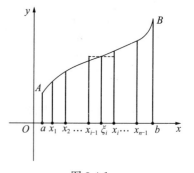

图 3.4.1

然后在每个子区间 $[x_{i-1},x_i]$ 上任取一点 ξ_i，作高为 $f(\xi_i)$，底为 $[x_{i-1},x_i]$ 的矩形.那么这个矩形的面积便是所在小曲边梯形面积的近似值：

$$S_i\approx f(\xi_i)(x_i-x_{i-1}),i=1,2,3,\cdots,n.$$

它们的和

$$A_n=f(\xi_1)(x_1-x_0)+f(\xi_2)(x_2-x_1)+\cdots+f(\xi_n)(x_n-x_{n-1})$$
$$=\sum_{i=1}^{n}f(\xi_i)(x_i-x_{i-1}),$$

便是曲边梯形"面积"的一个近似值，而且分得越细，A_n 与 A 的误差也越小.如果无限细分下去，即让 $n\to+\infty$，且每个子区间的长度都趋向于零，那么 A_n 的极限（如果存在的话）就定义为曲边梯形 $AabB$ 的面积：

$$A=\lim A_n=\lim \sum_{i=1}^{n}f(\xi_i)(x_i-x_{i-1}). \tag{4}$$

这里的极限过程仍是 $n \to +\infty$，且每个子区间的长度趋向于零.

3.4.3　函数的平均值

在实际工作中，经常要求 n 个数的平均值，甚至要求一个连续变化量的平均值.例如，在天气预报中就会出现日平均气温、月平均气温这些数据.这些数据，如日平均气温可以这样求：从午夜零点开始，每小时都测量一下气温，一天 24 个小时共测得 24 个温度 T_1，T_2，$\cdots$，T_{24}.于是日平均气温就可取作

$$\overline{T} = \frac{T_1 + T_2 + \cdots + T_{24}}{24}.$$

但这只是日平均气温的一个近似值，因为气温 T 随着时间而变化，是时间 t 的一个函数：$T = f(t)$.为了提高精确度，可以增加测量次数，将一天 24 小时或时间段 $[a, b] = [0, 24]$ 用等分点 $a = t_0 < t_1 < \cdots < t_{n-1} < t_n = b$ 分成 n 个子区间 $[t_{i-1}, t_i]$，其中 $t_i = a + \frac{b-a}{n} i$，$i = 1, 2, \cdots, n$.然后在每个子区间 $[t_{i-1}, t_i]$ 上任取一时刻 ξ_i，将 $f(\xi_i)$ 当作在该时间段内的平均气温，那么一天的平均气温就是

$$T_n = \frac{f(\xi_1) + f(\xi_2) + \cdots + f(\xi_n)}{n} = \frac{1}{b-a} \sum_{i=1}^{n} f(\xi_i) \cdot \frac{b-a}{n}$$

$$= \frac{1}{b-a} \sum_{i=1}^{n} f(\xi_i)(t_i - t_{i-1}).$$

显然，n 越大，近似程度就越高.如果让 $n \to +\infty$，那么上式的极限值就可定义为所要求的日平均气温：

$$\overline{T} = \frac{1}{b-a} \lim_{n \to +\infty} \sum_{i=1}^{n} f(\xi_i)(t_i - t_{i-1}), \tag{5}$$

$\overline{T}$ 也可看作函数 $T = f(x)$ 在区间 $[a, b]$ 上的平均值.

一般地，如果函数 $f(x)$ 在区间 $[a, b]$ 上有定义，并且极限

$$\overline{f} = \frac{1}{b-a} \lim_{n \to +\infty} \sum_{i=1}^{n} f(\xi_i)(x_i - x_{i-1})$$

存在，那么 $\overline{f}$ 就称为函数 $f(x)$ 在区间 $[a, b]$ 上的平均值.它是有限个离散数据算术平均数的推广.

3.4.4　定积分概念

从上面三个例子看到，尽管路程、面积、平均气温是内容完全不同的三个问题，但解决问题的方法却是完全相同的.都是通过分割、替代、求和，最后归结为求形如（3）、（4）、（5）那样和的极限.以后我们会看到，很多实际问题都能用这种方法来求解.因此，有必要将这种方法抽象出来，并研究其一般性质和简便的计算方法，这就是**定积分**的概念.

设函数 $f(x)$ 在区间 $[a, b]$ 上有定义.任取一组分点

$$a = x_0 < x_1 < x_2 < \cdots < x_{n-1} < x_n = b,$$

将闭区间 $[a, b]$ 分成 n 个子区间 $[x_{i-1}, x_i]$，$i = 1, 2, \cdots, n$.我们称**分点集**

$$T = \{x_0, x_1, x_2, \cdots, x_{n-1}, x_n\}$$

为区间$[a, b]$的一个**分割**.对分割T,记

$$\Delta x_i = x_i - x_{i-1}, i = 1, 2, \cdots, n;$$

$$\|T\| = \max_{1 \leqslant i \leqslant n} \Delta x_i,$$

$\|T\|$就称为分割T的**宽度**.显然宽度的大小能反映分割的细密程度.宽度越小,分割的分点就越密,分割也越细.

今在每个子区间$[x_{i-1}, x_i]$内任取一点ξ_i,并作和

$$S_n(f; T) = \sum_{i=1}^{n} f(\xi_i) \Delta x_i, \tag{6}$$

和式$S_n(f; T)$就称为函数$f(x)$关于分割T的一个积分和.显然,积分和不但和分割T有关,也与分点ξ_i的取法有关.

有了这些记号,上面所讨论的运动物体的路程、曲边梯形面积、函数平均值等,都是当$\|T\| \to 0$时积分和的极限,这种极限就是所谓定积分.

定义 3.4.1 设函数$f(x)$在区间$[a, b]$上有定义,I为常数.如果$\forall \varepsilon > 0$,$\exists \delta > 0$,使对区间$[a, b]$的任一分割T,只要$\|T\| < \delta$而不管$\xi_i \in [x_{i-1}, x_i]$如何选择,都有

$$\left| I - \sum_{i=1}^{n} f(\xi_i) \Delta x_i \right| < \varepsilon, \tag{7}$$

那么就称函数$f(x)$在区间$[a, b]$上黎曼(Riemann)可积,常数I称为$f(x)$在区间$[a, b]$上的黎曼积分,记为

$$I = \int_a^b f(x) \mathrm{d}x \ \text{或} \int_a^b f. \tag{8}$$

在(8)中,a、b分别称为积分下限和上限,$f(x)$称为**被积函数**,$f(x)\mathrm{d}x$称为**被积表达式**,x称为**积分变量**,$[a, b]$称为**积分区间**.

从定义中可以看出,定积分是积分和的极限:

$$\int_a^b f(x)\mathrm{d}x = \lim_{\|T\| \to 0} S_n(f; T) = \lim_{\|T\| \to 0} \sum_{i=1}^{n} f(\xi_i) \Delta x_i, \tag{9}$$

极限过程$\|T\| \to 0$就是分割T的每个子区间长度Δx_i都趋向于零.

定积分是一个数,它由函数$f(x)$和积分区间$[a, b]$所唯一确定.所以定积分实际上是区间$[a, b]$上可积函数集合到实数集$\mathbf{R}$内的一个映射.

有了定积分概念,前面讨论过的例子就可以写成定积分的形式:曲边梯形的面积

$$A = \int_a^b f(x)\mathrm{d}x \quad (f(x) \geqslant 0),$$

变速运动物体的路程

$$s = \int_a^b v(t)\mathrm{d}t,$$

函数$f(x)$在区间$[a, b]$上的平均值

$$\bar{f} = \frac{1}{b-a} \int_a^b f(x)\mathrm{d}x.$$

最后,有两点需作说明:

（1）定积分是积分和的极限，它的值与积分变量所采用的符号没有关系，所以

$$\int_a^b f(x)\mathrm{d}x = \int_a^b f(t)\mathrm{d}t = \int_a^b f(u)\mathrm{d}u = \cdots;$$

（2）极限过程"$\|T\| \to 0$"不能随便改成"$n \to +\infty$"，因为虽然由"$\|T\| \to 0$"可推出"$n \to +\infty$"，但"$n \to +\infty$"一般不能保证"$\|T\| \to 0$"，只有像等分分割那样的特殊情形是例外.

3.4.5　定积分存在条件

有了定积分概念后，首先要了解的是，哪些函数是可积的.这里将给出函数可积的一些必要条件和充分条件.

定理 3.4.1　如果函数 $f(x)$ 在区间 $[a,b]$ 上可积，则 $f(x)$ 在 $[a,b]$ 上有界.

证　用反证法.如果 $f(x)$ 在 $[a,b]$ 上无界，则对任一分割 T，必存在一子区间 $[x_{k-1}, x_k]$，使 $f(x)$ 在 $[x_{k-1}, x_k]$ 上无界.今在 $i \neq k$ 的子区间 $[x_{i-1}, x_i]$ 上任取点 ξ_i，并设

$$G = \left| \sum_{i \neq k} f(\xi_i) \Delta x_i \right|,$$

那么 $\forall M > 0$，在 $[x_{k-1}, x_k]$ 内总存在点 ξ_k，使

$$|f(\xi_k)| > \frac{M+G}{x_k - x_{k-1}}.$$

此时就有

$$\left| \sum_{i=1}^n f(\xi_i) \Delta x_i \right| \geqslant |f(\xi_k)| \Delta x_k - \left| \sum_{i \neq k} f(\xi_i) \Delta x_i \right| > \frac{M+G}{\Delta x_k} \cdot \Delta x_k - G = M.$$

因 M 是任意的，所以极限 $\lim\limits_{\|T\| \to 0} \sum\limits_{i=1}^n f(\xi_i) \Delta x_i$

不存在，与 $f(x)$ 在 $[a,b]$ 上可积相矛盾.　□

由定理 3.4.1 知，如果函数 $f(x)$ 在区间 $[a,b]$ 上无界，那么就不可积.但有界函数不一定都是可积的.

例 3.4.1　设 $D(x)$ 为区间 $[0,1]$ 上的狄利克雷函数：

$$D(x) = \begin{cases} 1, & x \text{ 为 } [0,1] \text{ 中的有理数}; \\ 0, & x \text{ 为 } [0,1] \text{ 中的无理数}. \end{cases}$$

那么 $D(x)$ 在 $[0,1]$ 上黎曼不可积.

证　设 T 为 $[0,1]$ 的任一分割，由有理数与无理数的稠密性知，在 T 的每个子区间内都存在有理数和无理数.如果每个 ξ_i 都取为有理数，则相应的积分和

$$S_n(D;T) = \sum_{i=1}^n 1 \cdot \Delta x_i = \sum_{i=1}^n \Delta x_i = 1;$$

如果每个 ξ_i 都取为无理数，则相应的积分和

$$S_n(D;T) = \sum_{i=1}^n 0 \cdot \Delta x_i = 0$$

当 $\|T\| \to 0$ 时，$S_n(f;T)$ 不可能趋向于一个确定的实数，$D(x)$ 在 $[0,1]$ 上不可积.　□

现在我们来分析哪些函数可能是可积的.从定积分的定义可看出，对一个确定的分割，由于 ξ_i 选取的任意性，可以得到无限多个不同的积分和.为了使这些积分和都满足不

等式(7)，那么就必须要求当 ξ_i 在$[x_{i-1}, x_i]$内改变时，相应的函数值 $f(\xi_i)$ 改变也不大，而这正是函数连续的特征.事实上我们可以证明：

定理 3.4.2 若函数 $f(x)$ 在闭区间$[a, b]$上连续，则 $f(x)$ 在$[a, b]$上可积.

当然，可积函数不一定是连续的，例如，下面的定理也成立：

定理 3.4.3 如果函数 $f(x)$ 在闭区间$[a, b]$上有界，且只有有限个或可列多个间断点，则 $f(x)$ 在$[a, b]$上可积.

定理 3.4.4 如果函数 $f(x)$ 是闭区间$[a, b]$上的单调函数，则必可积.

总之，区间$[a, b]$上的有界函数只要间断点"不太多"，就是可积的.

如果预先知道了函数可积，那么就可以对特殊的分割和特殊的点 ξ_i 作出积分和，这个积分和的极限就是所要求的定积分.

例 3.4.2 计算定积分 $\int_0^1 x^2 \mathrm{d}x$.

解 因为函数 $f(x) = x^2$ 在$[0, 1]$上连续，所以可积.设 T 为$[0, 1]$的任一分割：
$$T : a = x_0 < x_1 < x_2 < \cdots < x_{n-1} < x_n = b,$$
$\forall i$，取
$$\xi_i = \sqrt{\frac{x_{i-1}^2 + x_{i-1} x_i + x_i^2}{3}},$$
则 $\xi_i \in (x_{i-1}, x_i)$，且相应的积分和为
$$S_n(f; T) = \sum_{i=1}^n \xi_i^2 \Delta x_i = \sum_{i=1}^n \frac{1}{3}(x_i^2 + x_{i-1} x_i + x_{i-1}^2)(x_i - x_{i-1})$$
$$= \frac{1}{3} \sum_{i=1}^n (x_i^3 - x_{i-1}^3) = \frac{1}{3}(1^3 - 0^3) = \frac{1}{3}.$$
所以
$$\int_0^1 x^2 \mathrm{d}x = \lim_{\|T\| \to 0} S(f; T) = \lim_{\|T\| \to 0} \left(\frac{1}{3}\right) = \frac{1}{3}.$$
这与例 2.1.1 中的结果是一样的.

习 题 3.4

1. 一做直线运动的质点在任意时刻 t 的速度为 $v(t) = 3t + 1$.

(1) 用定积分表示质点在 $t = 1$ 到 5 秒间走过的距离；

(2) 如果在 t-v 平面上画出函数 $v = 3t + 1$ 的图像，那么上述距离 s 等于哪块图形的面积？

2. 设 S 为由曲线 $y = 4x^3$、直线 $x = 1$ 以及 x 轴所围平面图形的面积，

(1) 将$[0, 1]$十等分，并取 ξ_i 为子区间的左端点，求 S 的近似值；

(2) 将 S 用定积分表示，并求它的准确值.

3. 计算函数 $g(t) = 1 + 3t$ 在$[0, 2]$上的平均值.

4. 设函数 $f(x)$、$g(x)$ 为$[a, b]$上的有界函数，$x_0 \in [a, b]$.证明：如果 $f(x)$ 在$[a, b]$上可积，$g(x) = f(x)(x \neq x_0)$，那么 $g(x)$ 在$[a, b]$上可积，且 $\int_a^b g(x)\mathrm{d}x = \int_a^b f(x)\mathrm{d}x$.

3.5　定积分性质

下面介绍定积分的一些基本性质.为了讨论方便,先作两点规定:

(1) 当 $a=b$ 时,$\int_a^b f(x)\mathrm{d}x=0$;

(2) 当 $a>b$ 时,$\int_a^b f(x)\mathrm{d}x=-\int_b^a f(x)\mathrm{d}x$.

另外,常数函数 0 和 1 在任何有限区间上都是可积的,且

$$\int_a^b 0\mathrm{d}x=0,\quad \int_a^b 1\mathrm{d}x=b-a.$$

定理 3.5.1　若函数 $f(x)$ 在区间 $[a,b]$ 上可积,k 为常数,那么 $kf(x)$ 在 $[a,b]$ 上可积,且

$$\int_a^b (kf(x))\mathrm{d}x=k\int_a^b f(x)\mathrm{d}x. \tag{1}$$

证　由极限性质,

$$\lim_{\|T\|\to 0}\sum_{i=1}^n (kf(\xi_i))\Delta x_i=k\lim_{\|T\|\to 0}\sum_{i=1}^n f(\xi_i)\Delta x_i=k\int_a^b f(x)\mathrm{d}x,$$

所以 $kf(x)$ 在 $[a,b]$ 上可积,且等式(1) 成立.　□

类似地可以证明:

定理 3.5.2　如果函数 $f(x)$、$g(x)$ 在区间 $[a,b]$ 上可积,则函数 $f(x)\pm g(x)$ 也在 $[a,b]$ 上可积,且

$$\int_a^b (f(x)\pm g(x))\mathrm{d}x=\int_a^b f(x)\mathrm{d}x\pm\int_a^b g(x)\mathrm{d}x.$$

现在假定函数 $f(x)$ 在 $[a,b]$ 上可积,那么我们可以证明 $f(x)$ 在 $[a,b]$ 的任一子区间 $[\alpha,\beta]$ 上也可积,而且有下面的结论:

定理 3.5.3　设函数 $f(x)$ 在 $[a,b]$ 上可积,$a<c<b$.则

$$\int_a^b f(x)\mathrm{d}x=\int_a^c f(x)\mathrm{d}x+\int_c^b f(x)\mathrm{d}x. \tag{2}$$

证　根据上面所做的说明,(2)式右端的两个积分都是存在的.

因为 $f(x)$ 在 $[a,b]$ 上可积,所以不论对 $[a,b]$ 做什么形式的分割,积分和的极限都是不变的.现在,在做分割时,总将 c 取作分点.此时 $f(x)$ 在 $[a,b]$ 上的积分和就等于 $f(x)$ 在 $[a,c]$、$[a,b]$ 上两个积分和之和:

$$\sum_{i=1}^n f(\xi_i)\Delta x_i=\sum_{i=1}^{n_0} f(\xi_i)\Delta x_i+\sum_{i=n_0+1}^n f(\xi_i)\Delta x_i.$$

其中 $x_{n_0}=c$.在上式中令 $\|T\|\to 0$,注意 $f(x)$ 在 $[a,b]$、$[a,c]$、$[c,b]$ 上都可积,便得等式(2).　□

定理 3.5.4　设函数 $f(x)$ 和 $g(x)$ 在区间 $[a,b]$ 上可积,且 $f(x)\leqslant g(x)$,则

$$\int_a^b f(x)\mathrm{d}x\leqslant\int_a^b g(x)\mathrm{d}x. \tag{3}$$

证　因为 $f(x)\leqslant g(x)$,所以对任一分割 T 及 $\xi_i\in[x_{i-1},x_i]$

$$f(\xi_i) \leqslant g(\xi_i),$$

注意 $\Delta x_i > 0$，所以

$$\sum_{i=1}^{n} f(\xi_i) \Delta x_i \leqslant \sum_{i=1}^{n} g(\xi_i) \Delta x_i.$$

在上式中令 $\|T\| \to 0$，就得不等式(3).　　　　　　　　　　　□

推论 如果函数 $f(x)$ 在区间 $[a,b]$ 上可积且 $f(x) \geqslant 0$，则

$$\int_a^b f(x) dx \geqslant 0.$$

定理 3.5.5 设函数 $f(x)$ 在区间 $[a,b]$ 上可积，m、M 为常数，满足

$$m \leqslant f(x) \leqslant M,$$

则

$$m(b-a) \leqslant \int_a^b f(x) dx \leqslant M(b-a). \tag{4}$$

证 由定理 3.5.4，

$$\int_a^b m dx \leqslant \int_a^b f(x) dx \leqslant \int_a^b M dx,$$

而

$$\int_a^b m dx = m(b-a),$$

$$\int_a^b M dx = M(b-a),$$

所以不等式(4)成立.　　　　　　　　　　　　　　　　□

定理 3.5.4 和 3.5.5 可以用来估计积分值的大小.

例 3.5.1 证明：$\dfrac{2}{e^9} < \displaystyle\int_1^3 e^{-x^2} dx < \dfrac{2}{e}$.

证 因函数 $f(x) = e^{-x^2}$ 是区间 $[1,3]$ 上的单调递减函数，所以

$$e^{-9} < e^{-x^2} < e^{-1},$$

利用不等式(4)，就得证.　　　　　　　　　　　　　　□

下面的定理称为积分中值定理：

定理 3.5.6 设函数 $f(x)$ 在区间 $[a,b]$ 上连续，那么存在点 $\xi \in [a,b]$ 使

$$\int_a^b f(x) dx = f(\xi)(b-a). \tag{5}$$

证 设 M、m 为连续函数 $f(x)$ 在闭区间 $[a,b]$ 上的最大值和最小值，那么由定理3.5.5，得

$$m \leqslant \frac{1}{b-a} \int_a^b f(x) dx \leqslant M.$$

根据连续函数的介值定理，存在 $\xi \in [a,b]$，使

$$f(\xi) = \frac{1}{b-a} \int_a^b f(x) dx, \tag{6}$$

由此即得(5).　　　　　　　　　　　　　　　　　　□

等式(6)的右端实际上是函数 $f(x)$ 在区间 $[a,b]$ 上的平均值.所以(5)式的几何意义是：

当 $f(x) \geqslant 0$ 时,曲线 $y = f(x)(a \leqslant x \leqslant b)$ 和直线 $x = a$、$x = b$ 与 $y = 0$ 所围成的曲边梯形面积,等于底为区间 $[a, b]$,高为函数平均值的矩形面积(图 3.5.1).

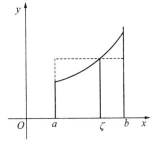

图 3.5.1

习　题　3.5

1. 比较下列积分的大小:

(1) $\displaystyle\int_0^1 e^{-x} \mathrm{d}x$ 和 $\displaystyle\int_0^1 e^{-x^2} \mathrm{d}x$;　　　　(2) $\displaystyle\int_0^1 x^3 \mathrm{d}x$ 和 $\displaystyle\int_0^1 x^4 \mathrm{d}x$;

(3) $\displaystyle\int_1^{\frac{\pi}{2}} x \mathrm{d}x$ 和 $\displaystyle\int_1^{\frac{\pi}{2}} \sin x \mathrm{d}x$;　　　　(4) $\displaystyle\int_0^1 x \mathrm{d}x$ 和 $\displaystyle\int_0^1 \ln(1 + x) \mathrm{d}x$.

2. 设 $f(x)$ 为 $[a, b]$ 上的单调增加函数,证明:

$$f(a)(b - a) \leqslant \int_a^b f(x) \mathrm{d}x \leqslant f(b)(b - a).$$

3. 证明下列不等式:

(1) $\displaystyle\int_0^{10} \frac{x \mathrm{d}x}{x^3 + 16} \leqslant \frac{5}{8}$;　　　　(2) $\displaystyle\frac{2}{\sqrt[4]{e}} \leqslant \int_0^2 e^{x^2 - x} \mathrm{d}x \leqslant 2e^2$;

(3) $1 < \displaystyle\int_0^{\frac{\pi}{2}} \frac{\sin x}{x} \mathrm{d}x < \frac{\pi}{2}$.

4. 设函数 $f(x)$ 在 $[a, b]$ 上连续,且 $\displaystyle\int_a^b f^2(x) \mathrm{d}x = 0$,证明在 $[a, b]$ 上 $f(x) \equiv 0$.

5. 我们称函数 $f(x)$ 是区间 $[a, b]$ 上的阶梯函数,是指可将区间 $[a, b]$ 分割成有限个子区间,而 $S(x)$ 在每个子区间上取常数值.证明:

(1) 阶梯函数一定可积;

(2) 如果 $f(x)$ 在 $[a, b]$ 上可积,那么 $\forall \varepsilon > 0$,存在两个阶梯函数 $S_1(x), S_2(x)$,满足

$$S_1(x) \leqslant f(x) \leqslant S_2(x),$$

且

$$0 \leqslant \int_a^b (f(x) - S_1(x)) \mathrm{d}x < \varepsilon, 0 \leqslant \int_a^b (S_2(x) - f(x)) \mathrm{d}x < \varepsilon.$$

3.6　微积分基本定理

3.6.1　微积分基本定理

前面介绍了导数和定积分的概念.导数被定义为增量比的极限,定积分被定义为积分和的极限.这是两种不同类型的极限.表面上看,彼此间也许没有什么共同之处,但仔细分析定义的全过程可以发现,两者在定义过程中所作的运算正好是互逆的.所以它们之间可能会存在某种互逆的关系.事实上,我们可以用一个简单的公式把两者统一起来,这就是微积分基本定理.现在我们来介绍这个定理.

回到运动物体的速率与路程问题.在定义导数时,我们将瞬时速率 $v(t)$ 定义为路程函数 $s(t)$ 的导数

$$v(t)=s'(t). \tag{1}$$

在定义积分时,在时间段$[a,b]$内物体走过的路程s是速率函数$v(t)$的定积分:

$$s=\int_a^b v(t)\mathrm{d}t. \tag{2}$$

注意,运动物体在时间段$[a,b]$内走过的路程用路程函数来表示是

$$s=s(b)-s(a). \tag{3}$$

由(2)和(3)就得

$$\int_a^b v(t)\mathrm{d}t=s(b)-s(a). \tag{4}$$

再由(1),又可得

$$\int_a^b s'(t)\mathrm{d}t=s(b)-s(a) \tag{5}$$

(5)式表明,求积分与求导数这两种运算之间存在着某种互逆关系.这种关系对一般的函数在一定条件下也是成立的.

设$F(x)$是区间$[a,b]$上的可导函数,$T=\{x_0,x_1,\cdots,x_{n-1},x_n\}$为区间$[a,b]$的一个分割.因为导数$F'(x)$实际上是函数$F(x)$在点$x$处的变化率,所以对$\xi_i\in[x_{i-1},x_i]$,量

$$F'(\xi_i)(x_i-x_{i-1})$$

为函数$F(x)$在区间(x_{i-1},x_i)上改变量的一个近似值,从而积分和

$$\sum_{i=1}^n F'(\xi_i)(x_i-x_{i-1})$$

为函数$F(x)$在整个区间$[a,b]$上改变量的近似值.因此定积分

$$\int_a^b F'(x)\mathrm{d}x$$

就表示当x从a变到b时函数$F(x)$的总改变量,即$F(b)-F(a)$.用公式来表示就是

$$\int_a^b F'(x)\mathrm{d}x=F(b)-F(a). \tag{6}$$

公式(6)不但给出了积分与导数之间的内在联系,而且也有很大的应用价值.例如,在计算定积分$\int_a^b f(x)\mathrm{d}x$时,前面都是从定义出发,先作积分和,再求积分和的极限而得到积分值的.这不但过程复杂,而且有时甚至难于进行.而公式(6)提供了一个非常简洁的方法:只要求得函数$F(x)$,使

$$F'(x)=f(x), \tag{7}$$

那么这个积分的值就等于$F(b)-F(a)$.(7)中的$F(x)$就称为函数$f(x)$的原函数,等式(6)就是所谓微积分基本定理.下面我们给出原函数的严格定义和微积分基本定理的准确叙述.

定义 3.6.1 设$f(x)$、$F(x)$在区间I(开或闭)上有定义.如果$\forall x\in I$,

$$F'(x)=f(x),$$

那么就称$F(x)$是$f(x)$在区间I上的**原函数**.

定理 3.6.1 （微积分基本定理）设$f(x)$为闭区间$[a,b]$上的连续函数,$F(x)$是$f(x)$在$[a,b]$上的原函数,那么

$$\int_a^b f(x)\mathrm{d}x=F(b)-F(a). \tag{8}$$

等式(8)也称为**牛顿-莱布尼兹公式**.它是微积分中最重要的公式之一.式中的 $F(b)$ $-F(a)$ 也常记为 $F(x)\big|_a^b$.

例 3.6.1 求 $\displaystyle\int_1^2 x^4 \mathrm{d}x$.

解 因为
$$\left(\frac{1}{5}x^5\right)' = x^4,$$

所以函数 $\frac{1}{5}x^5$ 是函数 x^4 的一个原函数.由牛顿-莱布尼兹公式可知

$$\int_1^2 x^4 \mathrm{d}x = \frac{1}{5}x^5\Big|_1^2 = \frac{2^5}{5} - \frac{1^5}{5} = \frac{31}{5}. \qquad \square$$

例 3.6.2 求定积分 $\displaystyle\int_1^{\frac{\pi}{4}} \cos x \, \mathrm{d}x$.

解 因为
$$(\sin x)' = \cos x,$$
所以 $\sin x$ 是 $\cos x$ 是一个原函数.由牛顿-莱布尼兹公式

$$\int_0^{\frac{\pi}{4}} \cos x \, \mathrm{d}x = \sin x \Big|_0^{\frac{\pi}{4}} = \sin\frac{\pi}{4} - \sin 0 = \frac{\sqrt{2}}{2}. \qquad \square$$

3.6.2 原函数的存在性

由微积分基本定理,计算定积分可归结为求原函数.这里就有两个问题要解决:

(1) 什么样的函数才存在原函数?

(2) 原函数如果存在,怎样求得?

这里先对(1)给出一个充分条件,原函数的求法将在第 5 章作详细介绍.

设函数 $f(x)$ 在区间 $[a,b]$ 上连续,那么 $\forall x \in [a,b]$,函数 $f(x)$ 在 $[a,x]$ 上可积,从而唯一确定了一个数

$$\int_a^x f(t)\mathrm{d}t.$$

这样,这个有着变动上限的定积分实际上确定了一个新的函数,记为 $G(x)$:

$$G(x) = \int_a^x f(t)\mathrm{d}t. \tag{9}$$

定理 3.6.2 如果函数 $f(x)$ 在闭区间 $[a,b]$ 上连续,那么由(9)定义的函数 $G(x)$ 为 $f(x)$ 在区间 $[a,b]$ 上的一个原函数,即 $G'(x) = f(x)$.

证 $\forall x \in [a,b]$ 及 $x + \Delta x \in [a,b]$,利用定积分的性质定理 3.5.3 与积分中值定理,有

$$\Delta G(x) = G(x + \Delta x) - G(x)$$
$$= \int_a^{x+\Delta x} f(t)\mathrm{d}t - \int_a^x f(t)\mathrm{d}t = \int_x^{x+\Delta x} f(t)\mathrm{d}t$$
$$= f(\xi)\Delta x,$$

其中 ξ 位于 x 与 $x + \Delta x$ 之间.所以

$$\frac{\Delta G(x)}{\Delta x} = f(\xi).$$

因为 $f(x)$ 在点 x 处连续,而且 $\Delta x \to 0$ 时,$\xi \to x$.所以

$$\lim_{\Delta \to 0} \frac{\Delta G}{\Delta x} = \lim_{\xi \to x} f(\xi) = f(x),$$

这就证明了 $G'(x)$ 存在,而且有

$$G'(x) = f(x).$$

定理 3.6.2 告诉我们,任意一个连续函数都存在原函数.

一个函数的原函数如果存在,则必有无限多个.事实上,如果函数 $G(x)$ 是函数 $f(x)$ 的一个原函数,那么对任意常数 C,$G(x) + C$ 也是 $f(x)$ 的一个原函数.这是因为

$$(G(x) + C)' = G'(x) + (C)' = f(x).$$

现在假定 $G_1(x)$ 是 $f(x)$ 的另一原函数,那么有

$$(G_1(x) - G(x))' = G'_1(x) - G'(x) = f(x) - f(x) = 0.$$

但我们知道,导数恒等于零的函数必是常数函数,所以有

$$G_1(x) - G(x) = C \text{ 或 } G_1(x) = G(x) + C.$$

所以,如果求得了函数 $f(x)$ 的一个原函数 $G(x)$,那么它的所有原函数为 $G(x) + C$,其中 C 为任意常数.

3.6.3　微积分基本定理的证明

现在我们来证明微积分基本定理,即定理 3.6.1.

因为 $f(x)$ 在区间 $[a,b]$ 上连续,所以必存在原函数.设 $F(x)$ 为 $f(x)$ 的任一原函数,那么必存在常数 C,使

$$F(x) = G(x) + C = \int_a^x f(t)\mathrm{d}t + C.$$

在上式中令 $x = a$,注意 $G(a) = 0$,就得 $C = F(a)$,所以

$$\int_a^b f(x)\mathrm{d}x = G(b) = F(b) - C = F(b) - F(a),$$

这就是公式(8).

习　题　3.6

1. 利用牛顿—莱布尼兹公式计算下列积分:

(1) $\int_1^2 (3x^2 + x)\mathrm{d}x$;

(2) $\int_0^{\frac{\pi}{2}} (\sin x + \cos x)\mathrm{d}x$;

(3) $\int_0^2 \mathrm{e}^x \mathrm{d}x$;

(4) $\int_1^2 \left(x + \frac{1}{x}\right)\mathrm{d}x$.

2. 求函数 $f(x) = \int_0^x t\sin t\,\mathrm{d}t$ 在点 $x = \frac{\pi}{4}, \frac{\pi}{2}, \pi$ 处的导数.

3. 设 $f(x) = \begin{cases} x^2, & 1 \leqslant x \leqslant 2, \\ 2x + 1, & 0 \leqslant x < 1, \end{cases}$ 求 $\int_0^2 f(x)\mathrm{d}x$.

4. 求下列极限:

(1) $\lim_{n \to +\infty} \left(\frac{1}{n+1} + \frac{1}{n+2} + \cdots + \frac{1}{n+n}\right)$;

(2) $\lim_{n \to +\infty} \frac{1}{n}\left(\sin \frac{\pi}{n} + \sin \frac{2\pi}{n} + \cdots + \sin \frac{n-1}{n}\pi\right)$.

5. 证明下列等式:

(1) $\lim\limits_{n\to+\infty}\int_0^1 \dfrac{x^n}{1+x}\mathrm{d}x = 0$;

(2) $\lim\limits_{n\to+\infty}\int_0^{\frac{\pi}{2}} \sin^n x\, \mathrm{d}x = 0$.

6. 求下列周期函数在一个周期内的平均值:

(1) $f(t) = \sin t$;

(2) $f(t) = |\cos t|$.

第 3 章　复习题

1. 求图中阴影区域的平均高度.

2. 不计算积分,判断下列积分的正负:

(1) $\displaystyle\int_0^{2\pi} \mathrm{e}^{-x}\sin x\, \mathrm{d}x$;

(2) $\displaystyle\int_{\frac{1}{2}}^1 \mathrm{e}^x \log_a^3 x\, \mathrm{d}x$.

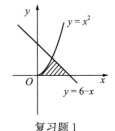

复习题 1

3. 利用 $\cos x \leqslant 1 (x \in \mathbf{R})$ 并反复积分,证明:

$$1 - \frac{x^2}{2!} + \frac{x^4}{4!} - \frac{x^6}{6!} \leqslant \cos x \leqslant 1 - \frac{x^2}{2!} + \frac{x^4}{4!}.$$

4. 若函数 $f(x)$ 连续可导,且 $f(0) = 0, f(1) = 1$.求证:$\displaystyle\int_0^1 |f(x) - f'(x)|\, \mathrm{d}x > \dfrac{1}{\mathrm{e}}$.

5. 通过心脏的血液流动分析,导出函数 $f(r) = -2|r| + \sqrt{1 - 4r^2 + 4|r|}$,试研究 $f(r)$ 在 $r = 0$ 处的可导性.

6. 证明:

(1) 设 $f(x)$ 是一可导的奇函数,则其导函数 $f'(x)$ 是偶函数;

(2) 若 $f(x)$ 是一可导的偶函数,则 $f'(x)$ 是奇函数;

(3) 若 $f(x)$ 是一可导的周期函数,则 $f'(x)$ 也是周期函数.

7. 设函数 $\varphi(x)$ 在点 a 处连续,又在 a 的某个邻域内,$f(x) = (x-a)\varphi(x)$.证明:$f(x)$ 在点 a 处可导,并求 $f'(a)$.

8. 利用牛顿二项展开式 $(1+x)^n = \displaystyle\sum_{i=1}^n \binom{n}{k} x^k$ 证明组合恒等式:

(1) $\displaystyle\sum_{k=1}^n k\binom{n}{k} = n \cdot 2^{n-1}, n \in \mathbf{N}$;

(2) $\displaystyle\sum_{k=1}^n k^2\binom{n}{k} = n(n+1) \cdot 2^{n-2}, n \in \mathbf{N}$.

9. 设曲线 $f(x) = x^n (n \in \mathbf{N})$ 在点 (x_0, x_0^n) 处的切线交 x 轴于点 $(\xi_n, 0)$,求 $\lim\limits_{n\to+\infty} f(\xi_n)$.

10. 设 $f'(x_0)$ 存在,试求:

(1) $\lim\limits_{h\to 0} \dfrac{f(x_0+h) - f(x_0-h)}{h}$;

(2) $\lim\limits_{h\to 0} \dfrac{f(x_0+ah) - f(x_0-bh)}{h}$.

11. 设有曲线 $y = x^3$ 和直线 $y = px - q$,其中 $p > 0, p$、q 为实数.

(1) p 给定后,试确定 q,使 $y = px - q$ 是 $y = x^3$ 的切线;

(2) 利用图像导出方程 $x^3 - px + q = 0 (p > 0)$ 有三个不同实根的条件.

12. 若 $F(x) = -\arctan\dfrac{1}{x}$,那么 $F'(x) = \dfrac{1}{1+x^2}$,积分 $\displaystyle\int_{-1}^1 F'(x)\mathrm{d}x$ 应取正值.但另一方面

$$\int_{-1}^1 F'(x)\mathrm{d}x = \left(-\arctan\frac{1}{x}\right)\Big|_{-1}^1 = -\frac{\pi}{2} < 0,$$

问错误何在?

第4章　导数的计算

在前一章中,我们介绍了导数的基本概念和简单性质,现在介绍求导数的方法.

根据导数定义和运算法则可计算一些简单函数的导数,但对比较复杂的函数的求导,如仍用这种方法来计算是很不方便,甚至是困难的.本章在基本初等函数求导公式的基础上,建立一些求导法则,将较复杂函数的求导问题转化为基本初等函数的求导问题.

4.1　一些简单函数的导数

4.1.1　基本初等函数的导数

在第三章中已经介绍了导数的定义并给出了以下基本初等函数的导数:

$$(C)'=0(C \text{ 为常数});$$

$$(x^n)'=nx^{n-1}, n \in \mathbf{N};$$

$$(\log_a x)'=\frac{1}{x \ln a},$$

$$(\ln x)'=\frac{1}{x}(x>0);$$

$$(\sin x)'=\cos x;$$

$$(\cos x)'=-\sin x;$$

$$(\tan x)'=\sec^2 x;$$

$$(\cot x)'=-\csc^2 x.$$

下面再给出指数函数的导数.设

$$f(x)=a^x,$$

则

$$\Delta y=f(x+\Delta x)-f(x)=a^{x+\Delta x}-a^x=a^x(a^{\Delta x}-1),$$

$$f'(x)=\lim_{\Delta x \to 0}\frac{\Delta y}{\Delta x}=\lim_{\Delta x \to 0}\frac{a^x(a^{\Delta x}-1)}{\Delta x},$$

而

$$\lim_{\Delta x \to 0}\frac{a^{\Delta x}-1}{\Delta x}=\ln a,$$

所以

$$f'(x)=a^x\lim_{\Delta x\to 0}\frac{a^{\Delta x-1}}{\Delta x}=a^x\ln a.$$

即

$$(a^x)'=a^x\ln a.$$

特殊地,

$$(e^x)'=e^x.$$

利用基本初等函数的导数和导数的运算性质,可以求出一些简单函数的导数.

例 4.1.1　求 $y=x^3+2e^x+\pi$ 的导数.

解　$y'=(x^3)'+(2e^x)'+(\pi)'=3x^2+2e^x.$　□

例 4.1.2　求函数 $y=\sin x\cdot a^x$ 的导数.

解　$y'=(\sin x)'\cdot a^x+\sin x\cdot(a^x)'=\cos x\cdot a^x+\sin x\cdot a^x\cdot\ln a$

$=a^x(\cos x+\ln a\cdot\sin x).$　□

例 4.1.3　已知 $f(x)=\dfrac{1-\cos x}{1+\cos x}$,求 $f'(0)$、$f'\left(\dfrac{\pi}{2}\right)$.

解　$f'(x)=\left(\dfrac{1-\cos x}{1+\cos x}\right)'$

$=\dfrac{(1-\cos x)'(1+\cos x)-(1-\cos x)(1+\cos x)'}{(1+\cos x)^2}$

$=\dfrac{\sin x(1+\cos x)-(1-\cos x)(-\sin x)}{(1+\cos x)^2}$

$=\dfrac{2\sin x}{(1+\cos x)^2}.$

所以 $f'(0)=0$,$f'\left(\dfrac{\pi}{2}\right)=2.$　□

4.1.2　双曲函数的导数

双曲函数是工程技术中常用的一类函数,下面给出双曲函数的定义.

定义 4.1.1　函数

$$\sinh x=\frac{e^x-e^{-x}}{2};$$

$$\cosh x=\frac{e^x+e^{-x}}{2};$$

$$\tanh x=\frac{\sinh x}{\cosh x}=\frac{e^x-e^{-x}}{e^x+e^{-x}}$$

分别称为双曲正弦函数、双曲余弦函数和双曲正切函数,它们统称为双曲函数.

双曲函数的定义域均是 $(-\infty,+\infty)$.

双曲正弦函数 $\sinh x$(图 4.1.1)是奇函数,在 $(-\infty,+\infty)$ 上严格单调递增;双曲余弦函数 $\cosh x$(图 4.1.2)是偶函数,在 $(-\infty,0]$ 上严格单调递减,在 $[0,+\infty)$ 上严格单调递增;双曲正切函数 $\tanh x$(图 4.1.3)在 $(-\infty,+\infty)$ 上严格单调递增.

双曲函数之间有一些与三角函数类似而又不完全相同的恒等式：
$$\sinh(x\pm y)=\sinh x\cosh y\pm\cosh x\sinh y,$$

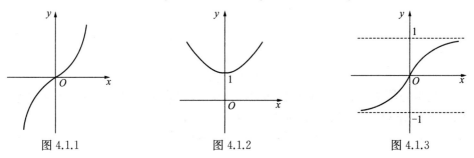

图 4.1.1   图 4.1.2   图 4.1.3

$$\cosh(x\pm y)=\cosh x\cosh y\pm\sinh x\sinh y,$$
$$\cosh^2 x-\sinh^2 x=1,$$
$$\sinh 2x=2\sinh x\cosh x,$$
$$\cosh 2x=\cosh^2 x+\sinh^2 x=2\cosh^2 x-1=1+2\sinh^2 x,$$
$$1-\tanh^2 x=\frac{1}{\cosh^2 x}.$$

这些恒等式在有关双曲函数的运算中非常有用,请读者根据定义自行推证.

例 4.1.4 求双曲函数的导数.

解 由导数的运算法则
$$(\mathrm{e}^{-x})'=\left(\frac{1}{\mathrm{e}^x}\right)'=-\frac{(\mathrm{e}^x)'}{(\mathrm{e}^x)^2}=-\frac{\mathrm{e}^x}{(\mathrm{e}^x)^2}=-\frac{1}{\mathrm{e}^x}=-\mathrm{e}^{-x},$$

所以
$$(\sinh x)'=\left(\frac{\mathrm{e}^x-\mathrm{e}^{-x}}{2}\right)'=\frac{(\mathrm{e}^x)'-(\mathrm{e}^{-x})'}{2}=\frac{\mathrm{e}^x+\mathrm{e}^{-x}}{2}=\cosh x.$$

类似地可证：
$$(\cosh x)'=\sinh x;$$
$$(\tanh x)'=\frac{1}{\cosh^2 x}.$$

习 题 4.1

1. 求下列函数的导数：

(1) $y=3x^2-2\sin x+5$;

(2) $y=\tan x\sec x$;

(3) $y=\dfrac{2x}{1-x^2}$;

(4) $y=\dfrac{1+x-x^2}{1-x+x^2}$;

(5) $y=\dfrac{\sin x}{x}$;

(6) $y=\dfrac{x\cos x}{1+x^2}$.

2. 求下列函数的导数：

(1) $y=\dfrac{\log_a x}{x^n}$;

(2) $y=\dfrac{\sec x}{1+\csc x}$;

(3) $y = x \ln x \sin x$；　　　　　　　　　　(4) $y = \dfrac{x}{4^x}$.

3. 求下列函数在给定点处的导数值：

(1) $y = \cos x \sin x$，$x = \dfrac{\pi}{6}$，$\dfrac{\pi}{4}$；　　　　　　(2) $y = x \tan x + \dfrac{1}{2} \cos x$，$x = \dfrac{\pi}{4}$；

(3) $f(x) = \dfrac{3}{5 - x} + \dfrac{x^2}{5}$，求 $f'(0)$.

4. 设函数 $f(x) = \dfrac{1}{3} x^3 + \dfrac{1}{2} x^2 - 2x$，求 x 的值使得

(1) $f'(x) = 0$；　　　(2) $f'(x) = -2$；　　　(3) $f'(x) = 10$.

5. 自变量 x 取哪些值时，抛物线 $y = x^2$ 与 $y = x^3$ 的切线平行?

6. 将一物体垂直上抛，设其运动规律为 $s = 9.6t - 1.6t^2$（s 的单位为米，t 的单位为秒），试求物体在 1 秒末和 5 秒末的速度.

4.2　反函数的导数

我们知道，指数函数 $y = a^x$（$-\infty < x < +\infty$）和对数函数 $x = \log_a y$（$0 < y < +\infty$）互为反函数.

函数 $y = a^x$ 的导数是 $y'_x = a^x \ln a$，而函数 $x = \log_a y$ 的导数 $x'_y = \dfrac{1}{y \ln a}$，显然地，这两个互为反函数的导数具有如下的关系：$y'_x = \dfrac{1}{x'_y}$.

一般地，有如下的定理：

定理 4.2.1　设函数 $x = \varphi(y)$ 在某一区间内严格单调、连续，又在区间内点 y 处导数 $\varphi'(y)$ 存在且不为零.则反函数 $y = f(x)$ 在对应点 x 处具有导数 $f'(x)$，且

$$f'(x) = \frac{1}{\varphi'(y)}.$$

证　$x = \varphi(y)$ 在区间内严格单调、连续，可知反函数 $y = f(x)$ 在对应的区间内严格单调、连续.

给 x 以改变量 $\Delta x \neq 0$，由 $f(x)$ 的严格单调性，对应的改变量

$$\Delta y = f(x + \Delta x) - f(x) \neq 0.$$

因此，

$$\frac{\Delta y}{\Delta x} = \frac{1}{\dfrac{\Delta x}{\Delta y}},$$

当 $\Delta x \to 0$ 时，由 $f(x)$ 的连续性，$\Delta y \to 0$，又因为 $\varphi'(y)$ 存在，且不为零，所以

$$\lim_{\Delta x \to 0} \frac{\Delta y}{\Delta x} = \lim_{\Delta x \to 0} \frac{1}{\dfrac{\Delta x}{\Delta y}} = \frac{1}{\lim\limits_{\Delta y \to 0} \dfrac{\Delta x}{\Delta y}} = \frac{1}{\varphi'(y)},$$

即

$$f'(x)=\frac{1}{\varphi'(y)}.$$

互为反函数的导数之间的关系我们还可从几何意义上来说明：

如图 4.2.1,因为 $y=f(x)$ 与 $x=\varphi(y)$ 表示同一条曲线. $f'(x)$ 表示曲线 $x=f(x)$ 过点 (x,y) 的切线与 x 轴夹角 α 的正切,即 $f'(x)=\tan\alpha$.

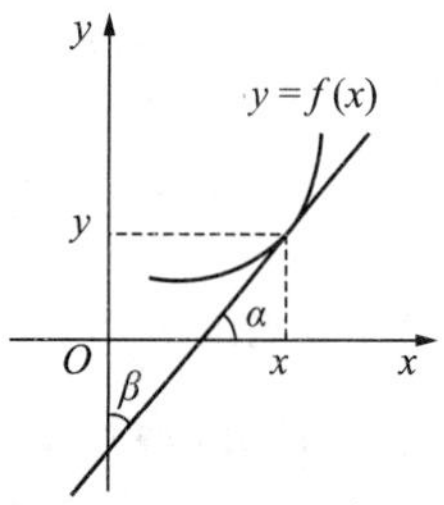

$\varphi'(y)$ 表示同一条切线与 y 轴的夹角 β 的正切,即 $\varphi'(y)=\tan\beta$.

图 4.2.1

显然, $\alpha+\beta=\frac{\pi}{2}$,所以

$$\tan\alpha=\tan\left(\frac{\pi}{2}-\beta\right)=\cot\beta=\frac{1}{\tan\beta},$$

即 $f'(x)=\frac{1}{\varphi'(y)}$.

例 4.2.1 求反正弦函数 $y=\arcsin x$ 和反余弦函数 $y=\arccos x$ 的导数.

解 $y=\arcsin x$ 的反函数 $x=\sin y$ 在 $\left(-\frac{\pi}{2},\frac{\pi}{2}\right)$ 内单调、连续,且 $x=\sin y$ 的导数

$$x'_y=(\sin y)'_y=\cos y>0,$$

由定理 4.2.1 知

$$y'_x=\frac{1}{x'_y}=\frac{1}{\cos y}=\frac{1}{\sqrt{1-\sin^2 y}}=\frac{1}{\sqrt{1-x^2}},$$

$-\frac{\pi}{2}<y<\frac{\pi}{2}$ 的对应区间是 $-1<x<1$,所以

$$(\arcsin x)'=\frac{1}{\sqrt{1-x^2}},-1<x<1.$$

同样可以求得

$$(\arccos x)'=-\frac{1}{\sqrt{1-x^2}},-<x<1.$$

例 4.2.2 求反正切函数 $y=\arctan x$ 和反余切函数 $y=\operatorname{arccot} x$ 的导数.

解 $y=\arctan x$ 的反函数 $x=\tan y$ 在 $\left(-\frac{\pi}{2},\frac{\pi}{2}\right)$ 内单调、连续,而 $x=\tan y$ 的导数为

$$x'_y=(\tan y)'_y=\sec^2 y>0,$$

由定理 4.2.1 知,

$$y'_x=\frac{1}{x'_y}=\frac{1}{\sec^2 y}=\frac{1}{1+\tan^2 y}=\frac{1}{1+x^2},$$

$-\frac{\pi}{2}<y<\frac{\pi}{2}$ 的对应区间是 $(-\infty,+\infty)$,则

$$(\arctan x)'=\frac{1}{1+x^2},-\infty<x<+\infty.$$

同样可求得：

$$(\text{arccot } x)' = -\frac{1}{1+x^2}, \quad -\infty < x < +\infty. \qquad \square$$

读者试用同样的方法证明：

$$(\text{arcsec } x)' = \frac{1}{x\sqrt{x^2-1}}, \quad 1 < x < +\infty,$$

$$(\text{arccsc } x)' = -\frac{1}{x\sqrt{x^2-1}}, \quad 1 < x < +\infty.$$

习　题　4.2

1. 求下列函数的导数：

(1) $y = \arcsin x + \arccos x$；

(2) $y = x\arctan x$；

(3) $y = \arctan x \cdot x \cdot \sin x$；

(4) $y = \dfrac{\text{arcsec } x}{x}$；

(5) $y = \dfrac{1}{\text{arccsc } x}$.

2. 试求反双曲函数的导数.

4.3　复合函数的导数

4.3.1　复合函数求导法则

先看一个例题：求 $y = \sin 2x$ 的导数. 因为 $y = 2\sin x\cos x$，所以

$$y' = (2\sin x\cos x)' = 2(\sin x)'\cos x + 2\sin x(\cos x)' = 2\cos^2 x - 2\sin^2 x = 2\cos 2x.$$

显然，$(\sin 2x)' \neq \cos 2x$，即不能简单套用正弦函数的导数公式 $(\sin x)' = \cos x$，因为 $y = \sin 2x$ 是由 $y = \sin u, u = 2x$ 复合而成的函数，对于复合函数的求导有下面的定理.

定理 4.3.1　设函数 $u = \varphi(x)$ 在点 x 处可导，函数 $y = f(u)$ 在对应点 u 处可导，则复合函数 $y = f[\varphi(x)]$ 在点 x 处可导，且

$$\{f[\varphi(x)]\}' = f'(u) \cdot \varphi'(x).$$

或

$$\frac{\mathrm{d}y}{\mathrm{d}x} = \frac{\mathrm{d}y}{\mathrm{d}u} \cdot \frac{\mathrm{d}u}{\mathrm{d}x}.$$

证　给自变量 x 以改变量 Δx 时，相应地得到函数 $u = \varphi(x)$ 的改变量 Δu，从而由 Δu 可得函数 $y = f(u)$ 的改变量 Δy.

因为函数 $y = f(u)$ 在点 u 处可导，所以

$$\lim_{\Delta u \to 0}\frac{\Delta y}{\Delta u} = f'(u),$$

因此，

$$\frac{\Delta y}{\Delta u} = f'(u) + \alpha, \quad \alpha \to 0 (\Delta u \to 0).$$

当 $\Delta u \neq 0$ 时,有

$$\Delta y = f'(u) \Delta u + \alpha \Delta u. \tag{1}$$

由于 u 是中间变量,所以当自变量改变量 $\Delta x \neq 0$ 时,Δu 可能为零.当 $\Delta u = 0$ 时,(1) 式左端 $\Delta y = f(u + \Delta u) - f(u) = 0$.此时我们规定 α 取其极限值,即 $\alpha = 0$.于是(1)式不论 Δu 是否为零都成立.将(1)式两端同除以 $\Delta x (\Delta x \neq 0)$,得

$$\frac{\Delta y}{\Delta x} = f'(u) \frac{\Delta u}{\Delta x} + \alpha \frac{\Delta u}{\Delta x},$$

令 $\Delta x \to 0$,取上式的极限,此时 $\Delta u \to 0$,从而 $\alpha \to 0$,所以

$$\lim_{\Delta x \to 0} \frac{\Delta y}{\Delta x} = f'(u) \lim_{\Delta x \to 0} \frac{\Delta u}{\Delta x} + \lim_{\Delta x \to 0} \alpha \cdot \lim_{\Delta x \to 0} \frac{\Delta u}{\Delta x},$$

即

$$\{f[\varphi(x)]\}' = f'(u) \cdot \varphi'(x). \qquad \square$$

定理 4.3.1 说明了由函数 $y = f(u)$ 和 $u = \varphi(x)$ 所确定的复合函数 $y = f[\varphi(x)]$ 的导数等于 y 对中间变量 u 的导数与中间变量 u 对自变量 x 的导数的乘积.

例 4.3.1 求函数 $y = \sin \omega x$ 的导数.

解 令 $y = \sin u$,$u = \omega x$,由定理 4.3.1,得

$$y' = (\sin u)' \cdot (\omega x)' = \cos u \cdot \omega = \omega \cos \omega x. \qquad \square$$

例 4.3.2 求函数 $y = (1 + 2x^3)^7$ 的导数.

解 令 $y = u^7$,$u = 1 + 2x^3$,由定理 4.3.1,得

$$y = (u^7)' \cdot (1 + 2x^3)' = 7u^6 \cdot 6x^2 = 42x^2(1 + 2x^3)^6. \qquad \square$$

复合函数求导法则可以推广到多次复合而成的复合函数中.

设函数 $y = f\{\psi[\varphi(x)]\}$ 是由函数 $y = f(u)$,$u = \psi(v)$,$v = \varphi(x)$ 复合而成,而且每一个函数的导数均存在,则

$$y' = (f\{\psi[\varphi(x)]\})' = f'(u) \cdot \psi'(v) \cdot \varphi'(x)$$

$$\text{或} \quad \frac{\mathrm{d}y}{\mathrm{d}x} = \frac{\mathrm{d}y}{\mathrm{d}u} \cdot \frac{\mathrm{d}u}{\mathrm{d}v} \cdot \frac{\mathrm{d}v}{\mathrm{d}x}.$$

例 4.3.3 求函数 $y = \ln \arctan \sin x$ 的导数.

解 令 $y = \ln u$,$u = \arctan v$,$v = \sin x$,则

$$y' = (\ln u)' \cdot (\arctan v)' \cdot (\sin x)' = \frac{1}{u} \cdot \frac{1}{1 + v^2} \cdot \cos x$$

$$= \frac{\cos x}{(1 + \sin^2 x) \arctan \sin x}. \qquad \square$$

读者对于复合函数求导法则的应用达到一定熟练程度后,在求导时就无必要把中间变量设出来,只要将函数的复合关系分析清楚,记住哪一个是中间变量,哪一个是自变量,就可直接将复合函数由外层到内层按复合函数求导法则,先求出对中间变量的导数,再乘以这个中间变量对自变量的导数;如果此中间变量关于自变量仍然是复合函数时,则把这个中间变量再看成是另一个中间变量的复合函数,并再次应用复合函数求导法则,直到最后能直接求出对自变量的导数为止.

例 4.3.4 求函数 $y = \log_a \cos(3x + 2)$ 的导数.

解
$$y' = [\log_a \cos(3x+2)]'$$
$$= \frac{1}{\ln a \cdot \cos(3x+2)} \cdot [\cos(3x+2)]'$$
$$= \frac{-1}{\ln a \cdot \cos(3x+2)} \sin(3x+2) \cdot (3x+2)'$$
$$= \frac{-1}{\ln a \cdot \cos(3x+2)} \sin(3x+2) \cdot 3$$
$$= -\frac{3}{\ln a} \tan(3x+2).$$ □

例 4.3.5 求函数 $y = a^{\sec^2 x}$ 的导数.

解 $y' = (a^{\sec^2 x})' = \ln a \cdot a^{\sec^2 x} \cdot (\sec^2 x)' = \ln a \cdot a^{\sec^2 x} \cdot 2\sec x \cdot (\sec x)'$
$$= 2\ln a \cdot \sec^2 x \tan x \cdot a^{\sec^2 x}.$$ □

下面将幂函数的导数公式：
$$(x^n)' = nx^{n-1}, n \in \mathbf{N}$$
推广到
$$(x^\alpha)' = \alpha x^{\alpha-1}, \alpha \in \mathbf{R}$$
的情形.

事实上，由对数恒等式 $e^{\ln N} = N$ 可知，
$$x^\alpha = e^{\ln x^\alpha} = e^{\alpha \ln x},$$
应用复合函数求导法则得
$$(x^\alpha)' = (e^{\alpha \ln x})' = e^{\alpha \ln x} \cdot (\alpha \ln x)' = e^{\alpha \ln x} \cdot \frac{\alpha}{x} = \alpha \cdot \frac{x^\alpha}{x} = \alpha x^{\alpha-1}.$$

例如，
$$\left(\frac{1}{x}\right)' = (x^{-1})' = -x^{-2} = -\frac{1}{x^2};$$
$$(\sqrt{x})' = (x^{\frac{1}{2}})' = \frac{1}{2}x^{\frac{1}{2}-1} = \frac{1}{2}x^{-\frac{1}{2}} = \frac{1}{2\sqrt{x}}.$$
即
$$\left(\frac{1}{x}\right)' = -\frac{1}{x^2}, (\sqrt{x})' = \frac{1}{2\sqrt{x}}.$$

希望读者熟记这两个公式，它将给求导运算带来方便.

例 4.3.6 求下列函数的导数：

(1) $y = \sqrt{a^2 - x^2}$; (2) $y = \dfrac{1}{\arcsin\sqrt{x}}$.

解 (1) $y' = (\sqrt{a^2-x^2})' = \dfrac{1}{2\sqrt{a^2-x^2}} \cdot (a^2-x^2)'$
$$= \frac{1}{2\sqrt{a^2-x^2}} \cdot (-2x) = -\frac{x}{\sqrt{a^2-x^2}}.$$

(2) $y' = \left(\dfrac{1}{\arcsin\sqrt{x}}\right)' = -\dfrac{1}{(\arcsin\sqrt{x})^2} \cdot (\arcsin\sqrt{x})'$

$\qquad = -\dfrac{1}{(\arcsin\sqrt{x})^2} \cdot \dfrac{1}{\sqrt{1-x}} \cdot (\sqrt{x})' = -\dfrac{1}{\sqrt{1-x}(\arcsin\sqrt{x})^2} \cdot \dfrac{1}{2\sqrt{x}}$

$\qquad = -\dfrac{1}{2\sqrt{x-x^2}(\arcsin\sqrt{x})^2}.$ $\qquad\qquad\qquad\qquad\qquad$ □

到目前为止,我们已求出了所有基本初等函数的导数,它们是求一切初等函数导数的基础.为便于应用,现将它们列表如下:

基本初等函数的导数公式表:

(1) $\qquad\qquad (C)' = 0, C$ 为常数;

(2) $\qquad\qquad (x^a)' = a x^{a-1};$

(3) $\qquad\qquad (\sin x)' = \cos x;$

(4) $\qquad\qquad (\cos x)' = -\sin x;$

(5) $\qquad\qquad (\tan x)' = \sec^2 x;$

(6) $\qquad\qquad (\cot x)' = -\csc^2 x;$

(7) $\qquad\qquad (\sec x)' = \sec x \tan x;$

(8) $\qquad\qquad (\csc x)' = -\csc x \cot x;$

(9) $\qquad\qquad (a^x)' = a^x \ln a;$

$\qquad\qquad\qquad (\mathrm{e}^x)' = \mathrm{e}^x;$

(10) $\qquad\qquad (\log_a x)' = \dfrac{1}{x \ln a};$

$\qquad\qquad\qquad (\ln x)' = \dfrac{1}{x};$

(11) $\qquad\qquad (\arcsin x)' = \dfrac{1}{\sqrt{1-x^2}};$

(12) $\qquad\qquad (\arccos x)' = -\dfrac{1}{\sqrt{1-x^2}};$

(13) $\qquad\qquad (\arctan x)' = \dfrac{1}{1+x^2};$

(14) $\qquad\qquad (\operatorname{arccot} x)' = -\dfrac{1}{1+x^2}.$

注:公式(10)可以推广为:

$$(\log_a |x|)' = \dfrac{1}{x \ln a}; \quad (\ln |x|)' = \dfrac{1}{x}.$$

证明如下:

当 $x > 0$ 时,$(\log_a |x|)' = (\log_a x)' = \dfrac{1}{x \ln a};$

当 $x < 0$ 时,$(\log_a |x|)' = [\log_a (-x)]' = -\dfrac{1}{-x \ln a} \cdot (-x)'$

$$=\frac{1}{-x\ln a}\cdot(-1)=\frac{1}{x\ln a}.$$

因此，$(\log_a|x|)'=\dfrac{1}{x\ln a}$，$(\ln|x|)'=\dfrac{1}{x}$. □

根据微分的定义，我们同样有类似的基本初等函数的微分公式.

下面再给出一些较复杂函数的求导数的例题.

例 4.3.7　求函数 $y=\left(\dfrac{x}{2x+1}\right)^n$ 的导数.

解　这里既要用到复合函数求导法则，又要用到四则运算求导法则.

$$y'=n\left(\frac{x}{2x+1}\right)^{n-1}\cdot\left(\frac{x}{2x+1}\right)'=n\left(\frac{x}{2x+1}\right)^{n-1}\cdot\frac{2x+1-x\cdot2}{(2x+1)^2}$$

$$=\frac{nx^{n-1}}{(2x+1)^{n+1}}.$$ □

例 4.3.8　求函数 $y=\ln(x+\sqrt{x^2+a^2})$ 的导数.

解　$y'=\dfrac{1}{x+\sqrt{x^2+a^2}}\cdot(x+\sqrt{x^2+a^2})'$

$$=\frac{1}{x+\sqrt{x^2+a^2}}\cdot\left[1+\frac{1}{2\sqrt{x^2+a^2}}\cdot(x^2+a^2)'\right]$$

$$=\frac{1}{x+\sqrt{x^2+a^2}}\left(1+\frac{1}{2\sqrt{x^2+a^2}}\cdot2x\right)$$

$$=\frac{1}{\sqrt{x^2+a^2}}.$$ □

例 4.3.9　设 $f(x)$ 可导，求下列函数关于 x 的导数：

(1) $y=f(\sin^2x)+f(\cos^2x)$；　　　　　　　(2) $y=f(e^x)\cdot e^{f(x)}$.

解　(1) $y'=[f(\sin^2x)]'+[f(\cos^2x)]'$

$$=f'(\sin^2x)\cdot(\sin^2x)'+f'(\cos^2x)\cdot(\cos^2x)'$$

$$=f'(\sin^2x)\cdot2\sin x\cdot(\sin x)'+f'(\cos^2x)\cdot2\cos x\cdot(\cos x)'$$

$$=f'(\sin^2x)\cdot2\sin x\cos x+f'(\cos^2x)\cdot2\cos x\cdot(-\sin x)$$

$$=[f'(\sin^2x)-f'(\cos^2x)]\sin 2x.$$

注意：$[f(\sin^2x)]'$ 表示函数 $f(\sin^2x)$ 对 x 求导，而 $f'(\sin^2x)$ 仅表示函数 $f(\sin^2x)$ 对中间变量 $u(u=\sin^2x)$ 求导，因此，$[f(\sin^2x)]'\neq f'(\sin^2x)$.

(2) $y'=[f(e^x)]'\cdot e^{f(x)}+f(e^x)\cdot[e^{f(x)}]'$

$$=f'(e^x)\cdot(e^x)'\cdot e^{f(x)}+f(e^x)\cdot e^{f(x)}\cdot f'(x)$$

$$=f'(e^x)\cdot e^x\cdot e^{f(x)}+f(e^x)\cdot e^{f(x)}\cdot f'(x).$$ □

4.3.2　微分形式的不变性

在求导时，当 u 是自变量时，$(\ln u)'=\dfrac{1}{u}$；如果 u 是中间变量，则 $(\ln u)'\neq\dfrac{1}{u}$.

对于求微分,则不难验证,不论 u 是自变量还是中间变量,均有 $\mathrm{d}(\ln u) = \dfrac{1}{u}\mathrm{d}u$.

一般地,有下面的定理:

定理 4.3.2　如果函数 $y = f(u)$ 可导,则不论 u 是中间变量还是自变量,均有
$$\mathrm{d}y = f'(u)\mathrm{d}u.$$

定理 4.3.2 称为微分形式的不变性.这个性质扩充了微分基本公式运用范围,在下面的积分法及其他方面有很重要的用处.下面给予证明.

证　对于函数 $y = f(u)$,当 u 是自变量时,根据微分定义,
$$\mathrm{d}y = f'(u)\mathrm{d}u;$$

当 u 是中间变量时,设 $u = \varphi(x)$,x 是自变量,这时 y 是 x 的复合函数 $y = f[\varphi(x)]$,由复合函数求导法则,得
$$\frac{\mathrm{d}y}{\mathrm{d}x} = f'(u) \cdot \varphi'(x),$$
$$\mathrm{d}y = f(u) \cdot \varphi'(x)\mathrm{d}x.$$

因为 $u = \varphi(x)$,所以 $\mathrm{d}u = \varphi'(x)\mathrm{d}x$,代入上式,得
$$\mathrm{d}y = f'(u)\mathrm{d}u.$$

例 4.3.10　设 $y = \arctan\sqrt{x^2 + 2x}$,求 $\mathrm{d}y$.

解　用两种方法求.先用微分形式不变性来求:
$$\begin{aligned}
\mathrm{d}y &= \mathrm{d}(\arctan\sqrt{x^2+2x}) \\
&= \frac{1}{1+(\sqrt{x^2+2x})^2}\mathrm{d}(\sqrt{x^2+2x}) = \frac{1}{(1+x)^2} \cdot \frac{1}{2\sqrt{x^2+2x}}\mathrm{d}(x^2+2x) \\
&= \frac{1}{(1+x)^2} \cdot \frac{1}{2\sqrt{x^2+2x}} \cdot (2x\,\mathrm{d}x + 2\mathrm{d}x) = \frac{\mathrm{d}x}{(1+x)\sqrt{x^2+2x}}.
\end{aligned}$$

用微分定义求:
$$\begin{aligned}
\mathrm{d}y &= (\arctan\sqrt{x^2+2x})'\mathrm{d}x = \frac{1}{1+(\sqrt{x^2+2x})^2} \cdot (\sqrt{x^2+2x})'\mathrm{d}x \\
&= \frac{1}{(1+x)^2} \cdot \frac{1}{2\sqrt{x^2+2x}} \cdot (x^2+2x)'\mathrm{d}x = \frac{1}{2(1+x)^2\sqrt{x^2+2x}} \cdot (2x+2)\mathrm{d}x \\
&= \frac{\mathrm{d}x}{(1+x)\sqrt{x^2+2x}}.
\end{aligned}$$

习　题　4.3

1. 求下列函数的导数:

(1) $y = (2x+5)^4$;

(2) $y = \sin\left(5x + \dfrac{\pi}{4}\right)$;

(3) $y = \cos\sqrt{x}$;

(4) $y = \tan^2 x$;

(5) $y = \dfrac{1}{\sqrt{4-x^2}}$;

(6) $y = \sqrt[3]{1-\sin x}$.

2. 求下列函数的导数：

(1) $y = \ln \sin(2x - 1)$；

(2) $y = \cos^2(x^2 + 1)$；

(3) $y = \log_5\left(\dfrac{x}{1-x}\right)$；

(4) $y = a^{x^2}$；

(5) $y = \arcsin(\cos x)$；

(6) $y = x \cdot \arcsin(\ln x)$；

(7) $y = 2^{\tan\frac{1}{x}}$；

(8) $y = \arctan\dfrac{1+x}{1-x}$.

3. 求 $f(x)$ 的导数 $f'(x)$：

(1) $f(x) = \cos^2 x \cdot \sin^2 x$；

(2) $f(x) = \dfrac{\sin^2 x}{\sin x^2}$；

(3) $f(x) = x\sqrt{1+x^2}$；

(4) $f(x) = \left(\dfrac{1+x^3}{1-x^3}\right)^{\frac{1}{3}}$；

(5) $f(x) = \sin\left(\dfrac{\cos x}{x}\right)$；

(6) $f(x) = \sin(x + \sin x)$；

(7) $f(x) = \sin(\cos^2 x) \cdot \cos(\sin^2 x)$；

(8) $f(x) = (\sqrt{x}+1)\left(\dfrac{1}{\sqrt{x}} - 1\right)$.

4. 求下列函数的导数：

(1) $y = \sqrt{x\sqrt{x\sqrt{x}}}$；

(2) $y = \ln\left(\dfrac{\sqrt{x^2+1}}{\sqrt[3]{2+x}}\right)$.

5. 求下列函数的微分：

(1) $y = x^2 \sin x$；

(2) $y = (x^2 + x)(x - 4)$；

(3) $y = \arcsin(2x^2 - 1)$；

(4) $y = 2\ln^2 x + x$；

(5) $y = \ln(\sec x + \tan x)$；

(6) $y = \dfrac{\cos 2x}{1 + \sin x}$.

6. 求下列函数在指定点的微分：

(1) $y = \arcsin\sqrt{x}$，在 $x = \dfrac{1}{2}$ 和 $x = \dfrac{a^2}{2}(a > 0)$ 处；

(2) $y = \dfrac{x}{1+x^2}$；在 $x = 0$ 和 $x = 1$ 处.

7. 求下列函数的微分：

(1) $y = 5^{\ln \tan x}$；

(2) $y = xf(x) + f(x^2)$，其中 f 为可微函数；

(3) $y = \ln(\cos\sqrt{x})$；

(4) $y = f\left(\arctan\dfrac{1}{x}\right)$，其中 f 可微.

4.4　隐函数及由参数方程所确定的函数的导数

4.4.1　隐函数的导数

前面我们求函数的极限,求函数的导数,在这些函数中,因变量 y 都已经表达成自变量 x 的明显关系式 $y=f(x)$,这种形式的函数通常称为显函数.

另外,x、y 的一个二元方程 $F(x,y)=0$ 也蕴含着两个变量 x 与 y 之间的某种关系,因而也可能确定 y 为 x 的函数.例如,在方程 $3x-2y+4=0$ 中,根据函数定义,就可确定 y 是 x 的函数.

一般地,我们把由方程 $F(x,y)=0$ 所确定的函数 $y=f(x)$ 称为隐函数.下面通过例题说明如何根据复合函数求导法则来求隐函数的导数.

例 4.4.1　求由方程 $\mathrm{e}^y+y\sin x+\mathrm{e}=0$ 所确定的隐函数的导数 $\dfrac{\mathrm{d}y}{\mathrm{d}x}$.

解　把方程中的 y 看作是由该方程所确定的函数 $y=f(x)$,则方程是一个恒等式,而 e^y 是 x 的复合函数.方程两边对 x 求导数,得

$$\mathrm{e}^y\cdot y'+y'\sin x+y\cos x=0,$$

解出 y',就得

$$\frac{\mathrm{d}y}{\mathrm{d}x}=-\frac{y\cos x}{\mathrm{e}^y+\sin x}.\qquad\square$$

例 4.4.2　求由方程 $y^5+2y-x-3x^7=0$ 所确定的隐函数 y 在 $x=0$ 处的导数 $\dfrac{\mathrm{d}y}{\mathrm{d}x}\Big|_{x=0}$.

解　将方程中的 y 看作是由该方程确定的函数 $y=f(x)$.方程两边对 x 求导数,得

$$5y^4y'+2y'-1-21x^6=0,$$

所以

$$\frac{\mathrm{d}y}{\mathrm{d}x}=\frac{1+21x^6}{5y^4+2}.$$

因为当 $x=0$ 时,从原方程得 $y=0$,将 $x=0$,$y=0$ 代入上式就得

$$\frac{\mathrm{d}y}{\mathrm{d}x}\Big|_{x=0}=\frac{1}{2}.\qquad\square$$

例 4.4.3　求椭圆 $\dfrac{x^2}{16}+\dfrac{y^2}{9}=1$ 在点 $\left(2,\dfrac{3\sqrt{3}}{2}\right)$ 处的切线方程.

解　在椭圆方程两边对 x 求导数,得 $\dfrac{x}{8}+\dfrac{2}{9}y\cdot y'=0$.

整理得

$$\frac{\mathrm{d}y}{\mathrm{d}x}=-\frac{9x}{16y}.$$

所以,

$$k = \frac{\mathrm{d}y}{\mathrm{d}x}\bigg|_{(2,\frac{\sqrt{3}}{2})} = \frac{-9 \times 2}{16 \times \frac{3}{2} \times \sqrt{3}} = -\frac{\sqrt{3}}{4}.$$

因此,所求切线方程为

$$y - \frac{3\sqrt{3}}{2} = -\frac{\sqrt{3}}{4}(x-2).$$

即

$$\sqrt{3}\,x + 4y - 8\sqrt{3} = 0. \qquad \square$$

例 4.4.4　求由对数螺线 $\arctan\dfrac{y}{x} = \ln\sqrt{x^2+y^2}$ 所确定的隐函数 y 的导数 $\dfrac{\mathrm{d}y}{\mathrm{d}x}$.

解　两边对 x 求导数,得

$$\frac{1}{1+\left(\dfrac{y}{x}\right)^2} \cdot \left(\frac{y}{x}\right)' = \frac{1}{\sqrt{x^2+y^2}} \cdot (\sqrt{x^2+y^2})',$$

$$\frac{x^2}{x^2+y^2} \cdot \frac{y'x-y}{x^2} = \frac{1}{\sqrt{x^2+y^2}} \cdot \frac{1}{2\sqrt{x^2+y^2}}(2x+2y \cdot y'),$$

整理得

$$\frac{\mathrm{d}y}{\mathrm{d}x} = \frac{x+y}{x-y}. \qquad \square$$

例 4.4.5　求由方程 $\cos(xy) = x$ 所确定的函数 y 的微分.

解　方程两边求微分,得

$$\mathrm{d}\cos(xy) = \mathrm{d}x,$$
$$-\sin(xy)\mathrm{d}(xy) = \mathrm{d}x,$$
$$-\sin(xy)(x\mathrm{d}y + y\mathrm{d}x) = \mathrm{d}x,$$

所以,

$$\mathrm{d}y = -\frac{1+y\sin(xy)}{x\sin(xy)}\mathrm{d}x. \qquad \square$$

例 4.4.6　求函数 $y = x^{\sin x}$ 的导数 y'.

解　这个函数既不是指数函数,又不是幂函数,是属于 $y = [u(x)]^{v(x)}$ 形式的函数,称为幂指函数,可采用两边取对数的方法,化为隐函数求导.

两边取对数,得

$$\ln y = \sin x \ln x,$$

两边对 x 求导数,得

$$\frac{1}{y} \cdot y' = \cos x \ln x + \sin x \cdot \frac{1}{x},$$

所以

$$y' = x^{\sin x}\left(\cos x \cdot \ln x + \frac{\sin x}{x}\right). \qquad \square$$

本题还可利用对数恒等式 $\mathrm{e}^{\ln N} = N$,将 $y = x^{\sin x}$ 化为 $y = \mathrm{e}^{\sin x \cdot \ln x}$ 再求导.

像上面对幂指函数采用先两边取对数再求导的方法,称为对数求导法.当函数表达成积、商、幂、方根形式时,用对数求导法往往可使求导运算得到简化.

例 4.4.7 求函数 $y=\sqrt[3]{\dfrac{(x+2)^2(3x-1)}{(x-3)(x+4)}}\ (x>3)$ 的导数.

解 两边取对数

$$\ln y=\ln\sqrt[3]{\frac{(x+2)^2(3x-1)}{(x-3)(x+4)}}$$

$$=\frac{1}{3}\big[2\ln(x+2)+\ln(3x-1)-\ln(x-3)-\ln(x+4)\big].$$

两边对 x 求导,得

$$\frac{1}{y}\cdot y'=\frac{1}{3}\left(\frac{2}{x+2}+\frac{3}{3x-1}-\frac{1}{x-3}-\frac{1}{x+4}\right),$$

所以

$$y'=\frac{1}{3}\sqrt[3]{\frac{(x+2)^2(3x-1)}{(x-3)(x+4)}}\left(\frac{2}{x+2}+\frac{3}{3x-1}-\frac{1}{x-3}-\frac{1}{x+4}\right).\qquad\Box$$

4.4.2 由参数方程所确定的函数的导数

在中学几何中我们已经知道圆的参数方程为

$$\begin{cases}x=R\cos t,\\ y=R\sin t,\end{cases}0\leqslant t\leqslant 2\pi.$$

椭圆的参数方程为

$$\begin{cases}x=a\cos t,\\ y=b\sin t,\end{cases}0\leqslant t\leqslant 2\pi.$$

一般地,若 t 为参数,则

$$\begin{cases}x=\varphi(t),\\ y=\psi(t),\end{cases}\alpha\leqslant t\leqslant\beta.\tag{1}$$

在一定条件下,表示平面上一条曲线;对 $\forall t\in[\alpha,\beta]$,由(1)式就确定了 x 和 y 的相应值,从而就确定了曲线上一个点 (x,y),因此,当 $\varphi(t)$、$\psi(t)$ 满足一定的条件时,以参数 t 为桥梁,(1)中两个式子就确定了函数 $y=f(x)$.

当函数 $y=f(x)$ 由参数方程

$$\begin{cases}x=\varphi(t),\\ y=\psi(t),\end{cases}\alpha\leqslant t\leqslant\beta.$$

表示时,如果 $\varphi'(t)$、$\psi'(t)$ 均存在,且 $\varphi'(t)\neq0$,则可以利用微分形式不变性来计算其导数:

$$\frac{\mathrm{d}y}{\mathrm{d}x}=\frac{\mathrm{d}\psi(t)}{\mathrm{d}\varphi(t)}=\frac{\psi'(t)\mathrm{d}t}{\varphi'(t)\mathrm{d}t}=\frac{\psi'(t)}{\varphi'(t)}.$$

例 4.4.8 求椭圆 $\begin{cases}x=a\cos t,\\ y=b\sin t\end{cases}$ 在 $t=\dfrac{\pi}{4}$ 处的切线方程.

解　当 $t=\dfrac{\pi}{4}$ 时,椭圆上的相应点 M_0 的坐标:

$$x_0=a\cos\frac{\pi}{4}=\frac{a\sqrt{2}}{2},\ y_0=b\sin\frac{\pi}{4}=\frac{b\sqrt{2}}{2},$$

又

$$\frac{\mathrm{d}y}{\mathrm{d}x}=\frac{(b\sin t)'}{(a\cos t)'}=\frac{b\cos t}{-a\sin t}=-\frac{b}{a}\cot t.$$

故曲线在点 M_0 的切线斜率为:

$$k=\frac{\mathrm{d}y}{\mathrm{d}x}\bigg|_{t=\frac{\pi}{4}}=-\frac{b}{a}\cot\frac{\pi}{4}=-\frac{b}{a}.$$

由点斜式方程,即得椭圆在点 M_0 处的切线方程:

$$y-\frac{b\sqrt{2}}{2}=-\frac{b}{a}\left(x-\frac{a\sqrt{2}}{2}\right),$$

即

$$bx+ay-\sqrt{2}\,ab=0.\qquad\qquad\square$$

例 4.4.9　已知摆线(图 4.4.1)的参数方程为

$$\begin{cases}x=a(t-\sin t);\\ y=a(1-\cos t),\end{cases}$$

求此参数方程所确定的函数的导数 $\dfrac{\mathrm{d}y}{\mathrm{d}x}$.

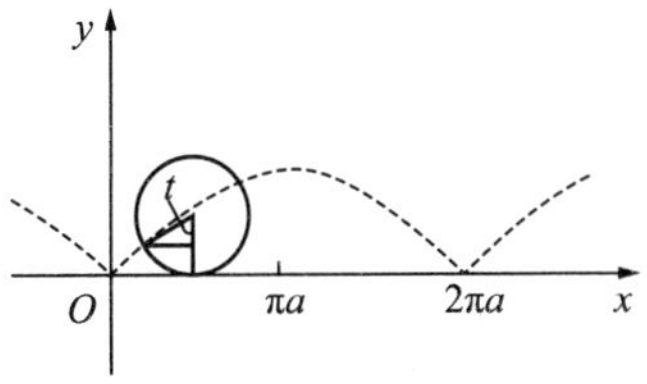

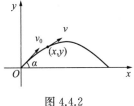

图 4.4.1

解　$\dfrac{\mathrm{d}y}{\mathrm{d}x}=\dfrac{[a(1-\cos t)]'}{[a(t-\sin t)]'}=\dfrac{a\sin t}{a(1-\cos t)}$

$=\dfrac{\sin t}{1-\cos t},\ t\neq 2n\pi,n\in\mathbf{Z}.\qquad\square$

例 4.4.10　已知炮弹运动轨迹的参数方程为

$$\begin{cases}x=v_0\cos\alpha\cdot t;\\ y=v_0\sin\alpha\cdot t-\dfrac{1}{2}gt^2,\end{cases}$$

求炮弹在任何时刻 t 的运动速度的大小和方向(图 4.4.2).

解　因为在时刻 t 的水平分速度为 $\dfrac{\mathrm{d}x}{\mathrm{d}t}=v_0\cos\alpha$,垂直分速

图 4.4.2

度为 $\dfrac{\mathrm{d}y}{\mathrm{d}t}=v_0\sin\alpha-gt$.

所以在时刻 t 炮弹运动的合速度的大小为

$$v=\sqrt{\left(\frac{\mathrm{d}x}{\mathrm{d}t}\right)^2+\left(\frac{\mathrm{d}y}{\mathrm{d}t}\right)^2}=\sqrt{(v_0\cos\alpha)^2+(v_0\sin\alpha-gt)^2}$$

$$=\sqrt{v_0^2+g^2t^2-2v_0gt\sin\alpha}.$$

合速度的方向就是轨道的切线方向,设 β 是切线与 x 轴的夹角,则

$$\tan \beta = \frac{\mathrm{d}y}{\mathrm{d}x} = \frac{v_0 \sin \alpha - gt}{v_0 \cos \alpha}.$$

□

习　题　4.4

1. 求由下列方程所确定的函数的导数 $\dfrac{\mathrm{d}y}{\mathrm{d}x}$:

(1) $y^2 - 2xy + 9 = 0$;

(2) $x^3 + y^3 - 3axy = 0$;

(3) $xy = \mathrm{e}^{x+y}$;

(4) $y = 1 - x\mathrm{e}^y$.

2. 求下列隐函数在指定点处的导数 $\dfrac{\mathrm{d}y}{\mathrm{d}x}$:

(1) $x^2 + 2xy - y^2 = 2x$, 在点 $(2,4)$ 处;

(2) $y\mathrm{e}^x + \ln y = 1$, 在点 $(0,1)$ 处.

3. 求曲线 $x^{\frac{3}{2}} + y^{\frac{3}{2}} = 16$ 在点 $(4,4)$ 处的切线方程.

4. 求下列函数的导数:

(1) $y = x^x$;

(2) $y = x^{\cos \frac{\pi}{2}}$;

(3) $y = (\ln x)^x$;

(4) $y = x\sqrt{\dfrac{1-x}{1+x^2}}$;

(5) $y = \sqrt[3]{\dfrac{x(x^3+1)}{(x^3+1)^2}}$.

5. 求下列隐函数的微分 $\mathrm{d}y$:

(1) $xy^3 - 3x^2 = xy + 5$;

(2) $\mathrm{e}^{xy} + y\ln x = \cos 2x$;

(3) $\cos(x^2 + y) = x$;

(4) $\sqrt{x} + \sqrt{y} = \sqrt{a}$.

6. 求下列参数方程所确定的函数的导数 $\dfrac{\mathrm{d}y}{\mathrm{d}x}$:

(1) $\begin{cases} x = at^2, \\ y = bt^3; \end{cases}$

(2) $\begin{cases} x = \theta(1 - \sin \theta), \\ y = \theta \cos \theta. \end{cases}$

7. 已知 $\begin{cases} x = \mathrm{e}^t \sin t, \\ y = \mathrm{e}^t \cos t; \end{cases}$ 求当 $t = \dfrac{\pi}{3}$ 时 $\dfrac{\mathrm{d}y}{\mathrm{d}x}$ 的值.

8. 求曲线 $\begin{cases} x = \sin t; \\ y = \cos 2t. \end{cases}$ 在 $t = \dfrac{\pi}{4}$ 处的切线方程.

9. 求 $\dfrac{\mathrm{d}y}{\mathrm{d}x}$:

(1) $\begin{cases} x = a\cos^3 \varphi, \\ y = a\sin^3 \varphi; \end{cases}$

(2) $\begin{cases} x = \sqrt{1+t}, \\ y = \sqrt{1-t}. \end{cases}$

4.5　高阶导数

我们知道,如果物体做变速直线运动的路程函数为 $s = s(t)$,则物体在时刻 t 运动的速率是 $v = s'(t)$,由于速率 v 在各个时刻的值一般是不相同的,因此 v 也是时间 t 的函数 $v = v(t)$.在实际问题中,还需要研究速度 v 对于时间 t 的变化率.当时间由 t 变到 $t + \Delta t$

时,速率 v 的改变量为

$$\Delta v = v(t+\Delta t) - v(t) = s'(t+\Delta t) - s'(t),$$

在这一段时间内速率的平均变化率

$$\frac{\Delta v}{\Delta t} = \frac{v(t+\Delta t) - v(t)}{\Delta t} = \frac{s'(t+\Delta t) - s'(t)}{\Delta t},$$

称为在这段时间内物体运动的平均加速度.

当 $\Delta t \to 0$ 时,如果极限 $\lim\limits_{\Delta t \to 0}\dfrac{\Delta v}{\Delta t}$ 存在,我们就定义这个极限值为物体在时刻 t 的瞬时加速度(简称加速度),记作 $a(t)$,即

$$a(t) = \lim_{\Delta t \to 0}\frac{\Delta v}{\Delta t} = \lim_{\Delta t \to 0}\frac{v(t+\Delta t) - v(t)}{\Delta t} = \lim_{\Delta t \to 0}\frac{s'(t+\Delta t) - s'(t)}{\Delta t} = v'(t).$$

因为

$$v(t) = s'(t),$$

所以

$$a(t) = v'(t) = [s'(t)]'.$$

因此,加速度可从 $s=s(t)$ 对时间 t 求二次导数而得到.

例如,对自由落体运动 $s = \dfrac{1}{2}gt^2$,速度

$$v(t) = s'(t) = \left(\frac{1}{2}gt^2\right)' = gt,$$

加速度

$$a = v'(t) = (gt)' = g.$$

一般地,有下面的定义:

定义 4.5.1　如果函数 $y=f(x)$ 的导数(导函数)$f'(x)$ 在点 x 处可导,则称 $f'(x)$ 在点 x 处的导数为函数 $y=f(x)$ 在点 x 处的二阶导数,记作 $f''(x)$、y'' 或 $\dfrac{\mathrm{d}^2 y}{\mathrm{d}x^2}$,即

$$f''(x) = \lim_{\Delta x \to 0}\frac{f'(x+\Delta x) - f'(x)}{\Delta x}.$$

同样,$y=f(x)$ 二阶导数的导数,称为 $f(x)$ 的三阶导数,记作 $f'''(x)$、y''' 或 $\dfrac{\mathrm{d}^3 y}{\mathrm{d}x^3}$.

一般地,$y=f(x)$ 的 $(n-1)$ 阶导数的导数称为 $f(x)$ 的 n 阶导数,记作 $f^{(n)}(x)$、$y^{(n)}$ 或 $\dfrac{\mathrm{d}^n y}{\mathrm{d}x^n}$.二阶及二阶以上的导数统称为高阶导数.

例 4.5.1　求 $y=\mathrm{e}^x$ 的 n 阶导数.

解　$(\mathrm{e}^x)' = \mathrm{e}^x,$

$(\mathrm{e}^x)'' = [(\mathrm{e}^x)']' = (\mathrm{e}^x)' = \mathrm{e}^x,$

一般地,

$$(\mathrm{e}^x)^{(n)} = \mathrm{e}^x. \tag{1}\ \square$$

例 4.5.2　求 $y=\mathrm{e}^{kx}$ 的 n 阶导数,k 为常数.

解 $(e^{kx})' = k e^{kx}$,

$(e^{kx})'' = (k e^{kx})' = k^2 e^{kx}$,

一般地,

$$(e^{kx})^{(n)} = k^n e^{kx}. \tag{2} \square$$

例 4.5.3 求 $y = a^x$ 的 n 阶导数.

解 $(a^x)' = a^x \ln a$,

$(a^x)'' = (a^x \ln a)' = a^x \ln^2 a$,

一般地,

$$(a^x)^{(n)} = a^x \ln^n a. \tag{3}$$

例 4.5.4 求 $y = x^n$ 的 n 阶导数,$n \in \mathbf{N}$.

解 $(x^n)' = n x^{n-1}$,

$(x^n)'' = (n x^{n-1})' = n(n-1) x^{n-2}$,

一般地,当 $1 \leqslant k \leqslant n$ 时,

$$(x^n)^{(k)} = n(n-1)\cdots(n-k+1) x^{n-k},$$

特别,当 $k = n$ 时,

$$(x^n)^{(n)} = n(n-1)(n-2)\cdots(n-n+1) x^{n-n} = n! \tag{4}$$

由(4)可以看到,当 $k > n$ 时,

$$(x^n)^{(k)} = 0. \qquad \square$$

例 4.5.5 求 $y = x^\alpha$ 的 n 阶导数,$a \in R$,$\alpha \notin \mathbf{N}$.

解 $(x^\alpha)' = \alpha x^{\alpha-1}$,

$(x^\alpha)'' = (\alpha x^{\alpha-1})' = \alpha(\alpha-1) x^{\alpha-2}$

一般地,

$$(x^\alpha)^{(n)} = \alpha(\alpha-1)\alpha(\alpha-2)\cdots(\alpha-n+1) x^{\alpha-n}. \tag{5} \square$$

例 4.5.6 求 $y = \sin x$ 的 n 阶导数.

解 $y' = \cos x = \sin\left(x + \dfrac{\pi}{2}\right)$,

$y'' = \left[\sin\left(x + \dfrac{\pi}{2}\right)\right]' = \cos\left(x + \dfrac{\pi}{2}\right) = \sin\left(x + \dfrac{\pi}{2} + \dfrac{\pi}{2}\right) = \sin\left(x + 2 \cdot \dfrac{\pi}{2}\right)$,

$y''' = \left[\sin\left(x + 2 \cdot \dfrac{\pi}{2}\right)\right]' = \cos\left(x + 2 \cdot \dfrac{\pi}{2}\right) = \sin\left(x + 2 \cdot \dfrac{\pi}{2} + \dfrac{\pi}{2}\right)$

$\qquad = \sin\left(x + 3 \cdot \dfrac{\pi}{2}\right)$.

一般地, $\qquad y^{(n)} = \sin\left(x + n \cdot \dfrac{\pi}{2}\right)$

即 $\qquad (\sin x)^{(n)} = \sin\left(x + n \cdot \dfrac{\pi}{2}\right). \tag{6} \square$

同理可以推得, $\qquad (\cos x)^{(n)} = \cos\left(x + n \cdot \dfrac{\pi}{2}\right). \tag{7}$

以上各例均是从先求出 y''、y'''，找出规律，从而归纳出 $y^{(n)}$.这里均可利用数学归纳法进行证明,证明从略.

例 4.5.7 求 $y = \ln x$ 的 n 阶导数.

解 $y' = \dfrac{1}{x}$，$y^{(n)} = \left(\dfrac{1}{x}\right)^{(n-1)}$，

由公式(5)得

$$y^{(n)} = (x^{-1})^{(n-1)} = (-1)(-1-1)\cdots[-1-(n-1)+1]x^{-1-(n-1)}$$

$$= (-1)(-2)\cdots[-(n-1)]x^{-n} = \frac{(-1)^{n-1}\cdot(n-1)!}{x^n},$$

即 $$(\ln x)^{(n)} = \frac{(-1)^{n-1}\cdot(n-1)!}{x^n}. \tag{8}\Box$$

对于高阶导数有以下的运算法则

定理 4.5.1 如 $f^{(n)}(x)$、$\varphi^{(n)}(x)$ 均存在,则

(1) $$[C\cdot f(x)]^{(n)} = Cf^{(n)}(x)，C \text{ 为常数；} \tag{9}$$

(2) $$[f(x) \pm \varphi(x)]^{(n)} = f^{(n)}(x) \pm \varphi^{(n)}(x); \tag{10}$$

(3) $$[f(x)\cdot\varphi(x)]^{(n)} = \sum_{k=1}^{n} C_n^k f^{(n-k)}(x)\varphi^{(k)}(x)，\text{其中}$$

$$f^{(0)}(x) = f(x)，\varphi^{(0)}(x) = \varphi(x). \tag{11}$$

(9)、(10)式证明甚易,请读者完成.

对于(11)式,我们知道,

$$[f(x)\cdot\varphi(x)]' = f'(x)\varphi(x) + f(x)\varphi'(x)$$

$$[f(x)\cdot\varphi(x)]'' = [f'(x)\varphi(x)]' + [f(x)\varphi'(x)]'$$

$$= f''(x)\varphi(x) + f'(x)\varphi'(x) + f'(x)\varphi'(x) + f(x)\varphi''(x)$$

$$= f''(x)\varphi(x) + 2f'(x)\varphi'(x) + f(x)\varphi''(x),$$

$$[f(x)\cdot\varphi(x)]''' = [f''(x)\varphi(x)]' + 2[f'(x)\varphi'(x)]' + [f(x)\varphi''(x)]' = \cdots$$

$$= f'''(x)\varphi(x) + 3f''(x)\varphi'(x) + 3f'(x)\varphi''(x) + f(x)\varphi'''(x).$$

可以发现这些导数公式外表上与二项展开式很相似.例如,如果注意到 $f^{(0)}(x) = f(x)$，$\varphi^{(0)}(x) = \varphi(x)$ 以及 $[f(x)]^0 = f^0(x) = 1$，$[g(x)]^0 = g^0(x) = 1$，那么

$$[f(x)\varphi(x)]^{(3)} = f^{(3)}(x)\varphi^{(0)}(x) + 3f^{(2)}(x)\varphi^{(1)}(x)$$

$$+ 3f^{(1)}(x)\varphi^{(2)}(x) + f^{(0)}(x)\varphi^{(3)}(x)\text{（导数公式）}.$$

$$[f(x)+\varphi(x)]^3 = f^3(x)\varphi^0(x) + 3f^2(x)\varphi^1(x)$$

$$+ 3f^1(x)\varphi^2(x) + f^0(x)\varphi^3(x)\text{（二项展开式）}.$$

因此一般的二项展开式为

$$[f(x)+\varphi(x)]^n = f^n(x)\varphi^0(x) + C_n^1 f^{n-1}(x)\varphi^1(x)$$

$$+ C_n^2 f^{n-2}(x)\varphi^2(x) + \cdots + f^0(x)\varphi^n(x).$$

自然就会猜到

$$[f(x)\varphi(x)]^{(n)} = f^{(n)}(x)\varphi^{(0)}(x) + C_n^1 f^{(n-1)}(x)\varphi^{(1)}(x)$$

$$+ C_n^2 f^{(n-2)}(x)\varphi^{(2)}(x) + \cdots + f^{(0)}(x)\varphi^{(n)}(x).$$

下面用数学归纳法证明(11)式.

证 当 $n=1$ 时,等式是成立的.假设当 $n=m$ 时上式成立,即

$$[f(x)\varphi(x)]^{(m)}=f^{(m)}(x)\varphi^{(0)}(x)+C_m^1 f^{(m-1)}(x)\varphi^{(1)}(x)$$
$$+C_m^2 f^{(m-2)}(x)\varphi^{(2)}(x)+\cdots+f^{(0)}(x)\varphi^{(m)}(x).$$

则当 $n=m+1$ 时,

$$[f(x)\varphi(x)]^{(m+1)}=\{[f(x)\varphi(x)]^{(m)}\}'$$
$$=f^{(m+1)}(x)\varphi^{(0)}(x)+f^{(m)}(x)\varphi^{(1)}(x)+C_m^1 f^m(x)\varphi^{(1)}(x)+C_m^1 f^{(m-1)}(x)\varphi^{(2)}(x)$$
$$+C_m^2 f^{(m-1)}(x)\varphi^{(2)}(x)+C_m^2 f^{(m-2)}(x)\varphi^{(3)}(x)+\cdots+f^{(1)}(x)\varphi^{(m)}(x)+f^{(0)}(x)\varphi^{(m+1)}(x)$$
$$=f^{(m+1)}(x)\varphi^{(0)}(x)+(1+C_m^1)f^{(m)}(x)\varphi^{(1)}(x)$$
$$+(C_m^1+C_m^2)f^{(m-1)}(x)\varphi^{(2)}(x)+\cdots+f^{(0)}(x)\varphi^{(m+1)}(x).$$

注意到,$C_m^{j-1}+C_m^j=C_{m+1}^j(j=1,2,\cdots,m)$,

所以 $[f(x)\varphi(x)]^{(m+1)}=f^{(m+1)}(x)\varphi^{(0)}(x)+C_{m+1}^1 f^{(m)}(x)\varphi^{(1)}(x)$
$$+C_{m+1}^2 f^{(m-1)}(x)\varphi^{(2)}(x)+\cdots+f^{(0)}(x)\varphi^{(m+1)}(x),$$

上面等式仍成立.因此,

$$[f(x)\varphi(x)]^{(n)}=f^{(n)}(x)\varphi^{(0)}(x)+C_n^1 f^{(n-1)}(x)\varphi^{(1)}(x)$$
$$+C_n^2 f^{(n-2)}(x)\varphi^{(2)}(x)+\cdots+f^{(0)}(x)\varphi^{(n)}(x)$$
$$=\sum_{k=0}^n C_n^k f^{(n-k)}(x)\varphi^{(k)}(x).$$

例 4.5.8 求 $y=\dfrac{1}{1-x^2}$ 的 n 阶导数.

解 $y=\dfrac{1}{(1-x)(1+x)}=\dfrac{1}{2}\left(\dfrac{1}{x+1}-\dfrac{1}{x-1}\right)=\dfrac{1}{2}[(x+1)^{-1}-(x-1)^{-1}].$

由定理 4.5.1,得

$$y^{(n)}=\frac{1}{2}[(x+1)^{-1}-(x-1)^{-1}]^{(n)}=\frac{1}{2}\{[(x+1)^{-1}]^n-[(x-1)^{-1}]^{(n)}\}$$
$$=\frac{1}{2}[(-1)(-1-1)\cdots(-1-n+1)(x+1)^{-1-n}$$
$$-(-1)(-1-1)\cdots(-1-n+1)(x-1)^{-1-n}]$$
$$=\frac{1}{2}[(-1)^n n!\ [(x+1)^{-(n+1)}-(x-1)^{-(n+1)}]$$
$$=\frac{1}{2}[(-1)^n n!\ \left[\frac{1}{(x+1)^{n+1}}-\frac{1}{(x-1)^{n+1}}\right].$$

例 4.5.9 求 $y=x^2 e^x$ 的第 10 阶导数.

解 令 $f(x)=e^x,\varphi(x)=x^2$,则

$f^{(n)}(x)=e^x,$

$\varphi'(x)=2x,\varphi''(x)=2,\varphi'''(x)=\varphi^{(4)}(x)=\cdots=0.$

由定理 4.5.1(3)得,

$$(x^2 e^x)^{(10)}=e^x x^2+C_{10}^1 e^x\cdot 2x+C_{10}^2 e^x\cdot 2+C_{10}^3 e^x\cdot 0+\cdots+0$$
$$=e^x(x^2+20x+90).$$

从上例可知,在运用定理 4.5.1(3)求函数乘积的高阶导数时,如何选择 $f(x)$ 和 $\varphi(x)$,关系到计算是否简便.

下面我们来求由参数方程所表示的函数的高阶导数.

例 4.5.10　设 y 与 x 的函数关系由参数方程 $x=\cos^3 t$,$y=\sin^3 t$ 给出,试求 $\dfrac{d^2 y}{dx^2}\Big|_{t=\frac{\pi}{3}}$.

解　因
$$x_t'=(\cos^3 t)'=-3\cos^2 t\sin t,$$
$$y_t'=(\sin^3 t)'=3\sin^2 t\cos t,$$
$$\frac{dy}{dx}=\frac{y_t'}{x_t'}=\frac{3\sin^2 t\cos t}{-3\cos^2 t\sin t}=-\tan t.$$

所以
$$\frac{d^2 y}{dx^2}=\frac{d\left(\dfrac{dy}{dx}\right)}{dx}=\frac{d(-\tan t)}{d(\cos^3)t}=\frac{-\sec^2 t\,dt}{-3\cos^2 t\sin t\,dt}=\frac{1}{3\cos^4 t\sin t},$$
$$\frac{d^2 y}{dx^2}\Big|_{t=\frac{\pi}{3}}=\frac{1}{3\cos^4 t\sin t}\Big|_{t=\frac{\pi}{3}}=\frac{32\sqrt{3}}{9}.\qquad\square$$

一般地,由参数方程 $x=\varphi(t)$,$y=\varphi(t)$ 所确定的函数 $y=f(x)$ 的二阶导数:
$$\frac{d^2 y}{dx^2}=\frac{d\left(\dfrac{dy}{dx}\right)}{dx}=\frac{d\left[\dfrac{\psi'(t)\,dt}{\varphi'(t)\,dt}\right]}{d[\varphi(t)]}=\frac{d\left(\dfrac{\psi'(t)}{\varphi'(t)}\right)}{d[\varphi(t)]}=\frac{\left[\dfrac{\psi'(t)}{\varphi'(t)}\right]'dt}{\varphi'(t)\,dt}$$
$$=\frac{\left[\dfrac{\psi'(t)}{\varphi'(t)}\right]'}{\varphi'(t)}=\frac{\dfrac{\psi''(t)\varphi'(t)-\psi'(t)\varphi''(t)}{[\varphi'(t)]^2}}{\varphi'(t)}$$
$$=\frac{\psi''(t)\varphi'(t)-\psi'(t)\varphi''(t)}{[\varphi'(t)]^3}.\tag{12}$$

公式(12)是无需强记的,在实际对参数方程表示的函数求高阶导数时,可利用上述推导的方法直接去求.

对于隐函数的高阶导数仍同求一阶导数一样,运用复合函数的求导法则来求.

例 4.5.11　求隐函数 $e^y-xy=0$ 的二阶导数 $\dfrac{d^2 y}{dx^2}$.

解　方程两端对 x 求导
$$e^y\cdot\frac{dy}{dx}-y-x\cdot\frac{dy}{dx}=0,\tag{13}$$
对(13)式再求一次导数,得
$$\left(e^y\cdot\frac{dy}{dx}\right)\cdot\frac{dy}{dx}+e^y\cdot\frac{d^2 y}{dx^2}-\frac{dy}{dx}-\frac{dy}{dx}-x\frac{d^2 y}{dx^2}=0,$$
$$e^y\cdot\left(\frac{dy}{dx}\right)^2+(e^y-x)\frac{d^2 y}{dx^2}-2\frac{dy}{dx}=0,\tag{14}$$
由(13)式解得
$$\frac{dy}{dx}=\frac{y}{e^y-x},$$

代入(14)式,得

$$e^y \cdot \frac{y^2}{(e^y-x)^2} + (e^y-x) \cdot \frac{d^2 y}{dx^2} - 2 \cdot \frac{y}{e^y-x} = 0,$$

整理后得

$$\frac{d^2 y}{dx^2} = \frac{2ye^y - 2xy - y^2 e^y}{(e^y-x)^3} = \frac{y(2y-y^2-2)}{x^2(y-1)^3}.$$

同高阶导数相类似,也有高阶微分.

函数 $y=f(x)$ 的微分

$$dy = f'(x)dx,$$

仍是 x 的一个函数(这里把 dx 视为常量),如果它是可微的,则它的微分,即函数 $y=f(x)$ 的微分的微分 $d(dy)$,就叫作函数 $y=f(x)$ 的二阶微分,记为 $d^2 y$. 且有

$$d^2 y = d(dy) = d[f'(x)dx] = df'(x)dx = f''(x)dx^2,$$

这里

$$d^2 x = (dx)^2.$$

前面已经指出函数的一阶微分具有微分形式的不变性,但容易验证对于高阶微分来说,已不再具有微分形式的不变性了.

习　题　4.5

1. 设函数 $f(x) = x^3 + x^2 + x + 1$,求 $f'(0), f''(0), f'''(0), f^{(4)}(0)$.

2. 对下列函数求 y'':

(1) $y = \tan x$;

(2) $y = x^2 \sin x$;

(3) $y = e^{-x} \sin x$;

(4) $y = \ln(1-x^2)$;

(5) $y = \ln \sin x$;

(6) $y = xe^{x^2}$;

(7) $y = x^x$.

3. 求下列函数的 n 阶导数:

(1) $y = x^n + a_1 x^{n-1} + a_2 x^{n-2} + \cdots + a_{n-1} x + a_n$;

(2) $y = e^{-x}$;

(3) $y = \ln(x+1)$;

(4) $y = \dfrac{1}{1+2x}$;

(5) $y = \sin^2 x$;

(6) $y = \dfrac{1}{x^2-3x+2}$;

(7) $y = e^x(x^2+2x+2)$.

4. 求下列参数方程所确定的函数的二阶导数 $\dfrac{d^2 y}{dx^2}$:

(1) $\begin{cases} x = 2t - t^2; \\ y = 3t - t^3; \end{cases}$

(2) $\begin{cases} x = a(t-\sin t); \\ y = a(1-\cos t). \end{cases}$

5. 若 $y^3 - x^2 y = 2$,求 $\dfrac{d^2 y}{dx^2}$.

6. 验证 $y = c_1 \sin \omega x + c_2 \cos \omega x$($c_1$、$c_2$、$\omega$ 是常数)满足方程

$$y'' + \omega^2 y = 0.$$

7. 验证 $y = c_1 e^{\lambda x} + c_2 e^{-\lambda x}$($c_1$、$c_2$、$\lambda$ 是常数)满足关系式

$$y'' - \lambda^2 y = 0.$$

8. 验证: $y = \cos \mathrm{e}^x + \sin \mathrm{e}^x$ 满足关系式

$$y'' - y' + y\mathrm{e}^{2x} = 0.$$

9. 已知函数 $y = x^2 \cos x$, 求 $y^{(50)}$.

4.6* 数值求导法举例

在许多实际问题中, 函数 $f(x)$ 常用列表法表示, 而其准确的解析表达式往往难于求得. 此时可用数值求导法求出导数的近似值.

设 $f(x)$ 由下表给出:

x	x_0	x_1	x_2	$\cdots\cdots$	x_i	$\cdots\cdots$	x_{n-1}	x_n
$f(x)$	y_0	y_1	y_2	$\cdots\cdots$	y_i	$\cdots\cdots$	y_{n-1}	y_n

其中 $(x_i, f(x_i))$ 称为节点, 如果 $x_{i+1} - x_i = h(i = 0, 1, 2, \cdots n - 1)$, 即 x_i 是均匀分布的, 则称 h 为步长. 在本节中, 我们总假定节点是均匀分布的.

求 $f(x)$ 在各节点处的导数近似值最简单的方法是, 用连结点 (x_i, y_i)、(x_{i+1}, y_{i+1}) 的直线段的斜率来近似代替 $f'(x_i)$. 此时有

$$f'(x_i) \approx \frac{y_{i+1} - y_i}{x_{i+1} - x_i} = \frac{y_{i+1} - y_i}{h}(i = 0, 1, \cdots, n - 1) \tag{1}$$

并假定

$$f'(x_n) = f'(x_{n-1}). \tag{2}$$

这个方法虽然简单, 但精确度不高. 如果将位于点 (x_i, y_i) 两侧直线段斜率的平均数取作函数 $f(x)$ 在 (x_i, y_i) 处的切线斜率, 则可得下面的数值求导公式:

$$f'(x_i) \approx \frac{1}{2}\left[\frac{y_{i+1} - y_i}{h} + \frac{y_i - y_{i-1}}{h}\right] = \frac{y_{i+1} - y_{i-1}}{2h}(i = 1, 2, \cdots, n - 1) \tag{3}$$

在两端点 x_0, x_n 处, 则用下面的公式:

$$f'(x_0) \approx [4f(x_1) - f(x_2) - 3f(x_0)]/(2h);$$

$$f'(x_n) \approx [f(x_{n-2}) - 4f(x_{n-1}) + 3f(x_n)]/(2h). \tag{4}$$

可以证明, 利用 (3)、(4) 计算 $f'(x_i)$, 其误差为 $o(h^2)$, 精度比 (1)、(2) 要高. 当节点不是均匀分布时, 也有类似公式.

还有许多精度更高的数值求导方法, 这里不再一一介绍.

例 4.6.1 设 $f(x) = \mathrm{e}^x, 0 \leqslant x \leqslant 1$. 将区间 $[0, 1]$ 作 10 等分, 试用公式 (1)、(2) 和 (3)、(4) 求 $f(x)$ 在各结点处的导数近似值.

解 将 $f(x)$ 在 $x_i = \dfrac{i}{10}(i = 0, 1, \cdots, 10)$ 处的值列表, 然后分别用公式 (1)、(2) 和 (3)、(4) 进行计算, 并将结果列表如下:

x_i		$f(x_i)$	用(1)、(2)计算 $f'(x_i)$	用(3)、(4)计算 $f'(x_i)$	$f'(x_i)$的准确值
x_0	0.0	1	1.051 9	0.996 4	同 $f(x_i)$
x_1	0.1	1.105 17	1.162 3	1.107 0	同 $f(x_i)$
x_2	0.2	1.221 40	1.284 6	1.218 95	
x_3	0.3	1.349 86	1.419 6	1.352 1	
x_4	0.4	1.491 82	1.569 0	1.494 3	
x_5	0.5	1.648 72	1.733 9	1.651 5	
x_6	0.6	1.822 11	1.916 4	1.825 2	
x_7	0.7	2.013 75	2.117 9	2.017 2	
x_8	0.8	2.225 54	2.340 6	2.229 2	
x_9	0.9	2.459 60	2.586 8	2.463 7	
x_{10}	1.0	2.718 28	2.586 8	2.709 9	

因为 $f'(x)=\mathrm{e}^x$,所以 $f'(x_i)$ 的准确值即为 $f(x_i)$.从计算结果可以看出,利用公式(3)、(4)所得的结果是比较理想的. □

习 题 4.6

1. 设函数 $y=f(x)$ 由下表给出:

x	1	1.1	1.2	1.3	1.4	1.5	1.6	1.7	1.8	1.9	2.0
y	1	1.331	1.728	2.197	2.744	3.375	4.096	4.913	5.832	6.859	8

试用两种方法求函数 $f(x)$ 在节点处的导数近似值.

2. 已知函数 $f(x)=\mathrm{e}^{-x^2}$,$0 \leqslant x \leqslant 2$.将区间 $[0,2]$ 作 10 等分,并用公式(1)、(2)和(3)、(4).求 $f(x)$ 在各节点处的导数近似值.

第4章 复习题

1. 求下列各函数导数:

(1) $y=3^{\sin \frac{x}{10}}$;

(2) $y=\arccos \dfrac{1-x}{\sqrt{2}}$;

(3) $y=\arcsin \sqrt{\dfrac{1-x}{1+x}}$;

(4) $y=2^{\tan \frac{1}{x}}$;

(5) $y=\sec^2 \dfrac{x}{a}+\csc^2 \dfrac{x}{a}$;

(6) $y=\sin[\cos^2(\tan^3 x)]$.

2. 求下列各函数的导数:

(1) $y=\dfrac{\sqrt{x^2+a^2}-\sqrt{x^2-a^2}}{\sqrt{x^2+a^2}+\sqrt{x^2-a^2}}$;

(2) $y=\ln \dfrac{\sqrt{1-\mathrm{e}^{2x}}}{\sqrt{1+\mathrm{e}^{2x}}}$.

3. 求下列各函数的导数：

(1) $y = \sqrt[x]{x}$；

(2) $y = (\ln x)^x$；

(3) $y = x\sqrt{\dfrac{1-x}{1+x^2}}$；

(4) $y = \sqrt[3]{\dfrac{x(x^2+1)}{(x^3+1)^2}}$.

4. 求下列各函数的微分：

(1) $y = \dfrac{x}{\sqrt{1-x^2}}$；

(2) $y = \arcsin\dfrac{x}{a}$；

(3) $y = \dfrac{\arctan 2x}{1+x^2}$；

(4) $y = \dfrac{x\ln x}{1-x} + \ln(1-x)$；

(5) $y = \ln(x + \sqrt{1+x^2})$.

5. 求下列隐函数的导数 $\dfrac{\mathrm{d}y}{\mathrm{d}x}$：

(1) $y\mathrm{e}^x + \ln y = 1$；

(2) $x\cos y = \sin(x+y)$；

(3) $x^y = y^x$；

(4) $\sin(xy) = xy$.

6. 求下列参数方程所确定的函数的导数 $\dfrac{\mathrm{d}y}{\mathrm{d}x}$：

(1) $\begin{cases} x = \sqrt[3]{1-\sqrt{t}}\,; \\ y = \sqrt{1-\sqrt[3]{t}}\,; \end{cases}$

(2) $\begin{cases} x = \ln(1+t^2)\,; \\ y = t - \arctan t. \end{cases}$

7. 求曲线 $x^{\frac{3}{2}} + y^{\frac{3}{2}} = 16$ 在点 $(4,4)$ 处的切线方程与法线方程.

8. 试证：抛物线 $x^{\frac{1}{2}} + y^{\frac{1}{2}} = a^{\frac{1}{2}}$ 上任一点的切线所截两坐标轴截距之和等于 a.

9. 求曲线 $x = 2t - t^2$，$y = 3t - t^3$ 当 $t = 1$ 时切线方程和法线方程.

10. 求下列函数的二阶导数 $\dfrac{\mathrm{d}^2 y}{\mathrm{d}x^2}$：

(1) $y = x\sqrt{1+x^2}$；

(2) $y = (1+x^2)\arctan x$；

(3) $y = x[\sin(\ln x) + \cos(\ln x)]$；

(4) $y = \ln f(x)$；

(5) $\begin{cases} x = 2t - t^2\,; \\ y = 3t - t^3\,; \end{cases}$

(6) $x^2 - xy + y^2 = 1$；

(7) $y = \dfrac{\arcsin x}{\sqrt{1-x^2}}$；

(8) $\begin{cases} x = \sqrt{1+t^2}\,; \\ y = \sqrt{1-t^2}. \end{cases}$

11. 如果函数 $y = \mathrm{e}^{\sin x}\cos(\sin x)$，求 $y'(0)$，$y''(0)$.

12. 设 $x = f'(t)$，$y = tf'(t) - f(t)$，且 $f''(t)$ 存在不为 0，求 $\dfrac{\mathrm{d}y}{\mathrm{d}x}$，$\dfrac{\mathrm{d}^2 y}{\mathrm{d}x^2}$.

13. 如 $y^2 f(x) + xf(y) = x^2$，其中 $f(x)$ 可微，求 $\dfrac{\mathrm{d}y}{\mathrm{d}x}$.

14. 设 $y = (\arcsin x)^2$，证明方程 $(1-x^2)y''' - 3xy'' - y' = 0$.

第 5 章　积分计算

在第三章中,我们介绍了定积分的概念,本章将介绍定积分的计算.微积分基本定理告诉我们,要求已知函数 $f(x)$ 在 $[a,b]$ 上的定积分,只要先求出 $f(x)$ 在 $[a,b]$ 上任意一个原函数 $F(x)$,然后再计算它由 a 点到 b 点的改变量 $F(b)-F(a)$ 即可.这样一来,定积分的计算问题就转化为求被积函数的原函数问题.因此,研究如何去求一个函数的原函数就成了我们的重要任务.

5.1　原 函 数 与 不 定 积 分

5.1.1　不定积分的概念

我们已经有了原函数的概念,并且知道,如果函数 $f(x)$ 有一个原函数 $F(x)$,则它就有无穷多个原函数,函数族 $F(x)+C(C$ 为任一常数)就是它的原函数全体.

定义 5.1.1　函数 $f(x)$ 的原函数的全体叫作函数 $f(x)$ 的**不定积分**,记作 $\int f(x)\mathrm{d}x$,其中 $\int$ 叫作积分号,$f(x)$ 叫作**被积函数**,x 叫作**积分变量**.

如果 $F(x)$ 是 $f(x)$ 的一个原函数,则由定义有

$$\int f(x)\mathrm{d}x = F(x)+C,$$

这时又称 C 为积分常数.

例 5.1.1　求下列不定积分.

(1) $\int x^5\mathrm{d}x$;　　　　　　　　　　　(2) $\int \cos x\,\mathrm{d}x$.

解　(1) 因为 $\dfrac{1}{6}x^6$ 是 x^5 的一个原函数,所以

$$\int x^5\mathrm{d}x = \frac{1}{6}x^6+C;$$

(2) 因为 $\sin x$ 是 $\cos x$ 的一个原函数,所以

$$\int \cos x\,\mathrm{d}x = \sin x + C.$$　　□

5.1.2　不定积分的几何意义

若 $F(x)$ 是 $f(x)$ 的一个原函数,则称 $y=F(x)$ 的图像为 $f(x)$ 的一条积分曲线.一般

地，$f(x)$的不定积分的图像是一族曲线，称为 $f(x)$的**积分曲线族**，其方程为 $y=F(x)+C$.

一个函数 $f(x)$的积分曲线族中所有曲线是相互“平行”的. 这里所说的“平行”有两个含意：

(1) 族中任两曲线都可沿 y 轴方向平行移动而重合；

(2) 族中所有曲线在横坐标相同点处的切线都互相平行(见图 5.1.1).

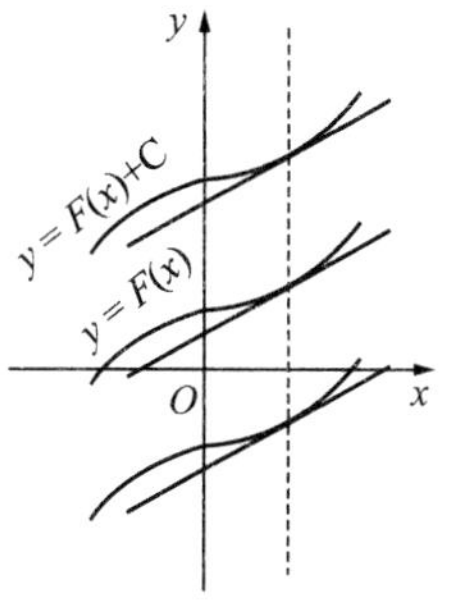

图 5.1.1

5.1.3　不定积分的性质

根据不定积分的定义，可以直接推出下面两个性质：

$$\left(\int f(x)\mathrm{d}x\right)'=f(x);\tag{1}$$

$$\int F'(x)\mathrm{d}x=F(x)+C.\tag{2}$$

这两个性质表明，求不定积分和求导互为逆运算.

根据导数的运算法则，可以推出下面不定积分的两个运算法则：

$$\int[f(x)\pm g(x)]\mathrm{d}x=\int f(x)\mathrm{d}x\pm\int g(x)\mathrm{d}x;\tag{3}$$

$$\int kf(x)\mathrm{d}x=k\int f(x)\mathrm{d}x\ (k\text{ 为常数}).\tag{4}$$

为了说明公式(3)，只要说明等式右端的导数等于左端积分的被积函数就可以了.对右端求导，就有

$$\begin{aligned}\left(\int f(x)\mathrm{d}x\pm\int g(x)\mathrm{d}x\right)'&=\left(\int f(x)\mathrm{d}x\right)'\pm\left(\int g(x)\mathrm{d}x\right)'\\&=f(x)\pm g(x).\end{aligned}$$

类似地，可以证明公式(4).

由公式(3)和(4)容易得到：

设 $f_k(x)(k=1,2,\cdots,n)$的不定积分存在，$a_k(k=1,2,\cdots,n)$为常数，则

$$\int\sum_{k=1}^{n}a_kf_k(x)\mathrm{d}x=\sum_{k=1}^{n}a_k\int f_k(x)\mathrm{d}x.\tag{5}$$

习　题　5.1

1. 试验证 $y=4+\arctan x$ 与 $y=\arcsin\dfrac{x}{\sqrt{1+x^2}}$是同一个函数的原函数.

2. 写出下列函数的一个原函数：

(1) $f(x)=5$；　　(2) $f(x)=-2x$；

(3) $f(x)=\sin x$；　　(4) $f(x)=x^4$；

(5) $f(x)=x^{\frac{1}{2}}$；　　(6) $f(x)=\dfrac{1}{2\sqrt{x}}$.

3. 根据不定积分的定义,验证下列等式:

(1) $\int x^3 \mathrm{d}x = \dfrac{1}{4}x^4 + C$;

(2) $\int \dfrac{2}{x^3}\mathrm{d}x = -x^{-2} + C$;

(3) $\int (3x^2 + 2x + 2)\mathrm{d}x = x^3 + x^2 + 2x + C$;

(4) $\int \cos(2x + 3)\mathrm{d}x = \dfrac{1}{2}\sin(2x + 3) + C$.

4. 写出下列各式的结果:

(1) $\int (x\sin x\ln x)'\mathrm{d}x$;

(2) $\left[\int \mathrm{e}^x(\sin x + \cos x)\mathrm{d}x\right]'$.

5.2　基本积分表及其应用

由于求不定积分和求导数互为逆运算,因此,一个导数公式就对应了一个不定积分的公式.例如,因为

$$\left(\frac{x^{n+1}}{n+1}\right)' = x^n \, (n \neq -1),$$

所以有不定积分的公式

$$\int x^n \mathrm{d}x = \frac{1}{n+1}x^{n+1} + C \, (n \neq -1).$$

这样,根据第 3、4 章中导数基本公式,可以得到下列求不定积分的基本公式,也常称为基本积分表:

(1) $\int 0\mathrm{d}x = C$;

(2) $\int x^\alpha \mathrm{d}x = \dfrac{1}{\alpha + 1}x^{\alpha+1} + C \, (\alpha \neq -1)$.

特别地,当 $\alpha = 0$ 时,有　　$\int \mathrm{d}x = x + C$;

(3) $\int \dfrac{1}{x}\mathrm{d}x = \ln|x| + C$;

(4) $\int \sin x\mathrm{d}x = -\cos x + C$;

(5) $\int \cos x\mathrm{d}x = \sin x + C$;

(6) $\int \sec^2 x\mathrm{d}x = \tan x + C$;

(7) $\int \csc^2 x\mathrm{d}x = -\cot x + C$;

(8) $\int a^x\mathrm{d}x = \dfrac{1}{\ln a}a^x + C \, (a > 0, a \neq 1)$.

特别地,当 $a = \mathrm{e}$ 时,有　　$\int \mathrm{e}^x\mathrm{d}x = \mathrm{e}^x + C$;

(9) $\int \dfrac{1}{1 + x^2}\mathrm{d}x = \arctan x + C$;

(10) $\int \dfrac{1}{\sqrt{1-x^2}} \mathrm{d}x = \arcsin x + C$.

有了基本积分表和不定积分的运算性质,我们可以求一些简单函数的不定积分了.

例 5.2.1　求$\int (3x^2 + 2x - 1)\mathrm{d}x$.

解　$\int (3x^2 + 2x - 1)\mathrm{d}x = \int 3x^2\mathrm{d}x + \int 2x\,\mathrm{d}x - \int \mathrm{d}x = 3\int x^2\mathrm{d}x + 2\int x\,\mathrm{d}x - \int \mathrm{d}x$

$$= 3 \cdot \frac{x^3}{3} + 2 \cdot \frac{x^2}{2} - x + C$$

$$= x^3 + x^2 - x + C. \qquad \square$$

例 5.2.2　求$\int \dfrac{(x-1)^2}{x}\mathrm{d}x$.

解　$\int \dfrac{(x-1)^2}{x}\mathrm{d}x = \int \dfrac{x^2 - 2x + 1}{x}\mathrm{d}x = \int \left(x - 2 + \dfrac{1}{x}\right)\mathrm{d}x$

$$= \int x\,\mathrm{d}x - 2\int \mathrm{d}x + \int \frac{1}{x}\mathrm{d}x$$

$$= \frac{1}{2}x^2 - 2x + \ln|x| + C. \qquad \square$$

例 5.2.3　求$\int (2^x + 3^x)^2\mathrm{d}x$.

解　$\int (2^x + 3^x)^2\mathrm{d}x = \int \left[(2^x)^2 + (3^x)^2 + 2 \cdot 2^x \cdot 3^x\right]\mathrm{d}x = \int (4^x + 9^x + 2 \cdot 6^x)\mathrm{d}x$

$$= \frac{4^x}{\ln 4} + \frac{9^x}{\ln 9} + \frac{2 \cdot 6^x}{\ln 6} + C. \qquad \square$$

例 5.2.4　求$\int \dfrac{1}{\sin^2 x \cos^2 x}\mathrm{d}x$.

解　$\int \dfrac{1}{\sin^2 x \cos^2 x}\mathrm{d}x = \int \dfrac{\sin^2 x + \cos^2 x}{\sin^2 x \cos^2 x}\mathrm{d}x = \int \dfrac{1}{\cos^2 x}\mathrm{d}x + \int \dfrac{1}{\sin^2 x}\mathrm{d}x$

$$= \tan x - \cot x + C. \qquad \square$$

例 5.2.5　求$\int \left(\mathrm{e}^x - \dfrac{1}{x^2\sqrt{x}}\right)\mathrm{d}x$.

解　$\int \left(\mathrm{e}^x - \dfrac{1}{x^2\sqrt{x}}\right)\mathrm{d}x = \int \mathrm{e}^x\mathrm{d}x - \int x^{-\frac{5}{2}}\mathrm{d}x = \mathrm{e}^x - \dfrac{1}{-\dfrac{5}{2} + 1}x^{-\frac{5}{2}+1} + C$

$$= \mathrm{e}^x + \frac{2}{3}x^{-\frac{3}{2}} + C. \qquad \square$$

上面我们求了一些简单函数的不定积分,根据牛顿-莱布尼兹公式,相应的定积分计算问题也就解决了.

例 5.2.6　求$\int_0^{\frac{\pi}{2}} \cos^2 \dfrac{x}{2}\mathrm{d}x$.

解　由于　$\displaystyle\int\cos^2\frac{x}{2}\mathrm{d}x=\int\frac{1+\cos x}{2}\mathrm{d}x=\frac{1}{2}x+\frac{1}{2}\sin x+C,$

所以

$$\int_0^{\frac{\pi}{2}}\cos^2\frac{x}{2}\mathrm{d}x=\left(\frac{1}{2}x+\frac{1}{2}\sin x\right)\Big|_0^{\frac{\pi}{2}}=\frac{\pi}{4}+\frac{1}{2}.\qquad\Box$$

例 5.2.7　求$\displaystyle\int_0^1(5x^4+\mathrm{e}^x)\mathrm{d}x.$

解　利用定积分的性质,

$$\int_0^1(5x^4+\mathrm{e}^x)\mathrm{d}x=5\int_0^1x^4\mathrm{d}x+\int_0^1\mathrm{e}^x\mathrm{d}x=5\cdot\frac{x^5}{5}\Big|_0^1+\mathrm{e}^x\Big|_0^1$$
$$=(1-0)+(\mathrm{e}-1)=\mathrm{e}.\qquad\Box$$

例 5.2.8　已知曲线的切线斜率$k=\frac{1}{4}x$,它是随 x 而变化的.

(1) 求曲线方程;

(2) 若曲线经过点$\left(2,\frac{5}{2}\right)$,求此曲线的方程.

解　(1) 设曲线方程为$y=f(x)$,已知 $y'=\frac{1}{4}x$,因此

$$y=\int y'\mathrm{d}x=\int\frac{1}{4}x\mathrm{d}x=\frac{1}{8}x^2+C,$$

即

$$y=\frac{1}{8}x^2+C.$$

这就是所要求的曲线方程.不同的 C,对应不同的曲线.$y=\frac{1}{8}x^2+C$ 为一族抛物线,在横坐标相同的各点上,它们的切线都互相平行,其斜率都等于$\frac{1}{4}x.$

(2) 若曲线还经过点$\left(2,\frac{5}{2}\right)$,由此可定出常数 C.因为在曲线族 $y=\frac{1}{8}x^2+C$ 中,只有一条曲线经过点$\left(2,\frac{5}{2}\right)$.把 $x=2$ 和 $y=\frac{5}{2}$ 代入曲线方程,得$\frac{5}{2}=\frac{4}{8}+C$,解得 $C=2$.于是,$y=\frac{x^2}{8}+2$ 就是所要求的曲线方程.　$\Box$

例 5.2.9　已知物体以速率 $v=2t^2+1$(米/秒)沿 Os 轴做直线运动.当 $t=1$ 秒时,物体经过的路程为 3 米,求物体的运动规律.

解　设所求的运动规律为 $s=s(t)$,于是有
$$s'(t)=2t^2+1,$$
$$s(t)=\int(2t^2+1)\mathrm{d}t=\frac{2}{3}t^3+t+C.$$

将题设条件:$t=1$ 时 $s=3$ 代入上式,得

$$3=\frac{2}{3}+1+C,$$

所以
$$C = \frac{4}{3},$$

于是所求的物体的运动规律为

$$s(t) = \frac{2}{3}t^3 + t + \frac{4}{3}.$$ □

习 题 5.2

1. 求下列各积分:

(1) $\int x\sqrt{x}\,dx$;

(2) $\int 3^x e^x\,dx$;

(3) $\int \dfrac{x^2 - 2\sqrt{2}\,x + 2}{x - \sqrt{2}}\,dx$;

(4) $\int \left(1 - \dfrac{1}{x^2}\right)\sqrt{x\sqrt{x}}\,dx$;

(5) $\int \dfrac{\cos 2x}{\cos x - \sin x}\,dx$;

(6) $\int \left(\dfrac{1}{x} + 4^x\right)dx$;

(7) $\int \dfrac{\sqrt[3]{x^2} + \sqrt[4]{x}}{\sqrt{x}}\,dx$;

(8) $\int (a + bx)^2\,dx$;

(9) $\int \sqrt[m]{x^n}\,dx$;

(10) $\int \left(\cos x - \dfrac{2}{1 + x^2} + \dfrac{1}{\sqrt{4 - 4x^2}}\right)dx$;

(11) $\int \left[2^x + \left(\dfrac{1}{3}\right)^x - \dfrac{e^x}{5}\right]dx$;

(12) $\int_0^{\frac{\pi}{3}} \tan^2 x\,dx$;

(13) $\int_0^5 4x\,dx$;

(14) $\int_1^2 \left(e^x + \dfrac{1}{x}\right)dx$;

(15) $\int_0^{\frac{1}{2}} \dfrac{1}{\sqrt{1 - x^2}}\,dx$;

(16) $\int_1^2 |x|\,dx$.

2. 求经过点 $(1,2)$,并且在每一点 $P(x,y)$ 处的切线斜率为 $3x^2 - 4x$ 的曲线.

3. 汽车以每小时 32 公里的速率行驶,到某处需要减速停车. 设汽车以均加速度 $a = 1.8$ 米/秒^2 刹车,问从开始刹车到停车,汽车走了多少距离?

4. 一物体以速度 $v = 3t^2 + 4t$(米/秒)作直线运动,当 $t = 2$ 秒时,物体经过的路程 $s = 16$ 米,试求该物体的运动规律.

5.3 换元积分法

利用基本积分表和积分的两个运算性质,尽管可以求出不少函数的不定积分,但实际遇到的积分计算仅凭这一些方法还是远远不够的. 例如,对于 $\int \sin^2 x \cos x\,dx$,现在就还无法求出. 因此,还需要进一步研究求不定积分的其他方法. 本节首先介绍换元积分法.

5.3.1 第一换元积分法

第一换元积分法是与微分学中的复合函数求导法则相对应的积分方法. 为了说明这种方法,我们先看下面的例子:

例 5.3.1 求 $\displaystyle\int \sin^2 x \cos x \, \mathrm{d}x$.

解 这里的被积函数是 $\sin^2 x$ 与 $\cos x$ 这两个函数的乘积,其中前者是一个复合函数,中间变量为 $\sin x$,而后者刚好是这个中间变量的导数,即 $\cos x = (\sin x)'$,如果把这个积分写成

$$\int \sin^2 x \cos x \, \mathrm{d}x = \int \sin^2 x \, (\sin x)' \mathrm{d}x = \int \sin^2 x \, \mathrm{d}(\sin x),$$

再令 $\sin x = u$,那么上述积分就变为

$$\int \sin^2 x \, \mathrm{d}(\sin x) = \int u^2 \, \mathrm{d}u.$$

这个积分在基本积分表中可以查到,然后再代回原来的变量 x,就求得不定积分

$$\int \sin^2 x \cos x \, \mathrm{d}x = \int \sin^2 x \, \mathrm{d}(\sin x) \xmapsto{\sin x = u} \int u^2 \, \mathrm{d}u$$

$$= \frac{1}{3} u^3 + C \xmapsto{u = \sin x} \frac{1}{3} \sin^3 x + C.$$

例 5.3.1 中所采用的方法就叫作第一换元积分法.我们把这一方法用定理的形式叙述如下.

定理 5.3.1 若 u 为自变量时,有

$$\int f(u) \, \mathrm{d}u = F(u) + C,$$

则当 u 为 x 的可微函数 $u = \varphi(x)$ 时,有

$$\int f[\varphi(x)] \varphi'(x) \, \mathrm{d}x = \int f[\varphi(x)] \mathrm{d}\varphi(x)$$

$$= F[\varphi(x)] + C. \tag{1}$$

证 由条件 $\displaystyle\int f(u) \, \mathrm{d}u = F(u) + C$,我们有

$$[F(u) + C]' = F'(u) = f(u),$$

由复合函数的求导法则

$$\{F[\varphi(x)] + C\}' = F'[\varphi(x)] \varphi'(x) = f[\varphi(x)] \varphi'(x),$$

所以

$$\int f[\varphi(x)] \varphi'(x) \, \mathrm{d}x = F[\varphi(x)] + C. \qquad \square$$

例 5.3.2 求 $\displaystyle\int (3x+2)^4 \, \mathrm{d}x$.

解 基本积分公式中有

$$\int u^4 \, \mathrm{d}u = \frac{1}{5} u^5 + C,$$

根据定理 5.3.1,当 $u = 3x+2$ 时,也有

$$\int (3x+2)^4 \cdot (3x+2)' \, \mathrm{d}x = \frac{1}{5} (3x+2)^5 + C,$$

而 $(3x+2)' = 3$,因此,只要凑上一个常数因子 3,就有

$$\int (3x+2)^4 \mathrm{d}x = \frac{1}{3}\int (3x+2)^4 \cdot 3\mathrm{d}x = \frac{1}{3}\int (3x+2)^4 \mathrm{d}(3x+2)$$

$$\xlongequal{3x+2=u} \frac{1}{3}\int u^4 \mathrm{d}u = \frac{1}{15}u^5 + C$$

$$\xlongequal{u=3x+2} \frac{1}{15}(3x+2)^5 + C. \qquad \square$$

由上面的例题可以看出,用第一换元积分法计算积分时,关键是把被积函数凑成两部分的乘积,一部分为 $\varphi'(x)$,另一部分为 $\varphi(x)$ 的简单函数 $f[\varphi(x)]$,以便按以下步骤求出积分:

$$\int f[\varphi(x)]\varphi'(x)\mathrm{d}x = \int f[\varphi(x)]\mathrm{d}\varphi(x) \xlongequal{\varphi(x)=u} \int f(u)\mathrm{d}u$$

$$= F(u) + C \xlongequal{u=\varphi(x)} F[\varphi(x)] + C.$$

例 5.3.3 求 $\int x\mathrm{e}^{x^2}\mathrm{d}x$.

解 $\int x\mathrm{e}^{x^2}\mathrm{d}x = \frac{1}{2}\int \mathrm{e}^{x^2}(2x)\mathrm{d}x = \frac{1}{2}\int \mathrm{e}^{x^2}\mathrm{d}(x^2) \xlongequal{x^2=u} \frac{1}{2}\int \mathrm{e}^u \mathrm{d}u = \frac{1}{2}\mathrm{e}^u + C$

$\xlongequal{u=x^2} \frac{1}{2}\mathrm{e}^{x^2} + C.$ $\square$

当计算熟练之后,可以省去其中写出变量替换的步骤.

例 5.3.4 求 $\int \frac{1}{a^2+x^2}\mathrm{d}x$.

解 $\int \frac{1}{a^2+x^2}\mathrm{d}x = \frac{1}{a^2}\int \frac{1}{1+\left(\frac{x}{a}\right)^2}\mathrm{d}x = \frac{1}{a}\int \frac{1}{1+\left(\frac{x}{a}\right)^2}\mathrm{d}\left(\frac{x}{a}\right)$

$= \frac{1}{a}\arctan \frac{x}{a} + C.$ $\square$

例 5.3.5 求 $\int \tan x\mathrm{d}x$.

解 $\int \tan x\mathrm{d}x = \int \frac{\sin x}{\cos x}\mathrm{d}x = -\int \frac{1}{\cos x}\mathrm{d}(\cos x)$

$= -\ln|\cos x| + C.$ $\square$

例 5.3.6 求 $\int \frac{x^2}{1-x}\mathrm{d}x$.

解 这是一个有理分式函数的积分,并且被积函数不是一个真分式(所谓真分式就是分子次数低于分母次数的有理分式).首先通过多项式除法把它表示成一个多项式加上一个真分式的形式:

$$\frac{x^2}{1-x} = -x-1+\frac{1}{1-x},$$

于是

$$\int \frac{x^2}{1-x}\mathrm{d}x = \int \left(-x-1+\frac{1}{1-x}\right)\mathrm{d}x = -\int x\mathrm{d}x - \int \mathrm{d}x + \int \frac{1}{1-x}\mathrm{d}x$$

$$=-\int x\,\mathrm{d}x-\int\mathrm{d}x-\int\frac{1}{1-x}\mathrm{d}(1-x)$$

$$=-\frac{1}{2}x^2-x-\ln|1-x|+C.\qquad\square$$

这个例子说明,对有理分式函数的积分,当被积函数不是真分式时,应先用除法把它化成一个多项式和一个真分式之和(这总是能办到的)然后再分别积分.从这个意义上说,对有理函数的积分,我们只要研究有理真分式的积分就够了.下面再来看两个有理真分式积分的例子.

例 5.3.7 求 $\int\dfrac{3x+1}{x^2-3x+2}\mathrm{d}x$.

解 被积函数的分母可以分解为

$$x^2-3x+2=(x-1)(x-2),$$

这样被积函数就可以写成两个简单分式的和:

$$\frac{3x+1}{x^2-3x+2}=\frac{3x+1}{(x-1)(x-2)}=\frac{A}{x-1}+\frac{B}{x-2},$$

这里 A、B 是两个待定的常数.

上式两端同乘以 $(x-1)(x-2)$,则有

$$3x+1=A(x-2)+B(x-1)=(A+B)x-(2A+B)$$

这个式子两端同次幂系数应该相等,故

$$\begin{cases}A+B=3;\\2A+B=-1.\end{cases}$$

容易解出

$$A=-4,B=7.$$

于是

$$\frac{3x+1}{x^2-3x+2}=\frac{-4}{x-1}+\frac{7}{x-2},$$

$$\int\frac{3x+1}{x^2-3x+2}\mathrm{d}x=-4\int\frac{\mathrm{d}x}{x-1}+7\int\frac{\mathrm{d}x}{x-2}$$

$$=-4\ln|x-1|+7\ln|x-2|+C.\qquad\square$$

例 5.3.8 求 $\int\dfrac{x+1}{x^2+x+\frac{1}{2}}\mathrm{d}x$.

解 由于被积函数的分母在实数范围内不可分解,所以不能用例 5.3.7 的方法来做.注意到

$$\mathrm{d}\left(x^2+x+\frac{1}{2}\right)=(2x+1)\mathrm{d}x;$$

所以

$$\int\frac{x+1}{x^2+x+\frac{1}{2}}\mathrm{d}x=\frac{1}{2}\int\frac{2x+1+1}{x^2+x+\frac{1}{2}}\mathrm{d}x=\frac{1}{2}\int\frac{2x+1}{x^2+x+\frac{1}{2}}\mathrm{d}x+\frac{1}{2}\int\frac{1}{x^2+x+\frac{1}{2}}\mathrm{d}x$$

$$= \frac{1}{2} \int \frac{\mathrm{d}\left(x^2 + x + \frac{1}{2}\right)}{x^2 + x + \frac{1}{2}} + \frac{1}{2} \int \frac{1}{x^2 + x + \frac{1}{2}} \mathrm{d}x,$$

而

$$\int \frac{1}{x^2 + x + \frac{1}{2}} \mathrm{d}x = \int \frac{1}{\left(x + \frac{1}{2}\right)^2 + \frac{1}{4}} \mathrm{d}x \xrightarrow{x + \frac{1}{2} = u} \int \frac{1}{u^2 + \frac{1}{4}} \mathrm{d}u$$

$$\xxrightarrow{\text{例 5.3.4}} 2\arctan 2u + C = 2\arctan(2x + 1) + C,$$

所以

$$\int \frac{x + 1}{x^2 + x + \frac{1}{2}} \mathrm{d}x = \frac{1}{2} \int \frac{\mathrm{d}\left(x^2 + x + \frac{1}{2}\right)}{x^2 + x + \frac{1}{2}} + \frac{1}{2} \int \frac{1}{x^2 + x + \frac{1}{2}} \mathrm{d}x$$

$$= \frac{1}{2} \ln \left| x^2 + x + \frac{1}{2} \right| + \arctan(2x + 1) + C. \qquad \square$$

现在,我们通过上面的三个例题来小结一下有理分式函数不定积分的求法.从例 5.3.6 我们知道只需研究有理真分式的积分.而根据代数知识,任何一个有理真分式总可以分解为若干个简单分式的和的形式(如例 5.3.7 中所做的那样),因此,我们只需处理这些简单分式的积分.而这些简单分式的积分归结起来又不外乎下面三种形式:

（Ⅰ）$\displaystyle\int \frac{1}{(x + a)^n} \mathrm{d}x$；（Ⅱ）$\displaystyle\int \frac{Ax + B}{x^2 + px + q} \mathrm{d}x$，$p^2 - 4q < 0$；

（Ⅲ）$\displaystyle\int \frac{Ax + B}{(x^2 + px + q)^n} \mathrm{d}x$，$p^2 - 4q < 0, n > 1$.

对于积分（Ⅰ）,只需作简单换元,就可化成基本公式的情形;对于积分（Ⅱ）,例 5.3.8 给出了它的一般解法;对于积分（Ⅲ）,总可以通过后面将介绍的分部积分法最终转化成计算（Ⅱ）型的积分.因此,从理论上讲,有理函数的积分总是可以求出来的.

5.3.2　第二换元积分法

在第一换元积分法中,我们采用的公式是

$$\int f[\varphi(x)]\varphi'(x)\mathrm{d}x \xrightarrow{\varphi(x) = u} \int f(u)\mathrm{d}u,$$

我们的做法是将所求积分凑成等式左端的形式,然后利用等式右端的积分来计算左端的积分.但有时遇到的情况正好相反,即需要将所求积分由等式右端的形式通过适当变量替换转化成左端的形式,而左端的积分比较好求,从而可以利用左端的积分来计算右端的积分.这样的积分方法就叫作**第二换元积分法**.它的具体内容就是如下的定理.(按照习惯,将原积分变量用 x 表示,变换后的积分变量用 t 表示)

定理 5.3.2　设函数 $x = \varphi(t)$ 单调可导且 $\varphi'(t) \neq 0$,若

$$\int f[\varphi(t)]\varphi'(t)\mathrm{d}t = G(t) + C,$$

则

$$\int f(x)\mathrm{d}x = G[\varphi^{-1}(x)]+C. \tag{2}$$

其中 $t=\varphi^{-1}(x)$ 为 $x=\varphi(t)$ 的反函数.

证 由条件 $\int f[\varphi(t)]\varphi'(t)\mathrm{d}t=G(t)+C$,有

$$G'(t)=f[\varphi(t)]\varphi'(t).$$

由复合函数及反函数的求导法则,有

$$\{G[\varphi^{-1}(x)]+C\}'=G'_t \cdot t'_x=f[\varphi(t)]\varphi'(t) \cdot \frac{1}{\varphi'(t)}=f[\varphi(t)]$$

$$=f(x).$$ □

定理 5.3.2 常可写成下面的变换形式:

$$\int f(x)\mathrm{d}x \xlongequal{x=\varphi(t)} \int f[\varphi(t)]\varphi'(t)\mathrm{d}t=G(t)+C$$

$$\xlongequal{t=\varphi^{-1}(x)} G[\varphi^{-1}(x)]+C.$$

例 5.3.9 求 $\displaystyle\int \frac{1}{1+\sqrt{x+1}}\mathrm{d}x$.

解 为了消去根式,设 $\sqrt{x+1}=t$,即 $x=t^2-1(0<t<+\infty)$,那么 $\mathrm{d}x=2t\mathrm{d}t$,于是

$$\int \frac{1}{1+\sqrt{x+1}}\mathrm{d}x=\int \frac{2t}{1+t}\mathrm{d}t=\int \frac{2t+2-2}{1+t}\mathrm{d}t$$

$$=\int \left(2-\frac{2}{1+t}\right)\mathrm{d}t=2t-2\ln|1+t|+C$$

$$=2\sqrt{x+1}-2\ln|1+\sqrt{x+1}|+C.$$ □

例 5.3.10 求 $\displaystyle\int \frac{\mathrm{d}x}{\sqrt{x}+\sqrt[3]{x}}$.

解 为消去根式,设 $x=t^6(0<t<+\infty)$,那么 $\mathrm{d}x=6t^5\mathrm{d}t$,于是

$$\int \frac{1}{\sqrt{x}+\sqrt[3]{x}}\mathrm{d}x=\int \frac{6t^5}{t^3+t^2}\mathrm{d}t=6\int \frac{t^3}{t+1}\mathrm{d}t=6\int \left(t^2-t+1-\frac{1}{t+1}\right)\mathrm{d}t$$

$$=6\left(\frac{1}{3}t^3-\frac{1}{2}t^2+t-\ln|1+t|\right)+C$$

$$=2\sqrt{x}-3\sqrt[3]{x}+6\sqrt[6]{x}-6\ln|1+\sqrt[6]{x}|+C.$$ □

例 5.3.11 求 $\displaystyle\int \sqrt{a^2-x^2}\,\mathrm{d}x(a>0)$.

解 为消去根式,作三角代换 $x=a\sin t\left(-\frac{\pi}{2}<t<\frac{\pi}{2}\right)$,则

$$\sqrt{a^2-x^2}=\sqrt{a^2-a^2\sin^2 t}=\sqrt{a^2\cos^2 t}=a\cos t,$$

$$\mathrm{d}x=a\cos t\mathrm{d}t,$$

于是

$$\int \sqrt{a^2 - x^2}\,\mathrm{d}x = \int a\cos t \cdot a\cos t\,\mathrm{d}t = a^2 \int \cos^2 t\,\mathrm{d}t$$

$$= a^2 \int \frac{1 + \cos 2t}{2}\,\mathrm{d}t = \frac{a^2}{2}\Big(t + \frac{1}{2}\sin 2t\Big) + C$$

$$= \frac{a^2}{2}t + \frac{a^2}{2}\sin t\cos t + C.$$

由于 $x = a\sin t$，所以 $t = \arcsin\dfrac{x}{a}$，$\cos t = \sqrt{1 - \sin^2 t} = \sqrt{1 - \Big(\dfrac{x}{a}\Big)^2} = \dfrac{\sqrt{a^2 - x^2}}{a}$，因此所求的积分为

$$\int \sqrt{a^2 - x^2}\,\mathrm{d}x = \frac{a^2}{2}\arcsin\frac{x}{a} + \frac{1}{2}x\sqrt{a^2 - x^2} + C. \qquad \square$$

5.3.3　定积分的换元积分法

根据牛顿-莱布尼兹公式，我们可以将上述不定积分的换元积分法移植到定积分的计算中来，从而得到下面定积分的换元积分法.

定理 5.3.3　设函数 $f(x)$ 在 $[a,b]$ 上连续.作变换 $x = \varphi(t)$，它满足：

(1) 当 $t = \alpha$ 时，$\varphi(\alpha) = a$，当 $t = \beta$ 时，$\varphi(\beta) = b$；

(2) 当 t 在 $[\alpha,\beta]$ 上变化时，$x = \varphi(t)$ 的值在 $[a,b]$ 上变化；

(3) $\varphi'(t)$ 在 $[\alpha,\beta]$ 上连续，

则有换元积分公式

$$\int_a^b f(x)\,\mathrm{d}x = \int_\alpha^\beta f[\varphi(t)]\varphi'(t)\,\mathrm{d}t. \tag{3}$$

证　因为 $f(x)$ 与 $f[\varphi(t)]\varphi'(t)$ 都是连续的，因而都存在原函数.设 $f(x)$ 在 $[a,b]$ 上的一个原函数为 $F(x)$，由复合函数的求导法则易验证 $F[\varphi(t)]$ 是 $f[\varphi(t)]\varphi'(t)$ 的一个原函数，于是由牛顿-莱布尼兹公式，有

$$\int_\alpha^\beta f[\varphi(t)]\varphi'(t)\,\mathrm{d}t = F[\varphi(t)]\Big|_\alpha^\beta = F[\varphi(\beta)] - F[\varphi(\alpha)]$$

$$= F(b) - F(a) = \int_a^b f(x)\,\mathrm{d}x. \qquad \square$$

注意：定积分的换元积分法中由于积分的上、下限作了相应改变，因而最后省去了把新变量换回到原变量的步骤，这是不定积分所不具有的.

例 5.3.12　求 $\displaystyle\int_0^8 \frac{1}{1 + \sqrt[3]{x}}\,\mathrm{d}x$.

解　设 $\sqrt[3]{x} = t$，从而 $x = t^3$，$\mathrm{d}x = 3t^2\,\mathrm{d}t$.当 $x = 0$ 时，$t = 0$；当 $x = 8$ 时，$t = 2$.于是

$$\int_0^8 \frac{1}{1 + \sqrt[3]{x}}\,\mathrm{d}x = \int_0^2 \frac{3t^2}{1 + t}\,\mathrm{d}t = 3\int_0^2 \Big(t - 1 + \frac{1}{1 + t}\Big)\,\mathrm{d}t$$

$$= 3\Big(\frac{t^2}{2} - t + \ln|1 + t|\Big)\Big|_0^2$$

$$= 3\ln 3. \qquad \square$$

例 5.3.13 求 $\int_0^2 \sqrt{4-x^2}\,\mathrm{d}x$.

解 设 $x=2\sin t\left(0\leqslant t\leqslant\dfrac{\pi}{2}\right)$,则 $\mathrm{d}x=2\cos t\,\mathrm{d}t$. 当 $x=0$ 时,$t=0$;当 $x=2$ 时,$t=\dfrac{\pi}{2}$. 于是

$$\int_0^2 \sqrt{4-x^2}\,\mathrm{d}x=\int_0^{\frac{\pi}{2}}\sqrt{4-4\sin^2 t}\,2\cos t\,\mathrm{d}t=\int_0^{\frac{\pi}{2}}4\cos^2 t\,\mathrm{d}t$$

$$=\left.(2t+\sin 2t)\right|_0^{\frac{\pi}{2}}=\pi.\qquad\qquad\square$$

例 5.3.14 求 $\int_0^1 \dfrac{2x}{1+x^2}\,\mathrm{d}x$.

解
$$\int_0^1 \frac{2x}{1+x^2}\,\mathrm{d}x=\int_0^1 \frac{1}{1+x^2}\mathrm{d}(1+x^2)\xlongequal{1+x^2=u}\int_1^2 \frac{1}{u}\,\mathrm{d}u$$

$$=\left.\ln u\right|_1^2=\ln 2.\qquad\qquad\square$$

例 5.3.15 求 $\int_0^{\frac{\pi}{2}}\sin t\cos t\,\mathrm{d}t$.

解
$$\int_0^{\frac{\pi}{2}}\sin t\cos t\,\mathrm{d}t=\int_0^{\frac{\pi}{2}}\sin t\,\mathrm{d}\sin t\xlongequal{\sin t=u}\int_0^1 u\,\mathrm{d}u$$

$$=\left.\frac{1}{2}u^2\right|_0^1=\frac{1}{2}.\qquad\qquad\square$$

例 5.3.16 不计算积分,证明:

$$\int_0^{\frac{\pi}{2}}\sin x\,\mathrm{d}x=\int_0^{\frac{\pi}{2}}\cos x\,\mathrm{d}x.$$

证 令 $x=\dfrac{\pi}{2}-t$,则 $\mathrm{d}x=-\mathrm{d}t$. 当 $x=0$ 时,$t=\dfrac{\pi}{2}$,当 $x=\dfrac{\pi}{2}$时,$t=0$.于是

$$\int_0^{\frac{\pi}{2}}\sin x\,\mathrm{d}x=\int_{\frac{\pi}{2}}^0 \sin\left(\frac{\pi}{2}-t\right)(-\mathrm{d}t)=\int_0^{\frac{\pi}{2}}\cos t\,\mathrm{d}t=\int_0^{\frac{\pi}{2}}\cos x\,\mathrm{d}x.\qquad\square$$

习 题 5.3

1. 在下列各等式的右端括号内填入适当的常数,使等式成立. $\left[\text{例如}:\mathrm{d}x=\left(\dfrac{1}{9}\right)\mathrm{d}(9x-5)\right]$

(1) $\mathrm{d}x=(\quad)\mathrm{d}(5x-7)$;

(2) $x\,\mathrm{d}x=(\quad)\mathrm{d}(4x^2)$;

(3) $x^2\,\mathrm{d}x=(\quad)\mathrm{d}(2x^3-3)$;

(4) $\mathrm{e}^{-\frac{\pi}{2}}\,\mathrm{d}x=(\quad)\mathrm{d}(1+\mathrm{e}^{-\frac{x}{2}})$;

(5) $\cos\dfrac{2x}{3}\,\mathrm{d}x=(\quad)\mathrm{d}\sin\dfrac{2x}{3}$;

(6) $\dfrac{\mathrm{d}x}{x}=(\quad)\mathrm{d}(5\ln|x|)$.

2. 利用换元积分法求下列不定积分:

(1) $\int (3x+2)^{10}\,\mathrm{d}x$;

(2) $\int \sqrt{2+3x}\,\mathrm{d}x$;

(3) $\int x\sqrt{1+x^2}\,\mathrm{d}x$;

(4) $\int \dfrac{2x}{(x^2+1)^3}\,\mathrm{d}x$;

$(5) \int \dfrac{2x-3}{x^2-3x+8}\mathrm{d}x;$

$(6) \int \cot x\,\mathrm{d}x;$

$(7) \int 2x\,\mathrm{e}^{-x^2}\mathrm{d}x;$

$(8) \int \dfrac{1}{x^2+2x+3}\mathrm{d}x;$

$(9) \int \cos^3 x\,\mathrm{d}x;$

$(10) \int \dfrac{1}{x^2-16}\mathrm{d}x;$

$(11) \int \dfrac{1}{x\ln x}\mathrm{d}x;$

$(12) \int \dfrac{\mathrm{e}^x}{1+\mathrm{e}^x}\mathrm{d}x;$

$(13) \int \dfrac{2x+3}{x^2+x-2}\mathrm{d}x;$

$(14) \int \dfrac{1}{\sqrt{9-x^2}}\mathrm{d}x;$

$(15) \int \dfrac{1}{x+\sqrt{x}}\mathrm{d}x;$

$(16) \int x\sqrt{x-6}\,\mathrm{d}x;$

$(17) \int \dfrac{1}{1+\sqrt{2x}}\mathrm{d}x;$

$(18) \int \dfrac{x^2}{\sqrt{2-x}}\mathrm{d}x;$

$(19) \int \dfrac{1}{(1-x^2)^{3/2}}\mathrm{d}x;$

$(20) \int \dfrac{1}{1+\sqrt[3]{x+1}}\mathrm{d}x.$

3. 利用换元积分法求下列定积分:

$(1) \int_{-2}^{-1} \dfrac{1}{(11+5x)^3}\mathrm{d}x;$

$(2) \int_1^{\mathrm{e}} \dfrac{1+\ln x}{x}\mathrm{d}x;$

$(3) \int_0^1 \dfrac{1}{1+\mathrm{e}^x}\mathrm{d}x;$

$(4) \int_1^3 \dfrac{1}{x(1+x)}\mathrm{d}x;$

$(5) \int_{-2}^0 \dfrac{1}{x^2+2x+2}\mathrm{d}x;$

$(6) \int_0^4 \dfrac{\sqrt{x}}{1-\sqrt{x}}\mathrm{d}x;$

$(7) \int_2^{\sqrt{12}} x\sqrt{x^2-3}\,\mathrm{d}x;$

$(8) \int_0^1 \dfrac{1}{4t^2-9}\mathrm{d}t;$

$(9) \int_{-1}^0 \mathrm{e}^{-x}\mathrm{d}x;$

$(10) \int_0^{\frac{\pi}{2}} \sin^2 x\,\mathrm{d}x;$

$(11) \int_0^{\ln 2} \mathrm{e}^x(1+\mathrm{e}^x)^2\mathrm{d}x;$

$(12) \int_0^3 \dfrac{x}{1+\sqrt{1+x}}\mathrm{d}x.$

4. 证明:若函数 $f(x)$ 在 $[-a,a]$ 上连续,则

$$\int_{-a}^a f(x)\mathrm{d}x = \begin{cases} 2\displaystyle\int_0^a f(x)\mathrm{d}x & (当\ f(x)\ 为偶函数时); \\ 0 & (当\ f(x)\ 为奇函数时). \end{cases}$$

5. 证明:若 $f(x)$ 在 $(-\infty,+\infty)$ 上连续,并且是以 T 为周期的周期函数,则对任意的 a,有

$$\int_a^{a+T} f(x)\mathrm{d}x = \int_0^T f(x)\mathrm{d}x.$$

5.4 分部积分法

现在,我们来介绍另一种常用的积分方法——分部积分法.

先看一个简单的例子.由于

$$(x\sin x)' = \sin x + x\cos x,$$

所以

$$\int (x\sin x)'\,\mathrm{d}x = \int \sin x\,\mathrm{d}x + \int x\cos x\,\mathrm{d}x.$$

在这个等式中,因为 $\int (x\sin x)'\,\mathrm{d}x$ 与 $\int \sin x\,\mathrm{d}x$ 都很容易求出,因而本来不易求的 $\int x\cos x\,\mathrm{d}x$ 也就可以求出来了,即

$$\int x\cos x\,\mathrm{d}x = \int (x\sin x)'\,\mathrm{d}x - \int \sin x\,\mathrm{d}x$$
$$= x\sin x + \cos x + C.$$

这里,我们利用乘积的求导法则,将一个不易求出的积分转化成了容易求出的积分,这样一种方法就叫作分部积分法.下面的定理给出了它的具体内容.

定理 5.4.1 设函数 $u=u(x),v=v(x)$ 可导,若 $\int u'(x)v(x)\,\mathrm{d}x$ 存在,则 $\int u(x)v'(x)\,\mathrm{d}x$ 也存在,且

$$\int u(x)v'(x)\,\mathrm{d}x = u(x)v(x) - \int u'(x)v(x)\,\mathrm{d}x. \tag{1}$$

证 由于

$$[u(x)v(x)]' = u'(x)v(x) + u(x)v'(x)$$

或

$$u(x)v'(x) = [u(x)v(x)]' - u'(x)v(x) \qquad\qquad \square$$

对上式两边求不定积分就得到(1)式.

公式(1)称为分部积分公式,常简记为

$$\int u\,\mathrm{d}v = uv - \int v\,\mathrm{d}u. \tag{2}$$

例 5.4.1 求 $\int x\mathrm{e}^x\,\mathrm{d}x$.

解 设 $u=x,v=\mathrm{e}^x$,则 $\mathrm{d}v = \mathrm{e}^x\,\mathrm{d}x = \mathrm{d}\mathrm{e}^x$,于是

$$\int x\mathrm{e}^x\,\mathrm{d}x = \int x(\mathrm{e}^x)'\,\mathrm{d}x = \int x\,\mathrm{d}\mathrm{e}^x = x\mathrm{e}^x - \int \mathrm{e}^x\,\mathrm{d}x = x\mathrm{e}^x - \mathrm{e}^x + C. \qquad \square$$

如果取 $u=\mathrm{e}^x,v'=x$ 呢? 则 $u'=\mathrm{e}^x,v=\dfrac{1}{2}x^2$,于是

$$\int x\mathrm{e}^x\,\mathrm{d}x = \int \mathrm{e}^x\,\mathrm{d}\left(\frac{1}{2}x^2\right) = \frac{1}{2}x^2\mathrm{e}^x - \int \frac{1}{2}x^2\mathrm{e}^x\,\mathrm{d}x.$$

这样一来右端的积分比原来的积分更复杂了.由此可见,在使用分部积分法时,能否恰当地选取 u 和 v' 是至关重要的.

例 5.4.2 求 $\int x\ln x\,\mathrm{d}x$.

解 设 $u=\ln x,v'=x$,则 $\mathrm{d}v = x\,\mathrm{d}x = \mathrm{d}\left(\dfrac{1}{2}x^2\right)$,于是

$$\int x\ln x\,\mathrm{d}x = \int \ln x\,\mathrm{d}\left(\frac{1}{2}x^2\right) = \frac{1}{2}x^2\ln x - \int \frac{1}{2}x^2\,\mathrm{d}\ln x$$

$$= \frac{1}{2}x^2 \ln x - \int \frac{1}{2}x^2 \cdot \frac{1}{x}\mathrm{d}x = \frac{1}{2}x^2 \ln x - \int \frac{1}{2}x\,\mathrm{d}x$$

$$= \frac{1}{2}x^2 \ln x - \frac{1}{4}x^2 + C. \qquad\qquad \Box$$

例 5.4.3 求 $\int \arctan x\,\mathrm{d}x$.

解　设 $u = \arctan x$，$v' = 1$，则 $\mathrm{d}v = \mathrm{d}x$，于是

$$\int \arctan x\,\mathrm{d}x = x\arctan x - \int x\,\mathrm{d}\arctan x = x\arctan x - \int \frac{x}{1+x^2}\mathrm{d}x$$

$$= x\arctan x - \frac{1}{2}\ln(1+x^2) + C. \qquad\qquad \Box$$

例 5.4.4 求 $\int x^2 \sin x\,\mathrm{d}x$.

解　$\displaystyle\int x^2 \sin x\,\mathrm{d}x = \int x^2 \mathrm{d}(-\cos x) = -x^2 \cos x - \int (-\cos x)\,\mathrm{d}(x^2)$

$$= -x^2 \cos x + \int \cos x \cdot 2x\,\mathrm{d}x.$$

对右端积分再用一次分部积分法，得

$$\int x^2 \sin x\,\mathrm{d}x = -x^2 \cos x + \int 2x\,\mathrm{d}\sin x = -x^2 \cos x + \left[2x\sin x - \int \sin x\,\mathrm{d}(2x)\right]$$

$$= -x^2 \cos x + 2x\sin x - 2\int \sin x\,\mathrm{d}x$$

$$= -x^2 \cos x + 2x\sin x + 2\cos x + C. \qquad\qquad \Box$$

根据定理 5.4.1 的证明，再结合牛顿-莱布尼兹公式，立即可以得到定积分的分部积分公式，即有如下的

定理 5.4.2　设函数 $u = u(x)$，$v = v(x)$ 在 $[a,b]$ 上具有连续导数，则

$$\int_a^b u(x)v'(x)\mathrm{d}x = u(x)v(x)\Big|_a^b - \int_a^b u'(x)v(x)\mathrm{d}x. \qquad (3)$$

例 5.4.5 求 $\int_1^5 \ln x\,\mathrm{d}x$.

解　$\displaystyle\int_1^5 \ln x\,\mathrm{d}x = x\ln x\Big|_1^5 - \int_1^5 x\,\mathrm{d}\ln x = 5\ln 5 - \int_1^5 x \cdot \frac{1}{x}\mathrm{d}x = 5\ln 5 - x\Big|_1^5$

$$= 5\ln 5 - 4. \qquad\qquad \Box$$

例 5.4.6 求 $\int_0^4 \mathrm{e}^{\sqrt{x}}\,\mathrm{d}x$.

解　先换元，再用分部积分法. 设 $\sqrt{x} = t$，即 $x = t^2$，则 $\mathrm{d}x = 2t\,\mathrm{d}t$，于是

$$\int_0^4 \mathrm{e}^{\sqrt{x}}\,\mathrm{d}x = \int_0^2 2t\,\mathrm{e}^t\,\mathrm{d}t = 2\int_0^2 t\,\mathrm{d}\mathrm{e}^t = 2\left(t\mathrm{e}^t\Big|_0^2 - \int_0^2 \mathrm{e}^t\,\mathrm{d}t\right) = 2\left(2\mathrm{e}^2 - \mathrm{e}^t\Big|_0^2\right)$$

$$= 2(\mathrm{e}^2 + 1). \qquad\qquad \Box$$

习 题 5.4

1. 用分部积分法求下列不定积分：

(1) $\int x\,\mathrm{e}^{-x}\,\mathrm{d}x$;

(2) $\int x\sin 2x\,\mathrm{d}x$;

(3) $\int \arcsin x\,\mathrm{d}x$;

(4) $\int (x^2+1)\sin x\,\mathrm{d}x$;

(5) $\int \ln(1+x^2)\,\mathrm{d}x$;

(6) $\int \ln 3x\,\mathrm{d}x$;

(7) $\int \mathrm{e}^x \sin x\,\mathrm{d}x$;

(8) $\int \dfrac{\ln t}{\sqrt{t}}\,\mathrm{d}t$.

2. 用分部积分法求下列定积分：

(1) $\int_0^1 \arccos x\,\mathrm{d}x$;

(2) $\int_0^{\frac{\pi}{4}} x\sin x\,\mathrm{d}x$;

(3) $\int_2^3 \ln(x+1)\,\mathrm{d}x$;

(4) $\int_1^4 x^{\frac{1}{2}}\ln x\,\mathrm{d}x$;

(5) $\int_0^1 x\arctan x\,\mathrm{d}x$;

(6) $\int_{\frac{1}{e}}^{e} |\ln x|\,\mathrm{d}x$;

(7) $\int_0^{\frac{\pi}{2}} \mathrm{e}^x \cos x\,\mathrm{d}x$;

(8) $\int_0^1 x\,\mathrm{e}^{2x}\,\mathrm{d}x$.

5.5* 定积分的近似计算

前面几节我们介绍了在可求得原函数的情况下计算定积分的方法，但在应用中常常会碰到下面的情况：

(1) 要求定积分 $\int_a^b f(x)\,\mathrm{d}x$ 的值，但 $f(x)$ 的原函数难以求得或虽能求得但过于复杂；

(2) 生产实际中常常是用表格的方法给出被积函数 $f(x)$，因而无法求出它的原函数.

这时，我们就不能按照前面的方法去计算定积分，而只能用近似计算的方法来求出它的近似值.另一方面，对于大多数实际应用中的定积分问题，对精确值的要求并不是必要的，往往一个具有适当精度的近似值就完全可以满足问题的需要.因此，定积分的近似计算就自然地成为一个十分重要的问题.

下面介绍三种常用的定积分近似计算方法.

5.5.1 矩形法

如图 5.5.1 所示，可用 n 个小矩形的面积之和来近似代替曲边梯形的面积，从而求得定积分的近似值.这种近似计算的方法称为矩形法.

它的具体做法如下：

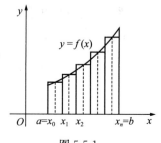

图 5.5.1

用分点 $a=x_0<x_1<\cdots<x_n=b$ 把区间 $[a,b]$ 分成 n 个等长的小区间,每个小区间的长度为 $h=\dfrac{b-a}{n}$.取 $\xi_i=\dfrac{x_{i-1}+x_i}{2}$,记 $\xi_i=x_{i-\frac{1}{2}}$,并记 $f(\xi_i)=y_{i-\frac{1}{2}}(i=1,2,\cdots,n)$,则有

$$\int_a^b f(x)\mathrm{d}x \approx h\cdot y_{\frac{1}{2}}+h\cdot y_{\frac{3}{2}}+\cdots+h\cdot y_{n-\frac{1}{2}},$$

即
$$\int_a^b f(x)\mathrm{d}x \approx \frac{b-a}{n}\sum_{i=1}^n y_{i-\frac{1}{2}}. \tag{1}$$

此式称为定积分近似计算的矩形公式.

例 5.5.1　用矩形法求 $\displaystyle\int_1^2 \frac{1}{x}\mathrm{d}x$ 的近似值.

解　把区间 $[1,2]$ 分成 10 等分,$\dfrac{b-a}{n}=\dfrac{2-1}{10}=0.1$.与公式所对应的各个分点 $x_{i-\frac{1}{2}}$ 及相应的函数值 $y_{i-\frac{1}{2}}(i=1,2,\cdots,10)$ 列表如下:

i	1	2	3	4	5
$x_{i-\frac{1}{2}}$	1.050 000	1.150 000	1.250 000	1.350 000	1.450 000
$y_{i-\frac{1}{2}}$	0.952 381	0.869 565	0.800 000	0.740 741	0.689 655

i	6	7	8	9	10
$x_{i-\frac{1}{2}}$	1.550 000	1.650 000	1.750 000	1.850 000	1.950 000
$y_{i-\frac{1}{2}}$	0.645 161	0.606 061	0.571 429	0.540 541	0.512 821

由公式(1)得

$$\int_1^2 \frac{1}{x}\mathrm{d}x \approx \frac{1}{10}\sum_{i=1}^{10} y_{i-\frac{1}{2}}=0.692\ 836. \qquad\square$$

在进行近似计算时,通常要估计近似计算所产生的误差.

对于矩形公式的误差估计,有如下定理:

定理 5.5.1　设 $f''(x)$ 在 $[a,b]$ 上连续,令 M 为 $|f''(x)|$ 在 $[a,b]$ 上的最大值,则

$$\left|\int_a^b f(x)\mathrm{d}x-\frac{b-a}{n}\sum_{i=1}^n y_{i-\frac{1}{2}}\right|\leqslant \frac{(b-a)^3}{24n^2}M. \tag{2}$$

根据这个定理,由于 $\left(\dfrac{1}{x}\right)''=\dfrac{2}{x^3}$ 在 $[1,2]$ 上的最大值为 $M=2$,所以对例 5.5.1 中的计算结果有如下的误差估计:

$$E\leqslant \frac{1}{24\times100}\times2\approx0.000\ 83,$$

也就是说,我们的计算结果和准确值之间的误差一定不会超过 0.000 83.事实上,由于

$$\int_1^2 \frac{1}{x}\mathrm{d}x=\ln 2=0.693\ 147\cdots\cdots,$$

所以计算的实际误差为

$$E \approx 0.693\,147 - 0.692\,836 = 0.000\,311.$$

5.5.2 梯形法

与矩形法相似,如图 5.5.2 所示,以 n 个小梯形的面积之和近似代替曲边梯形的面积,从而求得定积分的近似值,这种近似计算方法称为梯形法.它的具体求法如下:

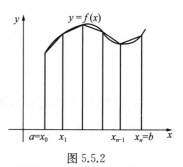

图 5.5.2

用分点 $a = x_0 < x_1 < \cdots < x_n = b$ 将 $[a,b]$ 分为 n 个等长的小区间,每个小区间的长度为 $h = \dfrac{b-a}{n}$.各分点对应的函数值分别为 $y_0, y_1, \cdots, y_n$,根据梯形的面积公式,得

$$
\begin{aligned}
\int_a^b f(x)\mathrm{d}x &\approx \frac{1}{2}h(y_0 + y_1) + \frac{1}{2}h(y_1 + y_2) + \cdots + \frac{1}{2}h(y_{n-1} + y_n) \\
&= \frac{1}{2}h\left[y_0 + y_n + 2(y_1 + y_2 + \cdots + y_{n-1})\right] \\
&= \frac{b-a}{n}\left[\frac{y_0 + y_n}{2} + y_1 + y_2 + \cdots + y_{n-1}\right],
\end{aligned}
$$

即

$$\int_a^b f(x)\mathrm{d}x \approx \frac{b-a}{n}\left(\frac{y_0 + y_n}{2} + \sum_{i=1}^{n-1} y_i\right). \tag{3}$$

上式叫作梯形公式.

例 5.5.2 用梯形法求 $\displaystyle\int_1^2 \frac{1}{x}\mathrm{d}x$ 的近似值.

解 把区间 $[1,2]$ 分成 10 等分,与公式所对应的各分点及分点函数值列表如下:

i	0	1	2	3	4
x_i	1.000 000	1.100 000	1.200 000	1.300 000	1.400 000
y_i	1.000 000	0.909 091	0.833 333	0.769 231	0.714 286

i	5	6	7	8	9	10
x_i	1.500 000	1.600 000	1.700 000	1.800 000	1.900 000	2.000 000
y_i	0.666 667	0.625 000	0.588 235	0.555 556	0.526 316	0.500 000

应用公式(3),则有

$$\int_1^2 \frac{1}{x}\mathrm{d}x \approx \frac{1}{10}\left(\frac{y_0 + y_{10}}{2} + \sum_{i=1}^{9} y_i\right) = 0.693772. \qquad \square$$

下面的定理给出了梯形法的误差估计:

定理 5.5.2 设 $f''(x)$ 在 $[a,b]$ 上连续,令 M 为 $|f''(x)|$ 在 $[a,b]$ 上的最大值,则

$$\left|\int_a^b f(x)\mathrm{d}x - \frac{b-a}{n}\left(\frac{y_0 + y_n}{2} + \sum_{i=1}^{n-1} y_i\right)\right| \leqslant \frac{(b-a)^3}{12n^2}M \tag{4}$$

例 5.5.3 如果用梯形公式计算 $\displaystyle\int_1^3 \ln x \, \mathrm{d}x$，求使 $E \leqslant 0.01$ 的 n 的最小值.

解 由于 $|f''(x)| = |(\ln x)''| = \dfrac{1}{x^2}$ 在 $[1,3]$ 上的最大值为 $M=1$，由 (4) 式，得

$$E \leqslant \frac{(b-a)^3}{12n^2} M = \frac{1 \times 2^3}{12n^2},$$

解不等式

$$\frac{2^3}{12n^2} \leqslant 0.01,$$

得

$$n \geqslant 8.17.$$

所以使 $E \leqslant 0.01$ 的 n 的最小值为 9.

5.5.2 抛物线法

用矩形法和梯形法计算定积分的近似值，都是在每个小区间上用直线段代替被积曲线. 如果在每个小区间上用简单曲线段来代替被积曲线，还可以得到精确度更高的近似计算方法. 比如，用抛物线段代替被积曲线就是一种很常用的方法，叫作抛物线法. 下面就来介绍这一方法.

如图 5.5.3 所示，将积分区间 $[a,b]$ 分成 $2n$ 个相等的小区间，分点是 $a = x_0 < x_1 < \cdots < x_{2n} = b$，$\Delta x = \dfrac{b-a}{2n}$，各分点上的函数值是 $y_i = f(x_i)(i=0,1,\cdots,2n)$. 过曲线 $y = f(x)$ 上相邻三点 M_0, M_1, M_2 作一条抛物线（图中虚线），那么在区间 $[x_0, x_2]$ 上以抛物线为顶的曲边梯形面积也就近似等于以曲线 $y = f(x)$ 为顶的曲边梯形面积. 同样，过 M_2, M_3, M_4 三点也可作一条抛物线，在区间 $[x_2, x_4]$ 上以抛物线为顶的曲边梯形面积也近似等于在同一区间以 $y = f(x)$ 为顶的曲边梯形的面积. 按

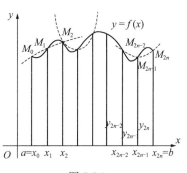

图 5.5.3

这样的方式进行下去，一共得到 n 个以抛物线为顶的曲边梯形的面积，显然它们的和就是 $\displaystyle\int_a^b f(x)\mathrm{d}x$ 的一个近似值.

设过点 M_0、M_1、M_2 的抛物线方程为

$$y = \alpha x^2 + \beta x + \gamma,$$

如上所述，可得区间 $[x_0, x_2]$ 上的积分 $\displaystyle\int_{x_0}^{x_2} f(x)\mathrm{d}x$ 的近似值为

$$\int_{x_0}^{x_2} f(x)\mathrm{d}x \approx \int_{x_0}^{x_2} (\alpha x^2 + \beta x + \gamma)\mathrm{d}x = \left(\frac{\alpha}{3} x^3 + \frac{\beta}{2} x^2 + \gamma x \right) \Big|_{x_0}^{x_2}$$

$$= \frac{\alpha}{3}(x_2^3 - x_0^3) + \frac{\beta}{2}(x_2^2 - x_0^2) + \gamma(x_2 - x_0)$$

$$= \frac{1}{6}(x_2 - x_0)\left[(\alpha x_0^2 + \beta x_0 + \gamma) + (\alpha x_2^2 + \beta x_2 + \gamma) \right.$$

$$+\alpha(x_0+x_2)^2+2\beta(x_0+x_2)+4\gamma].$$

再由于 x_1 是 $[x_0,x_2]$ 的中点，即 $x_1=\dfrac{x_0+x_2}{2}$，且 $x_2-x_0=\dfrac{b-a}{n}$，所以上式又可写成

$$\int_{x_0}^{x_2}f(x)\mathrm{d}x\approx\frac{1}{6}(x_2-x_0)\big[(\alpha x_0^2+\beta x_0+\gamma)+4(\alpha x_1^2+\beta x_1+\gamma)+(\alpha x_2^2+\beta x_2+\gamma)\big]$$

$$=\frac{1}{6}(x_2-x_0)(y_0+4y_1+y_2)$$

$$=\frac{b-a}{6n}(y_0+4y_1+y_2).$$

按同样的方式可得

$$\int_{x_2}^{x_4}f(x)\mathrm{d}x\approx\frac{b-a}{6n}(y_2+4y_3+y_4),$$

$$\cdots$$

$$\int_{x_{2n-2}}^{x_{2n}}f(x)\mathrm{d}x\approx\frac{b-a}{6n}(y_{2n-2}+4y_{2n-1}+y_{2n}).$$

将这 n 个积分相加即得所求积分的近似值：

$$\int_a^b f(x)\mathrm{d}x=\sum_{k=1}^n\int_{x_{2k-2}}^{x_{2k}}f(x)\mathrm{d}x\approx\sum_{k=1}^n\frac{b-a}{6n}(y_{2k-2}+4y_{2k-1}+y_{2k}),$$

即

$$\int_a^b f(x)\mathrm{d}x\approx\frac{b-a}{6n}\big[y_0+y_{2n}+4(y_1+y_3+\cdots+y_{2n-1})+2(y_2+y_4+\cdots+y_{2n-2})\big].$$

$$(5)$$

(5)式就称为**抛物线法公式**,也称为**辛普森(Simpson)公式**.

例 5.5.4 用抛物线法计算 $\displaystyle\int_1^2\frac{1}{x}\mathrm{d}x$ 的近似值.

解 取 $n=5$，与公式所对应的各分点及各分点的函数值见例 5.5.2 中的表.

应用公式(5),有

$$\int_1^2\frac{1}{x}\mathrm{d}x\approx\frac{1}{30}\big[y_0+y_{10}+4(y_1+y_3+\cdots+y_9)+2(y_2+y_4+y_6+y_8)\big]=0.693150.$$

由于 $\ln 2=0.693\,147\,18\cdots$，将例 5.5.3 的结果与例 5.5.1 及例 5.5.2 相比较可以看出抛物线法比矩形法、梯形法更加精确. □

习 题 5.5

1. 分别用矩形法和梯形法计算下列定积分的近似值：

(1) $\displaystyle\int_0^2 x^2\mathrm{d}x$, $n=4$；

(2) $\displaystyle\int_0^1\frac{1}{1+x^2}\mathrm{d}x$, $n=4$.

2. 某河床的横断面如图 5.5.4 所示，为了计算最大排洪量，需要计算它的横断面积.试根据图示的测量数据(单位为米)用梯形法计算其断面积.

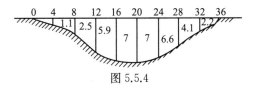

图 5.5.4

3. 用抛物线法公式,求 $\int_0^1 \dfrac{1}{1+x^2}\mathrm{d}x$ 的近似值.(取 $n=2$)并与题 1(2)中的结果进行比较.

5.6 广义积分

前面我们所讨论的定积分都假定积分区间是有限的且被积函数是有界的.但在定积分的实际应用中,有时会出现要在一个无穷区间上进行积分以及对一个无界函数进行积分的情况.因此,有必要将定积分的概念分别向这两个方面推广.于是就有了所谓**无穷积分**和**无界函数积分**,二者统称为**广义积分**.下面分别介绍这两种广义积分.

5.6.1 无穷积分

先看下面的例子.

考察由曲线 $y=\dfrac{1}{x^2}$,直线 $x=1,y=0$ 所围成的"无穷曲边梯形"(见图 5.6.1(a)中的阴影部分).当然我们不能用定积分来计算这个图形的面积,甚至我们还不知道它是否有一个确定的面积.

但是,对于任意的 $b>1$,由 $x=1,x=b,y=0$ 及 $y=\dfrac{1}{x^2}$ 所围成的曲边梯形(见图5.6.1(b))的面积是可以用定积分来计算的,其值为

$$\int_1^b \frac{1}{x^2}\mathrm{d}x = -\frac{1}{x}\Big|_1^b = 1-\frac{1}{b}.$$

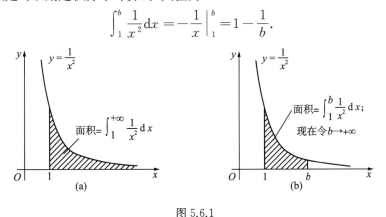

图 5.6.1

很明显,当 b 改变时,曲边梯形的面积也随之改变,且随着 b 的趋于无穷而趋于一个确定的极限,即

$$\lim_{b\to+\infty}\int_1^b \frac{1}{x^2}\mathrm{d}x = \lim_{b\to+\infty}\left(1-\frac{1}{b}\right)=1.$$

因此,我们有理由认为这个极限 1 就是图 5.6.1(a)中那个"无穷曲边梯形"的面积 S,即

$$S = \lim_{b \to +\infty} \int_1^b \frac{1}{x^2} \mathrm{d}x = 1.$$

我们把 $\lim\limits_{b \to +\infty} \int_1^b \frac{1}{x^2} \mathrm{d}x$ 记为 $\int_1^{+\infty} \frac{1}{x^2} \mathrm{d}x$,称为函数 $\frac{1}{x^2}$ 在无穷区间 $[1, +\infty)$ 上的积分.

一般地,对于积分区间是无穷的情形,给出下面的定义:

定义 5.6.1　设函数 $f(x)$ 在 $[a, +\infty)$ 上有定义,并且对于任意实数 $b(b > a)$,$f(x)$ 在 $[a, b]$ 上可积,如果当 $b \to +\infty$ 时,极限

$$I = \lim_{b \to +\infty} \int_a^b f(x) \mathrm{d}x$$

存在,那么就称此极限值 I 为函数 $f(x)$ 在 $[a, +\infty]$ 上的**无穷积分**,记为

$$\int_a^{+\infty} f(x) \mathrm{d}x = \lim_{b \to +\infty} \int_a^b f(x) \mathrm{d}x = I$$

这时也称无穷积分 $\int_a^{+\infty} f(x) \mathrm{d}x$ 是**收敛**的. 当上述极限不存在时,就称无穷积分 $\int_a^{+\infty} f(x) \mathrm{d}x$ 是**发散**的.

类似地,我们可以定义函数 $f(x)$ 在区间 $(-\infty, b]$ 上的无穷积分:

$$\int_{-\infty}^b f(x) \mathrm{d}x = \lim_{a \to -\infty} \int_a^b f(x) \mathrm{d}x$$

对于函数 $f(x)$ 在 $(-\infty, +\infty)$ 上的无穷积分定义为

$$\int_{-\infty}^{+\infty} f(x) \mathrm{d}x = \int_{-\infty}^c f(x) \mathrm{d}x + \int_c^{+\infty} f(x) \mathrm{d}x = \lim_{a \to -\infty} \int_a^c f(x) \mathrm{d}x + \lim_{b \to +\infty} \int_c^b f(x) \mathrm{d}x$$

其中 c 为任意一个实数,并且仅当等式右端两个无穷积分都**收敛**时,才认为 $\int_{-\infty}^{+\infty} f(x) \mathrm{d}x$ 是**收敛**的.

注意:积分 $\int_{-\infty}^{+\infty} f(x) \mathrm{d}x$ 的值不依赖于 c 的选取.

例 5.6.1　计算 $\int_1^{+\infty} \frac{1}{\sqrt{x^3}} \mathrm{d}x$.

解　由于 $\lim\limits_{b \to +\infty} \int_1^b \frac{1}{\sqrt{x^3}} \mathrm{d}x = \lim\limits_{b \to +\infty} \left(-2x^{-\frac{1}{2}} \right) \Big|_1^b = \lim\limits_{b \to +\infty} \left(2 - \frac{2}{\sqrt{b}} \right) = 2,$

所以

$$\int_1^{+\infty} \frac{1}{\sqrt{x^3}} \mathrm{d}x = 2. \qquad\qquad\qquad \square$$

例 5.6.2　计算 $\int_{-\infty}^0 \mathrm{e}^x \mathrm{d}x$.

解　由于 $\lim\limits_{a \to -\infty} \int_a^0 \mathrm{e}^x \mathrm{d}x = \lim\limits_{a \to -\infty} \mathrm{e}^x \Big|_a^0 = \lim\limits_{a \to -\infty} (1 - \mathrm{e}^a) = 1,$

所以

$$\int_{-\infty}^0 \mathrm{e}^x \mathrm{d}x = 1. \qquad\qquad\qquad \square$$

例 5.6.3 计算 $\displaystyle\int_{-\infty}^{+\infty} \frac{1}{1+x^2}\mathrm{d}x$.

解
$$\int_{-\infty}^{+\infty} \frac{1}{1+x^2}\mathrm{d}x = \int_{-\infty}^{0} \frac{1}{1+x^2}\mathrm{d}x + \int_{0}^{+\infty} \frac{1}{1+x^2}\mathrm{d}x$$
$$= \lim_{a \to -\infty}\int_{a}^{0} \frac{1}{1+x^2}\mathrm{d}x + \lim_{b \to +\infty}\int_{0}^{b} \frac{1}{1+x^2}\mathrm{d}x$$
$$= \lim_{a \to -\infty}(-\arctan a) + \lim_{b \to +\infty}\arctan b$$
$$= \frac{\pi}{2} + \frac{\pi}{2} = \pi.$$

$\square$

例 5.6.4 广义积分 $\displaystyle\int_{1}^{+\infty} \frac{1}{\sqrt{x}}\mathrm{d}x$ 收敛还是发散?

解 由于
$$\lim_{b \to +\infty}\int_{1}^{b} \frac{1}{\sqrt{x}}\mathrm{d}x = \lim_{b \to +\infty} 2x^{\frac{1}{2}}\Big|_{1}^{b} = \lim_{b \to +\infty}(2b^{\frac{1}{2}} - 2)$$

不存在,所以广义积分 $\displaystyle\int_{1}^{+\infty} \frac{1}{\sqrt{x}}\mathrm{d}x$ 发散. $\square$

5.6.2 无界函数积分

现在我们来考察由曲线 $y = \dfrac{1}{\sqrt{x}}$,直线 $x = 0, x = 1, y = 0$ 所围成的"无穷曲边梯形"(见图 5.6.2(a)中的阴影部分)的面积.

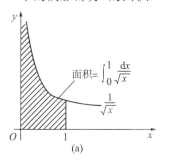 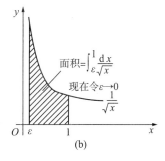

图 5.6.2

由于当 x 从右方趋于 0 时函数 $y = \dfrac{1}{\sqrt{x}}$ 趋于 $+\infty$,因此函数在 $(0,1]$ 上是无界的,所以不能直接用定积分来计算这个面积.但我们可以用与前面相同的方式来讨论这个问题.

对任意小的正数 $\varepsilon < 1$,函数 $y = \dfrac{1}{\sqrt{x}}$ 在 $[\varepsilon, 1]$ 上是可积的,即图 5.6.2(b)中阴影部分面积是可用定积分计算的,其值为

$$\int_{\varepsilon}^{1} \frac{1}{\sqrt{x}}\mathrm{d}x = 2x^{\frac{1}{2}}\Big|_{\varepsilon}^{1} = 2 - 2\sqrt{\varepsilon},$$

并且当 ε 趋向 0 时,上述面积值趋向 2.因此,2 就可看作该"无穷曲边梯形"的面积 S,即

$$S = \lim_{\varepsilon \to 0} \int_{\varepsilon}^{1} \frac{1}{\sqrt{x}} dx = \lim_{\varepsilon \to 0} (2 - 2\sqrt{\varepsilon}) = 2.$$

我们把 $\lim\limits_{\varepsilon \to 0} \int_{\varepsilon}^{1} \frac{1}{\sqrt{x}} dx$ 记为 $\int_{0}^{1} \frac{1}{\sqrt{x}} dx$,称之为无界函数 $\frac{1}{x}$ 在区间$(0,1]$上的积分.

定义 5.6.2 设函数 $f(x)$ 在$(a,b]$上有定义,并且对任意小的正数 $\varepsilon(\varepsilon < b - a)$,$f(x)$在$[a+\varepsilon,b]$上可积,但在点 $x = a$ 附近无界.如果当 $\varepsilon \to 0$ 时极限

$$I = \lim_{\varepsilon \to 0} \int_{a+\varepsilon}^{b} f(x) dx$$

存在,那么就称此极限值 I 为函数 $f(x)$ 在$(a,b]$上的**瑕积分**(这时称 a 为瑕点),记作

$$\int_{a}^{b} f(x) dx = \lim_{\varepsilon \to 0} \int_{a+\varepsilon}^{b} f(x) dx = I,$$

这时也称瑕积分 $\int_{a}^{b} f(x) dx$ 是**收敛**的.如果上述极限不存在,则称瑕积分 $\int_{a}^{b} f(x) dx$ **发散**.

类似地,我们可以定义函数 $f(x)$ 在$[a,b)$上以 b 为瑕点的瑕积分:

$$\int_{a}^{b} f(x) dx = \lim_{\varepsilon \to 0} \int_{a}^{b-\varepsilon} f(x) dx,$$

当有 a,b 两个瑕点时,定义

$$\int_{a}^{b} f(x) dx = \int_{a}^{c} f(x) dx + \int_{c}^{b} f(x) dx,$$

其中 c 为(a,b)内任一实数,并且当等式右端两个瑕积分都收敛时,才认为 $\int_{a}^{b} f(x) dx$ 是收敛的.

注意:积分 $\int_{a}^{b} f(x) dx$ 的值不依赖于 c 的选取.

如果 $f(x)$在$[a,b]$内有一个瑕点 $c(a < c < b)$,则定义

$$\int_{a}^{b} f(x) dx = \int_{a}^{c} f(x) dx + \int_{c}^{b} f(x) dx,$$

这时,也只有当等式右边的两个瑕积分都收敛时,才认为 $\int_{a}^{b} f(x) dx$ 是收敛的.

例 5.6.5 计算 $\int_{0}^{1} \frac{x}{\sqrt{1-x^2}} dx$.

解 $x = 1$ 为瑕点,由瑕积分定义,有

$$\int_{0}^{1} \frac{x}{\sqrt{1-x^2}} dx = \lim_{\varepsilon \to 0} \int_{0}^{1-\varepsilon} \frac{x}{\sqrt{1-x^2}} dx = \lim_{\varepsilon \to 0} (-\sqrt{1-x^2}) \Big|_{0}^{1-\varepsilon}$$

$$= \lim_{\varepsilon \to 0} (1 - \sqrt{1 - (1-\varepsilon)^2}) = 1.$$

例 5.6.6 计算 $\int_{-1}^{1} \frac{1}{\sqrt{1-x^2}} dx$.

解 $x = -1, x = 1$ 为瑕点,由定义有

$$\int_{-1}^{1} \frac{1}{\sqrt{1-x^2}} dx = \int_{-1}^{0} \frac{1}{\sqrt{1-x^2}} dx + \int_{0}^{1} \frac{1}{\sqrt{1-x^2}} dx$$

$$= \lim_{\varepsilon \to 0} \int_{-1+\varepsilon}^{0} \frac{\mathrm{d}x}{\sqrt{1-x^2}} + \lim_{\varepsilon \to 0} \int_{0}^{1-\varepsilon} \frac{\mathrm{d}x}{\sqrt{1-x^2}}$$

$$= \lim_{\varepsilon \to 0} \arcsin x \Big|_{-1+\varepsilon}^{0} + \lim_{\varepsilon \to 0} \arcsin x \Big|_{0}^{1-\varepsilon}$$

$$= \lim_{\varepsilon \to 0} [-\arcsin(-1+\varepsilon)] + \lim_{\varepsilon \to 0} \arcsin(1-\varepsilon)$$

$$= \frac{\pi}{2} + \frac{\pi}{2} = \pi.$$

□

例 5.6.7 讨论 $\int_{-1}^{1} \frac{1}{x^2} \mathrm{d}x$ 的敛散性.

解 $x=0$ 为瑕点. 由定义有

$$\int_{-1}^{1} \frac{1}{x^2} \mathrm{d}x = \int_{-1}^{0} \frac{1}{x^2} \mathrm{d}x + \int_{0}^{1} \frac{1}{x^2} \mathrm{d}x$$

由于

$$\int_{-1}^{0} \frac{1}{x^2} \mathrm{d}x = \lim_{\varepsilon \to 0} \int_{-1}^{-\varepsilon} \frac{1}{x^2} \mathrm{d}x = \lim_{\varepsilon \to 0} \left(-\frac{1}{x}\right) \Big|_{-1}^{-\varepsilon}$$

$$= \lim_{\varepsilon \to 0} \left(\frac{1}{\varepsilon} - 1\right) = +\infty,$$

所以 $\int_{-1}^{1} \frac{1}{x^2} \mathrm{d}x$ 是发散的.

□

对于例 5.6.7 所给积分, 如果我们注意不到这是无界函数的积分而按定积分去计算就会得出以下的错误结论:

$$\int_{-1}^{1} \frac{1}{x^2} \mathrm{d}x = -\frac{1}{x} \Big|_{-1}^{1} = -1 - 1 = -2.$$

习 题 5.6

1. 求下列各无穷积分的值:

(1) $\int_{1}^{+\infty} \frac{4}{x^3} \mathrm{d}x$;

(2) $\int_{-\infty}^{-2} \frac{2}{x^2} \mathrm{d}x$;

(3) $\int_{0}^{+\infty} \frac{x^2}{1+x^4} \mathrm{d}x$;

(4) $\int_{0}^{+\infty} \lambda \mathrm{e}^{-\lambda x} \mathrm{d}x$;

(5) $\int_{e}^{+\infty} \frac{1}{x(\ln x)^2} \mathrm{d}x$;

(6) $\int_{-\infty}^{+\infty} x \mathrm{e}^{-|x|} \mathrm{d}x$.

2. 求下列各瑕积分的值:

(1) $\int_{1}^{2} \frac{x}{\sqrt{x-1}} \mathrm{d}x$;

(2) $\int_{0}^{1} \ln t \mathrm{d}t$;

(3) $\int_{0}^{2} \frac{1}{\sqrt{4-x^2}} \mathrm{d}x$;

(4) $\int_{-1}^{3} \frac{1}{\sqrt[3]{x}} \mathrm{d}x$;

(5) $\int_{2}^{3} \frac{1}{\sqrt{x-2}} \mathrm{d}x$.

第5章 复习题

1. 求下列不定积分:

(1) $\int\left(\dfrac{6}{\sqrt{x}}+2x\right)\mathrm{d}x$;

(2) $\int\sin(3x+5)\mathrm{d}x$;

(3) $\int x\cos x^2\mathrm{d}x$;

(4) $\int\dfrac{1}{x^2-6x+5}\mathrm{d}x$;

(5) $\int\sqrt{1+2x}\,\mathrm{d}x$;

(6) $\int\dfrac{\sin x}{(1+\cos x)^3}\mathrm{d}x$;

(7) $\int\dfrac{\mathrm{e}^{\sqrt{x}}}{\sqrt{x}}\mathrm{d}x$;

(8) $\int\dfrac{x}{\sqrt{1-x^2}}\mathrm{d}x$;

(9) $\int x\,\mathrm{e}^{-3x}\mathrm{d}x$;

(10) $\int\cos(\ln x)\mathrm{d}x$.

2. 计算下列定积分:

(1) $\displaystyle\int_3^4\dfrac{x^2+x-6}{x-2}\mathrm{d}x$;

(2) $\displaystyle\int_0^3 x\sqrt{x+1}\,\mathrm{d}x$;

(3) $\displaystyle\int_{-\frac{\pi}{2}}^{\frac{\pi}{2}}\dfrac{1}{1+\cos x}\mathrm{d}x$;

(4) $\displaystyle\int_0^1\dfrac{1}{\sqrt{4-x^2}}\mathrm{d}x$;

(5) $\displaystyle\int_{-2}^1|x(x-1)|\,\mathrm{d}x$;

(6) $\displaystyle\int_0^{\frac{\pi}{2}}\cos^3 x\sin 2x\,\mathrm{d}x$;

(7) $\displaystyle\int_0^{\frac{\pi^2}{4}}\cos\sqrt{x}\,\mathrm{d}x$;

(8) $\displaystyle\int_a^b(x-a)(x-b)\,\mathrm{d}x$;

(9) 设 $f(x)=\begin{cases}x+1,-1\leqslant x\leqslant1;\\ \dfrac{1}{2}x^2,1<x\leqslant2,\end{cases}$ 求 $\displaystyle\int_0^{\frac{3}{2}}f(x)\mathrm{d}x$.

3. 利用函数的奇偶性计算下列积分:

(1) $\displaystyle\int_{-\pi}^{\pi}x^4\sin x\,\mathrm{d}x$;

(2) $\displaystyle\int_{-1}^1 x\,\mathrm{e}^{|x|}\mathrm{d}x$;

(3) $\displaystyle\int_{-\frac{1}{2}}^{\frac{1}{2}}\ln\dfrac{1-x}{1+x}\mathrm{d}x$;

(4) $\displaystyle\int_{-1}^1(x^2+2x+x\cos x)\mathrm{d}x$.

4. 设 $f(x)$ 是连续的周期函数,周期为 T.证明

$$\int_a^{a+nT}f(x)\mathrm{d}x=n\int_0^T f(x)\mathrm{d}x.$$

此处 n 是正整数.并由此计算 $\displaystyle\int_0^{100\pi}|\cos x|\,\mathrm{d}x$.

5. 已知函数 $f(x)$ 的一个原函数是 $\dfrac{\sin x}{x}$,求 $\int xf'(x)\mathrm{d}x$.

6. 一架波音 737 客机起飞时速率为 320 公里/小时,如果它在 30 秒内速率从 0 加速到 320 公里/小时,问跑道应有多长(假定是匀加速)?

7. 设某商品的需求量 Q 是价格 P 的函数,该商品的最大需求量为 1000.(即 $P=0$ 时,$Q=1000$)已知需求量的变化率(边际需求)为 $Q'(P)=-1000\ln 3\cdot\left(\dfrac{1}{3}\right)^P$,求需求量与价格的函数关系 $Q(P)$.

8. 设 m,n 为正整数, 且 $m \neq n$, 试证下列各题:

(1) $\displaystyle\int_{-\pi}^{\pi} \cos mx \sin nx \, \mathrm{d}x = 0$;

(2) $\displaystyle\int_{-\pi}^{\pi} \cos mx \cos nx \, \mathrm{d}x = 0$;

(3) $\displaystyle\int_{-\pi}^{\pi} \sin mx \sin nx \, \mathrm{d}x = 0$.

(提示: 应用三角学中的积化和差公式)

9. 设 k 为正整数, 试证下列各题:

(1) $\displaystyle\int_{-\pi}^{\pi} \cos kx \, \mathrm{d}x = 0$;

(2) $\displaystyle\int_{-\pi}^{\pi} \sin kx \, \mathrm{d}x = 0$;

(3) $\displaystyle\int_{-\pi}^{\pi} \cos^2 kx \, \mathrm{d}x = \pi$;

(4) $\displaystyle\int_{-\pi}^{\pi} \sin^2 kx \, \mathrm{d}x = 0$.

第6章 导数的应用

本章将主要介绍导数的应用,其中中值定理是微分学中最基本的定理.我们将在中值定理的基础上研究函数以及曲线的某些性质,并利用这些知识解决一些实际问题.

6.1 中值定理,函数的线性逼近

6.1.1 中值定理

首先给出函数 $f(x)$ 在点 x_0 的局部极值概念.

定义 6.1.1 设函数 $f(x)$ 在点 x_0 的某个邻域内有定义,且对该邻域内的任意点 x,都有 $f(x) \leqslant f(x_0)$(或 $f(x) \geqslant f(x_0)$),则称 $f(x)$ 在点 x_0 处取极大值(或极小值) $f(x_0)$,x_0 为 $f(x)$ 的极大值(极小值)点.极大值与极小值统称为极值,极大值点与极小值点统称为极值点.

注意:极值是指 $f(x)$ 在点 x_0 附近的局部概念,一个函数可以有多个极大(小)值,而我们平时所讲的最值是整体概念.

定理 6.1.1 (费马(Fermat)定理)如果 $f(x)$ 在点 x_0 可导,且在 x_0 取得极值,则 $f'(x_0) = 0$.

其几何意义是,如果 x_0 是 $f(x)$ 的极值点,且曲线在 x_0 存在不垂直于 x 轴的切线,则此切线必平行于 x 轴(图 6.1.1).

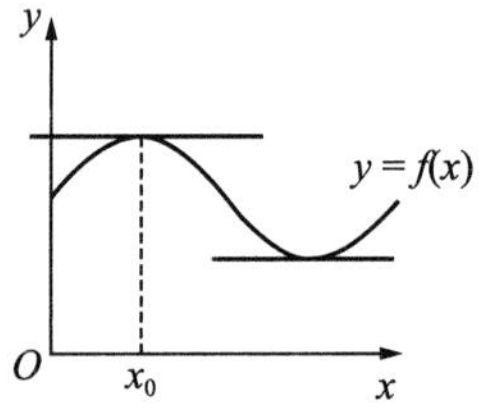

证 仅就极大值的情形证明.

因为 $f(x)$ 在点 x_0 可导,故

$$f'(x_0) = f'_+(x_0) = f'_-(x_0).$$

而这里

$$f'_+(x_0) = \lim_{x \to x_0^+} \frac{f(x) - f(x_0)}{x - x_0},$$

$$f'_-(x_0) = \lim_{x \to x_0^-} \frac{f(x) - f(x_0)}{x - x_0}.$$

因为 $f(x)$ 在点 x_0 取极大值,所以 $f(x) - f(x_0) \leqslant 0$.这样,当 $x - x_0 > 0$ 时,有

$$\frac{f(x) - f(x_0)}{x - x_0} \leqslant 0,$$

当 $x - x_0 < 0$ 时,有

图 6.1.1

$$\frac{f(x)-f(x_0)}{x-x_0}\geqslant0.$$

根据极限的保号性,有

$$f'(x_0)=f'_+(x_0)=\lim_{x\to x_0^+}\frac{f(x)-f(x_0)}{x-x_0}\leqslant0,$$

$$f'(x_0)=f'_-(x_0)=\lim_{x\to x_0^-}\frac{f(x)-f(x_0)}{x-x_0}\geqslant0.$$

于是 $f'(x_0)=0$. □

注意:定理的逆命题不为真.例如 $f(x)=x^3,f'(x)=3x^2,f'(0)=0$,但 $x_0=0$ 不是 $f(x)=x^3$ 的极值点(图 6.1.2).说明 $f'(x_0)=0$ 仅是可微函数 $f(x)$ 在点 x_0 取极值的必要条件.

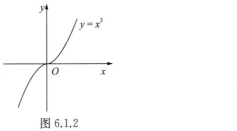

图 6.1.2

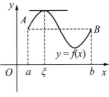

图 6.1.3

定理 6.1.2 （**罗尔(Rolle)定理**）如果函数 $f(x)$ 满足下列条件:

(1) 函数 $f(x)$ 在 $[a,b]$ 上连续;

(2) 函数 $f(x)$ 在 (a,b) 内可导;

(3) 在区间端点的函数值相等 $f(a)=f(b)$.

则在开区间 (a,b) 内至少存在一点 ξ,使得 $f'(\xi)=0$.

其几何意义是,满足定理三个条件的曲线 $y=f(x)$ 在开区间 (a,b) 内至少有一点 ξ,使曲线过点 $(\xi,f(\xi))$ 的切线平行于 x 轴(图 6.1.3).

分析　根据费马定理,只需证明 ξ 是极值点,又是可导点.

证　因为函数 $f(x)$ 在 $[a,b]$ 上连续,根据最值定理,$f(x)$ 在 $[a,b]$ 上取得最大值 M 和最小值 m.对此分以下两种情形讨论:

(1) 当 $M=m$ 时,$f(x)$ 在 $[a,b]$ 上恒等于常数.显然,$f'(x)=0,\forall x\in[a,b]$.因此,$(a,b)$ 内每一点都可取作 ξ,使 $f'(\xi)=0$.

(2) 当 $M\neq m$ 时,因为 $f(a)=f(b)$,所以 M,m 中至少有一个不等于 $f(a)=f(b)$.不妨设 $M\neq f(a)=f(b)$,即函数 $f(x)$ 最大值不在端点处取得.因此,在 (a,b) 内至少存在一点 ξ,使 $f(\xi)=M$.于是,对任意的 $x\in[a,b]$,有 $f(\xi)\geqslant f(x)$.说明点 ξ 是极大值点.又因为条件(2),$f(x)$ 在点 ξ 可导,根据费马定理,有 $f'(\xi)=0$. □

例 6.1.1　不用求出函数 $f(x)=x(x-1)$ 的导数,证明 $f'(x)=0$ 有一个介于 $(0,1)$ 的实根.

证　因为 $f(x)$ 在 $[0,1]$ 上连续,在 $(0,1)$ 内可导,且 $f(0)=f(1)=0$.根据罗尔定理,存在 $\xi\in(0,1)$,使 $f'(\xi)=0$.即方程 $f'(x)=0$ 有一个介于 $(0,1)$ 的实根. □

在罗尔定理中,曲线 $y=f(x)$ 过点 $(\xi,f(\xi))$ 处的切线平行于 x 轴,由于 $f(a)=f(b)$,因此该切线平行于弦 AB(图 6.1.3).而当 $f(a)\neq f(b)$ 时,从图 6.1.4 中可以看出,至少有一点 $\xi\in(a,b)$,使曲线过点 $(\xi,f(\xi))$ 处的切线平行于弦 AB.

因为直线 AB 的斜率 $k=\dfrac{f(b)-f(a)}{b-a}$,所以有

$$\frac{f(b)-f(a)}{b-a}=f'(\xi). \tag{1}$$

由此得出

定理 6.1.3 (**拉格朗日**(Lagrange)**定理**)如果函数 $f(x)$ 满足下列条件:

(1) $f(x)$ 在 $[a,b]$ 上连续;

(2) $f(x)$ 在 (a,b) 内可导;则在开区间 (a,b) 内至少存在一点 ξ,使得

$$f'(\xi)=\frac{f(b)-f(a)}{b-a}$$

或

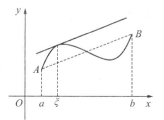

图 6.1.4

$$f(b)-f(a)=f'(\xi)(b-a).$$

分析 罗尔定理比拉格朗日定理多一个条件 $f(a)=f(b)$,为了能用罗尔定理证明拉格朗日定理,我们需设法构造出一个满足罗尔定理的辅助函数 $\varphi(x)$ 使得 $\varphi'(x)=f'(x)-\dfrac{f(b)-f(a)}{b-a}$ 且 $\varphi(a)=\varphi(b)$,对前一等式两端求积分,得

$$\varphi(x)=f(x)-\frac{f(b)-f(a)}{b-a}x+C,$$

其中 C 为常数.容易验证这正是我们所要构造的辅助函数.

证 作辅助函数

$$\varphi(x)=f(x)-\frac{f(b)-f(a)}{b-a}x+C,$$

其中 C 为一常数.已知函数 $f(x)$ 在 $[a,b]$ 上连续,在 (a,b) 内可导,故函数 $\varphi(x)$ 在 $[a,b]$ 上连续,在 (a,b) 内可导,且有

$$\varphi(a)=\varphi(b)=\frac{bf(a)-af(b)}{b-a}+C,$$

即函数 $\varphi(x)$ 在 $[a,b]$ 上满足罗尔定理的三个条件.由罗尔定理知,在开区间 (a,b) 内至少存在一点 ξ,使得 $\varphi'(\xi)=0$.而

$$\varphi'(x)=f'(x)-\frac{f(b)-f(a)}{b-a},$$

所以

$$\varphi'(\xi)=f'(\xi)-\frac{f(b)-f(a)}{b-a}=0,$$

即

$$f'(\xi)=\frac{f(b)-f(a)}{b-a}$$

或

$$f(b)-f(a)=f'(\xi)(b-a).\qquad\qquad\square$$

拉格朗日定理亦称微分中值定理或微分中值公式,它是利用导数的局部性研究函数整体性的重要工具,也是沟通函数与导数之间的桥梁,因此,它是微分学中最重要的定理之一.定理中的公式也可写成

$$f(b)-f(a)=(b-a)f'(a+\theta(b-a)),0<\theta<1.\qquad(2)$$

如果把 a,b 换成变量 x_1,x_2,则有

$$f(x_2)-f(x_1)=(x_2-x_1)f'(\xi),\xi\in(x_1,x_2),\qquad(3)$$

或

$$f(x_2)-f(x_1)=(x_2-x_1)f(x_1+\theta(x_2-x_1)),0<\theta<1.\qquad(4)$$

若令 $\Delta y=f(x_2)-f(x_1),\Delta x=x_2-x_1$,则公式也可写成

$$\Delta y=f'(\xi)\Delta x,\xi\in(x_1,x_2).$$

把定理中 $f(x)$ 换成 $\int_b^x f(x)\mathrm{d}x$,就得到积分中值定理.

定理中没有指明 ξ 在区间 (a,b) 内的确切位置,但这并不影响微分中值定理的数学分析中的广泛应用.

如果曲线 $y=f(x)$ 由参数方程形式给出:

$$\begin{cases}x=g(t);\\y=f(t),\end{cases}$$

那么通过与前面相类似的讨论,就可得下面的柯西中值定理:

定理 6.1.4　（柯西中值定理）如果函数 $f(x),g(x)$ 同时满足下列条件:

(1) 在闭区间 $[a,b]$ 上连续;

(2) 在开区间 (a,b) 内可导,且对 $\forall x\in(a,b),g'(x)\neq0$.则在开区间 (a,b) 内至少存在一点 ξ,使得

$$\frac{f(b)-f(a)}{g(b)-g(a)}=\frac{f'(\xi)}{g'(\xi)}.\qquad(5)$$

证　显然 $g(b)\neq g(a)$,因若两者相等,则由罗尔定理,$\exists\xi\in(a,b)$,使 $g'(\xi)=0$,与假设(2)相矛盾.现在作辅助函数

$$F(x)=f(x)-\frac{f(b)-f(a)}{g(b)-g(a)}g(x)+C,C\text{ 为常数}.$$

则函数 $F(x)$ 满足罗尔定理.故存在 $\xi\in(a,b)$,使 $F'(\xi)=0$,由此得到(5).　　$\square$

不难看出,在柯西中值定理中,当 $g(x)=x$ 时,就得拉格朗日定理.因此柯西中值定理是拉格朗日定理的推广.

6.1.2　中值定理的应用举例

先用中值定理证明在第三章中用到过的一个结论:

例 6.1.2　若函数 $f(x)$ 在区间 I 上可导,且 $f'(x)=0,\forall x\in I$,则 $f(x)=C,\forall x\in$

I,其中 C 是常数.

证 在 I 内取定一点 x_0 及任意一点 x,显然 $f(x)$ 在 $[x_0,x]$ 或 $[x,x_0]$ 上满足微分中值定理的条件.由微分中值定理,在 x_0 与 x 之间存在一点 ξ,使得

$$f(x)-f(x_0)=f'(\xi)(x-x_0).$$

由已知条件,有 $f'(\xi)=0$.于是 $f(x)-f(x_0)=0$ 或 $f(x)=f(x_0)$.

设 $f(x_0)=C$(常数),即函数 $f(x)$ 在 I 上有 $f(x)=C$. □

我们已知,常数函数的导数为零.因此某一区间上函数为常数函数的充要条件是它的导数恒为零.

由例 6.1.2 易证

推论 若函数 $f(x)$ 和 $g(x)$ 在区间 I 上可导,且 $f'(x)=g'(x)$,$\forall x \in I$,则在区间 I 上恒有

$$f(x)=g(x)+C,\text{其中 }C\text{ 为一常数}.$$

例 6.1.3 证明:$\arcsin x + \arccos x = \dfrac{\pi}{2}$,$x \in [-1,1]$.

证 因 $(\arcsin x + \arccos x)' = \dfrac{1}{\sqrt{1-x^2}} - \dfrac{1}{\sqrt{1-x^2}} = 0$,

由例 6.1.2 就知

$$\arcsin x + \arccos x = C,\text{其中 }C\text{ 为常数}.$$

为了确定常数 C,令 $x=0$,则 $C = \arcsin 0 + \arccos 0 = \dfrac{\pi}{2}$,即

$$\arcsin x + \arccos x = \frac{\pi}{2},x \in (-1,1),$$

又 $$\arcsin 1 + \arccos 1 = \frac{\pi}{2},\arcsin(-1)+\arccos(-1)=\frac{\pi}{2},$$

所以 $$\arcsin x + \arccos x = \frac{\pi}{2},x \in [-1,1].$$ □

例 6.1.4 证明:当 $x>0$ 时,有 $\dfrac{x}{1+x} < \ln(1+x) < x$.

分析 不等式中的 $\ln(1+x)$ 可以看作函数 $f(x)=\ln(1+x)$ 在区间 $[0,x]$ 上的函数值 $f(x)$ 与 $f(0)$ 之差,而 $f(x)=\dfrac{1}{x+1}$,因此可利用中值定理.

证 因为函数 $f(x)=\ln(1+x)$ 在区间 $[0,x]$ 上连续,在 $(0,x)$ 内可导且 $f'(x)=\dfrac{1}{1+x}$.根据中值定理,存在 $\xi \in (0,x)$,使得 $\ln(1+x)-\ln(1+0)=\dfrac{1}{1+\xi}(x-0)$,

即 $$\ln(1+x) = \frac{x}{1+\xi}.$$

因为 $0 < \xi < x$,所以

$$\frac{x}{1+x} < \frac{x}{1+\xi} < x.$$

即

$$\frac{x}{1+x}<\ln(1+x)<x.\qquad\Box$$

6.1.3 洛必达(L'Hospital)法则

定理 6.1.5 (**洛必达法则**)如果 $f(x)$ 和 $g(x)$ 满足

(1) 在 a 的某个去心邻域内 $f'(x),g'(x)$ 都存在且 $g'(x)\neq0$;

(2) $\lim\limits_{x\to a}f(x)=\lim\limits_{x\to a}g(x)=0$;

(3) $\lim\limits_{x\to a}\dfrac{f'(x)}{g'(x)}=l.$

即
$$\lim_{x\to a}\frac{f(x)}{g(x)}=\lim_{x\to a}\frac{f'(x)}{g'(x)}=l.\qquad(6)$$

证明洛必达法则需找两个函数之比与这两个函数导数之比之间的联系.柯西中值定理正是实现这种联系的纽带.为了使函数 $f(x)$ 和 $g(x)$ 在点 a 满足柯西中值定理的条件,补充定义 $f(a)=g(a)=0$,这不影响定理的证明,因为讨论函数一点的极限与函数在这点的函数值无关.

证 令

$$f_1(x)=\begin{cases}f(x),x\neq a;\\0,\qquad x=a;\end{cases}\text{和 }g_1(x)=\begin{cases}g(x),x\neq a;\\0,\qquad x=a.\end{cases}$$

在 a 的去心邻域任取一点 $x(x\neq a)$,则 $f_1(x),g_1(x)$ 在 $[a,x]$ 或 $[x,a]$ 上满足柯西中值定理的条件,从而在 a 与 x 之间存在一点 ξ 使得

$$\frac{f_1(x)-f_1(a)}{g_1(x)-g_1(a)}=\frac{f_1'(\xi)}{g_1'(\xi)}.$$

已知 $f_1(a)=g_1(a)=0,f_1(x)=f(x),g_1(x)=g(x),f_1'(\xi)=f'(\xi),g_1'(\xi)=g'(\xi)$,有

$$\frac{f(x)}{g(x)}=\frac{f'(\xi)}{g'(\xi)},$$

因为 ξ 在 a 与 x 之间,所以当 $x\to a$ 时,有 $\xi\to a$,由条件(3)得

$$\lim_{x\to a}\frac{f(x)}{g(x)}=\lim_{\xi\to a}\frac{f'(\xi)}{g'(\xi)}=\lim_{x\to a}\frac{f'(x)}{g'(x)}=1.\qquad\Box$$

注意:洛必达法则中的 $x\to a$ 可以改成 $x\to\infty$ 或 $\pm\infty$,条件(1)也可改成

$$\lim_{x\to a}f(x)=\lim_{x\to a}g(x)=\infty,\text{或}\pm\infty,$$

相应的结论也都成立.

例 6.1.5 应用洛必达法则计算极限:

(1) $\lim\limits_{x\to0}\dfrac{\sin x}{x}$;　　　　　(2) $\lim\limits_{x\to0}\dfrac{\tan x-x}{x^2\sin x}$.

解 应用洛必达法则有

(1) $\lim\limits_{x\to0}\dfrac{\sin x}{x}$(符合法则条件)$=\lim\limits_{x\to0}\dfrac{(\sin x)'}{x'}=\lim\limits_{x\to0}\dfrac{\cos x}{1}=1$;

(2) $\lim\limits_{x\to 0}\dfrac{\tan x-x}{x^2\sin x}=\lim\limits_{x\to 0}\dfrac{\tan x-x}{x^3}\cdot\dfrac{x}{\sin x}=\lim\limits_{x\to 0}\dfrac{\tan x-x}{x^3}\cdot\lim\limits_{x\to 0}\dfrac{x}{\sin x}=\lim\limits_{x\to 0}\dfrac{\tan x-x}{x^3}$

$=\lim\limits_{x\to 0}\dfrac{\sec^2 x-1}{3x^2}=\lim\limits_{x\to 0}\dfrac{\tan^2 x}{3x^2}=\lim\limits_{x\to 0}\dfrac{1}{3}\left(\dfrac{\tan x}{x}\right)^2=\dfrac{1}{3}.$ □

习 题 6.1

1. 验证函数 $f(x)=x^2$ 在区间 $[0,1]$ 上的满足拉格朗日定理的条件,并计算定理结论中相应的 ξ.

2. 验证函数 $f(x)=x^2,g(x)=x^3$ 在区间 $[0,1]$ 上的满足柯西中值定理的条件,并计算定理结论中相应的 ξ.

3. (1) 若函数 $f(x)$ 在 $[a,b]$ 上可导,且对 $\forall x\in[a,b]$,有 $|f'(x)|\leqslant M$(正常数),证明:对于 $\forall x_1$, $x_2\in[a,b]$,有

$$|f(x_2)-f(x_1)|\leqslant M|x_2-x_1|.$$

此时亦称函数 $f(x)$ 在 $[a,b]$ 上满足利普希茨(Lipschitz)条件;

(2) 证明 $|\sin x_1-\sin x_2|\leqslant|x_1-x_2|$,$\forall x_1,x_2\in\mathbf{R}$.

4. 不用求出函数 $f(x)=(x-1)(x-2)(x-3)(x-4)$ 的导数,说出方程 $f'(x)=0$ 的实根个数,并指出这些实根所在区间.

5. 设 $\varphi(x)$ 在 $[a,b]$ 上连续,在 (a,b) 内可导,证明:存在 $\xi\in(a,b)$,使得 $\varphi'(\xi)=\dfrac{\varphi(\xi)-\varphi(a)}{b-\xi}$.(提示:构造 $f(x)=(b-x)[\varphi(x)-\varphi(a)]$,在 $[a,b]$ 上应用罗尔定理)

6. 若函数 $f(x)$ 在 (a,b) 内有二阶导数,且 $f(x_1)=f(x_2)=f(x_3)$,其中 $a<x_1<x_2<x_3<b$.证明在 (x_1,x_3) 内至少有一点 ξ,使 $f''(\xi)=0$.

7. 证明:若对任意 $x\in\mathbf{R}$,有 $f'(x)=a$,则 $f(x)=ax+b$.

8. 证明:如果函数 $f(x)$ 在 $[a,b]$ 上连续,在 (a,b) 内可导,且 $f(a)<f(b)$,则在 (a,b) 内至少存在一点 c,使 $f'(c)>0$.

9. 设 a,b 为实数,且 $a>b>0,n$ 为大于 1 的自然数,证明:

(1) $nb^{n-1}(a-b)<a^n-b^n<na^{n-1}(a-b)$;

(2) $\dfrac{a-b}{a}<\ln\dfrac{b}{a}<\dfrac{a-b}{b}$.

10. 用洛必达法则计算下列极限:

(1) $\lim\limits_{x\to 0}\dfrac{\ln(1+x)}{x}$;　　　　　(2) $\lim\limits_{x\to 0}\dfrac{e^x-e^{-x}}{\sin x}$;　　　　　(3) $\lim\limits_{x\to 0}\dfrac{\tan x-x}{x-\sin x}$;

(4) $\lim\limits_{x\to 0}\dfrac{\ln\tan 7x}{\ln\tan 2x}$;　　　　　　　　　　　　　　　(5) $\lim\limits_{x\to 0}x^2 e^{\frac{1}{x^2}}$.

6.2 函数的增减性

在这一节里,我们将在微分中值定理的基础上,利用导数研究函数的单调性及其应用.

6.2.1 函数的单调性

先讨论可微函数的单调性.设 $f(x)$ 在 (a,b) 内可导.在 (a,b) 内任取两点 x_1,x_2,且

$x_1 < x_2$, 函数 $f(x)$ 在 $[x_1, x_2]$ 上满足微分中值定理的条件, 于是

$$f(x_2) - f(x_1) = f'(\xi)(x_2 - x_1), x_1 < \xi < x_2.$$

注意 $x_2 - x_1 > 0$, 故当 $f'(\xi) > 0$ 时, 就有 $f(x_2) - f(x_1) > 0, f(x_2) > f(x_1)$. 即函数 $f(x)$ 在 (a, b) 内严格单调递增. 这就得下面的

定理 6.2.1 若对任意 $x \in (a, b)$, 有 $f'(x) > 0$(或 $f'(x) < 0$), 则函数 $f(x)$ 在 (a, b) 内严格单调递增(或递减).

定理 6.2.1 指出, 讨论可微函数的严格单调性, 只需求出该函数的导数, 再判别它的符号即可. 为此, 我们需要找到导数 $f'(x)$ 取正负值区间的分界点. 显然, 当 $f'(x)$ 连续时, 这个分界点必满足方程 $f'(x) = 0$, 即分界点是 $f'(x)$ 的零点. 于是讨论可微函数 $f(x)$ 的严格单调性可按以下步骤进行:

(1) 确定函数 $f(x)$ 的定义域;

(2) 求 $f'(x)$, 令 $f'(x) = 0$, 解方程求分界点;

(3) 用分界点将定义域分成若干个开区间;

(4) 判别 $f'(x)$ 在每个开区间内的符号, 即可确定 $f(x)$ 的严格单调性(或严格单调区间).

例 6.2.1 讨论函数 $f(x) = x^3 - 6x^2 + 9x - 2$ 的严格单调性.

解 该函数的定义域为 **R**, 而

$$f'(x) = 3x^2 - 12x + 9 = 3(x-1)(x-3).$$

令 $f'(x) = 0$, 其解为 1 与 3, 它们将 **R** 分成三个区间:

$$(-\infty, 1), (1, 3), (3, +\infty).$$

因为 $f'(x)$ 在每个区间上连续, 且不为 0, 所以导数 $f'(x)$ 在区间内某一点的符号就代表 $f'(x)$ 在这个区间内的符号, 于是不难判别

$$f'(x) \begin{cases} > 0, \text{当 } x \in (-\infty, 1) \text{ 或 } (3, +\infty); \\ < 0, \text{当 } x \in (1, 3). \end{cases}$$

由定理 6.2.1 知, 函数 $f(x)$ 在 $(-\infty, 1)$ 与 $(3, +\infty)$ 严格单调递增, 在 $(1, 3)$ 内严格单调递减. 作表如下:

x	$(-\infty, 1)$	$(1, 3)$	$(3, +\infty)$
$f'(x)$	$+$	$-$	$+$
$f(x)$	↗	↘	↗

其中, 符号"↗"表严格单调递增,"↘"表严格单调递减.

例 6.2.2 讨论函数 $f(x) = \int_0^x \dfrac{1}{\sqrt{2\pi}} e^{-\frac{x^2}{2}} dx$ 与 $\varphi(x) = \dfrac{1}{\sqrt{2\pi}} e^{-\frac{x^2}{2}}$ 的严格单调性.

解 函数 $f(x)$ 的定义域为 **R**, 且

$$f'(x) = \frac{1}{\sqrt{2\pi}} e^{-\frac{x^2}{2}} = \varphi(x) > 0.$$

所以, $f(x)$ 为严格单调递增函数.

$$\varphi'(x) = -\frac{1}{\sqrt{2\pi}} x e^{-\frac{x^2}{2}},$$

解 $\varphi'(x)=0$,得 $x=0$,将定义域分为两个区间:$(-\infty,0)$、$(0,+\infty)$.显然,在 $(-\infty,0)$ 内 $\varphi'(x)>0$,所以 $\varphi(x)$ 在 $(-\infty,0)$ 内严格单调递增;在 $(0,+\infty)$ 内 $\varphi'(x)<0$,所以 $\varphi(x)$ 在 $(0,+\infty)$ 内严格单调递减. □

注:$\varphi(x)$ 称为标准正态分布的密度函数(见图6.2.1),读者以后会用到它.

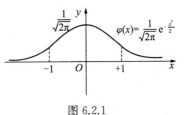

图 6.2.1

例 6.2.3 讨论函数 $f(x)=(x-1)^2(x-2)^3$ 的严格单调性.

解 该函数的定义域为 **R**,且

$$f'(x) = 2(x-1)(x-2)^3 + 3(x-1)^2(x-2)^2$$
$$= (x-1)(x-2)^2(5x-7).$$

令 $f'(x)=0$,得解 $1, \frac{7}{5}, 2$,它们将 **R** 分成四个区间,作表如下

x	$(-\infty,1)$	$\left(1,\dfrac{7}{5}\right)$	$\left(\dfrac{7}{5},2\right)$	$(2,+\infty)$
$f'(x)$	$+$	$-$	$+$	$+$
$f(x)$	↗	↘	↗	↗

由表可以看出,函数 $f(x)$ 在 $(-\infty,1)$ 和 $\left(\dfrac{7}{5},+\infty\right)$ 内严格单调递增,在 $\left(1,\dfrac{7}{5}\right)$ 内严格单调递减. □

由例 6.2.3 可见,在点 $x=2$ 处,$f'(2)=0$,但是函数 $f(x)$ 在 2 的两侧都严格单调递增.这说明在一个区间内严格单调递增(或严格单调递减)的函数,在此区间内的个别点,导数也可能为 0.一般地,我们有

定理 6.2.2 若函数 $f(x)$ 在 (a,b) 内可导,则函数 $f(x)$ 在 (a,b) 内单调递增(或单调递减)的充分必要条件是在 (a,b) 内有 $f'(x)\geqslant 0$(或 $\leqslant 0$).

证 必要性 设函数 $f(x)$ 在 (a,b) 内单调递增.任取 $x\in(a,b)$ 及 Δx 使得 $x+\Delta x\in(a,b)$,那么

(1) 当 $\Delta x>0$ 时,有

$f(x)\leqslant f(x+\Delta x)$,即 $f(x+\Delta x)-f(x)\geqslant 0$,

从而

$$\frac{f(x+\Delta x)-f(x)}{\Delta x}\geqslant 0.$$

(2) 当 $\Delta x<0$ 时,有

$$f(x)\geqslant f(x+\Delta x), \text{即 } f(x+\Delta x)-f(x)\leqslant 0,$$

从而

$$\frac{f(x+\Delta x)-f(x)}{\Delta x}\geqslant 0.$$

于是,不论 $\Delta x>0$ 或 <0,皆有

$$\frac{f(x+\Delta x)-f(x)}{\Delta x}\geqslant 0.$$

已知 $f(x)$ 在点 x 处可导,根据极限的保号性,得

$$f'(x)=\lim_{x\to 0}\frac{f(x+\Delta x)-f(x)}{\Delta x}\geqslant 0.$$

充分性 若对任意 $x\in(a,b)$,$f'(x)\geqslant 0$.在 (a,b) 内任取两点 x_1 与 x_2,设 $x_1<x_2$. 函数 $f(x)$ 在 $[x_1,x_2]$ 上满足微分中值定理的条件,故

$$f(x_2)-f(x_1)=f'(\xi)(x_2-x_1),x_1<\xi<x_2.$$

因为 $f'(\xi)\geqslant 0$,$x_2-x_1>0$,所以

$$f(x_2)-f(x_1)\geqslant 0 \ 即 \ f(x_2)\geqslant f(x_1),$$

从而函数 $f(x)$ 在 (a,b) 内单调递增(同法可证单调递减). □

6.2.2 不等式

根据函数严格单调性的判别法,可以证明某些不等式.

例 6.2.4 证明:当 $x\neq 0$ 时,有不等式 $e^x>1+x$.

证 设 $f(x)=e^x-x-1$,则 $f'(x)=e^x-1$.

当 $x>0$ 时,$f'(x)>0$,函数 $f(x)$ 严格单调递增,从而 $f(x)>f(0)=0$.

当 $x<0$ 时,$f'(x)<0$,函数 $f(x)$ 严格单调递减,从而 $f(x)>f(0)=0$.

于是,对任意 $x\neq 0$ 时,总有 $f(x)>0$,即 $e^x>1+x$. □

例 6.2.5 证明不等式:$\frac{2}{\pi}x<\sin x<x\left(0<x<\frac{\pi}{2}\right)$.

证明 设 $f(x)=\frac{\sin x}{x}$,则 $f'(x)=\frac{x\cos x-\sin x}{x^2}=\frac{\cos x(x-\tan x)}{x^2}$.

因为当 $x\in\left(0,\frac{\pi}{2}\right)$ 时,$\cos x>0$,$\tan x>x$,所以 $f'(x)<0$,即 $f(x)$ 在 $\left(0,\frac{\pi}{2}\right)$ 内严格单调递减.所以 $\forall x\in\left(0,\frac{\pi}{2}\right)$,得

$$f\left(\frac{\pi}{2}\right)<f(x)<f(0),$$

即

$$\frac{2}{\pi}<\frac{\sin x}{x}<1.$$

所以

$$\frac{2}{\pi}x<\sin x<x,x\in\left(0,\frac{\pi}{2}\right).$$

□

习 题 6.2

1. 讨论下列函数的单调性:

(1) $f(x)=\arctan x - x$;

(2) $f(x)=2x^3-6x^2-18x-7$;

(3) $f(x)=2x+\dfrac{8}{x}$;

(4) $f(x)=\dfrac{10}{4x^3-9x^2+6x}$;

(5) $f(x)=\ln(x+\sqrt{1+x^2})$;

(6) $f(x)=(x-1)(x+1)^3$.

2. 证明下列不等式:

(1) 当 $x>0$ 时,$1+\dfrac{1}{2}x>\sqrt{1+x}$;

(2) 当 $x>0$ 时,$1+x\ln(x+\sqrt{1+x^2})>\sqrt{1+x^2}$;

(3) 当 $0<x<\dfrac{\pi}{2}$ 时,$\tan x>x+\dfrac{1}{3}x^3$;

(4) 当 $x<0$ 时,$e^x<1+x+\dfrac{1}{2}x^2$.

3. 证明:若 $f(x)$ 在 $[a,b]$ 上连续,在 (a,b) 内可微且 $f'(x)\geqslant 0$,则

$$F(x)=\frac{1}{x-a}\int_a^x f(x)\mathrm{d}x$$

为 (a,b) 内的单调递增函数.

4. 已知 $f(x)$ 二阶可导,且 $f''(x)>0$,设

$$F(x)=\begin{cases}\dfrac{f(x)-f(a)}{x-a}, & x\in(a,b]; \\ f'(a), & x=a.\end{cases}$$

证明 $F(x)$ 在 $[a,b]$ 上单调递增.

6.3 最优化方法

本节我们将介绍用导数解决一些最优化问题.

6.3.1 函数的极值

费马定理告诉我们,如果 x_0 为函数 $f(x)$ 的极值点,且 $f'(x_0)$ 存在,那么 $f'(x_0)=0$. 为了叙述方便,方程 $f'(x)=0$ 的解称为 $f(x)$ 的**驻点**. 于是驻点 x_0 是可微函数 $f(x)$ 有极值点 x_0 的必要条件. 若 $f'(x_0)$ 不存在,x_0 仍可能是函数的极值点. 例如,函数 $y=|x|$ 在 $x=0$ 不可导,但 $x=0$ 是 $f(x)$ 的极小值点. 因此函数的极值点只能是函数的驻点或不可导的点. 那么上述点在什么条件下一定是极值点呢? 显然,当 $f(x)$ 在点 x_0 的两侧改变其单调性时,x_0 一定是极值点,由此得出下面定理.

定理 6.3.1 (极值判别法则 I)设 $f(x)$ 在点 x_0 处连续,在点 x_0 的某个去心邻域 $\mathring{U}(x_0,\delta)$ 内可导,且 $f'(x_0)=0$(或 $f'(x_0)$ 不存在). 如果

$$f'(x)\begin{cases}\geqslant 0(\leqslant 0), & x\in(x_0-\delta,x_0); \\ \leqslant 0(\geqslant 0), & x\in(x_0,x_0+\delta),\end{cases}$$

那么函数 $f(x)$ 在点 x_0 取极大值(极小值).若 $f'(x)$ 在 x_0 两侧不变号,则 x_0 不是 $f(x)$ 的极值点.

证　只证极大值的情形(极小值的情形可类似地证明).由定理条件及定理 2.2, $f(x)$ 在 $(x_0-\delta,x_0)$ 内递增,在 $(x_0,x_0+\delta)$ 内递减.又 $f(x)$ 在 x_0 处连续,故对任意 $x\in U(x_0,\delta)$,恒有

$$f(x)\leqslant f(x_0).$$

即 $f(x)$ 在 x_0 取得极大值(见图 6.3.1,6.3.2)　□

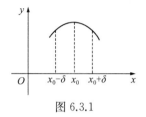

图 6.3.1

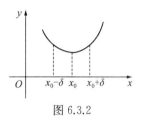

图 6.3.2

由定理知,连续函数的极值点一般都在函数增减区间的交界点处取得,因此在讨论函数单调性步骤的基础上,就可以解决函数的极值问题,具体地可按下面三个步骤进行:

(1) 求函数 $f(x)$ 的导数;

(2) 求驻点及不可导点;

(3) 根据定理 6.3.1 判定每个驻点或不可导点是否是极值点及极值点的类型.

例 6.3.1　求函数 $f(x)=x^3-6x^2+9x-2$ 的极值.

解　该函数的定义域为 **R**,且

$$f'(x)=3x^2-12x+9=3(x-1)(x-3).$$

令 $f'(x)=0$,解得驻点为 1 与 3,列表如下

x	$(-\infty,1)$	1	$(1,3)$	3	$(3,+\infty)$
$f'(x)$	$+$	0	$-$	0	$+$
$f(x)$	↗	取极大值	↘	取极小值	↗

因此, $f(x)$ 在 $x=1$ 取得极大值 $f(1)=2$,在 $x=3$ 取得极小值 $f(3)=-2$.　□

例 6.3.2　求函数 $f(x)=1-(x-2)^{2/3}$ 的极值.

解　该函数的定义域为 **R**,且

$$f'(x)=-\frac{2}{3\sqrt[3]{x-2}}.$$

$f'(x)=0$ 无解,不可导点为 $x=2$(连续点).

$f'(x)$ 在 $x=2$ 两侧符号是左正、右负,因此 $f(x)$ 在 $x=2$ 取极大值 $f(2)=1$.　□

例 6.3.3　求函数 $f(x)=x^2-\ln x^2$ 的极值.

解　该函数的定义域为 $(-\infty,0)\bigcup(0,+\infty)$.

$$f'(x)=2x-\frac{2x}{x^2}=\frac{2(x+1)(x-1)}{x}.$$

令 $f'(x)=0$,解得 $x=\pm1$,不可导点为 $x=0$(无定义).

列表如下:

x	$(-\infty,-1)$	-1	$(-1,0)$	0	$(0,1)$	1	$(1,+\infty)$
$f'(x)$	$-$	0	$+$	不存在	$-$	0	$+$
$f(x)$	↘	取极小值	↗	无定义	↘	取极小值	↗

因此,$f(x)$ 在 $x=\pm1$ 取得极小值 $f(\pm1)=1$. □

定理 6.3.2 (极值判别法则 I)

设函数 $f(x)$ 在点 x_0 处具有二阶导数,且 $f'(x_0)=0$,$f''(x_0)\neq0$,则

(1) 当 $f''(x_0)<0$ 时,函数 $f(x)$ 在点 x_0 处取极大值;

(2) 当 $f''(x_0)>0$ 时,函数 $f(x)$ 在点 x_0 处取极小值.

证 设 $f''(x_0)<0$,那么利用洛必达法则及 $f'(x_0)=0$,得

$$\lim_{x\to x_0}\frac{f(x)-f(x_0)}{(x-x_0)^2}=\lim_{x\to x_0}\frac{f'(x)}{2(x-x_0)}=\frac{1}{2}\lim_{x\to x_0}\frac{f'(x)-f'(x_0)}{x-x_0}=\frac{1}{2}f''(x_0)<0.$$

所以由极限的保号性定理,存在邻域 $\mathring{U}(x_0,\delta)$,使 $\forall x\in\mathring{U}(x_0,\delta)$

$$\frac{f(x)-f(x_0)}{(x-x_0)^2}<0,$$

从而

$$f(x)-f(x_0)<0 \text{ 或 } f(x)<f(x_0),$$

即 $f(x)$ 在 x_0 处取极大值.同理可证,当 $f''(x_0)>0$ 时,$f(x)$ 在 x_0 处取极小值. □

例 6.3.4 求函数 $f(x)=\cos x+\dfrac{1}{2}\cos 2x$ 的极值.

解 该函数的定义域为 **R**,且

$$f'(x)=-\sin x-\sin 2x=-\sin x(2\cos x+1).$$

由 $f'(x)=0$ 解得驻点 $x=k\pi,x=2k\pi\pm\dfrac{2}{3}\pi$.又 $f''(x)=-\cos x-2\cos 2x$,而

$$f''(k\pi)=-\cos k\pi-2\cos 2k\pi=(-1)^{k+1}-2<0,$$

$$f''\left(2k\pi\pm\frac{2}{3}\pi\right)=\frac{1}{2}+1>0,$$

因此,$f(x)$ 在 $x=k\pi$ 处,取极大值 $f(k\pi)=(-1)^k+\dfrac{1}{2}$;在 $x=2k\pi\pm\dfrac{2}{3}\pi$ 处,取极小值 $f\left(2k\pi\pm\dfrac{2}{3}\pi\right)=-\dfrac{3}{4}$. □

6.3.2 最优化

求出某些量的最大值或最小值,对现实世界的很多问题都显得十分重要.例如,工程师想用原木切出最结实的主干部分;科学家要计算在给定温度下,哪种波长辐射最大;城市规划者要设计交通模型使交通堵塞最小等等.这种求最值的问题称为最优化问题.

前面我们已经指出过,函数的极值是函数 $f(x)$ 在点 x_0 附近的局部概念,而最值是 $f(x)$ 在某区间上的整体概念,函数的极值不一定是函数的最值,但函数的最值如果在开区间 (a,b) 内部达到,那么它一定是函数的极值.因此在区间 $[a,b]$ 上**优化**一个函数 $f(x)$,即求函数 $f(x)$ 在 $[a,b]$ 上的最大值或最小值(如成本最小化,利润最大化,容积最大化等)只需求出在 (a,b) 内所有极值,并与端点的函数值作比较,其中最大者(最小者)就是 $f(x)$ 在 $[a,b]$ 上的最大值(最小值).

例 6.3.5 求函数 $f(x)=2x^3+3x^2-12x+14$ 在 $[-3,4]$ 上的最大值和最小值.

解 函数的定义域为 $[-3,4]$,
$$f'(x)=6x^2+6x-12=6(x+2)(x-1).$$
令 $f'(x)=0$ 得极值点 $x=-2,1$.
$$f(-2)=34,\ f(1)=7.$$
而 $f(-3)=23,f(4)=142$.

因此,函数 $f(x)$ 的最小值为 $f(1)=7$,最大值为 $f(4)=142$. □

例 6.3.6 在物理上经常用到的阻尼振荡函数 $f(t)=\mathrm{e}^{-t}\cos t$,它是反映物体的振荡受到阻碍而随时间 t 变化的函数,其中 $f(t)$ 表示物体在时刻 t 与平衡线 $y=0$ 的距离(物体在平衡线下方时,距离为负).求 $t\geqslant 0$ 时,物体在平衡线之上及之下距离的最大值.

解 原题即求函数 $f(t)=\mathrm{e}^{-t}\cos t$ 在 $[0,+\infty)$ 上的最大值及最小值.易知
$$f'(t)=-\mathrm{e}^{-t}(\cos t+\sin t),$$
令 $f'(t)=0$ 得极值点 $t=k\pi+\dfrac{3\pi}{4}$,k 为非负整数.

$$f\left(k\pi+\frac{3\pi}{4}\right)=(-1)^k\mathrm{e}^{-k\pi-\frac{3\pi}{4}}\cos\left(\frac{3\pi}{4}\right),$$

而 $f(0)=1,\displaystyle\lim_{t\to+\infty}f(t)=0$.

因此,函数的最小值为 $f\left(\dfrac{3\pi}{4}\right)\approx-0.067$,最大值为 $f(0)=1$.即物体在平衡线以上及以下的最大距离分别为 1 和 0.067. □

事实上,该函数的图像可看成是具有递减振幅 e^{-t} 的余弦曲线(图 6.3.3),注意物体在平衡线以上的最大距离比以下的最大距离大得多.这反映了因子 e^{-t} 造成振荡消失有多快.

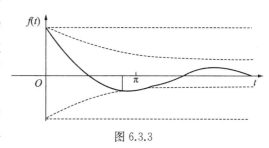

图 6.3.3

例 6.3.7 一个能装 500 cm³ 饮料的铝罐,要使所用材料最少,其尺寸应多大? 假设罐是圆柱形的,且上有顶,下有底.

解 本例关键是寻找制罐所需材料的表达式(即本例的模型).设 h 表示罐高,r 表示圆柱底的半径,M 为制罐所用铝材量,那么
$$M=2\pi r^2+2\pi rh.$$
由于圆柱容积等于常数 500,即

$$\pi r^2 h = 500,$$

所以 $h = \dfrac{500}{\pi r^2}$. 得 $\qquad\qquad M = 2\pi r^2 + \dfrac{1000}{r}, r > 0.$

容易求出，当 $\dfrac{\mathrm{d}M}{\mathrm{d}r} = 0$，即 $r \approx 4.30\ \mathrm{cm}$ 时，M 取极小值（即为最小值）约为 $348\ \mathrm{cm}^2$. $\qquad\square$

从上例看出，解决这类应用题，首先要找到优化的量，并设法用适当的变量表示要优化的量，建立表达式（即建立模型），确认变量的范围. 有了函数表达式便很容易求出函数的最大值和最小值，即达到优化目的.

把一个问题转换为一个我们熟知的函数表达式，并在定义域上优化该函数的方法称为**建模**.

下面我们再用一个几何问题来体会这种建模方法.

例 6.3.8   小王想尽可能快地到达汽车站. 汽车站位于出发地以西 1000 m，以北 200 m. 需过一块沙地. 小王可沿沙地外小路步行向西走，速度为 2 m/s；也可以穿过沙地，但速度只有 1.5 m/s. 哪条路能使他到达车站更快？

解   设小王西行距离为 x m，穿越沙地路程为 y m（图 6.3.4，6.3.5）.

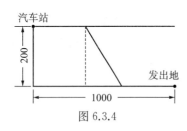

图 6.3.4

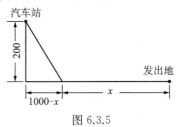

图 6.3.5

那么，所用总时间 t 为 $\qquad\qquad t = \dfrac{x}{2} + \dfrac{y}{1.5}.$

由勾股定理，穿越沙地的路程为

$$y = \sqrt{(1000-x)^2 + 200^2}\ \mathrm{m}$$

因此建立的函数表达式（模型）为：

$$t = \frac{x}{2} + \frac{\sqrt{(1000-x)^2 + 200^2}}{1.5},$$

由此可算得当 $x \approx 773$ m 时，总时间 t 取最小值，约为 558 s.

习 题 6.3

1. 求下列函数的极值：

(1) $y = 2x^3 - 6x^2 - 18x + 7$;

(2) $y = x - \ln(1+x)$;

(3) $y = x + \sqrt{1-x}$;

(4) $y = \mathrm{e}^x \cos x$;

(5) $y = x^{\frac{1}{x}}$;

(6) $y = \mathrm{e}^x + \mathrm{e}^{-x}$;

(7) $y = x + \tan x$;

(8) $y = \int_0^x (t-1)(t+1)^3 \, \mathrm{d}t$.

2. 试问 a 为何值时,函数 $f(x) = a \sin x + \dfrac{1}{3} \sin 3x$ 在 $x = \dfrac{\pi}{3}$ 处取得极值,它是极大值还是极小值?并求此极值.

3. 求下列函数的最大值和最小值.

(1) $y = 2x^3 - 3x^2$,$-1 \leqslant x \leqslant 4$;

(2) $y = x^4 - 8x^2 + 2$,$-1 \leqslant x \leqslant 3$;

(3) $y = x + \sqrt{1-x}$,$-5 \leqslant x \leqslant 1$;

(4) $y = x \ln x$,$0 < x \leqslant \mathrm{e}$.

(5) $y = x \mathrm{e}^{-x^2}$,$x \in \mathbf{R}$.

4. 当一发炮弹射向空中时,其射程 R 定义为炮弹到着点的水平距离(图 6.3.6).显然 R 依赖炮弹飞行的初速 v_0 以及炮筒与地面所成的初始角度 θ(忽略空气阻力),可以证明

$$R = \frac{v_0^2 \sin(2\theta)}{g},\ 0 \leqslant \theta \leqslant \frac{\pi}{2}.$$

当 θ 为何值时,射程最大?

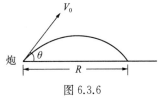

图 6.3.6

5. 铁路线上 AB 直线段长 100 km,工厂 C 到铁路线上 A 处的垂直距离 CA 为 20 km.现在要在 AB 上选一点 D,从 D 向 C 修一条直线公路(图 6.3.7),已知铁路与公路每吨公里运费之比为 3∶5,为使原料从 B 处运到工厂 C 处的运输费最省,D 应选在何处?

6. 抛物线 $y = x^2$ 上哪一点最靠近点 $(1,0)$,哪一点最靠近点 $(a,0)$? 其中 a 为正常数.

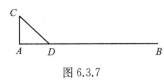

图 6.3.7

7. (1) 小明一天的活动如下:上午在 A 大学上课,下午在 B 公司工作,晚上去图书馆看书.在家吃早饭和晚饭.他应当在这条路上何处找一所公寓,使他每天往返距离最短(图 6.3.8)?

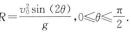

图 6.3.8

(2) 他的同事小王早饭(在家吃)前要去体育馆,一天中其余活动则与小明一样,她应当在这条路上何处找一所公寓?

6.4　曲线的性质

前面我们曾应用导数研究函数的一些性质,如单调性,函数的极值,本节我们将应用导数进一步讨论函数的一些性质,如凸性、拐点、渐近线及函数的图像等.

6.4.1　函数的凸性与拐点

我们根据导数的符号,可确定函数的严格单调性,但是,仅仅知道函数 $f(x)$ 在 (a,b) 内是严格单调递增(或严格单调递减),还不可通准确地描绘函数的图像,因为严格单调递增(或严格单调递减)还有不同的情况.例如,$(0,+\infty)$ 内,$y = x^2$ 和 $y = \sqrt{x}$ 都是严格单调递增的,但是它们严格单调递增的方式却有显著的区别,这就是所谓的

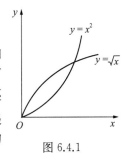

图 6.4.1

下凸与上凹的区别(图 6.4.1).因此,必须讨论曲线的凸性.

定义 6.4.1 如果函数 $f(x)$ 在闭区间 $[a,b]$ 上连续,对 $[a,b]$ 上任意两点 x_1 与 x_2,有

$$f\left(\frac{x_1+x_2}{2}\right)\leqslant\frac{f(x_1)+f(x_2)}{2}$$

$$\left(或 f\left(\frac{x_1+x_2}{2}\right)\geqslant\frac{f(x_1)+f(x_2)}{2}\right),$$

则称 $f(x)$ 为 $[a,b]$ 上的下凸(上凹)函数.若上述不等式改为严格不等式,则相应的函数称为严格下凸(上凹)函数.下凸函数也称为凸函数.

不难看到,$f\left(\dfrac{x_1+x_2}{2}\right)$ 是 x_1 与 x_2 的算术平均值 $\dfrac{x_1+x_2}{2}$ 的函数值,$\dfrac{f(x_1)+f(x_2)}{2}$ 是函数值 $f(x_1)$ 与 $f(x_2)$ 的算术平均值.如果对 $[a,b]$ 上任意两点 x_1 与 x_2,有

$$f\left(\frac{x_1+x_2}{2}\right)<\frac{f(x_1)+f(x_2)}{2},$$

那么连续函数 $f(x)$ 的图像必然如图 6.4.2 所示,呈下凸形.反之,连续函数 $f(x)$ 的图像必然如图 6.4.3 所示,呈上凹形.

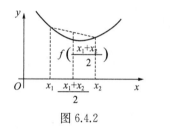
图 6.4.2

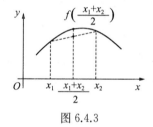
图 6.4.3

定义 6.4.2 曲线 $y=f(x)$ 上的下凸与上凹的分界点叫作曲线 $y=f(x)$ 的**拐点**.

函数 $f(x)$ 在 (a,b) 内是下凸或上凹与函数 $f(x)$ 的导数有如下的关系:

定理 6.4.1 如果函数 $f(x)$ 在 $[a,b]$ 上连续,在 (a,b) 内存在二阶导数 $f''(x)$,那么

(1) 若对任意 $x\in(a,b)$,有 $f''(x)>0$,则 $f(x)$ 在 $[a,b]$ 上是严格下凸函数;

(2) 若对任意 $x\in(a,b)$,有 $f''(x)<0$,则 $f(x)$ 在 $[a,b]$ 上是严格上凹函数.

证 只证第一种情形

在 $[a,b]$ 上任取两点 x_1 与 x_2 且 $x_1<x_2$,令 $x_0=\dfrac{x_1+x_2}{2}$,则 $x_0-x_1=x_2-x_0$.

因为 $f(x)$ 在 $[a,b]$ 上连续,在 (a,b) 内可导,在区间 $[x_1,x_0],[x_0,x_2]$ 上分别应用拉格朗日定理,得

$$f(x_0)-f(x_1)=f'(\xi_1)(x_0-x_1),x_1<\xi_1<x_0.$$

$$f(x_2)-f(x_0)=f'(\xi_2)(x_2-x_0),x_0<\xi_2<x_2.$$

两式相减得

$$f(x_2)+f(x_1)-2f(x_0)=[f'(\xi_2)-f'(\xi_1)](x_2-x_0).$$

对函数 $y=f'(x)$ 在 (ξ_1,ξ_2) 内应用拉格朗日定理,得

$$f'(\xi_2) - f'(\xi_1) = f''(\xi)(\xi_2 - \xi_1), \xi_1 < \xi < \xi_2.$$

所以

$$f(x_2) + f(x_1) - 2f(x_0) = f''(\xi)(\xi_2 - \xi_1)(x_2 - x_0)$$

而 $f''(\xi) > 0, \xi_2 - \xi_1 > 0, x_2 - x_0 > 0$,所以 $f(x_2) + f(x_1) - 2f(x_0) > 0$.即

$$f\left(\frac{x_1 + x_2}{2}\right) < \frac{f(x_1) + f(x_2)}{2}.$$

因此,$f(x)$在$[a,b]$上是严格下凸函数.

同理可证第二种情形.　　　　　　　　　　　　　　　　　　　　□

定理说明,讨论函数的凸性可转化为判别二阶导数的符号.

由定理结论和拐点定义,可以推出曲线的拐点只能在 $f''(x) = 0$ 的根或 $f''(x)$ 不存在的点处取得,但这些点是否是拐点,还需要讨论 $f''(x)$ 在这些点的两侧符号的变化情况才能确定.如函数 $y = x^4$,$y'' = 12x^2$,$y'' = 0$ 的解是 $x = 0$,但 y'' 在 $x = 0$ 两侧同号,因此点 $(0,0)$ 不是函数的拐点.

又如,函数 $y = \sqrt[3]{x}$,$y'' = -\dfrac{2}{9x\sqrt[3]{x^2}}$,虽然当 $x = 0$ 时,y'' 不存在,但 y'' 在 $x = 0$ 两侧异号,因此点 $(0,0)$ 是函数的拐点.

与讨论函数的极值类似,讨论函数 $f(x)$ 的凸性及拐点可按下列步骤进行:

(1) 确定函数 $f(x)$ 的定义域;

(2) 求函数的二阶导数 $f''(x)$;

(3) 求方程 $f''(x) = 0$ 的根和 $f''(x)$ 不存在的点;

(4) 上述分界点把定义域分成若干个子区间,列表判别 $f''(x)$ 在各个子区间内的符号,作出函数凹凸的结论,并求拐点.

例 6.4.1　求函数 $f(x) = x^4 - 2x^3 + 1$ 的下凸、上凹区间及拐点.

解　该函数的定义域为 **R**

$$f'(x) = 4x^3 - 6x^2, f''(x) = 12x(x-1).$$

令 $f''(x) = 0$,其解为 0 与 1,它们将定义域分为

$$(-\infty, 0), (0, 1), (1, +\infty).$$

列表如下:

x	$(-\infty, 0)$	0	$(0,1)$	1	$(1, +\infty)$
$f''(x)$	$+$	0	$-$	0	$+$
$f(x)$	下凸	拐点	上凹	拐点	下凸

因此,$f(x)$ 在 $(-\infty, 0)$ 与 $(1, +\infty)$ 内是下凸函数,在 $(0,1)$ 内是上凹函数.点 $(0,1)$,$(1,0)$ 是曲线的拐点.　　　　　　　　　　　　　　　　　　□

例 6.4.2　讨论函数 $f(x) = \displaystyle\int_0^x \frac{1}{\sqrt{2\pi}} \mathrm{e}^{-\frac{x^2}{2}} \mathrm{d}x$ 及 $\varphi(x) = \dfrac{1}{\sqrt{2\pi}} \mathrm{e}^{-\frac{x^2}{2}}$ 的凸性.

解　函数 $f(x), \varphi(x)$ 的定义域都是 **R**.

$$\varphi(x) = f'(x) = \frac{1}{\sqrt{2\pi}} e^{-\frac{x^2}{2}}; \varphi'(x) = f''(x) = -\frac{1}{\sqrt{2\pi}} x e^{-\frac{x^2}{2}}.$$

由例 6.2.2 知, $f(x)$ 在 $(-\infty, 0)$ 内是下凸函数, 在 $(0, +\infty)$ 内是上凹函数. 点 $(0,0)$ 是曲线 $f(x)$ 的拐点.

$$\varphi''(x) = \frac{1}{\sqrt{2\pi}} e^{-\frac{x^2}{2}} (x^2 - 1),$$

令 $\varphi''(x) = 0$, 得 $x = \pm 1$, 它将定义域分为三个区间:

$$(-\infty, -1), (-1, 1), (1, +\infty).$$

在 $(-1, 1)$ 内 $\varphi''(x) < 0$, 所以 $\varphi(x)$ 在 $(-1, 1)$ 内是上凹函数; 在 $(-\infty, -1)$ 和 $(1, +\infty)$ 内 $\varphi''(x) > 0$, 所以 $\varphi(x)$ 在 $(-\infty, -1)$ 和 $(1, +\infty)$ 内是下凸函数 (见图 6.5), 点 $\left(\pm 1, \frac{1}{\sqrt{2\pi}} e^{-\frac{1}{2}} \right)$ 为 $\varphi(x)$ 的拐点. □

利用函数的凸性, 还可证明一些不等式.

例 6.4.3 证明不等式:

$$x \ln x + y \ln y > (x + y) \ln \frac{x+y}{2} \quad (x > 0, y > 0).$$

分析 $(x + y) \ln \frac{x+y}{2} = 2 \frac{(x+y)}{2} \ln \frac{x+y}{2}$, 令 $\frac{x+y}{2} = u$, 构造函数 $f(u) = u \ln u$, $f\left(\frac{x+y}{2} \right) = \frac{x+y}{2} \ln \frac{x+y}{2}$ 表示凸函数定义中的 x 与 y 中点的函数值, 因此只需证明 $f(u) = u \ln u$ 是下凸函数即可.

证 设 $f(u) = u \ln u (u > 0)$, 因为

$$f'(u) = 1 + \ln u, \quad f''(u) = \frac{1}{u} > 0,$$

所以, 函数 $f(u)$ 在 $(0, +\infty)$ 内是下凸的, 故 $\forall x, y \in (0, +\infty)$, 根据定义

$$f\left(\frac{x+y}{2} \right) < \frac{f(x) + f(y)}{2},$$

因此

$$\frac{x+y}{2} \ln \frac{x+y}{2} < \frac{x \ln x + y \ln y}{2},$$

即

$$x \ln x + y \ln y > (x + y) \ln \frac{x+y}{2} (\forall x > 0, y > 0). \quad □$$

6.4.2 曲线的渐近线

大家知道, 双曲线 $\frac{x^2}{a^2} - \frac{y^2}{b^2} = 1$ 的渐近线是两条直线 $\frac{x}{a} \pm \frac{y}{b} = 0$. 有了渐近线, 我们虽然不能画出全部双曲线, 但是也能知道该曲线无限延伸时的走向及趋势. 可见, 为了掌握曲线在无限延伸时的变化情况, 求出它的渐近线是很有必要的, 如果它存在的话.

先给出渐近线的定义

定义 6.4.3　当曲线 C 上动点 P 沿着曲线 C 无限远移时,若动点 P 到某直线 l 的距离无限趋近于 0(图 6.4.4),就称直线 l 是曲线 C 的**渐近线**.

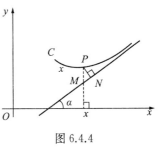

图 6.4.4

曲线的渐近线有两种,一种是垂直渐近线;另一种是斜渐近线(包括水平渐近线).

1. 垂直渐近线　若 $\lim\limits_{x \to a^+} f(x) = \infty$ 或 $\lim\limits_{x \to a^-} f(x) = \infty$,则直线 $x = a$ 是曲线 $y = f(x)$ 的垂直渐近线(垂直于 x 轴).

例如,对曲线 $f(x) = \dfrac{1}{(x+1)(x-2)}$,有

$$\lim_{x \to -1^+} \frac{1}{(x+1)(x-2)} = -\infty, \ \lim_{x \to -1^-} \frac{1}{(x+1)(x-2)} = +\infty,$$

$$\lim_{x \to 2^+} \frac{1}{(x+1)(x-2)} = +\infty, \ \lim_{x \to 2^-} \frac{1}{(x+1)(x-2)} = -\infty.$$

因此,曲线有两条渐近线:$x = 2$ 与 $x = -1$.

曲线 $f(x) = \tan x$ 有无限多条垂直渐近线

$$x = k\pi + \frac{\pi}{2}, k = 0, \pm 1, \pm 2, \cdots$$

2. 斜渐近线　如图 6.4.4,若直线 $y = ax + b$ 是曲线 $y = f(x)$ 的斜渐近线 $\left(a \neq \dfrac{\pi}{2}\right)$,则曲线上动点 P 到渐近线的距离为

$$|PN| = |PM\cos\alpha| = |f(x) - (ax+b)| \frac{1}{\sqrt{1+a^2}}. \tag{1}$$

根据渐近线的定义,当 $x \to \infty$ 时 $|PN| \to 0$,从而由(1)式应有

$$\lim_{x \to \infty} (f(x) - ax - b) = 0 \tag{2}$$

因此 $\lim\limits_{x \to \infty} \dfrac{f(x) - ax - b}{x} = 0$,从而

$$a = \lim_{x \to \infty} \frac{f(x)}{x}, b = \lim_{x \to \infty} (f(x) - ax). \tag{3}$$

特别地,当 $a = 0$,即当 $\lim\limits_{x \to \infty} f(x) = b$ 时,曲线 $f(x)$ 有水平渐近线 $y = b$.

注意,在(3)中,若是 $x \to +\infty(-\infty)$,则表示斜渐近线的渐近方向指向右(左)侧.

例 6.4.4　求曲线 $f(x) = \dfrac{x^2 + 2x - 1}{x}$ 的渐近线.

解　显然 $x = 0$(y 轴)是曲线的垂直渐近线.又有

$$a = \lim_{x \to \infty} \frac{f(x)}{x} = 1, b = \lim_{x \to \infty} (f(x) - ax) = 2,$$

所以,$y = x + 2$ 是曲线的斜渐近线.　　　　　　　　　　　□

6.4.3　函数的图像

前面我们研究了函数的单调性与极值,函数的凸性与拐点,曲线的渐近线等,使我们对函数的形态有了进一步的了解,在此基础上,就能比较准确地描绘出函数的图像.

一般地,描绘函数 $f(x)$ 的图像可按下列步骤进行:

(1) 确定 $f(x)$ 的定义域,间断点,奇偶性和周期性;

(2) 研究函数在端点,间断点处的变化趋势,确定函数的渐近线;

(3) 求 $f'(x)$, $f''(x)$,解出方程 $f'(x)=0$, $f''(x)=0$ 的根和 $f'(x)$, $f''(x)$ 不存在的点;

(4) 讨论函数单调性与极值点,凸性与拐点;

(5) 计算函数的极值与拐点的坐标,并补充一些辅助点的坐标(如图像与坐标轴的交点等);

(6) 作图.

例 6.4.5　描绘函数 $f(x)=\dfrac{(x-3)^2}{4(x-1)}$ 的图像.

解　定义域为 $(-\infty,1)\bigcup(1,+\infty)$.

容易算得图像有垂直渐近线 $x=1$ 与斜渐近线 $x-4y=5$.且

$$f'(x)=\frac{(x+1)(x-3)}{4(x-1)^2},\quad f''(x)=\frac{2}{(x-1)^3}.$$

令 $f'(x)=0$ 解得 $x=-1$ 与 3,不可导点为 $x=1$(无定义).

因 $f''(x)=0$ 无解,故无拐点.

列表如下:

x	$(-\infty,-1)$	-1	$(-1,1)$	1	$(1,3)$	3	$(3,+\infty)$
$f'(x)$	$+$	0	$-$	不存在	$-$	0	$+$
$f''(x)$	$-$	$-$	$-$	不存在	$+$	$+$	$+$
$f(x)$	↗上凹	取极大值	↘上凹	无定义	↘下凸	取极小值	↗下凸

极大值点是 $(-1,-2)$,极小值点是 $(3,0)$. $f(0)=-\dfrac{9}{4}$, $f(2)=\dfrac{1}{4}$.此函数图像如图 6.4.5所示.

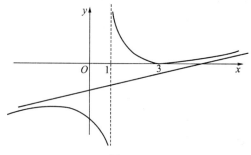

图 6.4.5

176

习 题 6.4

1. 讨论下列函数的凸性及拐点：

(1) $y = x^3 - 5x^2 + 3x + 5$; (2) $y = x e^{-x}$;

(3) $y = (x+1)^4 + e^x$; (4) $y = \ln(x^2 + 1)$;

(5) $y = x^4(12\ln x - 7)$; (6) $y = x + \sin x$.

2. 利用函数的凸性，证明下列不等式：

(1) $\dfrac{1}{2}(x^n + y^n) > \left(\dfrac{x+y}{2}\right)^n$ $(x > 0, y > 0, x \neq y, n > 1)$;

(2) $\dfrac{e^x + e^y}{2} > e^{\frac{x+y}{2}}$ $(x \neq y)$.

3. 求下列曲线的渐近线：

(1) $y = \dfrac{1}{x^2 - 4x - 5}$; (2) $2y(x+1)^2 = x^3$;

(3) $y = \dfrac{x^2}{x^2 - 1}$; (4) $y = x e^{x^{\frac{1}{2}}}$.

4. 描绘下列函数的图像：

(1) $y = \dfrac{1}{5}(x^4 - 6x^2 + 8x + 7)$; (2) $y = \dfrac{x}{1 + x^2}$;

(3) $y = x^2 + \dfrac{1}{x}$; (4) $y = \ln(x^2 + 1)$.

第6章 复习题

1. 设 $f(x)$ 在 $(-\infty, +\infty)$ 上连续，若对于任意常数 x 有 $\displaystyle\int_0^x f(t)\,dt = C$（常数），证明：$f(x) = 0$，$x \in (-\infty, +\infty)$.

2. 证明：若函数 $f(x)$ 可导，且 $\displaystyle\lim_{x \to +\infty} f'(x) = k$.则 $\displaystyle\lim_{x \to +\infty} [f(x+1) - f(x)] = k$.

（提示：$f(x)$ 在 $[x, x+1]$ 上应用中值定理，再求极限）

3. 证明：若 $f(x)$ 在 a 具有连续的二阶导数，则

$$\lim_{h \to 0} \frac{f(a + 2h) - 2f(a + h) + f(a)}{h^2} = f''(a).$$ （提示：应用洛必达法则）

4. 证明：若函数 $f(x)$ 可导，且 $f(0) = 0$，$|f'(x)| < 1$，则 $|f(x)| < |x|$.（提示：在 $[0, x]$ 上应用中值定理）

5. 证明：若函数 $f(x)$ 在 $(a, +\infty)$ 内可导，且对任意 $x \in (a, +\infty)$，有 $|f'(x)| \leqslant M$，M 为常数，则

$$\lim_{x \to +\infty} \frac{f(x)}{x^2} = 0.$$

6. 证明：若函数 $f(x)$ 在 $[a, b]$ 上连续，在 (a, b) 内存在二阶导数，且 $f(a) = f(b) = 0$，$f(c) > 0$，其中 $a < c < b$，则在 (a, b) 内至少存在一点 ξ，使 $f''(\xi) < 0$（提示：在 $[a, c]$，$[c, b]$ 分别用中值定理，再在 $[\xi_1, \xi_2]$ 上用中值定理）.

7. 证明：若对任意的 x, y，有 $|f(x) - f(y)| \leqslant M(x - y)^2$，其中 M 是常数，则函数 $f(x)$ 是常数.

$\Bigg($提示:任意 x,h, $\left|\dfrac{f(x+h)-f(x)}{h}\right|=f'(\xi)\leqslant M|h|$,$\xi$ 在 x 与 $x+h$ 之间,两边取极限 $h\to 0(\xi\to x)$

得 $f'(x)=0\Bigg)$

8. 问 a 与 b 取何值,极限

$$\lim_{x\to 0}\left(\frac{\sin 3x}{x^3}+\frac{a}{x^2}+b\right)=0?$$

9. 证明不等式 $\dfrac{x}{y}<\dfrac{\sin x}{\sin y}$,$0<x<y<\dfrac{\pi}{2}$.

10. 证明:若函数 $f(x)$ 在 $[0,a]$ 上存在二阶导数,且 $f(0)=0$,$f''(x)>0$.则函数 $g(x)=\dfrac{f(x)}{x}$ 在 $(0,$ $a)$ 内严格单调递增.

11. 若 $f(x),g(x),h(x)$ 在 $[a,b]$ 上连续,在 (a,b) 内可导,证明:存在实数 $\xi\in(a,b)$,使得

$$\begin{vmatrix} f(a) & g(a) & h(a) \\ f(b) & g(b) & h(b) \\ f'(\xi) & g'(\xi) & h'(\xi) \end{vmatrix}=0.$$

并从这个结果导出拉格朗日定理与柯西中值定理.

$\Bigg($提示:在 $[a,b]$ 上对 $s(x)=\begin{vmatrix} f(a) & g(a) & h(a) \\ f(b) & g(b) & h(b) \\ f(x) & g(x) & h(x) \end{vmatrix}$ 应用罗尔定理即得,

注意 $s'(x)=\begin{vmatrix} f(a) & g(a) & h(a) \\ f(b) & g(b) & h(b) \\ f'(x) & g'(x) & h'(x) \end{vmatrix}\Bigg)$

12. 设 $f(x)$ 在 **R** 上可微,且 $f'(x)=f(x)$,$f(0)=1$.试证:$f(x)=\mathrm{e}^x$.$\Bigg($提示:考虑函数 $F(x)=$ $\dfrac{f(x)}{\mathrm{e}^x}$ 的导数$\Bigg)$

第7章 积分的应用

本章我们将应用前面学过的定积分理论先解决平面图形的面积问题,通过对问题解决的分析引进微元法.介绍运用微元法将一个量表达成为定积分的方法,从而了解定积分在几何上、物理上的一些应用.

7.1 平面图形的面积 微元法

7.1.1 平面图形的面积

我们知道,若函数 $y=f(x)$ 在区间 $[a,b]$ 上连续,当 $y=f(x)\geqslant 0,x\in[a,b]$ 时,则由连续曲线 $y=f(x)$,直线 $x=a$,$x=b$,以及 x 轴所围成的曲边梯形面积为

$$A=\int_a^b f(x)\mathrm{d}x;$$

当 $f(x)\leqslant 0,x\in[a,b]$ 时,由连续曲线 $y=f(x)$,直线 $x=a$、$x=b$,以及 x 轴所围成的曲边梯形面积为

$$A=-\int_a^b f(x)\mathrm{d}x;$$

当 $f(x)$ 的值在 $[a,b]$ 上变号时,如图 7.1.1 所示的情形.则由连续曲线 $y=f(x)$,直线 $x=a$、$x=b$,以及 x 轴所围成的曲边梯形面积为

$$A=\int_a^c f(x)\mathrm{d}x-\int_c^b f(x)\mathrm{d}x.$$

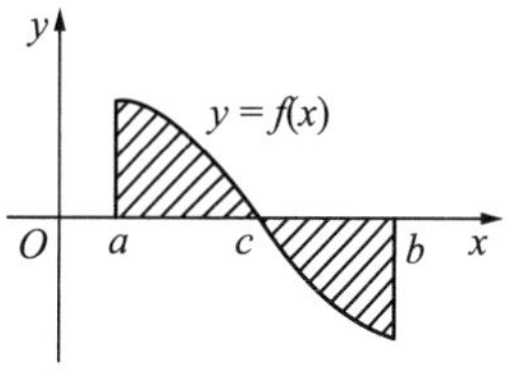

图 7.1.1

综上所述,一般地,由连续曲线 $y=f(x)$,直线 $x=a$、$x=b$,以及 x 轴所围成的曲边梯形面积为

$$A=\int_a^b \mid f(x)\mid \mathrm{d}x. \tag{1}$$

例 7.1.1 求正弦曲线 $y=\sin x$ 在 $[0,2\pi]$ 上与 x 轴所围成的平面图形的面积.

解 曲线 $y=\sin x$ 在 $(0,2\pi)$ 中与 x 轴仅有交点 $(\pi,0)$.
在 $[0,\pi]$ 上 $\sin x\geqslant 0$;在 $[\pi,2\pi]$ 上 $\sin x\leqslant 0$,所以所求面积
为 $A=\int_0^{2\pi}\mid \sin x\mid \mathrm{d}x=\int_0^\pi \sin x\mathrm{d}x-\int_\pi^{2\pi}\sin x\mathrm{d}x=4.$ □

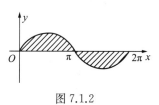

图 7.1.2

例 7.1.2 求半径为 R 的圆的面积.

解 建立平面直角坐标系如图 7.1.3,则圆心在原点,半径为 R 的圆的方程为

$$x^2 + y^2 = R^2$$

根据对称性,圆的面积是图 7.1.3 所示的阴影部分的 4 倍.因此,

$$A = 4 \int_0^R \sqrt{R^2 - x^2} \, \mathrm{d}x.$$

令 $x = R\sin t$,则 $\mathrm{d}x = R\cos t \, \mathrm{d}t$,当 $x = 0$ 时,$t = 0$;当 $x = R$ 时,$t = \dfrac{\pi}{2}$.所以

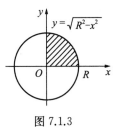

图 7.1.3

$$A = 4 \int_0^{\frac{\pi}{2}} \sqrt{R^2 - R^2 \sin^2 t} \cdot R\cos t \, \mathrm{d}t = 4 \int_0^{\frac{\pi}{2}} R^2 \cos^2 t \, \mathrm{d}t$$

$$= 2R^2 \int_0^{\frac{\pi}{2}} (1 + \cos 2t) \, \mathrm{d}t = 2R^2 \int_0^{\frac{\pi}{2}} \mathrm{d}t + R^2 \int_0^{\frac{\pi}{2}} \cos(2t) \, \mathrm{d}(2t)$$

$$= 2R^2 \cdot t \Big|_0^{\frac{\pi}{2}} + R^2 \sin 2t \Big|_0^{\frac{\pi}{2}} = \pi R^2.$$

例 7.1.3 求由椭圆曲线 $\dfrac{x^2}{a^2} + \dfrac{y^2}{b^2} = 1$ 所围成的图形的面积.

解 在第一象限中,椭圆曲线方程为

$$y = \frac{b}{a} \sqrt{a^2 - x^2},$$

由对称性,得椭圆的面积为

$$A = 4 \int_0^a \frac{b}{a} \sqrt{a^2 - x^2} \, \mathrm{d}x = \frac{4b}{a} \int_0^a \sqrt{a^2 - x^2} \, \mathrm{d}x,$$

由例 7.1.2 可知,

$$4 \int_0^a \sqrt{a^2 - x^2} \, \mathrm{d}x = \pi a^2,$$

所以椭圆面积

$$A = \frac{b}{a} \cdot \pi a^2 = \pi a b.$$

例 7.1.4 计算由抛物线 $y = x^2$ 与 $y^2 = x$ 所围成的平面图形的面积.

解 这两条抛物线所围成的图形如图 7.1.4 所示,为了具体定出图形的所在范围,先求出这两条抛物线的交点.

解方程组

$$\begin{cases} y^2 = x; \\ y = x^2. \end{cases}$$

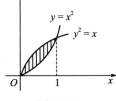

图 7.1.4

得到两条抛物线的交点为 $(0,0)$、$(1,1)$.所以这图形在直线 $x = 0$ 及 $x = 1$ 之间.

从图 7.1.4 可以看出所求的平面图形的面积等于由抛物线 $y = \sqrt{x}$,直线 $x = 1$ 和 x

轴所围成的图形的面积减去由抛物线 $y=x^2$,直线 $x=1$ 和 x 轴所围成的图形的面积,所以

$$A=\int_0^1 \sqrt{x}\,\mathrm{d}x-\int_0^1 x^2\,\mathrm{d}x=\frac{1}{3}.$$

一般地,如图形由连续曲线 $y=f(x)$、$y=g(x)(f(x)\geqslant g(x))$,$x\in[a,b]$ 以及直线 $x=a$、$x=b$ 所围成,则此图形的面积 A 为

$$A=\int_a^b[f(x)-g(x)]\mathrm{d}x. \tag{2}$$

读者可以根据下面图 7.1.5、图 7.1.6、图 7.1.7 所给出的三种情况,验证公式的正确性.

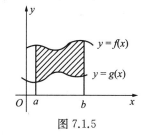

图 7.1.5

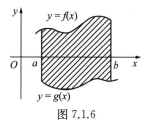

图 7.1.6

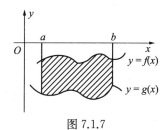

图 7.1.7

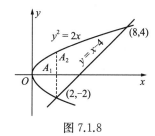

图 7.1.8

例 7.1.5　计算由抛物线 $y^2=2x$ 与直线 $y=x-4$ 所围成的平面图形的面积(图 7.1.8).

解　由

$$\begin{cases} y^2=2x; \\ y=x-4, \end{cases}$$

得抛物线与直线的交点为 $(2,-2)$、$(8,4)$.所求面积 A 由两部分构成,它们的面积分别是:

$$A_1=\int_0^2[\sqrt{2x}-(-\sqrt{2x})]\mathrm{d}x=\frac{16}{3},$$

$$A_2=\int_2^8[\sqrt{2x}-(x-4)]\mathrm{d}x=\frac{38}{3},$$

所以　$A=A_1+A_2=\frac{16}{3}+\frac{38}{3}=18.$

从图 7.1.8 可知,如把 x 看成 y 的函数,把 y 看作积分变量,则计算就可简化,由

$$y^2=2x\rightarrow x=\frac{1}{2}y^2,$$

$$y = x - 4 \rightarrow x = y + 4.$$

y 的积分区间为 $[-2,4]$,所求面积 A 为

$$A = \int_{-2}^{4} \left[(y+4) - \frac{1}{2} y^2 \right] \mathrm{d}y = 18.$$

7.1.2　微元法

从定积分概念的产生可以知道,定积分解决曲边梯形面积等问题的基本思想是通过分割手段,首先把整体问题转化为局部问题,在局部范围内,"以直代曲","以不变代变",求得该量在局部范围内的近似值,然后再求和,取极限,从而求得整体量.概括地说就是:分割——近似代替——求和——取极限,这就是求定积分的基本思想.

在将由曲线 $y = f(x)$ $(f(x) \geqslant 0)$,直线 $x = a$、$x = b$ 以及 x 轴所围成的图形的面积 A 表成定积分 $\int_{a}^{b} f(x) \mathrm{d}x$ 的四步中,第二步"取近似",即求出总面积 A 在每一小区间上的部分量 ΔA_i 的近似值 $\Delta A_i \approx f(\xi_i) \Delta x_i$ 时,实际上已经给出了被积表达式 $f(x) \mathrm{d}x$ 的雏形.第四步"取极限",将积分和 $\sum_{i=1}^{n} f(\xi_i) \Delta x_i$ 转化为定积分 $\int_{a}^{b} f(x) \mathrm{d}x = \lim_{\lambda \to 0} \sum_{i=1}^{n} f(\xi_i) \Delta x_i$,即得到面积 A 的定积分表达式.由此可知,上述四步中,第二步"取近似"与第四步"取极限"起着关键的作用.因此,我们可把以上步骤简化成两步(见图7.1.9):

第一步,省去下标 i,任取 $[a,b]$ 上的一个代表性区间 $[x, x+\Delta x]$,求出 A 在这小区间上的部分量 ΔA 的近似值,也就是用高为 $f(x)$、底为 Δx 的小矩形的面积近似代替 ΔA,即

$$\Delta A \approx f(x) \Delta x,$$

如果当 $\Delta x \to 0$ 时,

$$\Delta A - f(x) \Delta x = o(\Delta x),$$

则上式可写为

$$\mathrm{d}A = f(x) \mathrm{d}x.$$

称为面积 A 的微元或称为面积的元素;

第二步,把这些微元对区间 $[a,b]$ 无限求和,就得到所求的整体量,即面积 A:

$$A = \int_{a}^{b} \mathrm{d}A = \int_{a}^{b} f(x) \mathrm{d}x.$$

这种简化的方法称为微元法.实际工作时,只要先求出微元:把"$f(x) \Delta x$"改写成"$f(x) \mathrm{d}x$",然后就可直接写出积分式 $\int_{a}^{b} f(x) \mathrm{d}x$.

一般地说,一个量它只要具备如下的特点,就可以用微元法来求,也即可用定积分来计算:

(1) 它是分布在某一区间上的量,或者说,这个量与自变量的某个区间有关(通常称此量为总量);

(2) 总量能分解为各个小区间上部分量之和(通常称为总量对于区间具有可加性).

下面我们用微元法求在极坐标系下平面图形的面积.

设连续曲线的极坐标方程为 $\rho=\rho(\theta)$，求由 $\rho=\rho(\theta)$ 及射线 $\theta=\alpha$、$\theta=\beta$ 所围成的曲边扇形的面积 A（图 7.1.10）.

在 θ 的变化区间 $[\alpha,\beta]$ 上取代表性区间 $[\theta,\theta+\Delta\theta]$，由于 $\rho(\theta)$ 的连续性，当 $\Delta\theta$ 很小时，小曲边扇形的面积 ΔA 可以用小圆扇形的面积来近似代替，这个小圆扇形的半径是 $\rho(\theta)$，所以

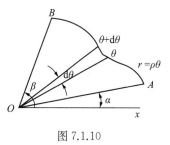

图 7.1.10

$$\Delta A\approx\frac{1}{2}\rho^2(\theta)\Delta\theta.$$

可以证明：如果 $\rho(\theta)$ 在 $[\alpha,\beta]$ 上连续，那么当 $\Delta\theta\to0$ 时，$\Delta A-\dfrac{1}{2}\rho^2(\theta)\Delta\theta=0(\Delta\theta)$，于是面积微元为 $\mathrm{d}A=\dfrac{1}{2}\rho^2(\theta)\mathrm{d}\theta$，将 $\mathrm{d}A$ 对区间 $[\alpha,\beta]$ 无限求和，即将上式从 α 到 β 求定积分，便得到曲边扇形面积：

$$A=\int_\alpha^\beta\mathrm{d}A=\frac{1}{2}\int_\alpha^\beta\rho^2(\theta)\mathrm{d}\theta. \tag{3}$$

例 7.1.6　求圆 $\rho=2a\sin\theta(a>0)$（图 7.1.11）的面积 A.

解　由图形的对称性，运用公式（3）得

$$A=2\cdot\frac{1}{2}\int_0^{\frac{\pi}{2}}(2a\sin\theta)^2\mathrm{d}\theta=\pi a^2. \qquad \square$$

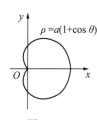

图 7.1.11

例 7.1.7　求心脏线 $\rho=a(1+\cos\theta)(a>0)$ 所围成的平面图形（图 7.1.12）的面积.

解　由图形的对称性，得

$$\begin{aligned}
A&=2\cdot\frac{1}{2}\int_0^\pi a^2(1+\cos\theta)^2\mathrm{d}\theta\\
&=a^2\int_0^\pi\left(1+2\cos\theta+\frac{1+\cos2\theta}{2}\right)\mathrm{d}\theta\\
&=\frac{3}{2}\pi a^2. \qquad\qquad \square
\end{aligned}$$

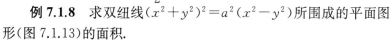

图 7.1.12

例 7.1.8　求双纽线 $(x^2+y^2)^2=a^2(x^2-y^2)$ 所围成的平面图形（图 7.1.13）的面积.

解　首先把曲线方程化为极坐标的形式.令

$$\begin{cases}x=\rho\cos\theta;\\ y=\rho\sin\theta,\end{cases}$$

代入 $(x^2+y^2)^2=a^2(x^2-y^2)$ 中，得 $\rho^2=a^2\cos2\theta$.

由图形的对称性，便得到双纽线围成的图形的面积为 $A=4\cdot\dfrac{1}{2}\int_0^{\frac{\pi}{4}}a^2\cos2\theta\mathrm{d}\theta=a^2.$ $\qquad\square$

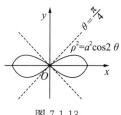

图 7.1.13

1. 求由下列曲线所围成的平面区域的面积.

(1) $y=0,y=5x-x^2$；　　　　　　　　　　　(2) x 轴和曲线 $y=-5+6x-x^2$；

(3) y 轴和曲线 $x=25-y^2$.

2. 求下列各图（图 7.1.14～图 7.1.19）中，阴影部分的面积：

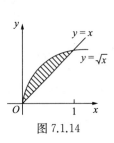

图 7.1.14

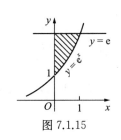

图 7.1.15

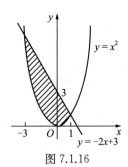

图 7.1.16

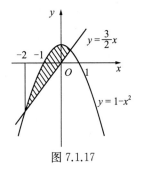

图 7.1.17

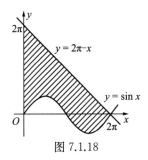

图 7.1.18

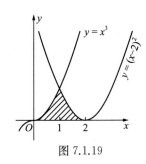

图 7.1.19

3. 求由下列曲线所围成的平面图形的面积：

(1) $xy=1,y=x,y=2$；　　　　　　　　　(2) $y=2-x^2,y=x$；

(3) $y=\lg x,y=0,x=0.1,x=10$；　　　　(4) $x^2+y^2=8,y=\dfrac{1}{2}x^2$（两部分都要求）.

4. 求下列曲线所围成的平面图形的面积：

(1) $\rho=2a\cos\theta(a>0)$；　　　　　　　(2) $\rho=a\sin 3\theta(a>0)$；

(3) $\rho^2=a^2\sin 2\theta$；　　　　　　　　　(4) $\rho=2a(2+\cos\theta)$.

7.2　定积分的几何应用

在上一节中先用定积分解决平面图形的面积问题，然后在分析定积分解决面积问题的基础上提出简化的方法——微元法，本节将用微元法解决定积分在几何上的其他应用.

7.2.1　体积

1. 平行截面面积为已知的立体体积

设空间立体是由曲面和垂直于 x 轴的两个平面 $x=a$、$x=b$ 所围成的（如图 7.2.1）.

如果过任意一点 $x(a \leqslant x \leqslant b)$ 而垂直于 x 轴的平面与该立体相截的截面面积是已知 x 的连续函数 $S(x)$,试求该立体的体积.

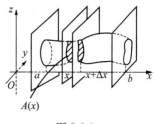

图 7.2.1

我们用微元法来求它的体积.在 $[a,b]$ 上取代表性区间 $[x,x+\Delta x]$,由于 $S(x)$ 是 $[a,b]$ 上的连续函数,当 x 变化不大时,$S(x)$ 的值变化也不大.这样,在小区间 $[x,x+\Delta x]$ 上的一小段立体的体积就可以用以 Δx 为高、$S(x)$ 为底的柱体体积来近似代替,即

$$\Delta V \approx S(x)\Delta x,$$

于是体积的微元为

$$\mathrm{d}V = S(x)\mathrm{d}x.$$

所以
$$V = \int_a^b \mathrm{d}V = \int_a^b S(x)\mathrm{d}x. \tag{1}$$

例 7.2.1　试求底面积为 Q 高为 h 的棱锥体积.

解　取坐标系如图 7.2.2,其中 x 轴垂直于底面.过 x 轴上点 x 作垂直于 x 轴的平面,截锥体所得的截面面积为 $S(x)$,则由立体几何知识:

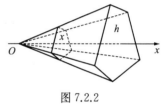

图 7.2.2

$$\frac{S(x)}{Q} = \frac{x^2}{h^2}, \quad S(x) = \frac{x^2}{h^2} \cdot Q,$$

所以,体积为

$$V = \int_0^h S(x)\mathrm{d}x = \int_0^h \frac{x^2}{h^2} Q \mathrm{d}x = \frac{1}{3} Qh. \qquad \square$$

以上的推导对圆锥同样适用.

例 7.2.2　设有半径为 R 的正圆柱体,被通过其底的直径 AB,且与底面交角为 α 的平面所截,得一块“圆柱楔形段”(如图 7.2.3),求其体积.

解　建立如图所示的直角坐标系,则底面圆的方程为 $x^2 + y^2 = R^2$.

过点 $x(-R < x < R)$ 作垂直于 x 轴的平面,与所给立体相截,截面为一直角三角形,一条直角边为 y,另一条直角边为 $y\tan \alpha$.因为 $y = \sqrt{R^2 - x^2}$,因此,截面面积为

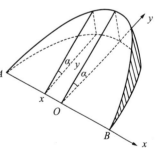

图 7.2.3

$$S(x) = \frac{1}{2} y \cdot y\tan \alpha = \frac{1}{2}(R^2 - x^2)\tan \alpha.$$

所以,所求立体体积为

$$V = \int_{-R}^R \frac{1}{2}(R^2 - x^2)\tan \alpha \mathrm{d}x = \frac{2}{3} R^3 \tan \alpha. \qquad \square$$

2. 旋转体的体积

在中学数学中已经给出了圆柱、圆锥、圆台、球等特殊的旋转体的体积公式,下面我们由公式(1)来导出一般的旋转体的体积公式.

设有连续曲线 $y=f(x)(a\leqslant x\leqslant b)$,将此曲线及直线 $x=a$、$x=b$ 和 x 轴所围成的平面图形绕 x 轴旋转一周,求所形成的旋转体的体积(图 7.2.4).

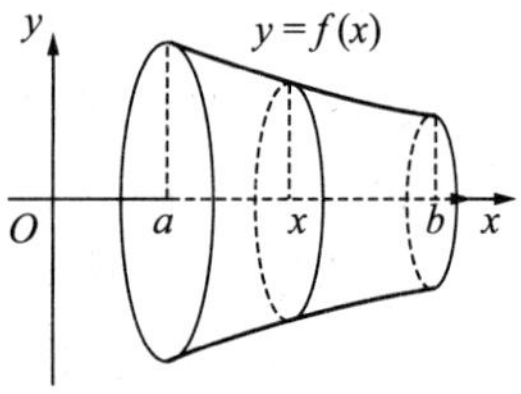

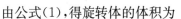

在 $[a,b]$ 上任取一点 x,过点 x 作垂直于 x 轴的截面,则截面是一个圆面,其半径为 y,截面面积为

$$S(x)=\pi y^2=\pi f^2(x).$$

由公式(1),得旋转体的体积为

$$V=\int_a^b S(x)\mathrm{d}x=\int_a^b \pi f^2(x)\mathrm{d}x=\pi\int_a^b f^2(x)\mathrm{d}x,$$

图 7.2.4

即

$$V=\pi\int_a^b f^2(x)\mathrm{d}x. \tag{2}$$

例 7.2.3 求半径为 R 的球的体积.

解 半径为 R 的球可以看作半径为 R 的半圆 $0\leqslant y\leqslant\sqrt{R^2-x^2}$ 绕 x 轴旋转一周而得到的旋转体(图 7.2.5).

因为 $y=f(x)=\sqrt{R^2-x^2}$,$-R\leqslant x\leqslant R$.

所以

$$V=\pi\int_{-R}^R f^2(x)\mathrm{d}x=\pi\int_{-R}^R (R^2-x^2)\mathrm{d}x$$

$$=2\pi\int_0^R (R^2-x^2)\mathrm{d}x=\frac{4}{3}\pi R^3. \qquad \square$$

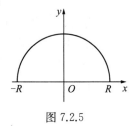

图 7.2.5

例 7.2.4 已知圆台的上、下底面圆的半径分别为 r 和 R,高为 h.求它的体积.

解 取坐标系如图 7.2.6.A 点的坐标为 $(0,r)$,B 点的坐标为 (h,R),圆台可看作梯形 $AOA'B$ 绕 x 轴旋转一周而得到的旋转体.由两点式知母线 AB 的方程为

$$\frac{y-r}{R-r}=\frac{x-0}{h-0},$$

$$y=\frac{R-r}{h}x+r,$$

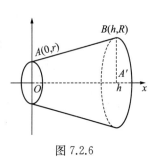

图 7.2.6

所以

$$V=\pi\int_0^h \left(\frac{R-r}{h}x+r\right)^2\mathrm{d}x=\frac{1}{3}\pi h(R^2+Rr+r^2). \qquad \square$$

例 7.2.5 求椭圆 $\dfrac{x^2}{a^2}+\dfrac{y^2}{b^2}\leqslant 1(a>b>0)$ 分别绕 x 轴与 y 轴旋转所得椭球体的体积(图 7.2.7).

解 当椭圆绕 x 轴旋转时所得的椭球体,可以看作由上半椭圆绕 x 轴旋转一周而形成的旋转体.

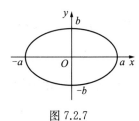

图 7.2.7

因为上半椭圆曲线的方程为 $y = b\sqrt{1 - \dfrac{x^2}{a^2}}$，由此所得的椭球体体积为 $V_x =$

$\pi \displaystyle\int_{-a}^{a} b^2 \left(1 - \dfrac{x^2}{a^2}\right) \mathrm{d}x = \dfrac{4}{3}\pi a b^2$.

同样，当椭圆绕 y 轴旋转时所得的椭球体，可以看成由右半椭圆 $0 \leqslant x \leqslant a\sqrt{1 - \dfrac{y^2}{b^2}}$ 绕

y 轴旋转一周而形成的旋转体，所得椭球体体积为

$$V_y = \pi \int_{-b}^{b} a^2 \left(1 - \frac{y^2}{b^2}\right) \mathrm{d}x = \frac{4}{3}\pi a^2 b. \qquad \square$$

椭圆 $\dfrac{x^2}{a^2} + \dfrac{y^2}{b^2} \leqslant 1 (a > b > 0)$ 绕 x 轴与绕 y 轴旋转所形成的椭球形状是不同的，因此，它们的体积大小也不等，很显然 $V_x < V_y$.

7.2.2　平面曲线的弧长

先来建立平面曲线弧长的概念．我们仿照我国古代数学家以内接正多边形无限逼近于圆而解决圆周长问题的方法，来定义曲线的弧长.

在给定的曲线弧 $\overset{\frown}{AB}$ 上任取分点 $A = M_0, M_1, M_2, \cdots, M_{i-1}$, $M_i, \cdots, M_n = B$，将曲线弧 $\overset{\frown}{AB}$ 分成为 n 个小弧段，并依次连接这些小弧段的端点成弦，得到一条内接折线(图 7.2.8)．如果当分点无限增加，并且最大的弦长趋于零时，内接折线长的极限存在，那么称此曲线弧 $\overset{\frown}{AB}$ 是可求长的，极限值就是曲线弧 $\overset{\frown}{AB}$ 的长.

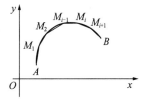

图 7.2.8

下面用微元法导出弧长公式(图 7.2.9)．设函数 $y = f(x)$ 在 $[a, b]$ 上具有连续导数，则曲线 $y = f(x)$ 相应于 $[a, b]$ 上任一小区间 $[x, x+\mathrm{d}x]$ 的一段弧的长度可用该曲线在点 $(x, f(x))$ 处的切线上相应的一小段的长度来代替，即弧微分 $\mathrm{d}s$ 为

$$\mathrm{d}s = \sqrt{(\mathrm{d}x)^2 + (\mathrm{d}y)^2} = \sqrt{1 + \left(\frac{\mathrm{d}y}{\mathrm{d}x}\right)^2}\, \mathrm{d}x$$

$$= \sqrt{1 + y'^2}\, \mathrm{d}x.$$

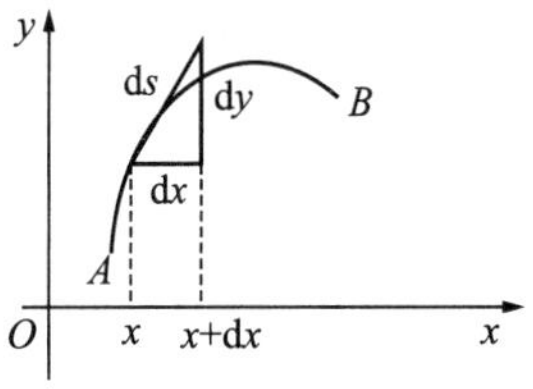

图 7.2.9

因此，曲线 $y = f(x)$ 上相应于 x 从 a 到 b 的一段弧的长度为

$$s = \int_a^b \mathrm{d}s = \int_a^b \sqrt{1 + y'^2}\, \mathrm{d}x. \tag{3}$$

当曲线弧由参数方程

$$\begin{cases} x = \varphi(t); \\ y = \psi(t); \end{cases} \alpha \leqslant t \leqslant \beta$$

给出时，则弧微分是

$$\mathrm{d}s = \sqrt{(\mathrm{d}x)^2 + (\mathrm{d}y)^2} = \sqrt{[\varphi'(t)]^2 + [\psi'(t)]^2}\, \mathrm{d}t,$$

这时弧长公式是

$$s = \int_a^\beta \sqrt{[\varphi'(t)]^2 + [\psi'(t)]^2} \, dt. \tag{4}$$

当曲线弧由极坐标方程

$$\rho = \rho(\theta), \alpha \leqslant \theta \leqslant \beta$$

给出时,由极坐标与直角坐标系的关系

$$\begin{cases} x = \rho \cos \theta; \\ y = \rho \sin \theta. \end{cases}$$

并把上面关系式视为曲线以 θ 为参数的参数方程,从而有

$$\begin{cases} x' = \rho' \cos \theta - \rho \sin \theta; \\ y' = \rho' \sin \theta + \rho \cos \theta. \end{cases}$$

这时

$$ds = \sqrt{x'^2 + y'^2} \, d\theta = \sqrt{(\rho' \cos \theta - \rho \sin \theta)^2 + (\rho' \sin \theta + \rho \cos \theta)^2} \, d\theta$$
$$= \sqrt{\rho^2 + \rho'^2} \, d\theta, \tag{5}$$

相应的弧长公式是

$$s = \int_a^\beta \sqrt{\rho^2 + \rho'^2} \, d\theta. \tag{6}$$

例 7.2.6 求悬链线 $y = \cosh x = \dfrac{e^x + e^{-x}}{2}$ 在 $[-a, a]$ 上的一段弧长.

解 $\sqrt{1 + y'^2} = \sqrt{1 + (\sinh x)^2} = \cosh x$.

由公式(3),有

$$S = \int_{-a}^a \sqrt{1 + y'^2} \, dx = 2 \int_0^a \cosh x \, dx$$
$$= 2 \sinh x \Big|_0^a = e^a - e^{-a}.$$

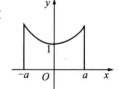

图 7.2.10

例 7.2.7 求旋轮线 $\begin{cases} x = a(t - \sin t), \\ y = a(1 - \cos t), \end{cases}$ 一拱 $(0 \leqslant t \leqslant 2\pi)$ 的长度.

解 $x' = a(1 - \cos t), y' = a \sin t$.

$$\sqrt{x'^2 + y'^2} = \sqrt{a^2 (1 - \cos t)^2 + a^2 \sin^2 t} = 2a \sin \frac{t}{2},$$

所以

$$s = \int_0^{2\pi} 2a \sin \frac{t}{2} \, dt = 8a.$$

例 7.2.8 求圆 $x^2 + y^2 = R^2$ 的周长.

解 圆的参数方程为

$$\begin{cases} x = R \cos t, \\ y = R \sin t, \end{cases} 0 \leqslant t \leqslant 2\pi.$$

$$ds = \sqrt{[(R \cos t)']^2 + [(R \sin t)']^2} \, dt = R \, dt.$$

由公式(4),再根据对称性,得圆的周长为

$$s = 4\int_0^{\frac{\pi}{2}} \mathrm{d}s = 4\int_0^{\frac{\pi}{2}} R\,\mathrm{d}t = 2\pi R.$$
□

例 7.2.9 求螺线 $\rho = a\theta(a > 0)$ 一圈的长度(图 7.2.11).

解 螺线一圈的始点对应于 $\theta = 0$,终点对应于 $\theta = 2\pi$.由公式(6),得其长度为

$$s = \int_0^{2\pi} \sqrt{(a\theta)^2 + a^2}\,\mathrm{d}\theta = a\int_0^{2\pi} \sqrt{1 + \theta^2}\,\mathrm{d}\theta$$

$$= a\left[\frac{\theta}{2}\sqrt{1 + \theta^2} + \frac{1}{2}\ln(\theta + \sqrt{1 + \theta^2})\right]\Big|_0^{2\pi}$$

$$\approx 21.26a.$$
□

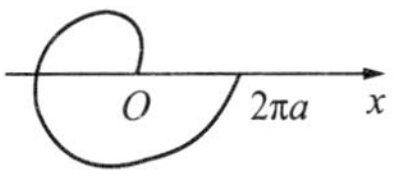

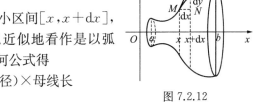

图 7.2.11

7.2.3 旋转曲面的面积

设函数 $y = f(x)$ 在 $[a, b]$ 上非负且具有连续导数,求曲线 $y = f(x)$ 在区间 $[a, b]$ 上绕 x 轴旋转一周所得旋转曲面(图 7.2.12)的面积.

用微元法来计算.在 $[a, b]$ 上任取代表性小区间 $[x, x + \mathrm{d}x]$,在此小区间上旋转曲面面积的微元 $\mathrm{d}A$ 可以近似地看作是以弧长微元 $\mathrm{d}s$ 为母线的窄圆台侧面积.由立体几何公式得

窄圆台的侧面积 $= \pi(\text{上底半径} + \text{下底半径}) \times \text{母线长}$

$$= \pi[y + (y + \mathrm{d}y)] \cdot \mathrm{d}s$$

$$= 2\pi y\,\mathrm{d}s + \pi\,\mathrm{d}y \cdot \mathrm{d}s.$$

当 $\Delta x \to 0$ 时,$\mathrm{d}y \cdot \mathrm{d}s$ 是高阶无穷小,可以略去,因此

$$\mathrm{d}A = 2\pi y\,\mathrm{d}s.$$

图 7.2.12

所以,旋转曲面的面积

$$A = \int_a^b \mathrm{d}A = \int_a^b 2\pi y\,\mathrm{d}s = 2\pi \int_a^b y\sqrt{1 + y'^2}\,\mathrm{d}x,$$

即

$$A = 2\pi \int_a^b y\sqrt{1 + y'^2}\,\mathrm{d}x. \tag{7}$$

当曲线段由参数方程

$$\begin{cases} x = \varphi(t), \\ y = \psi(t), \end{cases} \alpha \leqslant t \leqslant \beta;$$

给出时,旋转曲面的面积公式就是

$$A = 2\pi \int_\alpha^\beta \psi(t)\sqrt{[\varphi'(t)]^2 + [\psi'(t)]^2}\,\mathrm{d}t. \tag{8}$$

当曲线段由极坐标方程

$$\rho = \rho(\theta), \alpha \leqslant \theta \leqslant \beta$$

给出时,以 θ 为参数,由前面公式(5)可得旋转曲面的面积公式

$$A = 2\pi \int_\alpha^\beta \rho(\theta)\sin\theta\sqrt{\rho^2 + \rho'^2}\,\mathrm{d}\theta. \tag{9}$$

例 7.2.10 求半径为 R 的球面面积.

解 半径为 R 的球面可以看作是半径为 R 的上半圆 $y=\sqrt{R^2-x^2}$，$-R\leqslant x\leqslant R$ 绕 x 轴旋转一周所得旋转曲面的面积.由于

$$y'=-\frac{x}{\sqrt{R^2-x^2}},\sqrt{1+y'^2}=\frac{R}{y},$$

故由公式(7)可得球面面积

$$\begin{aligned}A&=2\pi\int_{-R}^{R}y\sqrt{1+y'^2}\,\mathrm{d}x=2\pi\int_{-R}^{R}y\cdot\frac{R}{y}\mathrm{d}x\\&=2\pi R\int_{-R}^{R}\mathrm{d}x=4\pi R^2.\end{aligned}$$

□

例 7.2.11 求圆 $x^2+(y-b)^2=a^2(b>a>0)$绕 x 轴旋转而成的旋转曲面的面积(图 7.2.13).

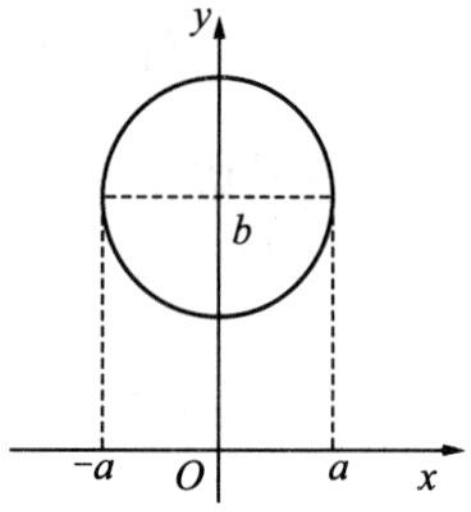

图 7.2.13

解 所求旋转曲面的面积是上半圆、下半圆分别绕 x 轴旋转而成的旋转曲面的面积之和.

上半圆的方程 $y=b+\sqrt{a^2-x^2}$，$\sqrt{1+y'^2}=\frac{a}{\sqrt{a^2-x^2}}$，上半圆绕 x 轴旋转而成的旋转曲面的面积

$$A_1=2\pi\int_{-a}^{a}(b+\sqrt{a^2-x^2})\cdot\frac{a}{\sqrt{a^2-x^2}}\mathrm{d}x;$$

下半圆的方程 $y=b-\sqrt{a^2-x^2}$，$\sqrt{1+y'^2}=\frac{a}{\sqrt{a^2-x^2}}$，下半圆绕 x 轴旋转而成的旋转曲面的面积

$$A_2=2\pi\int_{-a}^{a}(b-\sqrt{a^2-x^2})\cdot\frac{a}{\sqrt{a^2-x^2}}\mathrm{d}x,$$

所以，所求旋转曲面的面积

$$A=A_1+A_2=4\pi ab\int_{-a}^{a}\frac{\mathrm{d}x}{\sqrt{a^2-x^2}}=4\pi ab\cdot\arcsin\frac{x}{a}\bigg|_{-a}^{a}=4\pi^2ab.$$

□

例 7.2.12 求心脏线 $\rho=a(1+\cos\theta)(a>0)$(图 7.1.12)绕极轴旋转所成之旋转曲面的面积 A.

解 $\rho'=-a\sin\theta$，$\sqrt{\rho^2+\rho'^2}=\sqrt{a^2(1+\cos\theta)^2+a^2\sin^2\theta}=2a\left|\cos\frac{\theta}{2}\right|$，

所求的旋转曲面可以看作是由上半支心脏线(对应于极角从 0 到 π)绕极轴旋转而成的，由公式(9)得

$$\begin{aligned}A&=2\pi\int_0^{\pi}a(1+\cos\theta)\sin\theta\cdot2a\left|\cos\frac{\theta}{2}\right|\mathrm{d}\theta\\&=-32\pi a^2\int_0^{\pi}\cos^4\frac{\theta}{2}\mathrm{d}\cos\frac{\theta}{2}\\&=\frac{32}{5}\pi a^2.\end{aligned}$$

□

习 题 7.2

1. 以椭圆 $\dfrac{x^2}{a^2}+\dfrac{y^2}{b^2}\leqslant 1$ 为底的柱体,被一个通过短轴而与底面成 α 角的平面所截,求截得部分的体积.

2. 求旋转体的体积:

(1) $y=x^2(0\leqslant x\leqslant 2)$ 分别绕 x 轴及 y 轴旋转;

(2) $y=\dfrac{a}{2}(\mathrm{e}^{\frac{x}{a}}+\mathrm{e}^{-\frac{x}{a}})(0\leqslant x\leqslant a)$ 绕 x 轴旋转;

(3) $x^2+(y-5)^2=16$ 绕 x 轴旋转;

(4) $y=\sin x(0\leqslant x\leqslant \pi)$ 绕 x 轴旋转;

(5) $y=x,y=2x(0\leqslant x\leqslant 3)$ 分别绕 x 轴、y 轴旋转;

(6) $y=\mathrm{e}^x(0\leqslant x\leqslant 1)$ 绕 x 轴旋转.

3. 求下列各曲线的弧长:

(1) $y=\dfrac{2}{3}(x+2)^{\frac{3}{2}},0\leqslant x\leqslant 3$; (2) $y=\dfrac{4}{5}x^{\frac{5}{4}},0\leqslant x\leqslant 1$;

(3) $x^{\frac{2}{3}}+y^{\frac{2}{3}}=1$(第一象限);

(4) $x=a(\cos t+t\sin t),y=a(\sin t-t\cos t),a>0,0\leqslant t\leqslant 2\pi$;

(5) $\rho=a(1+\cos\theta)(a>0)$; (6) $\rho=a\sin^3\dfrac{\theta}{3}(a>0)$.

4. 在鱼腹梁设计中,计算抛物线 $y=ax^2$ 在 $x=-b$ 至 $x=b$ 之间的弧长.

5. 一物体的运动规律为 $x=t^{\frac{3}{2}},y=(3-t)^{\frac{3}{2}}$,求它从 $t=0$ 到 $t=1$ 所走过的路程.

6. 求下列曲线绕 x 轴旋转所形成的旋转曲面的面积:

(1) $y=\dfrac{r}{h}x,0\leqslant x\leqslant h$; (2) $y=\tan x,0\leqslant x\leqslant \dfrac{\pi}{4}$;

(3) $y=\dfrac{x^3}{3},0\leqslant x\leqslant 1$.

7.3 定积分在物理上的应用

7.3.1 变力所做的功

我们知道,物体在常力(大小、方向都不改变的力)F 作用下做直线运动时,如果位移方向与力的方向一致,当物体的位移是 s 时,则力 F 所做的功是

$$W=F \cdot s$$

现在考虑变力做功的问题.

设物体在变力 F 作用下沿直线 Ox 运动,其方向始终不变,沿着 Ox 轴,而大小在不同点处取不同数值.现假定力的大小是 x 的连续函数 $F=F(x)$,求物体在变力 $F(x)$ 作用下,沿 Ox 轴从点 a 运动到点 b 时,变力 F 所做的功.

如果将从 a 到 b 的位移分成若干小段,则由于从 a 到 b 的总功等于各小段功之和,而

在每一小段上可将变力看成常力,求得功的近似值,所以总功可用定积分来表示.

我们仍采用微元法.

① 在区间$[a,b]$上取代表性区间$[x,x+\mathrm{d}x]$,由于$F(x)$的连续性,物体在$\mathrm{d}x$这一小段路径上移动时,$F(x)$的变化很微小,于是功的微元为

$$\mathrm{d}W=F(x)\mathrm{d}x$$

② 将微元$\mathrm{d}W$从a到b求定积分,就得到力$F(x)$在区间$[a,b]$上所做的功:

$$W=\int_a^b\mathrm{d}W=\int_a^bF(x)\mathrm{d}x.$$

例 7.3.1 在高为 5 m,底半径为 3 m 的圆柱形水池中盛满了水,现要将水从池顶全部抽出,问需做多少功?

解 将水池上部的水抽出池外与将下部的水抽出池外,所提升的高度是不同的,越到下部提升的高度越大,提升的高度是在变化的.

我们设想将水池中的水分成许多小薄层,对每一小薄层来说,提升高度可以看成不变,将这一薄层的水抽出池外所做的功的近似值可求得,因此,可用微元法来求.

取坐标系如图 7.3.1,在$[0,5]$上取代表性区间$[x,x+\mathrm{d}x]$,将相应于这一薄层的水抽到池外所做的功的微元为

$$\mathrm{d}W=10\,000\pi\cdot3^2\mathrm{d}x\cdot x=90\,000\pi x\mathrm{d}x(g\text{ 取 10 米/秒}^2)$$

将功的微元$\mathrm{d}W$从 0 到 5 求定积分,便得到所求的功为

$$W=\int_0^5\mathrm{d}W=\int_0^590\,000\pi x\mathrm{d}x=3\,534\,300\text{ J.}\qquad\square$$

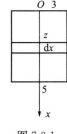

图 7.3.1

7.3.2 引力问题

根据万有引力定律,两质点间的引力F的大小与两质点质量的乘积m_1m_2成正比,而与它们之间距离r的平方成反比,即

$$F=k\frac{m_1m_2}{r^2},$$

其中$k>0$是引力常数.

例 7.3.2 设有一长为l质量为M的均匀细棒AB,另有一质量为m的质点C,位于细棒所在的直线上,与棒的A端相距为a,求细棒对质点C的引力.

解 万有引力定律一般只适用于两个质点的情形.现在一个是质点,一个是细棒,棒上各点到质点C的距离不相同.我们仍用微元法.

取坐标系如图 7.3.2.在区间$[a,a+l]$上取代表性区间$[x,x+\mathrm{d}x]$,将这一小段看成质量集中在点x处的质点.此小段棒的质量为$\frac{M}{l}\mathrm{d}x$,则此小段棒对质点m的引力,即引力的微元为

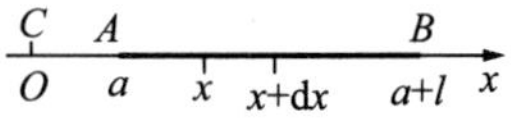

图 7.3.2

$$\mathrm{d}F=\frac{k\cdot\dfrac{M}{l}\mathrm{d}x\cdot m}{x^2}=\frac{kmM}{lx^2}\mathrm{d}x,$$

于是引力为

$$F = \int_a^{a+l} \mathrm{d}F = \int_a^{a+l} \frac{kmM}{lx^2} \mathrm{d}x = \frac{kmM}{a(a+l)}.$$

7.3.3 液体的静压力

由物理学知道,在液面下深度为 h 处,由流体重力产生的压强为
$$p = \gamma h g,$$
其中 γ 为液体的密度,并且同一点的压强在各个方向都是相等的.由于在水深 $h(m)$ 处的压强为 $p = \gamma h g$,因此,面积为 S 的一块板,若平放在水下,距水面深度为 h,则板的一侧所受的压力为 $S\gamma g h$.

例 7.3.3 某水坝中有一个三角形的闸门,这闸门垂直地竖立于水中,它的底边与水平面相齐.已知三角形底边长 a m,高 h m,求这闸门所受的水压力.

解 水所产生的压强随水的深度而变化,在水下越深,单位面积上所受的压力越大.由于闸门上各部分离开水面的距离不同,因而各部分所受的压强也不相同,我们仍用微元法.

取坐标系如图 7.3.3.在区间 $[0, h]$ 上取代表性区间 $[x, x+\mathrm{d}x]$,相应于那一小条闸门上所受的水压力,即水压力的微元 $\mathrm{d}p$ 为
$$\mathrm{d}p = 压强 \times 面积,$$
设小长条的宽为 z,则

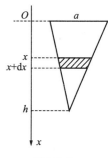

图 7.3.3

$$\frac{z}{a} = \frac{h-x}{h}, z = \frac{a(h-x)}{h},$$

小长条的面积 $\approx \dfrac{a(h-x)}{h}\mathrm{d}x$,则

$$\mathrm{d}p = \gamma g x \cdot \frac{a(h-x)}{h}\mathrm{d}x = \frac{\gamma g a x(h-x)}{h}\mathrm{d}x,$$

于是闸门所受的水压力 P 为

$$P = \int_0^h \mathrm{d}p = \int_0^h \frac{\gamma g a x(h-x)}{h}\mathrm{d}x = \frac{\gamma g a h^2}{6} (\mathrm{N}). \qquad \Box$$

习 题 7.3

1. 半径为 R 的半球形水池,充满了水,今把池中水从池顶全部抽出,问需做功多少?

2. 有一根平放的弹簧,一端固定,已知当拉长 10 cm 时需 50 N 力,今将弹簧拉长 15 cm,问克服弹性力做了多少功?

3. 一长为 l,质量为 M 的均匀细棒 AB,在其中垂线上距棒 a 单位处有一质量为 m 的质点 C,试求细棒对质点 C 的引力.

4. 设有上底 6 m,下底 2 m,高 10 m 的等腰梯形闸门,当闸门关闭时,刚好与水面齐平,求闸门所受的水压力.

5. 一个横放着的圆柱形水桶,桶内盛有半桶水,设桶的底半径为 R,水的密度为 γ,计算桶的一个端面上所受的压力.

6. 设有一半径 $R = 1$ m 的圆形闸门,水半满.求水对闸门的压力.

第7章 复 习 题

1. 求由曲线 $xy=1$,直线 $y=x$,$y=2$ 围成的平面图形的面积.

2. 求抛物线 $y^2=2px$ 及其在点 $\left(\dfrac{p}{2},p\right)$ 处的法线所围成的平面图形的面积($p>0$).

3. 求由曲线 $y=e^x$,$y=e^{-x}$ 及直线 $x=1$ 所围成的平面图形的面积.

4. 求抛物线 $y^2=4(x+1)$ 及 $y^2=4(1-x)$ 所围成的平面图形的面积.

5. 求曲线 $y=x^2$ 与直线 $y=x$,$y=2x$ 所围成的平面图形的面积.

6. 求 $y=\sin x$ 与 $y=\cos x$ 在 $\left[0,\dfrac{\pi}{2}\right]$ 之间与 x 轴所围成图形的面积.

7. 求 $y^2=x$ 与半圆 $x^2+y^2=2(x>0)$ 所围平面图形的面积.

8. 求由 $y=3+2x-x^2$,$y=0$,$x=1$ 及 $x=4$ 围成的平面图形的面积.

9. 求由 $y=\sin x$,$y=\dfrac{1}{2}$ 及 x 轴($0\leqslant x\leqslant\pi$)所围平面图形的面积.

10. 试求由曲线 $y=x^2-2x+4$ 在点 $(0,4)$ 处的切线与曲线 $y^2=2(x-1)$ 所围平面图形的面积.

11. 求双纽线 $(x^2+y^2)^2=2a^2xy$ 所围成的平面图形的面积($a>0$).

12. 求曲线 $\rho=\sqrt{2}\sin\theta$,$\rho^2=\cos2\theta$ 公共部分的面积.

13. 有一立体,以长半轴 $a=10$,短半轴 $b=5$ 的椭圆为底,而垂直于长轴的截面都是等边三角形,求其体积.

14. 由 $\dfrac{x^2}{a^2}-\dfrac{y^2}{b^2}=1$,$y=\pm b$ 围成的平面图形绕 y 轴旋转,求所形成的旋转体的体积($a>0$,$b>0$).

15. 由 $y=x^2$,$y^2=x$ 围成的图形绕 x 轴旋转,求所形成的旋转体的体积.

16. 求摆线 $x=a(t-\sin t)$,$y=a(1-\cos t)$ 的一拱与 x 轴围成的图形绕 x 轴旋转所形成的旋转体的体积($a>0$).

17. 由曲线 $y=x^2+1$ 在 $x=1$ 处的切线与曲线 $y=x^2$ 所围成的图形,绕 x 轴旋转所形成的旋转体的体积.

18. 求下列已知曲线上指定两点间一段曲线的弧长:

(1) $y=\dfrac{1}{4}x^3-\dfrac{1}{2}\ln x$,$x=1$ 到 $x=e$;

(2) $y=\ln(1-x^2)$,自 $x=0$ 到 $x=\dfrac{1}{2}$;

(3) $x=e^t\sin t$,$y=e^t\cos t$,自 $t=0$ 到 $t=\dfrac{\pi}{2}$;

(4) 对数螺线 $\rho=e^{a\theta}$ 自 $\theta=\alpha$ 到 $\theta=\beta$($\beta>\alpha>0$).

19. 探照灯的反光镜是由一条抛物线绕 x 轴旋转而成的.设抛物线的方程为 $y^2=4x(0\leqslant x\leqslant h)$,计算反光镜的侧面积.

20. 计算圆弧 $x^2+y^2=a^2\left(0<\dfrac{a}{2}\leqslant y\leqslant a\right)$ 绕 y 轴旋转所得球冠的面积.

21. 设直立于水坝中的矩形闸门宽 10 m,高 6 m,试求:

(1) 当水库水面在闸门顶上 8 m 时闸门所受的压力;

(2) 如欲使压力加倍,则水面应升高多少米?

22. 有一圆台形的桶,盛满了汽油,如果桶高为 3 m,其上下底的半径分别为 1 m 及 2 m,试计算将桶中汽油吸尽所耗费的功(汽油密度 $\gamma=0.8\times10^3$ 千克/米^3).

高等学校小学教育专业教材

数学分析

（下 册）

主　编　吴顺唐

编写人员　刘　东　吴顺唐

夏俊生　颜世瑜

南京大学出版社

图书在版编目(CIP)数据

数学分析:上下册/吴顺唐主编. —南京:南京
大学出版社,2022.3
ISBN 978 - 7 - 305 - 25174 - 0

Ⅰ.①数… Ⅱ.①吴… Ⅲ.①数学分析-高等学校-
教材 Ⅳ.①O17

中国版本图书馆 CIP 数据核字(2021)第 236232 号

出版发行　南京大学出版社
社　　址　南京市汉口路 22 号　　邮　编　210093
出 版 人　金鑫荣

书　　名　**数学分析(下册)**
主　　编　吴顺唐
责任编辑　钱梦菊　　　　　　　编辑热线 025 - 83592146
照　　排　南京紫藤制版印务中心
印　　刷　南京京新印刷有限公司
开　　本　787×1092　1/16　印张 13　字数 300 千
版　　次　2022 年 3 月第 1 版　2022 年 3 月第 1 次印刷
ISBN 978 - 7 - 305 - 25174 - 0
定　　价　65.00 元(上下册)

网址:http://www.njupco.com
官方微博:http://weibo.com/njupco
官方微信号:njupress
销售咨询热线:(025)83594756

目 录

第8章 无穷级数

无穷级数简称为级数,它和微分、积分一样,也是研究函数的一个重要工具,其理论基础也是极限.利用级数不仅可以研究函数的性质,而且也可用来构造许多非初等函数,事实上它本身也是函数的一种表达方式.此外,利用级数还可以推导出一些近似计算公式,进行数值计算.

无穷级数分为数项级数和函数项级数两大类,本章将介绍这两种级数的一些基本概念和基本性质,为将来进一步研究函数的性质打好基础.

§8.1 常数项级数

8.1.1 常数项级数概念

在初等数学中,主要研究的是有限项求和的问题,但往往也会遇到无穷多项相加的情形.例如,在小学数学中介绍了无限循环小数 $0.\overset{.}{3}$,当要把它化成分数时,便会出现

$$0.\overset{.}{3} = 0.333\cdots = 0.3 + 0.03 + 0.003 + \cdots + \underbrace{0.00\cdots03}_{n-1个0} + \cdots$$

或

$$0.\overset{.}{3} = \frac{3}{10} + \frac{3}{10^2} + \frac{3}{10^3} + \cdots + \frac{3}{10^n} + \cdots;$$

在中学数学中则进一步提出了求无穷递缩等比数列

$$a, aq, aq^2, \cdots, aq^{n-1}, \cdots \quad (|q| < 1), \tag{1}$$

各项的和

$$a + aq + aq^2 + \cdots + aq^{n-1} + \cdots$$

等等,这就有了无穷级数的概念.

定义 8.1.1 设 $u_1, u_2, \cdots, u_n, \cdots$ 是给定的数列,则称表达式

$$\sum_{n=1}^{\infty} u_n = u_1 + u_2 + \cdots + u_n + \cdots$$

为无穷级数,简称级数,其中 u_n 称为级数的一般项或通项.

无穷级数虽然在形式上也写成了用加号连结的一个式子,但在意义上却与过去熟悉的有限项相加完全不同,因为我们甚至还不知道这无限项"相加"的"和"是怎样定义的.

回到中学数学里求无穷递缩等比数列(1)各项和的问题.它是这样处理的:先求出它的前 n 项的和(这是有限项的和,总能算出它的结果):

$$S_n = a + aq + \cdots + aq^{n-1} = \frac{a(1-q^n)}{1-q},$$

其中 n 为任意自然数. 显然, n 越大, S_n 中包含数列(1)的项也越多. 如果当 $n \to +\infty$ 时, S_n 有极限, 则这个极限很自然地就定义为数列(1)各项的和. 现在

$$\lim_{n\to\infty} S_n = \lim_{n\to\infty} \frac{a(1-q^n)}{1-q} = \frac{a}{1-q} \quad (\,|\,q\,|<1),$$

于是 $\dfrac{a}{1-q}$ 就可看作无穷递缩等比数列(1)各项的和.

将上面的处理方法一般化, 就有下面的定义:

定义 8.1.2 对无穷级数

$$u_1 + u_2 + \cdots + u_n + \cdots, \tag{2}$$

我们称

$$S_n = u_1 + u_2 + \cdots + u_n$$

为级数的前 n 项部分和. 如果这些部分和构成的数列 $S_1, S_2, \cdots, S_n, \cdots$
当 $n \to +\infty$ 时存在极限 S, 我们就称级数(2)收敛, S 为它的和(或称级数(2)收敛于 S), 并记作

$$S = \sum_{n=1}^{\infty} u_n.$$

如果部分和数列 $\{S_n\}$ 没有有限极限, 就称级数(2)发散.

例 8.1.1 讨论等比级数

$$\sum_{n=1}^{\infty} aq^{n-1} = a + aq + \cdots + aq^{n-1} + \cdots \quad (a \neq 0)$$

的敛散性.

解 当 $|\,q\,|<1$ 时, 前面已证明级数是收敛的, 和等于 $\dfrac{a}{1-q}$. 当 $|\,q\,|>1$ 时, 部分和

$$S_n = \frac{a(1-q^n)}{1-q}$$

没有极限, 所以级数是发散的. 当 $q=1$ 时, 部分和 $S_n = a + a + \cdots + a = na$, 没有极限, 级数是发散的. 最后当 $q=-1$ 时, 部分和数列是

$$S_1 = a, \quad S_2 = 0, \quad S_3 = a, \quad S_4 = 0, \cdots$$

显然也没有极限, 所以级数也是发散的.

所以, 等比级数 $\sum\limits_{n=1}^{\infty} aq^{n-1}\ (a \neq 0)$ 当 $|\,q\,|<1$ 时收敛, 当 $|\,q\,|\geqslant 1$ 时发散. □

例 8.1.1 中的等比级数也称为几何级数.

例 8.1.2 证明级数 $\sum\limits_{n=1}^{\infty} \dfrac{1}{n(n+1)}$ 收敛, 且其和为 1.

证 因为 $\dfrac{1}{n(n+1)} = \dfrac{1}{n} - \dfrac{1}{n+1}$,

所以

$$S_n = \sum_{k=1}^{n} \left(\frac{1}{k} - \frac{1}{k+1} \right) = \left(1 - \frac{1}{2} \right) + \left(\frac{1}{2} - \frac{1}{3} \right) + \cdots + \left(\frac{1}{n} - \frac{1}{n+1} \right) = 1 - \frac{1}{n+1}.$$

所以

$$\lim_{n \to \infty} S_n = \lim_{n \to \infty} \left(1 - \frac{1}{n+1} \right) = 1.$$

故级数　$\sum\limits_{n=1}^{\infty} \dfrac{1}{n(n+1)}$ 收敛,其和为 1. □

例 8.1.3　讨论级数 $\sum\limits_{n=1}^{\infty} \dfrac{1}{\sqrt{n}}$ 的敛散性.

解　因为　$S_n = 1 + \dfrac{1}{\sqrt{2}} + \dfrac{1}{\sqrt{3}} + \cdots + \dfrac{1}{\sqrt{n}}$

$$> \frac{1}{\sqrt{n}} + \frac{1}{\sqrt{n}} + \cdots + \frac{1}{\sqrt{n}}$$

$$= \frac{n}{\sqrt{n}} = \sqrt{n} \to \infty \quad (n \to \infty),$$

所以级数 $\sum\limits_{n=1}^{\infty} \dfrac{1}{\sqrt{n}}$ 发散. □

一个无穷级数只有当它收敛时才能谈到和. 因此,从理论上讲讨论级数是否收敛更为重要,所以下面我们主要研究级数的敛散性.

8.1.2　收敛级数的基本性质

研究级数的收敛问题,实质上就是研究部分和数列的收敛问题,这就使我们有可能应用有关数列极限的性质来推得级数的一些性质.

性质 8.1.1　如级数 $\sum\limits_{n=1}^{\infty} u_n$ 收敛于 S,c 为常数,则级数 $\sum\limits_{n=1}^{\infty} c u_n$ 收敛于 cS.

证　设 $\sum\limits_{n=1}^{\infty} u_n$ 的前 n 项和为 S_n. 因为 $\sum\limits_{n=1}^{\infty} u_n$ 收敛于 S,所以 $\lim\limits_{n \to \infty} S_n = S$.

记级数 $\sum\limits_{n=1}^{\infty} c u_n$ 的前 n 项和为 U_n. 则

$$U_n = c u_1 + \cdots + c u_n = c(u_1 + u_2 + \cdots + u_n) = cS_n$$

所以

$$\lim_{n \to \infty} U_n = \lim_{n \to \infty} c S_n = c \lim_{n \to \infty} S_n = cS.$$

因此,级数 $\sum\limits_{n=1}^{\infty} c u_n$ 收敛于 cS. □

从性质 8.1.1 可知:

(1) 对收敛级数有 $\sum\limits_{n=1}^{\infty} c u_n = c \sum\limits_{n=1}^{\infty} u_n$;

(2) 级数的各项乘以非零的常数,它的敛散性不变.

性质 8.1.2 设级数 $\sum\limits_{n=1}^{\infty} u_n$ 收敛于 U，级数 $\sum\limits_{n=1}^{\infty} v_n$ 收敛于 V，则级数 $\sum\limits_{n=1}^{\infty} (u_n \pm v_n)$ 也收敛，其和为 $U \pm V$.

证 以 U_n、V_n、S_n 分别记 $\sum\limits_{n=1}^{\infty} u_n$、$\sum\limits_{n=1}^{\infty} v_n$、$\sum\limits_{n=1}^{\infty} (u_n \pm v_n)$ 的前 n 项部分和，则

$$S_n = (u_1 \pm v_1) + (u_2 \pm v_2) + \cdots + (u_n \pm v_n)$$
$$= (u_1 + u_2 + \cdots + u_n) \pm (v_1 + v_2 + \cdots + v_n) = U_n \pm V_n.$$

所以

$$\lim_{n \to \infty} S_n = \lim_{n \to \infty} (U_n \pm V_n) = \lim_{n \to \infty} U_n \pm \lim_{n \to \infty} V_n = U \pm V,$$

即级数 $\sum\limits_{n=1}^{\infty} (u_n \pm v_n)$ 收敛于 $U \pm V$，且有

$$\sum_{n=1}^{\infty} (u_n \pm v_n) = \sum_{n=1}^{\infty} u_n \pm \sum_{n=1}^{\infty} v_n.$$

这说明两个收敛级数可以逐项相加或相减. □

性质 8.1.3 在级数 $\sum\limits_{n=1}^{\infty} u_n$ 内添上或去掉有限项，不会影响此级数的敛散性.

证明请读者自己完成. 但要注意，在级数收敛时，前面加上或去掉有限项，一般说来级数的和是要改变的.

性质 8.1.4 收敛级数按原来的顺序任意添加括号后所成的级数仍然收敛于原来的和.

证 设收敛级数

$$S = u_1 + u_2 + \cdots + u_n + \cdots \tag{1}$$

按原顺序任意添加括号得到的新级数为

$$(u_1 + u_2) + (u_3 + u_4 + u_5) + (u_6 + u_7) + (u_8 + u_9 + u_{10}) + \cdots. \tag{2}$$

用 U_m 表示级数 (2) 的前 m 项的和，用 S_n 表示级数 (1) 中恰好包含 U_m 中所有项的部分和，即

$$U_m = S_n,$$

且当 $m \to \infty$ 时，$n \to \infty$. 因此

$$\lim_{m \to \infty} U_m = \lim_{n \to \infty} S_n = S.$$

故新级数收敛于原来的和 S. □

推论 若加括号后的级数发散，则原级数必发散.

请读者用反证法自行证明.

由上面推论易知级数

$$1 + \frac{1}{2} + \frac{1}{2} + \frac{1}{3} + \frac{1}{3} + \frac{1}{3} + \frac{1}{4} + \frac{1}{4} + \frac{1}{4} + \frac{1}{4} + \cdots$$

是发散的. 事实上，对此级数加括号所得的级数

$$1 + \left(\frac{1}{2} + \frac{1}{2}\right) + \left(\frac{1}{3} + \frac{1}{3} + \frac{1}{3}\right) + \left(\frac{1}{4} + \frac{1}{4} + \frac{1}{4} + \frac{1}{4}\right) + \cdots$$

就是 $1 + 1 + 1 + 1 + 1 + \cdots$，它是发散的，所以原级数发散.

注意：若某级数加括号后收敛，并不能断定原级数收敛，例如前面提到的级数

$$1-1+1-1+\cdots$$

是发散的，但加括号后所得的级数

$$(1-1)+(1-1)+\cdots+(1-1)+\cdots$$

却是收敛的.

定理 8.1.1（级数收敛的必要条件） 若级数

$$\sum_{n=1}^{\infty}u_n=u_1+u_2+\cdots+u_n+\cdots$$

收敛，则

$$\lim_{n\to\infty}u_n=0.$$

证 设 $\sum_{n=1}^{\infty}u_n=S$，

$$S_n=u_1+u_2+\cdots+u_{n-1}+u_n,$$

$$S_{n-1}=u_1+u_2+\cdots+u_{n-1},$$

那么 $\lim_{n\to\infty}S_n=\lim_{n\to\infty}S_{n-1}=S$，且 $u_n=S_n-S_{n-1}$. 所以

$$\lim_{n\to\infty}u_n=\lim_{n\to\infty}(S_n-S_{n-1})=\lim_{n\to\infty}S_n-\lim_{n\to\infty}S_{n-1}=S-S=0. \qquad \square$$

由定理 8.1.1 可知，若级数 $\sum_{n=1}^{\infty}u_n$ 的通项 $u_n\nrightarrow 0(n\to\infty)$，则该级数必发散.

例 8.1.4 判断级数 $\sum_{n=1}^{\infty}\left(\dfrac{n}{n+1}\right)^n$ 的敛散性.

解 $\sum_{n=1}^{\infty}\left(\dfrac{n}{n+1}\right)^n$ 的通项：$u_n=\left(\dfrac{n}{n+1}\right)^n=\dfrac{1}{\left(1+\dfrac{1}{n}\right)^n}$，则

$$\lim_{n\to\infty}u_n=\lim_{n\to\infty}\left[\left(1+\frac{1}{n}\right)^n\right]^{-1}=e^{-1}\neq 0.$$

所以级数发散. $\qquad \square$

注意：$\lim_{n\to\infty}u_n=0$ 只是级数 $\sum_{n=1}^{\infty}u_n$ 收敛的必要条件，而非充分条件，即满足此条件的级数未必收敛. 例如，例 8.1.4 中的级数 $\sum_{n=1}^{\infty}\dfrac{1}{\sqrt{n}}$，虽有 $\lim_{n\to\infty}u_n=\lim_{n\to\infty}\dfrac{1}{\sqrt{n}}=0$，但该级数发散.

对数列 S_n 应用柯西收敛准则，即可得下面级数收敛的充要条件.

定理 8.1.2（柯西收敛原理） 级数 $\sum_{n=1}^{\infty}u_n$ 收敛的充分和必要条件为：$\forall\varepsilon>0,\exists N\in\mathbf{N}_+$，使 $\forall n>N,\forall p\in\mathbf{N}_+$，均有

$$|S_{n+p}-S_n|=|u_{n+1}+u_{n+2}+\cdots+u_{n+p}|<\varepsilon.$$

这个充要条件也可以叙述为：

$$\forall\varepsilon>0,\exists N\in\mathbf{N}_+，使得当 n>N,m>N(n<m) 时，有$$

$$|S_m - S_n| = |u_{n+1} + u_{n+2} + \cdots + u_m| < \varepsilon.$$

例 8.1.5 证明调和级数 $\sum\limits_{n=1}^{\infty} \dfrac{1}{n}$ 发散.

证 因为

$$
\begin{aligned}
|S_{n+p} - S_n| &= \frac{1}{n+1} + \frac{1}{n+2} + \cdots + \frac{1}{n+p} \\
&> \frac{1}{n+p} + \frac{1}{n+p} + \cdots + \frac{1}{n+p} \quad (\text{共 } p \text{ 项}) \\
&= \frac{p}{n+p},
\end{aligned}
$$

所以不论 N 多么大,只要取 $p = n > N$,就有 $|S_{2n} - S_n| > \dfrac{1}{2}$,

故级数 $\sum\limits_{n=1}^{\infty} \dfrac{1}{n}$ 发散. $\qquad\square$

8.1.3 正项级数及其审敛法

若级数 $\sum\limits_{n=1}^{\infty} u_n$ 中的各个项 u_n 都有相同的符号,则称该级数为同号级数.特别地,若 $u_n \geqslant 0, n = 1, 2, \cdots$. 则称级数 $\sum\limits_{n=1}^{\infty} u_n$ 为正项级数;若 $u_n \leqslant 0, n = 1, 2, \cdots$. 则称级数 $\sum\limits_{n=1}^{\infty} u_n$ 为负项级数.负项级数的每一项乘以 -1,它就变为正项级数了,从性质 1 可知,一个级数的各项均乘以 -1 并不改变它的敛散性,所以下面我们只对正项级数研究敛散性.

1. 正项级数收敛的充要条件

对于正项级数 $\sum\limits_{n=1}^{\infty} u_n$,因为 $S_{n-1} \leqslant S_{n-1} + u_n = S_n$ 即 $\{S_n\}$ 是不减的.若数列 $\{S_n\}$ 上有界,则 $\lim\limits_{n \to \infty} S_n$ 存在,级数就收敛;若数列 $\{S_n\}$ 上无界,$\lim\limits_{n \to \infty} S_n = +\infty$,级数就发散.于是得到下面的定理:

定理 8.1.3 正项级数收敛的充分必要条件是其部分和数列 $\{S_n\}$ 有界.

例 8.1.6 判断下列级数的敛散性:

$(1)\ \sum\limits_{n=1}^{\infty} \dfrac{1}{n^2};$ $\qquad\qquad\qquad (2)\ \sum\limits_{n=1}^{\infty} \ln\left(1 + \dfrac{1}{n}\right).$

解 (1) $S_n = 1 + \dfrac{1}{2^2} + \dfrac{1}{3^2} + \cdots + \dfrac{1}{n^2}$

$$
\begin{aligned}
&< 1 + \frac{1}{1 \cdot 2} + \frac{1}{2 \cdot 3} + \cdots + \frac{1}{(n-1)n} \\
&= 1 + \left(1 - \frac{1}{2}\right) + \left(\frac{1}{2} - \frac{1}{3}\right) + \cdots + \left(\frac{1}{n-1} - \frac{1}{n}\right) \\
&= 2 - \frac{1}{n} < 2.
\end{aligned}
$$

即 S_n 上有界,所以级数 $\sum\limits_{n=1}^{\infty}\dfrac{1}{n^2}$ 收敛.

(2) 因为 $u_n=\ln\left(1+\dfrac{1}{n}\right)=\ln\dfrac{n+1}{n}=\ln(n+1)-\ln n$,

$$S_n=(\ln 2-\ln 1)+(\ln 3-\ln 2)+\cdots+[\ln(n+1)-\ln n]$$
$$=\ln(n+1)\to+\infty \quad (n\to\infty).$$

因此,级数 $\sum\limits_{n=1}^{\infty}\ln\left(1+\dfrac{1}{n}\right)$ 发散. □

2. 比较判别法

由正项级数收敛的充要条件,可推出下面的正项级数的比较判别法.

定理 8.1.4 （比较判别法） 设 $\sum\limits_{n=1}^{\infty}u_n$ 与 $\sum\limits_{n=1}^{\infty}v_n$ 均是正项级数,且 $u_n\leqslant v_n, n=1,2,\cdots,$

(1) 若级数 $\sum\limits_{n=1}^{\infty}v_n$ 收敛,则级数 $\sum\limits_{n=1}^{\infty}u_n$ 也收敛;

(2) 若级数 $\sum\limits_{n=1}^{\infty}u_n$ 发散,则级数 $\sum\limits_{n=1}^{\infty}v_n$ 也发散.

证 令 $\sum\limits_{n=1}^{\infty}u_n$ 与 $\sum\limits_{n=1}^{\infty}v_n$ 的前 n 项和分别为 S_n 与 V_n,因为 $u_n\leqslant v_n, n=1,2,\cdots,$ 所以

$$S_n=u_1+u_2+\cdots+u_n\leqslant v_1+v_2+\cdots+v_n=V_n.$$

对(1),因 $\sum\limits_{n=1}^{\infty}v_n$ 收敛,故必存在正数 l,使得 $V_n\leqslant l$. 所以 $S_n\leqslant V_n\leqslant l$,即 $S_n\leqslant l$. 由正项级数收敛的充要条件知 $\sum\limits_{n=1}^{\infty}u_n$ 收敛.

对(2),可用反证法,事实上,若 $\sum\limits_{n=1}^{\infty}v_n$ 收敛,则由(1),$\sum\limits_{n=1}^{\infty}u_n$ 也收敛,与假设相矛盾. □

例 8.1.7 判断下列级数的敛散性:

(1) $\sum\limits_{n=1}^{\infty}\dfrac{1}{n^n}$;　　　　(2) $\sum\limits_{n=1}^{\infty}2^n\sin\dfrac{x}{3^n}\quad(0<x<3\pi)$.

解 (1) 因为当 $n\geqslant 1$ 时

$$\frac{1}{n^n}\leqslant\frac{1}{2^{n-1}},$$

而 $\sum\limits_{n=1}^{\infty}\dfrac{1}{2^{n-1}}$ 是收敛的等比级数,所以由比较判别法知 $\sum\limits_{n=1}^{\infty}\dfrac{1}{n^n}$ 收敛.

(2) 因为当 $0<x<3\pi$ 时,$0<\dfrac{x}{3^n}<\pi$,故 $\sin\dfrac{x}{3^n}>0$,即 $\sum\limits_{n=1}^{\infty}2^n\sin\dfrac{x}{3^n}$ 为正项级数;又因为 $\sin x<x(x>0)$,所以

$$u_n=2^n\sin\frac{x}{3^n}<2^n\cdot\frac{x}{3^n}=x\left(\frac{2}{3}\right)^n.$$

而 $\sum\limits_{n=1}^{\infty} x\left(\dfrac{2}{3}\right)^n$ 是收敛的等比级数,故由比较判别法知 $\sum\limits_{n=1}^{\infty} 2^n \sin\dfrac{x}{3^n}$ 收敛. □

例 8.1.8 级数 $\sum\limits_{n=1}^{\infty} \dfrac{1}{n^p}$ 称为 p 级数. 证明: p 级数在 $p>1$ 时收敛,$p \leqslant 1$ 时发散.

证 p 级数是正项级数,且当 $p \leqslant 1$ 时

$$\frac{1}{n^p} \geqslant \frac{1}{n} \quad (n=1,2,\cdots),$$

而 $\sum\limits_{n=1}^{\infty} \dfrac{1}{n}$ 发散,所以由比较判断法知,$\sum\limits_{n=1}^{\infty} \dfrac{1}{n^p}$ 也发散.

当 $p>1$ 时,把 p 级数的各项按下面方式加括号:

$$1+\left(\frac{1}{2^p}+\frac{1}{3^p}\right)+\left(\frac{1}{4^p}+\frac{1}{5^p}+\frac{1}{6^p}+\frac{1}{7^p}\right)+\cdots$$
$$+\left(\frac{1}{(2^n)^p}+\frac{1}{(2^n+1)^p}+\cdots+\frac{1}{(2^{n+1}-1)^p}\right)+\cdots$$

注意加括号后级数的通项

$$\frac{1}{(2^n)^p}+\frac{1}{(2^n+1)^p}+\cdots+\frac{1}{(2^{n+1}-1)^p} < \frac{1}{(2^n)^p}+\frac{1}{(2^n)^p}+\cdots+\frac{1}{(2^n)^p}=\left(\frac{1}{2^{p-1}}\right)^n,$$

而级数 $\sum\limits_{n=1}^{\infty}\left(\dfrac{1}{2^{p-1}}\right)^n$ 当 $p>1$ 时是公比为 $\dfrac{1}{2^{p-1}}$ 的等比级数,因而收敛. 所以由比较判别法知加括号后的级数 $1+\left(\dfrac{1}{2^p}+\dfrac{1}{3^p}\right)+\left(\dfrac{1}{4^p}+\dfrac{1}{5^p}+\dfrac{1}{6^p}+\dfrac{1}{7^p}\right)+\cdots$ 收敛.

由正项级数收敛的充要条件知该级数的前 n 项和有界,但原 p 级数的前 n 项和显然小于带括号的新级数的前 n 项的和,所以原 p 级数的前 n 项的部分和有界,从而原 p 级数 $\sum\limits_{n=1}^{\infty} \dfrac{1}{n^p}$ 收敛. □

注意:(1) 前面已经指出,对一般项级数,加括号后所得的级数即使收敛,原级数也未必收敛,从上面的证明可知,对于正项级数,加括号后的级数与原级数的敛散性相同.

(2) 调和级数 $\sum\limits_{n=1}^{\infty} \dfrac{1}{n}$ 是 p 级数 $\sum\limits_{n=1}^{\infty} \dfrac{1}{n^p}$ 当 $p=1$ 时的特殊情形.

(3) 今后判别某些正项级数的敛散性时,也可以直接与 p 级数进行比较.

例如对级数 $\sum\limits_{n=1}^{\infty} \dfrac{1}{\sqrt{n(n^2+1)}}$,因为

$$u_n = \frac{1}{\sqrt{n(n^2+1)}} < \frac{1}{\sqrt{n \cdot n^2}} = \frac{1}{n^{\frac{3}{2}}},$$

而 $\sum\limits_{n=1}^{\infty} \dfrac{1}{n^{\frac{3}{2}}}$ 是收敛的 p 级数 $\left(p=\dfrac{3}{2}>1\right)$,所以原级数收敛.

从以上例题可知,在利用比较判别法判别级数的敛散性时,需要选择一个敛散性已明确的级数作为比较对象,常被选用的级数主要是几何级数和 p 级数. 为判别某级数收敛,

一般要找一个其通项比已知级数通项大的收敛的级数；为要判别某级数发散，则要找一个其通项比已知级数通项小的发散的级数. 在具体操作时，通常会遇到两个问题：一是对原级数的敛散性要有所估计；二是要按上述要求找已知的几何级数或 p 级数. 这往往是比较困难的. 下面我们介绍一种以比较判别法为理论基础的、使用比较方便的正项级数的判别法——比值判别法. 它只需由级数自身的情况来判定，而无需另找一个比较对象，因而在一些情况下使用起来较为方便.

3. 比值判别法

定理 8.1.5 （比值判别法）　对于正项级数 $\sum\limits_{n=1}^{\infty} u_n$，

(1) 若 $\lim\limits_{n\to\infty} \dfrac{u_{n+1}}{u_n} = \rho < 1$，则级数 $\sum\limits_{n=1}^{\infty} u_n$ 收敛；

(2) 若 $\lim\limits_{n\to\infty} \dfrac{u_{n+1}}{u_n} = \rho > 1$（包括 $\rho = +\infty$），则级数 $\sum\limits_{n=1}^{\infty} u_n$ 发散.

证　(1) 若 $\rho < 1$，则选取 r，使 $0 < \rho < r < 1$. 由极限性质，必存在一个自然数 m，使当 $n \geqslant m$ 时

$$\frac{u_{n+1}}{u_n} < r < 1,$$

依次取 $n = m, m+1, m+2, \cdots$ 得

$$\frac{u_{m+1}}{u_m} < r, \quad \frac{u_{m+2}}{u_{m+1}} < r, \quad \cdots,$$

即 $u_{m+1} < r u_m$，$u_{m+2} < r u_{m+1} < r^2 u_m$，$u_{m+3} < r^3 u_m$，$\cdots$，因此，级数

$$u_{m+1} + u_{m+2} + u_{m+3} + \cdots$$

的各项均小于级数

$$r u_m + r^2 u_m + r^3 u_m + \cdots$$

中的各对应项. 而后者是首项为 $r u_m$，公比为 $r(0 < r < 1)$ 的几何级数，它是收敛的. 由比较判别法知级数 $u_{m+1} + u_{m+2} + u_{m+3} + \cdots$ 收敛.

再由性质 8.1.3 知，在上述级数前面添加有限项 $u_1 + u_2 + \cdots + u_m$ 得到的级数仍收敛，即级数 $\sum\limits_{n=1}^{\infty} u_n$ 收敛.

(2) 若 $\rho > 1$，且 $\rho \neq +\infty$，则可选取 r，使 $\rho > r > 1$. 仍由极限性质，存在自然数 N，使当 $n > N$ 时有 $\dfrac{u_{n+1}}{u_n} > r > 1$，所以 $u_{n+1} > u_n$，这说明 u_n 是单调递增的，因而 $u_n \nrightarrow 0$，所以级数 $\sum\limits_{n=1}^{\infty} u_n$ 发散.

最后，当 $\lim\limits_{n\to\infty} \dfrac{u_{n+1}}{u_n} = +\infty$ 时，也有 $u_{n+1} > u_n$，$u_n \nrightarrow 0$，级数 $\sum\limits_{n=1}^{\infty} u_n$ 发散.　□

例 8.1.9　判断下列正项级数的敛散性：

(1) $\sum\limits_{n=1}^{\infty} \dfrac{n}{2^n}$；

(2) $\sum\limits_{n=1}^{\infty} \dfrac{x^n}{n!} \quad (x > 0)$.

解 （1）$\lim\limits_{n\to\infty}\dfrac{u_{n+1}}{u_n}=\lim\limits_{n\to\infty}\dfrac{\dfrac{n+1}{2^{n+1}}}{\dfrac{n}{2^n}}=\lim\limits_{n\to\infty}\dfrac{n+1}{2n}=\dfrac{1}{2}<1$，级数 $\sum\limits_{n=1}^{\infty}\dfrac{n}{2^n}$ 收敛.

（2）因 $x>0$，所以这个级数是正项级数. 而

$$\lim_{n\to\infty}\frac{u_{n+1}}{u_n}=\lim_{n\to\infty}\frac{\dfrac{x^{n+1}}{(n+1)!}}{\dfrac{x^n}{n!}}=\lim_{n\to\infty}\frac{x}{n+1}=0<1,$$

所以对任何正数 x，级数 $\sum\limits_{n=1}^{\infty}\dfrac{x^n}{n!}\,(x>0)$ 收敛. $\qquad\square$

比值判别法是达朗贝尔($\mathrm{d'Alembert}$)给出的，所以这种方法又称为达朗贝尔判别法. 比值判别法虽然应用方便，但它也有局限性，即当 $\rho=1$ 时，无法得出结论. 如对于 p 级数，当 $n\to\infty$ 时，

$$\frac{u_{n+1}}{u_n}=\left(\frac{n}{n+1}\right)^p\to 1,$$

我们就无法用比值判别法判定其敛散性.

例 8.1.10 判断下列级数的敛散性：

（1）$\sum\limits_{n=1}^{\infty}\dfrac{x^n}{\sqrt{n}}\,(x>0)$；
（2）$\sum\limits_{n=1}^{\infty}\dfrac{n\cos^2\dfrac{n\pi}{3}}{2^n}$.

解 （1）这是正项级数，且

$$\lim_{n\to\infty}\frac{u_{n+1}}{u_n}=\lim_{n\to\infty}\frac{\dfrac{x^{n+1}}{\sqrt{n+1}}}{\dfrac{x^n}{\sqrt{n}}}=x,$$

所以当 $0<x<1$ 时，级数 $\sum\limits_{n=1}^{\infty}\dfrac{x^n}{\sqrt{n}}$ 收敛；当 $x>1$ 时，级数 $\sum\limits_{n=1}^{\infty}\dfrac{x^n}{\sqrt{n}}$ 发散；当 $x=1$ 时，$\lim\limits_{n\to\infty}\dfrac{u_{n+1}}{u_n}=1$，这时比值判别法失效. 但此时，级数 $\sum\limits_{n=1}^{\infty}\dfrac{x^n}{\sqrt{n}}$ 成为 $\sum\limits_{n=1}^{\infty}\dfrac{1}{\sqrt{n}}$，这是 $p=\dfrac{1}{2}$ 的 p 级数，它是发散的.

因此，级数 $\sum\limits_{n=1}^{\infty}\dfrac{x^n}{\sqrt{n}}\,(x>0)$ 当 $x<1$ 时收敛，当 $x\geqslant 1$ 时发散.

（2）这是正项级数. 由于

$$\frac{u_{n+1}}{u_n}=\frac{\dfrac{(n+1)\cos^2\dfrac{(n+1)\pi}{3}}{2^{n+1}}}{\dfrac{n\cos^2\dfrac{n\pi}{3}}{2^n}}=\frac{n+1}{2n}\cdot\frac{\cos^2\dfrac{(n+1)\pi}{3}}{\cos^2\dfrac{n\pi}{3}},$$

显然，$\lim\limits_{n\to\infty}\dfrac{u_{n+1}}{u_n}$ 不存在，于是比值判别法失效. 但 $u_n=\dfrac{n\cos^2\dfrac{n\pi}{3}}{2^n}\leqslant\dfrac{n}{2^n}$,

而由例 8.1.9(1) 知级数 $\sum\limits_{n=1}^{\infty}\dfrac{n}{2^n}$ 收敛，所以由比较判别法知级数 $\sum\limits_{n=1}^{\infty}\dfrac{n\cos^2\dfrac{n\pi}{3}}{2^n}$ 收敛. □

综上所述，比值判别法在判定正项级数的敛散性时是一种比较方便的方法，但当比值的极限是 1 或比值的极限不存在(非 $+\infty$) 时，比值判别法就失效，这时就需另想其他办法来进行判定.

8.1.4　交错级数及审敛法

如果级数的各项符号正负相间，则称该级数为交错级数，交错级数可写成如下形式：

$$\sum_{n=1}^{\infty}(-1)^{n-1}a_n=a_1-a_2+a_3-a_4+\cdots+(-1)^{n-1}a_n+\cdots,$$

其中 $a_1,a_3,\cdots a_{2n-1},\cdots$ 保持同号. 为方便起见，以下均设 $a_n>0$.

对于交错级数有下面的莱布尼兹(Leibniz)判别法：

定理 8.1.6　(莱布尼兹判别法)　如果交错级数 $\sum\limits_{n=1}^{\infty}(-1)^{n-1}a_n$ 满足条件：

(1) $a_n\geqslant a_{n+1},\quad n=1,2,\cdots$;

(2) $\lim\limits_{n\to\infty}a_n=0$,

则级数收敛，且其和 S 不超过级数的第一项，即

$$S=\sum_{n=1}^{\infty}(-1)^{n-1}a_n\leqslant a_1.$$

证　先考虑前 $2n$ 项的和：

$$\begin{aligned}
S_{2n}&=a_1-a_2+a_3-a_4+\cdots+a_{2n-1}-a_{2n}\\
&=(a_1-a_2)+(a_3-a_4)+\cdots+(a_{2n-1}-a_{2n}),\\
S_{2(n+1)}&=(a_1-a_2)+(a_3-a_4)+\cdots+(a_{2n-1}-a_{2n})+(a_{2n+1}-a_{2n+2})\\
&=S_{2n}+(a_{2n+1}-a_{2n+2}).
\end{aligned}$$

因 $a_n\geqslant a_{n+1}$, $n=1,2,\cdots$, 所以 $a_{2n+1}-a_{2n+2}\geqslant 0$, $S_{2n}\leqslant S_{2(n+1)}$, 即 $\{S_{2n}\}$ 单调递增. 又

$$\begin{aligned}
S_{2n}&=a_1-a_2+a_3-a_4+\cdots+a_{2n-1}-a_{2n}\\
&=a_1-(a_2-a_3)-\cdots-(a_{2n-1}-a_{2n-1})-a_{2n}\leqslant a_1.
\end{aligned}$$

故 $\{S_{2n}\}$ 是单调递增有上界的数列，必存在极限. 设 $\lim\limits_{n\to\infty}S_{2n}=S$, 由极限的保号性知 $S\leqslant a_1$. 又因为 $S_{2n+1}=S_{2n}+a_{2n+1}$, $\lim\limits_{n\to\infty}a_{2n+1}=0$.

所以 $\lim\limits_{n\to\infty}S_{2n+1}=\lim\limits_{n\to\infty}(S_{2n}+a_{2n+1})=\lim\limits_{n\to\infty}S_{2n}+\lim\limits_{n\to\infty}a_{2n+1}=S+0=S.$

由此可知，$\lim\limits_{n\to\infty}S_n=S$, 即级数 $\sum\limits_{n=1}^{\infty}(-1)^{n-1}a_n$ 收敛，并且其和 $S\leqslant a_1$. □

满足定理 8.1.6 的交错级数 $\sum\limits_{n=1}^{\infty}(-1)^{n-1}a_n$ 称为莱布尼兹交错级数. 令 $R_n=S-S_n=$

$\pm(a_{n+1}-a_{n+2}+a_{n+3}-\cdots)$,则同样有:

$$|R_n|=a_{n+1}-a_{n+2}+a_{n+3}\cdots\leqslant a_{n+1}.$$

由此可得下面的推论:

推论 对于莱布尼兹交错级数 $\sum\limits_{n=1}^{\infty}(-1)^{n-1}a_n$,若以它的前 n 项部分和 S_n 作为级数和 S 的近似值,则其误差不超过 a_{n+1}.

例 8.1.11 判断下列级数的敛散性:

(1) $\sum\limits_{n=1}^{\infty}(-1)^{n-1}\dfrac{1}{n}$; (2) $\dfrac{1}{10}-\dfrac{2}{10^2}+\dfrac{3}{10^3}-\cdots+(-1)^{n+1}\dfrac{n}{10^n}+\cdots$.

解 (1) $a_n=\dfrac{1}{n}$,显然 $a_n=\dfrac{1}{n}>\dfrac{1}{n+1}=a_{n+1}$,

且 $\lim\limits_{n\to\infty}a_n=\lim\limits_{n\to\infty}\dfrac{1}{n}=0$. 所以级数 $\sum\limits_{n=1}^{\infty}(-1)^{n-1}\dfrac{1}{n}$ 收敛.

(2) $a_n=\dfrac{n}{10^n}$,$a_n-a_{n+1}=\dfrac{n}{10^n}-\dfrac{n+1}{10^{n+1}}=\dfrac{9n-1}{10^{n+1}}>0$,

即 $a_n>a_{n+1}$,又因为

$$\lim\limits_{n\to\infty}a_n=\lim\limits_{n\to\infty}\dfrac{n}{10^n}=0,$$

所以级数 $\dfrac{1}{10}-\dfrac{2}{10^2}+\dfrac{3}{10^3}-\cdots+(-1)^{n+1}\dfrac{n}{10^n}+\cdots$ 收敛. □

8.1.5 任意项级数的绝对收敛与条件收敛

前面我们研究了正项级数和交错级数的敛散性判别法. 本节将研究任意项级数的敛散性判别法.

定义 8.1.3 对于任意项级数 $\sum\limits_{n=1}^{\infty}u_n$,称 $\sum\limits_{n=1}^{\infty}|u_n|$ 为 $\sum\limits_{n=1}^{\infty}u_n$ 的绝对值级数.

定理 8.1.7 如果任意项级数 $\sum\limits_{n=1}^{\infty}u_n$ 的绝对值级数 $\sum\limits_{n=1}^{\infty}|u_n|$ 收敛,则 $\sum\limits_{n=1}^{\infty}u_n$ 必收敛.

证 令 $v_n=\dfrac{1}{2}(u_n+|u_n|)$,则 $v_n\geqslant0$,$\sum\limits_{n=1}^{\infty}v_n$ 是正项级数,且 $v_n\leqslant|u_n|$(v_n 或者是 0 或者是 $|u_n|$),而 $\sum\limits_{n=1}^{\infty}|u_n|$ 收敛,因此,由正项级数比较判别法知 $\sum\limits_{n=1}^{\infty}v_n$ 收敛,所以 $\sum\limits_{n=1}^{\infty}(2v_n-|u_n|)$ 收敛,即 $\sum\limits_{n=1}^{\infty}u_n$ 收敛. □

注意:级数 $\sum\limits_{n=1}^{\infty}u_n$ 收敛,则 $\sum\limits_{n=1}^{\infty}|u_n|$ 未必收敛. 例如,交错级数 $\sum\limits_{n=1}^{\infty}(-1)^{n-1}\dfrac{1}{n}$ 收敛,但其绝对值级数 $\sum\limits_{n=1}^{\infty}\dfrac{1}{n}$ 发散.

定义 8.1.4 如果任意项级数 $\sum\limits_{n=1}^{\infty}u_n$ 的绝对值级数 $\sum\limits_{n=1}^{\infty}|u_n|$ 收敛,则称级数 $\sum\limits_{n=1}^{\infty}u_n$ 为绝

对收敛;如果级数 $\sum\limits_{n=1}^{\infty} u_n$ 收敛,而其绝对值级数 $\sum\limits_{n=1}^{\infty} |u_n|$ 发散,则称级数 $\sum\limits_{n=1}^{\infty} u_n$ 为条件收敛.

例 8.1.12 判断下列级数敛散性,并指出是绝对收敛还是条件收敛:

(1) $\sum\limits_{n=1}^{\infty} \dfrac{x^n}{n!}$ $(-\infty < x < +\infty)$;

(2) $\sum\limits_{n=1}^{\infty} \dfrac{2\sin\dfrac{n\pi}{2}-1}{n^2}$;

(3) $\sum\limits_{n=1}^{\infty} \dfrac{n\cos n\pi}{n^2+1}$.

解 (1) 其绝对值级数是 $\sum\limits_{n=1}^{\infty} \dfrac{|x^n|}{n!}$,当 $x=0$ 时显然收敛,当 $x \neq 0$ 时由比值判别法,

可知它收敛(参见例 8.1.9(2)).所以原级数 $\sum\limits_{n=1}^{\infty} \dfrac{x^n}{n!}$ $(-\infty < x < +\infty)$ 绝对收敛.

(2) 其绝对值级数为 $\sum\limits_{n=1}^{\infty} \dfrac{\left|2\sin\dfrac{n\pi}{2}-1\right|}{n^2}$,因为 $\dfrac{\left|2\sin\dfrac{n\pi}{2}-1\right|}{n^2} \leqslant \dfrac{3}{n^2}$,而 $\sum\limits_{n=1}^{\infty} \dfrac{3}{n^2}$ 收敛,所

以由比较判别法知 $\sum\limits_{n=1}^{\infty} \dfrac{\left|2\sin\dfrac{n\pi}{2}-1\right|}{n^2}$ 收敛,因而原级数 $\sum\limits_{n=1}^{\infty} \dfrac{2\sin\dfrac{n\pi}{2}-1}{n^2}$ 绝对收敛.

(3) 其绝对值级数为 $\sum\limits_{n=1}^{\infty} \dfrac{n}{n^2+1}$,因为 $\dfrac{n}{n^2+1} \geqslant \dfrac{n}{n^2+n^2} = \dfrac{1}{2n}$,而级数 $\sum\limits_{n=1}^{\infty} \dfrac{1}{2n}$ 发散,故由

比较判别法知级数 $\sum\limits_{n=1}^{\infty} \dfrac{n}{n^2+1}$ 发散.

由于原级数 $\sum\limits_{n=1}^{\infty} \dfrac{n\cos n\pi}{n^2+1}$ 是交错级数 $\sum\limits_{n=1}^{\infty} (-1)^n a_n$,其中 $a_n = \dfrac{n}{n^2+1}$.因为

$$a_n - a_{n+1} = \frac{n}{n^2+1} - \frac{n+1}{(n+1)^2+1} = \frac{n^2+n-1}{(n^2+1)[(n+1)^2+1]} > 0,$$

故 $a_n \geqslant a_{n+1}$,且 $\lim\limits_{n\to\infty} a_n = \lim\limits_{n\to\infty} \dfrac{n}{n^2+1} = 0$,由莱布尼兹判别法知,级数 $\sum\limits_{n=1}^{\infty} \dfrac{n\cos n\pi}{n^2+1}$ 收敛,因

而原级数为条件收敛. □

例 8.1.13 判断级数 $\sum\limits_{n=1}^{\infty} (-1)^{\frac{n(n+1)}{2}} \dfrac{n^n}{n!}$ 的敛散性.

解 设级数通项为 u_n,则

$$\frac{|u_{n+1}|}{|u_n|} = \left(\frac{n+1}{n}\right)^n > 1,$$

可得 $|u_{n+1}| \geqslant |u_n|$,故当 $n \to \infty$ 时 $|u_n| \nrightarrow 0$,从而 $u_n \nrightarrow 0$,由级数收敛的必要条件,知原级数与相应的绝对值级数都发散. □

对于任意项级数是否绝对收敛,可引用正项级数的判别法进行考察,下面给出任意项级数的比值判别法.

定理 8.1.8 （任意项级数的比值判别法）设 $\sum\limits_{n=1}^{\infty} u_n$ 为任意项级数,如果 $\lim\limits_{n\to\infty} \dfrac{|u_{n+1}|}{|u_n|} = l$ 或为 $+\infty$,则有

(1) 当 $l < 1$ 时,$\sum\limits_{n=1}^{\infty} u_n$ 绝对收敛;

(2) 当 $l > 1$ 或为 $+\infty$ 时,$\sum\limits_{n=1}^{\infty} u_n$ 发散.

请读者自行证明.

习　题　8.1

1. 指出错在哪里:

求 $1+2+4+8+16+32+\cdots$ 的和.

解　令 $S = 1+2+4+8+16+32+\cdots$

$\quad\quad\quad = 1+2(1+2+4+8+16+\cdots)$

所以　$S = 1+2S, 2S-S = -1$　$S = -1$,

即 $1+2+4+8+16+32+\cdots = -1$.

2. 根据定义判断下列级数的敛散性,在收敛时求其和.

(1) $\dfrac{1}{2!} + \dfrac{2}{3!} + \dfrac{3}{4!} + \cdots + \dfrac{n}{(n+1)!} + \cdots$;

(2) $\dfrac{\ln 2}{2} + \dfrac{\ln^2 2}{2^2} + \dfrac{\ln^3 2}{2^3} + \cdots$;

(3) $\ln 2 + \ln \dfrac{3}{2} + \ln \dfrac{4}{3} + \cdots$;

(4) $\sum\limits_{n=1}^{\infty} \dfrac{1}{\sqrt{n}+\sqrt{n+1}}$.

3. 回答下列问题:

(1) 已知级数 $\sum\limits_{n=1}^{\infty} v_n$ 收敛,级数 $\sum\limits_{n=1}^{\infty} u_n$ 发散,则 $\sum\limits_{n=1}^{\infty} (u_n \pm v_n)$ 的敛散性如何?

(2) 如果 $\sum\limits_{n=1}^{\infty} u_n$ 与 $\sum\limits_{n=1}^{\infty} v_n$ 均发散,则 $\sum\limits_{n=1}^{\infty} (u_n \pm v_n)$ 的敛散性如何?

4. 利用等比级数、调和级数以及级数的性质,判定下列级数的敛散性:

(1) $-\dfrac{8}{9} + \dfrac{8^2}{9^2} - \dfrac{8^3}{9^3} + \dfrac{8^4}{9^4} - \cdots$;

(2) $1! + 2! + 3! + 4! + \cdots$;

(3) $1 + \dfrac{2}{3} + \dfrac{3}{5} + \dfrac{4}{7} + \dfrac{5}{9} + \cdots$;

(4) $\sum\limits_{n=1}^{\infty} \left[\left(\dfrac{1}{2}\right)^n + 1\right]$;

(5) $\sum\limits_{n=1}^{\infty} \left(\dfrac{1}{2^n} + \dfrac{2}{3^n}\right)$;

(6) $\sum\limits_{n=2}^{\infty} \dfrac{5}{n-1}$.

5. 用比较判别法判定下列级数的敛散性:

(1) $\sum\limits_{n=2}^{\infty} \dfrac{1}{(n+1)(n-1)}$;

(2) $\sum\limits_{n=1}^{\infty} \sin \dfrac{\pi}{4^n}$;

(3) $\sum\limits_{n=1}^{\infty} \dfrac{1}{3n-4}$;

(4) $\sum\limits_{n=1}^{\infty} \dfrac{2+(-1)^n}{2^n}$;

(5) $\sum\limits_{n=1}^{\infty} \dfrac{1}{\ln n - 1}$;

(6) $\sum\limits_{n=1}^{\infty} \dfrac{1}{\sqrt{n^2+n}}$;

(7) $\sum\limits_{n=1}^{\infty} \dfrac{n}{2+n^2}$;

(8) $\sum\limits_{n=1}^{\infty} \dfrac{1}{\ln(n+1)}$.

6. 判别下列级数的敛散性:

(1) $\displaystyle\sum_{n=1}^{\infty} \frac{1}{n\sqrt{n}}$;

(2) $\displaystyle\sum_{n=1}^{\infty} \frac{1}{\sqrt[3]{n^2}}$;

(3) $\displaystyle\sum_{n=1}^{\infty} \frac{2^n}{3^{n+1}}$;

(4) $\displaystyle\sum_{n=1}^{\infty} n^3 \cdot \frac{8^n}{9^n}$;

(5) $\displaystyle\sum_{n=1}^{\infty} (\ln 3)^{n-1}$;

(6) $\displaystyle\sum_{n=1}^{\infty} \frac{100}{\sqrt{(n+1)(n^2+1)}}$.

7. 用比值法判别下列级数的敛散性:

(1) $\displaystyle\sum_{n=1}^{\infty} \frac{(n!)^2}{(2n)!}$;

(2) $\displaystyle\sum_{n=1}^{\infty} \frac{5n}{n!}$;

(3) $\displaystyle\sum_{n=1}^{\infty} n\tan \frac{\pi}{2^{n+1}}$;

(4) $\displaystyle\sum_{n=1}^{\infty} \frac{3^n}{n \cdot 2^n}$;

(5) $\displaystyle\sum_{n=1}^{\infty} \frac{n^{10}}{3^n}$;

(6) $\displaystyle\sum_{n=1}^{\infty} \frac{x^n}{n^2} (x>0)$.

8. 判别下列级数的敛散性:

(1) $\displaystyle\sum_{n=1}^{\infty} \frac{n\cos^2 \frac{n\pi}{3}}{2^n}$;

(2) $\displaystyle\sum_{n=1}^{\infty} \frac{n^b}{a^n} (a>0, a\neq 1)$;

(3) $\displaystyle\sum_{n=1}^{\infty} \frac{1}{(2n+1) \cdot 2n}$;

(4) $\displaystyle\sum_{n=1}^{\infty} \frac{1+n}{1+n^2}$;

(5) $\displaystyle\sum_{n=1}^{\infty} \frac{1}{1+a^n} (a>0)$.

9. 判别下列级数的敛散性,并指出是绝对收敛还是条件收敛:

(1) $1 - \dfrac{1}{\sqrt[3]{2}} + \dfrac{1}{\sqrt[3]{3}} - \dfrac{1}{\sqrt[3]{4}} + \dfrac{1}{\sqrt[3]{5}} - \cdots$;

(2) $\displaystyle\sum_{n=1}^{\infty} (-1)^{n-1} \frac{1}{(2n-1)^2}$;

(3) $\dfrac{1}{\ln 2} - \dfrac{1}{\ln 3} + \dfrac{1}{\ln 4} - \dfrac{1}{\ln 5} + \cdots$;

(4) $\displaystyle\sum_{n=1}^{\infty} (-1)^n \frac{1}{(n+2) \cdot 2^n}$;

(5) $\displaystyle\sum_{n=1}^{\infty} (-1)^{n+1} \frac{2^n}{n!}$;

(6) $\displaystyle\sum_{n=1}^{\infty} \frac{\sin n}{n^3}$;

(7) $\displaystyle\sum_{n=1}^{\infty} \frac{(-1)^n + 2}{(-1)^{n-1} \cdot 2^n}$.

10. 讨论下列级数的绝对收敛、条件收敛性:

(1) $\displaystyle\sum_{n=1}^{\infty} \frac{(-1)^{n-1}}{n^p}$ (p 为任意实数);

(2) $\displaystyle\sum_{n=1}^{\infty} \frac{x^n}{n}$ (x 为任意实常数);

(3) $\displaystyle\sum_{n=1}^{\infty} \frac{(x-2)^n}{\sqrt[3]{n}}$ (x 为任意实常数).

§8.2 函数项级数

8.2.1 函数项级数一般概念

如函数序列 $u_1(x), u_2(x), \cdots, u_n(x), \cdots$ 定义在 I 上,则称

$$\sum_{n=1}^{\infty} u_n(x) = u_1(x) + u_2(x) + \cdots + u_n(x) + \cdots \tag{1}$$

为区间 I 上的函数项级数.

设 $x_0 \in I$，以 x_0 代入(1)可得数项级数

$$\sum_{n=1}^{\infty} u_n(x_0) = u_1(x_0) + u_2(x_0) + \cdots + u_n(x_0) + \cdots. \tag{2}$$

若级数(2)收敛，则称函数项级数(1)在点 x_0 收敛，x_0 称为函数项级数(1)的收敛点；若级数(2)发散，则称函数项级数(1)在点 x_0 发散.由收敛点所组成的集合称为级数(1)的收敛域.

函数项级数(1)在收敛域上每一点所对应的数项级数(2)均有一确定的和 S，因此，在收敛域上，函数项级数(1)的和是 x 的函数，记为 $S(x)$，并称 $S(x)$ 为函数项级数(1)的和函数.和函数 $S(x)$ 的定义域就是级数(1)的收敛域.把函数项级数(1)的前 n 项和记为 $S_n(x)$，那么仍称 $R_n(x) = S(x) - S_n(x)$ 为函数项级数的余项.例如，

$$\sum_{n=1}^{\infty} x^{n-1} = 1 + x + x^2 + \cdots + x^{n-1} + \cdots,$$

当 $|x| < 1$ 时，此级数收敛，和函数为

$$S(x) = \lim_{n \to \infty} S_n(x) = \lim_{n \to \infty} \frac{1-x^n}{1-x} = \frac{1}{1-x},$$

即

$$\frac{1}{1-x} = 1 + x + x^2 + \cdots + x^{n-1} + \cdots, \quad x \in (-1, 1).$$

例 8.2.1 求函数项级数 $\sum_{n=1}^{\infty} \frac{1}{n^x}$ 的收敛域.

解 因为 p 级数 $\sum_{n=1}^{\infty} \frac{1}{n^p}$ 当 $p > 1$ 时收敛，当 $p \leqslant 1$ 时发散.所以函数项级数 $\sum_{n=1}^{\infty} \frac{1}{n^x}$ 的收敛域是 $(1, +\infty)$. $\square$

例 8.2.2 求函数项级数 $\frac{\sin x}{1^2} + \frac{\sin^2 x}{2^2} + \cdots + \frac{\sin^n x}{n^2} + \cdots$ 的收敛域.

解 $\forall x \in R, \quad \left| \frac{\sin^n x}{n^2} \right| \leqslant \frac{1}{n^2},$

由 $\sum_{n=1}^{\infty} \frac{1}{n^2}$ 收敛知 $\sum_{n=1}^{\infty} \left| \frac{\sin^n x}{n^2} \right|$ 对任意的 x 值均收敛，从而 $\sum_{n=1}^{\infty} \frac{\sin^n x}{n^2}$ 对任意的 x 值均收敛.

所以函数项级数 $\sum_{n=1}^{\infty} \frac{\sin^n x}{n^2}$ 的收敛域为 $(-\infty, +\infty)$. $\square$

8.2.2 函数项级数的一致收敛性

对于函数项级数，我们不仅要找出它的收敛域，而且还要根据级数中各项 $u_n(x)$ 的性质来研究和函数的性质.例如：

(1) 如果每个 $u_n(x)$ 都在收敛域内某点 x_0 处连续，那么其和函数在点 x_0 是否也

连续?

(2) 如果每个 $u_n(x)$ 都在收敛域内某点 x_0 处可导,那么其和函数 $S(x)$ 在点 x_0 是否也可导,且

$$S'(x_0) = \sum_{n=1}^{\infty} u'_n(x_0)?$$

(3) 如果每个 $u_n(x)$ 在收敛域的某个子区间 $[a,b]$ 上可积,那么其和函数 $S(x)$ 在 $[a,b]$ 上是否也可积,且

$$\int_a^b S(x)\mathrm{d}x = \sum_{n=1}^{\infty} \int_a^b u_n(x)\mathrm{d}x?$$

为此我们先考虑下面的例子:

例 8.2.3 研究函数项级数

$$\sum u_n(x) = u_1(x) + u_2(x) + \cdots + u_n(x) + \cdots$$

的和函数在其收敛域内的连续性,其中

$$u_1(x) = x, \quad u_n(x) = x^n - x^{n-1}, \quad n = 2, 3, \cdots.$$

解 显然

$$S_n(x) = x + (x^2 - x) + \cdots + (x^n - x^{n-1}) = x^n,$$

所以当 $|x| < 1$ 时,$\lim\limits_{n \to \infty} S_n(x) = 0$,级数收敛于零;

当 $x = 1$ 时,$\lim\limits_{n \to \infty} S_n(x) = \lim\limits_{n \to \infty} 1 = 1$,级数收敛于 1;

当 $|x| > 1$ 和 $x = -1$ 时,极限 $\lim\limits_{n \to \infty} S_n(x)$ 不存在,所以级数发散. 这样,级数的收敛域为 $(-1,1]$,和函数为

$$S(x) = \begin{cases} 0, & |x| < 1, \\ 1, & x = 1. \end{cases}$$

所以和函数 $S(x)$ 在区间 $(-1,1)$ 内连续,但在点 $x = 1$ 处不连续. □

从这个例子可以看出,虽然级数的每一项在点 $x = 1$ 处不但连续,而且可导;但其和函数在点 $x = 1$ 处却不连续,更谈不上可导了. 可见,为使级数 (1) 中各项 $u_n(x)$ 的公共性质能传递到和函数 $S(x)$,就必须对级数的收敛性提出更高的要求. 为此,我们介绍下面的一致收敛概念.

定义 8.2.1 设有函数项级数 $\sum\limits_{n=1}^{\infty} u_n(x)$,它在区间 $[a,b]$ 上收敛于和函数 $S(x)$. 如果 $\forall \varepsilon > 0$,存在一仅与 ε 有关而与 x 无关的自然数 N,使当 $n > N$ 时,$\forall x \in [a,b]$ 有

$$|S(x) - S_n(x)| < \varepsilon,$$

那么就称函数项级数 $\sum\limits_{n=1}^{\infty} u_n(x)$ 在区间 $[a,b]$ 上一致收敛于 $S(x)$.

从表面上看,函数项级数在区间上的一致收敛性与处处收敛性之间似乎没有什么不同,但实际上两者有着本质的差别. 在处处收敛定义中,$S_n(x) \to S(x) (x \in [a,b])$ 是指 $\forall x_0 \in [a,b]$,$\forall \varepsilon > 0$,$\exists N = N(x_0, \varepsilon)$,使当 $n > N$ 时

$$|S_n(x_0) - S(x_0)| < \varepsilon,$$

这里的 N 不但与 ε 有关,而且与 x_0 也有关. 当 x_0 变动时,N 也不同. 对区间 $[a,b]$ 上一切

x 都适用的 N 未必存在. 例如,对例 8.2.3 中的函数项级数,$\forall x_0 \in (0,1)$,$S_n(x_0) \rightarrow S(x_0)$,即 $x_0^n \rightarrow 0$,给定了 $\varepsilon > 0$,其中 N 可以这样求得:由 $x_0^n < \varepsilon$ 可得 $n > \dfrac{\ln \varepsilon}{\ln x_0}$,即可取

$$N = \left[\frac{\ln \varepsilon}{\ln x_0} \right],$$

这里的 N 显然与 x_0 有关,而且 x_0 越接近于 1,N 的值也越大,要想得到对 $(0,1)$ 中一切 x 都适用的 N,是不可能的. 这从几何上看也是很明显的. 函数项级数一致收敛的几何意义是:只要 n 充分大 $(n > N)$,在区间 $[a,b]$ 上所有曲线 $y = S_n(x)$ 将位于曲线 $y = S(x) + \varepsilon$ 和 $y = S(x) - \varepsilon$ 之间(图 8.2.1),但对例 8.2.3 中的函数项级数,不论 n 多么大,曲线 $y = x^n$ 的图像总要越出 $y = \pm \varepsilon$(图 8.2.2). 由此也可推出,例 8.2.3 中的函数项级数在 $(0,1]$ 上不是一致收敛的.

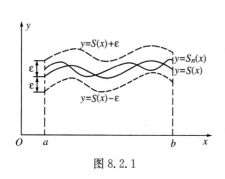

图 8.2.1

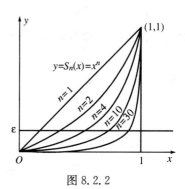

图 8.2.2

例 8.2.4 证明等比级数 $1 + x + x^2 + \cdots + x^{n-1} + \cdots$ 在 $|x| \leqslant a (0 < a < 1)$ 上是一致收敛的.

证 因为当 $|x| < 1$ 时

$$S(x) = 1 + x + \cdots + x^{n-1} + \cdots = \frac{1}{1-x},$$

而其前 n 项的和

$$S_n(x) = 1 + x + x^2 + \cdots + x^{n-1} = \frac{1-x^n}{1-x},$$

所以当 $|x| \leqslant a < 1$ 时

$$|S(x) - S_n(x)| = \left| \frac{x^n}{1-x} \right| \leqslant \frac{a^n}{1-a}.$$

因此 $\forall \varepsilon > 0$,要使 $|S(x) - S_n(x)| < \varepsilon$,只需 $\dfrac{a^n}{1-a} < \varepsilon$,即 $n > \dfrac{\ln[\varepsilon(1-a)]}{\ln a}$,所以只要取 $N = \left[\dfrac{\ln[\varepsilon(1-a)]}{\ln a} \right]$,则当 $n > N$ 时,$\forall x \in [-a,a]$ 均有

$$|S(x) - S_n(x)| < \varepsilon$$

成立. 故等比级数

$$1 + x + x^2 + \cdots + x^{n-1} + \cdots$$

在 $|x| \leqslant a(0 < a < 1)$ 上是一致收敛的. □

上例我们是从定义判断函数项级数的一致收敛性. 然而对于大量的函数项级数我们既不能对 $S_n(x)$, 又不能对 $S(x)$ 求出具体的解析式. 因此, 就不能用定义来判断. 下面我们给出判断函数项级数一致收敛性的魏尔斯特拉斯(Weierstrass)判别法或优级数判别法.

定理 8.2.1 如果函数项级数 $\sum\limits_{n=1}^{\infty} u_n(x)$ 在区间 $[a,b]$ 上满足条件:

(1) $|u_n(x)| \leqslant a_n, n = 1, 2, 3, \cdots$;

(2) 级数 $\sum\limits_{n=1}^{\infty} a_n$ 收敛,

则函数项级数 $\sum\limits_{n=1}^{\infty} u_n(x)$ 在区间 $[a,b]$ 上一致收敛.

证 因级数 $\sum\limits_{n=1}^{\infty} a_n$ 收敛, 故由条件(1)及比较判别法知, 级数 $\sum\limits_{n=1}^{\infty} u_n(x)$ 在区间 $[a,b]$ 上处处收敛, 其和函数记为 $S(x)$.

又由级数的柯西收敛准则, $\forall \varepsilon > 0, \exists N = N(\varepsilon) > 0$, 使 $\forall n \in \mathbf{N}_+, \forall p > 0$,
$$0 < a_{n+1} + a_{n+2} + \cdots + a_{n+p} < \varepsilon.$$
因此仍由条件(1)
$$
\begin{aligned}
|S_{n+p}(x) - S_n(x)| &= |u_{n+1}(x) + u_{n+2}(x) + \cdots + u_{n+p}(x)| \\
&\leqslant |u_{n+1}(x)| + |u_{n+2}(x)| + \cdots + |u_{n+p}(x)| \\
&< a_{n+1} + a_{n+2} + \cdots + a_{n+p} < \varepsilon.
\end{aligned}
$$
在上式中令 $p \to \infty$, 注意 $\lim\limits_{n \to \infty} S_{n+p}(x) = S(x)$, 所以当 $n > N$ 时, $\forall x \in [a,b]$ 有
$$|S(x) - S_n(x)| < \varepsilon,$$
即函数项级数 $\sum\limits_{n=1}^{\infty} u_n(x)$ 在区间 $[a,b]$ 上一致收敛. □

例 8.2.5 证明函数项级数
$$\frac{\sin x}{1^2} + \frac{\sin 2x}{2^2} + \frac{\sin 3x}{3^2} + \cdots + \frac{\sin nx}{n^2} + \cdots$$
在 $(-\infty, +\infty)$ 上一致收敛.

证 因为在 $(-\infty, +\infty)$ 上
$$\left| \frac{\sin nx}{n^2} \right| \leqslant \frac{1}{n^2}, \quad n = 1, 2, 3, \cdots,$$
而级数 $\sum\limits_{n=1}^{\infty} \frac{1}{n^2}$ 收敛. 故由定理 8.2.1 知, 所给函数项级数在 $(-\infty, +\infty)$ 上一致收敛. □

8.2.3 一致收敛级数的基本性质

级数是求和运算的一种推广. 但是, 前面我们已指出, 在区间 I 上处处收敛的函数项级数 $\sum\limits_{n=1}^{\infty} u_n(x)$, 函数 $u_n(x)$ 的性质未必可以传递到和函数 $S(x)$ 上去. 而对一致收敛的函

数项级数则完全不同,事实上此时有:

定理 8.2.2 (和函数的连续性)如果级数 $\sum\limits_{n=1}^{\infty} u_n(x)$ 的各项 $u_n(x)$ 在区间 $[a,b]$ 上均连续,且 $\sum\limits_{n=1}^{\infty} u_n(x)$ 在区间 $[a,b]$ 上一致收敛于 $S(x)$,则 $S(x)$ 在 $[a,b]$ 上也连续.

定理 8.2.3 (逐项积分定理)如果级数 $\sum\limits_{n=1}^{\infty} u_n(x)$ 的各项 $u_n(x)$ 在区间 $[a,b]$ 上连续,且 $\sum\limits_{n=1}^{\infty} u_n(x)$ 在 $[a,b]$ 上一致收敛于 $S(x)$,则级数 $\sum\limits_{n=1}^{\infty} u_n(x)$ 在 $[a,b]$ 上可以逐项积分,即

$$\int_a^b S(x)\mathrm{d}x = \sum_{n=1}^{\infty}\int_a^b u_n(x)\mathrm{d}x.$$

定理 8.2.3 说明了函数项级数在一致收敛的条件下,其和函数的积分等于各项积分之和. 其实质是两种极限(无穷项之和与定积分)运算的交换.

定理 8.2.4 (逐项微分定理)如果级数 $\sum\limits_{n=1}^{\infty} u_n(x)$ 在区间 $[a,b]$ 上满足条件:

(1) 收敛于和函数 $S(x)$;

(2) 它的各项 $u_n(x)$ 具有连续导数 $u'_n(x)$,$n=1,2,\cdots$;

(3) 级数 $\sum\limits_{n=1}^{\infty} u'_n(x)$ 在 $[a,b]$ 上一致收敛,

则和函数 $S(x)$ 在 $[a,b]$ 上也有连续的导数,且

$$S'(x) = u'_1(x) + u'_2(x) + \cdots + u'_n(x) + \cdots.$$

定理 8.2.4 说明了函数项级数在一致收敛的条件下,和函数的导数等于各项导数的和

$$\left[\sum_{n=1}^{\infty} u_n(x)\right]' = \sum_{n=1}^{\infty} u'_n(x).$$

其实质也是两种极限(无穷项之和与导数)运算的交换.

从定理 8.2.2～8.2.4 可知,一致收敛性对讨论函数项级数的性质是非常重要的. 但一致收敛的条件仅是这些定理成立的充分条件而不是必要条件.

习　题　8.2

1. 已知级数 $x^2 + \dfrac{x^2}{1+x^2} + \dfrac{x^2}{(1+x^2)^2} + \cdots$ 在 $(-\infty,+\infty)$ 上收敛,

(1) 求出该级数的和;

(2) 问 $N(\varepsilon,x)$ 取多大,能使当 $n > N$ 时,级数的余项 $r_n(x)$ 的绝对值小于正数 ε;

(3) 分别讨论级数在区间 $[0,1]$,$[\frac{1}{2},1]$ 上的一致收敛性.

2. 证明下列级数在所给区间上的一致收敛性:

(1) $\sum\limits_{n=1}^{\infty}\dfrac{1}{x^2+n^2},-\infty<x<+\infty;$　　　(2) $\sum\limits_{n=1}^{\infty}\dfrac{x^n}{n!},-a\leqslant x\leqslant a;$

(3) $\sum\limits_{n=1}^{\infty}\dfrac{\cos nx}{n^2},-\infty<x<+\infty;$　　　(4) $\sum\limits_{n=1}^{\infty}\dfrac{(-1)^n}{x+2^n},x\geqslant0;$

(5) $\sum\limits_{n=1}^{\infty}\dfrac{x}{1+n^4x^2},x\geqslant0.$

3. 设有函数项级数 $\sum\limits_{n=1}^{\infty}n\mathrm{e}^{-nx}$,

(1) 证明在任一闭区间 $[\alpha,\beta]\,(\beta>\alpha>0)$ 上一致收敛;

(2) 证明和函数在 $(0,+\infty)$ 上连续.

§8.3　幂　级　数

在函数项级数中,最简单而又最重要的是形如

$$\sum_{n=1}^{\infty}a_n(x-x_0)^n=a_0+a_1(x-x_0)+a_2(x-x_0)^2+\cdots+a_n(x-x_0)^n+\cdots \quad (1)$$

的级数,它称为 $(x-x_0)$ 的幂级数. 其中 $x_0,a_0,a_1,a_2,\cdots,a_n,\cdots$ 均是常数. 当 $x_0=0$ 时, (1) 式成为

$$\sum_{n=0}^{\infty}a_nx^n=a_0+a_1x+a_2x^2+\cdots+a_nx^n+\cdots. \quad (2)$$

级数(2)称为 x 的幂级数.

8.3.1　幂级数的收敛域

我们先证明下面的阿贝尔(Abel)定理:

定理8.3.1　如幂级数 $\sum\limits_{n=0}^{\infty}a_nx^n$ 在 $x=x_0\neq0$ 处收敛,则它在开区间 $(-|x_0|,|x_0|)$ 内绝对收敛;而在 $(-|x_0|,|x_0|)$ 中任何一个闭区间 $[-h,h]\,(0<h<|x_0|)$ 上均绝对一致收敛.

证　因为 x_0 是级数 $\sum\limits_{n=0}^{\infty}a_nx^n$ 的收敛点,所以 $\sum\limits_{n=0}^{\infty}a_nx_0^n$ 收敛,由级数收敛的必要条件知 $\lim\limits_{n\to\infty}a_nx^n=0$,从而存在 $M>0$,使得

$$|a_nx_0^n|\leqslant M,\quad n=0,1,2,\cdots.$$

当 $x\in(-|x_0|,|x_0|)$ 时,其通项满足不等式

$$|a_nx^n|=|a_nx_0^n|\cdot\left|\dfrac{x}{x_0}\right|^n\leqslant M\cdot\left|\dfrac{x}{x_0}\right|^n.$$

由于 $\left|\dfrac{x}{x_0}\right|<1$,几何级数 $\sum\limits_{n=0}^{\infty}M\cdot\left|\dfrac{x}{x_0}\right|^n$ 收敛,故 $\sum\limits_{n=0}^{\infty}|a_nx^n|$ 收敛,即级数 $\sum\limits_{n=0}^{\infty}a_nx^n$ 绝对收敛.

特别地,当 $|x|\leqslant h\,(0<h<|x_0|)$ 时,

$$|a_n x^n| \leqslant M \cdot \left| \frac{x}{x_0} \right|^n \leqslant M \cdot \left| \frac{h}{x_0} \right|^n.$$

因 $\left| \dfrac{h}{x_0} \right| < 1$，$\displaystyle\sum_{n=0}^{\infty} \left| \frac{h}{x_0} \right|^n$ 收敛，由定理 8.2.1 知幂级数 $\displaystyle\sum_{n=0}^{\infty} a_n x^n$ 在 $[-h, h]$ 上绝对一致收敛. □

推论 如果幂级数 $\displaystyle\sum_{n=0}^{\infty} a_n x^n$ 在 x_1 处发散，则此级数在一切使 $|x| > |x_1|$ 的点 x 处皆发散.

事实上，如果幂级数 $\displaystyle\sum_{n=0}^{\infty} a_n x^n$ 在 x 处收敛，而 $|x| > |x_1|$，则由定理 3.1 知它在 x_1 处必收敛，这与 $\displaystyle\sum_{n=0}^{\infty} a_n x^n$ 在 x_1 处发散矛盾.

定理 8.3.1 及其推论的几何意义是：幂级数 $\displaystyle\sum_{n=0}^{\infty} a_n x^n$ 的收敛域是数轴上一个以原点为中心，长度为 $2R$ 的对称区间. 我们就称 R 为幂级数 $\displaystyle\sum_{n=0}^{\infty} a_n x^n$ 的收敛半径，区间 $(-R, R)$ 为幂级数 $\displaystyle\sum_{n=0}^{\infty} a_n x^n$ 的收敛区间. 而幂级数 $\displaystyle\sum_{n=0}^{\infty} a^n x^n$ 在 $x = \pm R$ 处的敛散性，则要另行讨论.

下面给出确定幂级数收敛半径的一个方法：

定理 8.3.2 如果幂级数 $\displaystyle\sum_{n=0}^{\infty} a_n x^n$ 的系数有 $\displaystyle\lim_{n\to\infty} \frac{|a_{n+1}|}{|a_n|} = l$，则幂级数 $\displaystyle\sum_{n=0}^{\infty} a_n x^n$ 的收敛半径

$$R = \begin{cases} \dfrac{1}{l}, & \text{当 } l \neq 0; \\ +\infty, & \text{当 } l = 0; \\ 0, & \text{当 } l = +\infty. \end{cases}$$

证 将 x 暂时固定，看作不为零的常数（因为 $x = 0$ 时显然收敛），这样就把幂级数看作为一个数项级数，现在应用任意项级数的比值判别法. 因为

$\displaystyle\lim_{n\to\infty} \frac{|a_{n+1}|}{|a_n|} = l$，所以

（1）当 $l \neq 0$ 时，$\displaystyle\lim_{n\to\infty} \frac{|a_{n+1} x^{n+1}|}{|a_n x^n|} = \lim_{n\to\infty} \left| \frac{a_{n+1}}{a_n} \right| \cdot |x| = l|x|.$

故当 $l|x| < 1$，即 $|x| < \dfrac{1}{l}$ 时，幂级数 $\displaystyle\sum_{n=0}^{\infty} a_n x^n$ 绝对收敛；

而当 $l|x| > 1$，即 $|x| > \dfrac{1}{l}$ 时，幂级数 $\displaystyle\sum_{n=0}^{\infty} a_n x^n$ 发散.

故幂级数 $\displaystyle\sum_{n=0}^{\infty} a_n x^n$ 的收敛半径为 $R = \dfrac{1}{l}$.

（2）当 $l = 0$ 时，$\forall x \in \mathbf{R}$，有 $\displaystyle\lim_{n\to\infty} \frac{|a_{n+1} x^{n+1}|}{|a_n x^n|} = \lim_{n\to\infty} \frac{|a_{n+1}|}{|a_n|} \cdot |x| = l \cdot |x| = 0 < 1.$

故 $\forall x$ 幂级数 $\sum\limits_{n=0}^{\infty} a_n x^n$ 总收敛,收敛半径为 $R = +\infty$.

(3) 当 $l = +\infty$ 时,对 $\forall x \neq 0$,

$$\lim_{n \to \infty} \frac{|a_{n+1} x^{n+1}|}{|a_n x^n|} = \lim_{n \to \infty} \frac{|a_{n+1}|}{|a_n|} \cdot |x| = +\infty > 1,$$

故 $\forall x \neq 0$,幂级数 $\sum\limits_{n=0}^{\infty} a_n x^n$ 总发散,收敛半径 $R = 0$. □

例 8.3.1　求下列幂级数的收敛半径和收敛区域.

(1) $\dfrac{2}{1}x + \dfrac{2^2}{2}x^2 + \dfrac{2^3}{3}x^3 + \cdots + \dfrac{2^n}{n}x^n + \cdots$;

(2) $x - \dfrac{x^2}{2} + \dfrac{x^3}{3} - \cdots + (-1)^{n-1}\dfrac{x^n}{n} + \cdots$.

解　(1) $a_n = \dfrac{2^n}{n}$,则 $l = \lim\limits_{n \to \infty} \dfrac{|a_{n+1}|}{|a_n|} = \lim\limits_{n \to \infty} \dfrac{\dfrac{2^{n+1}}{n+1}}{\dfrac{2^n}{n}} = 2\lim\limits_{n \to \infty} \dfrac{n}{n+1} = 2$,

所以收敛半径 $R = \dfrac{1}{2}$.

再考虑它在区间端点 $x = \pm\dfrac{1}{2}$ 的情况:

当 $x = -\dfrac{1}{2}$ 时,级数成为 $\sum\limits_{n=1}^{\infty} \dfrac{2^n}{n} \cdot \left(-\dfrac{1}{2}\right)^n = \sum\limits_{n=1}^{\infty} (-1)^n \dfrac{1}{n}$ 是收敛的;当 $x = \dfrac{1}{2}$ 时,级

数成为 $\sum\limits_{n=1}^{\infty} \dfrac{2^n}{n} \cdot \left(\dfrac{1}{2}\right)^n = \sum\limits_{n=1}^{\infty} \dfrac{1}{n}$ 是发散的.

故收敛区域是 $\left[-\dfrac{1}{2}, \dfrac{1}{2}\right)$.

(2) $a_n = (-1)^{n-1}\dfrac{1}{n}$,则 $l = \lim\limits_{n \to \infty} \dfrac{|a_{n+1}|}{|a_n|} = \lim\limits_{n \to \infty} \dfrac{\dfrac{1}{n+1}}{\dfrac{1}{n}} = 1$,

所以收敛半径 $R = 1$.

当 $x = -1$ 时,级数成为 $\sum\limits_{n=1}^{\infty} (-1)^{n-1} \dfrac{(-1)^n}{n} = \sum\limits_{n=1}^{\infty} \dfrac{-1}{n}$ 是发散的;当 $x = 1$,级数成为

$\sum\limits_{n=1}^{\infty} (-1)^{n-1} \dfrac{1}{n}$ 是收敛的.

故收敛区域是 $(-1, 1]$. □

例 8.3.2　求下列幂级数的收敛半径和收敛区域:

(1) $\sum\limits_{n=0}^{\infty} = \dfrac{(x-5)^n}{5 \cdot 2^n}$;　　　　　(2) $\sum\limits_{n=0}^{\infty} \dfrac{x^{2n}}{2^n}$.

解　(1) 这是关于 $x-5$ 的幂级数,为此令 $t = x-5$,级数化成 t 的幂级数 $\sum\limits_{n=0}^{\infty} \dfrac{t^n}{5 \cdot 2^n}$,

$$a_n = \frac{1}{5 \cdot 2^n}, \text{因此} \lim_{n \to \infty} \frac{|a_{n+1}|}{|a_n|} = \lim_{n \to \infty} \frac{\frac{1}{5 \cdot 2^{n+1}}}{\frac{1}{5 \cdot 2^n}} = \frac{1}{2}.$$

由定理 8.3.2，幂级数 $\sum\limits_{n=0}^{\infty} \frac{t^n}{5 \cdot 2^n}$ 的收敛半径 $R_1 = 2$，即当 $|t| < 2$ 时级数 $\sum\limits_{n=1}^{\infty} \frac{t^n}{5 \cdot 2^n}$ 收敛，当 $|t| > 2$ 时级数发散. 代回到原来的变量，就知原级数在 $|x-5| < 2$，即 $3 < x < 7$ 时收敛，$|x-5| > 2$ 时发散. 再看在区间端点的情况：

当 $x=3$ 时，原级数成为 $\sum\limits_{n=0}^{\infty} \frac{(-2)^n}{5 \cdot 2^n} = \sum\limits_{n=0}^{\infty} (-1)^n \frac{1}{5}$ 是发散的；当 $x=7$ 时，原级数成为 $\sum\limits_{n=1}^{\infty} \frac{2^n}{5 \cdot 2^n} = \sum\limits_{n=1}^{\infty} \frac{1}{5}$ 也是发散的.

故幂级数 $\sum\limits_{n=0}^{\infty} \frac{(x-5)^n}{5 \cdot 2^n}$ 的收敛区域是 $(3,7)$，收敛半径 $R=2$.

注意：上例对 $x-a$ 的幂级数通过代换化为 t 的幂级数时，所求得的收敛区间发生了变化，但收敛半径并未改变.

(2) 幂级数 $\sum\limits_{n=0}^{\infty} \frac{x^{2n}}{2^n}$ 的奇次幂 $x, x^3, x^5, \cdots$ 的系数全为零，这种级数我们称为缺项幂级数. 仍作代换：令 $t = x^2$，级数化成 $\sum\limits_{n=0}^{\infty} \frac{1}{2^n} t^n$，$a_n = \frac{1}{2^n}$，因此

$$l = \lim_{n \to \infty} \frac{|a_{n+1}|}{|a_n|} = \lim_{n \to \infty} \frac{\frac{1}{2^{n+1}}}{\frac{1}{2^n}} = \frac{1}{2},$$

所以由定理 8.3.2，$\sum\limits_{n=0}^{\infty} \frac{1}{2^n} t^n$ 的收敛半径 $R_1 = 2$，即当 $|t| < 2$，或 $|x^2| < 2$，$|x| < \sqrt{2}$，即 $-\sqrt{2} < x < \sqrt{2}$ 时级数收敛；当 $x = \pm\sqrt{2}$ 时，级数为 $\sum\limits_{n=0}^{\infty} 1$，是发散的.

故幂级数 $\sum\limits_{n=1}^{\infty} \frac{x^{2n}}{2^n}$ 的收敛区域是 $(-\sqrt{2}, \sqrt{2})$，收敛半径是 $\sqrt{2}$. □

例 8.3.3 求下列幂级数的收敛区域：

(1) $\sum\limits_{n=0}^{\infty} 2^n x^{2n+1}$；   (2) $\sum\limits_{n=0}^{\infty} \frac{(-1)^n (x+1)^{3n+1}}{n^2 + 4}$.

解 (1) 幂级数 $\sum\limits_{n=0}^{\infty} 2^n x^{2n+1}$ 仍是缺项幂级数，对它我们不能用代换的方法化为 t 的幂级数. 求它的收敛半径虽然不能直接套用定理 8.3.2，但定理 8.3.2 思想方法（将 x 暂时固定，把级数看作数项级数，然后应用任意项级数的比值判别法）仍旧适用. 由

$$\lim_{n \to \infty} \frac{|2^{n+1} x^{2n+3}|}{|2^n x^{2n+1}|} = 2|x|^2$$

可知,当 $2|x^2|<1$,即 $|x|<\dfrac{\sqrt{2}}{2}$ 时,级数 $\sum\limits_{n=0}^{\infty}2^{n}x^{2n+1}$ 绝对收敛;

当 $2|x^2|>1$,即 $|x|>\dfrac{\sqrt{2}}{2}$ 时,级数 $\sum\limits_{n=0}^{\infty}2^{n}x^{2n+1}$ 发散.

而当 $x=\dfrac{\sqrt{2}}{2}$ 时,级数 $\sum\limits_{n=0}^{\infty}2^{n}x^{2n+1}$ 成为 $\sum\limits_{n=0}^{\infty}\dfrac{\sqrt{2}}{2}$ 是发散的;当 $x=-\dfrac{\sqrt{2}}{2}$ 时,级数成为

$\sum\limits_{n=0}^{\infty}\left(-\dfrac{\sqrt{2}}{2}\right)$ 也是发散的.

故幂级数 $\sum\limits_{n=0}^{\infty}2^{n}x^{2n+1}$ 的收敛区域是 $\left(-\dfrac{\sqrt{2}}{2},\dfrac{\sqrt{2}}{2}\right)$.

(2) 同理,将 x 视作常数,用任意项级数的比值判别法:

$$\lim_{n\to\infty}\dfrac{\left|\dfrac{(x+1)^{3n+4}}{(n+1)^2+4}\right|}{\left|\dfrac{(x+1)^{3n+1}}{n^2+4}\right|}=\lim_{n\to\infty}\dfrac{n^2+4}{(n+1)^2+4}\cdot|x+1|^3=|x+1|^3.$$

当 $|x+1|^3<1$,即 $|x+1|<1$,$-2<x<0$ 时,级数绝对收敛,当 $|x+1|^3>1$,即 $x>0$ 或 <-2 时,级数发散;当 $x=0$ 时,级数为 $\sum\limits_{n=0}^{\infty}\dfrac{(-1)^n}{n^2+4}$,收敛;当 $x=-2$ 时,级数

为 $\sum\limits_{n=0}^{\infty}\dfrac{-1}{n^2+4}$,也收敛.

故级数 $\sum\limits_{n=0}^{\infty}\dfrac{(-1)^n(x+1)^{3n+1}}{n^2+4}$ 的收敛区域是 $[-2,0]$. $\square$

根据幂级数收敛半径的概念和定理 8.3.1 可直接推出下面的定理.

定理 8.3.3 如果幂级数 $\sum\limits_{n=0}^{\infty}a_{n}x^{n}$ 的收敛半径为 R,则对任意一个正数 $M(0<M<R)$,幂级数 $\sum\limits_{n=0}^{\infty}a_{n}x^{n}$ 在闭区间 $[-M,M]$ 上一致收敛.

8.3.2 幂级数的简单性质

利用定理 8.3.1 和定理 8.2.1 ~ 8.2.4 容易证明,幂级数在其收敛区间内有以下性质.

性质 8.3.1 设幂级数 $S_{1}(x)=\sum\limits_{n=0}^{\infty}a_{n}x^{n}$ 的收敛半径为 R_{1},幂级数 $S_{2}(x)=\sum\limits_{n=0}^{\infty}b_{n}x^{n}$ 的收敛半径为 R_{2},如 $R=\min\{R_{1},R_{2}\}$ 则

(1) $S_{1}(x)\pm S_{2}(x)=\sum\limits_{n=0}^{\infty}a_{n}x^{n}\pm\sum\limits_{n=0}^{\infty}b_{n}x^{n}=\sum\limits_{n=0}^{\infty}(a_{n}\pm b_{n})x^{n}$, $x\in(-R,R)$;

(2) $S_{1}(x)\cdot S_{2}(x)=\left(\sum\limits_{n=0}^{\infty}a_{n}x^{n}\right)\cdot\left(\sum\limits_{n=0}^{\infty}b_{n}x^{n}\right)$

$=a_{0}b_{0}+(a_{0}b_{1}+a_{1}b_{0})x+(a_{0}b_{2}+a_{1}b_{1}$

$$+a_2b_0)x^2+\cdots+(a_0b_n+a_1b_{n-1}$$
$$+a_2b_{n-2}+\cdots+a_nb_0)x^n+\cdots, \qquad x\in(-R,R).$$

从形式上看,这意味着在两个幂级数收敛区间的公共部分上,可以把这两个幂级数像多项式那样相加、相减、相乘.

性质 8.3.2 设幂级数 $\sum\limits_{n=0}^{\infty}a_nx^n$ 的收敛半径为 R,且

$$S(x)=\sum_{n=0}^{\infty}a_nx^n, \quad x\in(-R,R),$$

则有

(1) 和函数 $S(x)$ 是它的收敛区间 $(-R,R)$ 内的连续函数.

(2) 幂级数 $\sum\limits_{n=0}^{\infty}a_nx^n$ 在收敛区间 $(-R,R)$ 内的任何一个闭区间 $[-M,M](0<M<R)$ 上均可逐项积分. 特别地,可以从 0 到 $x(-R<x<R)$ 逐项积分,即

$$\int_0^x S(x)\mathrm{d}x=\int_0^x(\sum_{n=0}^{\infty}a_nx^n)\mathrm{d}x=\sum_{n=0}^{\infty}(\int_0^x a_nx^n\mathrm{d}x)=\sum_{n=0}^{\infty}\frac{a_n}{n+1}x^{n+1}, \quad |x|<R.$$

(3) 幂级数 $\sum\limits_{n=0}^{\infty}a_nx^n$ 在收敛区间 $(-R,R)$ 内可逐项微分,即

$$S'(x)=(\sum_{n=0}^{\infty}a_nx^n)'=\sum_{n=1}^{\infty}(a_nx^n)'=\sum_{n=1}^{\infty}na_nx^{n-1}, \quad |x|<R.$$

不仅可逐项微分一次,而且可以逐项微分任意次,即

$$S''(x)=\sum_{n=1}^{\infty}(na_nx^{n-1})'=\sum_{n=2}^{\infty}n(n-1)a_nx^{n-2}, \quad |x|<R.$$
$$\cdots$$
$$S^{(k)}(x)=\sum_{n=k}^{\infty}n(n-1)\cdots(n-k+1)a_nx^{n-k}, \quad |x|<R.$$

例如,已知

$$\frac{1}{1-x}=1+x+x^2+\cdots+x^n+\cdots, \quad |x|<1.$$

两端求导得

$$\frac{1}{(1-x)^2}=1+2x+3x^2+\cdots+nx^{n-1}+\cdots, \quad |x|<1.$$

两端再求导得

$$\frac{2}{(1-x)^3}=2+3\cdot2x+\cdots+n(n-1)x^{n-2}+\cdots, \quad |x|<1.$$

注意:逐项积分、逐项微分时收敛半径 R 不变,但在区间端点处的敛散性可能有变化.

这些性质,可以粗略地认为,幂级数在收敛区间内部,其加、减、乘运算以及求导、求积分等分析运算也可像多项式那样进行,只是多项式只有有限多项,而幂级数却有无穷多项.幂级数的这些性质,在幂级数的计算中,特别在下节泰勒级数中非常有用.我们知道,一个级数已知它是收敛的,但要求它的和还是比较困难的,对一个函数项级数,要求它的

和函数则就更困难了. 然而利用幂级数的某些性质我们却可很方便地求出一些幂级数的和函数.

例 8.3.4 求下列幂级数的和函数：

(1) $\displaystyle\sum_{n=0}^{\infty} \frac{x^{n+1}}{n+1}$;
(2) $\displaystyle\sum_{n=1}^{\infty} nx^{n-1}$.

解 (1) 首先可以确定幂级数 $\displaystyle\sum_{n=0}^{\infty} \frac{x^{n+1}}{n+1}$ 的收敛半径 $R=1$. 设幂级数 $\displaystyle\sum_{n=0}^{\infty} \frac{x^{n+1}}{n+1}$ 的和函数为 $S(x)$, 即

$$S(x) = \sum_{n=0}^{\infty} \frac{x^{n+1}}{n+1}, \quad |x| < 1.$$

两端求导

$$S'(x) = \sum_{n=0}^{\infty} \left(\frac{x^{n+1}}{n+1}\right)' = \sum_{n=0}^{\infty} x^n = 1 + x + x^2 + \cdots + x^n + \cdots, \quad |x| < 1.$$

因为

$$1 + x + x^2 + \cdots + x^n + \cdots = \frac{1}{1-x}, \quad |x| < 1,$$

所以

$$S'(x) = \frac{1}{1-x}, \quad |x| < 1.$$

两端从 0 到 x 积分, 并注意 $S(0)=0$, 就得 $S(x) = -\ln(1-x)$, $|x| < 1$, 即

$$\sum_{n=0}^{\infty} \frac{x^{n+1}}{n+1} = -\ln(1-x), \quad |x| < 1.$$

在 $x=1$ 处, 幂级数成为调和级数, 是发散的; 而在 $x=-1$ 处, 得到一个莱布尼兹交错级数, 因而收敛域是 $[-1,1)$, 并且可以证明在 $x=-1$ 处, 上式仍成立, 即有

$$\sum_{n=0}^{\infty} \frac{x^{n+1}}{n+1} = -\ln(1-x), \quad x \in [-1,1).$$

(2) 幂级数 $\displaystyle\sum_{n=1}^{\infty} nx^{n-1}$ 的收敛半径 $R=1$.

设幂级数 $\displaystyle\sum_{n=1}^{\infty} nx^{n-1}$ 的和函数为 $S(x)$, 即 $S(x) = \displaystyle\sum_{n=1}^{\infty} nx^{n-1}$, $\quad |x| < 1$, 两端积分, 有

$$\int_0^x S(x)\mathrm{d}x = \sum_{n=1}^{\infty} \int_0^x nx^{n-1} \mathrm{d}x = \sum_{n=1}^{\infty} x^n = x + x^2 + \cdots + x^n + \cdots$$

$$= \frac{1}{1-x} - 1, \quad |x| < 1.$$

两端再求导, 就得 $S(x) = \dfrac{1}{(1-x)^2}$, $|x| < 1$, 即

$$\sum_{n=1}^{\infty} nx^{n-1} = \frac{1}{(1-x)^2}, \quad x \in (-1,1). \text{ 在 } x = \pm 1 \text{ 处级数发散.} \qquad \square$$

例 8.3.5 求幂级数 $\sum\limits_{n=1}^{\infty} \dfrac{x^{2n-1}}{2n-1}$ 的和函数,并求数项级数 $\sum\limits_{n=1}^{\infty} \dfrac{1}{(2n-1)2^n}$ 的和.

解 $\sum\limits_{n=1}^{\infty} \dfrac{x^{2n-1}}{2n-1}$ 的收敛半径 $R=1$. 令

$$S(x) = \sum_{n=1}^{\infty} \frac{x^{2n-1}}{2n-1}, \quad |x| < 1.$$

两端求导

$$S'(x) = \sum_{n=1}^{\infty} \left(\frac{x^{2n-1}}{2n-1} \right)' = \sum_{n=1}^{\infty} x^{2n-2} = \sum_{n=1}^{\infty} (x^2)^{n-1} = \sum_{n=0}^{\infty} (x^2)^n = \frac{1}{1-x^2}, \quad |x| < 1.$$

两端积分

$$S(x) = \int_0^x \frac{\mathrm{d}x}{1-x^2} = \frac{1}{2} \ln \frac{1+x}{1-x}, \quad |x| < 1.$$

所以

$$\sum_{n=1}^{\infty} \frac{x^{2n-1}}{2n-1} = \frac{1}{2} \ln \frac{1+x}{1-x}, \quad |x| < 1.$$

级数 $\sum\limits_{n=1}^{\infty} \dfrac{1}{(2n-1)2^n}$ 就是幂级数

$$\sum_{n=1}^{\infty} \frac{x^{2n}}{2n-1} = x \sum_{n=1}^{\infty} \frac{x^{2n-1}}{2n-1} = \frac{x}{2} \ln \frac{1+x}{1-x}$$

在 $x = \dfrac{1}{\sqrt{2}}$ 时所对应的数项级数,而 $\dfrac{1}{\sqrt{2}} \in (-1,1)$. 故此数项级数的和就是此幂级数的和函数在 $x = \dfrac{1}{\sqrt{2}}$ 处的值,故

$$\sum_{n=1}^{\infty} \frac{1}{(2n-1)2^n} = \frac{x}{2} \ln \left| \frac{1+x}{1-x} \right| \Big|_{x=\frac{1}{\sqrt{2}}} = \frac{\sqrt{2}}{2} \ln (\sqrt{2}+1). \qquad \Box$$

习 题 8.3

1. 求下列幂级数的收敛半径和收敛区域:

(1) $\sum\limits_{n=0}^{\infty} (2n+1)x^n$;

(2) $\dfrac{x}{1} + \dfrac{x^2}{1 \cdot 3} + \dfrac{x^3}{1 \cdot 3 \cdot 5} + \dfrac{x^4}{1 \cdot 3 \cdot 5 \cdot 7} + \cdots$;

(3) $\sum\limits_{n=0}^{\infty} \dfrac{x^n}{\sqrt{n^2+2}}$;

(4) $1 + x + \dfrac{2^2}{2!}x^2 + \dfrac{3^2}{3!}x^3 + \dfrac{4^2}{4!}x^4 + \cdots$;

(5) $\sum\limits_{n=0}^{\infty} \dfrac{(-2)^n}{(n^2+1)^3}x^n$;

(6) $\sum\limits_{n=0}^{\infty} \dfrac{x^n}{(-2)^n+1}$.

以下两题只要求收敛半径:

(7) $\sum\limits_{n=0}^{\infty} \dfrac{(-1)^n n! \ x^n}{n^n}$;

(8) $\sum\limits_{n=1}^{\infty} \dfrac{a^n + b^n}{n}x^n, a > b > 0$.

2. 求下列幂级数的收敛区域:

(1) $\sum\limits_{n=1}^{\infty} \dfrac{(x-5)^n}{\sqrt{n}}$;

(2) $1 + (x-a) + \dfrac{(x-a)^2}{2^2} + \cdots + \dfrac{(x-a)^n}{n^2} + \cdots$;

(3) $\sum\limits_{n=0}^{\infty} \dfrac{n}{3^n}(x+1)^n$;

(4) $\sum\limits_{n=0}^{\infty}(x+3)^n$;

(5) $\sum\limits_{n=0}^{\infty} \dfrac{\pi^n(x-1)^{2n}}{(2n+1)!}$;

(6) $\sum\limits_{n=0}^{\infty}(-1)^n \dfrac{x^{2n}}{(3n+1)6^n}$;

(7) $\sum\limits_{n=1}^{\infty} \dfrac{x^{2n-1}}{(2n-1)!}$;

(8) $\sum\limits_{n=1}^{\infty} \dfrac{3^{n-1}(x-1)^n}{n+1}$;

(9) $\sum\limits_{n=1}^{\infty}(-1)^n \dfrac{(x+2)^{2n+1}}{n^2+2}$;

(10) $\sum\limits_{n=1}^{\infty} \dfrac{(x+5)^{2n-1}}{2n \cdot 4^n}$.

3. 求下列幂级数的和函数:

(1) $\sum\limits_{n=0}^{\infty}(-3x)^n$;

(2) $\sum\limits_{n=1}^{\infty} 2nx^{2n-1}$,并求 $\sum\limits_{n=1}^{\infty} \dfrac{2n}{2^{2n-1}}$ 的和;

(3) $\sum\limits_{n=0}^{\infty} \dfrac{1}{2n+1}x^{2n+1}$,并求 $\sum\limits_{n=0}^{\infty} \dfrac{1}{(2n+1)2^{2n+1}}$ 的和;

(4) $\sum\limits_{n=1}^{\infty}(-1)^{n-1} \dfrac{x^{2n+1}}{2n+1}$,并求 $\sum\limits_{n=1}^{\infty}(-1)^n \dfrac{\sqrt{3}}{(2n+1)\cdot 3^{n+1}}$;

(5) $\sum\limits_{n=1}^{\infty} \dfrac{x^n}{n(n+1)}$;

(6) $\sum\limits_{n=1}^{\infty} \dfrac{n(n+1)}{2}x^{n-1}$, $|x|<1$.

§8.4　函数的代数多项式逼近与展开

8.4.1　函数的多项式逼近,泰勒公式

在一元微分学中,我们研究了函数的线性逼近,即若函数 $f(x)$ 在点 $x=x_0$ 可导,那么在 x_0 的某个邻域内有

$$f(x)=f(x_0)+f'(x_0)(x-x_0)+o(x-x_0). \tag{1}$$

(1) 式表明,此时函数 $f(x)$ 可以用一次多项式

$$P_1(x)=f(x_0)+f'(x_0)(x-x_0)$$

近似表示,而其误差为 $(x-x_0)$ 的高阶无穷小量. 但在许多实际问题中,常常要求误差为 $(x-x_0)$ 的二阶,甚至更高阶的无穷小. 显然,这时用一次多项式 $P_1(x)$ 去逼近 $f(x)$ 就不合适了. 于是能否用一个 n 次多项式 $P_n(x)$ 去逼近函数 $f(x)$,使它产生的误差为 $(x-x_0)$ 的 n 阶无穷小量? 注意,作为一次近似的多项式 $P_1(x)$ 满足条件

$$P_1(x_0)=f(x_0), \quad P_1'(x_0)=f'(x_0),$$

因此在选择作为 $f(x)$ 的更精确近似表达式的多项式 $P_n(x)$ 来说,自然可让它满足下面的条件:

$$P_n(x_0)=f(x_0), P_n'(x_0)=f'(x_0), \cdots, P_n^{(n)}(x_0)=f^{(n)}(x_0). \tag{2}$$

现在设

$$P_n(x)=a_0+a_1(x-x_0)+a_2(x-x_0)^2+\cdots+a_n(x-x_0)^n.$$

那么由条件(2),不难逐一求得

$$a_0=f(x_0), \quad a_1=f'(x_0), \quad a_2=\dfrac{f''(x_0)}{2!}, \cdots, \quad a_n=\dfrac{f^{(n)}(x_0)}{n!}.$$

这样满足条件(2) 的 n 次多项式为

$$P_n(x) = f(x_0) + f'(x_0)(x - x_0) + \frac{f''(x_0)}{2!}(x - x_0)^2 + \cdots + \frac{f^{(n)}(x_0)}{n!}(x - x_0)^n.$$

$$(3)$$

多项式(3)就称为函数 $f(x)$ 在点 x_0 处的 n 次泰勒(Taylor)多项式,这里假定 $f(x)$ 在点 x_0 处至少存在 n 阶导数. 现在的问题是,如果函数 $f(x)$ 用它的 n 次泰勒多项式逼近,其误差是否为 $(x - x_0)$ 的 n 阶无穷小? 对此我们有下面著名的泰勒中值定理:

定理 8.4.1 如果函数 $f(x)$ 在含有点 x_0 的某个开区间 (a,b) 内具有直到 $n+1$ 阶导数,则成立

$$f(x) = f(x_0) + f'(x_0)(x - x_0) + \frac{f''(x_0)}{2!}(x - x_0)^2 + \cdots$$
$$+ \frac{f^{(n)}(x_0)}{n!}(x - x_0)^n + R_n(x),$$

$$(4)$$

其中

$$R_n(x) = \frac{f^{(n+1)}(\xi)}{(n+1)!}(x - x_0)^{n+1},$$

$$(5)$$

ξ 在 x_0 与 x 之间.

证 由(4),

$$R_n(x) = f(x) - P_n(x),$$

其中 $P_n(x)$ 为函数 $f(x)$ 在点 x_0 处的 n 次泰勒多项式. 显然

$$R_n(x_0) = R'(x_0) = R''(x_0) = \cdots = R^{(n)}(x_0) = 0, R^{(n+1)}(x) = f^{(n+1)}(x).$$

于是由 $R_n(x_0) = 0$ 并在区间 $[x_0, x]$(或 $[x, x_0]$)上应用柯西中值定理,就得

$$\frac{R_n(x)}{(x - x_0)^{n+1}} = \frac{R_n(x) - R_n(x_0)}{(x - x_0)^{n+1} - 0} = \frac{R'_n(\xi_1)}{(n+1)(\xi_1 - x_0)^n},$$

其中 ξ_1 在 x, x_0 之间;进而再利用 $R'_n(x_0) = 0$,并在区间 $[x_0, \xi_1]$(或 $[\xi_1, x_0]$)上应用柯西中值定理,得

$$\frac{R_n(x)}{(x - x_0)^{n+1}} = \frac{R'_n(\xi_1) - R'_n(x_0)}{(n+1)(\xi_1 - x_0)^n - 0} = \frac{1}{(n+1) \cdot n} \cdot \frac{R''_n(\xi_2)}{(\xi_2 - x_0)^{n-1}},$$

其中 ξ_2 在 ξ_1, x_0 之间,这样继续下去,经过 $n+1$ 次后便得

$$\frac{R_n(x)}{(x - x_0)^{n+1}} = \frac{R_n^{(n+1)}(\xi)}{(n+1)!} = \frac{f^{(n+1)}(\xi)}{(n+1)!},$$

这就证明了

$$R_n(x) = \frac{f^{(n+1)}(\xi)}{(n+1)!}(x - x_0)^{n+1},$$

其中 ξ 在 x_0, x 之间. □

由定理 8.4.1,显然有

$$f(x) - P_n(x) = o((x - x_0)^n),$$

即在定理条件下,函数 $f(x)$ 用它的 n 次泰勒多项式逼近,其误差为 $(x - x_0)^n$ 的高阶无穷小量.

定理 8.4.1 中的公式(4)一般称为泰勒公式,而误差估计式(5)就称为拉格朗日型

余项.

几点说明：

(1) 当 $n=0$ 时 (4) 成为 $f(x)=f(x_0)+f'(\xi)(x-x_0)$，即

$$f(x)-f(x_0)=f'(\xi)(x-x_0),\xi \text{ 在 } x \text{ 与 } x_0 \text{ 之间.}$$

这就是拉格朗日中值定理，所以泰勒中值定理可以看作是拉格朗日中值定理的推广，拉格朗日中值定理可以看作是泰勒中值定理的特殊情况.

(2) 在公式 (4) 中如果 $x_0=0$，就得到一个常用的特殊形式：

$$f(x)=f(0)+f'(0)x+\frac{f''(0)}{2!}x^2+\cdots+\frac{f^{(n)}(0)}{n!}x^n+R_n(x),$$

其中 $R_n(x)=\dfrac{f^{(n+1)}(\xi)}{(n+1)!}x^{n+1}$，$\xi$ 在 0 与 x 之间. 如令 $\xi=\theta x\,(0<\theta<1)$，则有

$$f(x)=f(0)+f'(0)x+\frac{f''(0)}{2!}x^2+\cdots+\frac{f^{(n)}(0)}{n!}x^n$$
$$+\frac{f^{(n+1)}(\theta x)}{(n+1)!}x^{n+1},\quad 0<\theta<1.$$

此式称为函数 $f(x)$ 的麦克劳林 (Maclaurin) 公式，相应的

$$P_n(x)=f(0)+f'(0)x+\frac{f''(0)}{2!}x^2+\cdots+\frac{f^{(n)}(0)}{n!}x^n$$

称为 $f(x)$ 的 n 阶麦克劳林多项式.

例 8.4.1　写出下列五个常用函数的麦克劳林公式：

(1) $f(x)=\mathrm{e}^x$；　　　　　　　(2) $f(x)=\sin x$；

(3) $f(x)=\cos x$；　　　　　　　(4) $f(x)=\ln(1+x)$；

(5) $f(x)=(1+x)^a$ (a 为任意实常数).

解　(1) 对于 $f(x)=\mathrm{e}^x$，显然有 $f^{(k)}(x)=\mathrm{e}^x$，$k=1,2,3,\cdots$. 则

$$f(0)=f'(0)=\cdots=f^{(n)}(0)=1,$$
$$f^{(n+1)}(\theta x)=\mathrm{e}^{\theta x}\quad(0<\theta<1).$$

因此

$$\mathrm{e}^x=1+x+\frac{x^2}{2!}+\cdots+\frac{x^n}{n!}+\frac{\mathrm{e}^{\theta x}}{(n+1)!}x^{n+1},0<\theta<1.$$

(2) $f(x)=\sin x$，此时 $f^{(k)}(x)=\sin(x+\frac{k\pi}{2})$，$k=1,2,\cdots$，则

$$f(0)=0,$$
$$f^{(k)}(0)=\sin\frac{k\pi}{2}=\begin{cases}0, & k=2n;\\(-1)^{n-1}, & k=2n-1.\end{cases}$$

因此，$f(x)=\sin x$ 的 $2n$ 阶麦克劳林公式为

$$\sin x=x-\frac{x^3}{3!}+\frac{x^5}{5!}-\cdots+(-1)^{n-1}\frac{x^{2n-1}}{(2n-1)!}+R_{2n}(x),$$

其中

$$R_{2n}(x) = \frac{f^{(2n+1)}(\theta x)}{(2n+1)!}x^{2n+1} = \frac{\sin\left(\theta x + \dfrac{2n+1}{2}\pi\right)}{(2n+1)!}x^{2n+1}, 0 < \theta < 1.$$

注意：上式中 $f^{(2n)}(0) = 0$.

（3）类似于(2)可得 $f(x) = \cos x$ 的 $2n+1$ 阶麦克劳林公式为

$$\cos x = 1 - \frac{x^2}{2!} + \frac{x^4}{4!} - \frac{x^6}{6!} + \cdots + (-1)^n\frac{x^{2n}}{(2n)!} + R_{2n+1}(x),$$

其中 $R_{2n+1}(x) = \dfrac{\cos\left(\theta x + \dfrac{2n+2}{2}\pi\right)}{(2n+2)!}x^{2n+2}, \quad 0 < \theta < 1.$

（4）$f(x) = \ln(1+x)$. 此时

$$f^{(k)}(x) = \frac{(-1)^{k-1}(k-1)!}{(1+x)^k}, \quad k = 1, 2, \cdots,$$

所以

$$f(0) = 0, f^{(k)}(0) = (-1)^{k-1}(k-1)!, \quad k = 1, 2, \cdots.$$

因此 $f(x) = \ln(1+x)$ 的麦克劳林公式是

$$\ln(1+x) = x - \frac{1}{2}x^2 + \frac{2!}{3!}x^3 - \frac{3!}{4!}x^4 + \cdots + (-1)^{n-1}\frac{(n-1)!}{n!}x^n + R_n(x)$$

$$= x - \frac{x^2}{2} + \frac{x^3}{3} - \frac{x^4}{4} + \cdots + (-1)^{n-1}\frac{x^n}{n} + R_n(x),$$

其中

$$R_n(x) = \frac{(-1)^n n!}{(1+\theta x)^{n+1}} \cdot \frac{x^{n+1}}{(n+1)!} = \frac{(-1)^n}{(1+\theta x)^{n+1}(n+1)}x^{n+1}, \quad (0 < \theta < 1).$$

（5）$f(x) = (1+x)^a$, 容易算出

$$f(0) = 1, f'(0) = a, f''(0) = a(a-1), \cdots,$$
$$f^{(n)}(0) = a(a-1)(a-2)\cdots(a-n+1),$$
$$f^{(n+1)}(\theta x) = a(a-1)(a-2)\cdots(a-n)(1+\theta x)^{a-n-1}.$$

因此，$f(x) = (1+x)^a$ 的麦克劳林公式为

$$(1+x)^a = 1 + ax + \frac{a(a-1)}{2!}x^2 + \frac{a(a-1)(a-2)}{3!}x^3$$

$$+ \cdots + \frac{a(a-1)(a-2)\cdots(a-n+1)}{n!}x^n + R_n(x),$$

其中

$$R_n(x) = \frac{a(a-1)\cdots(a-n)(1+\theta x)^{a-n-1}}{(n+1)!}x^{n+1} \quad (0 < \theta < 1). \qquad \square$$

读者不难发现，如果幂指数 a 是自然数 n，即 $f(x) = (1+x)^n$，则它的 n 阶麦克劳林公式实际上就是牛顿二项展开式，因为这时余项 $R_n(x) = 0$.

例 8.4.2 求 $f(x) = \arcsin x$ 的三阶麦克劳林公式.

解 对 $f(x) = \arcsin x$，不难求得

$$f'(x) = \frac{1}{\sqrt{1-x^2}}, \qquad f''(x) = \frac{x}{(1-x^2)^{\frac{3}{2}}},$$

$$f'''(x) = \frac{1+2x^2}{(1-x^2)^{\frac{5}{2}}}, \qquad f^{(4)}(x) = \frac{9x+6x^3}{(1-x^2)^{\frac{7}{2}}}.$$

所以

$$f(0)=0, \quad f'(0)=1, \quad f''(0)=0, \quad f'''(0)=1,$$

$$f^{(4)}(\theta x) = \frac{9\theta x + 6(\theta x)^3}{[1-(\theta x)^2]^{\frac{7}{2}}}, \quad 0 < \theta < 1,$$

因此 $f(x) = \arcsin x$ 的三阶麦克劳林公式为

$$\arcsin x = x + \frac{1}{3!}x^3 + \frac{1}{4!}\frac{9\theta x + 6(\theta x)^3}{[1-(\theta x)^2]^{\frac{7}{2}}}x^4, \quad 0 < \theta < 1. \qquad \square$$

例 8.4.3 求 $f(x) = \frac{1}{x}$，在 $x_0 = -1$ 处的 n 阶泰勒公式.

解 $f(x) = \frac{1}{x}$，则

$$f^{(k)}(x) = (-1)^k \frac{k!}{x^{k+1}}, \quad k = 1, 2, \cdots,$$

所以

$$f(-1) = -1, f^{(k)}(-1) = (-1)^k \frac{k!}{(-1)^{k+1}} = -k!, \quad k = 1, 2, \cdots.$$

$$f^{(n+1)}(\xi) = (-1)^{n+1} \frac{(n+1)!}{\xi^{n+2}}, \xi \text{ 在 } -1 \text{ 与 } x \text{ 之间.}$$

因此，$f(x) = \frac{1}{x}$ 在 $x_0 = -1$ 处的 n 阶泰勒公式为

$$\frac{1}{x} = -1 + \frac{-1}{1}(x+1) + \frac{-2!}{2!}(x+1)^2 + \cdots + \frac{-n!}{n!}(x+1)^n + R_n(x)$$

$$= -1 - (x+1) - (x+1)^2 - \cdots - (x+1)^n + R_n(x),$$

其中

$$R_n(x) = \frac{(-1)^{n+1}(n+1)!}{\xi^{n+2}(n+1)!}(x+1)^{n+1} = \frac{(-1)^{n+1}}{\xi^{n+2}}(x+1)^{n+1}, \xi \text{ 在 } -1 \text{ 与 } x \text{ 之间.}$$

$$\square$$

例 8.4.4 计算 e 的近似值，使得误差不超过 0.0001.

解 在 e^x 的泰勒公式中令 $x = 1$，就得

$$e = 1 + 1 + \frac{1}{2!} + \cdots + \frac{1}{n!} + R_n(1),$$

其中

$$R_n(1) = \frac{e^\theta}{(n+1)!}, \quad 0 < \theta < 1.$$

因此如取近似公式

$$e \approx 1 + 1 + \frac{1}{2!} + \cdots + \frac{1}{n!},$$

则其误差

$$|R_n(1)| \leqslant \frac{e}{(n+1)!} < \frac{3}{(n+1)!}.$$

容易验证当 $n=7$ 时, $\frac{3}{(7+1)!} < 0.0001$.

所以,如取

$$e \approx 1 + 1 + \frac{1}{2!} + \cdots + \frac{1}{7!} \approx 2.7183,$$

则其误差就不会超过 0.0001.

例 8.4.5 在区间 $[-\pi, \pi]$ 上,如用泰勒多项式

$$x - \frac{x^3}{3!} + \frac{x^5}{5!} - \cdots + (-1)^{n-1} \frac{x^{2n-1}}{(2n-1)!}$$

来逼近函数 $\sin x$,试求出一个误差界.

解 当 $x \in [-\pi, \pi]$ 时,

$$|R_{2n}(x)| = \left| \frac{\sin\left[\theta x + (2n+1)\frac{\pi}{2}\right]}{(2n+1)!} x^{2n+1} \right| \leqslant \frac{|x|^{2n+1}}{(2n+1)!} \leqslant \frac{\pi^{2n+1}}{(2n+1)!}.$$

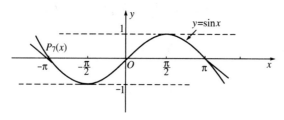

图 8.4.1

从上面的误差估计式可以看出, n 越大,误差越小. 图 8.4.1 上画出了 $\sin x$ 和它的七次泰勒多项式的图像,从图上可以看出,在区间 $[-\pi, \pi]$ 上两者几乎没有什么差别.

8.4.2 泰勒级数与函数的幂级数展开

在例 8.4.4 中我们看到,函数 $f(x) = \sin x$ 如果用它的泰勒多项式

$$P_n(x) = x - \frac{x^3}{3!} + \frac{x^5}{5!} - \cdots + (-1)^{n-1} \frac{x^{2n-1}}{(2n-1)!}$$

逼近,那么 n 越大,误差就越小. 在 $P_n(x)$ 中如果令 $n \to +\infty$,那么就得一无穷级数

$$x - \frac{x^3}{3!} + \frac{x^5}{5!} - \cdots + (-1)^{n-1} \frac{x^{2n-1}}{(2n-1)!} + \cdots.$$

那么自然会问,这个无穷级数在收敛区间上是否就等于 $\sin x$? 这就是函数展开问题. 为此,先介绍函数的泰勒(Taylor)级数概念.

定义 8.4.1　设函数 $f(x)$ 在点 x_0 的某个邻域内有任意阶导数,则称级数

$$\sum_{n=0}^{\infty}\frac{f^{(n)}(x_0)}{n!}(x-x_0)^n=f(x_0)+\frac{f'(x_0)}{1!}(x-x_0)+\frac{f''(x_0)}{2!}(x-x_0)^2+\cdots+$$

$$\frac{f^{(n)}(x_0)}{n!}(x-x_0)^n+\cdots$$

为 $f(x)$ 在点 $x=x_0$ 处的泰勒级数,特别地,当 $x_0=0$ 时,则称级数

$$\sum_{n=0}^{\infty}\frac{f^{(n)}(0)}{n!}x^n=f(0)+f'(0)x+\frac{f''(0)}{2!}x^2+\cdots+\frac{f^{(n)}(0)}{n!}x^n+\cdots$$

为 $f(x)$ 的麦克劳林级数.

显然,一个函数 $f(x)$ 只要在某点有任意阶导数,那么它的泰勒级数总可以做出.但做出的这个泰勒级数未必收敛,即使收敛也未必收敛于 $f(x)$.如果函数 $f(x)$ 的泰勒级数在 x_0 的某个邻域 $U(x_0)$ 内收敛,且和函数就是 $f(x)$,即

$$f(x)=\sum_{n=0}^{\infty}\frac{f^{(n)}(x_0)}{n!}(x-x_0)^n,\quad x\in U(x_0),$$

那么就称函数 $f(x)$ 在点 x_0 邻域内可以展开为泰勒级数.下面的定理则给出了函数可以展开为泰勒级数的条件:

定理 8.4.2　设函数 $f(x)$ 在区间 (x_0-R,x_0+R) 内存在任意阶导数,则 $f(x)$ 在该区间内可以展开为泰勒级数,即

$$f(x)=\sum_{n=0}^{\infty}\frac{f^{(n)}(x_0)}{n!}(x-x_0)^n,\quad x\in U(x_0,R)$$

的充要条件是

$$\lim_{n\to\infty}R_n(x)=0,\quad x\in(x_0-R,x_0+R).$$

这里 $R_n(x)$ 为函数 $f(x)$ 在点 x_0 处泰勒公式的余项.

泰勒级数是一类特殊的幂级数.我们知道,幂级数在其收敛域内必定表示一可导任意次的函数.现在假定

$$f(x)=a_0+a_1(x-x_0)+\cdots+a_n(x-x_0)^n+\cdots,\quad|x-x_0|<R,\tag{6}$$

那么利用幂级数的逐项可导性,可得

$$f'(x)=a_1+2a_2(x-x_0)+\cdots+na_n(x-x_0)^{n-1}+\cdots,$$

$$f''(x)=2!\ a_2+\cdots+n(n-1)a_n(x-x_0)^{n-2}+\cdots,$$

$$\cdots$$

$$f^{(n)}(x)=n!\ a_n+\cdots,$$

$$\cdots$$

在以上各式中分别用 $x=x_0$ 代入,就得

$$a_0=f(x_0),\quad a_1=f'(x_0),\quad a_2=\frac{f''(x_0)}{2!},\cdots,\quad a_n=\frac{f^{(n)}(x_0)}{n!}.$$

这样,(6) 中的函数 $f(x)$ 的泰勒级数实际上就是表示函数 $f(x)$ 的幂级数本身.而这也说明,如果一个函数可以展开成幂级数,那么这个幂级数必与函数 $f(x)$ 的泰勒展开式一致.这样,我们不论用什么方法把一个函数展开成幂级数,那么它一定是函数 $f(x)$ 的泰

勒级数. 这点对将一个函数展开成泰勒级数极为重要, 因为它使展开方法大为简化且灵活多样.

8.4.3 常用函数的泰勒级数展开式

将一个函数展开成泰勒级数的方法很多, 这里主要介绍两种方法. 为叙述方便, 下面我们主要介绍函数在 $x_0 = 0$ 时的泰勒展开式, 即麦克劳林展开式.

1. 直接法

其步骤是: 先写出 $f(x)$ 的麦克劳林公式, 再确定余项 $R_n(x)$ 收敛于零的范围. 这样, 就可确定泰勒级数在什么范围内收敛并以 $f(x)$ 为和函数, 从而可写出 $f(x)$ 的麦克劳林展开式和展开式成立的范围.

例 8.4.6 将下列函数展成麦克劳林级数:

(1) $f(x) = e^x$;　　(2) $f(x) = \sin x$;　　(3) $f(x) = (1 + x)^a$.

解　(1) $f(x) = e^x$ 的麦克劳林公式为

$$e^x = 1 + x + \frac{1}{2!}x^2 + \cdots + \frac{1}{n!}x^n + R_n(x),$$

其中

$$R_n(x) = \frac{e^{\theta x}}{(n+1)!}x^{n+1}, 0 < \theta < 1.$$

且有

$$\mid R_n(x) \mid = \frac{e^{\theta x}}{(n+1)!} \mid x \mid^{n+1} \leqslant e^{|x|} \cdot \frac{\mid x \mid^{n+1}}{(n+1)!}, x \in (-\infty, +\infty),$$

对于在 $(-\infty, +\infty)$ 上任意给定的 x, 由比值判别法知级数 $\sum\limits_{n=0}^{\infty} \frac{\mid x \mid^{n+1}}{(n+1)!}$ 是收敛的, 再由级数收敛的必要条件即知 $\lim\limits_{n \to \infty} \frac{\mid x \mid^{n+1}}{(n+1)!} = 0$, 所以 $\lim\limits_{n \to \infty} e^{|x|} \frac{\mid x \mid^{n+1}}{(n+1)!} = 0$, 即

$$\lim_{n \to \infty} R_n(x) = 0, \quad x \in (-\infty, +\infty).$$

因此 $f(x) = e^x$ 在 $(-\infty, +\infty)$ 内可以展开成麦克劳林级数

$$e^x = 1 + x + \frac{1}{2!}x^2 + \cdots + \frac{1}{n!}x^n + \cdots = \sum_{n=0}^{\infty} \frac{x^n}{n!}, x \in (-\infty, +\infty).$$

(2) $f(x) = \sin x$ 的麦克劳林公式为

$$\sin x = x - \frac{x^3}{3!} + \frac{x^5}{5!} - \cdots + \frac{(-1)^{n-1}}{(2n-1)!}x^{2n-1} + R_{2n}(x),$$

其中 $R_{2n}(x) = \dfrac{\sin\left(\theta x + \dfrac{2n+1}{2}\pi\right)}{(2n+1)!}x^{2n+1}, \quad 0 < \theta < 1.$

因为 $\mid R_{2n}(x) \mid \leqslant \dfrac{\mid x \mid^{2n+1}}{(2n+1)!}, \quad x \in (-\infty, +\infty)$, 而 $\sum\limits_{n=0}^{\infty} \dfrac{\mid x \mid^{2n+1}}{(2n+1)!}$ 不论 x 为何值均收敛, 所以

$$\lim_{n \to \infty} \frac{\mid x \mid^{2n+1}}{(2n+1)!} = 0,$$

即
$$\lim_{n\to\infty} R_{2n}(x)=0, \quad x\in(-\infty,+\infty).$$
因此，$f(x)=\sin x$ 在 $(-\infty,+\infty)$ 内可以展开成麦克劳林级数

$$\sin x = x-\frac{1}{3!}x^3+\frac{1}{5!}x^5-\cdots+\frac{(-1)^{n-1}}{(2n-1)!}x^{2n-1}+\cdots$$

$$=\sum_{n=1}^{\infty}\frac{(-1)^{n-1}}{(2n-1)!}x^{2n-1}=\sum_{n=0}^{\infty}(-1)^n\frac{x^{2n+1}}{(2n+1)!}, x\in(-\infty,+\infty).$$

(3) $f(x)=(1+x)^a$ 的麦克劳林公式为

$$(1+x)^a=1+ax+\frac{(a-1)}{2!}x^2+\cdots+\frac{a(a-1)(a-2)\cdots(a-n+1)}{n!}x^n+R_n(x),$$

其中

$$R_n(x)=\frac{a(a-1)(a-2)\cdots(a-n)(1+\theta x)^{a-n-1}}{(n+1)!}x^{n+1}.$$

可以证明当 $x\in(-1,1)$ 时，

$$\lim_{n\to\infty} R_n(x)=0,$$

因此，$f(x)=(1+x)^a$ 在 $(-1,1)$ 内可展开成麦克劳林级数：

$$(1+x)^a=1+ax+\frac{a(a-1)}{2!}x^2+\cdots+\frac{a(a-1)(a-2)\cdots(a-n+1)}{n!}x^n+\cdots$$

$$=1+\sum_{n=1}^{\infty}\frac{a(a-1)(a-2)\cdots(a-n+1)}{n!}x^n, x\in(-1,1). \qquad\square$$

这个级数又称为牛顿(Newton)二项级数.

注：(1) 当 $a=n, n\in\mathbf{N}$ 时，这时 $f^{(a)}(0)=a!$，而 $f^{(a+1)}(0)=f^{(a+2)}(0)=\cdots=0$. 上面的展开式成为

$$(1+x)^n=1+nx+\frac{n(n-1)}{2!}x^2+\cdots+nx^{n-1}+x^n,$$

这就是牛顿二项展开式.

(2) 牛顿二项级数适用于一切实数值 a，除自然数外常用的有 $a=-1,\frac{1}{2},-\frac{1}{2}$ 等. 特别地，当 $a=-1$ 时，其展开式就是

$$\frac{1}{1+x}=1-x+x^2-x^3+\cdots=\sum_{n=0}^{\infty}(-1)^n x^n, \quad x\in(-1,1).$$

2. 间接法

用直接法展开时，需要求出 $f(x)$ 的直到 $(n+1)$ 阶导数，得出它的麦克劳林公式，然后讨论麦克劳林公式的余项 $R_n(x)$ 在什么范围内趋于零. 这有时比较困难，所以只要可能，我们就避免使用直接法而用间接法. 间接法就是根据一些已知的函数的麦克劳林展开式通过变量代换，幂级数的运算，逐项微分、逐项积分等方法得到所给函数的幂级数展开式. 由函数的幂级数展开式的唯一性，用间接法得到的结果与用直接法得出的结果是一致的.

例 8.4.7　求下列函数的麦克劳林展开式：

(1) $f(x)=\cos x$；　　　　　　　　　　(2) $f(x)=\ln(1+x)$

解 （1）由 $\sin x$ 的麦克劳林展开式

$$\sin x = \sum_{n=0}^{\infty} (-1)^n \frac{x^{2n+1}}{(2n+1)!}, \quad x \in (-\infty, +\infty),$$

逐项求导得 $\cos x$ 的麦克劳林展开式

$$\cos x = \sum_{n=0}^{\infty} (-1)^n \frac{(2n+1)x^{2n}}{(2n+1)!} = \sum_{n=0}^{\infty} (-1)^n \frac{x^{2n}}{(2n)!}, x \in (-\infty, +\infty).$$

注：幂级数在逐项求导后，收敛半径不变.

（2）因为 $\ln(1+x) = \int_0^x \frac{\mathrm{d}x}{1+x}$，而 $\frac{1}{1+x}$ 的麦克劳林展开式为

$$\frac{1}{1+x} = \sum_{n=0}^{\infty} (-1)^n x^n, \quad x \in (-1, 1),$$

所以

$$\ln(1+x) = \int_0^x \frac{\mathrm{d}x}{1+x} = \int_0^x \sum_{n=0}^{\infty} (-1)^n x^n \mathrm{d}x = \sum_{n=0}^{\infty} \int_0^x (-1)^n x^n \mathrm{d}x$$

$$= \sum_{n=0}^{\infty} (-1)^n \frac{x^{n+1}}{n+1} = \sum_{n=1}^{\infty} (-1)^{n-1} \frac{x^n}{n}, \quad |x| < 1. \qquad \square$$

幂级数在逐项求导或逐项积分时收敛半径虽不变，但区间端点处的收敛性可能会发生变化，当 $x = 1$ 时 $\ln 2$ 有意义，级数 $\sum_{n=1}^{\infty} (-1)^{n-1} \frac{1}{n}$ 收敛；当 $x = -1$ 时，$\ln(1+x)$ 无意义，而级数 $\sum_{n=1}^{\infty} (-1)^{n-1} \frac{(-1)^n}{n} = -\sum_{n=0}^{\infty} \frac{1}{n}$ 发散，所以上式成立的范围是 $(-1, 1]$，即

$$\ln(1+x) = \sum_{n=1}^{\infty} (-1)^{n-1} \frac{x^n}{n}, \quad x \in (-1, 1].$$

至此，我们已经有了下列五个基本初等函数的展开式：

$$\sin x = \sum_{n=0}^{\infty} (-1)^n \frac{x^{2n+1}}{(2n+1)!}, \quad x \in (-\infty, +\infty);$$

$$\cos x = \sum_{n=0}^{\infty} (-1)^n \frac{x^{2n}}{(2n)!}, \quad x \in (-\infty, +\infty);$$

$$\mathrm{e}^x = \sum_{n=0}^{\infty} \frac{x^n}{n!}, \quad x \in (-\infty, +\infty);$$

$$\ln(1+x) = \sum_{n=1}^{\infty} (-1)^{n-1} \frac{x^n}{n}, \quad x \in (-1, 1];$$

$$(1+x)^a = 1 + \sum_{n=1}^{\infty} \frac{a(a-1)(a-2)\cdots(a-n+1)}{n!} x^n, x \in (-1, 1).$$

特别地，

$$\frac{1}{1+x} = \sum_{n=0}^{\infty} (-1)^n x^n, \quad x \in (-1, 1).$$

请读者熟记这五个基本初等函数的展开式. 下面我们根据这五个展开式采用间接的方法来求其他一些函数的展开式.

例 8.4.8 求下列函数的麦克劳林展开式:

(1) $f(x) = e^{-x^2}$; (2) $f(x) = \ln(a+x), a > 0$;

(3) $f(x) = \cos^2 x$; (4) $f(x) = \dfrac{1-x}{1+x}$.

解 (1) $e^t = \sum\limits_{n=0}^{\infty} \dfrac{t^n}{n!}$, $\quad |t| < +\infty$.

令 $t = -x^2$, 代入上式得

$$e^{-x^2} = \sum_{n=0}^{\infty} \frac{(-x^2)^n}{n!} = \sum_{n=0}^{\infty} \frac{(-1)^n}{n!} x^{2n}, \quad |x| < +\infty.$$

(2) $\ln(1+t) = \sum\limits_{n=1}^{\infty} (-1)^{n-1} \dfrac{t^n}{n}$, $\quad -1 < t \leqslant 1$.

$$\ln(a+x) = \ln\left[a\left(1+\frac{x}{a}\right)\right] = \ln a + \ln\left(1+\frac{x}{a}\right),$$

令 $t = \dfrac{x}{a}$, 代入上式得

$$\ln(a+x) = \ln a + \ln\left(1+\frac{x}{a}\right) = \ln a + \sum_{n=1}^{\infty} (-1)^{n-1} \frac{\left(\frac{x}{a}\right)^n}{n}$$

$$= \ln a + \sum_{n=1}^{\infty} (-1)^{n-1} \frac{x^n}{na^n},$$

收敛区间为 $-1 < \dfrac{x}{a} \leqslant 1$, 即 $-a < x \leqslant a$.

(3) $\cos t = \sum\limits_{n=0}^{\infty} (-1)^n \dfrac{t^{2n}}{(2n)!}$, $\quad |t| < +\infty$.

$$\cos^2 x = \frac{1+\cos 2x}{2} = \frac{1}{2} + \frac{1}{2} \sum_{n=0}^{\infty} (-1)^n \frac{(2x)^{2n}}{(2n)!}$$

$$= \frac{1}{2} + \frac{1}{2} \sum_{n=0}^{\infty} (-1)^n \frac{2^{2n}}{(2n)!} x^{2n}, \quad |x| < +\infty.$$

(4) 因 $\dfrac{1-x}{1+x} = -1 + \dfrac{2}{1+x}$, 而 $\dfrac{1}{1+x} = \sum\limits_{n=0}^{\infty} (-1)^n x^n$, $\quad |x| < 1$,

故 $\dfrac{1-x}{1+x} = -1 + 2\sum\limits_{n=0}^{\infty} (-1)^n x^n$, $\quad |x| < 1$. $\qquad\Box$

例 8.4.9 将函数 $f(x) = \arctan x$ 展开为 x 的幂级数.

解 对 $f(x) = \arctan x$, $f'(x) = \dfrac{1}{1+x^2}$. 在展开式

$$\frac{1}{1+x} = \sum_{n=0}^{\infty} (-1)^n x^n, \quad |x| < 1$$

中令 $x = t^2$, 得

$$\frac{1}{1+t^2} = \sum_{n=0}^{\infty} (-1)^n t^{2n}, \quad |t| < 1,$$

两端逐项积分:

$$\int_0^x \frac{\mathrm{d}t}{1+t^2} = \int_0^x \sum_{n=0}^{\infty} (-1)^n t^{2n} \mathrm{d}t = \sum_{n=0}^{\infty} \int_0^x (-1)^n t^{2n} \mathrm{d}t,$$

即

$$\arctan x = \sum_{n=0}^{\infty} (-1)^n \frac{1}{2n+1} x^{2n+1}, \quad |x| < 1.$$

因为当 $x = \pm 1$ 时上面级数仍是收敛的,所以

$$\arctan x = \sum_{n=0}^{\infty} (-1)^n \frac{1}{2n+1} x^{2n+1}, \quad x \in [-1, 1]. \qquad \square$$

例 8.4.10 将下面函数展开成 x 的幂级数:

(1) $f(x) = \sinh x$;   (2) $f(x) = (1+x)\ln(1+x)$.

解 (1) 因为 $\sinh x = \dfrac{\mathrm{e}^x - \mathrm{e}^{-x}}{2}$,所以

$$\sinh x = \frac{1}{2}(\mathrm{e}^x - \mathrm{e}^{-x}) = \frac{1}{2}\left[\sum_{n=0}^{\infty} \frac{x^n}{n!} - \sum_{n=0}^{\infty} \frac{(-x)^n}{n!}\right]$$

$$= \frac{1}{2}\sum_{n=0}^{\infty} [1-(-1)^n]\frac{x^n}{n!} = \sum_{n=0}^{\infty} \frac{x^{2n+1}}{(2n+1)!}, \quad |x| < +\infty.$$

(2) 因为 $f'(x) = 1 + \ln(1+x) = 1 + \sum_{n=1}^{\infty} (-1)^{n-1}\dfrac{x^n}{n}, \quad -1 < x \leqslant 1,$

所以

$$f(x) = \int_0^x [1 + \ln(1+t)]\mathrm{d}t = \int_0^x \left[1 + \sum_{n=1}^{\infty} (-1)^{n-1}\frac{t^n}{n}\right]\mathrm{d}t$$

$$= x + \sum_{n=1}^{\infty} (-1)^{n-1}\frac{x^{n+1}}{n(n+1)}, \quad -1 < x \leqslant 1. \qquad \square$$

3. 函数在任意点处的泰勒展开式

上面我们已经研究了函数 $f(x)$ 在 $x_0 = 0$ 处的泰勒展开式,在有的问题中,需要求出函数在其定义域内任一点 $x = x_0$ 处的泰勒展开式,这是容易的. 只要通过变量代换 $t = x - x_0$ 或 $x = t + x_0$,就可将问题转化为求关于 t 的函数的麦克劳林展开式.

例 8.4.11 求下列函数在指定点处的幂级数展开式:

(1) $\ln x, x_0 = 1$;   (2) $\dfrac{1}{(1-x)(1+2x)}, x_0 = -1$.

解 (1) 就是要写出展开式

$$\ln x = \sum_{n=1}^{\infty} a_n (x-1)^n, \quad |x-1| < r,$$

为此,令 $x - 1 = t$. 故

$$\ln x = \ln(1+t) = \sum_{n=1}^{\infty} (-1)^{n-1}\frac{t^n}{n} = \sum_{n=1}^{\infty} (-1)^{n-1}\frac{(x-1)^n}{n},$$

其中收敛域为 $-1 < t \leqslant 1, -1 < x-1 \leqslant 1$,即 $0 < x \leqslant 2$.

(2) 为将 $\dfrac{1}{(1-x)(1+2x)} = \dfrac{1}{3}\left(\dfrac{1}{1-x} + \dfrac{2}{1+2x}\right)$ 在 $x = -1$ 处展开,即展为 $(x+1)$

的幂级数,可令 $t = x + 1, x = t - 1$,代入上式得

$$\frac{1}{(1-x)(1+2x)} = \frac{1}{3}\left(\frac{1}{1-x} + \frac{2}{1+2x}\right) = \frac{1}{3}\left(\frac{1}{2-t} - \frac{2}{1-2t}\right)$$

$$= \frac{1}{3}\left(\frac{1}{2} \cdot \frac{1}{1-\frac{t}{2}} - \frac{2}{1-2t}\right) = \frac{1}{3}\left[\frac{1}{2}\sum_{n=0}^{\infty}\left(\frac{t}{2}\right)^n - 2\sum_{n=0}^{\infty}(2t)^n\right]$$

$$= \frac{1}{3}\sum_{n=0}^{\infty}\frac{1-4^{n+1}}{2^{n+1}}t^n = -\frac{1}{3}\sum_{n=0}^{\infty}\frac{4^{n+1}-1}{2^{n+1}}(x+1)^n.$$

最后求级数的收敛域. 由

$$\begin{cases} -1 < \dfrac{t}{2} < 1; \\ -1 < 2t < 1, \end{cases}$$

得

$$-\frac{1}{2} < t < \frac{1}{2},$$

即

$$-\frac{1}{2} < x+1 < \frac{1}{2} \ 或 -\frac{3}{2} < x < -\frac{1}{2}. \qquad \square$$

8.4.4　泰勒级数在数值计算中的应用

幂级数的应用非常广泛. 本节仅说明它在数值计算中的应用.

例 8.4.12　计算 $\cos 18°$ 的值,使误差不超过 10^{-5}.

解　因为

$$\cos x = \sum_{n=0}^{\infty}(-1)^n\frac{x^{2n}}{(2n)!}$$

$$= 1 - \frac{x^2}{2!} + \frac{x^4}{4!} - \frac{x^6}{6!} + \cdots + (-1)^n\frac{x^{2n}}{(2n)!} + \cdots, \quad x \in (-\infty, +\infty),$$

所以

$$\cos 18° = \cos\frac{\pi}{10} = 1 - \frac{\left(\frac{\pi}{10}\right)^2}{2!} + \frac{\left(\frac{\pi}{10}\right)^4}{4!} - \frac{\left(\frac{\pi}{10}\right)^6}{6!} + \frac{\left(\frac{\pi}{10}\right)^8}{8!} - \cdots + (-1)^n\frac{\left(\frac{\pi}{10}\right)^{2n}}{(2n)!} + \cdots.$$

这是莱布尼兹交错级数. 如以级数的前两项和 $1 - \dfrac{\left(\frac{\pi}{10}\right)^2}{2!}$ 作为 $\cos 18°$ 的近似值,则其误差

$$|R| \leqslant \frac{\left(\frac{\pi}{10}\right)^4}{4!} \approx 0.0004.$$

显然 $0.0004 > 10^{-5}$,故不能满足题中规定的计算精确度的要求,试以级数的前三项的和作为 $\cos 18°$ 的近似值,则其误差为

$$|R| \leqslant \frac{\left(\frac{\pi}{10}\right)^6}{6!} \approx 1.3 \times 10^{-6} < 10^{-5},$$

能满足要求,故

$$\cos 18° \approx 1 - \frac{\left(\frac{\pi}{10}\right)^2}{2!} + \frac{\left(\frac{\pi}{10}\right)^4}{4!} \approx 0.95106.$$

上面计算时应取六位小数,最后按四舍五入法保留五位小数. □

例 8.4.13 计算 $\sqrt[5]{245}$,要求误差不超过 10^{-4}.

解 因为

$$(1+x)^a = 1 + ax + \frac{a(a-1)}{2!}x^2 + \cdots + \frac{a(a-1)\cdots(a-n+1)}{n!}x^n + \cdots,$$
$$x \in (-1,1),$$

所以

$$\sqrt[5]{245} = \sqrt[5]{3^5 + 2} = 3\left(1 + \frac{2}{3^5}\right)^{\frac{1}{5}} = 3\left[1 + \frac{1}{5}\left(\frac{2}{3^5}\right) - \frac{4}{2! \cdot 5^2}\left(\frac{2}{3^5}\right)^2 + \cdots\right].$$

这个级数从第二项起是莱布尼兹交错级数,因此,如取级数的前二项的和作为 $\sqrt[5]{245}$ 的近似值,则其误差为

$$|R| \leqslant 3 \cdot \frac{4}{2! \cdot 5^2}\left(\frac{2}{3^5}\right)^2 = \frac{8}{25 \times 3^9} < 10^{-4},$$

能满足要求,故

$$\sqrt[5]{245} \approx 3\left[1 + \frac{1}{5}\left(\frac{2}{3^5}\right)\right] \approx 3.0049.$$ □

例 8.4.14 计算 π 的近似值.

解 在 $\arctan x = \sum_{n=0}^{\infty} (-1)^n \frac{1}{2n+1} x^{2n+1}$

$$= x - \frac{x^3}{3} + \frac{x^5}{5} - \cdots + (-1)^n \frac{x^{2n+1}}{2n+1} + \cdots, \quad x \in [-1,1]$$

中如令 $x = 1$,便得

$$\frac{\pi}{4} = 1 - \frac{1}{3} + \frac{1}{5} - \frac{1}{7} + \cdots + (-1)^n \frac{1}{2n+1} + \cdots,$$

这是莱布尼兹交错级数. 若取近似公式

$$\frac{\pi}{4} \approx 1 - \frac{1}{3} + \frac{1}{5} - \frac{1}{7} + \cdots + (-1)^{n-1} \frac{1}{2n-1},$$

则所产生的误差 $|R| \leqslant \frac{1}{2n+1}$.

问题是这个级数收敛速度太慢,例如,要使计算结果精确到 $\frac{1}{10000}$,则由 $|R| \leqslant$

$\frac{1}{2n+1} \leqslant \frac{1}{10000}$ 得 $n > 4999$,即要取 $n = 5000$ 才行. 现在取 $x \in (0,1)$,则其通项 $\frac{x^{2n+1}}{2n+1}$

变小的速度要快些,因而级数收敛的速度也就快了.

如令 $x = \dfrac{1}{\sqrt{3}}$,代入上面的展开式,得

$$\frac{\pi}{6} = \frac{1}{\sqrt{3}} - \frac{1}{3} \cdot \frac{1}{(\sqrt{3})^3} + \frac{1}{5} \cdot \frac{1}{(\sqrt{3})^5} - \cdots,$$

所以

$$\pi = 2\sqrt{3}\left(1 - \frac{1}{3 \cdot 3} + \frac{1}{5 \cdot 3^2} - \frac{1}{7 \cdot 3^3} + \cdots\right) = \sum_{n=1}^{\infty} \frac{(-1)^{n-1} 2\sqrt{3}}{(2n-1)3^{n-1}}.$$

这是一个莱布尼兹交错级数,如以近似公式

$$\pi \approx 2\sqrt{3}\left(1 - \frac{1}{3 \cdot 3} + \frac{1}{5 \cdot 3^2} - \frac{1}{7 \cdot 3^3} + \cdots + \frac{(-1)^{n-1}}{(2n-1)3^{n-1}}\right),$$

计算 π 的近似值,则其误差

$$|R| \leqslant \frac{2\sqrt{3}}{(2n+1) \cdot 3^n}.$$

如取前 8 项,即

$$\pi \approx 2\sqrt{3} \cdot \left(1 - \frac{1}{3 \cdot 3} + \frac{1}{5 \cdot 3^2} - \frac{1}{7 \cdot 3^3} + \frac{1}{9 \cdot 3^4} - \frac{1}{11 \cdot 3^5} + \frac{1}{13 \cdot 3^6} - \frac{1}{15 \cdot 3^7}\right),$$

则它的误差

$$|R| \leqslant 2\sqrt{3} \cdot \frac{1}{17 \cdot 3^8} = \frac{2\sqrt{3}}{111537} < \frac{1}{10^4}.$$

由此式可求得 π 的近似值为 3.1416. □

例 8.4.15　计算 $\ln 2$ 的近似值.

解　在 $\ln(1+x) = \displaystyle\sum_{n=1}^{\infty} (-1)^{n-1} \frac{x^n}{n}$

$$= x - \frac{x^2}{2} + \frac{x^3}{3} - \frac{x^4}{4} + \cdots + (-1)^{n-1} \frac{x^n}{n} + \cdots, \quad -1 < x \leqslant 1$$

中令 $x = 1$,便得

$$\ln 2 = 1 - \frac{1}{2} + \frac{1}{3} - \cdots + (-1)^{n-1} \frac{1}{n} + \cdots.$$

和上例一样,这个级数收敛得极慢,用它来计算 $\ln 2$ 是很困难的.因此要找一个收敛得更快的级数.

当 $|x| < 1$ 时,有

$$\ln(1+x) = x - \frac{x^2}{2} + \cdots + (-1)^{n-1} \frac{x^n}{n} + \cdots;$$

$$\ln(1-x) = -x - \frac{x^2}{2} - \cdots - \frac{x^n}{n} - \cdots,$$

所以

$$\ln \frac{1+x}{1-x} = 2\left(x + \frac{x^3}{3} + \frac{x^5}{5} + \cdots + \frac{x^{2n-1}}{2n-1} + \cdots\right).$$

由 $\dfrac{1+x}{1-x}=2$，可得 $x=\dfrac{1}{3}$，于是就得

$$\ln 2 = 2\left[\frac{1}{3}+\frac{1}{3}\left(\frac{1}{3}\right)^3+\cdots+\frac{1}{2n-1}\left(\frac{1}{3}\right)^{2n-1}+\cdots\right].$$

这个级数收敛得快一些，只要少数几项就可得到相当好的近似值. 例如，如取前 9 项计算近似值，其误差就是

$$|R| = 2\left(\frac{1}{19}\cdot\frac{1}{3^{19}}+\frac{1}{21}\cdot\frac{1}{3^{21}}+\cdots\right) < 2\cdot\frac{1}{19}\cdot\frac{1}{3^{19}}\left(1+\frac{1}{3^2}+\frac{1}{3^4}+\cdots\right)$$

$$=2\cdot\frac{1}{19}\cdot\frac{1}{3^{19}}\cdot\frac{9}{8}=\frac{1}{4\cdot 19\cdot 3^{17}} < \frac{2}{10^{10}}.$$

于是用前 9 项计算出 $\ln 2$ 的近似值

$$\ln 2 \approx 2\left[\frac{1}{3}+\frac{1}{3}\left(\frac{1}{3}\right)^3+\frac{1}{5}\left(\frac{1}{3}\right)^5+\cdots+\frac{1}{17}\left(\frac{1}{3}\right)^{17}\right] \approx 0.6931471805.$$

其误差小于 2×10^{-10}. □

习　题　8.4

1. 求函数 $f(x)=x^4-7x^3+8x-2$ 在 $x_0=1$ 处的二阶泰勒公式.

2. 求函数 $y=\tan x$ 的二阶麦克劳林公式.

3. 写出 $f(x)=\sqrt{1+x}$ 的二阶麦克劳林公式.

4. 写出 $f(x)=x\mathrm{e}^x$ 的 n 阶麦克劳林公式.

5. 写出 $f(x)=\dfrac{x}{x-1}$ 在 $x_0=2$ 处的三阶泰勒公式.

6. 写出 $f(x)=x^2\ln x$ 在 $x_0=1$ 处的 n 阶泰勒公式.

7. 写出 $f(x)=\sqrt{x}$ 在 $x_0=4$ 处的三阶泰勒公式.

8. 求下列函数的麦克劳林展式：

(1) $f(x)=\ln(3+x)$；

(2) $f(x)=\sin\dfrac{x}{2}$；

(3) $f(x)=a^x, a>0$；

(4) $f(x)=\ln\dfrac{1}{1-x}$；

(5) $f(x)=x\ln(x+1)$；

(6) $f(x)=\sin\left(\dfrac{\pi}{4}+x\right)$；

(7) $f(x)=\sqrt[3]{27+x}$；

(8) $f(x)=\ln\dfrac{1+x}{1-x}$；

(9) $f(x)=x^2\mathrm{e}^{-3x}$；

(10) $f(x)=\dfrac{1}{2+x}$；

(11) $f(x)=\cosh x$.

9. 将下列函数展开成 $(x-x_0)$ 的幂级数：

(1) $f(x)=\ln x, x_0=3$；

(2) $f(x)=\dfrac{1}{2+x}, x_0=1$；

(3) $f(x)=\mathrm{e}^{\frac{x}{a}}, x_0=a$；

(4) $f(x)=\cos x, x_0=-\dfrac{\pi}{3}$；

(5) $f(x)=\dfrac{1}{x^2+3x+2}, x_0=-4$;　　　　(6) $f(x)=\dfrac{1-x}{2x^2-5x+2}, x_0=1$.

10. 计算 $\sin 9°$ 的近似值使误差不超过 10^{-5}.

11. 用 e^x 的麦克劳林展开式的前 11 项来计算 e 的近似值,并估计误差.

§8.5　函数的三角多项式逼近与展开

自然界中的周期现象是很多的,例如,单摆的摆动、电波的传播等.周期函数反映了客观世界中的周期现象.对于简单的周期现象可用正弦或余弦函数来表示,但对复杂的周期现象就需要很多个以致无穷多个正弦函数与余弦函数的叠加来表示.本节主要研究周期函数的三角多项式逼近与展开.

8.5.1　三角级数

函数序列

$$1,\cos x,\sin x,\cos 2x,\sin 2x,\cdots,\cos nx,\sin nx,\cdots \tag{1}$$

称为三角函数系,2π 是它们共同的周期.

这个函数系的一个重要特征是,它具有正交性,即函数系(1)中任何两个不同函数之积在区间 $[-\pi,\pi]$ 上的积分等于零:

$$\int_{-\pi}^{\pi}\cos nx\,\mathrm{d}x=0,\qquad\qquad n=1,2,3\cdots;$$

$$\int_{-\pi}^{\pi}\sin nx\,\mathrm{d}x=0,\qquad\qquad n=1,2,3\cdots;$$

$$\int_{-\pi}^{\pi}\sin mx\sin nx\,\mathrm{d}x=0,\quad m,n=1,2,3,\cdots,m\neq n;$$

$$\int_{-\pi}^{\pi}\sin mx\cos nx\,\mathrm{d}x=0,\quad m,n=1,2,3,\cdots;$$

$$\int_{-\pi}^{\pi}\cos mx\cos nx\,\mathrm{d}x=0,\quad m,n=1,2,3,\cdots,m\neq n.$$

以上等式,读者自行验证.

三角函数系(1)的正交性是三角级数许多优越性质的源泉.

我们称形如

$$\frac{a_0}{2}+\sum_{n=1}^{\infty}(a_n\cos nx+b_n\sin nx) \tag{2}$$

的级数为三角级数,其中 $a_0,a_n,b_n(n=1,2,3,\cdots)$ 都是常数.

8.5.2　傅里叶级数

三角级数(2)中的每一项均是以 2π 为周期的周期函数,因此,如果三角级数(2)在 $[-\pi,\pi]$ 上收敛,则它必在 $(-\infty,+\infty)$ 上收敛.设它的和函数为 $f(x)$,即

$$f(x)=\frac{a_0}{2}+\sum_{n=1}^{\infty}(a_n\cos nx+b_n\sin nx), \tag{3}$$

那么函数 $f(x)$ 也是以 2π 为周期的周期函数.

下面我们研究,如(3)式成立,则级数(3)中的系数 a_0,a_n,b_n 与函数 $f(x)$ 之间有什么关系.

先求 a_0. 假定(3)式右端的级数在 $[-\pi,\pi]$ 上是一致收敛的,那么对(3)式从 $-\pi$ 到 π 逐项积分:

$$\int_{-\pi}^{\pi} f(x)\mathrm{d}x = \int_{-\pi}^{\pi} \frac{a_0}{2}\mathrm{d}x + \sum_{n=1}^{\infty}\left[\int_{-\pi}^{\pi}(a_n\cos nx + b_n\sin nx)\mathrm{d}x\right].$$

又根据三角函数系(2)的正交性,得

$$\int_{-\pi}^{\pi} f(x)\mathrm{d}x = \frac{a_0}{2}\cdot 2\pi,$$

所以

$$a_0 = \frac{1}{\pi}\int_{-\pi}^{\pi} f(x)\mathrm{d}x.$$

其次求 a_k. 用 $\cos kx$ 乘(3)式两端,再从 $-\pi$ 到 π 逐项积分,得

$$\int_{-\pi}^{\pi} f(x)\cos kx\,\mathrm{d}x = \frac{a_0}{2}\int_{-\pi}^{\pi}\cos kx\,\mathrm{d}x + \sum_{n=1}^{\infty}\left[a_n\int_{-\pi}^{\pi}\cos nx\cos kx\,\mathrm{d}x + b_n\int_{-\pi}^{\pi}\sin nx\cos kx\,\mathrm{d}x\right].$$

因为 $\int_{-\pi}^{\pi}\cos nx\cos kx\,\mathrm{d}x = 0\,(n\neq k)$, $\int_{-\pi}^{\pi}\sin nx\cos kx\,\mathrm{d}x = 0$,

当 $n=k$ 时, $\int_{-\pi}^{\pi}\cos^2 kx\,\mathrm{d}x = \pi$,于是得

$$a_k = \frac{1}{\pi}\int_{-\pi}^{\pi} f(x)\cos kx\,\mathrm{d}x.$$

类似地,用 $\sin kx$ 乘(3)式两端,再从 $-\pi$ 到 π 逐项积分,得

$$b_k = \frac{1}{\pi}\int_{-\pi}^{\pi} f(x)\sin kx\,\mathrm{d}x.$$

由于当 $n=0$ 时, a_n 的表达式正好给出 a_0,因此,已得结果可以合并写成

$$\begin{cases} a_n = \dfrac{1}{\pi}\displaystyle\int_{-\pi}^{\pi} f(x)\cos nx\,\mathrm{d}x & (n=0,1,2,3,\cdots); \\ b_n = \dfrac{1}{\pi}\displaystyle\int_{-\pi}^{\pi} f(x)\sin nx\,\mathrm{d}x & (n=1,2,3,\cdots). \end{cases} \tag{4}$$

如果公式(4)中的积分都存在,这时它们定出的系数 $a_0,a_1,b_1,\cdots$ 叫作函数 $f(x)$ 的傅里叶(Fourier)系数. 将这些系数代入(3)式的右端,所得的三角级数

$$\frac{a_0}{2} + \sum_{n=1}^{\infty}(a_n\cos nx + b_n\sin nx) \tag{5}$$

称为函数 $f(x)$ 的傅里叶级数. 显然,只要函数 $f(x)$ 在 $[-\pi,\pi]$ 上可积,总可作出它的傅里叶级数.

8.5.3 傅里叶级数的收敛性

上面对于函数 $f(x)$ 的傅里叶级数完全是形式地作出来的. 这里有两个问题:一是函

数 $f(x)$ 的傅里叶级数是否收敛;二是如果函数 $f(x)$ 的傅里叶级数收敛,则它是否收敛于函数 $f(x)$.即函数 $f(x)$ 满足什么条件就可以展开成傅里叶级数? 对此,我们有下面的结果:

定理 8.5.1 (狄利克雷(Dirichlet)充分条件) 设函数 $f(x)$ 是周期为 2π 的周期函数.如果它满足条件:(1) 在 $[-\pi,\pi]$ 上连续或只有有限个第一类间断点;(2) 在 $(-\pi,\pi)$ 内至多只有有限个极值点,则 $f(x)$ 的傅里叶级数收敛,且

(1) 当 x 是 $f(x)$ 的连续点时,级数收敛于 $f(x)$;

(2) 当 x 是 $f(x)$ 的间断点时,级数收敛于 $\dfrac{f(x-0)+f(x+0)}{2}$.

在 8.3 节中,一个函数展成幂级数的条件是相当高的,而定理 8.5.1 说明只要函数在 $[-\pi,\pi]$ 上至多只有有限个第一类间断点,且函数振动得不太厉害的话均可展开成傅里叶级数.可见,函数展开成傅里叶级数的条件是比较弱的,一般的函数都能满足.

例 8.5.1 设 $f(x)$ 是周期为 2π 的函数,它在 $[-\pi,\pi)$ 上的表达式为

$$f(x)=\begin{cases} -1, & -\pi\leqslant x<0; \\ 1, & 0\leqslant x<\pi. \end{cases}$$

将 $f(x)$ 展开成傅里叶级数.

解 显然函数 $f(x)$ 当 $x\neq k\pi$ 时连续,$x=k\pi$ 为其第一类间断点($k=0,\pm 1,\pm 2,\cdots$),满足定理 5.1 的条件.

当 $x\neq k\pi(k=0,\pm 1,\pm 2,\cdots)$ 时,它的傅里叶级数收敛于 $f(x)$;

当 $x=k\pi(k=0,\pm 1,\pm 2,\cdots,)$ 时,它的傅里叶级数收敛于

$$\frac{f(k\pi-0)+f(k\pi+0)}{2}=\frac{-1+1}{2}=0.$$

计算傅里叶系数如下:

$$\begin{aligned} a_n &= \frac{1}{\pi}\int_{-\pi}^{\pi}f(x)\cos nx\,\mathrm{d}x=\frac{1}{\pi}\int_{-\pi}^{0}(-1)\cos nx\,\mathrm{d}x+\frac{1}{\pi}\int_{0}^{\pi}1\cdot\cos nx\,\mathrm{d}x \\ &= 0,(n=0,1,2,\cdots); \\ b_n &= \frac{1}{\pi}\int_{-\pi}^{\pi}f(x)\sin nx\,\mathrm{d}x=\frac{1}{\pi}\int_{-\pi}^{0}(-1)\sin nx\,\mathrm{d}x+\frac{1}{\pi}\int_{0}^{\pi}1\cdot\sin nx\,\mathrm{d}x \\ &= \frac{2}{n\pi}[1-(-1)^n] \\ &= \begin{cases} \dfrac{4}{n\pi}, & \text{当 } n=1,3,5,\cdots \text{ 时}; \\ 0, & \text{当 } n=2,4,6,\cdots \text{ 时}. \end{cases} \end{aligned}$$

将求得的系数代入(5)式,得 $f(x)$ 的傅里叶级数展开式为

$$f(x)=\frac{4}{\pi}\left[\sin x+\frac{1}{3}\sin 3x+\cdots+\frac{1}{2k-1}\sin(2k-1)x+\cdots\right],$$
$$(-\infty<x<+\infty;x\neq 0,\pm\pi,\pm 2\pi,\cdots). \qquad\qquad \square$$

和函数的图形如图 8.5.1 所示.

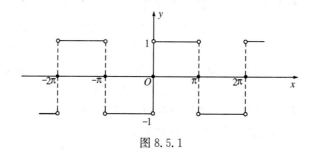

图 8.5.1

例 8.5.2 设 $f(x)$ 是周期为 2π 的函数,它在 $[-\pi,\pi)$ 上的表达式为

$$f(x) = \begin{cases} x, & -\pi \leqslant x < 0; \\ 0, & 0 \leqslant x < \pi. \end{cases}$$

将 $f(x)$ 展开成傅里叶级数.

解 所给函数满足收敛定理的条件,它在点 $x=(2k+1)\pi(k=0,\pm1,\pm2,\cdots)$ 处不连续.因此,对应的傅里叶级数在 $x=(2k+1)\pi$ 处收敛于

$$\frac{f(\pi-0)+f(-\pi+0)}{2} = \frac{0-\pi}{2} = -\frac{\pi}{2}.$$

在连续点 $x(x \neq (2k+1)\pi)$ 处收敛于 $f(x)$.

计算傅里叶系数如下:

$$a_0 = \frac{1}{\pi}\int_{-\pi}^{\pi} f(x)\,\mathrm{d}x = \frac{1}{\pi}\int_{-\pi}^{0} x\,\mathrm{d}x = -\frac{\pi}{2};$$

$$a_n = \frac{1}{\pi}\int_{-\pi}^{\pi} f(x)\cos nx\,\mathrm{d}x = \frac{1}{\pi}\int_{-\pi}^{0} x\cos nx\,\mathrm{d}x$$

$$= \frac{1}{n^2\pi}(1-\cos n\pi) = \begin{cases} \dfrac{2}{n^2\pi}, & \text{当 } n=1,3,5,\cdots \text{ 时;} \\ 0, & \text{当 } n=2,4,6,\cdots \text{ 时.} \end{cases}$$

$$b_n = \frac{1}{\pi}\int_{-\pi}^{\pi} f(x)\sin nx\,\mathrm{d}x = \frac{1}{\pi}\int_{-\pi}^{0} x\sin nx\,\mathrm{d}x = \frac{(-1)^{n+1}}{n}.$$

将求得的系数代入(5)式,得 $f(x)$ 的傅里叶级数展开式为

$$f(x) = -\frac{\pi}{4} + \left(\frac{2}{\pi}\cos x + \sin x\right) - \frac{1}{2}\sin 2x + \left(\frac{2}{3^2\pi}\cos 3x + \frac{1}{3}\sin 3x\right) - \frac{1}{4}\sin 4x$$

$$+ \left(\frac{2}{5^2\pi}\cos 5x + \frac{1}{5}\sin 5x\right) - \cdots, \quad (-\infty < x < +\infty; x \neq \pm\pi, \pm 3\pi,$$

$$\pm 5\pi, \cdots).$$

和函数的图形如图 8.5.2 所示.

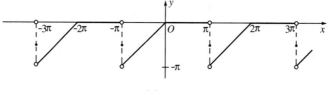

图 8.5.2

8.5.4　正弦展开与余弦展开

如果函数 $f(x)$ 是区间 $[-\pi,\pi]$ 上的偶函数,那么在区间 $[-\pi,\pi]$ 上,$f(x)\cos nx$ 是偶函数,$f(x)\sin nx$ 是奇函数.所以有

$$a_n = \frac{1}{\pi}\int_{-\pi}^{\pi} f(x)\cos nx\,\mathrm{d}x = \frac{2}{\pi}\int_0^{\pi} f(x)\cos nx\,\mathrm{d}x \quad (n=0,1,2,3,\cdots);$$

$$b_n = \frac{1}{\pi}\int_{-\pi}^{\pi} f(x)\sin nx\,\mathrm{d}x = 0 \quad (n=0,1,2,3\cdots).$$

因此,偶函数可展成余弦级数:

$$f(x) = \frac{a_0}{2} + \sum_{n=1}^{\infty} a_n\cos nx.$$

同理,奇函数可以展成正弦级数:

$$f(x) = \sum_{n=1}^{\infty} b_n\sin nx,\text{其中 } b_n = \frac{2}{\pi}\int_0^{\pi} f(x)\sin nx\,\mathrm{d}x \quad (n=1,2,3,\cdots).$$

在实际应用中,有时需要把定义在区间 $[0,\pi]$ 上的函数 $f(x)$ 展开成正弦级数或余弦级数.此时,可以用下面的方法进行.

1. 偶式展开

作一个偶函数 $f^*(x)$ 使之在区间 $[0,\pi]$ 上等于 $f(x)$,那么可将 $f^*(x)$ 在 $[-\pi,\pi]$ 上展开成余弦级数:

$$f^*(x) = \frac{a_0}{2} + \sum_{n=1}^{\infty} a_n\cos nx \quad (-\pi \leqslant x \leqslant \pi),$$

其中

$$a_n = \frac{2}{\pi}\int_0^{\pi} f(x)\cos nx\,\mathrm{d}x \quad (n=0,1,2,\cdots).$$

从而在 $[0,\pi)$ 上有

$$f(x) = f^*(x) = \frac{a_0}{2} + \sum_{n=1}^{\infty} a_n\cos nx.$$

2. 奇式展开

作一个奇函数 $f^*(x)$,使之在 $[0,\pi]$ 上等于 $f(x)$.然后将 $f^*(x)$ 在 $[-\pi,\pi]$ 上展成正弦级数,最后就可在 $(0,\pi)$ 上将 $f(x)$ 展开成正弦级数:

$$f(x) = \sum_{n=1}^{\infty} b_n\sin nx,$$

其中　$b_n = \frac{2}{\pi}\int_0^{\pi} f(x)\sin nx\,\mathrm{d}x.$

例 8.5.3　将函数 $f(x) = x^2$ 按正弦展开.

解　$a_n = 0 \quad (n=0,1,2,3,\cdots),$

$$b_n = \frac{2}{\pi}\int_0^{\pi} x^2\sin nx\,\mathrm{d}x = \frac{2(-1)^{n-1}\pi}{n} + \frac{4[(-1)^n-1]}{\pi n^3}.$$

所以　$x^2 = 2\pi\left(\frac{\sin x}{1} - \frac{\sin 2x}{2} + \frac{\sin 3x}{3} - \cdots\right) - \frac{8}{\pi}\left(\frac{\sin x}{1^3} + \frac{\sin 3x}{3^3} + \frac{\sin 5x}{5^3} + \cdots\right),$

$$(0 < x < \pi).$$

如图 8.5.3 所示.

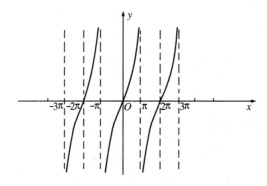

图 8.5.3

习 题 8.5

1. 将 $f(x) = \begin{cases} C_1, (-\pi, 0]; \\ C_2, (0, \pi). \end{cases}$ 在 $(-\pi, \pi)$ 内展为傅里叶级数.

2. 对下列各函数计算其傅里叶系数(以 2π 为周期):

(1) $f(x) = x, (-\pi, \pi)$;

(2) $f(x) = x^3, (-\pi, \pi)$;

(3) $f(x) = \begin{cases} -x, & (-\pi, 0); \\ x, & [0, \pi); \end{cases}$

(4) $f(x) = \begin{cases} 0, & (-\pi, 0); \\ x, & [0, \pi). \end{cases}$

3. 将函数 $f(x) = \sin ax$ (a 不是整数) 在 $(-\pi, \pi)$ 内展开为傅里叶级数.

4. 将函数 $f(x) = \dfrac{\pi - x}{2}$ 在区间 $(0, 2\pi)$ 内展为傅里叶级数.

5. 将下列周期函数(周期为 2π)展为傅里叶级数:

(1) $f(t) = -2t \ (-\pi \leqslant t < \pi)$;

(2) $f(t) = \begin{cases} 3t \ (-\pi \leqslant t < 0); \\ 0 \ (0 \leqslant t < \pi); \end{cases}$

(3) $f(t) = e^t (-\pi \leqslant t < \pi)$.

6. 把下列函数分别展为正弦级数和余弦级数:

(1) $f(t) = \begin{cases} 1, 0 < t < \dfrac{\pi}{2}; \\ 0, \dfrac{\pi}{2} \leqslant t < \pi; \end{cases}$

(2) $f(x) = \begin{cases} x, 0 < x \leqslant \dfrac{\pi}{2}; \\ -x, \dfrac{\pi}{2} < x < \pi. \end{cases}$

第 8 章 复 习 题

1. 判别下列级数的敛散性:

(1) $\displaystyle\sum_{n=1}^{\infty} \cos \dfrac{n\pi}{2}$;

(2) $\displaystyle\sum_{n=1}^{\infty} \left(\dfrac{n-1}{n}\right)^n$;

(3) $\displaystyle\sum_{n=1}^{\infty} \frac{1}{\sqrt[n]{n}}$;

(4) $\displaystyle\sum_{n=1}^{\infty} n\tan\frac{\pi}{n}$;

(5) $\displaystyle\sum_{n=1}^{\infty} \frac{1}{n^2-2n+3}$;

(6) $\displaystyle\sum_{n=1}^{\infty} \frac{1}{n}\sin\frac{10\pi}{n}$.

2. 判定下列级数的敛散性,以及绝对收敛和条件收敛:

(1) $1+\dfrac{1}{2}+\dfrac{1}{3}+\dfrac{1}{2^2}+\dfrac{1}{5}+\dfrac{1}{2^3}+\dfrac{1}{7}+\cdots$;

(2) $\dfrac{3}{4}+2\cdot\left(\dfrac{3}{4}\right)^2+3\cdot\left(\dfrac{3}{4}\right)^3+4\cdot\left(\dfrac{3}{4}\right)^4+\cdots$;

(3) $\displaystyle\sum_{n=2}^{\infty} \frac{(-1)^n}{2+\ln n}$;

(4) $\displaystyle\sum_{n=1}^{\infty} \frac{n^3\left[\sqrt{2}+(-1)^n\right]}{3^n}$;

(5) $\displaystyle\sum_{n=1}^{\infty} \left(1-\cos\frac{\pi}{n}\right)$;

(6) $\displaystyle\sum_{n=1}^{\infty} (-1)^n\frac{1}{(2n)^p}$($p$ 是实常数).

3. 判别下列级数的敛散性:

(1) $\displaystyle\sum_{n=1}^{\infty} \frac{n^2}{\left(n+\dfrac{1}{n}\right)^n}$;

(2) $\displaystyle\sum_{n=1}^{\infty} 2^{-n-(-1)^n}$.

4. 判定下列级数的敛散性,以及绝对收敛和条件收敛性:

(1) $\displaystyle\sum_{n=1}^{\infty} \frac{1}{(n+1)+\sqrt{n+2}}$;

(2) $\displaystyle\sum_{n=1}^{\infty} (-1)^{n-1}\frac{a+n}{b+n^2}$ (a,b 为常数);

(3) $\displaystyle\sum_{n=1}^{\infty} \frac{\sin\dfrac{n\pi}{2}}{3^n}$;

(4) $\displaystyle\sum_{n=1}^{\infty} \frac{2^n\cdot n!}{n^n}$.

5. 判别下列级数的敛散性、绝对收敛或条件收敛:

(1) $\displaystyle\sum_{n=1}^{\infty} \frac{\cos n}{n^2}$;

(2) $\displaystyle\sum_{n=1}^{\infty} (-1)^{n-1}\frac{n^3}{2^n}$;

(3) $\displaystyle\sum_{n=1}^{\infty} (-1)^{n+1}\frac{2^{n^2}}{n!}$;

(4) $\displaystyle\sum_{n=1}^{\infty} (-1)^n\frac{2^n\cdot n!}{n^n}$.

6. 求下列幂级数的收敛半径、收敛区间:

(1) $\displaystyle\sum_{n=1}^{\infty} \frac{x^n}{n^2\cdot 2^n}$;

(2) $\displaystyle\sum_{n=1}^{\infty} \frac{(x-3)^n}{n\cdot 5^n}$;

(3) $\displaystyle\sum_{n=1}^{\infty} \frac{(-1)^n x^{2n}}{(2n)!}$;

(4) $\displaystyle\sum_{n=1}^{\infty} \frac{n}{n+1}\left(\frac{x}{2}\right)^n$.

7. 求下列幂级数的收敛区间:

(1) $\displaystyle\sum_{n=1}^{\infty} (-1)^n\frac{(x+1)^n}{n}$;

(2) $\displaystyle\sum_{n=1}^{\infty} \frac{2n-1}{5^n}x^{2n}$;

(3) $\displaystyle\sum_{n=1}^{\infty} \frac{\dfrac{1}{2^n}+(-1)^n}{2n-1}x^n$;

(4) $\displaystyle\sum_{n=1}^{\infty} \frac{x^{n+1}}{n(n+1)}$.

8. 求下列幂级数的收敛半径,收敛区间:

(1) $\displaystyle\sum_{n=1}^{\infty} \frac{3^n}{\sqrt{3n-2}\cdot 2^n}x^n$;

(2) $\displaystyle\sum_{n=2}^{\infty} \frac{(x-1)^n}{n(n-1)}$;

(3) $\displaystyle\sum_{n=1}^{\infty} \frac{x^{2n+1}}{2^n-7}$.

9. 求下列幂级数的收敛区间:

(1) $\displaystyle\sum_{n=1}^{\infty} (-1)^n\frac{x^{2n+1}}{2n+1}$;

(2) $\displaystyle\sum_{n=1}^{\infty} \frac{2n-1}{2^n}x^{2n-2}$;

(3) $\displaystyle\sum_{n=1}^{\infty} \frac{(x-5)^n}{\sqrt{n}}$；

(4) $\displaystyle\sum_{n=0}^{\infty} \frac{1}{2n+1}\left(\frac{1-x}{1+x}\right)^n$.

10. 求下列级数的和函数：

(1) $\displaystyle\sum_{n=1}^{\infty} \frac{x^n}{n}$；

(2) $\displaystyle\sum_{n=1}^{\infty} nx^n$；

(3) $\displaystyle\sum_{n=1}^{\infty} n(n+1)x^n$.

11. 求下列函数的幂级数展开式：

(1) $f(x) = \dfrac{1}{2+x}$ 在 $x_0 = 2$ 处的泰勒级数展开式；

(2) $f(x) = \dfrac{1}{x^2 - 3x + 2}$ 的麦克劳林展开式；

(3) $f(x) = x^2 \cos^2 x$ 的麦克劳林展开式；

(4) $f(x) = (1+x)\mathrm{e}^{-x}$ 的麦克劳林展开式.

12. (1) 计算 $\dfrac{1}{\sqrt{26}}$ 的近似值，使误差小于 10^{-3}；

(2) 利用 $\arcsin x$ 的幂级数展开式，求 π 的近似值（精确到小数点后面第 4 位）.

13. 将下列各周期函数展为傅里叶级数：

(1) $f(t) = 2\sin \dfrac{t}{2}$ $(-\pi < t \leqslant \pi)$；

(2) $f(t) = 3t^2 + 1$ $(-\pi < t \leqslant \pi)$；

14. 将函数 $f(x) = x(\pi - x)$ 在区间 $(0,\pi)$ 内展开为正弦级数.

15. 将函数 $f(x) = \begin{cases} 1, & 0 < x \leqslant h; \\ 0, & h < x < \pi \end{cases}$ 在区间 $(0,\pi)$ 内展开为余弦级数.

第9章 多元函数的极限与连续

在前面各章中,我们所讨论的函数都是只有一个自变量的函数,这种函数称为一元函数.一元函数以及一元函数微积分理论的应用虽然很广泛,但仍有很大的局限性.因为客观世界是很复杂的,仅仅依赖于一个变量的事物相对来说是不多的,更多的是依赖于两个或两个以上变量的函数.例如,圆柱体体积 V 的大小取决于半径 r 和高 h 的值:$V=\pi r^2 h$;电流通过电阻时所做的功 P 和电阻 R,电流强度 I 及时间 t 之间有着关系 $P=I^2Rt$.这样,V 是 r、h 的函数,P 是 I、R、t 的函数,等等.因此我们有必要将一元函数的理论推广到含有多个变量函数的情形.

含有多个变量的函数便称为多元函数.特别地,含有两个变量的函数称为二元函数,含有三个变量的函数称为三元函数.在多元函数中,二元函数比较直观,也易于理解,而且它的理论与方法也容易推广到三元,乃至一般的 n 元函数中去,所以,在下面的讨论过程中,我们将以二元函数为重点,对于三元以及三元以上的函数,只作一般性的介绍.

§9.1 平 面 点 集

为了讨论二元函数,先介绍平面点集的一些基本概念.

由平面解析几何知道,在平面上建立了一个(直角)坐标系以后,平面上的点与有序数对 (x,y) 可以建立一一对应的关系,这种确定了坐标系的平面称为坐标平面.

坐标平面上满足某种条件的点的集合,称为平面点集.例如,平面上所有点组成的点集是:
$$\mathbf{R}^2 = \{(x,y) \mid -\infty < x < +\infty, -\infty < y < +\infty\};$$
平面上以原点为中心,r 为半径的圆内所有点的集合是
$$C = \{(x,y) \mid x^2 + y^2 < r^2\};$$
而集合
$$S = \{(x,y) \mid a \leqslant x \leqslant b, c \leqslant y \leqslant d\}$$
则是一矩形及其内部所有点的全体.为书写上的方便,也常把它记作 $[a,b] \times [c,d]$.

在一元函数的讨论中,邻域及区间是经常用到的概念.类似地,讨论二元函数时也要经常用到邻域和区域的概念.下面就来说明这两个概念,同时也要涉及其他相关概念.

与点 $P_0(x_0, y_0)$ 的距离小于 δ 的点的全体,称为点 P_0 的 δ 邻域,记作 $U(P_0, \delta)$,即
$$U(P_0, \delta) = \{(x,y) \mid (x-x_0)^2 + (y-y_0)^2 < \delta^2\}.$$
从图形上看,$U(P_0, \delta)$ 就是以点 $P_0(x_0, y_0)$ 为中心,$\delta > 0$ 为半径的圆内部的点的全体.

如果不需要强调邻域半径 δ,则用 $U(P_0)$ 表示点 P_0 的邻域.

点 $P_0(x_0,y_0)$ 的 δ 邻域中去掉 P_0 点本身所得到的点集称为点 P_0 的空心 δ 邻域,记为 $\mathring{U}(P_0,\delta)$ 或 $\mathring{U}(P_0)$,即

$$\mathring{U}(P_0,\delta)=\{(x,y)\mid 0<(x-x_0)^2+(y-{y_0}^2)<\delta^2\}.$$

设 E 是平面上的一个点集,P 是平面上的一个点.如果存在点 P 的一个邻域 $U(P)$,使 $U(P)\subseteq E$,则称 P 为 E 的内点(图 9.1.1).显然,若 P 是 E 的内点,则 $P\in E$.

如果点 P 的任何一个邻域中既有属于 E 的点,又有不属于 E 的点(点 P 本身可以属于 E,也可以不属于 E),则称 P 为 E 的边界点(图 9.1.2).E 的边界点的全体称为 E 的边界.

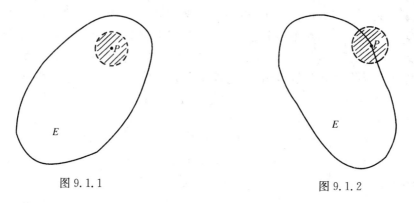

图 9.1.1   图 9.1.2

例如,设 E 是由满足 $1<x^2+y^2\leqslant 4$ 的那些点 (x,y) 所组成的平面点集,凡满足 $1<x^2+y^2<4$ 的点都是 E 的内点;凡满足 $x^2+y^2=1$ 或 $x^2+y^2=4$ 的点都是 E 的边界点.E 的边界为圆周 $x^2+y^2=1$ 和 $x^2+y^2=4$.

如果点集 E 的点都是 E 的内点,则称 E 为开集.例如,点集

$$E_1=\{(x,y)\mid x^2+y^2<1\}$$

中每个点都是 E_1 的内点,所以 E_1 为开集.

设 E 是一个平面点集,如果 E 中任何两点之间都可以用一条完全含于 E 中的折线(由有限条直线段依次连接而成)相连接,则称点集 E 是连通的.

连通的开集称为区域或开区域.例如

$$\{(x,y)\mid x+y>0\};\{(x,y)\mid 1<x^2+y^2<4\}$$

都是区域.

区域连同它的边界一起,称为闭区域.例如

$$\{(x,y)\mid x+y\geqslant 0\};\{(x,y)\mid 1\leqslant x^2+y^2\leqslant 4\}$$

都是闭区域.

对于点集 E,如果存在正数 M,使得 $E\subseteq U(O,M)$(即 E 全部被包含在原点 O 的一个邻域内),则称 E 为有界点集,否则称为无界点集.例如,$\{(x,y)\mid 1\leqslant x^2+y^2\leqslant 4\}$ 是有界闭区域,而 $\{(x,y)\mid x+y>0\}$ 是无界区域.

如果点 P 的任何一个邻域内总有无限多个点属于 E,则称 P 为 E 的聚点.显然,E 的内点一定是 E 的聚点.点集 E 的聚点可以属于 E,也可以不属于 E.例如,设

$$E_2 = \{(x,y) \mid \quad 0 < x^2 + y^2 \leqslant 1\},$$

则 E_2 中每个点都是 E_2 的聚点;点 $(0,0)$ 也是 E_2 的聚点,但点 $(0,0)$ 不属于 E_2.

习 题 9.1

1. 求下列平面点集的内点、聚点和边界点:

(1) $\{(x,y) \mid \quad y < x^2\}$;   (2) $\{(x,y) \mid \quad 0 < x^2 + y^2 < 1\}$;

(3) $\{(x,y) \mid \quad 1 \leqslant x^2 + \dfrac{y^2}{9} < 4\}$;   (4) $\{(x,y) \mid \quad xy = 0\}$;

(5) $\{(x,y) \mid x,y$ 均为有理数$\}$.

2. 试问集合 $\{(x,y) \mid \quad 0 < |x-a| < \delta, \quad 0 < |y-b| < \delta\}$ 与集合 $\{(x,y) \mid \quad |x-a| < \delta, |y-b| < \delta, (x,y) \neq (a,b)\}$ 是否相同?

3. 试证,任意开圆域 $\{(x,y) \mid (x-x_0)^2 + (y-y_0)^2 < r_1^2\}$ 中可包含一个开矩形 $\{(x,y) \mid |x - x_0| < r_2, |y - y_0| < r_2\}$,反之亦然.

§9.2 二 元 函 数

前面我们举例说明了什么是多元函数,现在给出多元函数的严格定义.

定义 9.2.1 设 D 是一个平面点集,D 到 $\mathbf{R}$ 的映射 f 称为 D 上的二元函数,记为

$$f : D \rightarrow \mathbf{R},$$

称 D 为二元函数 f 的定义域;点 $P(x,y) \in D$ 的像为 f 在点 P 的函数值,记为 $z = f(P)$ 或 $z = f(x,y)$;全体函数值的集合为 f 的值域,记为 $f(D)$.

通常称点 P 的坐标 x,y 为自变量,z 为因变量.二元函数也常记为

$$z = f(x,y), \quad (x,y) \in D,$$

或

$$z = f(P), \quad P \in D.$$

类似地,可以定义三元函数 $u = f(x,y,z)$ 以及三元以上的多元函数.

函数的定义域是函数概念的一个重要组成部分.如果一个二元函数是就某个实际问题而提出的,那么函数的定义域可以根据它的实际意义来确定.例如圆柱体体积 $V = \pi r^2 h$ 中,自变量 r 和 h 都只能取正值.对于一般的用算式表达的二元函数,就约定以使这个算式有意义的 (x,y) 的全体为这个函数的定义域.例如,函数 $z = \ln(x + y)$ 的定义域为适合 $x + y > 0$ 的点 (x,y) 的全体,即平面点集

$$\{(x,y) \mid x + y > 0\}. \quad (如图 9.2.1)$$

又如,函数 $z = \arcsin(x^2 + y^2)$ 的定义域为平面点集

$$\{(x,y) \mid x^2 + y^2 \leqslant 1\}. \quad (如图 9.2.2)$$

与一元函数类似,若把 $(x,y) \in D$ 与对应的函数值 $z = f(x,y)$ 组成三元数组 (x,y,z),则三维空间 $\mathbf{R}^3$ 中的点集

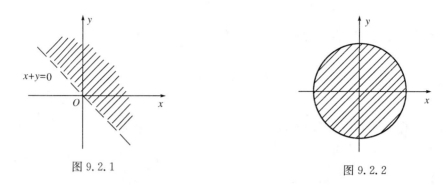

图 9.2.1　　　　　　　　　　　　图 9.2.2

$$S=\{(x,y,z)\mid z=f(x,y),(x,y)\in D\}$$

便是二元函数 f 的图形. 通常 $z=f(x,y)$ 的图形是一空间曲面, f 的定义域 D 正是该曲面在 xOy 平面上的投影.

例 9.2.1　函数 $z=x+2y-5$ 的图形是空间平面, 定义域 $D=\mathbf{R}^2$, 值域 $f(D)=\mathbf{R}$.

例 9.2.2　函数 $z=\sqrt{1-x^2-y^2}$ 的图形是以原点为中心的上半单位球面(图 9.2.3), 它的定义域 $D=\{(x,y)\mid x^2+y^2\leqslant 1\}$, 值域 $f(D)=[0,1]$.

例 9.2.3　$z=xy$ 是定义在整个 xOy 平面上的函数, 它的图形是过原点的双曲抛物面(图 9.2.4).

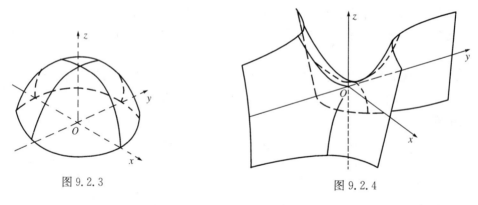

图 9.2.3　　　　　　　　　　　　图 9.2.4

若二元函数的值域是有界数集, 则称该函数为有界函数, 否则称为无界函数. 如上述例 9.2.2 中的函数是有界函数, 而例 9.2.1 和例 9.2.3 中的函数是无界函数.

习　题　9.2

1. 求下列各函数的定义域, 并画出定义域的图形:

(1) $z=x^2+y^2$;

(2) $z=\dfrac{1}{x-y}$;

(3) $z=\sqrt{-2x+y-4}$;

(4) $z=\sqrt{x-\sqrt{y}}$;

(5) $z=\sqrt{\sin(x^2+y^2)}$;

(6) $z=\dfrac{1}{2x^2+3y^2}$;

(7) $z = \sqrt{1-x^2} + \sqrt{y^2-1}$；　　　　　　(8) $z = \ln(y-x) + \dfrac{\sqrt{x}}{\sqrt{1-x^2-y^2}}$；

(9) $z = \arcsin\dfrac{x^2+y^2}{2} + \arccos\dfrac{1}{x^2+y^2}$；

(10) $f(x,y,z) = \sqrt{R^2-x^2-y^2-z^2} + \sqrt{x^2+y^2+z^2-r^2}$，$R > r > 0$.

2. 在半径为 R 的球内作一个内接长方体，求长方体体积随长方体底面的长 x 和宽 y 的函数关系，并求该函数的定义域.

3. 求下列各函数的函数值：

(1) $f(x,y) = \mathrm{e}^x(x^2+y^2+2y+2)$，求 $f(0,-1)$，$f(-1,0)$；

(2) $f(x,y) = \dfrac{2xy}{x^2+y^2}$，求 $f\left(1,\dfrac{y}{x}\right)$；

(3) $f(x,y) = x^2+y^2-xy\tan\dfrac{x}{y}$，求 $f(1,1)$，$f(\pi,4)$ 及 $f(tx,ty)$；

(4) $\varphi(x,y) = (x+y)^{x-y}$，求 $\varphi(0,1)$，$\varphi(-1,-1)$ 及 $\varphi(2,3)$；

(5) $f(u,v,w) = u^w + w^{u+v}$，求 $f(x+y,x-y,xy)$.

§9.3　二元函数的极限

9.3.1　二元函数的极限

设函数 $z = f(x,y)$ 的定义域为平面点集 D，$P_0(x_0,y_0)$ 是 D 的聚点，现在来讨论当 $P(x,y) \to P_0(x_0,y_0)$ 时函数 $f(x,y)$ 的极限. $P \to P_0$ 表示点 P 以任何方式趋向点 P_0，也就是点 P 与点 P_0 间的距离趋于零，即

$$|PP_0| = \sqrt{(x-x_0)^2 + (y-y_0)^2} \to 0.$$

当然，这里只需考虑使函数 $f(x,y)$ 有定义的那些点 P，即 $P \in D$.

与一元函数的极限概念相仿，如果当 $P(x,y) \to P_0(x_0,y_0)$ 时，函数值 $f(x,y)$ 无限接近于一个确定的常数 A，我们就说 A 是函数 $z = f(x,y)$ 当 $P \to P_0$ 时的极限. 这个极限用"$\varepsilon - \delta$"方式定义如下：

定义 9.3.1　设函数 $z = f(x,y)$ 的定义域为 D，$P_0(x_0,y_0)$ 是 D 的一个聚点，A 是一个确定的实数. 如果 $\forall \varepsilon > 0$，$\exists \delta > 0$，使 $\forall P(x,y) \in \mathring{U}(P_0,\delta) \bigcap D$ 时，都有

$$|f(x,y) - A| < \varepsilon$$

成立，则称 A 为函数 $z = f(x,y)$ 当 $P \to P_0$ 时的极限，记作

$$\lim_{P \to P_0} f(P) = A \quad \text{或} \quad \lim_{(x,y) \to (x_0,y_0)} f(x,y) = A.$$

例 9.3.1　设 $f(x,y) = (x^2+y^2)\sin\dfrac{1}{x^2+y^2}$　$(x^2+y^2 \neq 0)$，证明 $\lim\limits_{(x,y) \to (0,0)} f(x,y) = 0$.

证　因为

$$\left|(x^2+y^2)\sin\frac{1}{x^2+y^2} - 0\right| = |x^2+y^2| \cdot \left|\sin\frac{1}{x^2+y^2}\right| \leqslant x^2+y^2,$$

可见对任意给的 $\varepsilon > 0$,只要取 $\delta = \sqrt{\varepsilon}$,则当 $0 < \sqrt{(x-0)^2 + (y-0)^2} < \delta$ 时,总有

$$| (x^2 + y^2)\sin\frac{1}{x^2+y^2} - 0 | < \varepsilon$$

成立,所以

$$\lim_{(x,y)\to(0,0)} f(x,y) = 0.$$ □

二元函数的极限要比一元函数的极限复杂得多. 对于一元函数,如果 x 从左侧及右侧趋向 x_0 时函数的极限存在且相等,则 $\lim\limits_{x\to x_0} f(x)$ 存在. 其逆亦真. 而二元函数的极限都存在,是指 P 以任何方式趋向 P_0 时,相应的函数值都无限趋向同一数值. 因此,若 P 以某些特殊的方式,例如沿着一条或几条直线或曲线趋近于 P_0 时,相应的函数值都无限接近某一确定值,我们还不能由此断定函数的极限存在. 但是,如果当 P 以不同方式趋向 P_0 时,相应的函数值趋向不同的值,那么就可以断定这函数当 $P \to P_0$ 时极限不存在.

例 9.3.2 讨论二元函数

$$f(x,y) = \begin{cases} \dfrac{xy}{x^2+y^2}, & x^2+y^2 \neq 0; \\ 0, & x^2+y^2 = 0. \end{cases}$$

当 $(x,y) \to (0,0)$ 时极限是否存在.

解 点 (x,y) 沿 x 轴趋向点 $(0,0)$ 时,$f(x,y) = f(x,0) \equiv 0, (x \neq 0)$ 所以

$$\lim_{x\to 0} f(x,0) = \lim_{x\to 0} 0 = 0.$$

类似地,

$$\lim_{y\to 0} f(0,y) = \lim_{y\to 0} 0 = 0.$$

也就是说,当点 (x,y) 以上述两种特殊方式(沿 x 轴或沿 y 轴)趋向原点时函数的极限存在并且相等,但这并不意味着函数在原点处极限一定存在. 事实上,当点 (x,y) 沿直线 $y = kx$ 趋向点 $(0,0)$ 时,有

$$\lim_{\substack{(x,y)\to(0,0)\\y=kx}} \frac{xy}{x^2+y^2} = \lim_{x\to 0} \frac{kx^2}{x^2+k^2x^2} = \frac{k}{1+k^2},$$

显然它是随着 k 值的不同而改变的. 因此所给函数当 $(x,y) \to (0,0)$ 时极限不存在. □

例 9.3.3 证明 $\lim\limits_{(x,y)\to(0,0)} \dfrac{xy^2}{x^2+y^4}$ 不存在.

证 由于 $\lim\limits_{\substack{(x,y)\to(0,0)\\y=x}} \dfrac{xy^2}{x^2+y^4} = \lim\limits_{x\to 0} \dfrac{x^3}{x^2+x^4} = 0$,而

$$\lim_{\substack{(x,y)\to(0,0)\\y=\sqrt{x}}} \frac{xy^2}{x^2+y^4} = \lim_{x\to 0^+} \frac{x^2}{2x^2} = \frac{1}{2},$$

也就是说,当点 (x,y) 沿两条不同的路径 $y=x$ 及 $y=\sqrt{x}$ 趋向于原点时,相应的函数值趋向于不同的极限,所以

$$\lim_{(x,y)\to(0,0)} \frac{xy^2}{x^2+y^4} \text{ 不存在.}$$ □

不难验证,对例 9.3.3 中的函数,当 (x,y) 沿任何直线 $y=kx$ 趋于原点时,相应的函

数值都趋于 0. 但例 9.3.3 的结果告诉我们,尽管如此,仍不能保证函数在$(x,y) \to (0,0)$时极限存在.

与一元函数的情况类似,二元函数极限也有四则运算法则、迫敛性等等性质.

例 9.3.4　设 $f_1(x,y) = x$, $f_2(x,y) = y$ 是两个二元函数,显然有

$$\lim_{(x,y) \to (x_0,y_0)} f_1(x,y) = \lim_{(x,y) \to (x_0,y_0)} x = x_0,$$

$$\lim_{(x,y) \to (x_0,y_0)} f_2(x,y) = \lim_{(x,y) \to (x_0,y_0)} y = y_0.$$

运用四则运算法则,有

$$\lim_{(x,y) \to (2,1)} (x^2 + xy + y^2) = \lim_{(x,y) \to (2,1)} x^2 + \lim_{(x,y) \to (2,1)} xy + \lim_{(x,y) \to (2,1)} y^2$$
$$= 2^2 + 2 \times 1 + 1^2 = 7.$$ □

例 9.3.5　求 $\lim\limits_{(x,y) \to (0,0)} x \sin \dfrac{1}{y}$.

解　因为　$0 \leqslant | x \sin \dfrac{1}{y} | \leqslant | x |$,且 $\lim\limits_{(x,y) \to (0,0)} | x | = 0$,所以,由迫敛性得

$$\lim_{(x,y) \to (0,0)} x \sin \frac{1}{y} = 0.$$ □

9.3.2　累次极限

前面所考虑的二元函数 $f(x,y)$ 的极限,是当 x, y 同时趋于各自的极限时所得到的. 此外,我们还要讨论 x, y 先后相继地趋于各自的极限时函数 $f(x,y)$ 的极限. 前者称为二重极限,后者称为累次极限.

定义 9.3.2　若对任一固定的 $y \neq y_0$,当 $x \to x_0$ 时,函数 $f(x,y)$ 的极限存在:

$$\lim_{x \to x_0} f(x,y) = \varphi(y),$$

而一元函数 $\varphi(y)$ 在 $y \to y_0$ 时极限也存在并等于 A,亦即

$$\lim_{y \to y_0} \varphi(y) = A,$$

则称 A 为函数 $f(x,y)$ 先对 x 后对 y 的累次极限,记为

$$\lim_{y \to y_0} \lim_{x \to x_0} f(x,y) = A.$$

类似地,可以定义先对 y,后对 x 的累次极限 $\lim\limits_{x \to x_0} \lim\limits_{y \to y_0} f(x,y)$.

例 9.3.6　设 $f(x,y) = \dfrac{xy}{x^2 + y^2}$,求 $f(x,y)$ 在原点的两个累次极限.

解
$$\lim_{y \to 0} \lim_{x \to 0} \frac{xy}{x^2 + y^2} = \lim_{y \to 0} \frac{0}{0 + y^2} = 0,$$

$$\lim_{x \to 0} \lim_{y \to 0} \frac{xy}{x^2 + y^2} = \lim_{x \to 0} \frac{0}{x^2 + 0} = 0.$$ □

本例中两个累次极限都存在且相等,但这并非一般规律. 一个二元函数在某点的两个累次极限可能都存在,也可能只存在一个或两个都不存在,即使都存在,两个累次极限也未必相等.

例 9.3.7 设 $f(x,y) = \dfrac{x-y+y^2}{x+y}$，求 $f(x,y)$ 在原点的两个累次极限.

解 $\lim\limits_{y\to 0}\lim\limits_{x\to 0}\dfrac{x-y+y^2}{x+y} = \lim\limits_{y\to 0}\dfrac{0-y+y^2}{0+y} = -1,$

$\lim\limits_{x\to 0}\lim\limits_{y\to 0}\dfrac{x-y+y^2}{x+y} = \lim\limits_{x\to 0}\dfrac{x+0}{x+0} = 1.$ □

累次极限和重极限是两种不同类型的极限,它们的存在性之间没有必然的蕴含关系. 例如,由例 9.3.6 知道函数 $f(x,y) = \dfrac{xy}{x^2+y^2}$ 在原点处两个累次极限都存在且相等,但例 9.3.2 告诉我们该函数在原点处的二重极限不存在. 又比如,由例 9.3.5 知二重极限 $\lim\limits_{(x,y)\to(0,0)} x\sin\dfrac{1}{y}$ 存在且等于 0,但累次极限 $\lim\limits_{x\to 0}\lim\limits_{y\to 0} x\sin\dfrac{1}{y}$ 不存在,因为当 $x \neq 0$ 时 $\lim\limits_{y\to 0} x\sin\dfrac{1}{y}$ 不存在.

但是,可以证明如果函数在一点处的重极限和累次极限都存在,则它们必相等. 因此,如果一个函数某点处的两个累次极限都存在但不相等,那么它在该点处的重极限必不存在. 例如,根据例 9.3.7 的结论可以断言 $\lim\limits_{(x,y)\to(0,0)}\dfrac{x-y+y^2}{x+y}$ 不存在. 这样一来,我们又多了一种判断重极限不存在的方法.

习 题 9.3

1. 求下列各极限:

(1) $\lim\limits_{(x,y)\to(0,1)}\dfrac{x^2y}{x^2+y^2}$;

(2) $\lim\limits_{(x,y)\to(2,4)}\left(x+\dfrac{1}{2}y\right)$;

(3) $\lim\limits_{(x,y)\to(1,2)}(2x^3-4xy+5y^2)$;

(4) $\lim\limits_{(x,y)\to(-1,1)}\dfrac{x^2+2xy^2+y^4}{x+y^2}$;

(5) $\lim\limits_{(x,y)\to(0,0)}\dfrac{xy}{\sqrt{xy+1}-1}$;

(6) $\lim\limits_{(x,y)\to(0,0)}\dfrac{x^2y}{x^2+y^2}$;

(7) $\lim\limits_{(x,y)\to(0,0)}\dfrac{xy}{\sqrt{x^2+y^2}}$;

(8) $\lim\limits_{(x,y)\to(0,0)}\left(x\sin\dfrac{1}{y}+y\sin\dfrac{1}{x}\right)$.

2. 判断下列极限是否存在:

(1) $\lim\limits_{(x,y)\to(0,0)}\dfrac{x^2-y^2}{x^2+y^2}$;

(2) $\lim\limits_{(x,y)\to(0,0)}\dfrac{xy}{x^2-y^2}$;

(3) $\lim\limits_{(x,y)\to(0,0)}\dfrac{x^2y^2}{x^2y^2+(x-y)^2}$;

(4) $\lim\limits_{(x,y)\to(0,0)}\dfrac{y}{x}$.

3. 讨论下列函数在点 $(0,0)$ 处的二重极限和累次极限:

(1) $f(x,y) = \dfrac{x+y}{x-y}$;

(2) $f(x,y) = y\sin\dfrac{1}{x}$;

(3) $f(x,y) = (x+y)\sin\dfrac{1}{x^2+y^2}$.

4. 当 x 摩尔硫酸与 y 摩尔水混合时,产生的热量为 $Q(x,y)=\dfrac{17.860xy}{1.798x+y}$　$(x>0,y>0)$,判定 Q 在 $(0,0)$ 处是否存在极限. 如果极限存在,求出它的值.

§9.4　二元连续函数

9.4.1　二元函数的连续性

有了二元函数极限定义之后,可仿照一元函数的情形给出二元函数连续的定义.

定义 9.4.1　设函数 $z=f(P)$ 的定义域为 $D\subseteq \mathbf{R}^2$,P_0 是 D 的一个聚点. 如果 $P_0\in D$ 且当 $P\to P_0$ 时函数 $f(P)$ 的极限存在,并等于该函数在 P_0 处的函数值,即

$$\lim_{P\to P_0}f(P)=f(P_0),$$

则称函数 $f(P)$ 在点 P_0 处连续,并称点 P_0 为函数 $f(P)$ 的一个连续点. 否则称点 P_0 为函数 $f(P)$ 的间断点.

例如,对函数

$$f(x,y)=\begin{cases}(x^2+y^2)\sin\dfrac{1}{x^2+y^2}, & (x,y)\neq(0,0),\\ 0, & (x,y)=(0,0).\end{cases}$$

由例 9.3.1 知 $\lim\limits_{(x,y)\to(0,0)}f(x,y)=0=f(0,0)$,所以该函数在原点处连续. 而例 9.3.2 所给的函数在原点处不连续,即原点是函数的一个间断点.

如果函数 $f(P)$ 在 D 上每一点处都连续,则称 $f(P)$ 为 D 上的连续函数. 在区域 D 上连续的二元函数的图形是一张无孔无隙的曲面.

设 $P_0(x_0,y_0),P(x,y)\in D,\Delta x=x-x_0,\Delta y=y-y_0$ 分别为自变量 x,y 的增量,则称

$$\Delta z=\Delta f(x_0,y_0)=f(x_0+\Delta x,y_0+\Delta y)-f(x_0,y_0)$$

为函数 $f(P)$ 在点 P_0 的全增量. 和一元函数一样,可用增量形式来描述连续性,即当且仅当

$$\lim_{(\Delta x,\Delta y)\to(0,0)}\Delta z=0$$

时,$f(P)$ 在点 P_0 连续.

9.4.2　连续函数的性质

二元连续函数也有与一元连续函数完全类似的性质. 如有局部有界性,局部保号性;连续函数的和、差、积、商(分母不为 0)及复合函数仍是连续函数,等等. 作为例子,下面仅证明复合函数的连续性,其余留作练习.

定理 9.4.1　(复合函数的连续性) 如果 $u=\varphi(x,y),v=\psi(x,y)$ 均在点 $P_0(x_0,y_0)$ 连续,并且 $f(u,v)$ 在点 $Q_0(u_0,v_0)$ 连续,其中 $u_0=\varphi(x_0,y_0),v_0=\psi(x_0,y_0)$,则复合函数 $f[\varphi(x,y),\psi(x,y)]$ 在点 $P_0(x_0,y_0)$ 也连续.

证　由于 $f(u,v)$ 在点 Q_0 连续,所以对任意的 $\varepsilon>0$,存在 $\eta>0$,当 $Q(u,v)$

$\in U(Q_0,\eta)$ 时,有

$$|f(u,v)-f(u_0,v_0)|<\varepsilon.$$

由于 $\varphi(x,y),\psi(x,y)$ 均在点 $P_0(x_0,y_0)$ 连续,所以对上述的 η,存在 $\delta>0$,当 $P(x,y)$ $\in U(P_0,\delta)$ 时,同时有

$$|\varphi(x,y)-\varphi(x_0,y_0)|<\frac{\sqrt{2}}{2}\eta,$$

$$|\psi(x,y)-\psi(x_0,y_0)|<\frac{\sqrt{2}}{2}\eta.$$

从而当 $P(x,y)\in U(P_0,\delta)$ 时,有

$$\sqrt{[\varphi(x,y)-u_0]^2+[\psi(x,y)-v_0]^2}$$
$$=\sqrt{[\varphi(x,y)-\varphi(x_0,y_0)]^2+[\psi(x,y)-\psi(x_0,y_0)]^2}$$
$$<\sqrt{\left(\frac{\sqrt{2}}{2}\eta\right)^2+\left(\frac{\sqrt{2}}{2}\eta\right)^2}=\eta,$$

即 $(\varphi(x,y),\psi(x,y))\in U(Q_0,\eta)$,所以

$$|f[\varphi(x,y),\psi(x,y)]-f[\varphi(x_0,y_0),\psi(x_0,y_0)]|<\varepsilon,$$

即 $f[\varphi(x,y),\psi(x,y)]$ 在点 $P_0(x_0,y_0)$ 连续. □

由于自变量个数的增加,二元函数的复合比一元函数的情况复杂. 除定理 9.4.1 中所指出的复合情况外,也可考虑 $z=f(x,y),y=g(x)$ 的复合;$z=f(x,y),x=g(t),y=h(t)$ 的复合或 $z=f(x),x=\varphi(u,v)$ 的复合等,不难看出它们都是定理 9.4.1 所讨论的复合函数的特例.

与一元初等函数相类似,由变量 x,y 的基本初等函数及常数经过有限次四则运算与复合步骤所构成的,且用一个数学式子表示的函数称为二元初等函数. 例如,

$$\frac{x+x^2-y^2}{1+x^2},\quad \sin\sqrt{x+y},\quad \mathrm{e}^{xy}+\ln(1+x^2+y^2)$$

等,都是二元初等函数.

根据上面指出的连续函数的和、差、积、商的连续性以及连续函数的复合函数的连续性,结合基本初等函数的连续性可得如下结论:

一切二元初等函数在其定义区域内是连续的. 所谓定义区域是指包含在定义域内的区域.

例如,函数 $z=\ln(x^2+y^2)$ 是 $\mathbf{R}^2-\{0\}$ 上的连续函数;函数 $u=\tan xy$ 在 $xy\neq k\pi+\frac{\pi}{2}(k\in\mathbf{Z})$ 的点 (x,y) 处都连续,而双曲线 $xy=k\pi+\frac{\pi}{2}(k\in\mathbf{Z})$ 上的点都是函数的间断点.

例 9.4.1 求 $\lim\limits_{(x,y)\to(1,2)}\dfrac{x+y}{xy}$.

解 函数 $f(x,y)=\dfrac{x+y}{xy}$ 是二元初等函数,点 $(1,2)$ 在其定义区域内,因此

$$\lim_{(x,y)\to(1,2)}\frac{x+y}{xy}=f(1,2)=\frac{1+2}{1\times2}=\frac{3}{2}.\qquad\square$$

与闭区间上一元连续函数的性质相类似,在有界闭区域上的二元连续函数有如下性质:

定理 9.4.2　(有界性与最大、最小值定理)　若函数 $f(P)$ 在有界闭区域 $D\subset R^2$ 上连续,则 $f(P)$ 在 D 上有界,且能取得最大值与最小值.

定理 9.4.3　(介值性定理)　设函数 $f(P)$ 在有界闭区域 $D\subset R^2$ 上连续,若 P_1,P_2 为 D 中任意两点,且 $f(P_1)<f(P_2)$,则对任何满足不等式

$$f(P_1)<\mu<f(P_2)$$

的实数 μ,必存在点 $P_0\in D$,使 $f(P_0)=\mu$.

定理 9.4.4　(一致连续性定理)　若函数 $f(P)$ 在有界闭区域 $D\subset R^2$ 上连续,则 $f(P)$ 在 D 上一致连续. 即 $\forall\varepsilon>0,\exists\delta>0$,使 $\forall P、Q\in D$,只要 $\rho(P,Q)<\delta$,就有 $|f(P)-f(Q)|<\varepsilon$.这里 $\rho(P,Q)$ 表 $P、Q$ 两点间的距离.

这些定理的证明从略.

习　题　9.4

1. 求下列极限:

(1) $\displaystyle\lim_{(x,y)\to(0,0)}\frac{e^{xy}\sin y}{1+x^2+y^2}$;

(2) $\displaystyle\lim_{(x,y)\to(0,1)}\frac{x^2+e^y}{x^2+y}$;

(3) $\displaystyle\lim_{(x,y)\to(\ln2,0)}e^{2x+y^2}$;

(4) $\displaystyle\lim_{(x,y)\to(1,0)}\frac{\ln(x+y)}{\sqrt{x^2+y^2}}$.

2. 确定下列函数的连续范围:

(1) $f(x,y)=\dfrac{1}{\sqrt{x^2+y^2}}$;

(2) $f(x,y)=\sin(x^2+y^2)$;

(3) $f(x,y)=\tan(x^2+y^2)$;

(4) $f(x,y)=\sqrt{xy}$;

(5) $f(x,y)=\begin{cases}\dfrac{\sin xy}{x},&x\neq0,\\0,&x=0.\end{cases}$

3. 求下列函数的间断点:

(1) $f(x,y)=\ln|1-x^2-y^2|$;

(2) $f(x,y)=\dfrac{x+y}{x-y}$;

(3) $f(x,y)=\dfrac{1}{y^2-2x}$;

(4) $f(x,y)=\dfrac{1}{\sin x\sin y}$.

4. 讨论函数

$$f(x,y)=\begin{cases}(x+y)\sin\dfrac{1}{x}\sin\dfrac{1}{y},&xy\neq0,\\0,&xy=0\end{cases}$$

在点 $(0,0)$ 的连续性.

第 9 章　复 习 题

1. 设 $f(x,y) = \arcsin(x-y), g(t) = t^2 - 1$，求 $\lim\limits_{(x,y)\to(1,1)} g(f(x,y))$.

2. 求下列极限：

(1) $\lim\limits_{(x,y)\to(0,0)} \dfrac{\sin xy}{x}$;

(2) $\lim\limits_{(x,y)\to(0,0)} (1+xy)^{\frac{1}{y\sin x}}$.

3. 设 $f(x,y) = x^3 - 2xy + 3y^2$，求 $f(-2,3), f(\dfrac{1}{x}, \dfrac{2}{y})$ 及 $\dfrac{f(x,y+h) - f(x,y)}{h}$.

4. 设

$$f(x,y) = \begin{cases} x\sin\dfrac{1}{y} + y\sin\dfrac{1}{x}, & xy \neq 0, \\ 0, & xy = 0, \end{cases}$$

讨论 $f(x,y)$ 在点 $(0,0)$ 处的重极限和累次极限.

5. 讨论函数

$$f(x,y) = \begin{cases} \dfrac{4x^2 - y^2}{2x - y}, & y \neq 2x, \\ 0, & y = 2x \end{cases}$$

的连续性.

第10章 多元函数微分学

§10.1 偏导数

10.1.1 偏导数的概念

在一元函数微分学中,已经讨论过函数 $y=f(x)$ 关于自变量 x 的变化率,即 $f(x)$ 对 x 的导数. 对于多元函数,同样需要讨论它的变化率,但由于自变量的增多,情况较一元函数复杂. 我们先来考虑函数关于其中一个自变量的变化率. 以二元函数 $z=f(x,y)$ 为例, 如果自变量 x 变化,而自变量 y 保持不变(看作常量),这时它就是 x 的一元函数,这函数对 x 的导数就称为二元函数 $f(x,y)$ 对 x 的偏导数.

定义 10.1.1 设函数 $z=f(x,y)$ 在点 (x_0,y_0) 的某邻域内有定义. 固定 $y=y_0$,若一元函数 $f(x,y_0)$ 在点 x_0 可导,即极限

$$\lim_{\Delta x \to 0} \frac{f(x_0+\Delta x, y_0) - f(x_0, y_0)}{\Delta x}$$

存在,则称此极限值为函数 $f(x,y)$ 在点 (x_0,y_0) 对 x 的偏导数,记作

$$f_x(x_0,y_0), \frac{\partial f}{\partial x}\bigg|_{(x_0,y_0)} \text{ 或} \frac{\partial z}{\partial x}\bigg|_{(x_0,y_0)}.$$

类似地,如果极限

$$\lim_{\Delta y \to 0} \frac{f(x_0, y_0+\Delta y) - f(x_0, y_0)}{\Delta y}$$

存在,则称此极限值为函数 $f(x,y)$ 在点 (x_0,y_0) 对 y 的偏导数,记为

$$f_y(x_0,y_0), \frac{\partial f}{\partial y}\bigg|_{(x_0,y_0)} \text{ 或} \frac{\partial z}{\partial y}\bigg|_{(x_0,y_0)}.$$

如果函数 $z=f(x,y)$ 在区域 D 内每一点 (x,y) 都存在对 x(或 y)的偏导数,那么对于 D 内每一点 (x,y),就让函数在该点处对 x(或 y)的偏导数与它对应,这样就在 D 内定义了一个新的函数,这个函数称为 $z=f(x,y)$ 对 x(或 y)的偏导函数,记作

$$\frac{\partial f}{\partial x}, \frac{\partial z}{\partial x} \text{ 或 } f_x(x,y) \quad \left(\frac{\partial f}{\partial y}, \frac{\partial z}{\partial y} \text{ 或 } f_y(x,y)\right).$$

偏导函数也简称为偏导数.

由偏导数的概念可知,$f(x,y)$ 在点 (x_0,y_0) 处对 x(或 y)的偏导数 $f_x(x_0,y_0)$(或 $f_y(x_0,y_0)$)显然就是偏导函数 $f_x(x,y)$(或 $f_y(x,y)$)在点 (x_0,y_0) 的函数值.

类似地可定义三元函数 $w = f(x,y,z)$ 的偏导数 $\dfrac{\partial w}{\partial x}, \dfrac{\partial w}{\partial y}, \dfrac{\partial w}{\partial z}$.

10.1.2   偏导数的几何意义

偏导数实质上是一元函数的导数,由一元函数导数的几何意义可得偏导数的几何意义.

二元函数 $z = f(x,y)$ 的图形通常是空间中的曲面.设 $P_0(x_0, y_0, z_0)$ 为这曲面上一点,其中 $z_0 = f(x_0, y_0)$.过 P_0 作平面 $y = y_0$,它与曲面的交线为平面曲线 Γ_1,方程是

$$\begin{cases} z = f(x,y), \\ y = y_0; \end{cases} \quad \text{即} \quad \begin{cases} z = f(x, y_0), \\ y = y_0. \end{cases}$$

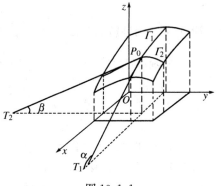

偏导数 $f_x(x_0, y_0)$ 是一元函数 $z = f(x, y_0)$ 在 $x = x_0$ 处的导数,它是平面曲线 Γ_1 在点 $P_0(x_0, y_0, z_0)$ 处的切线 $P_0 T_1$ 对 Ox 轴的斜率(即切线与 Ox 轴正向所成倾角 α 的正切,见图 10.1.1).

同理,$f_y(x_0, y_0)$ 是平面 $x = x_0$ 与曲面的交线 Γ_2 在点 P_0 的切线 $P_0 T_2$ 对 Oy 轴的斜率.

图 10.1.1

10.1.3   偏导数的求法

由偏导数的定义知,求多元函数的偏导数实际上是求一元函数的导数. 例如求 $\dfrac{\partial z}{\partial x}$,只要在函数 $z = f(x,y)$ 中把 y 看作常数再对自变量 x 求导即可.因此一元函数的导数公式和求导法则在这里仍然适用.

例 10.1.1   求函数 $z = x^2 + 3xy + y^2$ 在点 $(1,2)$ 处的偏导数.

解   先求偏导函数.把 y 看作常量,得

$$\frac{\partial z}{\partial x} = 2x + 3y;$$

把 x 看作常量,得

$$\frac{\partial z}{\partial y} = 3x + 2y.$$

将 $x = 1, y = 2$ 代入上面的结果,就得

$$\frac{\partial z}{\partial x} \Big|_{(1,2)} = 2 \times 1 + 3 \times 2 = 8,$$

$$\frac{\partial z}{\partial y} \Big|_{(1,2)} = 3 \times 1 + 2 \times 2 = 7. \qquad \square$$

例 10.1.2   理想气体的状态方程为 $p = \dfrac{RT}{V}$(R 为常数),它描述了气体压强 p,体积 V 和温度 T 之间的变化规律.试讨论 p 关于 V 和 T 的偏导数.

解   在温度 T 不变的等温过程中,压强 p 关于体积 V 的瞬时变化率为 $\dfrac{\partial p}{\partial V} = -\dfrac{RT}{V^2}$;

在体积 V 不变的等容过程中,压强 p 关于温度 T 的瞬时变化率为 $\dfrac{\partial p}{\partial T}=\dfrac{R}{V}$. □

注:例 2 中的方程也可改写成 $V=\dfrac{RT}{p}$ 或 $T=\dfrac{pV}{R}$,此时有 $\dfrac{\partial V}{\partial T}=\dfrac{R}{p},\dfrac{\partial T}{\partial p}=\dfrac{V}{R}$,因此有

$$\frac{\partial p}{\partial V}\cdot\frac{\partial V}{\partial T}\cdot\frac{\partial T}{\partial p}=-\frac{RT}{V^2}\cdot\frac{R}{p}\cdot\frac{V}{R}=-\frac{RT}{pV}=-1.$$

上式表明,偏导数的记号是一个整体记号,不能看作分子与分母之商,否则这三个偏导数的积将是 1,而不是 -1. 这一点与一元函数的导数记号 $\dfrac{\mathrm{d}y}{\mathrm{d}x}$ 是不同的,$\dfrac{\mathrm{d}y}{\mathrm{d}x}$ 可以看作是函数的微分 $\mathrm{d}y$ 与自变量的微分 $\mathrm{d}x$ 的商.

例 10.1.3　求函数 $z=x^y\ (x>0)$ 的偏导数.

解　$\dfrac{\partial z}{\partial x}=yx^{y-1},\dfrac{\partial z}{\partial y}=x^y\ln x$. □

例 10.1.4　设 $u=\ln(x+y^2+z^3)$,求 $\dfrac{\partial u}{\partial x},\dfrac{\partial u}{\partial y}$ 及 $\dfrac{\partial u}{\partial z}$.

解　三元函数的偏导数,是只有一个自变量变化而其余自变量看作常量时函数的变化率,因此

$$\frac{\partial u}{\partial x}=\frac{1}{x+y^2+z^3},\quad \frac{\partial u}{\partial y}=\frac{2y}{x+y^2+z^3},\quad \frac{\partial u}{\partial z}=\frac{3z^2}{x+y^2+z^3}.$$ □

10.1.4　偏导数的存在性与函数的连续性

我们知道,如果一元函数在某点可导,则它在该点必定连续. 但对于多元函数来说,即使它在某点的各个偏导数都存在,也不能保证它在该点连续. 例如,函数

$$f(x,y)=\begin{cases}\dfrac{xy}{x^2+y^2}, & x^2+y^2\neq 0;\\ 0, & x^2+y^2=0.\end{cases}$$

在点 $(0,0)$ 处对 x 的偏导数为

$$f_x(0,0)=\lim_{\Delta x\to 0}\frac{f(0+\Delta x,0)-f(0,0)}{\Delta x}=\lim_{\Delta x\to 0}0=0;$$

对 y 的偏导数为

$$f_y(0,0)=\lim_{\Delta y\to 0}\frac{f(0,0+\Delta y)-f(0,0)}{\Delta y}=\lim_{\Delta y\to 0}0=0.$$

但在例 9.3.2 中已经知道,这函数当 $(x,y)\to(0,0)$ 时极限不存在,因此这函数在点 $(0,0)$ 处不连续.

当然也可以举出函数在某点连续,但在该点的偏导数不存在的例子.

例如,二元函数 $f(x,y)=\sqrt{x^2+y^2}$ 是初等函数,点 $(0,0)$ 是其定义区域内的点,因此 $f(x,y)$ 在点 $(0,0)$ 处连续. 但极限

$$\lim_{\Delta x\to 0}\frac{f(0+\Delta x,0)-f(0,0)}{\Delta x}=\lim_{\Delta x\to 0}\frac{|\Delta x|}{\Delta x}$$

不存在,即 $f_x(0,0)$ 不存在. 同样可证 $f_y(0,0)$ 也不存在.

上面的两个例子说明多元函数在一点存在偏导数与它在该点连续这两个概念之间不存在必然的联系.

习　题　10.1

1. 已知 $f(x,y)=xy^2$,直接根据定义求 $f_x(x_0,y_0)$ 及 $f_y(x_0,y_0)$.

2. 求下列函数的偏导数:

(1) $z=x^3y-xy^3$;

(2) $s=\dfrac{u^2+v^2}{uv}$;

(3) $z=(1+xy)^{xy}$;

(4) $z=xy+\dfrac{x}{y}$;

(5) $z=\ln\tan\dfrac{x}{y}$;

(6) $z=xy\mathrm{e}^{\sin(xy)}$;

(7) $u=\left(\dfrac{x}{y}\right)^z$;

(8) $u=\ln(x^2+y^2+z^2)$.

3. 设 $z=\arctan\dfrac{y}{x}$,求 $\dfrac{\partial z}{\partial x}\bigg|(1,-1)$.

4. 设 $f(x,y)=\ln\left(x+\dfrac{y}{2x}\right)$. 求 $f_x(1,0),f_y(1,0)$.

5. 设 $z=\ln(\sqrt{x}+\sqrt{y})$. 验证 $x\dfrac{\partial z}{\partial x}+y\dfrac{\partial z}{\partial y}=\dfrac{1}{2}$.

6. 设 $f(x,y)=\begin{cases}\dfrac{x^2y}{x^2+y^2}, & x^2+y^2\neq0;\\ 0, & x^2+y^2=0,\end{cases}$

试用偏导数定义求 $f_x(0,0)$ 和 $f_y(0,0)$.

§10.2　二元函数的可微性

10.2.1　一次逼近与全微分概念

我们知道,当一元函数 $f(x)$ 在点 x_0 可微时,在点 x_0 附近就可以用函数的微分近似代替函数的增量. 也就是说,可以用一次多项式逼近函数 $f(x)$. 这种局部线性化的思想对于多元函数同样是十分重要的. 为此,我们引进二元函数全微分的概念.

定义 10.2.1　设函数 $z=f(x,y)$ 在点 $P_0(x_0,y_0)$ 的某邻域内有定义. 如果 $z=f(x,y)$ 在点 P_0 的全增量 Δz 可表示为

$$\Delta z=f(x_0+\Delta x,y_0+\Delta y)-f(x_0,y_0)=A\Delta x+B\Delta y+o(\rho), \qquad (1)$$

其中 A,B 是仅与点 P_0 有关的常数,$\rho=\sqrt{\Delta x^2+\Delta y^2}$,则称函数 $z=f(x,y)$ 在点 P_0 可微,而 $A\Delta x+B\Delta y$ 称为函数 $z=f(x,y)$ 在点 P_0 的全微分,记为

$$\mathrm{d}z\mid_{P_0}=\mathrm{d}f(x_0,y_0)=A\Delta x+B\Delta y. \qquad (2)$$

与一元函数类似,全微分 $\mathrm{d}z$ 是 $\Delta x,\Delta y$ 的线性函数,$\Delta z-\mathrm{d}z$ 是比 ρ 高阶的无穷小. 所

以,全微分 dz 是全增量 Δz 的线性主部. 当 $|\Delta x|$、$|\Delta y|$ 充分小时,可用全微分 dz 作为全增量 Δz 的近似值. 即

$$\Delta z \approx \mathrm{d}z = A\Delta x + B\Delta y, \tag{3}$$

此式也可写成

$$f(x,y) \approx f(x_0,y_0) + A(x-x_0) + B(y-y_0). \tag{4}$$

上式表明:函数 $f(x,y)$ 在点 (x_0,y_0) 处可微,意味着在该点邻域内可以用关于 x,y 的线性函数去逼近 $f(x,y)$,所产生的误差为 $\rho = \sqrt{\Delta x^2 + \Delta y^2}$ 的高阶无穷小量,即函数 $f(x,y)$ 在点 (x_0,y_0) 的邻域内可局部线性化.

10.2.2　可微性条件

下面我们讨论二元函数可微的条件. 首先,由可微性定义易知:

定理 10.2.1　如果函数 $z = f(x,y)$ 在点 (x_0,y_0) 可微,则它在点 (x_0,y_0) 连续.

证　根据可微性定义,有 $\Delta z = A\Delta x + B\Delta y + o(\rho)$,

当 $\Delta x \to 0, \Delta y \to 0$ 时,有 $\rho \to 0$. 于是 $o(\rho) \to 0$. 因此 $\lim\limits_{(\Delta x, \Delta y) \to (0,0)} \Delta z = 0$.
根据连续性定义,$z = f(x,y)$ 在点 (x_0,y_0) 连续. □

定理 10.2.2　如果函数 $z = f(x,y)$ 在点 (x_0,y_0) 可微,则它在该点的两个偏导数存在,并且 (1) 式中的 $A = f_x(x_0,y_0)$,$B = f_y(x_0,y_0)$.

证　因为 $z = f(x,y)$ 在点 (x_0,y_0) 可微,因此 (1) 式对任意的 Δx、Δy 都成立. 特别地当 $\Delta y = 0$ 时也应成立. 这时 $\rho = |\Delta x|$,所以 (1) 式成为

$$f(x_0 + \Delta x, y_0) - f(x_0, y_0) = A\Delta x + o(|\Delta x|),$$

上式两边同除以 Δx,再令 $\Delta x \to 0$,就得

$$\lim_{\Delta x \to 0} \frac{f(x_0 + \Delta x, y_0) - f(x_0, y_0)}{\Delta x} = A,$$

即 $f_x(x_0,y_0) = A$. 同理可证 $f_y(x_0,y_0) = B$. □

定理 10.2.2 告诉我们,如果函数 $z = f(x,y)$ 在点 (x_0,y_0) 可微,则它在该点的全微分可唯一地表示为

$$\mathrm{d}z\,|_{(x_0,y_0)} = f_x(x_0,y_0)\Delta x + f_y(x_0,y_0)\Delta y, \tag{5}$$

从而也给出了全微分的计算公式.

与一元函数的情况一样,规定自变量的增量等于自变量的微分,即 $\Delta x = \mathrm{d}x$,　$\Delta y = \mathrm{d}y$,所以 (5) 式又可写成

$$\mathrm{d}z\,|_{(x_0,y_0)} = f_x(x_0,y_0)\mathrm{d}x + f_y(x_0,y_0)\mathrm{d}y. \tag{6}$$

若函数 $f(x,y)$ 在区域 D 上每一点都可微,则称函数 $f(x,y)$ 在 D 上可微,且其全微分为

$$\mathrm{d}f(x,y) = f_x(x,y)\mathrm{d}x + f_y(x,y)\mathrm{d}y. \tag{7}$$

或记为

$$\mathrm{d}z = \frac{\partial z}{\partial x}\mathrm{d}x + \frac{\partial z}{\partial y}\mathrm{d}y. \tag{8}$$

在一元函数中,可导与可微是等价的. 但对多元函数,情况就不同了. 前面我们已经看

到了二元函数

$$f(x,y) = \begin{cases} \dfrac{xy}{x^2+y^2}, & x^2+y^2 \neq 0; \\ 0, & x^2+y^2 = 0 \end{cases}$$

在点$(0,0)$两个偏导数都存在,但这函数在点$(0,0)$不连续,因而不可微.因此,偏导数都存在只是函数可微的必要条件而不是充分条件.

但是,如果再假定函数的各个偏导数都连续,则可保证函数可微,即有下面的定理:

定理 10.2.3 设函数$z=f(x,y)$在点(x_0,y_0)的某邻域内存在偏导数,且$f_x(x,y)$,$f_y(x,y)$在点(x_0,y_0)连续,则函数$f(x,y)$在点(x_0,y_0)可微.

证明从略.

这个定理说明,如果我们求得一个函数的偏导数,且又知道它们是连续的(对于一般初等函数,这是容易做到的),那么就可知道函数一定是可微的,并可立即写出其全微分.

例 10.2.1 求函数$z=x^2y+xy^2$的全微分.

解 因为$\dfrac{\partial z}{\partial x}=2xy+y^2,\dfrac{\partial z}{\partial y}=x^2+2xy$,所以

$$dz = (2xy+y^2)dx + (x^2+2y)dy. \qquad \square$$

例 10.2.2 计算函数$z=e^{xy}$在点$(2,1)$处的全微分.

解 因为$\dfrac{\partial z}{\partial x}=ye^{xy},\dfrac{\partial z}{\partial y}=xe^{xy}$,

$$\dfrac{\partial z}{\partial x}\Big|_{(2,1)}=e^2, \dfrac{\partial z}{\partial y}\Big|_{(2,1)}=2e^2,$$

所以 $dz\,|_{(2,1)}=e^2 dx+2e^2 dy.$ $\qquad \square$

例 10.2.3 求$u=x+\sin\dfrac{y}{2}+e^{yz}$的全微分.

解 因为$\dfrac{\partial u}{\partial x}=1,\dfrac{\partial u}{\partial y}=\dfrac{1}{2}\cos\dfrac{y}{2}+ze^{yz},\dfrac{\partial u}{\partial z}=ye^{yz}$,所以

$$du = dx + \left(\dfrac{1}{2}\cos\dfrac{y}{2}+ze^{yz}\right)dy + ye^{yz}dz. \qquad \square$$

10.2.3 全微分与近似计算

与一元函数相类似,多元函数的全微分也常可用作近似计算.下面举两个利用本节公式(3)或(4)对二元函数作近似计算的例子.

例 10.2.4 计算$(1.08)^{3.96}$的近似值.

解 设$f(x,y)=x^y$.显然,要计算的值就是该函数在$x=1.08,y=3.96$时的函数值$f(1.08,3.96)$.

取$x_0=1,y_0=4,\Delta x=0.08,\Delta y=-0.04$.由于

$$f(1,4)=1, f_x(x,y)=yx^{y-1}, \quad f_y(x,y)=x^y\ln x,$$
$$f_x(1,4)=4, \quad f_y(1,4)=0,$$

所以,应用公式(4)便有

$$(1.08)^{3.96} = f(x_0 + \Delta x, y_0 + \Delta y)$$
$$\approx f(1,4) + f_x(1,4)\Delta x + f_y(1,4)\Delta y$$
$$= 1 + 4 \times 0.08 + 0 \times (-0.04)$$
$$= 1 + 0.32 = 1.32.$$

例 10.2.5 　为计算一圆柱体体积,已测得底圆直径 $D_0 = 10.44$,高 $H_0 = 18.36$,且已知测量误差 $|\Delta D| \leqslant 0.02$,$|\Delta H| \leqslant 0.01$,试估计用公式 $V = \dfrac{\pi}{4} D^2 H$ 计算 V 时的绝对误差 ΔV 与相对误差 $\dfrac{\Delta V}{V}$.

解 　$\dfrac{\partial V}{\partial D} = \dfrac{\pi}{2} DH$,　$\dfrac{\partial V}{\partial H} = \dfrac{\pi}{4} D^2.$

由公式(3),$\Delta V \approx \dfrac{\pi}{2} DH \Delta D + \dfrac{\pi}{4} D^2 \Delta H.$

以 $D_0 = 10.44$,$H_0 = 18.36$ 代入,得

$$\left| \Delta V \right| \approx \left| \frac{\pi}{2} D_0 H_0 \Delta D + \frac{\pi}{4} D_0^2 \Delta H \right| \leqslant \frac{\pi}{2} D_0 H_0 |\Delta D| + \frac{\pi}{4} D_0^2 |\Delta H|$$

$$= \frac{\pi}{2} \times 10.44 \times 18.36 \times 0.02 + \frac{\pi}{4} \times 10.44^2 \times 0.01 \approx 6.88,$$

$$\left| \frac{\Delta V}{V} \right| \approx \left| \left(\frac{\pi}{2} D_0 H_0 \Delta D + \frac{\pi}{4} D_0^2 \Delta H \right) \Big/ \frac{\pi}{4} D_0^2 H_0 \right| = \left| \frac{2\Delta D}{D_0} + \frac{\Delta H}{H_0} \right|$$

$$\leqslant \left| \frac{2\Delta D}{D_0} \right| + \left| \frac{\Delta H}{H_0} \right| = \frac{2 \times 0.02}{10.44} + \frac{0.01}{18.36} \approx 0.44\%.$$

10.2.4　全微分的几何意义

最后,我们指出全微分的几何意义. 为此,先引进曲面的切平面概念.

大家知道平面曲线 S 在点 P 的切线 PT,是割线 PQ 当 Q 沿 S 无限趋近 P 时的极限位置(图 10.2.1). 而当 $Q \to P$ 时,PQ 与 PT 的夹角 φ 也将随之趋于零. 由于 $\sin \varphi = \dfrac{h}{d}$,其中 h 和 d 分别表示点 Q 到直线 PT 的距离和 Q 到 P 的距离. 因此,当 Q 沿 S 趋向于 P 时,$\varphi \to 0$ 等同于 $\dfrac{h}{d} \to 0$. 仿此,可以给出曲面在一点的切平面的定义.

定义 10.2.2 　设 P 是曲面 S 上的一点,π 为通过 P 点的一个平面,曲面 S 上的动点 Q 到定点 P 和到平面 π 的距离分别是 d 和 h(图 10.2.2). 若当 Q 在 S 上以任何方式趋近于 P 时,恒有 $\dfrac{h}{d} \to 0$,则称平面 π 为曲

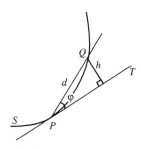

图 10.2.1

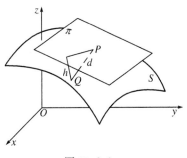

图 10.2.2

面 S 在点 P 处的切平面, P 为切点.

一元函数可微,在几何上反映为曲线存在不平行 y 轴的切线.而二元函数可微,则反映了曲面存在不平行于 z 轴的切平面.具体地说,有如下定理:

定理 10.2.4 曲面 $z=f(x,y)$ 在点 $P_0(x_0,y_0,z_0)(z_0=f(x_0,y_0))$ 存在不平行于 z 轴的切平面的充要条件是 $f(x,y)$ 在点 (x_0,y_0) 可微,这时切平面方程为

$$z-z_0=f_x(x_0,y_0)(x-x_0)+f_y(x_0,y_0)(y-y_0). \tag{9}$$

过切点 P 与切平面垂直的直线称为曲面在点 P 的法线.由切平面方程知道,法线的方向数是

$$\pm(f_x(x_0,y_0),f_y(x_0,y_0),-1)$$

所以过切点 P 的法线方程是

$$\frac{x-x_0}{f_x(x_0,y_0)}=\frac{y-y_0}{f_y(x_0,y_0)}=\frac{z-z_0}{-1}. \tag{10}$$

二元函数全微分的几何意义如图 10.2.3 所示.当自变量有增量 $\Delta x,\Delta y$ 时,函数 $z=f(x,y)$ 的全增量 Δz,也就是曲面上竖坐标的改变量是图中 MQ 一段;而相应的切平面上竖坐标的改变量(也就是公式(9)的左端)是 MN 一段,由公式(9),它就等于函数 $z=f(x,y)$ 在点 (x_0,y_0) 的全微分 $\mathrm{d}z$. 于是, Δz 与 $\mathrm{d}z$ 之差是 NQ 一段,它的值随着 $\rho \to 0$ 而趋于零,而且是比 ρ 更高阶的无穷小量.

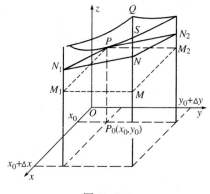

图 10.2.3

例 10.2.6 求旋转抛物面 $z=x^2+y^2-1$ 在点 $P(2,1,4)$ 处的切平面方程和法线方程.

解 $f(x,y)=x^2+y^2-1,f_x(2,1)=4,f_y(2,1)=2$.
由公式(9),(10)过点 P 的切平面方程为 $z-4=4(x-2)+2(y-1)$,即

$$4x+2y-z-6=0.$$

法线方程为 $\dfrac{x-2}{4}=\dfrac{y-1}{2}=\dfrac{z-4}{-1}$.

习　题　10.2

1. 求函数 $z=\dfrac{y}{x}$ 当 $x=2,y=1,\Delta x=0.1,\Delta y=-0.2$ 时的全增量和全微分.

2. 求下列函数在指定点的全微分:

(1) $z=x^4+y^4-4x^2y^2$, $(0,0),(1,1)$;　　　(2) $z=\ln(x+y^2)$, $(0,1),(1,1)$.

3. 求下列函数的全微分：

(1) $z = \dfrac{y}{\sqrt{x^2 + y^2}}$；

(2) $u = x^{yz}$.

4. 求曲面 $z = \arctan \dfrac{y}{x}$ 在点 $(1, 1, \dfrac{\pi}{4})$ 处的切平面方程和法线方程.

5. 在曲面 $z = x^2 + y^2$ 上找一点，使曲面在该点的切平面平行于平面 $x + 2y + z = -1$. 并写出这个切平面方程和法线方程.

6. 计算近似值：

(1) $(0.98)^{3.01}$；

(2) $\sqrt{(1.02)^3 + (91.97)^3}$.

7. 两个电阻分别为 R_1、R_2 的电阻器并联时，组合电阻为 $R = \dfrac{R_1 R_2}{R_1 + R_2}$. 求两个电阻分别为 2.013 欧姆和 5.972 欧姆的电阻器并联时的近似电阻值.

8. 当圆锥体形变时，它的底半径 R 由 30 cm 增加到 30.1 cm，高 H 由 60 cm 减少到 59.5 cm，试求体积变化的近似值.

§10.3　复合函数微分法

本节将讨论多元复合函数的可微性、偏导数与全微分.

10.3.1　复合函数的求导法则

定理 10.3.1　若函数 $z = f(x, y)$ 在点 (x_0, y_0) 可微，函数 $x = \varphi(t)$ 和 $y = \psi(t)$ 在点 t_0 可导 $(x_0 = \varphi(t_0), y_0 = \psi(t_0))$，则复合函数 $z = f[\varphi(t), \psi(t)]$ 在点 t_0 可导，且

$$\frac{\mathrm{d}z}{\mathrm{d}t}\bigg|_{t=t_0} = f_x(x_0, y_0)\varphi'(t_0) + f_y(x_0, y_0)\psi'(t_0). \tag{1}$$

证　给自变量一个改变量 Δt，相应的就有 x 及 y 的改变量

$$\Delta x = \varphi(t_0 + \Delta t) - \varphi(t_0), \quad \Delta y = \psi(t_0 + \Delta t) - \psi(t_0).$$

由于 $f(x, y)$ 在点 (x_0, y_0) 可微，所以有

$$\Delta z = f_x(x_0, y_0)\Delta x + f_y(x_0, y_0)\Delta y + o(\sqrt{\Delta x^2 + \Delta y^2}).$$

等式两端同除以 Δt，得

$$\frac{\Delta z}{\Delta t} = f_x(x_0, y_0)\frac{\Delta x}{\Delta t} + f_y(x_0, y_0)\frac{\Delta y}{\Delta t} + \frac{o(\sqrt{\Delta x^2 + \Delta y^2})}{\Delta t}.$$

由于 $\varphi(t), \psi(t)$ 在 t_0 可导（因而它们在 t_0 连续），因此，当 $\Delta t \to 0$ 时，有 $\Delta x \to 0, \Delta y \to 0$，从而

$$\lim_{\Delta t \to 0} \frac{o(\sqrt{\Delta x^2 + \Delta y^2})}{\Delta t} = \lim_{\Delta t \to 0}\left(\frac{o(\sqrt{\Delta x^2 + \Delta y^2})}{\sqrt{\Delta x^2 + \Delta y^2}} \cdot \sqrt{\left(\frac{\Delta x}{\Delta t}\right)^2 + \left(\frac{\Delta y}{\Delta t}\right)^2} \right) = 0,$$

所以 $\dfrac{\mathrm{d}z}{\mathrm{d}t}\bigg|_{t=t_0} = \lim\limits_{\Delta t \to 0}\dfrac{\Delta z}{\Delta t} = f_x(x_0, y_0)\varphi'(t_0) + f_y(x_0, y_0)\varphi'(t_0)$，

即复合函数 $z = f[\varphi(t), \psi(t)]$ 在点 t_0 可导且 (1) 式成立.　　　　□

若 $z=f(x,y)$ 及 $x=\varphi(t),y=\psi(t)$ 在其定义域内都可微,则复合函数 $z=f[\varphi(t),\psi(t)]$ 在其存在域内处处可微(可导),且

$$\frac{\mathrm{d}z}{\mathrm{d}t}=\frac{\partial z}{\partial x}\cdot\frac{\mathrm{d}x}{\mathrm{d}t}+\frac{\partial z}{\partial y}\cdot\frac{\mathrm{d}y}{\mathrm{d}t}. \tag{2}$$

例 10.3.1 设 $z=x^y,x=\sin t,y=\cos t$,求 $\dfrac{\mathrm{d}z}{\mathrm{d}t}$.

解 $\begin{aligned}[t]\frac{\mathrm{d}z}{\mathrm{d}t}&=\frac{\partial z}{\partial x}\cdot\frac{\mathrm{d}x}{\mathrm{d}t}+\frac{\partial z}{\partial y}\cdot\frac{\mathrm{d}y}{\mathrm{d}t}\\&=yx^{y-1}\cos t+x^y\ln x(-\sin t)\\&=yx^{y-1}\cos t-x^y\ln x\cdot\sin t.\end{aligned}$ □

例 10.3.2 设 $z=\dfrac{y}{x},y=\sqrt{1-x^2}$,求 $\dfrac{\mathrm{d}z}{\mathrm{d}x}$.

解 $\begin{aligned}[t]\frac{\mathrm{d}z}{\mathrm{d}x}&=\frac{\partial z}{\partial x}\cdot\frac{\mathrm{d}x}{\mathrm{d}x}+\frac{\partial z}{\partial y}\cdot\frac{\mathrm{d}y}{\mathrm{d}x}=-\frac{y}{x^2}+\frac{1}{x}\frac{-x}{\sqrt{1-x^2}}\\&=-\frac{1}{x^2\sqrt{1-x^2}}.\end{aligned}$ □

注意:上面第一个等式中左端 $\dfrac{\mathrm{d}z}{\mathrm{d}x}$ 表示 z 作为 x 的一元(复合)函数对 x 求导,右端第一项中 $\dfrac{\partial z}{\partial x}$ 表示 z 作为 x,y 的二元函数对自变量 x 求偏导数,二者所用的符号各自有别.

定理 10.3.2 设 $z=f(u,v)$,而 u,v 又是自变量 x,y 的函数

$$u=\varphi(x,y),v=\psi(x,y),$$

若 $\varphi(x,y),\psi(x,y)$ 在点 (x,y) 可微,而 $f(u,v)$ 在相应于 (x,y) 的点 (u,v) 可微,则复合函数

$$z=f[\varphi(x,y),\psi(x,y)]$$

在点 (x,y) 可微,且它的两个偏导数分别为

$$\begin{aligned}\frac{\partial z}{\partial x}&=\frac{\partial z}{\partial u}\cdot\frac{\partial u}{\partial x}+\frac{\partial z}{\partial v}\cdot\frac{\partial v}{\partial x};\\\frac{\partial z}{\partial y}&=\frac{\partial z}{\partial u}\cdot\frac{\partial u}{\partial y}+\frac{\partial z}{\partial v}\cdot\frac{\partial v}{\partial y}.\end{aligned} \tag{3}$$

证明与定理 10.3.1 相仿,从略.

一般称公式(3)为链式法则.

例 10.3.3 设 $z=\mathrm{e}^u\sin v,u=2xy,v=x+y^2$,求 $\dfrac{\partial z}{\partial x},\dfrac{\partial z}{\partial y}$.

解 $\dfrac{\partial z}{\partial x}=\dfrac{\partial z}{\partial u}\cdot\dfrac{\partial u}{\partial x}+\dfrac{\partial z}{\partial v}\cdot\dfrac{\partial v}{\partial x}=2y\mathrm{e}^u\sin v+\mathrm{e}^u\cos v,$

$\dfrac{\partial z}{\partial y}=\dfrac{\partial z}{\partial u}\cdot\dfrac{\partial u}{\partial y}+\dfrac{\partial z}{\partial v}\cdot\dfrac{\partial v}{\partial y}=2x\mathrm{e}^u\sin v+2y\mathrm{e}^u\cos v.$ □

例 10.3.4 设 $z=f\left(x^2y,\dfrac{y}{x}\right)$,求 $\dfrac{\partial z}{\partial x},\dfrac{\partial z}{\partial y}$.

解　设 $u = x^2 y, v = \dfrac{y}{x}$，则 $z = f(u, v)$.

为表达简便，引入以下记号

$$f_1' = \frac{\partial f}{\partial u}, \quad f_2' = \frac{\partial f}{\partial v}.$$

其中下标"1"表示对第一个变量 u 求偏导数，下标"2"表示对第二个变量 v 求偏导数．根据复合函数的求导法则，有

$$\frac{\partial z}{\partial x} = \frac{\partial f}{\partial u} \frac{\partial u}{\partial x} + \frac{\partial f}{\partial v} \frac{\partial v}{\partial x} = 2xy f_1' - \frac{y}{x^2} f_2',$$

$$\frac{\partial z}{\partial y} = \frac{\partial f}{\partial u} \frac{\partial u}{\partial y} + \frac{\partial f}{\partial v} \frac{\partial v}{\partial y} = x^2 f_1' + \frac{1}{x} f_2'. \qquad \square$$

10.3.2　复合函数的全微分

与一元函数的微分类似，二元函数的一阶全微分也有形式不变性．也就是说，不论 z 是自变量 u, v 的函数还是中间变量 u, v 的函数，它的全微分都可表示成

$$\mathrm{d}z = \frac{\partial z}{\partial u} \mathrm{d}u + \frac{\partial z}{\partial v} \mathrm{d}v \tag{4}$$

的形式.

事实上，设 $z = f(u, v)$ 可微，当 u, v 是自变量时，(4) 式当然是成立的.

如果 u, v 又是 x, y 的可微函数 $u = \varphi(x, y), v = \psi(x, y)$，则复合函数 $z = f[\varphi(x, y), \psi(x, y)]$ 的全微分为

$$\mathrm{d}z = \frac{\partial z}{\partial x} \mathrm{d}x + \frac{\partial z}{\partial y} \mathrm{d}y,$$

其中

$$\frac{\partial z}{\partial x} = \frac{\partial z}{\partial u} \frac{\partial u}{\partial x} + \frac{\partial z}{\partial v} \frac{\partial v}{\partial x}, \frac{\partial z}{\partial y} = \frac{\partial z}{\partial u} \frac{\partial u}{\partial y} + \frac{\partial z}{\partial v} \frac{\partial v}{\partial y}.$$

于是

$$
\begin{aligned}
\mathrm{d}z &= \left(\frac{\partial z}{\partial u} \frac{\partial u}{\partial x} + \frac{\partial z}{\partial v} \frac{\partial v}{\partial x} \right) \mathrm{d}x + \left(\frac{\partial z}{\partial u} \frac{\partial u}{\partial y} + \frac{\partial z}{\partial v} \frac{\partial v}{\partial y} \right) \mathrm{d}y \\
&= \frac{\partial z}{\partial u} \left(\frac{\partial u}{\partial x} \mathrm{d}x + \frac{\partial u}{\partial y} \mathrm{d}y \right) + \frac{\partial z}{\partial v} \left(\frac{\partial v}{\partial x} \mathrm{d}x + \frac{\partial v}{\partial y} \mathrm{d}y \right) \\
&= \frac{\partial z}{\partial u} \mathrm{d}u + \frac{\partial z}{\partial v} \mathrm{d}v,
\end{aligned}
$$

即当 u, v 是中间变量时，(4) 式也成立.

利用微分形式不变性，能更有条理地计算复杂函数的全微分.

例 10.3.5　设 $z = \mathrm{e}^{xy} \sin(x + y)$，求 $\mathrm{d}z, \dfrac{\partial z}{\partial x}$ 及 $\dfrac{\partial z}{\partial y}$.

解　令 $z = \mathrm{e}^u \sin v, u = xy, v = x + y$，由于

$$\mathrm{d}z = \frac{\partial z}{\partial u} \mathrm{d}u + \frac{\partial z}{\partial v} \mathrm{d}v = \mathrm{e}^u \sin v \mathrm{d}u + \mathrm{e}^u \cos v \mathrm{d}v,$$

$$\mathrm{d}u = y\mathrm{d}x + x\mathrm{d}y,$$
$$\mathrm{d}v = \mathrm{d}x + \mathrm{d}y,$$

因此

$$\mathrm{d}z = \mathrm{e}^u \sin v(y\mathrm{d}x + x\mathrm{d}y) + \mathrm{e}^u \cos v(\mathrm{d}x + \mathrm{d}y)$$
$$= \mathrm{e}^{xy}[y\sin(x+y) + \cos(x+y)]\mathrm{d}x + \mathrm{e}^{xy}[x\sin(x+y) + \cos(x+y)]\mathrm{d}y.$$

并由此得到

$$\frac{\partial z}{\partial x} = \mathrm{e}^{xy}[y\sin(x+y) + \cos(x+y)],$$

$$\frac{\partial z}{\partial y} = \mathrm{e}^{xy}[x\sin(x+y) + \cos(x+y)].$$ □

习 题 10.3

1. 求下列复合函数的偏导数或导数:

(1) 设 $u = \mathrm{e}^{x-2y}, x = \sin t, y = t^3$, 求 $\dfrac{\mathrm{d}u}{\mathrm{d}t}$;

(2) 设 $z = xa^y, y = \ln x$, 求 $\dfrac{\mathrm{d}z}{\mathrm{d}x}$;

(3) 设 $u = \dfrac{x}{y} - \dfrac{z}{x}, x = \sin t, y = \cos t, z = \tan t$, 求 $\dfrac{\mathrm{d}u}{\mathrm{d}t}$;

(4) 设 $z = x^2y - y^2x, x = u\cos v, y = u\sin v$, 求 $\dfrac{\partial z}{\partial u}, \dfrac{\partial z}{\partial v}$;

(5) 设 $z = \ln(u^2 + y\sin x), u = \mathrm{e}^{x+y}$, 求 $\dfrac{\partial z}{\partial x}, \dfrac{\partial z}{\partial y}$;

(6) 设 $z = \dfrac{x^2 + y^2}{xy}\mathrm{e}^{\frac{x^2+y^2}{xy}}$, 求 $\dfrac{\partial z}{\partial x}, \dfrac{\partial z}{\partial y}$;

(7) 设 $u = f(x+y, xy)$, 求 $\dfrac{\partial u}{\partial x}, \dfrac{\partial u}{\partial y}$.

2. 设 $f(u)$ 是可微函数, $F(x,t) = f(x+2t) + f(3x-2t)$. 试求 $F_x(0,0)$ 与 $F_t(0,0)$.

3. 设 $z = \arctan\dfrac{x}{y}, x = u+v, y = u-v$, 证明 $\dfrac{\partial z}{\partial u} + \dfrac{\partial z}{\partial v} = \dfrac{u-v}{u^2+v^2}$.

4. 一根树干可以认为是圆柱形的,假设树的直径每年增长 2.5 厘米,树高每年增长 15 厘米. 当树高为 2.5 米而直径为 7.5 厘米时,树干的体积的增长速度为多少?

§10.4 隐函数及其导数

10.4.1 隐函数定理

在上册中,我们介绍了隐函数的概念,并在已知方程 $F(x,y) = 0$ 确定隐函数 $y = y(x)$ 的条件下,介绍了隐函数求导数的方法. 但并不是任何一个形如 $F(x,y) = 0$ 的二元方程都能确定隐函数. 例如,方程 $x^2 + y^2 + 1 = 0$ 在实数域内就不能确定任何隐函数. 那么,方程 $F(x,y) = 0$ 在什么条件下能够确定隐函数? 如果能确定隐函数,该隐函数的连续性、可微性又如何？下面的隐函数存在定理对此作出了回答.

定理 10.4.1　设函数 $F(x,y)$ 在点 $P_0(x_0,y_0)$ 的某邻域内具有连续的偏导数，且
$$F(x_0,y_0)=0, \quad F_y(x_0,y_0)\neq 0,$$
则方程 $F(x,y)=0$ 在点 (x_0,y_0) 的某一邻域内唯一确定了一个函数 $y=f(x)$，它满足条件：

（1）在点 x_0 的某邻域 $U(x_0)$ 内有定义，且
$$F(x,f(x))\equiv 0, \quad y_0=f(x_0);$$

（2）在 $U(x_0)$ 内具有连续导数，且
$$y'=-\frac{F_x(x,y)}{F_y(x,y)}. \tag{1}$$

这个定理我们不证. 下面举例说明它的作用.

例 10.4.1　天体物理学中著名的开普勒（Kepler）方程
$$F(x,y)=y-x-\varepsilon\sin y=0, \quad 0<\varepsilon<1, \tag{2}$$
由于 $F_x(x,y),F_y(x,y)$ 在 xy 平面上任一点都连续，且
$$F(0,0)=0,$$
$$F_y(x,y)=1-\varepsilon\cos y>0,$$
故由定理 10.4.1，方程（2）确定了一个在 0 点附近的连续可导隐函数 $y=f(x)$，按公式（1）其导数为
$$f'(x)=-\frac{F_x(x,y)}{F_y(x,y)}=-\frac{-1}{1-\varepsilon\cos y}=\frac{1}{1-\varepsilon\cos y}. \qquad \square$$

例 10.4.2　考察方程
$$F(x,y)=x^2+y^2-1=0, \tag{3}$$
二元函数 $F(x,y)=x^2+y^2-1$ 在整个坐标平面上有连续的偏导数，当 $y\neq 0$ 时，$F_y(x,y)=2y\neq 0$，所以在任何满足上述方程的点 (x,y)（且 $y\neq 0$）的某一邻域内，方程唯一确定了一个具有连续导数的函数 $y=f(x)$. 例如，在点 $(0,1),(0,-1)$ 以及 $(\frac{1}{\sqrt{2}},\frac{1}{\sqrt{2}})$ 的某邻域内，隐函数是存在的. 事实上，这时由方程确能解得 $y=\sqrt{1-x^2}$（在点 $(0,1)$ 及点 $(\frac{1}{\sqrt{2}},\frac{1}{\sqrt{2}})$ 的某邻域内），$y=-\sqrt{1-x^2}$（在点 $(0,-1)$ 的某邻域内），并且具有连续导数. 但在点 $(1,0)$ 和 $(-1,0)$，由于 $F_y=0$，不满足定理 10.4.1 的条件，所以不能肯定在这两点的某邻域内亦存在隐函数 $y=f(x)$. 事实上，方程在这两点的任何邻域内不存在唯一确定的隐函数 $y=f(x)$，因为在这两点的任何一个邻域内，每一个 x 所对应的 y 值不唯一. $\qquad \square$

定理 10.4.1 还可以推广到多元隐函数的情况. 比如，对于三元方程 $F(x,y,z)=0$ 确定二元隐函数的问题，有如下定理：

定理 10.4.2　设函数 $F(x,y,z)$ 在点 $P_0(x_0,y_0,z_0)$ 的某邻域内具有连续偏导数，且
$$F(x_0,y_0,z_0)=0, \quad F_z(x_0,y_0,z_0)\neq 0,$$
则方程 $F(x,y,z)=0$ 在点 (x_0,y_0,z_0) 的某邻域内唯一确定了一个二元函数 $z=f(x,$

y),它满足条件:

(1) 在点 $Q_0(x_0,y_0)$ 的某邻域 $U(Q_0)$ 内有定义,且

$$F(x,y,f(x,y)) \equiv 0, \quad z_0 = f(x_0,y_0);$$

(2) 在 $U(Q_0)$ 内存在连续的偏导数,且

$$f_x(x,y) = -\frac{F_x(x,y,z)}{F_z(x,y,z)}, \quad f_y(x,y) = -\frac{F_y(x,y,z)}{F_z(x,y,z)}. \tag{4}$$

10.4.2 隐函数求导举例

定理 10.4.1 和定理 10.4.2 不仅给出了隐函数存在的条件,还给出了隐函数求导的公式. 下面举几个隐函数求导的例子.

例 10.4.3 求由方程 $\ln\sqrt{x^2+y^2} = a\arctan\dfrac{y}{x}, a>0$ 所确定的隐函数 $y=f(x)$ 的导数.

解 这一问题我们在第四章中已经解决. 现再用本节公式(1)的方法重做一遍.

这里 $F(x,y) = \ln\sqrt{x^2+y^2} - a\arctan\dfrac{y}{x}$,

$$F_x(x,y) = \frac{x+ay}{x^2+y^2}, \quad F_y(x,y) = \frac{y-ax}{x^2+y^2},$$

由公式(1)得

$$y' = -\frac{x+ay}{x^2+y^2} \Big/ \frac{y-ax}{x^2+y^2} = \frac{x+ay}{ax-y}. \qquad \square$$

例 10.4.4 设 $x^2+y^2+z^2-4z=0$,求 $\dfrac{\partial z}{\partial x}, \dfrac{\partial z}{\partial y}$.

解 这里 $F(x,y,z) = x^2+y^2+z^2-4z, F_x=2x, F_y=2y, F_z=2z-4$,由公式(4)得

$$\frac{\partial z}{\partial x} = -\frac{2x}{2z-4} = \frac{x}{2-z}, \quad \frac{\partial z}{\partial y} = -\frac{2y}{2z-4} = \frac{y}{2-z}. \qquad \square$$

例 10.4.5 设 $F(xy, y+z, xz) = 0$,求 $\dfrac{\partial z}{\partial x}, \dfrac{\partial z}{\partial y}$.

解 这里 $F(xy, y+z, xz)$ 是 x,y,z 的复合函数,由复合函数求导法则,得

$$\frac{\partial F}{\partial x} = yF_1' + zF_3', \quad \frac{\partial F}{\partial y} = xF_1' + F_2', \frac{\partial F}{\partial z} = F_2' + xF_3',$$

由公式(4)得

$$\frac{\partial z}{\partial x} = -\frac{\partial F}{\partial x} \Big/ \frac{\partial F}{\partial z} = -\frac{yF_1' + zF_3'}{F_2' + xF_3'},$$

$$\frac{\partial z}{\partial y} = -\frac{\partial F}{\partial y} \Big/ \frac{\partial F}{\partial z} = -\frac{xF_1' + F_2'}{F_2' + xF_3'}. \qquad \square$$

10.4.3 曲面的切平面和法线

在 10.2 节中我们介绍了曲面的切平面与法线的概念,并且就曲面由方程 $z=f(x,y)$

给出的情况给出了它的切平面方程和法线方程的公式,即那里的公式(9) 和公式(10).

现在设曲面由方程

$$F(x,y,z)=0 \tag{9}$$

给出,它在点 $P_0(x_0,y_0,z_0)$ 的某邻域内满足隐函数定理条件(不妨设 $F_z(x_0,y_0,z_0) \neq 0$.于是方程(9) 在点 P_0 的附近确定了唯一连续可微的隐函数 $z=f(x,y)$ 使得 $z_0=f(x_0,y_0)$,且

$$\frac{\partial z}{\partial x}=-\frac{F_x(x,y,z)}{F_z(x,y,z)}, \quad \frac{\partial z}{\partial y}=-\frac{F_y(x,y,z)}{F_z(x,y,z)}.$$

由于在点 P_0 附近(9) 与 $z=f(x,y)$ 表示同一曲面,从而该曲面在点 P_0 有切平面与法线 (§ 10.2(9)(10)),它们的方程分别是

$$z-z_0=-\frac{F_x(x_0,y_0,z_0)}{F_z(x_0,y_0,z_0)}(x-x_0)-\frac{F_y(x_0,y_0,z_0)}{F_z(x_0,y_0,z_0)}(y-y_0)$$

与

$$\frac{x-x_0}{-\dfrac{F_x(x_0,y_0,z_0)}{F_z(x_0,y_0,z_0)}}=\frac{y-y_0}{-\dfrac{F_y(x_0,y_0,z_0)}{F_z(x_0,y_0,z_0)}}=\frac{z-z_0}{-1}.$$

它们也可分别写成如下形式:

$$F_x(x_0,y_0,z_0)(x-x_0)+F_y(x_0,y_0,z_0)(y-y_0)+F_z(x_0,y_0,z_0)(z-z_0)=0 \tag{10}$$

与

$$\frac{x-x_0}{F_x(x_0,y_0,z_0)}=\frac{y-y_0}{F_y(x_0,y_0,z_0)}=\frac{z-z_0}{F_z(x_0,y_0,z_0)}. \tag{11}$$

向量 $(F_x(P_0),F_y(P_0),F_z(P_0))$ 是切平面的法向量,也称为曲面在点 P_0 的法向量.

例 10.4.6　求球面 $x^2+y^2+z^2=14$ 在点 $(1,2,3)$ 处的切平面方程和法线方程.

解　$F(x,y,z)=x^2+y^2+z^2-14$,

$F_x(x,y,z)=2x, \quad F_y(x,y,z)=2y, \quad F_z(x,y,z)=2z.$

$F_x(1,2,3)=2, \quad F_y(1,2,3)=4, \quad F_z(1,2,3)=6.$

由公式(10) 和(11) 得此球面在点 $(1,2,3)$ 处切平面方程为

$$2(x-1)+4(y-2)+6(z-3)=0,$$

即

$$x+2y+3z-14=0.$$

法线方程为

$$\frac{x-1}{1}=\frac{y-2}{2}=\frac{z-3}{3},$$

即

$$\frac{x}{1}=\frac{y}{2}=\frac{z}{3},$$

由此可见,法线经过原点(即球心).　　　　　　　　　　　　　　□

习　题　10.4

1. 设 $x^2 y + 3x^4 y^3 - 4 = 0$，求 $\dfrac{\mathrm{d}y}{\mathrm{d}x}$.

2. 设 $\sin y + e^x - xy^2 = 0$，求 $\dfrac{\mathrm{d}y}{\mathrm{d}x}$.

3. 设 $x + 2y + z - 2\sqrt{xyz} = 0$，求 $\dfrac{\partial z}{\partial x}, \dfrac{\partial z}{\partial y}$.

4. 设 $F(x, x+y, x+y+z) = 0$，求 $\dfrac{\partial z}{\partial x}, \dfrac{\partial z}{\partial y}$.

5. 设 $2\sin(x + 2y - 3z) = x + 2y - 3z$，证明 $\dfrac{\partial z}{\partial x} + \dfrac{\partial z}{\partial y} = 1$.

6. 设 $\phi(u, v)$ 具有连续偏导数，证明由方程 $\phi(cx - az, cy - bz) = 0$ 所确定的函数 $z = f(x, y)$ 满足

$$a \frac{\partial z}{\partial x} + b \frac{\partial z}{\partial y} = c.$$

7. 求曲面 $3x^2 + y^2 - z^2 = 27$ 在点 $(3,1,1)$ 处的切平面方程和法线方程.

8. 求曲面 $e^z - z + xy = 3$ 在点 $(2,1,0)$ 处的切平面方程和法线方程.

9. 求椭球面 $x^2 + 2y^2 + 3z^2 = 21$ 上平行于平面 $x + 4y + 6z = 0$ 的切平面方程.

10. 试证曲面 $\sqrt{x} + \sqrt{y} + \sqrt{z} = \sqrt{a}\,(a > 0)$ 上任何点处的切平面在坐标轴上的截距之和等于 a.

§10.5　方　向　导　数

10.5.1　方向导数

在许多实际问题中，不仅要知道函数在坐标轴方向上的变化率(即偏导数)，还要知道在其他特定方向上的变化率. 例如，热空气要向冷空气流动，因此，气象学上需要研究大气温度、气压沿各个方向的变化率. 这就是本节所要讨论的方向导数.

设 $P_0(x_0, y_0, z_0)$ 为空间一定点，l 为从 P_0 出发的射线，它的方向向量用 $\boldsymbol{l}$ 来表示. 设 P 是射线 l 上任一点，P 的坐标为

$(x_0 + \Delta x, y_0 + \Delta y, z_0 + \Delta z) = (x_0 + \rho\cos\alpha, y_0 + \rho\cos\beta, z_0 + \rho\cos\gamma)$ 其中 $\cos\alpha, \cos\beta,$ $\cos\gamma$ 是 $\boldsymbol{l}$ 的方向余弦，ρ 是线段 $P_0 P$ 的长度，如图 10.5.1 所示. 函数 $f(x, y, z)$ 沿射线 l 从 P_0 到 P 的平均变化率为

$$\frac{\Delta f}{\rho} = \frac{f(P) - f(P_0)}{\rho}.$$

当 P 沿 l 无限趋近 P_0 时，由这平均变化率取极限就得到函数在点 P_0 沿方向 $\boldsymbol{l}$ 的瞬时变化率.

定义 10.5.1　设三元函数 $f(x, y, z)$ 在点 $P_0(x_0, y_0, z_0)$ 的某邻域 $U(P_0)$ 内有定义，l 为从 P_0 出发的射线，$P(x_0 + \rho\cos\alpha, y_0 + \rho\cos\beta, z_0 + \rho\cos\gamma)$ 为 l 上且含于

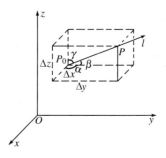

图 10.5.1

$U(P_0)$ 内的任一点,若 $f(x,y,z)$ 沿着射线的增量 $f(P)-f(P_0)$ 与 ρ 之比的极限

$$\lim_{\rho \to 0^+} \frac{f(P)-f(P_0)}{\rho}$$

存在,则称此极限值为函数 $f(x,y,z)$ 在点 P_0 沿方向 l 的方向导数,记作

$$\left.\frac{\partial f}{\partial l}\right|_{P_0},\quad f_l(P_0)\quad \text{或}\ f_l(x_0,y_0,z_0).$$

由定义易知,如果函数 $f(x,y,z)$ 在点 P_0 存在对 x 的偏导数,则这个偏导数就等于函数在点 P_0 沿 x 轴正向的方向导数,即

$$\left.\frac{\partial f}{\partial l}\right|_{P_0}=\left.\frac{\partial f}{\partial x}\right|_{P_0},$$

这里 l 为 x 轴的正向. 当 l 为 x 轴负向时,则有

$$\left.\frac{\partial f}{\partial l}\right|_{P_0}=-\left.\frac{\partial f}{\partial x}\right|_{P_0}.$$

下面的定理进一步说明了偏导数与方向导数的关系.

定理 10.5.1　若函数 $f(x,y,z)$ 在点 $P_0(x_0,y_0,z_0)$ 可微,则它在点 P_0 处沿任何方向的方向导数都存在,且

$$f_l(P_0)=f_x(P_0)\cos\alpha+f_y(P_0)\cos\beta+f_z(P_0)\cos\gamma, \tag{1}$$

其中 $\cos\alpha,\cos\beta,\cos\gamma$ 为方向 l 的方向余弦.

证　设 $P(x_0+\Delta x,y_0+\Delta y,z_0+\Delta z)$ 为 l 上的点,则

$$\cos\alpha=\frac{\Delta x}{\rho},\quad \cos\beta=\frac{\Delta y}{\rho},\quad \cos\gamma=\frac{\Delta z}{\rho},$$

由假设 $f(x,y,z)$ 在点 P_0 可微,故有

$$\begin{aligned}
f(P)-f(P_0)&=f_x(x_0,y_0,z_0)\,\Delta x+f_y(x_0,y_0,z_0)\Delta y\\
&\quad +f_z(x_0,y_0,z_0)\Delta z+o(\rho),
\end{aligned}$$

于是

$$\begin{aligned}
\frac{f(P)-f(P_0)}{\rho}&=f_x(x_0,y_0,z_0)\frac{\Delta x}{\rho}+f_y(x_0,y_0,z_0)\frac{\Delta y}{\rho}\\
&\quad +f_z(x_0,y_0,z_0)\frac{\Delta z}{\rho}+\frac{o(\rho)}{\rho},
\end{aligned}$$

所以,当 P 沿 l 趋于 P_0 时,由上式取极限,得

$$\left.\frac{\partial f}{\partial l}\right|_{P_0}=f_x(x_0,y_0,z_0)\cos\alpha+f_y(x_0,y_0,z_0)\cos\beta+f_z(x_0,y_0,z_0)\cos\gamma. \qquad \square$$

对于二元函数,相应于公式(1)的结论是

$$f_l(P_0)=f_x(x_0,y_0)\cos\alpha+f_y(x_0,y_0)\cos\beta, \tag{2}$$

其中 α,β 是平面向量 l 的方向角.

例 10.5.1　设 $f(x,y,z)=x^2+y^2+z^2$,求 f 在点 $P_0(1,0,-1)$ 沿方向 $l(1,2,3)$ 的方向导数.

解　$f_x(P_0)=2,f_y(P_0)=0,f_z(P_0)=-2,l$ 的方向余弦为

$$\cos\alpha=\frac{1}{\sqrt{1^2+2^2+3^2}}=\frac{1}{\sqrt{14}},\quad \cos\beta=\frac{2}{\sqrt{14}},\cos\gamma=\frac{3}{\sqrt{14}},$$

由公式(1),

$$f_l(P_0) = 2 \times \frac{1}{\sqrt{14}} + 0 \times \frac{2}{\sqrt{14}} + (-2) \times \frac{3}{\sqrt{14}} = -\frac{2\sqrt{14}}{7}.$$ □

10.5.2 梯度

函数在某一点沿某个方向的方向导数就是函数在该点沿这个方向的变化率. 方向不同变化率一般也是不同的. 那么沿哪个方向的变化率最大呢? 为回答这个问题,先给出与方向导数密切相关的另一个概念 —— 梯度.

定义 10.5.2 若函数 $f(x,y,z)$ 在点 $P_0(x_0,y_0,z_0)$ 可微,则称向量$(f_x(P_0),$ $f_y(P_0),f_z(P_0))$ 为函数 f 在点 P_0 的梯度,记作

$$\mathbf{grad} f = (f_x(P_0),f_y(P_0),f_z(P_0)).$$

向量 $\mathbf{grad} f$ 的模为

$$|\mathbf{grad} f| = \sqrt{f_x^2(P_0) + f_y^2(P_0) + f_z^2(P_0)}.$$

引进梯度概念后,方向导数的公式(1) 可写成

$$f_l(P_0) = \mathbf{grad} f(P_0) \cdot l_0 = |\mathbf{grad} f| \cos\theta,$$

这里 l_0 是 l 方向上的单位向量,θ 是梯度向量 $\mathbf{grad} f$ 与 l 的夹角. 因此,当 $\theta=0$ 时,$f_l(P_0)$ 取得最大值 $|\mathbf{grad} f|$,也就是说,f 在点 P_0 的梯度方向是 f 的值增长最快的方向,且沿这一方向的变化率就是梯度的模. 而当 l 与梯度向量反方向($\theta=\pi$)时,方向导数取最小值 $-|\mathbf{grad} f|$,函数沿此方向减少得最快.

例 10.5.2 设 $f(x,y,z) = xy^2 + yz^3$,求 f 在点 $P_0(2,-1,1)$ 处的梯度及它的模.

解 $f_x(P_0) = 1,f_y(P_0) = -3,f_z(P_0) = -3$,所以

$$\mathbf{grad} f = (1,-3,-3),$$

$$|\mathbf{grad} f| = \sqrt{1^2 + (-3)^2 + (-3)^2} = \sqrt{19}.$$ □

下面我们再从等量面的角度来看梯度的概念.

在研究一个物理量 $u(x,y,z)$ 在某一区域的分布时,常常需要考察区域中有相同物理量的点,也就是使 $u(x,y,z)$ 取相同数值的点:

$$u(x,y,z) = C$$

其中 C 是常数. 这个方程在几何上表示曲面,在这里称为等量面. C 取不同的值,就得到不同的等量面. 例如气象学中的等温面,电学中的等位面等等. 同样,对含两个自变量的物理量则有等量线. 例如,地形图上的等高线,气象预报中地面上的等压线(见图10.5.2) 等等.

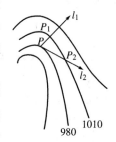

图 10.5.2

从图 10.5.2 可以看出,在方向 l_1,气压从 P 点的 980 毫巴过渡到 P_1 点的 1010 毫巴,距离是 $\overline{PP_1}$,它比沿方向 l_2 从 P 点过渡到 P_2 点的 1010 毫巴的距离 $\overline{PP_2}$ 小. 也就是说,沿 l_1 的方向气压上升得快. 而在 P 点处气压上升最快的方向应该是过 P 点的等量线在 P 点处的法方向.

事实上,设 $u(x,y,z)$ 是一个数量函数,等量面为 $u(x,y,z) = C$.

设 P_0 是等量面上任一点,则等量面在 P_0 点的法向量与向量

$$\left(\frac{\partial u}{\partial x}\bigg|_{P_0}, \frac{\partial u}{\partial y}\bigg|_{P_0}, \frac{\partial u}{\partial z}\bigg|_{P_0}\right) \tag{3}$$

的方向相同,而(3)正是函数 $u(x,y,z)$ 在点 P_0 的梯度向量,即函数值上升得最快的方向.

习　题　10.5

1. 设函数 $u = xy + yz + zx - 3xyz$,求它在 $P_0(1,-1,0)$ 沿方向角分别为 $\frac{\pi}{3},\frac{\pi}{3},\frac{\pi}{4}$ 的方向导数.

2. 设 $z = x^2 - xy + y^2$,求它在点 $P_0(1,1)$ 沿 $l = (\cos\alpha,\sin\alpha)$ 的方向导数,并求使其取得最大值、最小值的方向.

3. 求函数 $u = xyz$ 在点 $A(5,1,2)$ 处沿到点 $B(9,4,14)$ 的方向 $\overrightarrow{AB}$ 上的方向导数.

4. 求函数 $u = x^2 + 2y^2 + 3z^2 + xy - 4x - 2y - 4z$ 在点 $A(0,0,0)$ 及点 $B\left(5,-3,\frac{2}{3}\right)$ 处的梯度及它们的模.

5. 设函数 $u = \ln\left(\frac{1}{r}\right)$,其中 $r = \sqrt{(x-a)^2 + (y-b)^2 + (z-c)^2}$,求 u 的梯度.并指出空间哪些点使 $|\operatorname{grad}u| = 1$ 成立.

§10.6　高阶偏导数与多元函数逼近

10.6.1　高阶偏导数

设函数 $z = f(x,y)$ 在区域 D 内有偏导数

$$\frac{\partial z}{\partial x} = f_x(x,y), \quad \frac{\partial z}{\partial y} = f_y(x,y),$$

$f_x(x,y)$ 和 $f_y(x,y)$ 在 D 内仍是 x,y 的函数.如果这两个函数的偏导数存在,则称它们的偏导数为原函数 $z = f(x,y)$ 的二阶偏导数.二元函数的二阶偏导数有以下四种情形:

$$\frac{\partial}{\partial x}\left(\frac{\partial z}{\partial x}\right) = \frac{\partial^2 z}{\partial x^2} = f_{xx}(x,y);$$

$$\frac{\partial}{\partial y}\left(\frac{\partial z}{\partial x}\right) = \frac{\partial^2 z}{\partial x \partial y} = f_{xy}(x,y);$$

$$\frac{\partial}{\partial x}\left(\frac{\partial z}{\partial y}\right) = \frac{\partial^2 z}{\partial y \partial x} = f_{yx}(x,y);$$

$$\frac{\partial}{\partial y}\left(\frac{\partial z}{\partial y}\right) = \frac{\partial^2 z}{\partial y^2} = f_{yy}(x,y).$$

其中 $f_{xy}(x,y)$ 与 $f_{yx}(x,y)$ 称为混合偏导数.如果二阶偏导数也具有偏导数,则称其为原来函数的三阶偏导数.依此类推,一般地,$z = f(x,y)$ 的 $n-1$ 阶偏导数的偏导数称为 $z = f(x,y)$ 的 n 阶偏导数.二阶及二阶以上的偏导数统称为高阶偏导数.

例 10.6.1 求函数 $z = x^3 y - 3x^2 y^3$ 的所有二阶偏导数及 $\dfrac{\partial^3 z}{\partial x^3}$.

解 $\quad \dfrac{\partial z}{\partial x} = 3x^2 y - 6xy^3$; $\qquad \dfrac{\partial z}{\partial y} = x^3 - 9x^2 y^2$;

$\dfrac{\partial^2 z}{\partial x^2} = 6xy - 6y^3$; $\qquad \dfrac{\partial^2 z}{\partial x \partial y} = 3x^2 - 18xy^2$;

$\dfrac{\partial^2 z}{\partial y^2} = -18x^2 y$; $\qquad \dfrac{\partial^2 z}{\partial y \partial x} = 3x^2 - 18xy^2$;

$\dfrac{\partial^3 z}{\partial x^3} = 6y$.

$\qquad\qquad\qquad\qquad\qquad\qquad\qquad\qquad\qquad\qquad\qquad\qquad$ □

我们看到例 10.6.1 中两个混合偏导数相等, 即

$$\frac{\partial^2 z}{\partial x \partial y} = \frac{\partial^2 z}{\partial y \partial x}.$$

这个结论是不是对所有具有混合偏导数的函数都成立呢? 答案是否定的. 但是可以证明, 如果 $\dfrac{\partial^2 z}{\partial x \partial y}$ 与 $\dfrac{\partial^2 z}{\partial y \partial x}$ 都连续, 则二者必相等. 这就是下面的定理.

定理 10.6.1 如果函数 $z = f(x, y)$ 的两个二阶混合偏导数 $\dfrac{\partial^2 z}{\partial x \partial y}$ 及 $\dfrac{\partial^2 z}{\partial y \partial x}$ 在区域 D 内连续, 则在该区域内这两个混合偏导数必相等.

这个定理告诉我们, 在二阶混合偏导数连续的条件下, 可交换其求导次序. 对于更高阶的混合偏导数也有类似的结论. 例如, 在连续条件下,

$$f_{xxy} = f_{xyx} = f_{yxx}.$$

上式表示, 只要对 x 求导两次, 对 y 求导一次, 不论求导次序如何, 结果都是一样的.

对于复合函数的高阶偏导数, 只要重复运用复合函数的求导法则即可.

例 10.6.2 设 $r = \sqrt{x^2 + y^2 + z^2}$, 证明函数 $u = \dfrac{1}{r}$ 满足方程 $\dfrac{\partial^2 u}{\partial x^2} + \dfrac{\partial^2 u}{\partial y^2} + \dfrac{\partial^2 u}{\partial z^2} = 0$.

证 $\quad \dfrac{\partial u}{\partial x} = \dfrac{\mathrm{d} u}{\mathrm{d} r} \cdot \dfrac{\partial r}{\partial x} = -\dfrac{1}{r^2} \cdot \dfrac{x}{\sqrt{x^2 + y^2 + z^2}} = -\dfrac{1}{r^2} \cdot \dfrac{x}{r} = -\dfrac{x}{r^3}$,

$\dfrac{\partial^2 u}{\partial x^2} = \dfrac{\partial}{\partial x}\left(-\dfrac{x}{r^3}\right) = -\dfrac{1}{r^3} - x \dfrac{\partial}{\partial x}\left(\dfrac{1}{r^3}\right)$

$\qquad = -\dfrac{1}{r^3} - x \dfrac{d}{\mathrm{d} r}\left(\dfrac{1}{r^3}\right) \dfrac{\partial r}{\partial x} = -\dfrac{1}{r^3} - x\left(-\dfrac{3}{r^4}\right) \cdot \dfrac{x}{r}$

$\qquad = -\dfrac{1}{r^3} + \dfrac{3x^2}{r^5}.$

同样可得

$$\frac{\partial^2 u}{\partial y^2} = -\frac{1}{r^3} + \frac{3y^2}{r^5}, \quad \frac{\partial^2 u}{\partial z^2} = -\frac{1}{r^3} + \frac{3z^2}{r^5}.$$

因此

$$\frac{\partial^2 u}{\partial x^2} + \frac{\partial^2 u}{\partial y^2} + \frac{\partial^2 u}{\partial z^2} = -\frac{3}{r^3} + \frac{3(x^2 + y^2 + z^2)}{r^5} = -\frac{3}{r^3} + \frac{3}{r^3} = 0.$$

$\qquad\qquad\qquad\qquad\qquad\qquad\qquad\qquad\qquad\qquad\qquad\qquad$ □

本例中的方程为拉普拉斯(Laplace)方程,它是数学物理方程中一种很重要的方程.

例 10.6.3　设 $z = f\left(3x + 2y, \dfrac{x}{y}\right)$,求 $\dfrac{\partial^2 z}{\partial x^2}, \dfrac{\partial^2 z}{\partial x \partial y}$.

解　令 $u = 3x + 2y, v = \dfrac{x}{y}$,则 $z = f(u, v)$,由复合函数求导公式,有

$$\frac{\partial z}{\partial x} = \frac{\partial f}{\partial u} \cdot \frac{\partial u}{\partial x} + \frac{\partial f}{\partial v} \cdot \frac{\partial v}{\partial x} = 3\frac{\partial f}{\partial u} + \frac{1}{y}\frac{\partial f}{\partial v}.$$

现在来求二阶偏导数,注意这时 $\dfrac{\partial f}{\partial u}, \dfrac{\partial f}{\partial v}$ 仍是 u, v 的函数,从而也是 x, y 的复合函数. 所以

$$\begin{aligned}
\frac{\partial^2 z}{\partial x^2} &= \frac{\partial}{\partial x}\left(3\frac{\partial f}{\partial u} + \frac{1}{y}\frac{\partial f}{\partial v}\right) = 3\frac{\partial}{\partial x}\left(\frac{\partial f}{\partial u}\right) + \frac{1}{y}\frac{\partial}{\partial x}\left(\frac{\partial f}{\partial v}\right) \\
&= 3\left(\frac{\partial^2 f}{\partial u^2}\frac{\partial u}{\partial x} + \frac{\partial^2 f}{\partial u \partial v}\frac{\partial v}{\partial x}\right) + \frac{1}{y}\left(\frac{\partial^2 f}{\partial v \partial u}\frac{\partial u}{\partial x} + \frac{\partial^2 f}{\partial v^2}\frac{\partial v}{\partial x}\right) \\
&= 3\left(3\frac{\partial^2 f}{\partial u^2} + \frac{1}{y}\frac{\partial^2 f}{\partial u \partial v}\right) + \frac{1}{y}\left(3\frac{\partial^2 f}{\partial v \partial u} + \frac{1}{y}\frac{\partial^2 f}{\partial v^2}\right) \\
&= 9\frac{\partial^2 f}{\partial u^2} + \frac{6}{y}\frac{\partial^2 f}{\partial u \partial v} + \frac{1}{y^2}\frac{\partial^2 f}{\partial v^2},
\end{aligned}$$

$$\begin{aligned}
\frac{\partial^2 f}{\partial x \partial y} &= \frac{\partial}{\partial y}\left(3\frac{\partial f}{\partial u} + \frac{1}{y}\frac{\partial f}{\partial v}\right) = 3\frac{\partial}{\partial y}\left(\frac{\partial f}{\partial u}\right) - \frac{1}{y^2}\frac{\partial f}{\partial v} + \frac{1}{y}\frac{\partial}{\partial y}\left(\frac{\partial f}{\partial v}\right) \\
&= 3\left(\frac{\partial^2 f}{\partial u^2}\frac{\partial u}{\partial y} + \frac{\partial^2 f}{\partial u \partial v}\frac{\partial v}{\partial y}\right) - \frac{1}{y^2}\frac{\partial f}{\partial v} + \frac{1}{y}\left(\frac{\partial^2 f}{\partial v \partial u}\frac{\partial u}{\partial y} + \frac{\partial^2 f}{\partial v^2}\frac{\partial v}{\partial y}\right) \\
&= 3\left(2\frac{\partial^2 f}{\partial u^2} - \frac{x}{y^2}\frac{\partial^2 f}{\partial u \partial v}\right) - \frac{1}{y^2}\frac{\partial f}{\partial v} + \frac{1}{y}\left(2\frac{\partial^2 f}{\partial v \partial u} - \frac{x}{y^2}\frac{\partial^2 f}{\partial v^2}\right) \\
&= 6\frac{\partial^2 f}{\partial u^2} - \frac{3x}{y^2}\frac{\partial^2 f}{\partial u \partial v} - \frac{1}{y^2}\frac{\partial f}{\partial v} + \frac{2}{y}\frac{\partial^2 f}{\partial v \partial u} - \frac{x}{y^3}\frac{\partial^2 f}{\partial v^2}.
\end{aligned}$$

本例运算过程中,假定所出现的一切偏导数皆为连续的.

如果再引进记号

$$f''_{11} = \frac{\partial^2 f}{\partial u^2}, \quad f''_{12} = \frac{\partial^2 f}{\partial u \partial v}$$

等等,那么上例中求得的结果可改写成

$$\frac{\partial^2 z}{\partial x^2} = 9f''_{11} + \frac{6}{y}f''_{12} + \frac{1}{y^2}f''_{22},$$

$$\frac{\partial^2 z}{\partial x \partial y} = 6f''_{11} + \left(\frac{2}{y} - \frac{3x}{y^2}\right)f''_{12} - \frac{1}{y^2}f'_2 - \frac{x}{y^3}f''_{22}.$$

10.6.2　泰勒公式

跟一元函数的情形一样,考虑用多项式去近似表达一般的多元函数,是十分重要的. 我们已经看到,全微分可以近似代替增量,也就是可以用一次多项式去逼近一般的多元函数. 若一次逼近精度不够,就要考虑改用二次或更高次的多项式去逼近. 下面介绍的泰勒

公式就是用多项式去逼近一般多元函数的一种方法.

定理 10.6.2 **(泰勒定理)** 若函数 $f(x,y)$ 在点 $P_0(x_0,y_0)$ 的某邻域 $U(P_0)$ 内有直到 $n+1$ 阶的连续偏导数,则对 $U(P_0)$ 内任一点 (x_0+h,y_0+k),存在相应的 $\theta\in(0,1)$,使得

$$
f(x_0+h,y_0+k)=f(x_0,y_0)+\left(h\frac{\partial}{\partial x}+k\frac{\partial}{\partial y}\right)f(x_0,y_0)
$$

$$
+\frac{1}{2!}\left(h\frac{\partial}{\partial x}+k\frac{\partial}{\partial y}\right)^2f(x_0,y_0)+\cdots+\frac{1}{n!}\left(h\frac{\partial}{\partial x}+k\frac{\partial}{\partial y}\right)^nf(x_0,y_0)
$$

$$
+\frac{1}{(n+1)!}\left(h\frac{\partial}{\partial x}+k\frac{\partial}{\partial y}\right)^{n+1}f(x_0+\theta h,y_0+\theta k),\tag{1}
$$

其中

$$
\left(h\frac{\partial}{\partial x}+k\frac{\partial}{\partial y}\right)^mf(x_0,y_0)=\sum_{i=0}^{m}C_m^i\frac{\partial^m}{\partial x^i\partial y^{m-i}}f(x_0,y_0)h^ik^{m-i}.
$$

(1) 式称为二元函数在点 P_0 的 n 阶泰勒公式.

证 作函数 $u(t)=f(x_0+th,y_0+tk)$,显然有

$$
u(0)=f(x_0,y_0),\quad u(1)=f(x_0+h,y_0+k).
$$

由定理的假设,一元函数 $u(t)$ 在 $[0,1]$ 上满足一元函数泰勒定理的条件,于是有

$$
u(1)=u(0)+\frac{u'(0)}{1!}+\frac{u''(0)}{2!}+\cdots+\frac{u^{(n)}(0)}{n!}+\frac{u^{(n+1)}(\theta)}{(n+1)!}(0<\theta<1).\tag{2}
$$

由于

$$
\frac{\mathrm{d}u}{\mathrm{d}t}=\frac{\partial f}{\partial x}h+\frac{\partial f}{\partial y}k=\left(h\frac{\partial}{\partial x}+k\frac{\partial}{\partial y}\right)f(x_0+th,y_0+tk),
$$

一般地,

$$
\frac{d^mu}{\mathrm{d}t^m}=u^{(m)}(t)=(h\frac{\partial}{\partial x}+k\frac{\partial}{\partial y})^mf(x_0+th,y_0+tk),
$$

于是

$$
u^{(m)}(0)=(h\frac{\partial}{\partial x}+k\frac{\partial}{\partial y})^mf(x_0,y_0),(m=1,2,\cdots,n),\tag{3}
$$

$$
u^{(n+1)}(\theta)=(h\frac{\partial}{\partial x}+k\frac{\partial}{\partial y})^{n+1}f(x_0+\theta h,y_0+\theta k).\tag{4}
$$

将 (3)、(4) 式代入 (2) 就得到所要的泰勒公式 (1). □

特别地,取 $n=0$,(1) 式就是

$$
f(x_0+h,y_0+k)-f(x_0,y_0)=f_x(x_0+\theta h,y_0+\theta k)h+f_y(x_0+\theta h,y_0+\theta k)k,
$$

其中 $0<\theta<1$,这就是二元函数的中值公式.

若在公式 (1) 中只要求余项 $R_n=o(\rho^n)(\rho=\sqrt{h^2+k^2})$,则只需 $f(x,y)$ 在 $U(P_0)$ 内存在直到 n 阶连续偏导数,便有

$$
f(x_0+h,y_0+k)=f(x_0,y_0)+\sum_{P=1}^{n}\frac{1}{P!}(h\frac{\partial}{\partial x}+k\frac{\partial}{\partial y})^Pf(x_0,y_0)+o(\rho^n).\tag{5}
$$

例 10.6.4 求 $f(x,y)=x^y$ 在点 $(1,4)$ 的泰勒公式(到二阶为止),并用它计算

$(1.08)^{3.96}$.

解　由于 $x_0 = 1, y_0 = 4, n = 2$,因此有

$$f(x,y) = x^y, \qquad\qquad f(1,4) = 1;$$
$$f_x(x,y) = yx^{y-1}, \qquad\qquad f_x(1,4) = 4;$$
$$f_y(x,y) = x^y \ln x, \qquad\qquad f_y(1,4) = 0;$$
$$f_{xx}(x,y) = y(y-1)x^{y-2}, \qquad\qquad f_{xx}(1,4) = 12;$$
$$f_{xy}(x,y) = x^{y-1} + yx^{y-1} \ln x, \qquad\qquad f_{xy}(1,4) = 1;$$
$$f_{yy}(x,y) = x^y(\ln x)^2, \qquad\qquad f_{yy}(1,4) = 0.$$

将它们代入泰勒公式(5),即得

$$x^y = 1 + 4(x-1) + 6(x-1)^2 + (x-1)(y-4) + o(\rho^2),$$

略去余项,并让 $x = 1.08, y = 3.96$,便有

$$(1.08)^{3.96} \approx 1 + 4 \times 0.08 + 6 \times 0.08^2 - 0.08 \times 0.04 = 1.3552.$$

与例 10.2.4 的结果相比较,它更接近于真值 $1.356307\cdots$.

习　题　10.6

1. 求下列函数的所有二阶偏导数:

(1) $z = x^4 + y^4 - 4x^2y^2$;

(2) $z = \ln(x^2 + y)$;

(3) $z = \sin^2(ax + by)$;

(4) $z = \dfrac{\cos x^2}{y}$.

2. 设 $f(x,y,z) = xy^2 + yz^2 + zx^2$,求 $f_{xx}(0,0,1), f_{xz}(1,0,2), f_{yz}(0,-1,0)$ 及 $f_{zzx}(2,0,1)$.

3. 求下列复合函数的二阶偏导数:

(1) $z = f(x,y), x = a\xi, y = b\eta$,求 $\dfrac{\partial z}{\partial \xi}, \dfrac{\partial^2 z}{\partial \xi^2}$ 及 $\dfrac{\partial^2 z}{\partial \xi \partial \eta}$;

(2) $z = f(x+y, xy)$ 的所有二阶偏导数;

(3) $z = f(\sin x, \cos y, e^{x+y})$,求 $\dfrac{\partial^2 z}{\partial x^2}$ 和 $\dfrac{\partial^2 z}{\partial x \partial y}$;

(4) $u = f(x^2 + y^2 + z^2)$,求 $\dfrac{\partial^2 u}{\partial x \partial z}$ 及 $\dfrac{\partial^2 u}{\partial y^2}$.

4. 设 $u = x\ln(xy)$,求 $\dfrac{\partial^3 u}{\partial x^2 \partial y}$ 及 $\dfrac{\partial^3 u}{\partial x \partial y^2}$.

5. 证明,函数 $u = e^x \cos y$ 满足方程 $\dfrac{\partial^2 u}{\partial x^2} + \dfrac{\partial^2 u}{\partial y^2} = 0$.

6. 设 $u = f(x,y), x = r\cos\theta, y = r\sin\theta$,证明 $\dfrac{\partial^2 u}{\partial r^2} + \dfrac{1}{r}\dfrac{\partial u}{\partial r} + \dfrac{1}{r^2}\dfrac{\partial^2 u}{\partial \theta^2} = \dfrac{\partial^2 u}{\partial x^2} + \dfrac{\partial^2 u}{\partial y^2}$.

7. 写出函数 $f(x,y) = 2x^2 - xy - y^2 - 6x - 3y + 5$ 在点 $(1,-2)$ 处的泰勒公式.

8. 试求函数 $z = \ln(1 + x + y)$ 在点 $(0,0)$ 的泰勒公式.(展开到3阶)

§10.7 多元函数的极值

10.7.1 二元函数的极值

在实际问题中,往往会遇到多元函数的最值问题.与一元函数一样,多元函数的最值与极值有密切的联系.因此,先来讨论多元函数的极值,讨论时仍以二元函数为例.

定义 10.7.1 设函数 $z = f(x, y)$ 在点 $P_0(x_0, y_0)$ 的某个邻域 $U(P_0)$ 内有定义,若 $\forall P(x, y) \in U(P_0)$,有

$$f(x, y) \leqslant f(x_0, y_0) (\text{或 } f(x, y) \geqslant f(x_0, y_0)),$$

则称函数 $f(x, y)$ 在点 (x_0, y_0) 取得极大(或极小)值 $f(x_0, y_0)$,点 (x_0, y_0) 称为函数 $f(x, y)$ 的极大(或极小)值点.极大值、极小值统称为极值;极大值点、极小值点统称为极值点.

例如,函数 $z = 3x^2 + 4y^2$ 在点 $(0, 0)$ 处有极小值 0;函数 $z = -\sqrt{x^2 + y^2}$ 在点 $(0, 0)$ 处有极大值 0;而函数 $z = xy$ 在点 $(0, 0)$ 处既不取极大值,也不取极小值,因为函数在点 $(0, 0)$ 的函数值为 0,而在点 $(0, 0)$ 的任何一个邻域内总有使函数值为正的点(I、III 象限内的点),也有使函数值为负的点(II、IV 象限内的点).

怎样求二元函数的极值呢? 下面来分析函数取极值的条件.

从定义可见,若函数 $f(x, y)$ 在点 (x_0, y_0) 取得极值,则当固定 $y = y_0$ 时,一元函数 $f(x, y_0)$ 在点 $x = x_0$ 也必取极值.如果再假设 $f_x(x_0, y_0)$ 存在,即一元函数 $f(x, y_0)$ 在点 x_0 可导,则由一元函数取极值的条件知,此时 $f(x, y_0)$ 在点 x_0 的导数必等于零,即 $f_x(x_0, y_0) = 0$.同理,当 $f_y(x_0, y_0)$ 存在时,也必有 $f_y(x_0, y_0) = 0$.我们可得到如下定理:

定理 10.7.1 若函数 $z = f(x, y)$ 在点 (x_0, y_0) 存在偏导数且在该点取得极值,则函数在该点的两个偏导数必全为零,即

$$f_x(x_0, y_0) = 0, \quad f_y(x_0, y_0) = 0. \tag{1}$$

若函数 $f(x, y)$ 在点 (x_0, y_0) 满足 (1) 式,就称点 (x_0, y_0) 为函数 $f(x, y)$ 的驻点.定理 10.7.1 指出,若函数 $f(x, y)$ 存在偏导数,则其极值点必为驻点.但是驻点并不都是极值点,例如函数 $z = xy$,原点为其驻点,但它在原点并不取极值.

此外,函数在偏导数不存在的点也可能取极值.例如,函数 $z = \sqrt{x^2 + y^2}$ 在原点的偏导数不存在,但它在该点显然取极小值 0.

根据上面的讨论,在偏导数存在的条件下,函数的驻点是函数极值点的必要条件.因此,这时求函数的极值点只需在函数的驻点中去寻找.但是如何判断一个驻点是不是极值点? 如果是极值点到底是极大值点还是极小值点? 下面的定理给出了驻点是极值点的一个充分条件.

定理 10.7.2 设函数 $z = f(x, y)$ 在点 (x_0, y_0) 的某邻域内具有二阶连续偏导数,且点 (x_0, y_0) 是函数 $f(x, y)$ 的驻点.令

$$f_{xx}(x_0, y_0) = A, f_{xy}(x_0, y_0) = B, f_{yy}(x_0, y_0) = C,$$

则 $f(x,y)$ 在点 (x_0,y_0) 处是否取极值的条件如下:

(1) $B^2-AC<0$ 时具有极值,且当 $A<0$ 时有极大值,当 $A>0$ 时有极小值;

(2) $B^2-AC>0$ 时没有极值.

下面给出本定理的证明思路.

设 (x,y) 是点 (x_0,y_0) 附近的任一点,记 $h=x-x_0$,$k=y-y_0$,$\Delta f=f(x,y)-f(x_0,y_0)$. 由二元函数的泰勒公式并注意到点 (x_0,y_0) 是函数 $f(x,y)$ 的驻点,有

$$\Delta f=\frac{1}{2}[f_{xx}(x_0,y_0)h^2+2f_{xy}(x_0,y_0)hk+f_{yy}(x_0,y_0)k^2]+o(h^2+k^2)$$

$$=\frac{1}{2}(Ah^2+2Bhk+Ck^2)+o(h^2+k^2),$$

当 $|h|$、$|k|$ 很小时,Δf 的符号将与 $\frac{1}{2}(Ah^2+2Bhk+Ck^2)$ 的符号一致.

根据代数知识,当 $B^2-AC<0$ 且 $A>0$ 时,对任意的 $(h,k)\neq(0,0)$,$Ah^2+2Bhk+Ck^2$ 恒大于 0,因此,当点 (x,y) 充分靠近 (x_0,y_0) 时,Δf 恒大于 0,于是点 (x_0,y_0) 是函数 $f(x,y)$ 的极小值点;当 $B^2-AC<0$ 且 $A<0$ 时,对任意的 $(h,k)\neq(0,0)$,$Ah^2+2Bhk+Ck^2$ 恒小于 0,因此当点 (x,y) 充分靠近 (x_0,y_0) 时,Δf 恒小于 0,于是点 (x_0,y_0) 是函数 $f(x,y)$ 的极大值点;而当 $B^2-AC>0$ 时,不管限制 $|h|$、$|k|$ 多么小,$Ah^2+2Bhk+Ck^2$ 的取值总是有正有负,因此 Δf 的取值也总是有正有负,于是,函数 $f(x,y)$ 在点 (x_0,y_0) 不取极值. □

注意:在实际解题时,除对驻点进行讨论外,还要对使偏导数不存在的点进行讨论,因为在这些点处,函数也可能取到极值.

例 10.7.1 求函数 $z=\dfrac{x^2}{2p}+\dfrac{y^2}{2q}(p>0,q>0)$ 的极值.

解 先解方程组

$$\begin{cases}\dfrac{\partial z}{\partial x}=\dfrac{x}{P}=0;\\[2mm]\dfrac{\partial z}{\partial y}=\dfrac{y}{q}=0,\end{cases}$$

求得驻点为 $(0,0)$.

再求二阶偏导数

$$A=\frac{\partial^2 z}{\partial x^2}=\frac{1}{p},\quad B=\frac{\partial^2 z}{\partial x\partial y}=0,\quad C=\frac{\partial^2 z}{\partial y^2}=\frac{1}{q}.$$

在点 $(0,0)$ 处,$B^2-AC=0-\dfrac{1}{p}\dfrac{1}{q}<0$,又 $A>0$,所以函数在点 $(0,0)$ 处取极小值.

在几何上这是顶点在原点的椭圆抛物面(图 10.7.1),显然在点 $(0,0)$ 函数有极小值 0. □

例 10.7.2 求函数 $f(x,y)=x^3+y^3-3xy$ 的极值.

解 先解方程组

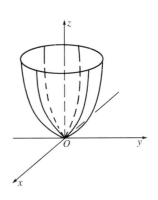

图 10.7.1

$$\begin{cases} f_x(x,y)=3x^2-3y=0; \\ f_y(x,y)=3y^2-3x=0, \end{cases}$$

求得驻点为 $(1,1),(0,0)$.

再求二阶偏导数

$$A=f_{xx}(x,y)=6x, \quad B=f_{xy}(x,y)=-3,$$
$$C=f_{yy}(x,y)=6y.$$

在点 $(0,0)$ 处, $B^2-AC=(-3)^2-0=9>0$,
故函数在点 $(0,0)$ 不取极值.

在点 $(1,1)$ 处, $B^2-AC=(-3)^2-6\times6=-27<0$, 且 $A=6>0$, 所以函数在点 $(1,1)$ 处取极大值 $f(1,1)=-1$.

10.7.2　最大值和最小值

我们知道,在有界闭区域 D 上连续的二元函数在 D 上能取得最大值和最小值. 现在来讨论如何求出最大值和最小值.

使函数取得最大值或最小值的点既可能在 D 的内部,也可能在 D 的边界上. 如果函数在 D 的内部取得最大值(最小值),那么这个最大值(最小值)也一定是函数的极大值(极小值). 因此,在函数可微的情况下,求它的最大值、最小值的一般方法是:将函数在 D 内的所有驻点的函数值与函数在 D 的边界上的最大值、最小值进行比较,其中最大的就是最大值,最小的就是最小值. 函数在 D 的边界上的最大值和最小值一般需要用下面将介绍的求条件极值的方法去解决. 在通常遇到的实际问题中,如果根据问题的性质,知道函数的最大值(最小值)一定在区域 D 的内部取得,且函数在 D 内只有一个驻点,那么就可以肯定该驻点处的函数值就是函数在 D 上的最大值(最小值).

例 10.7.3　求单位圆内接三角形的最大面积.

解　易知,要使内接三角形的面积最大,圆心 O 必在三角形中,如图 10.7.2,记 $\angle AOB=x$, $\angle AOC=y$,则

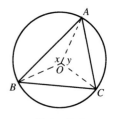

$$S_{\triangle ABC}=\frac{1}{2}\{\sin x+\sin y+\sin[2\pi-(x+y)]\}$$
$$=\frac{1}{2}[\sin x+\sin y-\sin(x+y)].$$

图 10.7.2

令

$$f(x,y)=\sin x+\sin y-\sin(x+y),$$

现在问题转化为求函数 $f(x,y)$ 在区域 $D=\{(x,y)\mid x\geqslant0,y\geqslant0,\pi\leqslant x+y\leqslant2\pi\}$ (图 10.7.3)上的最大值.

解方程组

$$\begin{cases} f_x(x,y)=\cos x-\cos(x+y)=0; \\ f_y(x,y)=\cos y-\cos(x+y)=0, \end{cases}$$

得驻点 $P_0\left(\dfrac{2\pi}{3},\dfrac{2\pi}{3}\right)$.

在直线 $x=0, y=0$ 及 $x+y=2\pi$ 上函数 $f(x,y)$ 取值恒为 0;在直线 $x+y=\pi$ 上,易知当 $x=y=\dfrac{\pi}{2}$ 时函数 $f(x,y)$ 有最大值 $f\left(\dfrac{\pi}{2},\dfrac{\pi}{2}\right)=2$. 也就是说,函数 $f(x,y)$ 在 D 的边界上的最大值为 2. 而 $f(P_0)=\dfrac{3\sqrt{3}}{2}$. 因此,函数 $f(x,y)$ 在点 $P_0\left(\dfrac{2\pi}{3},\dfrac{2\pi}{3}\right)$ 处取得最大值 $f(P_0)=\dfrac{3\sqrt{3}}{2}$.

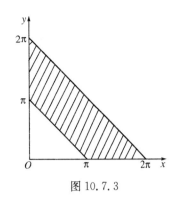

图 10.7.3

于是,单位圆的内接三角形的最大面积为 $\dfrac{3\sqrt{3}}{4}$,且在三角形是正三角形时达到.

例 10.7.4　有一宽为 24 厘米的长方形铁板,把它两边折起来做成一个断面为等腰梯形的水槽. 问怎样折法能使断面的面积最大?

解　设折起来的边长为 x 厘米,倾角为 α(图 10.7.4)那么梯形断面的下底长为 $24-2x$,上底为 $24-2x+2x\cos\alpha$,高为 $x\sin\alpha$,所以断面面积

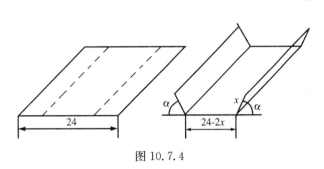

图 10.7.4

$$S=\frac{1}{2}(24-2x+2x\cos\alpha+24-2x)\cdot x\sin\alpha,$$

即 $S=24x\sin\alpha-2x^2\sin\alpha+x^2\sin\alpha\cos\alpha\quad\left(0<x<12,0<\alpha\leqslant\dfrac{\pi}{2}\right)$.

驻点所满足的方程组为

$$\begin{cases}\dfrac{\partial s}{\partial x}=24\sin\alpha-4x\sin\alpha+2x\sin\alpha\cos\alpha=0;\\[2mm]\dfrac{\partial s}{\partial \alpha}=24x\cos\alpha-2x^2\cos\alpha+x^2(\cos^2\alpha-\sin^2\alpha)=0.\end{cases}$$

由于 $\sin\alpha\neq 0, x\neq 0$,上述方程组可化为

$$\begin{cases}12-2x+x\cos\alpha=0;\\ 24\cos\alpha-2x\cos\alpha+x(\cos^2\alpha-\sin^2\alpha)=0.\end{cases}$$

解这个方程组得 $\alpha=\dfrac{\pi}{3}, x=8$.

根据题意可知断面面积的最大值一定存在,并且在区域 $D=\left\{(x,\alpha)\,\middle|\,0<x<12,\right.$ $\left.0<\alpha<\dfrac{\pi}{2}\right\}$ 内取得. 又函数在 D 内只有一个驻点,因此可以断定,当 $x=8$ 厘米,$\alpha=\dfrac{\pi}{3}$ 时断面的面积最大.

10.7.3 条件极值

在讨论极值问题时,往往会遇到这样一种情况,那就是函数的自变量要受到某些条件的限制. 例如,求表面积保持定值 $2a^2$,而体积最大的长方体的体积问题. 如果用 x,y,z 表示长方体的长、宽、高,V 表体积,那么问题就化为函数 $V=xyz$ 的极值问题,其中 x,y,z 不仅都要大于零,而且还要满足

$$2(xy+yz+zx)=2a^2.$$

这种对自变量有约束条件的极值问题称为条件极值问题.

当约束条件较简单时,条件极值问题可以转化为无条件极值问题. 如上例中,可从条件 $xy+yz+zx=a^2$ 中解出

$$z=\frac{a^2-xy}{x+y},$$

再把 z 代入 $V=xyz$ 中,于是原来的条件极值问题就化为了求函数

$$V=xy\frac{a^2-xy}{x+y} \qquad (x>0,y>0)$$

的无条件极值问题.

但是在一般情况下,上述这种形式的转化工作往往是困难的,甚至是行不通的. 下面介绍另外一种转化方法,即拉格朗日乘数法. 为叙述方便起见,我们就下面的问题来讨论.

求函数 $z=f(x,y)$ 在条件 $\varphi(x,y)=0$ 下的极值.

如在点 (x_0,y_0) 取得极值,则首先应有

$$\varphi(x_0,y_0)=0 \tag{2}$$

设方程 $\varphi(x,y)=0$ 确定一个隐函数 $y=g(x)$,则 $x=x_0$ 也必定是 $z=f(x,g(x))=h(x)$ 的极值点,因此就有

$$h'(x_0)=f_x(x_0,y_0)+f_y(x_0,y_0)\cdot g'(x_0)=0 \tag{3}$$

由隐函数求导公式,有

$$g'(x_0)=-\frac{\varphi_x(x_0,y_0)}{\varphi_y(x_0,y_0)}. \tag{4}$$

把(4)代入(3)得

$$f_x(x_0,y_0)\varphi_y(x_0,y_0)-f_y(x_0,y_0)\varphi_x(x_0,y_0)=0. \tag{5}$$

从而存在一个常数 λ,使得在 (x_0,y_0) 处满足

$$\begin{cases} f_x(x_0,y_0)+\lambda_0\varphi_x(x_0,y_0)=0; \\ f_y(x_0,y_0)+\lambda_0\varphi_y(x_0,y_0)=0; \\ \varphi(x_0,y_0)=0. \end{cases} \tag{6}$$

如果引入辅助变量 λ 和辅助函数

$$L(x,y,\lambda)=f(x,y)+\lambda\varphi(x,y), \tag{7}$$

则(6)中三式就是

$$\begin{cases} L_x(x_0,y_0,\lambda_0)=f_x(x_0,y_0)+\lambda_0\varphi_x(x_0,y_0)=0; \\ L_y(x_0,y_0,\lambda_0)=f_y(x_0,y_0)+\lambda_0\varphi_y(x_0,y_0)=0; \\ L_\lambda(x_0,y_0,\lambda_0)=\varphi(x_0,y_0)=0. \end{cases} \tag{8}$$

这样就把函数 $f(x,y)$ 在条件 $\varphi(x,y)=0$ 下的极值问题转化为讨论函数(7)的无条件极值问题. 这种方法称为拉格朗日乘数法,(7) 中的函数 L 称为拉格朗日函数,辅助变量 λ 称为拉格朗日乘数.

由方程组

$$\begin{cases} L_x(x,y,\lambda)=0; \\ L_y(x,y,\lambda)=0; \\ L_\lambda(x,y,\lambda)=0 \end{cases} \tag{9}$$

解出的 (x_0,y_0,λ_0) 满足方程组(6),因此就可能是极值点. 至于所求得的点是否为极值点,还需进一步讨论,在实际问题中往往根据问题本身的具体意义来判定.

例 10.7.5　求表面积为 $2a^2$ 而体积最大的长方体的体积.

解　设长方体的长、宽、高分别为 x,y,z. 则问题就是在条件

$$\varphi(x,y,z)=2xy+2yz+2zx-2a^2=0$$

下,求函数 $V=xyz\ (x>0,y>0,z>0)$ 的最大值.

设辅助函数 $L(x,y,z,\lambda)=xyz+\lambda(2xy+2yz+2zx-2a^2)$,

求其对 x,y,z,λ 的偏导数,并使之为零,得

$$\begin{cases} yz+2\lambda(y+z)=0; \\ xz+2\lambda(x+z)=0; \\ xy+2\lambda(x+y)=0; \\ 2xy+2yz+2zx-2a^2=0. \end{cases} \tag{10}$$

分别以 x,y,z 乘(10)的前三式,两两相减得

$$\begin{cases} xz-yz=0; \\ xy-xz=0. \end{cases}$$

于是得到 $x=y=z$.

将此式代入 $2xy+2yz+2zx-2a^2=0$,便得到

$$x=y=z=\frac{\sqrt{3}}{3}a.$$

这是唯一的极值点. 因为由问题本身可知最大值一定存在,所以这个极值点就是最大值点,即表面积为 $2a^2$ 的长方体中以边长为 $\dfrac{\sqrt{3}}{3}a$ 的正方体的体积最大,最大值为 $V=\dfrac{\sqrt{3}}{9}a^3$.　□

习　题　10.7

1. 求下列函数的极值

(1) $z=x^2+(y-1)^2$;

(2) $z=3axy-x^3-y^3(a>0)$;

(3) $z=1-\sqrt{x^2+y^2}$;

(4) $z=xy+\dfrac{50}{x}+\dfrac{20}{y}(x,y>0)$.

2. 求下列函数在指定范围内的最大值和最小值:

(1) $z=x^2-y^2,x^2+y^2\leqslant 1$;

(2) $z=xy,2x^2+y^2\leqslant 4$;

(3) $z = x^3 + x^2 + \dfrac{y^2}{3}, x^2 + y^2 \leqslant 36$.

3. 在已知周长为 $2p$ 的一切三角形中,求出面积最大的三角形.

4. 做一个容积为 V 的圆柱形容器(无上盖),问底圆半径和高各为多少时用料最省?

5. 求下列函数在给定条件下的极值:

(1) $z = x + y$, 若 $x^2 + y^2 = 1$;　　　　(2) $z = \dfrac{1}{x} + \dfrac{1}{y}$, 若 $x + y = 2$;

(3) $u = x - 2y + 2z$, 若 $x^2 + y^2 + z^2 = 1$;　(4) $z = x^2 + 2y^2$, 若 $x + y - 1 = 0$.

6. 求体积一定而表面积最小的长方体.

7. 两条河流在直角坐标系中的方程为 $y = x^2, x - y - 2 = 0$, 要在它们之间筑一最短水渠,问应如何确定其位置?

8. 矩形周长为 $2p$, 绕其一边而旋转,问边长为多少时,所得旋转体的体积最大?

第 10 章　复　习　题

1. 求下列函数的一阶和二阶偏导数:

(1) $z = \dfrac{x - y}{x + y}$;　　　　　　　　　　(2) $z = \dfrac{x}{\sqrt{x^2 + y^2}}$;

(3) $z = \ln(x + \sqrt{x^2 + y^2})$.

2. 设 $f(x, y) = x + (y - 1)\arcsin\sqrt{\dfrac{x}{y}}$, 求 $f_x(x, 1)$.

3. 设 $f(x, y) = \displaystyle\int_1^x P(t)\mathrm{d}t + \int_1^y Q(t)\mathrm{d}t$, 其中 $P(t), Q(t)$ 是连续函数. 求 $f_x(x, y)$、$f_y(x, y)$.

4. 设 $z = \sin y + f(\sin x - \sin y)$, 其中 f 是可导函数, 求 $\sec x \dfrac{\partial z}{\partial x} + \sec y \dfrac{\partial z}{\partial y}$.

5. 设 $z = x^2 + xy + y^2, x = t^2, y = t + 1$, 求 $\dfrac{\mathrm{d}z}{\mathrm{d}t}$.

6. 设 $z = f\left(\dfrac{y}{x}\right)$, 其中 f 为可导函数, 证明 $x \dfrac{\partial z}{\partial x} + y \dfrac{\partial z}{\partial y} = 0$.

7. 设 $z = f(u, v), u = \sqrt{xy}, v = x + y$, 求 $\dfrac{\partial z}{\partial x}, \dfrac{\partial z}{\partial y}$ 及 $\dfrac{\partial^2 z}{\partial x^2}$.

8. 设 $F(x, y, z) = x^2 + 2y^2 + 3z^2 + xy - z - 9 = 0$, 求 $\dfrac{\partial x}{\partial y}, \dfrac{\partial x}{\partial z}$.

9. 有一批金属圆柱体工件共 100 件, 其底半径 $R = 5$ cm, 高 $H = 20$ cm. 现要在圆柱体表面镀一层厚度为 0.05 cm 的镍, 估计需要多少镍(镍的密度为 8.8 g/cm^3).

10. 求曲面 $z = xy$ 上的点 P 使曲面在该点处的法线垂直于平面 $x + 3y + z - 9 = 0$.

11. 求旋转椭球面 $3x^2 + y^2 + z^2 = 16$ 上点 $(-1, -2, 3)$ 处的切平面与 xOy 平面的夹角.

12. 求原点到曲面 $(x - y)^2 - z^2 = 1$ 的最短距离.

第 11 章   多元函数积分

前面介绍的定积分的被积函数是一元函数,所以实际上是一元函数的积分.本章将介绍多元函数的积分及其应用,由于多元函数积分的概念与性质基本上和维数无关,所以我们着重讨论二元函数和三元函数的积分,即二重积分和三重积分.

§11.1   二重积分概念

11.1.1   二重积分定义

定积分是从计算曲边梯形面积开始的,现在我们来计算曲顶柱体的体积.

设有一立体 V,它的底是 xOy 平面上的有界区域 D,侧面是以 D 的边界为准线,母线平行于 z 轴的柱面,顶是曲面 $z=f(x,y)$,这里 $f(x,y)$ 是 D 上的非负连续函数,这种立体称为曲顶柱体(图 11.1.1),今求这个曲顶柱体 V 的体积 ΔV. 我们知道,如果 V 是平顶柱体,那么

$$\Delta V = 底面面积 \times 高.$$

但对曲顶柱体,在点 $P(x,y) \in D$ 处的高等于 $f(x,y)$,是个变量,故不能直接用上面的公式计算.联想到计算曲边梯形面积时,也曾遇到过类似的困难,那时是用分割、替代、求和、取极限来化解这个矛盾的.现在也用这个方法来求曲顶柱体的体积.

首先,将区域 D 分割成 n 个小区域 $D_1, D_2 \cdots, D_n$, D_i 的面积记为 ΔD_i,相应地,曲顶柱体 V 被分割成 n 个小的曲顶柱体 $V_1, V_2, \cdots, V_n$,其中 V_i 的底就是 D_i. (图 11.1.2).

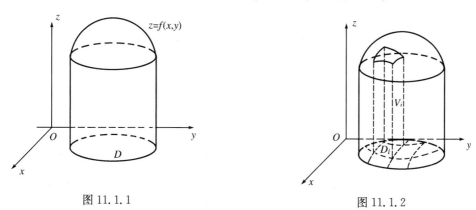

图 11.1.1   图 11.1.2

由于函数 $f(x,y)$ 在 D 上连续,所以当 D_i 的直径 $d(D_i)$ 很小时,$f(x,y)$ 的值在 D_i

上变化也不大. 因此, 在 D_i 上任取一点 $P_i(\xi_i, \eta_i)$, 这些小曲顶柱体 V_i 就可近似地看成底为 D_i, 高为 $f(\xi_i, \eta_i)$ 的平顶柱体, 其体积 ΔV_i 近似地等于 $f(\xi_i, \eta_i)\Delta D_i$, 这样, 就得曲顶柱体 V 体积的近似值:

$$\Delta V = \sum_{i=1}^{n} \Delta V_i \approx \sum_{i=1}^{n} f(\xi_i, \eta_i)\Delta D_i, \tag{1}$$

而且分得越细, 精确度越高. 如果诸 D_i 直径的最大值记为 λ, 那么当 $\lambda \to 0$ 时, 上述和式的极限(如果存在的话)就可定义为曲顶柱体 V 的体积:

$$\Delta V = \lim_{\lambda \to 0} \sum_{i=1}^{n} f(\xi_i, \eta_i)\Delta D_i.$$

这样, 像求曲边梯形的面积那样, 求曲顶柱体的体积就归结为求和式(1)的极限. 在实际问题中, 求这类极限的例子很多, 例如, 求不均匀薄板的质量、重心、转动惯量等都可用类似的方法求得, 这就引出了二重积分的定义.

设 D 为 xOy 平面上的有界闭域, 二元函数 $z = f(x, y)$ 在 D 上有定义. 今用一组光滑曲线将 D 分成 n 个互不相交的小区域 $D_1, D_2, \cdots, D_n$. 这些小区域构成 D 的一个分割, 记为 T. D_i 的面积记为 ΔD_i, 直径记为 $d(D_i)$. 又记

$$\|T\| = \max_{1 \leqslant i \leqslant n} d(D_i),$$

$\|T\|$ 称为分割 T 的宽度.

在每个小区域 D_i 上任取一点 $P_i(\xi_i, \eta_i)(i = 1, 2, \cdots, n)$, 并作和

$$S(f, T) = \sum_{i=1}^{n} f(\xi_i, \eta_i)\Delta D_i, \tag{2}$$

(2) 就称为函数 $f(x, y)$ 关于分割 T 的一个积分和.

定义 11.1.1 设 D 为 $\mathbf{R}^2$ 内的有界闭区域, $f(x, y)$ 为在 D 上有定义的函数, I 为某个常数, 如果 $\forall \varepsilon > 0, \exists \delta > 0$, 使对一切满足 $\|T\| < \delta$ 的分割 $T = \{D_1, D_2, \cdots, D_n\}$ 有

$$\left| I - \sum_{i=1}^{n} f(\xi_i, \eta_i)\Delta D_i \right| < \varepsilon,$$

那么就称函数 $f(x, y)$ 在区域 D 上黎曼可积, 数 I 称为函数 $f(x, y)$ 在 D 上的二重积分, 记为

$$I = \iint_D f(x, y)\mathrm{d}\sigma \text{ 或 } I = \int_D f, \tag{3}$$

即

$$\iint_D f(x, y)\mathrm{d}\sigma = \lim_{\|T\| \to 0} \sum_{i=1}^{n} f(\xi_i, \eta_i)\Delta D_i. \tag{4}$$

在(3)中, $f(x, y)$ 称为被积函数, x、y 称为积分变量, D 称为积分区域, $\mathrm{d}\sigma$ 称为面积元素.

利用这个定义, 当函数 $f(x, y)$ 在区域 D 上连续, 且 $f(x, y) \geqslant 0$ 时, 以 D 为底, 曲面 $z = f(x, y)$ 为顶的曲顶柱体体积 ΔV 可表示为

$$\Delta V = \iint_D f(x, y)\mathrm{d}\sigma.$$

特别, 当 $f(x, y) \equiv 1$ 时, 积分值在数量上就等于区域 D 的面积:

$$\Delta D = \iint\limits_{D} \mathrm{d}\sigma.$$

现在假定 $f(x,y)$ 在有界闭域 D 上可积,那么可取平行于两坐标轴的直线网对 D 进行剖分,得分割 $T = \{D_{ij}, i=1,2,\cdots,n, j=1,2,\cdots,m\}$,此时

$$\Delta D_{ij} = \Delta x_i \Delta y_j,$$

相应的积分和可写成

$$S(f,T) = \sum_{i,j} f(\xi_i, \eta_j) \Delta x_i \Delta y_j,$$

其中 $(\xi_i, \eta_j) \in D_{ij}$. 从而二重积分(3)可写成

$$I = \iint\limits_{D} f(x, \eta) \mathrm{d}x\, \mathrm{d}y,$$

这里 $\mathrm{d}\sigma = \mathrm{d}x\, \mathrm{d}y$ 称为在直角坐标系中的面积元素.

11.1.2　可积函数类

从二重积分的定义可看出,它和第三章中的定积分是十分相似的,因此,在可积性方面也有类似的结果.

定理 11.1.1　若函数 $f(x,y)$ 在有界闭域 D 上可积,则必在 D 上有界.

由这个定理知,D 上的无界函数必定不可积,函数的有界性是可积的必要条件.

定理 11.1.2　若函数 $f(x,y)$ 为有界闭域 D 上的连续函数,则 $f(x,y)$ 在 D 上可积.

函数的连续性只是可积性的充分条件,某些不连续的函数仍有可能是可积的. 事实上下面的结论也成立.

定理 11.1.3　设 $f(x,y)$ 是有界闭域 D 上的有界函数,且在 D 内除去某个有限点集,甚至某段连续曲线弧外连续,则函数 $f(x,y)$ 在 D 上可积.

例 11.1.1　证明函数 $z = \sin(xy)$ 在 $\mathbf{R}^2$ 内任一有界闭集 D 上都可积.

证　易知 $z = \sin(xy)$ 在 $\mathbf{R}^2$ 内任一有界闭集 D 上都为连续函数,

所以 $z = \sin(xy)$ 在 D 上都可积.　　　　　□

例 11.1.2　证明函数

$$f(x,y) = \arctan \frac{1}{x-1} + \arctan \frac{1}{y-1}$$

在闭区域 $D = \{(x,y) \mid |x| \leqslant 2, |y| \leqslant 2\}$ 上可积.

证　显然,D 为有界闭域. 在 D 上

$$|f(x,y)| \leqslant \pi,$$

$f(x,y)$ 的不连续点集合是直线段

$$x = 1, (|y| \leqslant 2)$$

和

$$y = 1, (|x| \leqslant 2),$$

所以 $f(x,y)$ 在 D 上可积.　　　　　□

例 11.1.3　设函数 $f(x,y)$ 在正方形 $D = [0,1] \times [0,1]$ 上有定义,且

$$f(x,y) = \begin{cases} 1, & x,y \text{ 均为有理数}; \\ 0, & \text{其他}, \end{cases}$$

则 $f(x,y)$ 在 D 上不可积.

证 设 $T = \{D_1, D_2, \cdots, D_n\}$ 为 D 的任一分割. 则由平面上有理点的稠密性,在每个 D_i 内总存在有理点 (ξ_i, η_i),这里 ξ_i, η_i 为有理数,此时相应的积分和

$$S(f,T) = \sum_{i=1}^n f(\xi_i, \eta_i) \Delta D_i = \sum_{i=1}^n \Delta D_i = \Delta D = 1;$$

又由无理数的处处稠密性,在每个 D_i 内总存在点 (ξ_i', η_i'),这里 (ξ_i', η_i') 中至少有一个是无理数,此时相应的积分和

$$S'(f,T) = \sum_{i=1}^n f(\xi_i', \eta_i') \Delta D_i = \sum_{i=1}^n 0 \Delta D_i = 0,$$

当 $\|T\| \to 0$ 时,相应的积分和不可能趋向于一确定的常数,$f(x,y)$ 在 D 上不可积. □

11.1.3 二重积分的性质

定积分的许多性质都可推广到二重积分中来,而且证明方法也基本相同.

定理 11.1.4 设函数 $f(x,y)$ 在有界闭域 D 上可积,那么 $\forall k \in \mathbf{R}$,$kf(x,y)$ 在 D 上可积,且

$$\iint\limits_D kf(x,y)\mathrm{d}\sigma = k\iint\limits_D f(x,y)\mathrm{d}\sigma.$$

定理 11.1.5 设 $f(x,y)$、$g(x,y)$ 在有界闭域 D 上可积,则函数 $f(x,y)+g(x,y)$ 在 D 上也可积,且

$$\iint\limits_D [f(x,y)+g(x,y)]\mathrm{d}\sigma = \iint\limits_D f(x,y)\mathrm{d}\sigma + \iint\limits_D g(x,y)\mathrm{d}\sigma.$$

定理 11.1.6 设 $f(x,y)$ 在有界闭域 D 上可积,D_1 为 D 的闭子域,则 $f(x,y)$ 在 D_1 上也可积;又,如果 D 被一曲线分成 D_1、D_2 两个无公共内点的闭子域,$f(x,y)$ 在 D_1、D_2 上可积,则 $f(x,y)$ 在 D 上也可积,且

$$\iint\limits_D f(x,y)\mathrm{d}\sigma = \iint\limits_{D_1} f(x,y)\mathrm{d}\sigma + \iint\limits_{D_2} f(x,y)\mathrm{d}\sigma.$$

定理 11.1.7 设函数 $f(x,y)$、$g(x,y)$ 在有界闭域 D 上可积,且在 D 上 $g(x,y) \leqslant f(x,y)$,则

$$\iint\limits_D g(x,y)\mathrm{d}\sigma \leqslant \iint\limits_D f(x,y)\mathrm{d}\sigma.$$

特别,如果在 D 上 $f(x,y) \geqslant 0$,则

$$\iint\limits_D f(x,y)\mathrm{d}\sigma \geqslant 0.$$

在这个定理中,如果注意到

$$\iint\limits_D \mathrm{d}\sigma = \Delta D,$$

就得

定理 11.1.8　若函数 $f(x,y)$ 在 D 上可积,且

$$m \leqslant f(x,y) \leqslant M,$$

则

$$m \Delta D \leqslant \iint\limits_{D} f(x,y)\mathrm{d}\sigma \leqslant M\Delta D. \tag{5}$$

注意,当 $f(x,y)$ 在 D 上可积时,$|f(x,y)|$ 在 D 上亦可积. 又由于 $\forall (x,y) \in D$,

$$-|f(x,y)| \leqslant f(x,y) \leqslant |f(x,y)|,$$

故由定理 11.1.7 又可得

定理 11.1.9　若函数 $f(x,y)$ 在 D 上可积,则

$$\left| \iint\limits_{D} f(x,y)d\sigma \right| \leqslant \iint\limits_{D} |f(x,y)| \, \mathrm{d}\sigma.$$

定理 11.1.10　若函数 $f(x,y)$ 在有界闭域 D 上连续,则存在点 $(\xi,\eta) \in D$,使

$$\iint\limits_{D} f(x,y)\mathrm{d}\sigma = f(\xi,\eta)\Delta D. \tag{6}$$

证　由有界闭域上连续函数的性质,$f(x,y)$ 在 D 上存在最大值和最小值,记为 M 和 m,此时不等式(5)成立. 除以 ΔD,就得

$$m \leqslant \frac{1}{\Delta D}\iint\limits_{D} f(x,y)\mathrm{d}\sigma \leqslant M.$$

再由连续函数的介值定理,就知存在点 $(\xi,\eta) \in D$,使

$$\frac{1}{\Delta D}\iint\limits_{D} f(x,y)\mathrm{d}\sigma = f(\xi,\eta),$$

此即为(6).　　　　　　　　　　　　　　　　　　　　　　　　　　□

定理 11.1.10 称为二重积分中值定理,几何意义是:当 $f(x,y) \geqslant 0$ 时,以 $z = f(x,y)$ 为曲顶的曲顶柱体体积等于底相同,而高为底上某点 (ξ,η) 处的函数值 $f(\xi,\eta)$ 的平顶柱体体积. 和定积分中值定理一样,二重积分中值定理在理论上也是很有用的.

习　题　11.1

1. 设有一平面薄板,占有 xOy 平面上的区域 D. 在点 (x,y) 处的密度为 $\rho(x,y)$,$\rho(x,y) > 0$ 在 D 上连续. 试用二重积分表示该薄板的质量.

2. 设

$$I_1 = \iint\limits_{D_1} (x^2+y^2)^4 \mathrm{d}x\,\mathrm{d}y, I_2 = \iint\limits_{D_2} (x^2+y^2)^4 \mathrm{d}x\,\mathrm{d}y,$$

其中积分区域 D_1、D_2 分别是

$$D_1 = \{(x,y) \mid x^2+y^2 \leqslant 1\};$$
$$D_2 = \{(x,y) \mid x^2+y^2 \leqslant 1, x \geqslant 0, y \geqslant 0\}.$$

试用二重积分的几何意义说明 I_1、I_2 之间的关系.

3. 利用二重积分的定义,证明定理 11.1.4,11.1.5 和 11.1.7.

4. 比较下列积分的大小:

(1) $\iint\limits_{D}(x+y)^2\mathrm{d}\sigma$ 与 $\iint\limits_{D}(x^2+y^2)\mathrm{d}\sigma$,其中 $D=\{(x,y)\mid x+y\leqslant 1,x\geqslant 0,y\geqslant 0\}$;

(2) $\iint\limits_{D}\ln(x+y)\mathrm{d}\sigma$ 与 $\iint\limits_{D}[\ln(x+y)]^2\mathrm{d}\sigma$,其中 $D=\{(x,y)\mid 3\leqslant x\leqslant 5,0\leqslant y\leqslant 1\}$;

5. 利用二重积分的性质,估计下列积分的值:

(1) $\iint\limits_{D}\sin^2 x\sin^2 y\mathrm{d}\sigma$,其中 $D:0\leqslant x\leqslant\pi,0\leqslant y\leqslant\pi$;

(2) $\iint\limits_{D}(x^2+4y^2+9)\mathrm{d}\sigma$,其中 $D:x^2+y^2\leqslant 4$.

6. 若函数 $f(x,y)$ 在有界闭域 D 上连续且 $f(x,y)\geqslant 0$, $f(x,y)\not\equiv 0$,则 $\iint\limits_{D}f(x,y)\mathrm{d}\sigma>0$.

§11.2　二重积分的计算方法

相对于二重积分,定积分也可称为一重积分或单积分. 计算二重积分最常用的方法便是将它化为二个单积分.

11.2.1　矩形区域上的二重积分

先讨论矩形区域 $D=[a,b]\times[c,d]$ 上二重积分的计算问题. 设 $f(x,y)$ 是 D 上的连续函数,那么对任一固定的 $x\in[a,b]$,积分

$$\int_c^d f(x,y)\mathrm{d}y$$

存在. 显然,它是 x 的函数,记为 $I(x)$,即

$$I(x)=\int_c^d f(x,y)\mathrm{d}y. \tag{1}$$

定理 11.2.1　若函数 $f(x,y)$ 在矩形 D 上连续,则函数 $I(x)$ 在区间 $[a,b]$ 上连续.

证　因函数 $f(x,y)$ 在 D 上连续,D 为有界闭集,所以 $f(x,y)$ 在 D 上一致连续. 故 $\forall\varepsilon>0,\exists\delta>0$,使 $\forall(x_1,y_1)$、$(x_2,y_2)\in D$,只要

$$|x_1-x_2|<\delta,\quad|y_1-y_2|<\delta,$$

就有

$$|f(x_1,y_1)-f(x_2,y_2)|<\frac{\varepsilon}{d-c},$$

特别,当 $|x_1-x_2|<\delta$ 时,$\forall y\in[c,d]$,有

$$|f(x_1,y)-f(x_2,y)|<\frac{\varepsilon}{d-c}.$$

因此

$$|I(x_1)-I(x_2)|=\left|\int_c^d[f(x_1,y)-f(x_2,y)]\mathrm{d}y\right|$$

$$\leqslant\int_c^d\left|f(x_1,y)-f(x_2,y)\right|\mathrm{d}y$$

$$<\int_c^d\frac{\varepsilon}{d-c}\mathrm{d}y=\varepsilon,$$

即 $I(x)$ 在 $[a,b]$ 上一致连续.

定理 11.2.2　设 $f(x,y)$ 是矩形 $D=[a,b]\times[c,d]$ 上的连续函数,则

$$\iint\limits_D f(x,y)\mathrm{d}x\,\mathrm{d}y=\int_a^b I(x)\mathrm{d}x=\int_a^b \mathrm{d}x\int_c^d f(x,y)\mathrm{d}y, \tag{2}$$

其中最后的积分表示 $\int_a^b\left[\int_c^d f(x,y)\mathrm{d}y\right]\mathrm{d}x$.

证　由定理 11.2.1,(2) 式中各个积分都是存在的,下证等式成立. 为此,对区间 $[a,b]$、$[c,d]$ 分别作等分分割

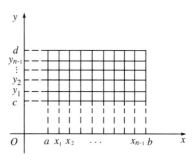

图 11.2.1

$$a=x_0<x_1<\cdots<x_n=b,$$
$$c=y_0<y_1<\cdots<y_m=d,$$

并且用直线网 $x=x_i,y=y_j(i=1,2,\cdots,n;j=1,2,\cdots,m)$ 将 D 分成 mn 个子区域 D_{ij},这里 $D_{ij}=[x_{i-1},x_i]\times[y_{j-1},y_j]$(图 11.2.1),那么由定积分的中值定理.

$$\int_a^b I(x)\mathrm{d}x=\sum_{i=1}^n\int_{x_{i-1}}^{x_i}I(x)\mathrm{d}x=\sum_{i=1}^n I(\xi_i)\Delta x_i=\sum_{i=1}^n\left(\int_c^d f(\xi_i,y)\mathrm{d}y\right)\Delta x_i$$
$$=\sum_{i=1}^n\left(\sum_{j=1}^m\int_{y_{j-1}}^{y_j}f(\xi_i,y)dy\right)\Delta x_i=\sum_{i=1}^n\sum_{j=1}^m f(\xi_i,\eta_j)\Delta x_i\Delta y_j,$$

其中 $\xi_i\in[x_{i-1},x_i],\eta_j\in[y_{j-1},y_j]$,从而 $(\xi_i,\eta_j)\in D_{ij}$. 因此上式中最后一个和式是函数 $f(x,y)$ 关于上述分割的积分和. 现在令 $n\to+\infty,m\to+\infty$,根据 $f(x,y)$ 在 D 上的可积性,就得

$$\int_a^b I(x)\mathrm{d}x=\iint\limits_D f(x,y)\mathrm{d}x\,\mathrm{d}y.$$

此即为 (2).

类似地,如果记

$$J(y)=\int_a^b f(x,y)\mathrm{d}x,$$

那么同理可证下面的定理:

定理 11.2.3　若函数 $f(x,y)$ 在矩形 $D=[a,b]\times[c,d]$ 上连续,则函数 $J(y)$ 在区间 $[c,d]$ 上连续,且

$$\iint\limits_D f(x,y)\mathrm{d}x\,\mathrm{d}y=\int_c^d J(y)\mathrm{d}y=\int_c^d \mathrm{d}y\int_a^b f(x,y)\mathrm{d}x. \tag{3}$$

等式 (2) 或 (3) 右端的积分称为二次积分或累次积分. 在 (2) 中,是先将 x 看成常数,把 $f(x,y)$ 只看作 y 的函数,并在 $[c,d]$ 上计算定积分. 然后将算得的结果(是 x 的函数)再对 x 计算在 $[a,b]$ 上的定积分. 在 (3) 中也一样,只是先对 x 后对 y 求定积分而已. 这样,一个二重积分就被分解为两个单积分.

注意:定理 11.2.2 或 11.2.3 中函数 $f(x,y)$ 在区域 D 上连续的条件,只是充分条件. 如果仅假定函数 $f(x,y)$ 在 D 上可积,并且 $\forall x\in[a,b]$,积分

$$I(x)=\int_c^d f(x,y)\mathrm{d}y$$

存在,那么可以证明 $I(x)$ 在 $[a,b]$ 上可积,而且等式(2)成立.

例 11.2.1 计算积分 $\iint\limits_D x^2 y^3 \mathrm{d}x\mathrm{d}y$,其中 $D=[0,1]\times[1,3]$.

解 因函数 $x^2 y^3$ 在矩形 D 上连续,所以可用公式(2)或(3).由公式(2)和定积分的性质,

$$\iint\limits_D x^2 y^3 \mathrm{d}x\mathrm{d}y=\int_0^1 \mathrm{d}x\int_1^3 x^2 y^3 \mathrm{d}y=\int_0^1 20x^2 \mathrm{d}x=\frac{1}{3}\cdot 20=\frac{20}{3}. \qquad \Box$$

例 11.2.2 计算积分 $\iint\limits_D (xy+1)^2 \mathrm{d}x\mathrm{d}y$,其中 $D=[0,1]\times[0,1]$.

解 函数 $(xy+1)^2$ 在 D 上连续,故由(2)得

$$\iint\limits_D (xy+1)^2 \mathrm{d}x\mathrm{d}y=\int_0^1 \mathrm{d}x\int_0^1 (xy+1)^2 \mathrm{d}y=\int_0^1 \left[\frac{(xy+1)^3}{3x}\Big|_0^1\right]\mathrm{d}x$$

$$=\int_0^1 \left(\frac{1}{3}x^2+x+1\right)\mathrm{d}x=\left(\frac{1}{9}x^3+\frac{1}{2}x^2+x\right)\Big|_0^1$$

$$=\frac{29}{18}. \qquad \Box$$

11.2.2 一般区域上的二重积分

现在研究 D 是一般区域的情形.先考虑如下两类特殊的区域:

(1) x 型区域.平面点集

$$D=\{(x,y)\mid y_1(x)\leqslant y\leqslant y_2(x),a\leqslant x\leqslant b\}, \qquad (4)$$

称为 x 型区域(图 11.2.2). x 型区域的特点是任一垂直于 x 轴的直线 $x=x_0(a<x_0<b)$ 与区域 D 的边界至多相交于两点.

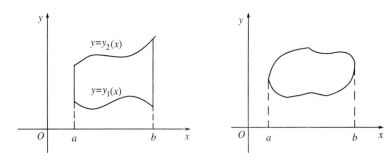

图 11.2.2

(2) y 型区域.平面点集

$$D=\{(x,y)\mid x_1(y)\leqslant x\leqslant x_2(y),c\leqslant y\leqslant d\}, \qquad (5)$$

称为 y 型区域(图 11.2.3). y 型区域的特点是,任一垂直于 y 轴的直线 $y=y_0(c<y_0<d)$ 与区域 D 的边界至多相交于两点.

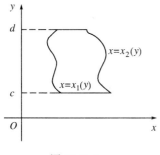

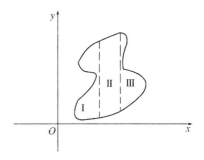

图 11.2.3 　　　　　　　　　　　图 11.2.4

容易看出,一些常见的平面区域都可以分解为有限个无公共内点的 x 型区域和 y 型区域. 例如,图 11.2.4 中的区域 D 被分解为三个区域 Ⅰ、Ⅱ、Ⅲ,其中 Ⅰ、Ⅲ 为 y 型区域,Ⅱ 为 x 型区域. 因此,如果对 x 型区域和 y 型区域解决了求二重积分的问题,也就解决了对一般区域求二重积分的问题.

现在假定 D 是 x 型区域,$z = f(x,y)$ 为 D 上的连续函数,取矩形 $I = [a_1,b_1] \times [c_1,d_1]$,使 $D \subseteq I$(图 11.2.5),在 I 上定义函数 $F(x,y)$ 如下:

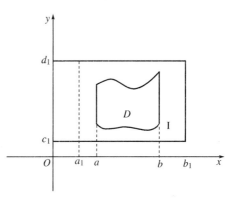

$$F(x,y) = \begin{cases} f(x,y), & (x,y) \in D; \\ 0, & (x,y) \in I - D, \end{cases}$$

那么 $F(x,y)$ 除在 D 的边界上外,处处连续,因而可积(定理 11.1.3),从而根据定理 11.2.2、11.2.3 后所作的说明,等式(3)对函数 $F(x,y)$ 也成立. 因此有

图 11.2.5

$$\iint\limits_{D} f(x,y)\mathrm{d}x\,\mathrm{d}y = \iint\limits_{I} F(x,y)\mathrm{d}x\,\mathrm{d}y$$
$$= \int_{a_1}^{b_1}\mathrm{d}x\int_{c_1}^{d_1} F(x,y)\mathrm{d}y = \int_{a}^{b}\mathrm{d}x\int_{y_1(x)}^{y_2(x)} f(x,y)\mathrm{d}y.$$

这样,对 x 型区域上的二重积分可以化为先对 y 再对 x 求单积分的累次积分,即下面的定理成立:

定理 11.2.4　设 D 为如(4)的 x 型区域. 函数 $f(x,y)$ 在 D 上连续,则

$$\iint\limits_{D} f(x,y)\mathrm{d}x\,\mathrm{d}y = \int_{a}^{b}\mathrm{d}x\int_{y_1(x)}^{y_2(x)} f(x,y)\mathrm{d}y. \tag{6}$$

类似地,对 y 型区域上的二重积分,可化为先对 x 再对 y 求单积分的累次积分:

定理 11.2.5　设 D 为如(5)的 y 型区域,函数 $f(x,y)$ 在 D 上连续,则

$$\iint\limits_{D} f(x,y)\mathrm{d}x\,\mathrm{d}y = \int_{c}^{d}\mathrm{d}y\int_{x_1(y)}^{x_2(y)} f(x,y)\mathrm{d}x. \tag{7}$$

例 11.2.3　计算积分

$$I = \iint\limits_{D} x^2 y^2 \mathrm{d}x\,\mathrm{d}y,$$

其中 D 如图 11.2.6 所示.

解 区域 D 既是 x 型区域，也是 y 型区域.如将它看成 x 型区域，可应用公式(6).注意

$$D = \left\{ (x,y) \,\Big|\, 0 \leqslant x \leqslant 3, 0 \leqslant y \leqslant \frac{3}{2}x \right\},$$

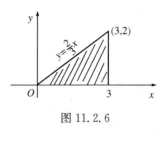

图 11.2.6

所以

$$I = \int_0^3 \mathrm{d}x \int_0^{\frac{2}{3}x} x^2 y^2 \mathrm{d}y = \int_0^3 \left(\frac{1}{3}x^2 y^3 \Big|_0^{\frac{2}{3}x} \right) \mathrm{d}x$$

$$= \frac{8}{81} \int_0^3 x^5 \mathrm{d}x = \frac{8}{81} \cdot \frac{3^6}{6} = 12.$$

如果将 D 看成 y 型区域，并注意

$$D = \left\{ (x,y) \,\Big|\, \frac{3}{2}y \leqslant x \leqslant 3, 0 \leqslant y \leqslant 2 \right\},$$

由(7) 就得

$$I = \int_0^2 \mathrm{d}y \int_{\frac{3y}{2}}^3 x^2 y^2 \mathrm{d}x = \int_0^2 \left(9y^2 - \frac{9}{8}y^5 \right) \mathrm{d}y = \left(3y^3 - \frac{3}{16}y^6 \right) \Big|_0^2 = 12,$$

结果是一样的.

例 11.2.4 计算二重积分

$$I = \iint\limits_D xy \mathrm{d}\sigma,$$

其中 D 是由抛物线 $y^2 = x$ 及直线 $y = x - 2$ 所围成的区域(图 11.2.7).

解 解方程组

$$\begin{cases} y = x - 2; \\ y^2 = x. \end{cases}$$

得抛物线 $y^2 = x$ 与直线 $y = x - 2$ 的两个交点

$$A = (4,2), \quad B = (1,-1).$$

区域 D 既是 x 型区域，也是 y 型区域.如果将它看成 y 型区域，则由

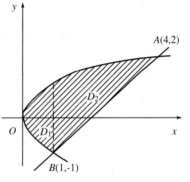

图 11.2.7

$$D: -1 \leqslant y \leqslant 2, y^2 \leqslant x \leqslant y + 2 \text{ 及公式(7)，就得}$$

$$\iint\limits_D xy \mathrm{d}\sigma = \int_{-1}^2 \mathrm{d}y \int_{y^2}^{y+2} xy \mathrm{d}x = \int_{-1}^2 \left(\frac{1}{2}x^2 y \right) \Big|_{y^2}^{y+2} \mathrm{d}y = \frac{1}{2} \int_{-1}^2 [y(y+2)^2 - y^5] \mathrm{d}y$$

$$= \frac{1}{2} \left[\frac{y^4}{4} + \frac{4}{3}y^3 + 2y^2 - \frac{y^6}{6} \right] \Big|_{-1}^2 = \frac{45}{8}.$$

如果将 D 看作 x 型区域而应用公式(6)，则此时

$$y_2(x) = \sqrt{x},$$

而 $y_1(x)$ 为分段表示的函数：

$$y_1(x) = \begin{cases} -\sqrt{x}, & 0 \leqslant x \leqslant 1; \\ x - 2, & 1 \leqslant x \leqslant 4. \end{cases}$$

因此在实际计算时,需过 B 点作垂直于 x 轴的直线,将 D 分成如图 11.2.7 所示的 D_1、D_2 两部分,然后利用重积分的性质得

$$\iint\limits_{D} x\,y\,\mathrm{d}x\,\mathrm{d}y = \iint\limits_{D_1} x\,y\,\mathrm{d}x\,\mathrm{d}y + \iint\limits_{D_2} x\,y\,\mathrm{d}x\,\mathrm{d}y = \int_0^1 \mathrm{d}x \int_{-\sqrt{x}}^{\sqrt{x}} x\,y\,\mathrm{d}y + \int_1^4 \mathrm{d}x \int_{x-2}^{\sqrt{x}} x\,y\,\mathrm{d}y$$

$$= 0 + \frac{1}{2}\int_1^4 x(5x - x^2 - 4)\,\mathrm{d}x$$

$$= \frac{1}{2}\left(\frac{5}{3}x^3 - \frac{1}{4}x^4 - 2x^2\right)\Big|_1^4 = \frac{45}{8}.$$

显然,它比第一种方法要复杂些.

例 11.2.5　计算积分 $I = \iint\limits_{D} \mathrm{e}^{-y^2}\,\mathrm{d}x\,\mathrm{d}y$,

其中 D 为由直线 $x = 0$,$y = 1$ 及 $y = x$ 所围成的三角形区域(图 11.2.8).

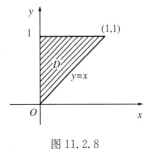

图 11.2.8

解　应用公式(7),注意

$$D: 0 \leqslant y \leqslant 1, 0 \leqslant x \leqslant y$$

得

$$\iint\limits_{D} \mathrm{e}^{-y^2}\,\mathrm{d}x\,\mathrm{d}y = \int_0^1 \mathrm{d}y \int_0^y \mathrm{e}^{-y^2}\,\mathrm{d}x = \int_0^1 y\,\mathrm{e}^{-y^2}\,\mathrm{d}y$$

$$= -\frac{1}{2}\mathrm{e}^{-y^2}\Big|_0^1 = \frac{1}{2}\left(1 - \frac{1}{\mathrm{e}}\right).$$

本题如用公式(6),则由

$$D: 0 \leqslant x \leqslant 1, x \leqslant y \leqslant 1,$$

得

$$\iint\limits_{D} \mathrm{e}^{-y^2}\,\mathrm{d}x\,\mathrm{d}y = \int_0^1 \mathrm{d}x \int_x^1 \mathrm{e}^{-y^2}\,\mathrm{d}y.$$

下面的计算就难以进行下去了,因为函数 e^{-y^2} 的原函数无法用初等函数表示.　　　□

从上面两个例子看出,在计算二重积分时,是先对 x 求积,还是先对 y 求积,事先要仔细分析,以免出现不必要的麻烦.

例 11.2.6　计算两个圆柱体 $x^2 + y^2 \leqslant R^2$ 和 $x^2 + z^2 \leqslant R^2$ 交成的立体体积 V.

解　因该立体关于坐标平面对称,所以只要求出它在第一卦限部分(图 11.2.9)的体积 V_1 即可.

所给立体在第一卦限部分可看成一个曲顶柱体,其底为 xOy 平面上的四分之一圆 D

$$D: 0 \leqslant y \leqslant \sqrt{R^2 - x^2}, 0 \leqslant x \leqslant R,$$

而其顶为柱面 $z = \sqrt{R^2 - x^2}$. 于是

$$\Delta V_1 = \iint\limits_{D} \sqrt{R^2 - x^2}\,\mathrm{d}x\,\mathrm{d}y = \int_0^R \mathrm{d}x \int_0^{\sqrt{R^2-x^2}} \sqrt{R^2 - x^2}\,\mathrm{d}y$$

$$= \int_0^R (R^2 - x^2)\,\mathrm{d}x = \frac{2}{3}R^3,$$

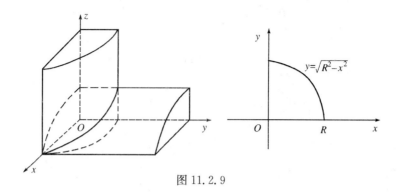

图 11.2.9

所以,所求体积为 $V = 8V_1 = \dfrac{16}{3}R^3$.

11.2.3 极坐标变换

在第五章中已指出,在适当条件下,利用定积分的换元公式

$$\int_a^b f(x)\mathrm{d}x = \int_\alpha^\beta f(\varphi(t))\varphi'(t)\mathrm{d}t,$$

往往可以简化被积函数,从而求出积分的值. 对二重积分,也有类似的换元公式,以简化被积函数或积分区域.

当积分区域是圆或圆的一部分或被积函数中含形如 $x^2 + y^2$ 的项时,可用极坐标变换

$$x = r\cos\theta, \quad y = r\sin\theta \quad (r \geqslant 0, 0 \leqslant \theta \leqslant 2\pi),$$

达到简化的目的. 例如,xOy 平面上的扇形 D

$$0 \leqslant x^2 + y^2 \leqslant R^2, \quad 0 \leqslant \arctan\frac{y}{x} \leqslant \alpha \leqslant \frac{\pi}{2},$$

经极坐标变换后被映为 $rO\theta$ 平面上的矩形 D':

$$0 \leqslant r \leqslant R, \quad 0 \leqslant \theta \leqslant \alpha.$$

而对矩形,将二重积分化成累次积分是十分简单的.

今设 D 为 xOy 平面上的有界闭域,$f(x,y)$ 为 D 上的连续函数. 经极坐标变换后,区域 D 变为 $rO\theta$ 平面上的区域 D',函数 $f(x,y)$ 变为 D' 上的连续函数 $F(r,\theta)$,这里

$$F(r,\theta) = f(r\cos\theta, r\sin\theta).$$

为了求二重积分

$$I = \iint\limits_D f(x,y)\mathrm{d}\sigma,$$

在直角坐标系中是用两族分别平行于 x 轴和 y 轴的直线网对 D 进行分割的,并得直角坐标中的面积元素

$$\mathrm{d}\sigma = \mathrm{d}x \cdot \mathrm{d}y.$$

在极坐标变换下,则用同心圆族 $r = r_i (i = 1, 2, \cdots, n)$ 和通过原点的射线族 $\theta = \theta_j (j = 1, 2, \cdots, m)$ 对 D 进行分割,这个分割记为 T. 对应到 $rO\theta$ 平面,则得区域 D' 的分割 T',T' 由两组平行坐标轴的直线网分割而成(图 11.2.10),此时属于分割 T 的小区域 D_{ij} 在 $rO\theta$ 平

面上的像就是矩形 $D'_{ij}:r_{i-1} \leqslant r \leqslant r_i,\theta_{j-1} \leqslant \theta \leqslant \theta_j$,而它的面积

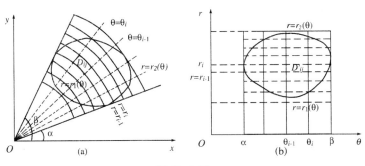

图 11.2.10

$$\Delta D_{ij} = \frac{1}{2}r_i^2(\theta_j - \theta_{j-1}) - \frac{1}{2}r_{i-1}^2(\theta_j - \theta_{j-1}) = \frac{r_i + r_{i-1}}{2}\Delta r_i \Delta \theta_j = \overline{r_i}\Delta r_i \Delta \theta_j,$$

其中$\overline{r_i} = \dfrac{r_i + r_{i-1}}{2}$,$\Delta r_i = r_i - r_{i-1}$,$\Delta \theta_j = \theta_j - \theta_{j-1}$. 现在取$\overline{\theta_j} = \dfrac{\theta_j + \theta_{j-1}}{2}$,那么点 $P_{ij} =$ $(\overline{r_i}\cos\overline{\theta_j},\overline{r_i}\sin\overline{\theta_j}) \in D_{ij},(\overline{r_i},\overline{\theta_j}) \in D'_{ij}$,因为 $f(x,y)$、$F(r,\theta)$ 分别是 D 和 D' 上的连续函数,所以可积,而二重积分的值与区域的分法无关,与点(ξ_i,η_j)的取法无关. 同时注意到当 $\|T\| \to 0$ 时有 $\|T'\| \to 0$,所以得

$$\begin{aligned}
\iint\limits_D f(x,y)\mathrm{d}\sigma &= \lim_{\|T\| \to 0}\sum_{i,j}f(P_{ij})\Delta D_{ij}\\
&= \lim_{\|T'\| \to 0}\sum_{i,j}f(\overline{r_i}\cos\overline{\theta_j},\overline{r_i}\sin\overline{\theta_j})\overline{r_i}\Delta r_i \Delta \theta_j\\
&= \lim_{\|T'\| \to 0}\sum_{i,j}F(\overline{r_i},\overline{\theta_j})\overline{r_i}\Delta r_i \Delta \theta_j\\
&= \iint\limits_{D'}F(r,\theta)r\mathrm{d}r\mathrm{d}\theta,
\end{aligned}$$

即得极坐标变换下的二重积分换元公式:

$$\iint\limits_D f(x,y)\mathrm{d}x\mathrm{d}y = \iint\limits_{D'}f(r\cos\theta,r\sin\theta)r\mathrm{d}r\mathrm{d}\theta. \tag{8}$$

这里$r\mathrm{d}r\mathrm{d}\theta$ 称为极坐标系中的面积元素. 公式(8)说明,在对二重积分进行极坐标变换时,只要将被积函数中的 x,y 分别换成$r\cos\theta,r\sin\theta$ 把面积元素 $\mathrm{d}x\mathrm{d}y$ 换成$r\mathrm{d}r\mathrm{d}\theta$ 即可.

(8)式右端的积分也可以化为累次积分,积分次序的选择则应视区域 D' 的特征而定.

现在假定(8)中的积分区域 D 的边界曲线是用极坐标方程表示的. 和直角坐标系中区域相类似,此时也有两种特殊的情形:

① θ 型区域. 图 11.2.11(a)中的区域称为θ 型区域,它的特点是通过极点的任一射线 $\theta = \theta_0(\alpha < \theta_0 < \beta)$ 与 D 的边界最多相交两点,经变换后得 $rO\theta$ 平面上的区域 D'(图 11.2.11(b)),这时 D 和 D' 都可以表示为

$$D' = \{(r,\theta) \mid r_1(\theta) \leqslant r \leqslant r_2(\theta),\alpha \leqslant \theta \leqslant \beta\}.$$

这时二重积分(8)就可以化成先对 r,后对 θ 求积的累次积分:

$$\iint\limits_D f(x,y)\mathrm{d}\sigma = \iint\limits_{D'}f(r\cos\theta,r\sin\theta)r\mathrm{d}r\mathrm{d}\theta$$

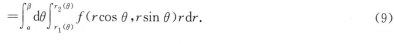

$$= \int_\alpha^\beta d\theta \int_{r_1(\theta)}^{r_2(\theta)} f(r\cos\theta, r\sin\theta) r dr. \tag{9}$$

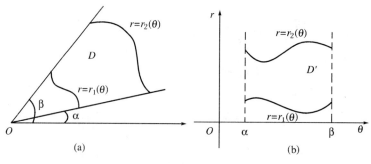

图 11.2.11

图 11.2.11(a) 中的极点位于积分区域 D 的外部,如果极点在 D 的边界上,如图 11.2.12,那么 D 或 D' 可表示为

$$D' = \{(r,\theta) \mid 0 \leqslant r \leqslant r(\theta), \alpha \leqslant \theta \leqslant \beta\},$$

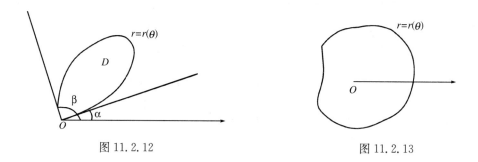

图 11.2.12   图 11.2.13

相应地,积分(9) 可写为

$$\iint_D f(x,y)d\sigma = \int_\alpha^\beta d\theta \int_0^{r(\theta)} f(r\cos\theta, r\sin\theta) r dr.$$

如果极点在区域 D 内,如图 11.2.13. 此时

$$D' = \{(r,\theta) \mid 0 \leqslant r \leqslant r(\theta), 0 \leqslant \theta \leqslant 2\pi\},$$

且有

$$\iint_D f(x,y)d\sigma = \int_0^{2\pi} d\theta \int_0^{r(\theta)} f(r\cos\theta, r\sin\theta) r dr.$$

② r 型区域. 图 11.2.14(a) 中的区域称为 r 型区域,其特点是任一圆周 $r = r_0$ ($r_1 < r_0 < r_2$) 与区域的边界最多只相交于两点,它的像如图 11.2.14(b) 所示. 此时 D 或 D' 可表示为

$$D' = \{(r,\theta) \mid \theta_1(r) \leqslant \theta \leqslant \theta_2(r), r_1 \leqslant r \leqslant r_2\},$$

此时二重积分(8) 可以化为先对 θ,后对 r 求积的累次积分

$$\iint_D f(x,y)d\sigma = \int_{r_1}^{r_2} r dr \int_{\theta_1(r)}^{\theta_2(r)} f(r\cos\theta, r\sin\theta) d\theta. \tag{10}$$

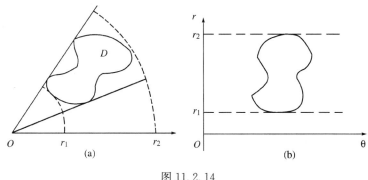

图 11.2.14

例 11.2.7　计算积分 $I = \iint\limits_{D} xy e^{-(x^2+y^2)} \, \mathrm{d}x \mathrm{d}y$，其中 D 为 $x^2 + y^2 \leqslant 1$ 在第一象限的区域（如图 11.2.15 所示）.

解　用极坐标变换，此时

$$D' = \{(r, \theta) \mid 0 \leqslant r \leqslant 1, 0 \leqslant \theta \leqslant \frac{\pi}{2}\},$$

可视为 θ 型区域，也可视为 r 型区域，如果看作 θ 型区域，

$$I = \int_0^{\frac{\pi}{2}} \mathrm{d}\theta \int_0^1 r^2 \sin\theta \cos\theta \cdot e^{-r^2} r \mathrm{d}r$$

$$= \int_0^{\frac{\pi}{2}} \sin\theta \, d\sin\theta \cdot \int_0^1 r^3 e^{-r^2} \mathrm{d}r$$

$$= \frac{1}{4}(1 - \frac{2}{e}). \qquad\qquad \Box$$

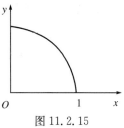

图 11.2.15

例 11.2.8　一球体 $x^2 + y^2 + z^2 \leqslant 4a^2$ 被柱面 $x^2 + y^2 = 2ax$ 所截，求截下部分的体积.

解　截下部分立体位于第一卦限内的部分为以球面 $z = \sqrt{4a^2 - x^2 - y^2}$ 为顶，半圆 D 为底的曲顶柱体 V_1，其中

$$D = \{(x, y) \mid (x - a)^2 + y^2 \leqslant a^2, y \geqslant 0\}, \qquad （如图 11.2.16(a)、(b)），$$

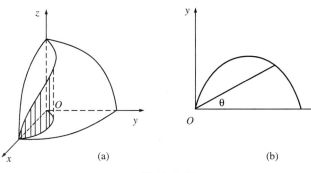

图 11.2.16

所以

$$\Delta V_1 = \iint\limits_{D} \sqrt{4a^2 - x^2 - y^2}\, \mathrm{d}x\, \mathrm{d}y.$$

用极坐标变换

$$D' = \left\{ (r,\theta) \,\middle|\, 0 \leqslant r \leqslant 2a\cos\theta, 0 \leqslant \theta \leqslant \frac{\pi}{2} \right\},$$

所以

$$\Delta V_1 = \int_0^{\frac{\pi}{2}} \mathrm{d}\theta \int_0^{2a\cos\theta} r\sqrt{4a^2 - r^2}\, \mathrm{d}r = \frac{8}{3}a^3 \int_0^{\frac{\pi}{2}} (1 - \sin^3\theta)\, \mathrm{d}\theta = \frac{8}{3}a^3\left(\frac{\pi}{2} - \frac{2}{3}\right).$$

由对称性,

$$\Delta V = 4\Delta V_1 = \frac{32}{3}a^3\left(\frac{\pi}{2} - \frac{2}{3}\right). \qquad \square$$

11.2.4 一般变换

现在介绍在一般变量代换下,二重积分的换元公式.

设 D 为 xOy 平面上的有界闭域,$f(x,y)$ 为 D 上的连续函数,又,函数组

$$u = u(x,y), \quad v = v(x,y) \tag{11}$$

在 D 上连续可微,它将 xOy 平面上的区域 D 变为 uOv 平面上的区域 D',并且 $\forall (u,v) \in D'$,从(11)可以唯一地解出

$$x = x(u,v), \quad y = y(u,v),$$

即变换(11)是 D 到 D' 的一一对应. 那么我们可以证明:当行列式

$$J = \begin{vmatrix} \dfrac{\partial x}{\partial u} & \dfrac{\partial x}{\partial v} \\[2mm] \dfrac{\partial y}{\partial u} & \dfrac{\partial y}{\partial v} \end{vmatrix} \neq 0$$

时,下面二重积分换元公式成立

$$\iint\limits_{D} f(x,y)\,\mathrm{d}x\,\mathrm{d}y = \iint\limits_{D'} f(x(u,v), y(u,v)) \,|\,J\,|\,\mathrm{d}u\,\mathrm{d}v. \tag{12}$$

特别,对极坐标变换

$$x = r\cos\theta, \quad y = r\sin\theta,$$

因为

$$J = \begin{vmatrix} \dfrac{\partial x}{\partial r} & \dfrac{\partial x}{\partial \theta} \\[2mm] \dfrac{\partial y}{\partial r} & \dfrac{\partial y}{\partial \theta} \end{vmatrix} = \begin{vmatrix} \cos\theta & -r\sin\theta \\ \sin\theta & r\cos\theta \end{vmatrix} = r,$$

所以由(12)式即可推出(8)式.

例 11.2.9 求椭球体 $\dfrac{x^2}{a^2} + \dfrac{y^2}{b^2} + \dfrac{z^2}{c^2} \leqslant 1$ 的体积.

解 由椭球体的对称性,所求体积 ΔV 是第一卦限部分 V_1 体积的8倍. 这一部分是以椭球面

$$z = c\sqrt{1 - \frac{x^2}{a^2} - \frac{y^2}{b^2}}$$

为曲顶, 四分之一椭圆

$$D = \left\{ (x,y) \,\bigg|\, \frac{x^2}{a^2} + \frac{y^2}{b^2} \leqslant 1, x \geqslant 0, y \geqslant 0 \right\}$$

为底的曲顶柱体, 所以

$$\Delta V_1 = \iint\limits_D c\sqrt{1 - \frac{x^2}{a^2} - \frac{y^2}{b^2}} \, \mathrm{d}x \, \mathrm{d}y.$$

应用广义极坐标变换 $x = ar\cos\theta, \quad y = br\sin\theta$, 并算出

$$J = \begin{vmatrix} \dfrac{\partial x}{\partial r} & \dfrac{\partial x}{\partial \theta} \\[2mm] \dfrac{\partial y}{\partial r} & \dfrac{\partial y}{\partial \theta} \end{vmatrix} = \begin{vmatrix} a\cos\theta & -ar\sin\theta \\ b\sin\theta & br\cos\theta \end{vmatrix} = abr,$$

$$\sqrt{1 - \frac{x^2}{a^2} - \frac{y^2}{b^2}} = \sqrt{1 - r^2},$$

此时　$D' = \left\{ (r,\theta) \mid 0 \leqslant r \leqslant 1, 0 \leqslant \theta \leqslant \dfrac{\pi}{2} \right\}$, 所以

$$\Delta V_1 = \iint\limits_{D'} abc\sqrt{1 - r^2}\, r \mathrm{d}r \mathrm{d}\theta = abc \int_0^{\frac{\pi}{2}} \mathrm{d}\theta \int_0^1 r\sqrt{1 - r^2}\, \mathrm{d}r = \frac{\pi}{6} abc.$$

而

$$\Delta V = 8\Delta V_1 = \frac{4}{3}\pi abc. \qquad\qquad \square$$

当 $a = b = c = R$ 时, 就得球的体积

$$V = \frac{4\pi}{3} R^3.$$

习　题　11. 2

1. 计算下列二重积分:

(1) $\iint\limits_D (x^2 + y^2)\mathrm{d}\sigma$, 其中 D 为矩形 $|x| \leqslant 1, |y| \leqslant 1$;

(2) $\iint\limits_D (x^3 + 3x^2 y + y^3)\mathrm{d}\sigma$, 其中 $D = [0,1] \times [0,1]$;

(3) $\iint\limits_D \mathrm{e}^{x+y}\mathrm{d}x\mathrm{d}y$, 其中 D 是由 $x = 0, y = 0, x = 1, y = 2$ 所围成的区域.

2. 化二重积分 $\iint\limits_D f(x,y)\mathrm{d}\sigma$ 为累次积分(二种次序), 其中积分区域 D 是

(1) 以 $(0,0),(2,0),(1,1)$ 为顶点的三角形;

(2) 由 $x + y = 1, x - y = 1, x = 0$ 所围成的区域;

(3) 由直线 $y = x$ 及抛物线 $y^2 = 4x$ 所围成的区域;

(4) 由曲线 $y = x^2, y = 4 - x^2$ 所围成的区域;

(5) 由直线 $y = x, x = 2$ 及双曲线 $y = \dfrac{1}{x}$ 所围成的区域;

(6) 第一象限中由 $x^2 + y^2 = 8, y = 0, x = \dfrac{1}{2}y^2$ 及 $y = 1$ 所围成的区域.

3. 画出积分区域,并计算下列二重积分:

(1) $\displaystyle\iint\limits_{D} xy^2 \mathrm{d}\sigma$,其中 D 是由圆周 $x^2 + y^2 = 4$ 及 y 轴所围成的左半圆域;

(2) $\displaystyle\iint\limits_{D} (x^2 + y^2)\mathrm{d}\sigma$,其中 D 是由直线 $y = \dfrac{b}{a}x, y = \dfrac{c}{a}x, x = a$ 所围成的区域,其中 $c > b$;

(3) $\displaystyle\iint\limits_{D} (x^2 - y^2)\mathrm{d}\sigma$,$D$ 是区域 $0 \leqslant y \leqslant \sin x, 0 \leqslant x \leqslant \pi$;

(4) $\displaystyle\iint\limits_{D} xy\mathrm{d}\sigma$,其中 D 是由抛物线 $y^2 = x$ 与 $y = x^2$ 所围成的区域;

(5) $\displaystyle\iint\limits_{D} |xy|\mathrm{d}x\mathrm{d}y$ 其中 $D = \{(x,y) \mid x^2 + y^2 \leqslant a^2\}$;

(6) $\displaystyle\iint\limits_{D} (x^2 + y^2 - x)\mathrm{d}x\mathrm{d}y$,其中 D 是由直线 $y = 2, y = x$ 及 $y = 2x$ 所围成的区域.

4. 改变下列累次积分的次序:

(1) $\displaystyle\int_0^1 \mathrm{d}y \int_0^2 f(x,y)\mathrm{d}x$;　　　　　　　(2) $\displaystyle\int_0^1 \mathrm{d}x \int_0^{x^2} f(x,y)\mathrm{d}y$;

(3) $\displaystyle\int_{\frac{1}{e}}^1 \mathrm{d}x \int_0^{\ln x} f(x,y)\mathrm{d}y$;　　　　(4) $\displaystyle\int_0^u \mathrm{d}x \int_0^{\cos x} f(x,y)\mathrm{d}y$;

(5) $\displaystyle\int_1^2 \mathrm{d}x \int_{2-x}^{\sqrt{2x-x^2}} f(x,y)\mathrm{d}y$;　　(6) $\displaystyle\int_0^1 \mathrm{d}x \int_0^{x^2} f(x,y)\mathrm{d}y + \int_1^3 \mathrm{d}x \int_0^{\frac{3-x}{2}} f(x,y)\mathrm{d}y$.

5. 画出积分区域,把积分 $\displaystyle\iint\limits_{D} f(x,y)\mathrm{d}x\mathrm{d}y$ 表示为极坐标形式的二次积分,其中 D 是

(1) $x^2 + y^2 \leqslant a^2 (a > 0)$;　　　　　(2) $x^2 + y^2 \leqslant 2x$;

(3) $a^2 \leqslant x^2 + y^2 \leqslant b^2$,其中 $0 < a < b$.

6. 计算下列二重积分

(1) $\displaystyle\iint\limits_{D} \sin\sqrt{x^2 + y^2}\,\mathrm{d}x\mathrm{d}y$,其中 $D: \pi^2 \leqslant x^2 + y^2 \leqslant 4\pi^2$;

(2) $\displaystyle\iint\limits_{D} (x^2 + y^2)\mathrm{d}x\mathrm{d}y$,其中 D 为圆域 $x^2 + y^2 \leqslant 2y$;

(3) $\displaystyle\iint\limits_{D} \ln(1 + x^2 + y^2)\mathrm{d}x\mathrm{d}y$,其中 D 是第一象限中由圆周 $x^2 + y^2 = 4, x^2 + y^2 = 1$ 及坐标轴所围成的区域;

(4) $\displaystyle\iint\limits_{D} \sqrt{x^2 + y^2}\,\mathrm{d}x\mathrm{d}y$,其中 $D: x^2 + y^2 \leqslant x + y$.

7. 设 $f(x,y) = \varphi(x)\psi(y)$,其中 $\varphi(x), \psi(y)$ 分别在 $[a,b], [c,d]$ 上连续,$D = [a,b] \times [c,d]$. 证明 $\displaystyle\iint\limits_{D} f(x,y)\mathrm{d}x\mathrm{d}y = \int_a^b \varphi(x)\mathrm{d}x \cdot \int_c^d \psi(y)\mathrm{d}y$.

8. 设 $f(x)$ 为连续函数,证明 $\displaystyle\int_0^a \mathrm{d}x \int_0^x f(y)\mathrm{d}y = \int_0^a (a-x)f(x)\mathrm{d}x$.

9. 计算由下列曲面围成的立体体积.

(1) $x + y + z = a$ 与坐标面;　　　　　(2) $z = x^2 + y^2, y = x^2, y = 1, z = 0$.

10. 计算球体 $x^2 + y^2 + z^2 \leqslant 4a^2$ 被柱面 $x^2 + y^2 = a^2$ 分成两部分体积的比.

11. 计算由下列平面曲线围成图形的面积：

(1) $xy = a^2, x + y = \dfrac{5}{2}a$　$(a > 0)$；　　　　(2) 心形线 $r = a(1 + \cos\theta)$.

12. 设正方形薄板 $0 \leqslant x \leqslant a, 0 \leqslant y \leqslant a$ 上各点 (x, y) 处的密度 $\mu(x, y)$ 与该点到原点的距离平方成正比，比例系数为 k. 求薄板质量.

§11.3　三重积分概念及计算

11.3.1　三重积分定义

前面介绍了二重积分，二重积分的几何意义是空间立体的体积. 现在我们来求空间不均匀立体的质量.

先介绍密度概念. 设有点 P，V 为包含 P 的区域，其体积为 ΔV，质量为 Δm，如果当 V 收缩到点 P 时，极限

$$\lim_{d(v) \to 0} \frac{\Delta m}{\Delta V} = \mu(P)$$

存在，那么我们就称此极限 $\mu(P)$ 为 V 在点 P 处的密度. 如果对 V 中的任一点 P，上述极限都存在，那么 $\mu(P)$ 为 V 上的函数，并称为区域 V 的密度分布函数.

现在假定已知空间立体 V 的密度分布函数为 $\mu(P) = \mu(x, y, z)$，求立体 V 的质量 M. 为此，可将 V 分成 n 个小立体 $V_1, V_2, \cdots, V_n$. 当 $\mu(x, y, z)$ 连续，每个 V_i 很小时，可以近似地认为 V_i 上质量分布是均匀的. 因此，在 V_i 上任取点 $P_i(\xi_i, \eta_i, \zeta_i)$，就有

$$m_i \approx \mu(\xi_i, \eta_i, \zeta_i)\Delta V_i,$$

这里 $\Delta m_i, \Delta V_i$ 分别为小立体 V_i 的质量和体积. 这样，

$$M \approx \sum_i \Delta m_i = \sum_i \mu(\xi_i, \eta_i, \zeta_i)\Delta V_i.$$

如果记 $\|T\| = \max\limits_{1 \leqslant i \leqslant n} d(V_i)$，$d(V_i)$ 为 V_i 的直径，那么空间立体 V 的质量 M 为

$$M = \lim_{\|T\| \to 0} \sum_{i=1}^{n} \mu(\xi_i, \eta_i, \zeta_i)\Delta V_i. \tag{1}$$

容易发现，(1) 式右端的和式的结构与定积分、二重积分中的积分和完全一样，而"积分和"当分割的宽度 $\|T\|$ 趋向于零时的极限，这正是定积分和二重积分的定义，因而 (1) 式右端的极限很自然地便称为三重积分.

现在给出三重积分的定义：

设函数 $f(x, y, z)$ 在空间有界闭域 V 上有定义，T 是 V 的一个分割，它将 V 分割成 n 个小区域 $V_1, V_2, \cdots, V_n$，其体积分别记为 $\Delta V_1, \Delta V_2, \cdots, \Delta V_n$，$V_i$ 的直径记为 $d(V_i)$，$\|T\| = \max\limits_{1 \leqslant i \leqslant n} d(V_i)$ 称为分割 T 的宽度. 现在在每个小区域 V_i 上任取一点 $P_i(\xi_i, \eta_i, \zeta_i)$ 并作和

$$S(f; T) = \sum_{i=1}^{n} f(P_i)\Delta V_i = \sum_{i=1}^{n} f(\xi_i, \eta_i, \zeta_i)\Delta V_i,$$

$S(f; T)$ 称为函数 f 关于分割 T 的积分和.

定义 11.3.1　设 V 为 $\mathbf{R}^3$ 中的有界闭域，$f(x, y, z)$ 为在 V 上有定义的函数，I 为某一常数. 如果 $\forall \varepsilon > 0, \exists \delta > 0$，使对一切满足 $\|T\| < \delta$ 的分割 T，有

$$|I - S(f;T)| < \varepsilon,$$

那么就称函数 $f(x,y,z)$ 在区域 V 上可积，I 为 $f(x,y,z)$ 在 V 上的三重积分，记为 $\iiint\limits_V f(x,y,z)\mathrm{d}v$，即

$$I = \iiint\limits_V f(x,y,z)\mathrm{d}v = \lim_{\|T\| \to 0} \sum_{i=1}^n f(\xi_i,\eta_i,\zeta_i)\Delta V_i, \tag{2}$$

并称 $f(x,y,z)$ 为被积函数，x,y,z 为积分变量，V 为积分区域，$\mathrm{d}v$ 为体积元素，$f(x,y,z)\mathrm{d}v$ 为被积表达式.

有了三重积分概念，空间立体 V 的质量 M 可表示为

$$M = \iiint\limits_V \mu(x,y,z)\mathrm{d}v,$$

其中 $\mu(x,y,z)$ 为立体的密度分布函数，特别地，当 $\mu(x,y,z)=1$ 时，M 在数值上就等于 V 的体积 ΔV：

$$\Delta V = \iiint\limits_V \mathrm{d}v.$$

和二重积分相类似，在空间直角坐标系中，如果用平行于三坐标平面的平面族对 V 进行分割，内部的小区域都是各面都平行于坐标平面的长方体. 设长方体的长、高、宽分别为 $\Delta x_i,\Delta y_i,\Delta z_i$，则

$$\Delta V_i = \Delta x_i \Delta y_i \Delta z_i.$$

此时体积元素

$$\mathrm{d}v = \mathrm{d}x\,\mathrm{d}y\,\mathrm{d}z,$$

从而三重积分(2)可以写为

$$I = \iiint\limits_V f(x,y,z)\mathrm{d}x\,\mathrm{d}y\,\mathrm{d}z.$$

空间区域 V 上的函数并不是都是可积的. 那么哪些函数可积？对此，有下面的结果：

定理 11.3.1 如果 $f(x,y,z)$ 是 $\mathbf{R}^3$ 中有界闭域 V 上的连续函数，则 $f(x,y,z)$ 在 V 上可积.

定理 11.3.2 设 $f(x,y,z)$ 是空间有界闭域 V 上的有界函数，且在 V 内除去某个有限点集，甚至某个光滑曲面片外连续，则 $f(x,y,z)$ 在 V 上可积.

此外，三重积分也有与二重积分相类似的性质. 例如，如果将区域 V 分为两个无公共内点的区域 V_1、V_2，则

$$\iiint\limits_V f(x,y,z)\mathrm{d}v = \iiint\limits_{V_1} f(x,y,z)\mathrm{d}v + \iiint\limits_{V_2} f(x,y,z)\mathrm{d}v;$$

如果 $f(x,y,z)$ 在 V 上连续，则必存在一点 $P(\xi,\eta,\zeta) \in V$，使

$$\iiint\limits_V f(x,y,z)\mathrm{d}v = f(\xi,\eta,\zeta)\Delta V,$$

即积分中值定理也成立，等等.

11.3.2　化三重积分为累次积分

和二重积分一样,三重积分也可以化为累次积分来计算.

先设 V 为长方体:

$$V = [a_1, b_1] \times [a_2, b_2] \times [a_3, b_3],$$

$f(x, y, z)$ 是 V 上的可积函数,并且 $\forall x \in [a_1, b_1], f(x, y, z)$ 作为 y, z 的函数在矩形 $D_{yz} = [a_2, b_2] \times [a_3, b_3]$ 上可积,那么和二重积分相类似,函数

$$I(x) = \iint\limits_{D_{yz}} f(x, y, z) \mathrm{d}y \mathrm{d}z$$

在 $[a, b]$ 上可积,而且

$$\iiint\limits_{V} f(x, y, z) \mathrm{d}v = \int_{a_1}^{b_1} I(x) \mathrm{d}x = \int_{a_1}^{b_1} \mathrm{d}x \iint\limits_{D_{yz}} f(x, y, z) \mathrm{d}y \mathrm{d}z. \tag{3}$$

再将(3)式右端的二重积分化成累次积分,就得

$$\iiint\limits_{V} f(x, y, z) \mathrm{d}v = \int_{a_1}^{b_1} \mathrm{d}x \int_{a_2}^{b_2} \mathrm{d}y \int_{a_3}^{b_3} f(x, y, z) \mathrm{d}z. \tag{4}$$

这样,我们就将上述三重积分化成了按 z、y、x 次序求积的三次积分,显然,我们还可以将此三重积分化成按其他次序求积的三次积分.

利用(4)式还可把三重积分表示成

$$\iiint\limits_{V} f(x, y, z) \mathrm{d}v = \iint\limits_{D_{xy}} \mathrm{d}x \mathrm{d}y \int_{a_3}^{b_3} f(x, y, z) \mathrm{d}z, \tag{5}$$

这里 $D_{xy} = [a_1, b_1] \times [a_2, b_2]$,为 V 在 xOy 平面上的投影

现在假定 $f(x, y, z)$ 是空间区域 V 上的连续函数,V 是由母线平行于 z 轴的柱面及曲面 $z = z_1(x, y)$,$z = z_2(x, y)$ 所围成的区域,它在 xOy 平面上的投影是 x 型有界闭域 $D_{xy} = \{(x, y) \mid y_1(x) \leqslant y \leqslant y_2(x), a \leqslant x \leqslant b\}$(图 11.3.1),这里 $z_1(x, y) \leqslant z_2(x, y)$ 是 D_{xy} 上的连续函数,$y_1(x) \leqslant y_2(x)$ 是 $[a, b]$ 上的连续函数. 空间的这种区域称为 xy 型区域,它的特点是:任一通过 D_{xy} 平行于 z 轴的直线与 V 的上下顶最多交于两点. 类似地可定义 yz 型和 zx 型区域.

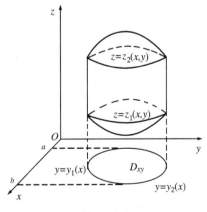

图 11.3.1

现在取一包含区域 V 的长方体

$$V_1 = [a_1, b_1] \times [a_2, b_2] \times [a_3, b_3],$$

并定义函数 $F(x, y, z)$ 如下:

$$F(x, y, z) = \begin{cases} f(x, y, z), & (x, y, z) \in V; \\ 0, & (x, y, z) \in V_1 - V, \end{cases}$$

那么 $F(x, y, z)$ 在 V_1 上可积,且有

$$\iiint\limits_{V} f(x,y,z)\mathrm{d}x\,\mathrm{d}y\mathrm{d}z = \iiint\limits_{V_1} F(x,y,z)\mathrm{d}x\,\mathrm{d}y\mathrm{d}z = \int_{a_1}^{b_1}\mathrm{d}x\int_{a_2}^{b_2}\mathrm{d}y\int_{a_3}^{b_3}F(x,y,z)\mathrm{d}z. \quad (6)$$

注意在 V 外 $F(x,y,z)=0$，所以得

$$\iiint\limits_{V} f(x,y,z)\mathrm{d}x\,\mathrm{d}y\mathrm{d}z = \int_{a}^{b}\mathrm{d}x\int_{y_1(x)}^{y_2(x)}\mathrm{d}y\int_{z_1(x,y)}^{z_2(x,y)}f(x,y,z)\mathrm{d}z. \quad (7)$$

（7）式也可以写成

$$\iiint\limits_{V} f(x,y,z)\mathrm{d}x\,\mathrm{d}y\mathrm{d}z = \iint\limits_{D_{xy}} \mathrm{d}x\,\mathrm{d}y\int_{z_1(x,y)}^{z_2(x,y)}f(x,y,z)\mathrm{d}z, \quad (8)$$

（7）和（8）即为化三重积分为累次积分的公式.

当 V 是 yz 型或 zx 型区域时，也可得相应的累次积分公式. 当 V 是 yz 型区域时有

$$\iiint\limits_{V} f(x,y,z)\mathrm{d}x\mathrm{d}y\mathrm{d}z = \iint\limits_{D_{yz}} \mathrm{d}y\mathrm{d}z\int_{x_1(y,z)}^{x_2(y,z)}f(x,y,z)\mathrm{d}x,$$

其中 D_{yz} 为 V 在 yz 坐标平面上的投影.

对于更一般的区域，则可将它分割为有限个 xy 型或 yz 型、zx 型区域，然后积分.

例 11.3.1 计算积分 $\iiint\limits_{V}(xy+z)\mathrm{d}x\,\mathrm{d}y\mathrm{d}z$，其中 $V=[0,1]\times[-1,1]\times[1,2]$.

解 由公式（4），得

$$\begin{aligned}
\iiint\limits_{V}(xy+z)\mathrm{d}x\,\mathrm{d}y\mathrm{d}z &= \int_0^1\mathrm{d}x\int_{-1}^1\mathrm{d}y\int_1^2(xy+z)\mathrm{d}z \\
&= \int_0^1\mathrm{d}x\int_{-1}^1\left[\left(xyz+\frac{1}{2}z^2\right)\Big|_1^2\right]\mathrm{d}y \\
&= \int_0^1\mathrm{d}x\int_{-1}^1\left(xy+\frac{3}{2}\right)\mathrm{d}y \\
&= \int_0^1 3\mathrm{d}x = 3x\Big|_0^1 = 3.
\end{aligned}$$

例 11.3.2 计算积分 $\iiint\limits_{V} x\,\mathrm{d}x\mathrm{d}y\mathrm{d}z$，其中 V 为三个坐标平面及平面 $\dfrac{x}{a}+\dfrac{y}{b}+\dfrac{z}{c}=1$ 所围成的区域，其中 a、b、$c>0$.

解 如图 11.3.2，V 在 xOy 平面上的投影为三角形区域

$$D_{xy}=\left\{(x,y)\,\Big|\,\frac{x}{a}+\frac{y}{b}\leqslant 1,\,x,y\geqslant 0\right\},$$

V 为 xy 型区域，则

$$z_1=0,\quad z_2=c\left[1-\left(\frac{x}{a}+\frac{y}{b}\right)\right],$$

所以由公式（7）或（8），得

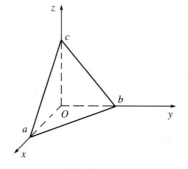

图 11.3.2

$$\iiint\limits_{V} x \, \mathrm{d}x \, \mathrm{d}y \, \mathrm{d}z = \iint\limits_{D_{xy}} \mathrm{d}x \, \mathrm{d}y \int_{0}^{c\left[1-\left(\frac{x}{a}+\frac{y}{b}\right)\right]} x \, \mathrm{d}z$$

$$= \int_{0}^{a} \mathrm{d}x \int_{0}^{b\left(1-\frac{x}{a}\right)} \mathrm{d}y \int_{0}^{c\left[1-\frac{x}{a}-\frac{y}{b}\right]} x \, \mathrm{d}z$$

$$= \int_{0}^{a} x \, \mathrm{d}x \int_{0}^{b\left(1-\frac{x}{a}\right)} c\left(1-\frac{x}{a}-\frac{y}{b}\right) \mathrm{d}y$$

$$= \int_{0}^{a} x \left[c\left(1-\frac{x}{a}\right)y - \frac{c}{2b}y^{2}\right]\Big|_{0}^{b\left(1-\frac{x}{a}\right)} \mathrm{d}x$$

$$= \frac{bc}{2}\int_{0}^{a} x\left(1-\frac{x}{a}\right)^{2} \mathrm{d}x$$

$$= \frac{bc}{2} \cdot \left(\frac{x^{2}}{2} - \frac{2}{3a}x^{3} + \frac{1}{4a^{2}}x^{4}\right)\Big|_{0}^{a} = \frac{1}{24}a^{2}bc. \qquad \square$$

例 11.3.3　计算三重积分 $\iiint\limits_{V} xy \, \mathrm{d}x \, \mathrm{d}y \, \mathrm{d}z$，其中 V 是由抛物柱面 $z = 2 - \frac{1}{2}x^{2}$ 及平面 $z = 0, y = x, y = 0$ 所围成的在第一卦限内的区域.

解　空间区域 V 的图形如图 11.3.3 所示，它在 xOy 平面上的投影区域为

$$D_{xy} = \{(x,y) \mid 0 \leqslant y \leqslant x, 0 \leqslant x \leqslant 2\}$$

且

$$z_{1} = 0, \quad z_{2} = 2 - \frac{1}{2}x^{2}.$$

由(7)或(8),得

$$\iiint\limits_{V} x \, \mathrm{d}x \, \mathrm{d}y \, \mathrm{d}z = \iint\limits_{D_{xy}} \mathrm{d}x \, \mathrm{d}y \int_{0}^{2-\frac{1}{2}x^{2}} xy \, \mathrm{d}z$$

$$= \int_{0}^{2} \mathrm{d}x \int_{0}^{x} \mathrm{d}y \int_{0}^{2-\frac{1}{2}x^{2}} xy \, \mathrm{d}z$$

$$= \int_{0}^{2} \mathrm{d}x \int_{0}^{x} xy\left(2 - \frac{x^{2}}{2}\right) \mathrm{d}y$$

$$= \int_{0}^{2} \left[\frac{1}{2}x^{3}\left(2 - \frac{x^{2}}{2}\right)\right] \mathrm{d}x$$

$$= \left(\frac{x^{4}}{4} - \frac{x^{6}}{24}\right)\Big|_{0}^{2} = \frac{4}{3}. \qquad \square$$

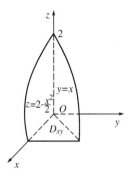

图 11.3.3

11.3.3　柱面与球面坐标变换

和二重积分相类似，对某些三重积分，我们也可以通过适当的变量代换，以简化被积函数或积分区域. 在这些换元公式中，最常见的有两种，即柱面坐标变换与球面坐标变换.

（1）柱坐标变换. 称

$$x = r\cos\theta, y = r\sin\theta, z = z(0 \leqslant r < +\infty, 0 \leqslant \theta \leqslant 2\pi, -\infty < z < +\infty)$$

为柱坐标变换. 如果积分

$$\iiint\limits_{V} f(x,y,z)\mathrm{d}v$$

的积分区域 V 为圆柱体或圆柱体的一部分,被积函数 $f(x,y,z)$ 中含有形如 x^2+y^2 的项时,都可以用此变换化简积分.此时被积函数 $f(x,y,z)$ 被变换为

$$f(x,y,z)=f(r\cos\theta,r\sin\theta,z)=F(r,\theta,z).$$

而积分区域的体积微元 $\mathrm{d}v$ 等于 xOy 平面上极坐标变换下的面积微元 $r\mathrm{d}r\mathrm{d}\theta$ 与高 $\mathrm{d}z$ 的积(图 11.3.4):

$$\mathrm{d}v=r\mathrm{d}r\mathrm{d}\theta\mathrm{d}z,$$

因此得柱坐标变换下的换元公式

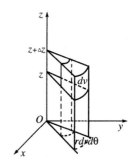

图 11.3.4

$$\iiint\limits_{V} f(x,y,z)\mathrm{d}v=\iiint\limits_{V'} f(r\cos\theta,r\sin\theta,z)r\mathrm{d}r\mathrm{d}\theta\mathrm{d}z, \quad (9)$$

其中 V' 是 V 在柱坐标变换下的像.式中的 $r\mathrm{d}r\mathrm{d}\theta\mathrm{d}z$ 称为柱坐标体积元素.(9)式右端的积分也可用前面的方法化为累次积分.

例 11.3.4 计算三重积分

$$I=\iiint\limits_{V}(x^2+y^2+z)\mathrm{d}x\mathrm{d}y\mathrm{d}z,$$

其中 V 为第一卦限内由旋转抛物面 $z=x^2+y^2$ 与圆柱面 $x^2+y^2=1$ 所围成的部分.

解 因 $V=\{(x,y,z)\mid x^2+y^2\leqslant 1,0\leqslant z\leqslant x^2+y^2,x\geqslant 0,y\geqslant 0\}$,经柱坐标变换后,$V$ 的像为

$$V'=\{(r,\theta,z)\mid 0\leqslant z\leqslant r^2,0\leqslant r\leqslant 1,0\leqslant\theta\leqslant\frac{\pi}{2}\},$$

它在 $Or\theta$ 平面上的投影为 $D'_{r\theta}=\{(r,\theta)\mid 0\leqslant r\leqslant 1,0\leqslant\theta\leqslant\frac{\pi}{2}\}$,则

$$I=\iiint\limits_{V}(r^2+z)r\mathrm{d}r\mathrm{d}\theta\mathrm{d}z=\iint\limits_{D'_{r\theta}}\mathrm{d}r\mathrm{d}\theta\int_0^{r^2}(r^2+z)r\mathrm{d}z$$

$$=\int_0^{\frac{\pi}{2}}\mathrm{d}\theta\int_0^1\mathrm{d}r\int_0^{r^2}r(r^2+z)\mathrm{d}z=\int_0^{\frac{\pi}{2}}\mathrm{d}\theta\int_0^1\frac{3}{2}r^5\mathrm{d}r=\frac{\pi}{8}.$$

(2)球坐标变换,当积分区域为球或球的一部分,或被积函数含有形如 $x^2+y^2+z^2$ 的项时,可用下面的球坐标变换:

$$x=r\cos\theta\sin\varphi, \quad y=r\sin\theta\sin\varphi, \quad z=r\cos\varphi$$
$$(0\leqslant r<+\infty,0\leqslant\theta\leqslant 2\pi,0\leqslant\varphi\leqslant\pi),$$

其中参变量 r,θ,φ 的几何意义是:r 为点 $P(x,y,z)$ 到原点的距离,θ 为矢量 $\overrightarrow{OP}$ 在 xOy 平面上的投影与 Ox 轴正向间的夹角,φ 为矢量 $\overrightarrow{OP}$ 与 z 轴正向间的夹角(图 11.3.5).在球坐标变换下,(x,y,z) 空间中的区域 V 变为 (r,θ,φ) 空间中的区域 V'.

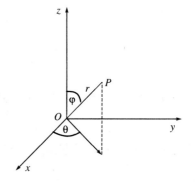

图 11.3.5

为了求得换元公式,在 (r,φ,θ) 空间中可用平行于坐标平面的三组平面 $r=r_i,\theta=\theta_j,\varphi=\varphi_k$,将 V' 分成 n 个小区域 V'_{ijk},V' 的这个分割记为 T'. 对应到 (x,y,z) 空间中,即是用以原点为球心的球面族 $r=r_i$,过 z 轴的半平面族 $\theta=\theta_j$,以及顶点在原点的锥面族 $\varphi=\varphi_k$,这三组曲面将区域 V 分割成 n 个小区域 V_{ijk}(图 11.3.6),V 的这个分割记为 T,显然由 $\|T\|\to0$ 可推出 $\|T'\|\to0$. 此外,略去高阶无穷小后,每个小区域 V_{ijk} 可近似地看作边长分别等于 $\Delta r_i,r_i\Delta\varphi_k,r_i\sin\varphi_k\Delta\theta_j$ 的长方体,因而其体积

$$\Delta V_{ijk}\approx r_i^2\sin\varphi_k\Delta r_i\Delta\theta_j\Delta\varphi_k,$$

而且 $(r_i\cos\theta_j\sin\varphi_k,r_i\sin\theta_j\sin\varphi_k,r_i\cos\varphi_k)$ 为 V_{ijk} 上的一点,记为 P_{ijk}. 因此由三重积分的定义,当 $f(x,y,z)$ 在 V 上连续时,有

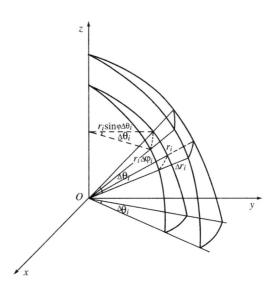

图 11.3.6

$$\iiint\limits_V f(x,y,z)\mathrm{d}v=\lim_{\|T\|\to0}\sum_{i,j,k}f(P_{ijk})\Delta V_{ijk}$$

$$=\lim_{\|T'\|\to0}\sum_{i,j,k}f(r_i\cos\theta_j\sin\varphi_k,r_i\sin\theta_j\sin\varphi_k,r_i\cos\varphi_k)r_i^2\sin\varphi_k\Delta r_i\Delta\theta_j\Delta\varphi_k$$

$$=\iiint\limits_V f(r\cos\theta\sin\varphi,r\sin\theta\sin\varphi,r\cos\varphi)r^2\sin\varphi\,\mathrm{d}r\mathrm{d}\theta\mathrm{d}\varphi,$$

即

$$\iiint\limits_V f(x,y,z)\mathrm{d}x\mathrm{d}y\mathrm{d}z=\iiint\limits_V f(r\cos\theta\sin\varphi,r\sin\theta\sin\varphi,r\cos\varphi)r^2\sin\varphi\,\mathrm{d}r\mathrm{d}\theta\mathrm{d}\varphi.\quad(10)$$

这就是所要求的球坐标变换 T 的换元公式,其中 $r^2\sin\varphi\,\mathrm{d}r\mathrm{d}\theta\mathrm{d}\varphi$ 称为球坐标系体积元素.

经球坐标变换后,如果

$$V'=\{(r,\theta,\varphi)\mid r_1(\theta,\varphi)\leqslant r\leqslant r_2(\theta,\varphi),\varphi_1(\theta)\leqslant\varphi\leqslant\varphi_2(\theta),\theta_1\leqslant\theta\leqslant\theta_2\},$$

那么(10)也可以化为累次积分:

$$\iiint\limits_V f(x,y,z)\mathrm{d}v=\int_{\theta_1}^{\theta_2}\mathrm{d}\theta\int_{\varphi_1(\theta)}^{\varphi_2(\theta)}\mathrm{d}\varphi\int_{r_1(\theta,\varphi)}^{r_2(\theta,\varphi)}f(r\cos\theta\sin\varphi,r\sin\theta\sin\varphi,r\cos\varphi)r^2\sin\varphi\,\mathrm{d}r.$$

例 11.3.5　求 $I=\iiint\limits_V(x^2+y^2+z^2)\mathrm{d}x\mathrm{d}y\mathrm{d}z$,其中 V 为由圆锥面 $x^2+y^2=z^2$,上半球面 $x^2+y^2+z^2=R^2(z\geqslant0)$ 所围成的区域,如图 11.3.7 所示.

解　在球坐标系中,所给圆锥面与球面的方程分别为

$$\varphi=\frac{\pi}{4}\quad\text{与}\quad r=R,$$

因此经球坐标变换后,V 的像为

$$V'=\{(r,\theta,\varphi)\mid0\leqslant r\leqslant R,0\leqslant\varphi\leqslant\frac{\pi}{4},0\leqslant\theta\leqslant2\pi\},$$

所以由(10),

$$I = \iiint\limits_{V} r^2 \cdot r^2 \sin\varphi \, dr \, d\theta \, d\varphi$$

$$= \int_0^{2\pi} d\theta \int_0^{\frac{\pi}{4}} d\varphi \int_0^R r^4 \sin\varphi \, dr$$

$$= \int_0^{2\pi} d\theta \cdot \int_0^{\frac{\pi}{4}} \sin\varphi \, d\varphi \cdot \int_0^R r^4 \, dr$$

$$= \frac{2-\sqrt{2}}{5} \pi R^5. \qquad \square$$

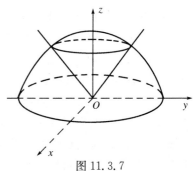

图 11.3.7

例 11.3.6 设空间区域 V 由曲面 $(x^2 + y^2 + z^2)^2 = a^2(x^2 + y^2)$ 所围成,求 V 的体积 ΔV.

解 已知曲面为由圆

$$\begin{cases} y^2 + z^2 = ay, (a > 0), \\ x = 0; \end{cases}$$

绕 z 轴旋转而成的旋转曲面. 注意

$$V = \{(x, y, z) \mid (x^2 + y^2 + z^2)^2 \leqslant a^2(x^2 + y^2)\},$$

作球坐标变换,则 V 的像为

$$V_1 = \{(r, \theta, \varphi) \mid 0 \leqslant r \leqslant a \sin\varphi, 0 \leqslant \theta \leqslant 2\pi, 0 \leqslant \varphi \leqslant \pi\},$$

所以所求体积

$$\Delta V = \iiint\limits_{V} dv = \iiint\limits_{V} r^2 \sin\varphi \, dr \, d\theta \, d\varphi = \int_0^{2\pi} d\theta \int_0^{\pi} d\varphi \int_0^{a\sin\varphi} r^2 \sin\varphi \, dr$$

$$= \frac{2}{3} \pi a^3 \int_0^{\pi} \sin^4\varphi \, d\varphi = \frac{\pi^2}{4} a^3. \qquad \square$$

习　题　11.3

1. 把三重积分 $\iiint\limits_{V} f(x, y, z) dv$ 化为三次积分,其中积分区域 V 为

(1) 由平面 $x + y + z = 2, x = 0, y = 0, z = 1$ 围成;

(2) 由双曲抛物面 $z = xy$ 及平面 $x + y - 1 = 0, z = 0$ 所围成;

(3) 由曲面 $z = 2x^2 + y^2$ 及平面 $z = 1$ 所围成;

(4) 由曲面 $z = x^2 + y^2, y = x^2$ 及平面 $y = 1, z = 0$ 所围成;

(5) 在第一卦限内由柱面 $z = \sqrt{y}$,平面 $x + y = 1, z = 0$ 和 $x = 0$ 所围成.

2. 计算下列三重积分:

(1) $\iiint\limits_{V} (x + y + z) z \, dv, V: 0 \leqslant x \leqslant 2, |y| \leqslant 1, 0 \leqslant z \leqslant 3$;

(2) $\iiint\limits_{V} xyz^2 \, dv, V: [0,1] \times [0,2] \times [-1,1]$;

(3) $\iiint\limits_{V} xy^2z^2 \, dv$,其中 V 由曲面 $z = xy$,平面 $x = 1, y = 2, z = 0$ 围成;

(4) $\iiint\limits_{V} \dfrac{\mathrm{d}x\,\mathrm{d}y\,\mathrm{d}z}{(1+x+y+z)^3}$,其中 V 由平面 $x=0,y=0,z=0$ 及 $x+y+z=1$ 围成;

(5) $\iiint\limits_{V} xyz\,\mathrm{d}x\,\mathrm{d}y\,\mathrm{d}z$,其中 V 为第一卦限内的单位球体.

3. 利用柱坐标计算下列积分

(1) $\iiint\limits_{V} z\,\mathrm{d}v$,其中 V 由曲面 $x^2+y^2+z^2=2$ 及 $z=x^2+y^2$ 所围成;

(2) $\iiint\limits_{V}(x^2+y^2)\,\mathrm{d}v$,其中 V 由曲面 $z=\dfrac{1}{2}(x^2+y^2)$ 与平面 $z=2$ 所围成.

4. 利用球坐标,计算下列积分:

(1) $\iiint\limits_{V} z^2\,\mathrm{d}x\,\mathrm{d}y\,\mathrm{d}z$,其中 V 由 $x^2+y^2+z^2=4$ 和 $x^2+y^2+z^2=4x$ 所围成;

(2) $\iiint\limits_{V} x(x^2+y^2+z^2)\,\mathrm{d}x\,\mathrm{d}y\,\mathrm{d}z$,$V$: $x^2+y^2+z^2\leqslant 1$;

(3) $\iiint\limits_{V}\sqrt{x^2+y^2+z^2}\,\mathrm{d}x\,\mathrm{d}y\,\mathrm{d}z$,$V$: $x^2+y^2+z^2\leqslant 2x$;

(4) $\int_0^1\mathrm{d}x\int_0^{\sqrt{1-x^2}}\mathrm{d}y\int_{\sqrt{x^2+y^2}}^{\sqrt{2-x^2-y^2}} z\,\mathrm{d}z$.

5. 设 $f(x)$ 在 $[-1,1]$ 上连续,证明
$$\iiint\limits_{V} f(z)\,\mathrm{d}x\,\mathrm{d}y\,\mathrm{d}z = \pi\int_{-1}^1 f(u)(1-u^2)\,\mathrm{d}u,$$
其中 V: $x^2+y^2+z^2\leqslant 1$.

§11.4* 重积分的应用

前面我们已介绍了重积分在面积、体积和质量计算方面的应用,这里我们再介绍它在几何和物理中的一些应用. 从这些例子看出,重积分的应用是十分广泛的.

11.4.1 空间曲面面积

首先给出空间曲面面积的定义. 设曲面 S 的方程为 $z=f(x,y)$,它在 xOy 平面上的投影为区域 D. 假定函数 $f(x,y)$ 在 D 上有连续的偏导数 $f_x(x,y)$、$f_y(x,y)$,那么在曲面上的任一点处都存在切平面和法线. 现在对 D 作分割 T. T 将 D 分成 n 个小区域 $D_1,D_2,\cdots,D_n$. 过每个 D_i 的边界作母线垂直于 xOy 平面的柱面 C_i,这些柱面将 S 分成 n 个小曲面片 $S_1,S_2,\cdots,S_n$. 在每个 S_i 上任取一点 M_i,过 M_i 作曲面的切平面 π_i,π_i 被柱面 C_i 截下的小平面片记作 A_i,那么 A_i、S_i 在 xOy 平面上的投影都是 D_i(图 11.4.1). 现在,每个小曲面片 S_i 都用小平面片 A_i 近似代替,那么当 $\|T\|$ 很小时,$\sum_{i=1}^n\Delta A_i$ 就可以看作曲面片 S“面积”的一个近似值,其中 ΔA_i 为 A_i 的面

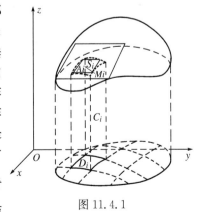
图 11.4.1

积,而且从直观上看,分得越细,精确度也越高. 如果当 $\parallel T \parallel \to 0$ 时,极限

$$\lim_{\parallel T \parallel \to 0} \sum_{i=1}^{n} \Delta A_i$$

存在,那么这个极限值就定义为曲面片 S 的面积:

$$\Delta S = \lim_{\parallel T \parallel \to 0} \sum_{i=1}^{n} \Delta A_i. \tag{1}$$

现在来求 ΔS. 先计算 A_i 的面积. 由于 A_i 所在切平面的法向量为

$$\vec{n} = (f_x(M_i), f_y(M_i), -1),$$

若它与 z 轴正向的夹角为 γ_i,那么

$$|\cos \gamma_i| = \frac{1}{\sqrt{1 + f_x^2(M_i) + f_y^2(M_i)}},$$

由于 A_i 在 xOy 平面上的投影为 D_i,所以

$$\Delta A_i = \frac{\Delta D_i}{|\cos \gamma_i|} = \sqrt{1 + f_x^2(M_i) + f_y^2(M_i)} \, \Delta D_i,$$

这样,$\sum_{i=1}^{n} \Delta A_i = \sum_{i=1}^{n} \sqrt{1 + f_x^2(M_i) + f_y^2(M_i)} \, \Delta D_i,$

显然它是区域 D 上的连续函数 $\sqrt{1 + f_x^2(x,y) + f_y^2(x,y)}$ 关于分割 T 的积分和,所以极限(1) 存在,且有

$$\Delta S = \iint_D \sqrt{1 + f_x^2(x,y) + f_y^2(x,y)} \, d\sigma = \iint_D dS,$$

其中

$$dS = \sqrt{1 + f_x^2(x,y) + f_y^2(x,y)} \, dx \, dy$$

称为曲面 $z = f(x,y)$ 的面积元素. 特别,当 $z = 0$ 时有

$$\Delta S = \iint_D dx \, dy,$$

又回到了平面区域面积的二重积分表示.

例 11.4.1 计算球面 $x^2 + y^2 + z^2 = R^2$ 被柱面 $x^2 + y^2 = Rx$ 截下部分 S 的面积.

解 S 在 xOy 平面内的投影为圆 $D: x^2 + y^2 \leqslant Rx$. 因

$$\frac{\partial z}{\partial x} = -\frac{x}{z}, \qquad \frac{\partial z}{\partial y} = -\frac{y}{z},$$

所以

$$dS = \sqrt{1 + f_x^2(x,y) + f_y^2(x,y)} \, d\sigma = \sqrt{1 + \left(\frac{x}{z}\right)^2 + \left(\frac{y}{z}\right)^2} \, d\sigma$$

$$= \frac{\sqrt{x^2 + y^2 + z^2}}{z} \, d\sigma = \frac{R}{z} \, d\sigma.$$

作极坐标变换 $x = r\cos\theta, y = r\sin\theta$,则

$$D' = \left\{ (r,\theta) \,\Big|\, 0 \leqslant r \leqslant R\cos\theta, -\frac{\pi}{2} \leqslant \theta \leqslant \frac{\pi}{2} \right\},$$

所以
$$\Delta S = \iint\limits_{D} \frac{R}{z} \mathrm{d}\sigma = \int_{-\frac{\pi}{2}}^{\frac{\pi}{2}} \mathrm{d}\theta \int_{0}^{R\cos\theta} \frac{R}{\sqrt{R^2 - r^2}} r \mathrm{d}r$$
$$= \int_{-\frac{\pi}{2}}^{\frac{\pi}{2}} (R^2 - R^2 \mid \sin\theta \mid) \mathrm{d}\theta = 2R^2 \int_{0}^{\frac{\pi}{2}} (1 - \sin\theta) \mathrm{d}\theta$$
$$= 2R^2 (\theta + \cos\theta) \Big|_{0}^{\frac{\pi}{2}} = 2R^2 \left(\frac{\pi}{2} - 1 \right). \qquad \Box$$

11.4.2　微元法

在用重积分来解决实际问题时,也常用微元法. 设有量 A,它分布在平面或空间的某个区域 Ω 上且具有区域可加性. 对 Ω 内任一点 P 取一体积或面积等于 $\mathrm{d}\Omega$ 且包含 P 的小区域,若 A 分布在该小块区域上的值可近似地表示为 $f(P)\mathrm{d}\Omega$,且误差为 $\mathrm{d}\Omega$ 的高阶无穷小量,那么将微元 $f(P)\mathrm{d}\Omega$ 在 Ω 上"相加",即对 $f(P)\mathrm{d}\Omega$ 积分,就得所要的量 A:
$$A = \int_{\Omega} f(P) \mathrm{d}\Omega.$$

例 11.4.2　有一盛满水的长方形水池. 长、宽、高分别为 a、b、c(米) 试计算抽完池中水所需的功.

解　如图 11.4.2,从水池中抽出体积为 $\mathrm{d}v$,深为 z 米的小块水,水的密度 $\rho = 1 \times 10^3 \ \mathrm{kg/m^3}$, $g = 10 \ \mathrm{m/s^2}$,因此,所做的功为 $\rho \mathrm{d}v \cdot g \cdot z = 10^4 z \mathrm{d}v(\mathrm{J})$,相加便得抽完池中水所需的功:

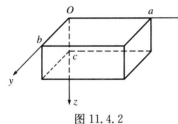

图 11.4.2

$$W = \iiint\limits_{V} 10^4 z \mathrm{d}x \mathrm{d}y \mathrm{d}z$$
$$= 10^4 \int_{0}^{a} \mathrm{d}x \int_{0}^{b} \mathrm{d}y \int_{0}^{c} z \mathrm{d}z$$
$$= 5 \times 10^3 abc^2 (\mathrm{J}). \qquad \Box$$

例 11.4.3　假设在球 $x^2 + y^2 + z^2 \leqslant 1$ 内任一点 (x, y, z) 处的电荷密度 $\rho(x, y, z)$ 等于从点 (x, y, z) 到 xOy 平面的距离. 求球内的全部电荷 q.

解　设这个球体为 V,在 V 内任一点 $P(x, y, z)$ 处的电荷密度为
$$\rho(x, y, z) = \mid z \mid.$$
在 P 处任取一小块,其体积为 $\mathrm{d}v$,那么这小块上的电荷为
$$\mathrm{d}q = \rho(x, y, z) \mathrm{d}v = \mid z \mid \mathrm{d}v,$$
所以球内的全部电荷为
$$q = \iiint\limits_{V} \mid z \mid \mathrm{d}v = \int_{0}^{2\pi} \mathrm{d}\theta \int_{0}^{\pi} \mathrm{d}\varphi \int_{0}^{1} \mid r\cos\varphi \mid r^2 \sin\varphi \mathrm{d}r$$
$$= 2\pi \int_{0}^{\pi} \sin\varphi \mid \cos\varphi \mid \mathrm{d}\varphi \int_{0}^{1} r^3 \mathrm{d}r = 2\pi \cdot 1 \cdot \frac{1}{4} = \frac{\pi}{2}. \qquad \Box$$

下面我们用微元法来求物体的重心和转动惯量.

11.4.3 重心

设平面上有 n 个质量分别为 $m_1, m_2, \cdots, m_n$ 的质点依次分布在 $(x_1, y_1), (x_2, y_2), \cdots,$ (x_n, y_n) 处. 那么这些质点的重心 $(\bar{x}, \bar{y})$ 为

$$\bar{x} = \frac{\sum_{i=1}^{n} m_i x_i}{\sum_{i=1}^{n} m_i} = \frac{M_x}{M}, \quad \bar{y} = \frac{\sum_{i=1}^{n} m_i y_i}{\sum_{i=1}^{n} m_i} = \frac{M_y}{M}, \tag{2}$$

其中 $M = \sum_{i=1}^{n} m_i$, 为总质量, 而

$$M_x = \sum_{i=1}^{n} m_i x_i, \qquad M_y = \sum_{i=1}^{n} m_i y_i. \tag{3}$$

现在考虑质量密度为 $\rho(x, y)$ 的平面薄片, 占有平面上的区域 D. 在 D 中点 (x, y) 处取一面积为 $\mathrm{d}\sigma$ 的小薄片, 质量是 $\rho(x, y)\mathrm{d}\sigma$. 那么由 (2) 和 (3) 可得薄片的重心 $(\bar{x}, \bar{y})$ 为

$$\bar{x} = \frac{M_x}{M}, \quad \bar{y} = \frac{M_y}{M},$$

这里

$$M = \iint\limits_{D} \rho(x, y)\mathrm{d}\sigma, \quad M_x = \iint\limits_{D} x\rho(x, y)\mathrm{d}\sigma, \quad M_y = \iint\limits_{D} y\rho(x, y)\mathrm{d}\sigma.$$

类似地, 对空间立体 V, 其重心 $(\bar{x}, \bar{y}, \bar{z})$ 为

$$\bar{x} = \frac{M_x}{M}, \quad \bar{y} = \frac{M_y}{M}, \quad \bar{z} = \frac{M_z}{M},$$

其中

$$M = \iiint\limits_{V} \rho\,\mathrm{d}v, \quad M_x = \iiint\limits_{V} x\rho\,\mathrm{d}v, \quad M_y = \iiint\limits_{V} y\rho\,\mathrm{d}v, \quad M_z = \iiint\limits_{V} z\rho\,\mathrm{d}v.$$

例 11.4.4 求由下列曲面所围成的均匀密度体 V 的重心:

$$x^2 + y^2 + z^2 \geqslant 1, x^2 + y^2 + z^2 \leqslant 16, z \geqslant \sqrt{x^2 + y^2}.$$

解 先求 M. 用球坐标, V 的像为

$$V' = \left\{ (r, \theta, \varphi) \mid 1 \leqslant r \leqslant 4, 0 \leqslant \theta \leqslant 2\pi, 0 \leqslant \varphi \leqslant \frac{\pi}{4} \right\}.$$

假定密度为 ρ(常数), 那么

$$M = \iiint\limits_{V} \rho\,\mathrm{d}v = \rho \int_0^{2\pi} \mathrm{d}\theta \int_0^{\frac{\pi}{4}} \mathrm{d}\varphi \int_1^4 \gamma^2 \sin\varphi\,\mathrm{d}r = 21(2 - \sqrt{2})\rho\pi.$$

设重心坐标为 $(\bar{x}, \bar{y}, \bar{z})$, 由对称性, 重心必在 z 轴上, 所以

$$\bar{x} = \bar{y} = 0.$$

因而

$$\bar{z} = \frac{M_z}{M} = \frac{\rho}{M} \iiint\limits_{V} z\,\mathrm{d}v = \frac{\rho}{M} \int_0^{2\pi} \mathrm{d}\theta \int_0^{\frac{\pi}{4}} \mathrm{d}\varphi \int_1^4 r\cos\varphi \cdot r^2 \sin\varphi\,\mathrm{d}r$$

$$= \frac{1}{21(2-\sqrt{2})\pi} \cdot 2\pi \cdot \frac{1}{4} \cdot \frac{255}{4} = \frac{255}{336}(2+\sqrt{2}).$$

11.4.4　转动惯量

质量为 m 的质点对于轴 l 的转动惯量 J 为 $J = mr^2$,其中 r 为 A 到 l 的距离.

设一物体,占有空间中的区域 V,其密度为 $\rho(x,y,z)$. 今求该物体对于轴 l 的转动惯量 J. 为此,在 V 中任取一点 $P(x,y,z)$ 及包含该点的一小块立方体,其体积为 $\mathrm{d}V$,那么这小块立体的质量为 $\rho(x,y,z)\mathrm{d}V$,它对 l 轴的转动惯量为

$$\mathrm{d}J_l = r^2(x,y,z)\rho(x,y,z)\mathrm{d}V.$$

其中 $r(x,y,z)$ 为 P 到 l 的距离. 求和后便得 V 关于轴 l 的转动惯量

$$J_l = \iiint\limits_V r^2(x,y,z)\rho(x,y,z)\mathrm{d}v,$$

特别地,V 关于 x、y、z 轴的转动惯量分别为

$$J_x = \iiint\limits_V (y^2 + z^2)\rho(x,y,z)\mathrm{d}v;$$

$$J_y = \iiint\limits_V (z^2 + x^2)\rho(x,y,z)\mathrm{d}v;$$

$$J_z = \iiint\limits_V (x^2 + y^2)\rho(x,y,z)\mathrm{d}v.$$

类似地可求出平面薄板块 D 对两坐标轴的转动惯量:

$$J_x = \iint\limits_D y^2 \rho(x,y)\mathrm{d}\sigma, \qquad J_y = \iint\limits_D x^2 \rho(x,y)\mathrm{d}\sigma.$$

除对轴的转动惯量外,在平面上还有对点的转动惯量,在空间中有对平面的转动惯量概念,其定义和计算方法与对轴的转动惯量是类似的.

例 11.4.5　求均匀椭球体 $V: \dfrac{x^2}{a^2} + \dfrac{y^2}{b^2} + \dfrac{z^2}{c^2} \leqslant 1$ 对于 x 轴的转动惯量 J_x.

解　不妨假定 $\rho = \rho_0$,则

$$\iiint\limits_V z^2 \rho(x,y,z)\mathrm{d}x\,\mathrm{d}y\,\mathrm{d}z = \rho_0 \iiint\limits_V z^2 \mathrm{d}x\,\mathrm{d}y\,\mathrm{d}z = \rho_0 \int_{-c}^c z^2 \mathrm{d}z \iint\limits_{\frac{x^2}{a^2}+\frac{y^2}{b^2} \leqslant 1-\frac{z^2}{c^2}} \mathrm{d}x\,\mathrm{d}y$$

$$= \rho_0 \int_{-c}^c z^2 \pi ab\left(1 - \frac{z^2}{c^2}\right)\mathrm{d}z = \frac{4}{15}\pi\rho_0 abc^3 = \frac{1}{5}Mc^2.$$

这里 $M = \dfrac{4}{3}\pi abc\rho_0$ 为椭球体的质量. 置换字母,不难得到

$$\iiint\limits_V y^2 \rho_0 \mathrm{d}v = \frac{1}{5}Mb^2,$$

所以

$$J_x = \iiint\limits_V (y^2 + z^2)\rho_0 \mathrm{d}v = \frac{1}{5}M(b^2 + c^2).$$

习　题　11.4

1. 求由下列曲面所围成的立体体积:

(1) $z = 6 - x^2 - y^2, z = \sqrt{x^2 + y^2}$;

(2) $z = x^2 + y^2, z = 2(x^2 + y^2), y = x, y = x^2$;

(3) $x^2 + y^2 + z^2 = 25, x^2 + y^2 = 4y$.

2. 一颗星占有中心在原点,半径为 R 的球域 V,它的密度为

$$\rho(x, y, z) = Ce^{-[(x^2 + y^2 + z^2)/R^2]^{\frac{3}{2}}},$$

其中 C 为常数,求这颗星的质量.

3. 求下列曲面的面积:

(1) 圆锥面 $z = \sqrt{x^2 + y^2}$ 被柱面 $z^2 = 2y$ 截下的部分;

(2) 球面 $x^2 + y^2 + z^2 = a^2$ 被柱面 $\dfrac{x^2}{a^2} + \dfrac{y^2}{b^2} = 1(b \leqslant a)$ 截下的部分.

4. 求由圆 $x^2 + y^2 = a^2$ 与 $x^2 + y^2 = 4a^2$ 所围的均匀圆环在第一象限部分的重心.

5. 求由坐标面及平面 $\dfrac{x}{a} + \dfrac{y}{b} + \dfrac{z}{c} = 1$ 所围均匀四面体的重心.

6. 一只装食油的圆罐高 20cm,直径为 8cm,以罐底作为 xy 平面建立坐标系,并通过压缩,食油的密度为

$$\rho(x, y, z) = a(40 - z),$$

其中 a 为常数.试确定这罐食油的重心.

7. 将一半径为 R 的空心球压入水中,试计算所做的功.

8. 求一半径为 R 的均匀圆板关于其切线的转动惯量.

9. 求空间单位正方体 $V = [0,1] \times [0,1] \times [0,1]$ 关于 x 轴的转动惯量.

10. 求均匀柱体 $x^2 + y^2 \leqslant a^2, 0 \leqslant z \leqslant h$ 对于点 $P(0,0,c)(c > h)$ 处的单位质量的引力.

§11.5* 含参变量积分

在 §11.2 中,我们已介绍了含参变量积分

$$I(x) = \int_c^d f(x, y)\mathrm{d}y, \tag{1}$$

并讨论了它的连续性和可积性.现在我们进一步讨论它的可微性及应用.

11.5.1 含参变量积分的导数(I)

定理 11.5.1　如果函数 $f(x, y)$ 及其偏导数 $\dfrac{\partial f(x, y)}{\partial x}$ 都在矩形 $R = [a, b] \times [c, d]$ 上连续,那么由参变量积分(1)所确定的函数 $I(x)$ 在 $[a, b]$ 上可微,且

$$I'(x) = \frac{\mathrm{d}}{\mathrm{d}x} \int_c^d f(x, y)\mathrm{d}y = \int_c^d \frac{\partial f}{\partial x}\mathrm{d}y. \tag{2}$$

证　由(1)及拉格朗日中值定理,$\forall x \in [a, b], x + \Delta x \in [a, b]$,有

$$\frac{I(x+\Delta x)-I(x)}{\Delta x}=\int_c^d \frac{f(x+\Delta x,y)-f(x,y)}{\Delta x}\mathrm{d}y$$

$$=\int_c^d f_x(x+\theta\Delta x,y)\mathrm{d}y,$$

其中 $0<\theta<1$,于是

$$\left|\frac{\Delta I(x)}{\Delta x}-\int_c^d \frac{\partial f}{\partial x}\mathrm{d}y\right|=\left|\int_c^d [f_x(x+\theta\Delta x,y)-f_x(x,y)]\mathrm{d}y\right|$$

$$\leqslant\int_c^d |f_x(x+\theta\Delta x,y)-f_x(x,y)|\mathrm{d}y.$$

因 $f_x(x,y)$ 在 R 上连续,所以必一致连续. 因此 $\forall\varepsilon>0,\exists\delta>0$,当 $|\Delta x|<\delta$ 时 $\forall(x,y)\in R$,有

$$|f_x(x+\theta\Delta x,y)-f_x(x,y)|<\frac{\varepsilon}{d-c}.$$

此时

$$\left|\frac{\Delta I}{\Delta x}-\int_c^d \frac{\partial f}{\partial x}\mathrm{d}y\right|<\int_c^d \frac{\varepsilon}{d-c}\mathrm{d}y=\varepsilon,$$

这表明 $I(x)$ 可导,且

$$I'(x)=\int_c^d \frac{\partial f}{\partial x}\mathrm{d}y. \qquad\qquad \square$$

11.5.2 含参变量积分的导数(Ⅱ)

在积分(1)中,积分限 c、d 都是常数,但有时也会遇到对参变量 x 不同的值,积分限也不同的情形. 例如,若 $f(x,y)$ 的定义域是 x 型区域,那么在计算二重积分时便会出现积分

$$J(x)=\int_{\alpha(x)}^{\beta(x)} f(x,y)\mathrm{d}y, \tag{3}$$

这个积分也是含参变量的积分. 下面我们讨论这类积分的性质.

定理 11.5.2 如果函数 $f(x,y)$ 在矩形 $R=[a,b]\times[c,d]$ 上连续,$\alpha(x)$、$\beta(x)$ 在 $[a,b]$ 上连续,且

$$c\leqslant\alpha(x)\leqslant d,\quad c\leqslant\beta(x)\leqslant d,$$

那么由(3)确定的函数 $J(x)$ 在 $[a,b]$ 上连续.

证 在积分(3)中作变量代换

$$y=\alpha(x)+t[\beta(x)-\alpha(x)], \tag{4}$$

则当 y 在 $\alpha(x)$、$\beta(x)$ 间取值时,t 在 $[0,1]$ 上取值,且

$$\mathrm{d}y=[\beta(x)-\alpha(x)]\mathrm{d}t,$$

所以

$$J(x)=[\beta(x)-\alpha(x)]\int_0^1 f(x,\alpha(x)+t[\beta(x)-\alpha(x)])\mathrm{d}t. \tag{5}$$

由于(5)式右端积分中的被积函数在矩形 $[a,b]\times[0,1]$ 上连续,所以由定理 11.2.1,$J(x)$ 在 $[a,b]$ 上连续. $\qquad\qquad \square$

关于函数 $J(x)$ 的可微性,则有下面的定理:

定理 11.5.3 如果函数 $f(x,y)$ 及其偏导数 $f_x(x,y)$ 在矩形 $R=[a,b]\times[c,d]$ 上连续, $\alpha(x)$、$\beta(x)$ 在 $[a,b]$ 上连续可微且

$$c\leqslant \alpha(x)\leqslant d, \qquad c\leqslant \beta(x)\leqslant d,$$

则由(3)确定的函数 $J(x)$ 在 $[a,b]$ 上可微,且

$$J'(x)=\int_{\alpha(x)}^{\beta(x)}\frac{\partial f}{\partial x}\mathrm{d}y+f(x,\beta(x))\beta'(x)-f(x,\alpha(x))\alpha'(x). \tag{6}$$

证 由(3), $\forall x\in[a,b]$, $x+\Delta x\in[a,b]$,有

$$\frac{J(x+\Delta x)-J(x)}{\Delta x}=\frac{1}{\Delta x}\Big[\int_{\alpha(x+\Delta x)}^{\beta(x+\Delta x)}f(x+\Delta x,y)\mathrm{d}y-\int_{\alpha(x)}^{\beta(x)}f(x,y)\mathrm{d}y\Big]$$

$$=\int_{\alpha(x)}^{\beta(x)}\frac{f(x+\Delta x,y)-f(x,y)}{\Delta x}\mathrm{d}y$$

$$+\frac{1}{\Delta x}\int_{\beta(x)}^{\beta(x+\Delta x)}f(x+\Delta x,y)\mathrm{d}y-\frac{1}{\Delta x}\int_{\alpha(x)}^{\alpha(x+\Delta x)}f(x+\Delta x,y)\mathrm{d}y \tag{7}$$

和定理 11.5.1 一样,可证

$$\lim_{\Delta x\to 0}\int_{\alpha(x)}^{\beta(x)}\frac{f(x+\Delta x,y)-f(x,y)}{\Delta x}\mathrm{d}y=\int_{\alpha(x)}^{\beta(x)}\frac{\partial f}{\partial x}\mathrm{d}y,$$

又由积分中值定理,

$$\frac{1}{\Delta x}\int_{\beta(x)}^{\beta(x+\Delta x)}f(x+\Delta x,y)\mathrm{d}y=f(x+\Delta x,\xi)\frac{\beta(x+\Delta x)-\beta(x)}{\Delta x},$$

其中 ξ 在 $\beta(x)$ 与 $\beta(x+\Delta x)$ 之间. 由 $\beta(x)$ 的连续性,当 $\Delta x\to 0$ 时, $\xi\to\beta(x)$,再由 $\beta(x)$ 的可微性即知

$$\lim_{\Delta x\to 0}\frac{1}{\Delta x}\int_{\beta(x)}^{\beta(x+\Delta x)}f(x+\Delta x,y)\mathrm{d}y=f(x,\beta(x))\beta'(x),$$

同理,

$$\lim_{\Delta x\to 0}\frac{1}{\Delta x}\int_{\alpha(x)}^{\alpha(x+\Delta x)}f(x+\Delta x,y)\mathrm{d}y=f(x,\alpha(x))\alpha'(x),$$

在(7)式两端令 $\Delta x\to 0$,就得(6). □

例 11.5.1 设 $J(x)=\int_{x}^{x^2}\mathrm{e}^{-y^2\ln x}\mathrm{d}y$,求 $J'(x)$.

解 容易验证, $J(x)$ 满足定理 11.5.3 一切条件,所以由(6),

$$J'(x)=\int_{x}^{x^2}\frac{\partial}{\partial x}(\mathrm{e}^{-y^2\ln x})\mathrm{d}y+\mathrm{e}^{-(x^2)^2\ln x}\cdot(x^2)'-\mathrm{e}^{-x^2\ln x}\cdot(x)'$$

$$=-\frac{1}{x}\int_{x}^{x^2}y^2\mathrm{e}^{-y^2\ln x}\mathrm{d}y+2x\mathrm{e}^{-x^4\ln x}-\mathrm{e}^{-x^2\ln x}. □$$

11.5.3 应用举例

利用对含参变量积分的求导或求积运算,可以计算某些定积分,而这些积分往往很难用牛顿 — 莱布尼兹公式算出.

例 11.5.2　求　$I = \int_0^1 \dfrac{x^b - x^a}{\ln x} \mathrm{d}x \quad (0 < a < b).$

解　因为

$$\frac{x^b - x^a}{\ln x} = \int_a^b x^y \mathrm{d}y,$$

且 x^y 在 $[0,1] \times [a,b]$ 上连续,所以由定理 11.2.2 和 11.2.3 可得

$$I = \int_0^1 \mathrm{d}x \int_a^b x^y \mathrm{d}y = \int_a^b \mathrm{d}y \int_0^1 x^y \mathrm{d}x = \int_a^b \frac{\mathrm{d}y}{y+1} = \ln \frac{b+1}{a+1}. \qquad \square$$

例 11.5.3　计算定积分 $I = \int_0^1 \dfrac{\ln(1+x)}{1+x^2} \mathrm{d}x.$

解　考虑含参变量 α 的积分

$$I(\alpha) = \int_0^1 \frac{\ln(1+\alpha x)}{1+x^2} \mathrm{d}x,$$

则由公式(2)及有理函数的积分法,

$$
\begin{aligned}
I'(\alpha) &= \int_0^1 \frac{x}{(1+x^2)(1+\alpha x)} \mathrm{d}x \\
&= \frac{1}{1+\alpha^2} \left[\int_0^1 \frac{-\alpha}{1+\alpha x} \mathrm{d}x + \int_0^1 \frac{x}{1+x^2} \mathrm{d}x + \int_0^1 \frac{\alpha}{1+x^2} \mathrm{d}x \right] \\
&= \frac{1}{1+\alpha^2} \left[-\ln(1+\alpha) + \frac{1}{2}\ln 2 + \alpha \frac{\pi}{4} \right].
\end{aligned}
$$

上式在 $[0,1]$ 上对 α 积分,得到

$$I(1) - I(0) = -\int_0^1 \frac{\ln(1+\alpha)}{1+\alpha^2} \mathrm{d}\alpha + \frac{1}{2}\ln 2 \int_0^1 \frac{\mathrm{d}\alpha}{1+\alpha^2} + \frac{\pi}{4} \int_0^1 \frac{\alpha}{1+\alpha^2} \mathrm{d}\alpha.$$

注意 $I(1) = I, I(0) = 0$,就得

$$I = -I + \frac{1}{2} \cdot \ln 2 \cdot \frac{\pi}{4} + \frac{\pi}{8}\ln 2,$$

所以 $I = \dfrac{\pi}{8}\ln 2.$ $\qquad \square$

11.5.4　含参量的广义积分

含参量的积分可以推广到广义积分中去. 设函数 $f(x,y)$ 在无界区域 $D = [a,b] \times [c,+\infty)$ 上有定义,且 $\forall x \in [a,b]$,广义积分 $\int_c^{+\infty} f(x,y)\mathrm{d}y$ 都收敛,则它也确定了一个在 $[a,b]$ 上有定义的函数:

$$I(x) = \int_c^{+\infty} f(x,y)\mathrm{d}y. \tag{8}$$

(8) 式便称为含参量的无穷积分.

类似地可定义含参量的瑕积分. 设 $f(x,y)$ 在区域 $D = [a,b] \times [c,d]$ 上有定义,若对某些 x 值,c 为这个函数的瑕点,则称

$$I^*(x) = \int_c^d f(x,y)\mathrm{d}y \tag{9}$$

为含参量的瑕积分.

为了研究含参变量广义积分 $I(x)$ 和 $I^*(x)$ 的连续性、可积性和可微性,尚需建立类似于函数项级数那样的一致收敛性概念.下面仅对积分(8)进行讨论,因为所得的结果都可以平行地推广到瑕积分(9).

定义 11.5.1 对含参变量的广义积分(8),如果 $\forall \varepsilon > 0, \exists N = N(\varepsilon) > 0$,使 $\forall M > N, \forall x \in [a, b]$,有

$$\left| \int_c^M f(x, y) \mathrm{d}y - I(x) \right| < \varepsilon,$$

就称含参变量广义积分(8)在 $[a, b]$ 上一致收敛于 $I(x)$.

关于含参变量广义积分一致收敛性,也有与函数项级数一致收敛的优级数判别法相类似的判别法.

定理 11.5.4 如果存在函数 $g(y)$,使得

(1) $\forall x \in [a, b]$,$| f(x, y) | \leqslant g(y)$;

(2) 积分 $\int_c^{+\infty} g(y) \mathrm{d}y$ 收敛,

则含参变量广义积分(8)在 $[a, b]$ 上一致收敛.

有了含参变量广义积分一致收敛的概念,就可介绍函数 $I(x)$ 的连续、可微性定理了.

定理 11.5.5 如果函数 $f(x, y)$ 在区域 $D = [a, b] \times [c, +\infty)$ 上连续,且积分(8)在 $[a, b]$ 上一致收敛,则由(8)所确定的函数 $I(x)$ 在 $[a, b]$ 上连续.

定理 11.5.6 在定理 11.5.5 条件下,$I(x)$ 在 $[a, b]$ 上可积,且

$$\int_a^b I(x) \mathrm{d}x = \int_a^b \mathrm{d}x \int_c^{+\infty} f(x, y) \mathrm{d}y = \int_c^{+\infty} \mathrm{d}y \int_a^b f(x, y) \mathrm{d}x.$$

定理 11.5.7 若函数 $f(x, y), f_x'(x, y)$ 在区域 $D = [a, b] \times [c, +\infty)$ 上满足

(1) 连续;

(2) 积分(8)在 $[a, b]$ 上收敛;

(3) 积分 $\int_c^{+\infty} \dfrac{\partial f}{\partial x} \mathrm{d}y$ 在 $[a, b]$ 上一致收敛,则由(8)确定的函数 $I(x)$ 在 $[a, b]$ 上可微,且

$$\frac{\mathrm{d}I}{\mathrm{d}x} = \int_c^{+\infty} \frac{\partial f}{\partial x} \mathrm{d}y.$$

这些定理的证明和含参量积分相应定理的证明相类似,这里从略.

对于在无界区域 $[a, +\infty) \times [c, +\infty)$ 上定义的函数 $f(x, y)$,也有类似的结果.

例 11.5.4 讨论含参变量积分

$$\Gamma(s) = \int_0^{+\infty} x^{s-1} \mathrm{e}^{-x} \mathrm{d}x \quad (s > 0) \tag{10}$$

的连续性与可微性.

解 将 $\Gamma(s)$ 表示成

$$\Gamma(s) = \int_0^1 x^{s-1} \mathrm{e}^{-x} \mathrm{d}x + \int_1^{+\infty} x^{s-1} \mathrm{e}^{-x} \mathrm{d}x = I_1(s) + I_2(s),$$

其中

$$I_1(s) = \int_0^1 x^{s-1} \mathrm{e}^{-x} \mathrm{d}x,$$

当 $s \geqslant 1$ 时是正常积分，当 $0 < s < 1$ 时是收敛的瑕积分；

$$I_2(s) = \int_1^{+\infty} x^{s-1} \mathrm{e}^{-x} \mathrm{d}x,$$

当 $s > 0$ 时是收敛的无穷积分，所以 $\Gamma(s)$ 的定义域为 $s > 0$.

在任一闭区间 $[a,b]$ $(b > a > 0)$ 上，由于 $x^{s-1} \mathrm{e}^{-x} < x^{b-1} \mathrm{e}^{-x}$ 且 $\int_1^{+\infty} x^{b-1} \mathrm{e}^{-x} \mathrm{d}x$ 收敛，所以含参变量 s 的积分 $I_2(s)$ 在 $[a,b]$ 上一致收敛，$I_2(s)$ 在 $[a,b]$ 上连续.

又由于在 $[a,b]$ 上

$$\frac{\partial}{\partial s}(x^{s-1} \mathrm{e}^{-x}) = x^{s-1} \mathrm{e}^{-x} \ln x < x^{b-1} \mathrm{e}^{-x} \ln x \, (x \geqslant 1),$$

且积分 $\int_1^{+\infty} x^{b-1} \mathrm{e}^{-x} \ln x \, \mathrm{d}x$ 收敛，所以积分

$$\int_1^{+\infty} \frac{\partial}{\partial s}(x^{s-1} \mathrm{e}^{-x}) \mathrm{d}x$$

在 $[a,b]$ 上一致收敛，由定理 10.5.7，$I_2(s)$ 在 $[a,b]$ 上可微，且

$$I_2'(s) = \int_1^{+\infty} x^{s-1} \mathrm{e}^{-x} \ln x \, \mathrm{d}x.$$

类似地可以证明含参变量积分 $I_1(x)$ 在 $[a,b]$ 上连续、可导且

$$I_1'(s) = \int_0^1 x^{s-1} \mathrm{e}^{-x} \ln x \, \mathrm{d}x,$$

这样，函数 $\Gamma(s)$ 在 $[a,b]$ 上连续可导，且

$$\Gamma'(s) = \int_0^{+\infty} x^{s-1} \mathrm{e}^{-x} \ln x \, \mathrm{d}x, \tag{11}$$

由于 $[a,b]$ 是 $[0,+\infty)$ 内的任一闭区间，所以当 $s > 0$ 时，$\Gamma(s)$ 连续可导，且 (11) 式成立.

$\square$

由含参变量积分 (10) 所确定的函数 $\Gamma(s)$ 称为伽马 (Gamma) 函数，对伽马函数 $\Gamma(s)$，下面的递推公式成立：

$$\Gamma(s+1) = s\Gamma(s). \tag{12}$$

事实上，用分部积分法，当 $s > 0$ 时

$$\int_0^A x^s \mathrm{e}^{-x} \mathrm{d}x = -x^s \mathrm{e}^{-x} \Big|_0^A + s \int_0^A x^{s-1} \mathrm{e}^{-x} \mathrm{d}x$$

$$= -A^s \mathrm{e}^{-A} + s \int_0^A x^{s-1} \mathrm{e}^{-x} \mathrm{d}x,$$

令 $A \to +\infty$，便得 (12). 注意

$$\Gamma(1) = \int_0^{+\infty} \mathrm{e}^{-x} \mathrm{d}x = 1,$$

所以当 $s = n+1$ 为自然数时，

$$\Gamma(n+1) = n\Gamma(n) = \cdots = n! \ \Gamma(1) = n!$$

可见，伽马函数 $\Gamma(s)$ 可以看作阶乘 $n!$ 的推广.

习 题 11.5

1. 求下列含参变量积分的极限:

(1) $\lim\limits_{x\to 0}\int_x^{1+x}\dfrac{\mathrm{d}y}{1+x^2+y^2}$;

(2) $\lim\limits_{x\to 0}\int_{-1}^1\sqrt{x^2+y^2}\,\mathrm{d}y$.

2. 求下列函数的导数:

(1) $I(x)=\int_1^2\arctan\dfrac{x}{y}\mathrm{d}y$;

(2) $I(x)=\int_0^1\ln(x-\sqrt{x^2-y^2})\mathrm{d}y$;

(3) $I(x)=\int_0^x\dfrac{\ln(1+xy)}{y}\mathrm{d}y$;

(4) $I(x)=\int_{x^2}^{x^3}\arctan\dfrac{y}{x}\mathrm{d}y$.

3. 计算下列积分:

(1) $\int_0^1\dfrac{\arctan x}{\tan x}\cdot\dfrac{\mathrm{d}x}{\sqrt{1-x^2}}$;

(2) $\int_0^1\sin\dfrac{1}{x}\cdot\dfrac{x^b-x^a}{\ln x}\mathrm{d}x\quad(0<a<b)$.

4. 利用对参数的微分法,计算积分:

(1) $\int_0^{\frac{\pi}{2}}\dfrac{\arctan(\arctan x)}{\tan x}\mathrm{d}x\quad(|a|<1)$;

(2) $\int_0^1\dfrac{\ln(1-\alpha^2 x^2)}{x^2\sqrt{1-x^2}}\mathrm{d}x\quad(|\alpha|<1)$.

5. 试用伽马函数 $\Gamma(s)$ 表示积分 $\int_0^\infty \mathrm{e}^{-x^n}\mathrm{d}x$.

6. 试证明定理 11.5.5 和 11.5.7.

第 11 章 复 习 题

1. 若函数 $f(x,y)$ 在区域 D 上连续,且对任意区域 $D_1\subseteq D$,有

$$\iint\limits_{D_1}f(x,y)\mathrm{d}\sigma=0.$$

证明:在 D 上 $f(x,y)\equiv 0$.

2. 设 $f:[a,b]\to\mathbf{R}$ 为连续函数,试应用二重积分性质证明

$$\left[\int_a^b f(x)\mathrm{d}x\right]^2\leqslant(b-a)\int_a^b f^2(x)\mathrm{d}x.$$

3. 设 $I(r)=\int_{-r}^r\mathrm{e}^{-u^2}\mathrm{d}u$,

(1) 证明 $I^2(r)=\iint\limits_{D_r}\mathrm{e}^{-(x^2+y^2)}\mathrm{d}x\mathrm{d}y$,其中 $D_r=\{(x,y)\,|\,|x|\leqslant r,|y|\leqslant r\}$;

(2) 若 D_r^*,D_r^{**} 分别为(1) 中区域 D_r 的内切圆域和外接圆域,则

$$\iint\limits_{D_r^*}\mathrm{e}^{-(x^2+y^2)}\mathrm{d}x\mathrm{d}y\leqslant I^2(r)\leqslant\iint\limits_{D_r^{**}}\mathrm{e}^{-(x^2+y^2)}\mathrm{d}x\mathrm{d}y;$$

(3) 利用极坐标变换计算积分 $\iint\limits_{D_r^*}\mathrm{e}^{-(x^2+y^2)}\mathrm{d}x\mathrm{d}y$ 与 $\iint\limits_{D_r^{**}}\mathrm{e}^{-(x^2+y^2)}\mathrm{d}x\mathrm{d}y$;

(4) 证明 $\int_0^{+\infty}\mathrm{e}^{-x^2}\mathrm{d}x=\dfrac{\sqrt{\pi}}{2}$.

4. 若函数 $f(x,y)$ 在原点的某个邻域内连续,试利用洛必达法则计算极限

$$\lim_{\rho \to 0} \frac{1}{\pi \rho^2} \iint\limits_{R} f(x,y) \mathrm{d}x \, \mathrm{d}y,$$

其中 $R = \{(x,y) \mid x^2 + y^2 \leqslant \rho^2\}$.

5. 研究函数

$$F(y) = \int_0^1 \frac{yf(y)}{x^2 + y^2} \mathrm{d}y$$

的连续性,其中 f 为 $[0,1]$ 上的正连续函数.

6. 计算三重积分

$$\iiint\limits_{\Omega} \frac{z\ln(x^2 + y^2 + z^2 + 1)}{x^2 + y^2 + z^2 + 1} \mathrm{d}v,$$

其中 $\Omega : x^2 + y^2 + z^2 \leqslant 1$.

7. 设 $f(x,y) = \begin{cases} a\sqrt{x^2 + y^2}, & x^2 + y^2 \leqslant R; \\ be^{-x^2 - y^2}, & x^2 + y^2 > R, \end{cases}$ 试确定 a、b 的值,使 $f(x,y)$ 处处连续,且

$$\lim_{n \to \infty} \iint\limits_{x^2 + y^2 \leqslant n^2} f(x,y) \mathrm{d}\sigma = 1.$$

8. 设物体 V 由曲面 $z = \sqrt{a^2 - x^2 - y^2}$,$z = \sqrt{4a^2 - x^2 - y^2}$ 及 $z = \sqrt{\frac{1}{3}(x^2 + y^2)}$ 围成,质点

(x,y,z) 处的密度为 $\rho = \frac{1}{a}\sqrt{x^2 + y^2 + z^2}$,其中 $a > 0$,试求:

(1) V 的体积 ΔV;

(2) V 的质量 M;

(3) V 的重心坐标 $(\bar{x}, \bar{y}, \bar{z})$;

(4) V 对于坐标轴的转动惯量 J_x, J_y, J_z;

(5) V 对位于原点 O 的单位质点的引力 F.

第 12 章　曲线积分和曲面积分

前面我们介绍了二重积分和三重积分,在这些积分中,被积函数的定义域分别是平面或空间某个区域,但在许多实际问题中,例如计算非均匀曲线段或曲面片的质量、变力沿曲线所做的功、流体通过曲面的流量等,会遇到仅在平面某曲线段或空间某曲面片上有定义的函数,本章将研究这些函数的求积问题,这就是曲线积分和曲面积分.

§12.1　曲 线 积 分

12.1.1　第一型曲线积分

在 11.3 节中,我们曾计算过变密度的空间立体的质量. 现在我们用类似的方法来计算平面内一条变密度曲线段的质量.

假设 L 为有 xOy 平面内一条可求长的曲线段,L 的线密度函数 $f(x,y)$ 是 L 上的连续函数,我们来计算 L 的质量 M.

由于每一点的密度是个变量,故不能直接计算出曲线的质量. 联想到前面计算定积分、重积分的方法,我们也用"分割、替代、近似求和、取极限"的方法来解决这个矛盾.

首先对 L 作分割,它把 L 分成 n 个小曲线段 $L_i(i=1,2,\cdots,n)$,并在每一个 L_i 上任取一点 $P_i(\xi_i,\eta_i)$. 由于 f 为 L 上的连续函数,故当 L_i 都很小时,可近似地认为 L_i 的质量是均匀分布的,因此 L_i 的质量可近似地等于 $f(\xi_i,\eta_i)\Delta s_i$,其中 Δs_i 表示曲线段 L_i 的长度. 于是整个 L 的质量 M 就近似地等于和式:

$$\sum_{i=1}^{n} f(\xi_i,\eta_i)\Delta s_i. \tag{1}$$

当对 L 的分割越来越细密(即 $\|T\|=\max\{\Delta s_i\}\to 0$)时,上述和式的极限就是所求物体 L 的质量,即

$$M=\lim_{\|T\|\to 0}\sum_{i=1}^{n} f(\xi_i,\eta_i)\Delta s_i. \tag{2}$$

容易发现公式(2)的右端的和式,其结构与定积分、重积分的完全一样,因而(2)式右端的极限也定义了某种积分,这便是第一型曲线积分.

下面给出这类积分的定义.

定义 12.1.1　设 L 是一可求长的平面曲线段,f 为定义在 L 上的函数,对 L 作分割 T,它把 L 分成 n 个长度为 Δs_i 的小曲线段 $L_i(i=1,2,\cdots,n)$,称 $\|T\|=\max\{\Delta s_i,i=1,2,\cdots,n\}$ 为分割 T 的宽度,且在 L_i 上任取一点 $P_i(\xi_i,\eta_i),(i=1,2,\cdots,n)$. 若有极限

$$\lim_{\|T\|\to 0}\sum_{i=1}^{n} f(\xi_i,\eta_i)\Delta s_i = J, \tag{3}$$

且 J 的值与分割 T 及点 P_i 的取法无关,则称 f 在 L 上可积,极限 J 称为 f 在 L 上的第一型曲线积分,记作

$$J = \int_L f(x,y)\mathrm{d}s, \tag{4}$$

其中 $\mathrm{d}s$ 是弧长微元.

容易看出,当 L 是 x 轴上的线段时,(4)式就是定积分;而前面讲到的曲线段 L 的质量就是

$$M = \lim_{\|T\|\to 0}\sum_{i=1}^{n} f(\xi_i,\eta_i)\Delta s_i = \int_L f(x,y)\mathrm{d}s.$$

可以证明,若 f 为可求长的曲线段 L 上的连续函数,则 f 为 L 上的可积函数.

第一型曲线积分和定积分、重积分有类似的性质.

设 L 为可求长的平面曲线段,f 等为 L 上的函数,则有:

(1) 若 $f_i(i=1,2,\cdots,k)$ 在 L 上可积,$c_i(i=1,2,\cdots,k)$ 为常数,则 $\sum\limits_{i=1}^{k} c_i f_i$ 在 L 上可积,且

$$\int_L \left(\sum_{i=1}^{k} c_i f_i\right)\mathrm{d}s = \sum_{i=1}^{k} c_i \int_L f_i \mathrm{d}s;$$

(2) 设 L 可被划分成有限个相连接的可求长的小段 $L_i(i=1,2,\cdots,k)$. 若 f 在 L 上可积,则 f 在 $L_i(i=1,2,\cdots,k)$ 上也可积,且

$$\int_L f(x,y)\mathrm{d}s = \sum_{i=1}^{k} \int_{L_i} f(x,y)\mathrm{d}s; \tag{5}$$

反之,若 f 在 $L_i(i=1,2,\cdots,k)$ 上可积,则 f 在 L 上也可积,且(5)式成立.

(3) 若 f,g 在 L 上可积,且 $f(x,y)\leqslant g(x,y)$,则

$$\int_L f(x,y)\mathrm{d}s \leqslant \int_L g(x,y)\mathrm{d}s;$$

(4) 若 f 在 L 上可积,则 $|f|$ 在 L 上也可积,且

$$\left|\int_L f(x,y)\mathrm{d}s\right| \leqslant \int_L \left|f(x,y)\right|\mathrm{d}s;$$

(5) 若 f 在 L 上可积,则存在常数 $C \in (\inf_L f(x,y),\sup_L f(x,y))$,使得

$$\int_L f(x,y)\mathrm{d}s = C \cdot \Delta L,$$

其中 ΔL 为曲线段 L 的长度.

下面我们讨论第一型曲线积分的计算方法. 对此,我们有下面的定理,该定理说明,第一型曲线积分可以化为定积分来计算.

定理 12.1.1　设有光滑曲线

$$L:\begin{cases} x=\varphi(t), \\ y=\psi(t); \end{cases} \qquad t \in [\alpha,\beta]$$

(即 $\varphi(t),\psi(t)$ 在 $[\alpha,\beta]$ 上具有一阶连续导数,且它们的导数不同时为零). 函数 f 为定义

在 L 上的连续函数,则

$$\int_L f(x,y)\mathrm{d}s = \int_\alpha^\beta f(\varphi(t),\psi(t))\sqrt{\varphi'^2(t)+\psi'^2(t)}\,\mathrm{d}t. \tag{6}$$

证 假定当参数 t 由 α 变至 β 时,L 上的点 $P(x,y)$ 依点 A 至点 B 的方向描出曲线 L. 取 L 的任意分割 T,分点 $A=P_0,P_1,\cdots,P_{n-1},P_n=B$ 对应的参数值依次是 $\alpha=t_0<t_1<\cdots<t_{n-1}<t_n=\beta$,那么,$L$ 上曲线段 $\overset{\frown}{P_{i-1}P_i}$ 的弧长

$$\Delta s_i = \int_{t_{i-1}}^{t_i}\sqrt{\varphi'^2(t)+\psi'^2(t)}\,\mathrm{d}t \quad (i=1,2,\cdots,n).$$

应用积分中值定理有

$$\Delta s_i = \sqrt{\varphi'^2(\tau_i{}')+\psi'^2(\tau_i{}')}\,\Delta t_i,$$

其中 $\Delta t_i=t_i-t_{i-1},t_{i-1}\leqslant\tau_i{}'\leqslant t_i$. 于是

$$\int_L f(x,y)\mathrm{d}s = \lim_{\|T\|\to 0}\sum_{i=1}^n f[\varphi(\tau_i),\psi(\tau_i)]\cdot\sqrt{\varphi'^2(\tau_i{}')+\psi'^2(\tau_i{}')}\,\Delta t_i$$

$$(t_{i-1}\leqslant\tau_i\leqslant t_i).$$

由于函数 $\sqrt{\varphi'^2(t)+\psi'^2(t)}$ 在闭区间 $[\alpha,\beta]$ 上连续,我们可以把上式中的 $\tau_i{}'$ 换成 τ_i(此式的证明要用到函数 $\sqrt{\varphi'^2(t)+\psi'^2(t)}$ 在闭区间 $[\alpha,\beta]$ 上的一致连续性,这里从略),从而

$$\int_L f(x,y)\mathrm{d}s = \lim_{\|T\|\to 0}\sum_{i=1}^n f[\varphi(\tau_i),\psi(\tau_i)]\cdot\sqrt{\varphi'^2(\tau_i)+\psi'^2(\tau_i)}\,\Delta t_i,$$

上式右端的和的极限,正是函数 $f[\varphi(t),\psi(t)]\cdot\sqrt{\varphi'^2(t)+\psi'^2(t)}$ 在区间 $[\alpha,\beta]$ 上的定积分,由于这个函数在区间 $[\alpha,\beta]$ 上连续,所以这个定积分是存在的,因此上式左端的曲线积分 $\int_L f(x,y)\mathrm{d}s$ 也存在,并且有(6)式成立. $\qquad\square$

公式(6)表明,计算第一型曲线积分 $\int_L f(x,y)\mathrm{d}s$ 时,只要按照定积分计算中的换元积分法进行就可以了,但应注意其中弧微分 $\mathrm{d}s=\sqrt{\varphi'^2(t)+\psi'^2(t)}\,\mathrm{d}t$.

若曲线 L 由方程 $y=\psi(x),x\in[a,b]$ 表示,且 ψ 在 $[a,b]$ 上有连续的导数,那么,这时方程可看作特殊的参数方程

$$x=x,\quad y=\psi(x)\quad (a\leqslant x\leqslant b),$$

从而(6)式可写成

$$\int_L f(x,y)\mathrm{d}s = \int_a^b f(x,\psi(x))\sqrt{1+\psi'^2(x)}\,\mathrm{d}x. \tag{7}$$

若曲线 L 由方程 $x=\varphi(y),y\in[c,\mathrm{d}]$ 表示,且 φ 在 $[c,\mathrm{d}]$ 上有连续导数,则(6)式可写成

$$\int_L f(x,y)\mathrm{d}s = \int_c^d f(\varphi(y),y)\sqrt{1+\varphi'^2(y)}\,\mathrm{d}y. \tag{8}$$

例 12.1.1 计算 $I=\int_L(x^2+y^2)\mathrm{d}s$,其中 L 是上半圆周

$$\begin{cases} x=a\cos t, \\ y=a\sin t; \end{cases} \quad 0\leqslant t\leqslant\pi.$$

解　由公式(6)可得

$$I = \int_L (x^2 + y^2)\,\mathrm{d}s = \int_0^\pi a^2 \sqrt{a^2(\cos^2 t + \sin^2 t)}\,\mathrm{d}t = a^3\pi.　\quad\square$$

例 12.1.2　计算 $\displaystyle\int_L x\,\mathrm{d}s$，其中 L 是抛物线 $y = x^2$ 上点 $O(0,$

$0)$ 与点 $B(1,1)$ 之间的一段弧(图 12.1.1)。

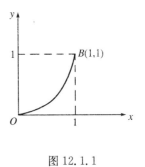

解　曲线 L 由方程 $y = x^2(0 \leqslant x \leqslant 1)$ 给出。因此

$$\begin{aligned}
\int_L x\,\mathrm{d}s &= \int_0^1 x\sqrt{1 + (x^2)'^2}\,\mathrm{d}x \\
&= \int_0^1 x\sqrt{1 + 4x^2}\,\mathrm{d}x \\
&= \left[\frac{1}{12}(1 + 4x^2)^{3/2}\right]\Big|_0^1 = \frac{1}{12}(5\sqrt{5} - 1).\quad\square
\end{aligned}$$

图 12.1.1

12.1.2　第二型曲线积分

在物理学中还碰到另一种类型的曲线积分问题。我们知道，质点在常力 $\boldsymbol{F}$(大小与方向都不变) 的作用下沿直线运动，如果位移是 $\boldsymbol{I}$(有向线段)，则常力 $\boldsymbol{F}$ 所做的功 W 是 $\boldsymbol{F}$ 与 $\boldsymbol{I}$ 的内积，即 $W = \boldsymbol{F} \cdot \boldsymbol{I} = |\boldsymbol{F}||\boldsymbol{I}|\cos\theta$，其中 θ 是 $\boldsymbol{F}$ 与 $\boldsymbol{I}$ 之间的夹角。

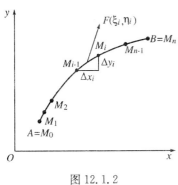

图 12.1.2

现在设一质点受变力 $\boldsymbol{F}(x,y)$ 的作用沿平面光滑有向曲线 $L = \overset{\frown}{AB}$ 从 L 的一端 A 移动到另一端 B，试求变力 $\boldsymbol{F}(x,y)$ 所做的功(图 12.1.2)。

为此，我们对有向曲线 $\overset{\frown}{AB}$ 作分割 T，即在 $\overset{\frown}{AB}$ 内插入 $n-1$ 个分点 $M_1(x_1,y_1), M_2(x_2,y_2), \cdots,$ $M_{n-1}(x_{n-1},y_{n-1})$，与 $A = M_0, B = M_n$ 一起把曲线分成 n 个有向小曲线段 $\overset{\frown}{M_{i-1}M_i}(i = 1,2,\cdots,n)$。若以 Δs_i 记小曲线段 $\overset{\frown}{M_{i-1}M_i}$ 的弧长，则分割 T 的宽度为 $\|T\| = \max\limits_{1\leqslant i\leqslant n}\{\Delta s_i\}$。设力 $\boldsymbol{F}(x,y)$ 在 x 轴和 y 轴方向的投影

分别为 $P(x,y)$ 与 $Q(x,y)$，即 $\boldsymbol{F}(x,y) = (P(x,y), Q(x,y))$，小曲线段 $\overset{\frown}{M_{i-1}M_i}$ 在 x 轴和 y 轴方向的投影分别为 $\Delta x_i = x_i - x_{i-1}$ 和 $\Delta y_i = y_i - y_{i-1}$，记 $\boldsymbol{L}_{M_{i-1}M_i} = (\Delta x_i, \Delta y_i)$。当 $\overset{\frown}{M_{i-1}M_i}$ 很小时，小曲线段可近似地看作直线段，小曲线段上每一点受到的力都可近似看作 $\boldsymbol{F}(\xi_i,\eta_i)$，其中 (ξ_i,η_i) 为小曲线段 $\overset{\frown}{M_{i-1}M_i}$ 上任一点。从而力 $\boldsymbol{F}(x,y)$ 在小曲线段 $\overset{\frown}{M_{i-1}M_i}$ 上所做的功

$$W_i \approx \boldsymbol{F}(\xi_i,\eta_i) \cdot \boldsymbol{L}_{M_{i-1}M_i} = P(\xi_i,\eta_i)\Delta x_i + Q(\xi_i,\eta_i)\Delta y_i,$$

于是，力 $\boldsymbol{F}$ 沿 $\overset{\frown}{AB}$ 所做的功可近似地表示为

$$W = \sum_{i=1}^n W_i \approx \sum_{i=1}^n (P(\xi_i,\eta_i)\Delta x_i + Q(\xi_i,\eta_i)\Delta y_i). \tag{9}$$

当宽度 $\|T\| \to 0$ 时，右端和式的极限就是所求的功。类似于前面各种类型积分的定义，这种类型和式的极限就是下面所要讨论的第二型曲线积分。

定义 12.1.2 设 L 为 xOy 平面上的光滑或分段光滑的有向曲线,起点为 A,终点为 B. $P(x,y)$、$Q(x,y)$ 为定义在 L 上的有界函数. T 为曲线 L 的任一分割,分点依次为 $A=M_0,M_1,\cdots,M_{n-1},M_n=B$,它把 L 分成 n 个小弧段 $\overset{\frown}{M_{i-1}M_i}(i=1,2,\cdots,n)$,各小弧段的长依次记为 Δs_i,而 $\|T\|=\max\limits_{1\leqslant i\leqslant n}\{\Delta s_i\}$ 为分割 T 的宽度. 又记 $\Delta x_i=x_i-x_{i-1},\Delta y_i=y_i-y_{i-1}(i=1,2,\cdots,n),(\xi_i,\eta_i)$ 为弧 $\overset{\frown}{M_{i-1}M_i}$ 上的任一点,如果极限

$$\lim_{\|T\|\to 0}\sum_{i=1}^{n}(P(\xi_i,\eta_i)\Delta x_i+Q(\xi_i,\eta_i)\Delta y_i)$$

存在,且与分法 T 无关,与点 (ξ_i,η_i) 的取法无关,就称此极限为函数 $P(x,y)$、$Q(x,y)$ 沿有向曲线 L 的第二型曲线积分,记为

$$\int_L P\mathrm{d}x+Q\mathrm{d}y \quad \text{或}\int_{\widehat{AB}} P\mathrm{d}x+Q\mathrm{d}y, \tag{10}$$

或 $\quad\displaystyle\int_L P\mathrm{d}x+\int_L Q\mathrm{d}y, \qquad \int_{\widehat{AB}} P\mathrm{d}x+\int_{\widehat{AB}} Q\mathrm{d}y.$

若 L 为封闭有向曲线,则记为

$$\oint_L P\mathrm{d}x+Q\mathrm{d}y. \tag{11}$$

若记 $\boldsymbol{F}(x,y)=(P(x,y),Q(x,y)),\mathrm{d}\boldsymbol{s}=(\mathrm{d}x,\mathrm{d}y)$,则(10) 式可写成向量形式

$$\int_L \boldsymbol{F}\cdot\mathrm{d}\boldsymbol{s} \quad \text{或} \quad \int_{\widehat{AB}} \boldsymbol{F}\cdot\mathrm{d}\boldsymbol{s}. \tag{12}$$

于是,力 $F(x,y)=(P(x,y),Q(x,y))$ 沿曲线 $L(AB)$ 对质点所做的功

$$W=\int_L P(x,y)\mathrm{d}x+Q(x,y)\mathrm{d}y.$$

若 L 为光滑或分段光滑的空间有向曲线,P、Q、R 为定义在 L 上的函数,则可按上述方法定义沿空间有向曲线 L 的第二型曲线积分,并记为

$$\int_L P(x,y,z)\mathrm{d}x+Q(x,y,z)\mathrm{d}y+R(x,y,z)\mathrm{d}z. \tag{13}$$

第二型曲线积分与曲线 L 的方向有关. 对同一曲线,方向由 A 到 B 改为由 B 到 A 时,每一小弧段的方向都改变,从而所得的 $\Delta x,\Delta y$ 也随之改变一个符号,故有

$$\int_{\widehat{AB}} P\mathrm{d}x+Q\mathrm{d}y=-\int_{\widehat{BA}} P\mathrm{d}x+Q\mathrm{d}y. \tag{14}$$

而第一型曲线积分的被积表达式只是函数 f 与弧长的乘积,它与曲线 L 的方向无关. 这是两类曲线积分的一个重要差别.

类似于第一型曲线积分,第二型曲线积分也有下列性质:

(1) 若 $\displaystyle\int_L P_i(x,y)\mathrm{d}x+Q_i(x,y)\mathrm{d}y$ 存在,$c_i(i=1,2,\cdots,k)$ 为常数,则

$$\int_L (\sum_{i=1}^{k} c_i P_i)\mathrm{d}x+(\sum_{i=1}^{k} c_i Q_i)\mathrm{d}y$$

也存在,且

$$\int_L (\sum_{i=1}^{k} c_i P_i)\mathrm{d}x+(\sum_{i=1}^{k} c_i Q_i)\mathrm{d}y=\sum_{i=1}^{k} c_i(\int_L P_i\mathrm{d}x+Q_i\mathrm{d}y).$$

（2）设有向曲线 L 是由有向曲线 L_1、L_2 首尾衔接而成，且 $\displaystyle\int_{L_i} P(x,y)\mathrm{d}x + Q(x,$ $y)\mathrm{d}y$ $(i=1,2)$ 存在，则 $\displaystyle\int_L P(x,y)\mathrm{d}x + Q(x,y)\mathrm{d}y$ 也存在，且

$$\int_L P(x,y)\mathrm{d}x + Q(x,y)\mathrm{d}y = \sum_{i=1}^2 \int_{L_i} P(x,y)\mathrm{d}x + Q(x,y)\mathrm{d}y.$$

与第一型曲线积分一样，也可以把第二型曲线积分化为定积分来计算. 设

$$L: \begin{cases} x = \varphi(t), \\ y = \psi(t); \end{cases} \quad t \in [\alpha, \beta],$$

为 $[\alpha,\beta]$ 上光滑或分段光滑平面曲线，P 和 Q 为 L 上的连续函数，那么和定理 12.1.1 相类似，可以证明沿 L 从 $A(\varphi(\alpha),\psi(\alpha))$ 到 $B(\varphi(\beta),\psi(\beta))$ 的第二型曲线积分

$$\int_L P(x,y)\mathrm{d}x + Q(x,y)\mathrm{d}y$$

$$= \int_\alpha^\beta [P(\varphi(t),\psi(t))\varphi'(t) + Q(\varphi(t),\psi(t))\psi'(t)]\mathrm{d}t. \tag{15}$$

例 12.1.3　计算 $\displaystyle\int_L xy\mathrm{d}x + (y-x)\mathrm{d}y$，其中 L 分别为图 12.1.3 中的路线：

（1）$\overline{AB}$（直线段）；

（2）$\widehat{ACB}$（抛物线 $y = 2(x-1)^2 + 1$）；

（3）$\widehat{ADB}$（折线）.

解　（1）直线段 $\overline{AB}$ 的参数方程为

$$\begin{cases} x = 1+t, \\ y = 1+2t, \end{cases} 0 \leqslant t \leqslant 1,$$

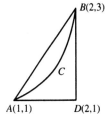

图 12.1.3

故由公式（15）可得

$$\int_{\widehat{AB}} xy\mathrm{d}x + (y-x)\mathrm{d}y = \int_0^1 [(1+t)(1+2t) + 2t]\mathrm{d}t$$

$$= \int_0^1 (1 + 5t + 2t^2)\mathrm{d}t = \frac{25}{6}.$$

（2）曲线 $\widehat{ACB}$ 可由抛物线方程 $y = 2(x-1)^2 + 1, 1 \leqslant x \leqslant 2$ 表示，所以

$$\int_{\widehat{ACB}} xy\mathrm{d}x + (y-x)\mathrm{d}y$$

$$= \int_1^2 \{x[2(x-1)^2 + 1] + [2(x-1)^2 + 1 - x]4(x-1)\}\mathrm{d}x$$

$$= \int_1^2 (10x^3 - 32x^2 + 35x - 12)\mathrm{d}x = \frac{10}{3}.$$

（3）应用上述性质（2），分别求沿 $\overline{AD}$ 和 $\overline{DB}$ 上的线积分然后相加，即可得到所求之曲线积分. 由于沿直线段 $AD: x = x, y = 1, (1 \leqslant x \leqslant 2)$ 的线积分为

$$\int_{\overline{AD}} xy\mathrm{d}x + (y-x)\mathrm{d}y = \int_{\overline{AD}} xy\mathrm{d}x = \int_1^2 x\mathrm{d}x = \frac{3}{2},$$

沿直线段 $\overline{DB}: x = 2, y = y, (1 \leqslant y \leqslant 3)$ 的线积分为

$$\int_{\overline{DB}} xy\mathrm{d}x + (y-x)\mathrm{d}y = \int_{\overline{DB}} (y-x)\mathrm{d}y = \int_1^3 (y-2)\mathrm{d}y = 0,$$

所以

$$\int_L xy\mathrm{d}x + (y-x)\mathrm{d}y = \int_{\overline{AD}} xy\mathrm{d}x + (y-x)\mathrm{d}y + \int_{\overline{DB}} xy\mathrm{d}x + (y-x)\mathrm{d}y = \frac{3}{2}. \quad \square$$

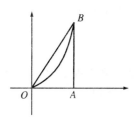

图 12.1.4

例 12.1.4 计算 $\int_L 2xy\mathrm{d}x + x^2\mathrm{d}y$,其中 L 为

(1) 沿抛物线 $y = 2x^2$ 从 $O(0,0)$ 到 $B(1,2)$ 的一段;

(2) 沿直线段 $\overline{OB}$;

(3) 从点 $O(0,0)$ 到 $A(1,0)$ 再到 $B(1,2)$ 的折线段(图 12.1.4).

解 (1) $\int_L 2xy\mathrm{d}x + x^2\mathrm{d}y$

$$= \int_0^1 [2x(2x^2) + x^2(4x)]\mathrm{d}x = \int_0^1 8x^3\mathrm{d}x = 2.$$

(2) 直线段 $\overline{OB}$ 方程为 $y = 2x(0 \leqslant x \leqslant 1)$,所以

$$\int_L 2xy\mathrm{d}x + x^2\mathrm{d}y = \int_0^1 [2x(2x) + x^2 \cdot 2]\mathrm{d}x = \int_0^1 6x^2\mathrm{d}x = 2.$$

(3) 在 $\overline{OA}$ 一段,$y = 0(0 \leqslant x \leqslant 1)$,在 $\overline{AB}$ 一段,$x = 1(0 \leqslant y \leqslant 2)$,所以

$$\int_{\overline{OA}} 2xy\mathrm{d}x + x^2\mathrm{d}y = \int_0^1 0\mathrm{d}x = 0,$$

$$\int_{\overline{AB}} 2xy\mathrm{d}x + x^2\mathrm{d}y = \int_0^2 1\mathrm{d}y = 2,$$

$$\int_L 2xy\mathrm{d}x + x^2\mathrm{d}y = \int_{\overline{OA}} 2xy\mathrm{d}x + x^2\mathrm{d}y + \int_{\overline{AB}} 2xy\mathrm{d}x + x^2\mathrm{d}y$$

$$= 0 + 2 = 2. \quad \square$$

对空间有向光滑曲线 $L = \overset{\frown}{AB}$,若其参数方程为

$$\begin{cases} x = x(t), \\ y = y(t), \qquad \alpha \leqslant t \leqslant \beta, \\ z = z(t), \end{cases}$$

且 $t = \alpha$ 对应 L 的起点 A,$t = \beta$ 对应 L 的终点 B,函数 $P(x,y,z),Q(x,y,z)$ 及 $R(x,y,z)$ 在 L 上连续,则

$$\int_L P(x,y,z)\mathrm{d}x + Q(x,y,z)\mathrm{d}y + R(x,y,z)\mathrm{d}z$$

$$= \int_\alpha^\beta [P(x(t),y(t),z(t))x'(t) + Q(x(t),y(t),z(t))y'(t)$$

$$+ R(x(t),y(t),z(t))z'(t)]\mathrm{d}t. \tag{16}$$

例 12.1.5 计算 $\int_L x^3\mathrm{d}x + 3xy^2\mathrm{d}y - x^2z\mathrm{d}z$,其中 L 是从点 $A(3,2,1)$ 到点 $O(0,0,0)$ 的直线段 $\overline{AO}$.

解 L 的方程为 $\dfrac{x}{3} = \dfrac{y}{2} = \dfrac{z}{1}$,化成参数方程为 $x = 3t, y = 2t, z = t, 0 \leqslant t \leqslant 1$,且起

点 A 对应参数 $t=1$,终点 O 对应参数 $t=0$,于是

$$\int_L x^3 dx + 3xy^2 dy - x^2 z dz = \int_1^0 [(3t)^3 \cdot 3 + 3(3t)(2t)^2 \cdot 2 - (3t)^2 \cdot t] dt$$

$$= 144 \int_1^0 t^3 dt = -36. \qquad \Box$$

12.1.3 两类曲线积分之间的关系

第一类与第二类曲线积分的定义是不同的,但由于都是沿曲线的积分,所以两者之间又有密切的联系.

设 L 为从 A 到 B 的有向光滑曲线,$M(x,y)$ 为 L 上任一点,取弧长 $\overparen{AM}=s$ 为参数,于是 L 的参数方程可设为

$$\begin{cases} x = x(s), \\ y = y(s), \end{cases} \qquad 0 \leqslant s \leqslant l,$$

这里 l 表示 L 的全长,且 $x(s),y(s)$ 在 $[O,l]$ 上有连续导数. 规定曲线上每一点的切线正向与曲线的正向(即弧长增加的方向)一致. 又设 $P(x,y),Q(x,y)$ 在 L 上连续,由第二型曲线积分的计算公式(15),有

$$\int_L P(x,y) dx + Q(x,y) dy$$

$$= \int_0^l \Big[P(x(s),y(s)) \frac{dx}{ds} + Q(x(s),y(s)) \frac{dy}{ds} \Big] ds$$

$$= \int_0^l [P(x(s),y(s))\cos \alpha + Q(x(s),y(s))\cos \beta] ds,$$

其中 $\dfrac{dx}{ds}=\cos \alpha$,$\dfrac{dy}{ds}=\cos \beta$ 是曲线 L 在点 $M(x,y)$ 处的切线方向余弦,$\alpha=\alpha(x,y)$,$\beta=\beta(x,y)$ 是切线的方向角.

另一方面,由上一段第一型曲线积分的计算公式(6),有

$$\int_L [P(x,y)\cos \alpha + Q(x,y)\cos \beta] ds$$

$$= \int_0^l [P(x(s),y(s))\cos \alpha + Q(x(s),y(s))\cos \beta] ds.$$

因此,平面曲线 L 上的两类曲线积分之间有如下联系:

$$\int_L P dx + Q dy = \int_L (P\cos \alpha + Q\cos \beta) ds. \tag{17}$$

可能会有这样的疑问:(17)式左端的第二型曲线积分与 L 的方向有关,而右端的第一型曲线积分与 L 的方向无关,这是否矛盾呢? 其实并不矛盾. 因为当(17)式左端的积分路径方向改变时,积分值改变符号;但此时曲线上各点处的切线正向也都随之改为相反的方向(即弧长减少的方向),因而 $\cos \alpha$,$\cos \beta$ 都要改变符号,于是(17)式右端积分值也改变符号,所以等式仍然成立.

习 题 12.1

1. 计算下列第一型曲线积分:

(1) $\int_L (x+y)\mathrm{d}s$,其中 L 是 $O(0,0),A(1,0),B(0,1)$ 为顶点的三角形;

(2) $\int_L (x^2+y^2)^{1/2}\mathrm{d}s$,其中 L 是以原点为中心,R 为半径的右半圆周;

(3) $\int_L xy\mathrm{d}s$,其中 L 是椭圆 $\dfrac{x^2}{2}+\dfrac{y^2}{4}=1$ 在第一象限中的部分;

(4) $\int_L |y|\,\mathrm{d}s$,其中 L 为单位圆 $x^2+y^2=1$;

(5) $\int_L (x^2+y^2+z^2)\mathrm{d}s$,其中 L 为螺旋线 $x=a\cos t,y=a\sin t,z=bt(0\leqslant t\leqslant 2\pi)$ 的一段.

2. 计算下列第二型曲线积分:

(1) $\int_L x\mathrm{d}y-y\mathrm{d}x$,其中 L 为例 12.1.5 中的三种情形;

(2) $\int_L (2a-y)\mathrm{d}x+\mathrm{d}y$,其中 L 为 $x=a(t-\sin t),y=a(1-\cos t)(0\leqslant t\leqslant 2\pi)$,沿 t 增加方向的一段;

(3) $\oint_L \dfrac{-x\mathrm{d}x+y\mathrm{d}y}{x^2+y^2}$,其中 L 为圆周 $x^2+y^2=a^2$,依逆时针方向;

(4) $\oint_L y\mathrm{d}x+\sin x\mathrm{d}y$,其中 L 为 $y=\sin x(0\leqslant x\leqslant \pi)$ 与 x 轴所围的闭曲线,依顺时针方向;

(5) $\int_L x\mathrm{d}x+y\mathrm{d}y+z\mathrm{d}z$,其中 L 为从 $(1,1,1)$ 到 $(2,3,4)$ 的直线段.

3. 设一质点受力作用,力的方向指向原点,大小与质点离原点的距离成正比. 若质点沿直线 $x=at,y=bt,z=ct(c\neq 0)$ 从 $M(a,b,c)$ 到 $N(2a,2b,2c)$,求力所做的功.

4. 求曲线 $x=a,y=at,z=\dfrac{1}{2}at^2(0\leqslant t\leqslant 1,a>0)$ 的质量,设其线密度为 $\rho=\sqrt{\dfrac{2z}{a}}$.

5. 设在 xOy 平面内有一质量分布不均匀的曲线段 L,在点 (x,y) 处它的线密度为 $\rho(x,y)$,用第一型曲线积分分别表达:

(1) 这曲线段对 x、y 轴的转动惯量 I_x,I_y;

(2) 它的重心坐标 $\overline{x},\overline{y}$.

§ 12.2 曲 面 积 分

12.2.1 第一型曲面积分的概念

在 11.1 节中,我们曾用重积分计算平面薄板的质量,下面我们考虑空间曲面片的质量问题.

仿照上一节讨论曲线质量的方法同样可得到表示曲面片质量的极限形式. 事实上,只要在上一节的质量问题中,把曲线 L 改为曲面 S,并把线密度 $f(x,y)$ 改为面密度 $f(x,y,z)$,对曲线弧 L 的分割改为对曲面片 S 的分割,小曲线段 L_i 的弧长 ΔS_i 改为小曲面块 S_i 的面积 ΔS_i,

而第 i 小段曲线上的一点 (ξ_i, η_i) 改为第 i 块小曲面上的一点 (ξ_i, η_i, ζ_i),把 $\|T\| = \max\limits_i \{\Delta S_i\}$ 改为 $\|T\| = \max\limits_i \{S_i$ 的直径$\}$(曲面的直径是指曲面上任意两点间距离的上确界),那么,在面密度 $f(x, y, z)$ 为连续的前提下,所求的质量 M 就是下列和的极限:

$$M = \lim_{\|T\| \to 0} \sum_{i=1}^{n} f(\xi_i, \eta_i, \zeta_i) \Delta S_i.$$

由此就产生了第一型曲面积分的概念.

定义 12.2.1　设光滑曲面 $S: z = z(x, y), (x, y) \in D, D$ 为 xOy 平面上有界闭区域. $f(x, y, z)$ 为定义在 S 上的函数. 对 S 作分割 T,它把 S 分成 n 个可度量的小曲面块 $S_i (i = 1, 2, \cdots, n)$,称 $\|T\| = \max\{\mathrm{d}(S_i), i = 1, 2, \cdots, n\}$ 为分割 T 的宽度,这里 $\mathrm{d}(S_i)$ 表示 S_i 的直径,且在 S_i 上任取一点 $P_i(\xi_i, \eta_i, \zeta_i)(i = 1, 2, \cdots, n)$. 若极限

$$\lim_{\|T\| \to 0} \sum_{i=1}^{n} f(\xi_i, \eta_i, \zeta_i) \Delta S_i$$

存在,等于 J,且 J 的值与分割 T 及点 P_i 的取法无关,则称 f 在曲面片 S 上可积,极限 J 称为 f 在 S 上的第一型曲面积分,记作

$$J = \iint_S f(x, y, z) \mathrm{d}S, \tag{1}$$

其中 $\mathrm{d}S$ 是曲面 S 的面积微元.

曲面 S 的质量便可记为

$$M = \lim_{\|T\| \to 0} \sum_{i=1}^{n} f(\xi_i, \eta_i, \zeta_i) \Delta S_i = \iint_S f(x, y, z) \mathrm{d}S.$$

第一型曲面积分也和定积分有类似的性质. 例如,可以证明:若 f 为光滑曲面片 S 上的连续函数,则 f 为 S 上的可积函数. 此外,还有下述一些重要性质,其中 S 为光滑曲面片,f 等为 S 上的可积函数:

(1) 若 $f_i(i = 1, 2, \cdots, k)$ 在 S 上可积,$c_i(i = 1, 2, \cdots, k)$ 为常数,则 $\sum\limits_{i=1}^{k} c_i f_i$ 在 S 上也可积,且

$$\iint_S (\sum_{i=1}^{k} c_i f_i) \mathrm{d}S = \sum_{i=1}^{k} c_i \iint_S f_i \mathrm{d}S. \tag{2}$$

(2) 设 S 可被划分成有限个相连接的光滑小曲面块 $S_i(i = 1, 2, \cdots, k)$. 若 f 在 S 上可积,则 f 在 $S_i(i = 1, 2, \cdots, k)$ 上也可积,且

$$\iint_S f(x, y, z) \mathrm{d}S = \sum_{i=1}^{k} \iint_{S_i} f(x, y, z) \mathrm{d}S. \tag{3}$$

反之,若 f 在 $S_i(i = 1, 2, \cdots, k)$ 上可积,则 f 在 S 上也可积,且(3) 式成立.

(3) 若 f, g 在 S 上可积,且 $f(x, y, z) \leqslant g(x, y, z)$,则

$$\iint_S f(x, y, z) \mathrm{d}S \leqslant \iint_S g(x, y, z) \mathrm{d}S.$$

(4) 若 f 在 S 上可积,则 $|f|$ 在 S 上也可积,且

$$\left|\iint_S f(x,y,z)\mathrm{d}S\right| \leqslant \iint_S \left|f(x,y,z)\right|\mathrm{d}S.$$

(5) 若 f 在 S 上可积,则存在常数 $c \in \left[\inf_S f(x,y,z), \sup_S f(x,y,z)\right]$,使得

$$\iint_S f(x,y,z)\mathrm{d}S = c \cdot \Delta S,$$

其中 ΔS 为曲面片 S 的面积.

第一型曲面积分也可化为二重积分来计算:

定理 12.2.1 设有光滑曲面 S: $z = z(x,y),(x,y) \in D$,
函数 f 为定义在 S 上的连续函数,则

$$\iint_S f(x,y,z)\mathrm{d}S = \iint_D f(x,y,z(x,y))\sqrt{1+z_x^2+z_y^2}\,\mathrm{d}x\,\mathrm{d}y. \tag{4}$$

定理 12.2.1 的证明与定理 12.1.1 的证明相仿,这里不再重复.

例 12.2.1 计算 $\iint_S \dfrac{\mathrm{d}S}{z}$,其中 S 是球面 $x^2+y^2+z^2=a^2$
被平面 $z=h(0<h<a)$ 所截得的顶部(图 12.2.1).

解 曲面 S 的方程为 $z=\sqrt{a^2-x^2-y^2}$,定义域为圆
域:$x^2+y^2 \leqslant a^2-h^2$,由于

$$\sqrt{1+z_x^2+z_y^2} = \frac{a}{\sqrt{a^2-x^2-y^2}},$$

所以由公式(4)求得

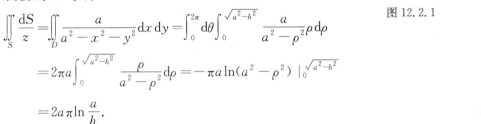

图 12.2.1

$$\iint_S \frac{\mathrm{d}S}{z} = \iint_D \frac{a}{a^2-x^2-y^2}\mathrm{d}x\,\mathrm{d}y = \int_0^{2\pi}\mathrm{d}\theta \int_0^{\sqrt{a^2-h^2}} \frac{a}{a^2-\rho^2}\rho\,\mathrm{d}\rho$$

$$= 2\pi a \int_0^{\sqrt{a^2-h^2}} \frac{\rho}{a^2-\rho^2}\mathrm{d}\rho = -\pi a \ln(a^2-\rho^2)\,\Big|_0^{\sqrt{a^2-h^2}}$$

$$= 2a\pi\ln\frac{a}{h}.$$

12.2.2 曲面的侧

现在我们介绍第二型曲面积分.第二型曲面积分与第二型曲线积分相类似,也与曲线的方向有关,为了说明曲面的定向问题,先引入曲面的侧的概念.

设 S 是一个光滑曲面,S 上任一点 M 的法向量有两个指向.对 S 上一个固定点 M_0,取定法向量 $\boldsymbol{n}$ 的一个指向,如果动点从 M_0 出发,沿曲面上不越过曲面边界的任意一条闭曲线移动一周回到 M_0(动点上的法方向连续变化)时,$\boldsymbol{n}$ 的指向不改变,就称这种曲面为双侧曲面,否则称为单侧曲面.我们通常碰到的曲面,如平面、球面、柱面等都是双侧曲面.单侧曲面的一个典型例子是麦比乌斯(Möbius)带.它可以这样做成:将长方形纸条 $ABCD$ 先扭转一次,然后使 B 与 D 及 A 与 C 粘合起来(图 12.2.2),构成一个非闭的环带.假如用一种颜色涂这个环带,则可以不越过边缘而涂遍它的全部.对任何双侧曲面这种现象是不会发生的.我们今后只讨论双侧曲面.

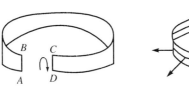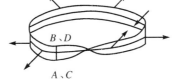

图 12.2.2

通常由 $z = z(x, y)$ 所表示的曲面都是双侧曲面,一般地以其法线正方向与 z 轴正向的夹角成锐角的一侧为正侧(也称为上侧),另一侧为负侧(也称为下侧). 当 S 为封闭曲面时,通常规定曲面的外侧为正侧,内侧为负侧.

12.2.3　第二型曲面积分

第二型曲面积分也来自实际问题. 例如,在流体力学中经常要计算流体流经某截面的流量问题. 现假定 S 是光滑双侧曲面,某流体以速度 $v = (P(x, y, z), Q(x, y, z), R(x, y, z))$. 从 S 的负侧流向正侧,其中 P、Q、R 为连续函数,求单位时间流经曲面 S 的总流量 E.

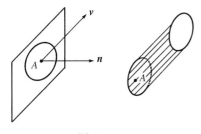

图 12.2.3

如果流体流过平面上面积为 A 的一个闭区域,且流体在这闭区域上各点处的流速为常向量 v. 又设 n 为该平面的单位法向量(图 12.2.3 左),那么单位时间内流过这闭区域的流体组成一个底面积为 A,斜高为 $|v|$ 的斜柱体(图 12.2.3 右). 不论 v 与 n 的夹角为直角、锐角还是钝角,流体通过闭区域的流向 n 所指一侧的流量均为 $Av \cdot n$(流量为负实质是指流体流向 $-n$ 那一侧).

由于现在考虑的不是平面区域而是一曲面片,且流速 v 也不是常向量,因此所求流量不能直接用上述方法计算. 但前面各种积分定义中使用的方法,可以用来解决此问题.

设在曲面 S 的正侧上任一点 (x, y, z) 处的单位法向量为
$$n = (\cos \alpha, \cos \beta, \cos \gamma),$$
这里 α, β, γ 是 x, y, z 的函数.

把曲面 S 分成 n 小块 S_i(ΔS_i 代表第 i 小块的面积). 因 S 光滑,v 连续,故当 S_i 的直径很小时,我们就可以用 S_i 上任一点 (ξ_i, η_i, ζ_i) 处的流速 $v(\xi_i, \eta_i, \zeta_i)$ 代替 S_i 上各点处的流速,用点 (ξ_i, η_i, ζ_i) 处曲面 S 的单位法向量 $n(\xi_i, \eta_i, \zeta_i)$ 代替 S_i 上各点处的单位法向量(图 12.2.4).

于是,单位时间内流经曲面 S_i 的流量近似等于
$$v(\xi_i, \eta_i, \zeta_i) \cdot n(\xi_i, \eta_i, \zeta_i) \Delta S_i = [P(\xi_i, \eta_i, \zeta_i) \cos \alpha_i + Q(\xi_i, \eta_i, \zeta_i) \cos \beta_i + R(\xi_i, \eta_i, \zeta_i) \cos \gamma_i] \Delta S_i,$$
其中 (ξ_i, η_i, ζ_i) 是 S_i 上任意取定的一点,$\cos \alpha_i, \cos \beta_i, \cos \gamma_i$ 是 S_i 正侧上法线的方向余

弦,又 $\Delta S_i \cos \alpha_i, \Delta S_i \cos \beta_i, \Delta S_i \cos \gamma_i$ 分别是 S_i 的正侧在坐标面 yOz, zOx, xOy 上投影区域的面积的近似值,并分别记作 $\Delta S_{iyz}, \Delta S_{izx}, \Delta S_{ixy}$,于是单位时间内流经曲面 S_i 的流量近似地等于

$$P(\xi_i, \eta_i, \zeta_i)\Delta S_{iyz} + Q(\xi_i, \eta_i, \zeta_i)\Delta S_{izx} + R(\xi_i, \eta_i, \zeta_i)\Delta S_{ixy}.$$

而单位时间内流经曲面 S 的总流量

$$E = \lim_{\|T\| \to 0} \sum_{i=1}^{n} [P(\xi_i, \eta_i, \zeta_i)\Delta S_{iyz} + Q(\xi_i, \eta_i, \zeta_i)\Delta S_{izx} + R(\xi_i, \eta_i, \zeta_i)\Delta S_{ixy}].$$

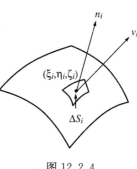

图 12.2.4

这种与曲面的侧有关的和式极限就是所谓的第二型曲面积分.

定义 12.2.2 设 P、Q、R 为定义在双侧曲面 S 上的函数,指定 S 的一侧为正侧,将有向曲面 S 作分割 T,它把 S 分成 n 个小曲面 $S_1, S_2, \cdots, S_n$,分割 T 的宽度 $\|T\| = \max_i \{S_i$ 的直径$\}$,以 $\Delta S_{iyz}, \Delta S_{izx}, \Delta S_{ixy}$ 分别表示 S_i 在坐标面 yOz, zOx 及 xOy 上投影区域的面积,它们的符号由 S_i 的方向来确定. 例如,当 S_i 的法线正向与 z 轴正向成锐角时,S_i 在 xOy 平面的投影区域的面积为正,反之,当 S_i 的法线正向与 z 轴正向成钝角时,S_i 在 xOy 平面上的投影区域的面积为负,等等. 在各个小曲面 S_i 上任取一点 (ξ_i, η_i, ζ_i),若当 $\|T\| \to 0$ 时极限

$$\lim_{\|T\| \to 0} \sum_{i=1}^{n} [P(\xi_i, \eta_i, \zeta_i)\Delta S_{iyz} + Q(\xi_i, \eta_i, \zeta_i)\Delta S_{izx} + R(\xi_i, \eta_i, \zeta_i)\Delta S_{ixy}]$$

存在,且与曲面 S 的分割 T 及 (ξ_i, η_i, ζ_i) 在 S_i 上的取法无关,则称此极限为函数 P、Q、R 在曲面 S 所指定一侧上的第二型曲面积分,记作

$$\iint_S P(x,y,z)\mathrm{d}y\mathrm{d}z + Q(x,y,z)\mathrm{d}z\mathrm{d}x + R(x,y,z)\mathrm{d}x\mathrm{d}y, \tag{5}$$

或

$$\iint_S P(x,y,z)\mathrm{d}y\mathrm{d}z + \iint_S Q(x,y,z)\mathrm{d}z\mathrm{d}x + \iint_S R(x,y,z)\mathrm{d}x\mathrm{d}y.$$

据此定义,某流体以流速 $v = (P, Q, R)$ 从曲面负侧流向正侧的总流量

$$E = \iint_S P(x,y,z)\mathrm{d}y\mathrm{d}z + Q(x,y,z)\mathrm{d}z\mathrm{d}x + R(x,y,z)\mathrm{d}x\mathrm{d}y.$$

若以 $-S$ 表示曲面的另一侧,则由定义易得

$$\iint_{-S} P\mathrm{d}y\mathrm{d}z + Q\mathrm{d}z\mathrm{d}x + R\mathrm{d}x\mathrm{d}y = -\iint_S P\mathrm{d}y\mathrm{d}z + Q\mathrm{d}z\mathrm{d}x + R\mathrm{d}x\mathrm{d}y.$$

此外,第二型曲线积分的两个性质在这里也成立,且第二型曲面积分也可化为二重积分来计算:

定理 12.2.2 设 R 是定义在光滑曲面 $S: z = z(x,y), (x,y) \in D_{xy}$ 上的连续函数,以 S 的上侧为正侧(这时 S 的法线方向与 z 轴正方向成锐角),则有

$$\iint_S R(x,y,z)\mathrm{d}x\mathrm{d}y = \iint_{D_{xy}} R(x,y,z(x,y))\mathrm{d}x\mathrm{d}y. \tag{6}$$

类似地,当 P 在光滑曲面 $S: x = x(y,z), (y,z) \in D_{yz}$ 上连续时,有

$$\iint\limits_{S} P(x,y,z) \mathrm{d}y\mathrm{d}z = \iint\limits_{D_{yz}} P(x(y,z),y,z) \mathrm{d}y\mathrm{d}z, \tag{7}$$

这里 S 是以 S 的法线方向与 x 轴正方向成锐角的那一侧为正侧.

当 Q 在光滑曲面 $S: y = y(z,x), (z,x) \in D_{zx}$ 上连续时,有

$$\iint\limits_{S} Q(x,y,z) \mathrm{d}z\mathrm{d}x = \iint\limits_{D_{zx}} Q(x,y(z,x),z) \mathrm{d}z\mathrm{d}x, \tag{8}$$

这里 S 是以 S 的法线方向与 y 轴正方向成锐角的那一侧为正侧.

例 12.2.2　计算 $\iint\limits_{S} xyz\mathrm{d}x\mathrm{d}y$,其中 S 是球面 $x^2 + y^2 + z^2 = 1$ 在 $x \geqslant 0, y \geqslant 0$ 部分并取外侧(图 12.2.5).

解　曲面 S 在第一、五卦限的方程分别为:

$$S_1:\quad z_1 = \sqrt{1-x^2-y^2};$$
$$S_2:\quad z_2 = -\sqrt{1-x^2-y^2}.$$

它们在 xOy 面内投影区域都是单位圆在第一象限的部分. 依题意,积分是沿 S_1 的上侧和 S_2 的下侧进行,所以

$$\iint\limits_{S} xyz\mathrm{d}x\mathrm{d}y = \iint\limits_{S_1} xyz\mathrm{d}x\mathrm{d}y + \iint\limits_{-S_2} xyz\mathrm{d}x\mathrm{d}y$$

$$= \iint\limits_{D_{xy}} xy\sqrt{1-x^2-y^2}\,\mathrm{d}x\mathrm{d}y$$

$$\quad - \iint\limits_{D_{xy}} (-xy\sqrt{1-x^2-y^2})\mathrm{d}x\mathrm{d}y$$

$$= 2\iint\limits_{D_{xy}} xy\sqrt{1-x^2-y^2}\,\mathrm{d}x\mathrm{d}y$$

$$= 2\int_0^{\frac{\pi}{2}} \mathrm{d}\theta \int_0^1 r^3\cos\theta\sin\theta\sqrt{1-r^2}\,\mathrm{d}r = \frac{2}{15}. \qquad \Box$$

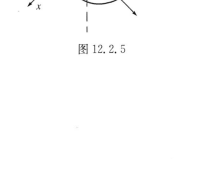

图 12.2.5

例 12.2.3　计算曲面积分

$$\iint\limits_{S} x^2\mathrm{d}y\mathrm{d}z + y^2\mathrm{d}z\mathrm{d}x + z^2\mathrm{d}x\mathrm{d}y,$$

其中 S 是长方体 $\{(x,y,z) \mid 0 \leqslant x \leqslant a, 0 \leqslant y \leqslant b, 0 \leqslant z \leqslant c\}$ 的整个表面的外侧.

解　把有向曲面分为以下六个部分:

$$S_1:\quad z = c \quad (0 \leqslant x \leqslant a, 0 \leqslant y \leqslant b);$$
$$S_2:\quad z = 0 \quad (0 \leqslant x \leqslant a, 0 \leqslant y \leqslant b);$$
$$S_3:\quad x = a \quad (0 \leqslant y \leqslant b, 0 \leqslant z \leqslant c);$$
$$S_4:\quad x = 0 \quad (0 \leqslant y \leqslant b, 0 \leqslant z \leqslant c);$$
$$S_5:\quad y = b \quad (0 \leqslant x \leqslant a, 0 \leqslant z \leqslant c);$$
$$S_6:\quad y = 0 \quad (0 \leqslant x \leqslant a, 0 \leqslant z \leqslant c).$$

先计算 $\iint\limits_{S} x^2 \mathrm{d}y\mathrm{d}z$. 由于 S_1, S_2, S_5, S_6 在 yOz 面上投影区域的面积为零,S_3, S_4 在 yOz 面的投影都是 $D_{yz} = \{(y,z) \mid 0 \leqslant y \leqslant b, 0 \leqslant z \leqslant c\}$,而积分是沿 S_3 的前侧,沿 S_4 的后侧进行,所以

$$\iint\limits_{S} x^2 \mathrm{d}y\mathrm{d}z = \iint\limits_{S_3} x^2 \mathrm{d}y\mathrm{d}z + \iint\limits_{S_4} x^2 \mathrm{d}y\mathrm{d}z,$$

应用公式(7) 得

$$\iint\limits_{S} x^2 \mathrm{d}y\mathrm{d}z = \iint\limits_{D_{yz}} a^2 \mathrm{d}y\mathrm{d}z - \iint\limits_{D_{yz}} 0^2 \mathrm{d}y\mathrm{d}z = a^2 bc.$$

类似地可得

$$\iint\limits_{S} y^2 \mathrm{d}z\mathrm{d}x = b^2 ac, \quad \iint\limits_{S} z^2 \mathrm{d}x\mathrm{d}y = c^2 ab,$$

于是所求的曲面积分为 $(a+b+c)abc$. □

12.2.4 两类曲面积分之间的关系

与曲线积分一样,当曲面的侧确定之后,可以建立两类曲面积分的联系.

设有向曲面 S 由方程 $z = z(x,y)$ 给出,S 在 xOy 面上的投影区域为 D_{xy},函数 $z = z(x,y)$ 具有一阶连续的偏导数,$R(x,y,z)$ 在 S 上连续,如 S 取上侧为正侧,则由第二型曲面积分的计算公式得

$$\iint\limits_{S} R(x,y,z)\mathrm{d}x\mathrm{d}y = \iint\limits_{D_{xy}} R[x,y,z(x,y)]\mathrm{d}x\mathrm{d}y.$$

另一方面,因上述有向曲面 S 的法向量的方向余弦分别为

$$\cos\alpha = \frac{-z_x}{\sqrt{1+z_x^2+z_y^2}}, \quad \cos\beta = \frac{-z_y}{\sqrt{1+z_x^2+z_y^2}}, \cos\gamma = \frac{1}{\sqrt{1+z_x^2+z_y^2}},$$

故由第一型曲面积分的计算公式有

$$\iint\limits_{S} R(x,y,z)\cos\gamma\,\mathrm{d}S = \iint\limits_{D_{xy}} R[x,y,z(x,y)]\mathrm{d}x\mathrm{d}y.$$

由此可见,

$$\iint\limits_{S} R(x,y,z)\mathrm{d}x\mathrm{d}y = \iint\limits_{S} R(x,y,z)\cos\gamma\,\mathrm{d}S. \tag{9}$$

类似可得

$$\iint\limits_{S} P(x,y,z)\mathrm{d}y\mathrm{d}z = \iint\limits_{S} P(x,y,z)\cos\alpha\,\mathrm{d}S, \tag{10}$$

$$\iint\limits_{S} Q(x,y,z)\mathrm{d}z\mathrm{d}x = \iint\limits_{S} Q(x,y,z)\cos\beta\,\mathrm{d}S. \tag{11}$$

合并(9)、(10)、(11) 三式,得两类曲面积分之间如下的关系:

$$\iint\limits_{S} P\mathrm{d}y\mathrm{d}z + Q\mathrm{d}z\mathrm{d}x + R\mathrm{d}x\mathrm{d}y = \iint\limits_{S} (P\cos\alpha + Q\cos\beta + R\cos\gamma)\mathrm{d}S. \tag{12}$$

其中 $\cos\alpha, \cos\beta, \cos\gamma$ 是有向曲面 S 上点 (x,y,z) 处的法向量的方向余弦. 同样地,如 S

取下侧为正侧,(12) 式仍成立. 这样,(12) 式便给出了两种类型曲面积分之间的关系.

习 题 12.2

1. 计算下列第一型曲面积分:

(1) $\iint\limits_{S}(x+y+z)\mathrm{d}S$,其中 S 是上半球面 $x^2+y^2+z^2=a^2,z\geqslant 0$;

(2) $\iint\limits_{S}(x^2+y^2)\mathrm{d}S$,其中 S 为立体 $\sqrt{x^2+y^2}\leqslant z\leqslant 1$ 的边界曲面;

(3) $\iint\limits_{S}\dfrac{\mathrm{d}S}{x^2+y^2}$,其中 S 为柱面 $x^2+y^2=R^2$ 被平面 $z=0,z=h$ 所截取的部分;

(4) $\iint\limits_{S}xyz\mathrm{d}S$,其中 S 为平面 $x+y+z=1$ 在第一卦限中的部分.

2. 当 S 为 xOy 面内一个闭区域时,曲面积分 $\iint\limits_{S}f(x,y,z)\mathrm{d}S$ 与二重积分有什么关系?

3. 求抛物面 $z=\dfrac{1}{2}(x^2+y^2),0\leqslant z\leqslant 1$ 的质量,其上每一点 (x,y,z) 的面密度是 $\rho(x,y,z)=z$.

4. 计算下列第二型曲面积分:

(1) $\iint\limits_{S}z\mathrm{d}x\mathrm{d}y$,其中 S 是 $x^2+y^2+z^2=2$,外法线是正向;

(2) $\iint\limits_{S}yz\mathrm{d}y\mathrm{d}z+zx\mathrm{d}z\mathrm{d}x+xy\mathrm{d}x\mathrm{d}y$,其中 S 是四面体:$x+y+z\leqslant a(a>0),x\geqslant 0,y\geqslant 0,z\geqslant 0$ 的表面,外法线是正向.

5. 当 S 为 xOy 面内一个闭区域时,曲面积分 $\iint\limits_{S}f(x,y,z)\mathrm{d}x\mathrm{d}y$ 与二重积分有什么关系?

6. 已知稳定流体速度场 $v=(0,0,x+y+z)$,求单位时间内流过曲面 $x^2+y^2=z(0\leqslant z\leqslant h)$ 的流量,法线正向与 z 轴正向的夹角是钝角.

§12.3 格林公式,曲线积分与路径的无关性

在这一节里,我们先建立平面闭区域 D 上的二重积分与沿这个区域的边界曲线的第二型曲线积分之间的一个重要的关系式 —— 格林(Green) 公式,然后在这个公式的基础上讨论曲线积分与路径无关的条件.

12.3.1 格林公式

设 D 是平面上的有界闭区域,规定 D 的边界曲线 L 的正向如下:当观察者沿 L 的正向行走时,D 内在他近处的部分总在他的左边(如图 12.3.1,其中 $L=L_1+L_2+L_3$). 若与上述所规定的方向相反,则称为负方向,并记为 $-L$.

定理 12.3.1 设平面闭区域 D 由分段光滑的曲线所围成,函数 $P(x,y),Q(x,y)$ 在 D 上具有连续的一阶偏导数,则有

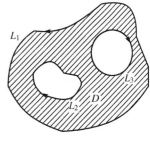

图 12.3.1

$$\iint\limits_{D}\left(\frac{\partial Q}{\partial x}-\frac{\partial P}{\partial y}\right)\mathrm{d}x\,\mathrm{d}y =\oint_{L}P\,\mathrm{d}x+Q\,\mathrm{d}y, \tag{1}$$

其中 L 是 D 的取正向的边界曲线.

公式 (1) 称为格林公式.

证 (1) 假设区域 D 既是 x 型区域又是 y 型区域. 比如,如图 12.3.2 所示. 此时闭路 L 分成两段 $\overparen{ACB}$ 和 $\overparen{AEB}$,其方程分别为 $y=\varphi_1(x),a\leqslant x\leqslant b$ 和 $y=\varphi_2(x),a\leqslant x\leqslant b$(或分成两段 $\overparen{CAE}$ 和 $\overparen{CBE}$,其方程分别为 $x=\psi_1(y),c\leqslant y\leqslant d$ 和 $x=\psi_2(y),c\leqslant y\leqslant d$). 由于 $\dfrac{\partial P}{\partial y}$ 连续,所以

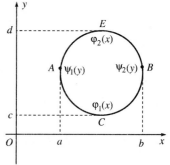

图 12.3.2

$$\begin{aligned}
\iint\limits_{D}\frac{\partial P}{\partial y}\mathrm{d}x\,\mathrm{d}y &=\int_{a}^{b}\mathrm{d}x\int_{\varphi_1(x)}^{\varphi_2(x)}\frac{\partial P}{\partial y}\mathrm{d}y\\
&=\int_{a}^{b}P(x,y)\Big|_{\varphi_1(x)}^{\varphi_2(x)}\mathrm{d}x\\
&=\int_{a}^{b}\big[P(x,\varphi_2(x))-P(x,\varphi_1(x))\big]\mathrm{d}x\\
&=\int_{\overparen{AEB}}P(x,y)\mathrm{d}x-\int_{\overparen{ACB}}P(x,y)\mathrm{d}x\\
&=-\int_{\overparen{BEA}}P(x,y)\mathrm{d}x-\int_{\overparen{ACB}}P(x,y)\mathrm{d}x\\
&=-\oint_{L}P(x,y)\mathrm{d}x.
\end{aligned}$$

同理可证

$$\iint\limits_{D}\frac{\partial Q}{\partial x}\mathrm{d}x\,\mathrm{d}y =\oint_{L}Q(x,y)\mathrm{d}y.$$

所以

$$\iint\limits_{D}\left(\frac{\partial Q}{\partial x}-\frac{\partial P}{\partial y}\right)\mathrm{d}x\,\mathrm{d}y =\oint_{L}P\,\mathrm{d}x+Q\,\mathrm{d}y$$

结论成立.

(2) 若区域 D 由一条分段光滑的闭曲线围成,但不满足 (1) 中对 D 的要求,则可用几条光滑曲线将 D 分成若干个子区域,使每个子区域都成为 (1) 中的情形. 此时在每个子区域上格林公式成立,再将这些子区域上的格林公式相加. 注意其中相邻两子区域的共同边界,由于取向相反,它们的积分值正好抵销,这样就得 (1) 式. 例如,图 12.3.3 中区域 D 可分为三个子区域 D_1,D_2,D_3,于是

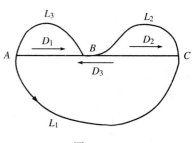

图 12.3.3

$$\iint\limits_{D}\left(\frac{\partial Q}{\partial x}-\frac{\partial P}{\partial y}\right)\mathrm{d}x\,\mathrm{d}y$$

$$=\iint\limits_{D_1}\left(\frac{\partial Q}{\partial x}-\frac{\partial P}{\partial y}\right)\mathrm{d}x\,\mathrm{d}y+\iint\limits_{D_2}\left(\frac{\partial Q}{\partial x}-\frac{\partial P}{\partial y}\right)\mathrm{d}x\,\mathrm{d}y+\iint\limits_{D_3}\left(\frac{\partial Q}{\partial x}-\frac{\partial P}{\partial y}\right)\mathrm{d}x\,\mathrm{d}y$$

$$=\int_{L_3}P\mathrm{d}x+Q\mathrm{d}y+\int_{\overline{AB}}P\mathrm{d}x+Q\mathrm{d}y+\int_{L_2}P\mathrm{d}x+Q\mathrm{d}y$$

$$+\int_{\overline{BC}}P\mathrm{d}x+Q\mathrm{d}y+\int_{L_1}P\mathrm{d}x+Q\mathrm{d}y+\int_{\overline{CA}}P\mathrm{d}x+Q\mathrm{d}y$$

$$=\int_{L_3}P\mathrm{d}x+Q\mathrm{d}y+\int_{L_2}P\mathrm{d}x+Q\mathrm{d}y+\int_{L_1}P\mathrm{d}x+Q\mathrm{d}y$$

$$=\oint_L P\mathrm{d}x+Q\mathrm{d}y.$$

这里用到了

$$\int_{\overline{AB}}P\mathrm{d}x+Q\mathrm{d}y+\int_{\overline{BC}}P\mathrm{d}x+Q\mathrm{d}y+\int_{\overline{CA}}P\mathrm{d}x+Q\mathrm{d}y=0.$$

(3) 若区域 D 由几条闭曲线所围成,比如,如图 12.3.4 所示,这时可适当添加直线段 AB、CE,把区域转化为(2)的情形来处理.在图 12.3.5中,连接了 AB、CE 后,D 的边界曲线由 $\overline{AB}, L_2, \overline{BA}, \widehat{AFC}, \overline{CE}, L_3, \overline{EC}, \widehat{CGA}$ 构成.由(2) 得

$$\iint\limits_{D}\left(\frac{\partial Q}{\partial x}-\frac{\partial P}{\partial y}\right)\mathrm{d}x\,\mathrm{d}y=\int_{\overline{AB}+L_2+\overline{BA}+\widehat{AFC}+\overline{CE}+L_3+\overline{EC}+\widehat{CGA}}P\mathrm{d}x+Q\mathrm{d}y$$

$$=\int_{L_1}P\mathrm{d}x+Q\mathrm{d}y+\int_{L_2}P\mathrm{d}x+Q\mathrm{d}y+\int_{L_3}P\mathrm{d}x+Q\mathrm{d}y$$

$$=\int_L P\mathrm{d}x+Q\mathrm{d}y. \qquad\qquad\Box$$

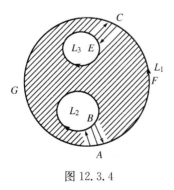

图 12.3.4

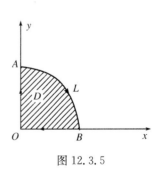

图 12.3.5

利用格林公式可以将闭曲线上第二型曲线积分的计算转化为二重积分的计算或作相反的转化,这有时会给计算带来方便.

例 12.3.1 计算 $\int_{\widehat{AB}}x\mathrm{d}y$,其中曲线 $\widehat{AB}$ 是半径为 r 的圆在第一象限部分(图12.3.5).

解 设半径为 r 的四分之一圆域为 D,其边界曲线,记为 L. 由于

$$\int_{\overline{OA}}x\mathrm{d}y=0,\quad\int_{\overline{BO}}x\mathrm{d}y=0,$$

所以由格林公式有

$$\int_{\widehat{AB}} x\,\mathrm{d}y = \left(\int_{\widehat{AB}} + \int_{\overline{BO}} + \int_{\overline{OA}}\right) x\,\mathrm{d}y = \oint_L x\,\mathrm{d}y$$

$$= -\int_{L^-} x\,\mathrm{d}y = -\iint_D \mathrm{d}x\,\mathrm{d}y = -\frac{\pi}{4}r^2.$$ □

例 12.3.2 计算

$$I = \oint_L \frac{x\,\mathrm{d}y - y\,\mathrm{d}x}{x^2 + y^2},$$

其中 L 为任一不包含原点的闭区域的边界线.

解 因为

$$\frac{\partial}{\partial x}\left(\frac{x}{x^2 + y^2}\right) = \frac{y^2 - x^2}{(x^2 + y^2)^2},$$

$$\frac{\partial}{\partial y}\left(\frac{-y}{x^2 + y^2}\right) = \frac{y^2 - x^2}{(x^2 + y^2)^2},$$

在上述闭区域 D 上连续且相等,于是

$$\iint_D \left[\frac{\partial}{\partial x}\left(\frac{x}{x^2 + y^2}\right) - \frac{\partial}{\partial y}\left(\frac{-y}{x^2 + y^2}\right)\right]\mathrm{d}x\,\mathrm{d}y = 0.$$

应用格林公式(1)立即可得 $I = 0$. □

在格林公式中,如果取 $P = -y, Q = x$,则

$$2\iint_D \mathrm{d}x\,\mathrm{d}y = \oint_L x\,\mathrm{d}y - y\,\mathrm{d}x.$$

上式左端是闭区域 D 的面积的两倍,由此得到用曲线积分计算闭曲线所围图形面积的公式:

$$A = \frac{1}{2}\oint_L x\,\mathrm{d}y - y\,\mathrm{d}x. \tag{2}$$

例 12.3.3 求椭圆 $x = a\cos t, y = b\sin t$ 所围图形的面积 A.

解 利用公式(2),得

$$A = \frac{1}{2}\oint_L x\,\mathrm{d}y - y\,\mathrm{d}x = \frac{1}{2}\int_0^{2\pi}(ab\cos^2 t + ab\sin^2 t)\,\mathrm{d}t$$

$$= \frac{1}{2}ab\int_0^{2\pi}\mathrm{d}t = \pi ab.$$ □

12.3.2 曲线积分与路径无关的条件

我们回到例 12.1.3 和例 12.1.4,大家可能已经发现,在例 12.1.3 中的三个曲线积分,虽然起点和终点相同,但由于路径不同,所得积分值也不同.但在例 12.1.4 中情况却完全不同,虽然积分路径不同,但所得的结果完全相同.于是很自然地会问:究竟在什么条件下,第二型曲线积分的值只与起点和终点的位置有关而与积分所沿的路径无关呢?下面就来讨论这个问题.

首先介绍单连通区域的概念.一个平面区域 D,如果此区域内任何一条封闭曲线都可

以不经过 D 以外的点而连续收缩为一点,则称此平面区域 D 为单连通区域,否则称为复连通区域.如图 12.3.6 中,D_1,D_2 是单连通区域,而图 12.3.7 中的 D_3,D_4 是复连通区域.通俗地说,单连通区域是没有"洞"的区域,而复连通区域是有"洞"的区域.

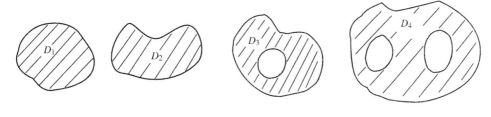

图 12.3.6

下面的定理给出了曲线积分与路径无关的几个等价条件.

定理 12.3.2　设 $D \subset \mathbf{R}^2$ 是平面单连通区域.若函数 $P(x,y),Q(x,y)$ 在 D 内连续,且有连续的一阶偏导数,则以下四个条件等价:

(1) 沿 D 内任一分段光滑的闭曲线 L,有 $\oint_L P\mathrm{d}x + Q\mathrm{d}y = 0$;

(2) 对 D 内任一分段光滑的曲线 L,曲线积分 $\int_L P\mathrm{d}x + Q\mathrm{d}y$ 与路径无关(只依赖于起点和终点);

(3) $P\mathrm{d}x + Q\mathrm{d}y$ 是 D 内某个函数 $u(x,y)$ 的全微分,即在 D 内有 $\mathrm{d}u = P\mathrm{d}x + Q\mathrm{d}y$;

(4) 在 D 内每一点处有 $\dfrac{\partial P}{\partial y} = \dfrac{\partial Q}{\partial x}$.

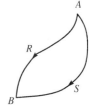

图 12.3.7

证　$(1) \Rightarrow (2)$　设 $\overset{\frown}{ARB}$ 和 $\overset{\frown}{ASB}$ 为联结点 A,B 的任意两条光滑曲线(图 12.3.7).由 (1) 推得

$$\int_{\overset{\frown}{ARB}} P\mathrm{d}x + Q\mathrm{d}y - \int_{\overset{\frown}{ASB}} P\mathrm{d}x + Q\mathrm{d}y$$

$$= \int_{\overset{\frown}{ARB}} P\mathrm{d}x + Q\mathrm{d}y + \int_{\overset{\frown}{BSA}} P\mathrm{d}x + Q\mathrm{d}y$$

$$= \oint_{\overset{\frown}{ARBSA}} P\mathrm{d}x + Q\mathrm{d}y = 0,$$

所以

$$\int_{\overset{\frown}{ARB}} P\mathrm{d}x + Q\mathrm{d}y = \int_{\overset{\frown}{ASB}} P\mathrm{d}x + Q\mathrm{d}y.$$

$(2) \Rightarrow (3)$　设 $A(x_0,y_0)$ 为 D 内某定点,$B(x,y)$ 为 D 内任意一点.由 (2),曲线积分 $\int_{\overset{\frown}{AB}} P\mathrm{d}x + Q\mathrm{d}y$ 与路线的选择无关,故当 $B(x,y)$ 在 D 内变动时,其积分值是 $B(x,y)$ 的函数,即有 $u(x,y) = \int_{\overset{\frown}{AB}} P\mathrm{d}x + Q\mathrm{d}y$.取 Δx 充分小,使 $(x+\Delta x,y) \in D$,则函数 u 对于 x 的偏增量(图 12.3.8)

$$\Delta u = u(x+\Delta x,y)-u(x,y)=\int_{\widehat{AC}}P\mathrm{d}x+Q\mathrm{d}y-$$
$$\int_{\widehat{AB}}P\mathrm{d}x+Q\mathrm{d}y.$$

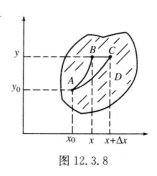

图 12.3.8

因为在 D 内曲线积分与路径无关,所以
$$\int_{\widehat{AC}}P\mathrm{d}x+Q\mathrm{d}y=\int_{\widehat{AC}}P\mathrm{d}x+Q\mathrm{d}y+\int_{\overline{BC}}P\mathrm{d}x+Q\mathrm{d}y.$$

由于直线段 $\overline{BC}$ 平行于 x 轴,所以 $\overline{BC}:x=t,y=y$(常数),$t\in[x,x+\Delta x]$,因而 $\mathrm{d}y=0$. 于是
$$\Delta u = u(x+\Delta x,y)-u(x,y)=\int_{\overline{BC}}P\mathrm{d}x+Q\mathrm{d}y$$
$$=\int_{x}^{x+\Delta x}P(t,y)\mathrm{d}t.$$

对上式右端应用积分中值定理,得
$$\Delta u=P(x+\theta\Delta x,y)\Delta x,\quad 0<\theta<1.$$

再由 P 在 D 上的连续性,得
$$\frac{\partial u}{\partial x}=\lim_{\Delta x\to 0}\frac{\Delta u}{\Delta x}=\lim_{\Delta x\to 0}P(x+\theta\Delta x,y)=P(x,y).$$

同理可证 $\dfrac{\partial u}{\partial y}=Q(x,y)$. 于是有 $\mathrm{d}u=P\mathrm{d}x+Q\mathrm{d}y$.

(3)$\Rightarrow$(4)　设存在函数 $u(x,y)$ 使得
$$\mathrm{d}u=u_x(x,y)\mathrm{d}x+u_y(x,y)\mathrm{d}y=P\mathrm{d}x+Q\mathrm{d}y,$$

则 $P(x,y)=u_x(x,y),Q(x,y)=u_y(x,y)$,因此
$$\frac{\partial P}{\partial y}=\frac{\partial^2 u}{\partial x\partial y},\quad \frac{\partial Q}{\partial x}=\frac{\partial^2 u}{\partial y\partial x}.$$

因为 P、Q 在区域 D 内具有一阶连续偏导数,所以
$$\frac{\partial^2 u}{\partial x\partial y}=\frac{\partial^2 u}{\partial y\partial x},$$

从而在 D 内每一点处有
$$\frac{\partial P}{\partial y}=\frac{\partial Q}{\partial x}.$$

(4)$\Rightarrow$(1)　设 L 为 D 内任一分段光滑闭曲线,记 L 所围的区域为 σ,由于 D 是单连通区域,所以 σ 含在 D 内,应用格林公式及在 D 内恒有 $\dfrac{\partial P}{\partial y}=\dfrac{\partial Q}{\partial x}$,就得到
$$\oint_{L}P\mathrm{d}x+Q\mathrm{d}y=\iint_{\sigma}\left(\frac{\partial Q}{\partial x}-\frac{\partial P}{\partial y}\right)\mathrm{d}x\,\mathrm{d}y=0. \qquad\Box$$

定理 12.3.2 要求 D 为单连通区域是重要的. 例如对本节中的例 12.3.2,注意 P 和 Q 在原点处无定义,因此如取 D_1 为包含原点的任一区域,$D=D_1-\{(0,0)\}$,那么 P、Q 在 D 内也具有一阶连续偏导数. 但此时 D 是复连通区域,因而不能保证定理 12.3.2 的结论成立. 事实上,此时在 D 内虽然仍有

$$\frac{\partial P}{\partial y} = \frac{\partial Q}{\partial x},$$

但若取 L 为绕原点一周的圆

$$L: \quad x = a\cos\theta, \ y = a\sin\theta, \ 0 \leqslant \theta \leqslant 2\pi,$$

则有

$$\oint_L \frac{x\,\mathrm{d}y - y\,\mathrm{d}x}{x^2 + y^2} = \int_0^{2\pi} \frac{a^2\cos^2\theta + a^2\sin^2\theta}{a^2}\,\mathrm{d}\theta = \int_0^{2\pi}\mathrm{d}\theta = 2\pi \neq 0.$$

若 P、Q 满足定理 12.3.2 的条件,则上述证明中已看到二元函数.

$$u(x,y) = \int_{\overset{\frown}{AB}} P(x,y)\mathrm{d}x + Q(x,y)\mathrm{d}y$$

$$= \int_{A(x_0,y_0)}^{B(x,y)} P(x,y)\mathrm{d}x + Q(x,y)\mathrm{d}y, \tag{4}$$

具有性质 $\mathrm{d}u(x,y) = P\mathrm{d}x + Q\mathrm{d}y$. 它与一元函数的原函数相仿,所以也称 $u(x,y)$ 为 $P\mathrm{d}x + Q\mathrm{d}y$ 的一个原函数.

例 12.3.4　试用曲线积分求 $(2x + \sin y)\mathrm{d}x + x\cos y\mathrm{d}y$ 的原函数.

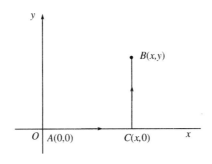

图 12.3.9

解　这里 $P = 2x + \sin y, Q = x\cos y$,所以

$$\frac{\partial P}{\partial y} = \cos y, \quad \frac{\partial Q}{\partial x} = \cos y,$$

即在整个平面上有

$$\frac{\partial P}{\partial y} = \frac{\partial Q}{\partial x}.$$

由定理 12.3.2,所给微分表达式存在原函数 $u(x,y)$,且

$$u(x,y) = \int_{A(x_0,y_0)}^{B(x,y)} (2x + \sin y)\mathrm{d}x + x\cos y\mathrm{d}y.$$

现在取 $(x_0, y_0) = (0,0)$,积分路线为折线 ACB(图 12.3.9),于是

$$u(x,y) = \int_0^x 2s\,\mathrm{d}s + \int_0^y x\cos t\,\mathrm{d}t = x^2 + x\sin y.$$

习　题　12.3

1. 应用格林公式计算下列曲线积分：

(1) $\oint_L xy^2\mathrm{d}x - x^2y\mathrm{d}y$，其中 L 为圆周 $x^2 + y^2 = a^2$ 的正向；

(2) $\oint_L (x+y)^2\mathrm{d}x - (x^2+y^2)\mathrm{d}y$，$L$ 是以 $A(1,1),B(3,2),C(2,5)$ 为顶点的三角形，方向取正向；

(3) $\oint_{AB} (e^x\sin y - my)\mathrm{d}x + (e^x\cos y - m)\mathrm{d}y$，$m$ 为常数，AB 为由 $A(a,0)$ 到 $B(0,0)$ 经过圆 $x^2 + y^2 = ax$ 上半部的路线(其中 a 为正数).

2. 应用格林公式计算平面曲线 $x = \cos^3\theta,y = b\sin^3\theta$ 所围成的平面图形的面积.

3. 求下面各题的原函数：

(1) $\mathrm{d}u = (2x + 3y)\mathrm{d}x + (3x - 4y)\mathrm{d}y$；

(2) $\mathrm{d}u = (3x^2 - 2xy + y^2)\mathrm{d}x - (x^2 - 2xy + 3y^2)\mathrm{d}y$；

(3) $\mathrm{d}u = \dfrac{\mathrm{d}x + \mathrm{d}y}{x + y}$.

§12.4　高斯公式与斯托克斯公式

12.4.1　高斯公式

格林公式表达了平面闭区域上的二重积分与其边界曲线上的曲线积分之间的关系，在空间闭区域上的三重积分与其边界曲面上的曲面积分也有类似的关系. 这就是本段要讨论的高斯(Gauss) 公式.

定理 12.4.1　设空间区域 V 由分片光滑的双侧封闭曲面 S 围成. 若 P,Q,R 在 V 上连续，且有一阶连续偏导数，则

$$\iiint\limits_V \left(\frac{\partial P}{\partial x} + \frac{\partial Q}{\partial y} + \frac{\partial R}{\partial z}\right)\mathrm{d}x\,\mathrm{d}y\,\mathrm{d}z = \oiint\limits_S P\mathrm{d}y\mathrm{d}z + Q\mathrm{d}z\mathrm{d}x + R\mathrm{d}x\mathrm{d}y, \tag{1}$$

其中 S 取外侧，$\oiint\limits_S$ 是 S 为封闭曲面时曲面积分的记号. 公式(1)叫做高斯公式.

证　下面只证

$$\iiint\limits_V \frac{\partial R}{\partial z}\mathrm{d}x\,\mathrm{d}y\,\mathrm{d}z = \oiint\limits_S R\mathrm{d}x\,\mathrm{d}y.$$

读者可类似地证明

$$\iiint\limits_V \frac{\partial P}{\partial x}\mathrm{d}x\,\mathrm{d}y\,\mathrm{d}z = \oiint\limits_S P\mathrm{d}y\mathrm{d}z,$$

$$\iiint\limits_V \frac{\partial Q}{\partial y}\mathrm{d}x\,\mathrm{d}y\,\mathrm{d}z = \oiint\limits_S Q\mathrm{d}z\mathrm{d}x,$$

这些结果相加便得到公式(1).

先设 V 是一个 xy 型区域，即其边界曲面 S 由曲面 $S_1 : z = z_1(x,y),S_2 : z = z_2(x,y)$，

$(x,y) \in D_{xy}$ 以及以 D_{xy} 的边界为准线,母线平行于 z 轴的柱面的一部分 S_3 所组成(图 12.4.1),其中 $z_1(x,y) \leqslant z_2(x,y)$. 按三重积分和第二型曲面积分的计算公式有

$$\iiint\limits_V \frac{\partial R}{\partial z} dx\,dy\,dz = \iint\limits_{D_{xy}} dx\,dy \int_{z_1(x,y)}^{z_2(x,y)} \frac{\partial R}{\partial z} dz$$

$$= \iint\limits_{D_{xy}} (R(x,y,z_2(x,y)) - R(x,y,z_1(x,y))) dx\,dy$$

$$= \iint\limits_{D_{xy}} R(x,y,z_2(x,y)) dx\,dy -$$

$$\iint\limits_{D_{xy}} R(x,y,z_1(x,y)) dx\,dy$$

$$= \iint\limits_{S_2} R(x,y,z) dx\,dy - \iint\limits_{S_1} R(x,y,z) dx\,dy$$

$$= \iint\limits_{S_2} R(x,y,z) dx\,dy + \iint\limits_{-S_1} R(x,y,z) dx\,dy,$$

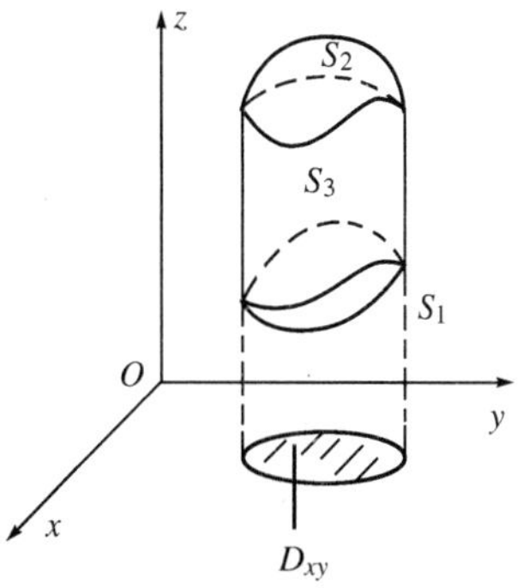

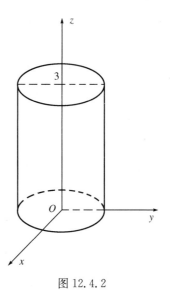

图 12.4.1

其中 $S_1, S_2,$ 都取上侧. 又由于 S_3 在 xOy 面上的投影区域的面积为零,所以

$$\iint\limits_{S_3} R(x,y,z) dx\,dy = 0.$$

因此

$$\iiint\limits_V \frac{\partial R}{\partial z} dx\,dy\,dz = \iint\limits_{S_2} R\,dx\,dy + \iint\limits_{-S_1} R\,dx\,dy + \iint\limits_{S_3} R\,dx\,dy = \oiint\limits_S R\,dx\,dy. \qquad \square$$

对于不是 xy 型区域的情形,则用有限个光滑曲面将它分割成若干个 xy 型区域来讨论. 详细的推导与格林公式相似,这里不再细说了.

高斯公式也可以用来简化某些曲面积分的计算.

例 12.4.1　计算曲面积分 $\oiint\limits_S (x-y) dx\,dy + (y$ $-z)x\,dy\,dz$,其中 S 为柱面 $x^2 + y^2 = 1$ 及平面 $z=0$, $z=3$ 所围成的空间闭区域 Ω 的整个边界曲面的外侧 (图 12.4.2).

解　利用高斯公式把所给曲面积分化为三重积分,再利用柱坐标计算三重积分.

$$\oiint\limits_S (x-y) dx\,dy + (y-z)x\,dy\,dz$$

$$= \iiint\limits_\Omega \left[\frac{\partial}{\partial x}((y-z)x) + \frac{\partial}{\partial z}(x-y) \right] dx\,dy\,dz$$

$$= \iiint\limits_\Omega (y-z) dx\,dy\,dz$$

图 12.4.2

157

$$=\int_0^{2\pi}\mathrm{d}\theta\int_0^1 r\mathrm{d}r\int_0^3 (r\sin\theta-z)\mathrm{d}z=-\frac{9}{2}\pi.\quad\square$$

12.4.2* 斯托克斯公式

牛顿 — 莱布尼茨公式、格林公式、高斯公式都是建立了某一区域(直线段、平面区域、空间几何体)上的积分与其边界上的积分之间的联系. 而下面将要介绍的斯托克斯(Stokes)公式则是建立了沿空间双侧曲面 S 上的曲面积分与沿 S 的边界曲线 L 的曲线积分之间的联系.

首先对双侧曲面 S 的侧与其边界曲线 L 的正向作如下规定:

当右手除拇指外的四指依 L 的绕行方向时,拇指所指的方向与 S 上指定的一侧同向,则称 S 的侧与 L 的方向满足右手法则,如图 12.4.3 所示.

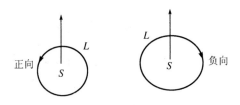

图 12.4.3

定理 12.4.2 设光滑曲面 S 的边界曲线 L 是分段光滑的连续曲线. 若 P、Q、R 在 S(连同 L)上连续,且有一阶连续偏导数,则

$$\iint_S \left(\frac{\partial R}{\partial y}-\frac{\partial Q}{\partial z}\right)\mathrm{d}y\mathrm{d}z + \left(\frac{\partial P}{\partial z}-\frac{\partial R}{\partial x}\right)\mathrm{d}z\mathrm{d}x + \left(\frac{\partial Q}{\partial x}-\frac{\partial P}{\partial y}\right)\mathrm{d}x\mathrm{d}y$$
$$=\oint_L P\mathrm{d}x + Q\mathrm{d}y + R\mathrm{d}z, \tag{2}$$

其中 S 的侧与 L 的方向满足右手法则. 公式(2)叫作斯托克斯公式.

应用空间曲线积分的计算公式以及格林公式容易证明该定理,在此略.

为了便于记忆,斯托克斯公式也常写成如下形式:

$$\iint_S \begin{vmatrix} \mathrm{d}y\mathrm{d}z & \mathrm{d}z\mathrm{d}x & \mathrm{d}x\mathrm{d}y \\ \dfrac{\partial}{\partial x} & \dfrac{\partial}{\partial y} & \dfrac{\partial}{\partial z} \\ P & Q & R \end{vmatrix} = \oint_L P\mathrm{d}x + Q\mathrm{d}y + R\mathrm{d}z.$$

利用两类曲面积分之间的关系式,可得斯托克斯公式的另一种形式:

$$\iint_S \begin{vmatrix} \cos\alpha & \cos\beta & \cos\gamma \\ \dfrac{\partial}{\partial x} & \dfrac{\partial}{\partial y} & \dfrac{\partial}{\partial z} \\ P & Q & R \end{vmatrix}\mathrm{d}S = \oint_L P\mathrm{d}x + Q\mathrm{d}y + R\mathrm{d}z.$$

其中 $\boldsymbol{n}=(\cos\alpha,\cos\beta,\cos\gamma)$ 为有向曲面 S 的单位法向量.

例 **12.4.2**　计算

$$\oint_L (2y+z)\mathrm{d}x + (x-z)\mathrm{d}y + (y-x)\mathrm{d}z,$$

其中 L 为平面 $x+y+z=1$ 与各坐标平面的交线,从 Ox 轴正向朝负向看取逆时针方向(图 12.4.4).

解　应用斯托克斯公式得

$$\oint_L (2y+z)\mathrm{d}x + (x-z)\mathrm{d}y + (y-x)\mathrm{d}z$$

$$=\iint_S (1+1)\mathrm{d}y\mathrm{d}z + (1+1)\mathrm{d}z\mathrm{d}x + (1-2)\mathrm{d}x\mathrm{d}y$$

$$=\iint_S 2\mathrm{d}y\mathrm{d}z + 2\mathrm{d}z\mathrm{d}x - \mathrm{d}x\mathrm{d}y = 1 + 1 - \frac{1}{2} = \frac{3}{2}. \qquad \square$$

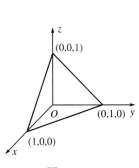

图 12.4.4

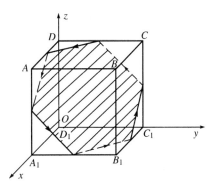

图 12.4.5

例 **12.4.3**　计算

$$I = \oint_L (y^2 - z^2)\mathrm{d}x + (z^2 - x^2)\mathrm{d}y + (x^2 - y^2)\mathrm{d}z,$$

其中 L 是用平面 $x+y+z=\dfrac{3}{2}$ 截立方体:$0 \leqslant x \leqslant 1, 0 \leqslant y \leqslant 1, 0 \leqslant z \leqslant 1$ 的表面所得的截痕,从 Ox 轴正向朝负向看,取逆时针方向(图 12.4.5).

解　取 $\sum$ 为平面 $x+y+z=\dfrac{3}{2}$ 的上侧被 L 所围成的部分,$\sum$ 的单位法向量 $\boldsymbol{n} = \dfrac{1}{\sqrt{3}}(1,1,1)$,即其方向余弦为:$\cos\alpha = \cos\beta = \cos\gamma = \dfrac{1}{\sqrt{3}}$.

根据斯托克斯公式有

$$I = \iint_{\sum} \begin{vmatrix} \dfrac{1}{\sqrt{3}} & \dfrac{1}{\sqrt{3}} & \dfrac{1}{\sqrt{3}} \\ \dfrac{\partial}{\partial x} & \dfrac{\partial}{\partial y} & \dfrac{\partial}{\partial z} \\ P & Q & R \end{vmatrix} \mathrm{d}S = -\frac{4}{\sqrt{3}}\iint_{\sum}(x+y+z)\mathrm{d}S.$$

因为在 $\sum$ 上 $x+y+z=\dfrac{3}{2}$,故

$$I = -\frac{4}{\sqrt{3}} \cdot \frac{3}{2} \iint\limits_{\Sigma} dS = -6 \iint\limits_{D_{xy}} dx\,dy = -6\Delta D_{xy},$$

其中 D_{xy} 为 $\sum$ 在 xOy 平面上的投影区域，ΔD_{xy} 为 D_{xy} 的面积. 因为

$$\Delta D_{xy} = 1 - 2 \times \frac{1}{8} = \frac{3}{4},$$

所以 $I = -\frac{9}{2}$. □

习　题　12.4

1. 应用高斯公式计算下列曲面积分:

(1) $\oiint\limits_{S} yz\,dy\,dz + zx\,dz\,dx + xy\,dx\,dy$，其中 S 是单位球面 $x^2 + y^2 + z^2 = 1$ 的外侧;

(2) $\oiint\limits_{S} x^2\,dy\,dz + y^2\,dz\,dx + z^2\,dx\,dy$，其中 S 是立方体 $0 \leqslant x, y, z \leqslant a$ 表面的外侧;

(3) $\oiint\limits_{S} x^2\,dy\,dz + y^2\,dz\,dx + z^2\,dx\,dy$，其中 S 是锥面 $x^2 + y^2 = z^2$ 与平面 $z = h$ 所围的空间区域 $(0 \leqslant z \leqslant h)$ 的表面的外侧;

(4) $\oiint\limits_{S} x^3\,dy\,dz + y^3\,dz\,dx + z^3\,dx\,dy$，其中 S 是单位球面 $x^2 + y^2 + z^2 = 1$ 的外侧;

(5) $\oiint\limits_{S} x\,dy\,dz + y\,dz\,dx + z\,dx\,dy$，其中 S 是上半球面 $z = \sqrt{a^2 - z^2 - y^2}$ 的上侧.

2. 应用高斯公式计算三重积分

$$\iiint\limits_{V}(xy + yz + zx)\,dx\,dy\,dz,$$ 其中 V 是由 $x \leqslant 0, y \leqslant 0, 0 \leqslant z \leqslant 1$ 与 $x^2 + y^2 \leqslant 1$ 所确定的空间区域.

3. 应用斯托克斯公式计算下列曲线积分:

(1) $\oint\limits_{L}(y^2 + z^2)\,dx + (x^2 + y^2)\,dy + (x^2 + y^2)\,dz$，其中 L 为 $x + y + z = 1$ 与三坐标面交线所围封闭曲线，若从 x 轴正向看去，曲线取逆时针方向;

(2) $\oint\limits_{L} y\,dx + z\,dy + x\,dz$，其中 L 是球面 $x^2 + y^2 + z^2 = a^2$ 与平面 $x + y + z = 0$ 相交的圆周，从 x 轴正向看去，曲线取逆时针方向.

第 12 章　复　习　题

1. 计算下列第一型曲线积分:

(1) $\int_{c}(x^2 + y^2)\,ds$，其中 C 是 $(0,0),(1,0),(0,2)$ 为顶点的三角形;

(2) $\int_{c} \sqrt{y}\,ds$，其中 C 为摆线的一拱: $x = t - \sin t, y = 1 - \cos t, t \in [0, 2\pi]$.

2. 计算下列第二型曲线积分:

(1) $\oint\limits_{\Gamma} \frac{1}{|x| + |y|}(dx + dy)$，$\Gamma$ 为以 $(1,0),(0,1),(-1,0),(0,-1)$ 为顶点的正方形，取逆时

针方向.

(2) $\oint_{\Gamma}(x^2-yz)\mathrm{d}x+(y^2-xz)\mathrm{d}y+(z^2-xy)\mathrm{d}z$,其中 Γ 为由点 $(1,0,0)$ 沿螺线 $x=\cos\phi,y=\sin\phi,z=\phi$ 至点 $(1,0,2\pi)$ 的一段.

3. 若 f 为连续函数,C 为光滑的封闭曲线,证明

$$\oint_c f(x^2+y^2)(x\,\mathrm{d}x+y\,\mathrm{d}y)=0.$$

4. 计算下列曲面积分:

(1) $\iint\limits_{\Sigma}\dfrac{x\,\mathrm{d}y\mathrm{d}z+y^2\,\mathrm{d}z\mathrm{d}x+(z+1)^2\,\mathrm{d}x\mathrm{d}y}{x^2+y^2+z^2}$,$\sum$ 为下半球面 $z=\sqrt{a^2-x^2-y^2}(a>0)$,取下侧.

(2) $\iint\limits_{\Sigma}y\mathrm{d}z\mathrm{d}x+\mathrm{e}^{x^3+y^3+z^3}\,\mathrm{d}x\mathrm{d}y$,$\sum$ 为圆柱面 $x^2+y^2=4$ 被平面 $x+z=2$ 与 $z=0$ 所截部分曲面的外侧.

5. 计算第二型曲面积分 $\iint\limits_{S}f(x)\mathrm{d}y\mathrm{d}z+g(y)\mathrm{d}z\mathrm{d}x+h(z)\mathrm{d}x\mathrm{d}y$,其中 S 为平行六面体 $(0\leqslant x\leqslant a,0\leqslant y\leqslant b,0\leqslant z\leqslant c)$ 的表面并取外侧,其中 $f(x),g(y),h(z)$ 为 S 上的连续函数.

6. 设 $f(x)$ 连续可微,$f(0)=2$,且使曲线积分 $\int_{\overset{\frown}{AB}}2xyf(x^2)\mathrm{d}x+(f(x^2)-x^4)\mathrm{d}y$ 与路径无关,求 $f(x)$.

7. 在变力 $\boldsymbol{F}(yz,zx,xy)$ 作用下,一质点由坐标原点沿直线运动到椭球面 $x^2+2y^2+3z^2=1$ 上的点 $(a,b,c)(a,b,c>0)$ 处,问 a,b,c 取何值时,力 $\boldsymbol{F}$ 所做的功取最大值? 并求其最大值.

8. 设椭球面 $\sum:\dfrac{x^2}{a^2}+\dfrac{y^2}{b^2}+\dfrac{z^2}{c^2}=1$ 上点 $P(x,y,z)$ 处的切平面为 π,ρ 为原点到 π 的距离,试计算曲面积分 $\iint\limits_{\Sigma}\dfrac{\mathrm{d}s}{\rho}$.

第 13 章　微分方程初步

微分方程是表示未知函数、未知函数的导数与自变量之间关系的方程. 在自然科学、工程技术和某些社会科学中的许多问题如用数学方法加以精确描述,往往会出现微分方程. 本章主要介绍微分方程的一些基本概念和几种常见方程的初等解法.

§13.1　微分方程基本概念

13.1.1　微分方程概念

在初等数学中,我们学习了代数方程和一些超越方程,这些方程的共同特点是,所求的未知量是数,所以统称为数值方程. 但在许多实际问题中,要求的未知量不是数,而是函数,这种方程便称为函数方程. 例如,

(1) 求函数 $y = y(x)$,使 $x^2 + y^2 = 1$;

(2) 求数列 $\{y_n\}$,使 $\forall n \in \mathbf{N}, y_{n+1} = 3y_n + 1$;

(3) 求连续函数 $f(x)$,使 $\forall x 、 y \in \mathbf{R}, f(x+y) = f(x) + f(y)$;

(4) 求函数 $y = y(x)$,使 $\dfrac{\mathrm{d}y}{\mathrm{d}x} = \dfrac{y}{x}$

等,都是函数方程. 在函数方程(4)中,不但含有未知函数 $y(x)$,还含有未知函数 $y(x)$ 的导数,这种方程就叫作微分方程. 下列方程都是微分方程,其中 $y = y(x)$ 或 $u = u(x, y)$ 为未知函数:

(5) $\dfrac{\mathrm{d}y}{\mathrm{d}x} = x^2 + y^2$;

(6) $y'' + 3y' - 10y = \mathrm{e}^x$;

(7) $y'' + yy' = x$;

(8) $\dfrac{\partial^2 u}{\partial x^2} + \dfrac{\partial^2 u}{\partial y^2} = 0$.

在上面方程中,(4)、(5)、(6)、(7)中的未知函数都是一元函数,这种方程叫作常微分方程;而方程(8)中的函数是多元函数,出现的导数是多元函数的偏导数,这种方程叫作偏微分方程. 本章主要介绍常微分方程,本书凡提到微分方程,如无特别说明,都是指常微分方程.

13.1.2　微分方程应用举例

微分方程的产生与发展和科学技术的需要是分不开的. 当我们试图用数学的方法去

解决自然科学、工程技术和社会科学中的一些问题时,常常先建立相应的数学模型,然后再对该模型进行简化、求解、分析和讨论,而在这些数学模型中,往往会出现微分方程.因而微分方程便成为物理、化学、生物学、自动控制、电子技术以及一些社会科学的重要工具.下面介绍几个这方面的例子.

例 13.1.1　物体的冷却或加热.

将一杯咖啡放置在空气中冷却.开始时,它的温度为 $H_0 = 80℃$,1 小时后测得温度为 $H_1 = 30℃$,现在要求这杯咖啡在冷却过程中的温度 H 与时间 t 的函数关系,这里假定空气温度保持在 20℃ 不变.

解　为了解上述问题,需用牛顿冷却定律,即物体温度下降的速度与物体和周围介质的温度差成正比.

现在假定在时刻 t 时,咖啡的温度为 $H(t)$,那么冷却速度为 $\dfrac{\mathrm{d}H}{\mathrm{d}t}$.注意,在热量传递过程中,总是从温度高的物体向温度低的物体传导的,所以

$$H(t) - 20 > 0, \frac{\mathrm{d}H}{\mathrm{d}t} < 0.$$

因此由牛顿冷却定律,可得

$$\frac{\mathrm{d}H}{\mathrm{d}t} = -k(H - 20), \quad k > 0, \tag{1}$$

其中 k 是比例系数.(1) 就是咖啡冷却的数学模型,显然它是关于未知函数 $H(t)$ 的微分方程.为了决定冷却过程中咖啡的温度 $H(t)$,就需解上述方程.为此,将 (1) 写成

$$\frac{\mathrm{d}H}{\mathrm{d}t} + k(H - 20) = 0,$$

将上式乘以 e^{kt},得

$$\mathrm{e}^{kt} \frac{\mathrm{d}H}{\mathrm{d}t} + k \mathrm{e}^{kt}(H - 20) = 0,$$

或

$$\frac{\mathrm{d}}{\mathrm{d}t} \left[\mathrm{e}^{kt}(H - 20) \right] = 0,$$

这样,

$$\mathrm{e}^{kt}(H - 20) = C,$$

或

$$H = 20 + C\mathrm{e}^{-kt}, \tag{2}$$

这里 C 是任意常数,时间 t 的单位是小时.为了确定其中的 C,我们可利用"$t = 0$ 时,$H = H_0 = 80℃$"这一条件,将 $t = 0$,$H = H_0$ 代入 (2) 式,便得

$$C = H_0 - 20 = 60,$$

所以

$$H = 20 + 60\mathrm{e}^{-kt}. \tag{3}$$

下面再来确定比例系数 k.为此,可利用"$t = 1$ 时,$H = H_1 = 30℃$"这一条件,将 $t = 1$,$H = 30$ 代入 (2) 式,有

$$30 = 20 + 60e^{-k},$$

由此即得

$$k = \ln 6 \approx 1.79,$$

从而

$$H = 20 + 60e^{-1.79t}. \tag{4}$$

这就是所要求的在任何时刻 t 咖啡的温度.

在(4)式中令 $t \to +\infty$，得

$$\lim_{t \to +\infty} H(t) = 20. \tag{5}$$

这说明经过一段时间后，咖啡的温度和空气的温度便没有什么差别. 事实上，当 $t=3$ 时

$$H(3) = 20 + 60e^{-1.79 \times 3} \approx 20.28℃,$$

当 $t=5$ 时，

$$H(5) = 20 + 60e^{-1.79 \times 5} \approx 20.0078℃,$$

此时咖啡与空气的温度仅差 $0.0078℃$，已感觉不出有什么差别了，函数(4)的图像如图 13.1.1 所示. 从图上可看出 $H = 20℃$ 为曲线的水平渐近线，当 t 增大时，曲线很快地单调下降而和直线 $H = 20℃$ 无限接近.

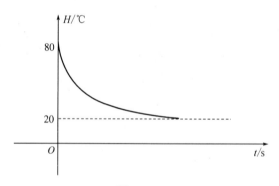

图 13.1.1

例 13.1.2 自由落体运动规律.

设一质量为 m 的物体自离地面 h 米的高空下落，空气的阻力与其速度成正比. 求该物体的运动规律，即求在任意时刻 t，物体下落的距离 $s(t)$.

解 取坐标系如图 13.1.2 所示. 其中 O 为物体开始下落时的位置，那么在时刻 t，物体的瞬时速度为 $v = \dfrac{\mathrm{d}s}{\mathrm{d}t}$，瞬时加速度为 $a = \dfrac{\mathrm{d}^2 s}{\mathrm{d}t^2}$.

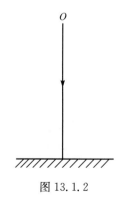

图 13.1.2

作用在物体上的力有：竖直向下的重力 mg，空气阻力 $k\left(\dfrac{\mathrm{d}s}{\mathrm{d}t}\right)$，其中 $k > 0$ 为比例系数，阻力方向与重力方向相反，根据大家所熟悉的牛顿第二运动定律

$$F = ma,$$

即得

$$m\frac{\mathrm{d}^2 s}{\mathrm{d}t^2} = mg - k\frac{\mathrm{d}s}{\mathrm{d}t},$$

或

$$\frac{\mathrm{d}^2 s}{\mathrm{d}t^2} + \frac{k}{m}\frac{\mathrm{d}s}{\mathrm{d}t} = g. \tag{6}$$

(6) 就是我们所要求的函数 $s(t)$ 所满足的方程,它也是一个微分方程.

如果忽略空气阻力,那么可得

$$\frac{\mathrm{d}^2 s}{\mathrm{d}t^2} = g. \tag{7}$$

在 (7) 式两端对 t 积分一次,得

$$\frac{\mathrm{d}s}{\mathrm{d}t} = gt + C_1 \tag{8}$$

再积分一次就得

$$s = \frac{1}{2}gt^2 + C_1 t + C_2, \tag{9}$$

其中 C_1, C_2 是任意常数. 如果考虑到自由落体的初始状态,即 $s(0) = 0$, $v\mid_{t=0} = 0$, 那么将这两个条件代入 (8) 和 (9),就得

$$C_1 = C_2 = 0.$$

这样,不计空气阻力的自由落体运动方程是

$$s = \frac{1}{2}gt^2. \qquad \square$$

例 13.1.3　人口增长模型

人口问题是全人类所共同关心的问题. 利用数学方法来分析、预测人口的增长趋势,最早是由英国经济学家、牧师马尔萨斯 (Malthus) 提出来的. 他在分析了当时的一些人口资料后断言:人口的自然增长率是一个常数. 先解释一下自然增长率的含义. 假定 $P(t)$ 是在年代 t 时的人口数,那么 $\dfrac{\mathrm{d}p}{\mathrm{d}t}$ 是人口的绝对增加率,即是在单位时间内增加的人口数. 而

$$\frac{1}{p(t)}\frac{\mathrm{d}p}{\mathrm{d}t}$$

就称为人口的自然增长率. 这样由马尔萨斯的理论就可得如下的人口增长模型:

$$\frac{1}{p(t)}\frac{\mathrm{d}p(t)}{\mathrm{d}t} = \alpha, \; p(t_0) = p_0,$$

或

$$\frac{\mathrm{d}p}{\mathrm{d}t} = \alpha p, \; p(t_0) = p_0. \tag{10}$$

其中 α 即为人口的自然增长率,p_0 是在年代 t_0 时的人口数,都是常数. 和例 13.1.1 相类似,由 (10) 可得

$$p(t) = p_0 e^{\alpha(t-t_0)}, \tag{11}$$

这表明人口是按指数函数规律增长的,这就是马尔萨斯人口论的理论依据. 这一理论显然是不正确的. 因为由(10),将有

$$\lim_{t \to +\infty} p(t) = +\infty.$$

而这与生物学的实验结果是不相符合的. 生物学家在试管营养液内培养某种微生物,经过一段时间后,营养液内的微生物总数将大致保持在同一个水平上. 对人类来说,由于生存环境等方面的限制,人口增加到一定数量后,增长的速度将会放慢而不会等于一个常数. 为了给出比(10)较为合理的人口模型,人口学家和生物学家在分析了一些国家不同时期的人口状况后发现,在一定条件下,人口的自然增长率与人口的总数间存在着一个近似的线性关系:

$$\frac{1}{p(t)} \cdot \frac{\mathrm{d}p}{\mathrm{d}t} = \alpha - \beta p(t),$$

这样,又得到了一个新的人口增长模型:

$$\frac{\mathrm{d}p}{\mathrm{d}t} = \alpha p - \beta p^2, \ p(t_0) = p_0, \tag{12}$$

这里 α 称为生态系数,β 称为社会摩擦系数,它们可以根据人口资料通过统计方法确定. 方程(12)称为逻辑斯谛(Logistic)方程,显然它也是一个微分方程.

上面我们举的这些例子,显然属于不同的领域,但最终都归结为求一微分方程的解,由此也可看出微分方程的应用是很广泛的.

13.1.3 微分方程及其解

现在我们给出微分方程的一般定义.

定义 13.1.1 凡是联系自变量 x,这个自变量的未知函数 $y = y(x)$ 及其直到 n 阶导数在内的函数方程

$$F(x, y, y', y'', \cdots, y^{(n)}) = 0, \tag{13}$$

称为常微分方程,其中导数实际出现的最高阶数 n 叫作常微分方程的阶,相应的方程便称为 n 阶微分方程.

方程(13)也可以表示为

$$y^{(n)} = f(x, y, y', \cdots, y^{(n-1)}), \tag{14}$$

并称(13)为 n 阶隐式方程,(14)为 n 阶显式方程. 特别地,一阶隐式和显式方程的一般形式分别为

$$F(x, y, y') = 0$$

和

$$\frac{\mathrm{d}y}{\mathrm{d}x} = f(x, y). \tag{15}$$

这样,例 13.1.1、例 13.1.3 中的方程为一阶方程,而例 13.1.2 中的方程为二阶方程.

在(13)或(14)式中,如果函数 F 或 f 为未知函数 y 及其各阶导数的线性函数,那么就称为线性微分方程. 例 13.1.1、例 13.1.2 中的方程是线性微分方程,例 13.1.3 中的方程

(12) 是非线性方程.

定义 13.1.2 若函数 $y = y(x)$,使 $\forall x \in [a, b]$,有
$$F(y, y(x), y'(x), \cdots, y^{(n)}(x)) = 0,$$
那么就称 $y(x)$ 为常微分方程(13)在区间 $[a, b]$ 上的解.

例 13.1.4 验证对任一常数 C,函数
$$y = \frac{1}{x - C} \tag{16}$$
是微分方程
$$\frac{\mathrm{d}y}{\mathrm{d}x} = -y^2 \tag{17}$$
在区间 $(-\infty, C)$ 和 $(C, +\infty)$ 上的解.

证 因当 $x \neq C$ 时,
$$\frac{\mathrm{d}y}{\mathrm{d}x} = \left(\frac{1}{x - C}\right)' = -\frac{1}{(x - C)^2} = -y^2,$$
所以结论成立. □

例 13.1.5 验证对任意常数 C_1、C_2,函数
$$y = C_1 \cos 2x + C_2 \sin 2x \tag{18}$$
是微分方程
$$y'' + 4y = 0 \tag{19}$$
在 $(-\infty, +\infty)$ 上的解.

证 因为
$$y'' = -4C_1 \cos 2x - 4C_2 \sin 2x,$$
所以
$$y'' + 4y = (-4C_1 \cos 2x - 4C_2 \sin 2x) + 4(C_1 \cos 2x + C_2 \sin 2x) = 0,$$
所以结论成立. □

从上面两个例子可以看到,微分方程可能存在无限多个解,它的有些解的表达式可以包含若干个任意常数,这就有了通解的概念.

定义 13.1.3 n 阶微分方程(13)或(14)含有 n 个独立任意常数 $C_1, C_2, \cdots, C_n$ 的解
$$y = y(x, C_1, C_2, \cdots, C_n),$$
称为方程的通解,而不含任意常数的解 $y = y(x)$ 称为方程的特解.

这样,函数(16)和(18)就分别是方程(17)和(19)的通解,而(3)中的函数则是方程(1)的一个特解. 但要注意,函数
$$y = C_1 \cos 2x,$$
$$y = C_1 \cos 2x + 2C_1 \sin 2x,$$
显然也是方程(19)的解,而且也含有任意常数,但它却不是该方程的通解,因为方程(19)是二阶方程,它的通解表达式须含有两个任意常数,而在上面两个解的表达式中,只含有一个任意常数.

因为微分方程的解有无限多个,所以要完全确定方程的某个解,必须再补充一些条

件. 例如, 在例 13.1.1 中, 为了确定通解中的任意常数 C, 就利用了补充条件

$$H(0) = H_0 = 80;$$

在例 13.1.2 中, 为了确定方程(7)的通解(9)中的常数 C_1, C_2, 利用了条件

$$s(0) = 0, \quad s'(0) = 0.$$

这些条件常称为"初始条件", 因为它描述了所给物理过程的初始状态.

一般地, 一阶方程(15)的初始条件为

$$y(x_0) = y_0,$$

其中 $(x_0, y_0) \in D = \mathrm{dom} f(x, y)$. 求微分方程满足初始条件的解, 常称为初值问题或柯西问题. 一阶方程初值问题的一般形式是: 求函数 $y = y(x)$, 使

$$\begin{cases} \dfrac{\mathrm{d}y}{\mathrm{d}x} = f(x, y), \ (x, y) \in D; \\ y(x_0) = y_0, \ (x_0, y_0) \in D. \end{cases} \tag{20}$$

对 n 阶方程(13), 为了确定通解中的任意常数 C_1, C_2, $\cdots$, C_n, 必须有 n 个条件. 例如, 可取这 n 个条件为

$$y(x_0) = y_0, \ y'(x_0) = y_0', \ y''(x_0) = y_0'', \ \cdots, \ y^{(n-1)}(x_0) = y_0^{(n-1)}. \tag{21}$$

其中 $(x_0, y_0, y_0' \cdots, y_0^{(n-1)})$ 为 $\mathrm{dom} f$ 中的结合点, 条件(21)称为 n 阶方程的初始条件. 今设方程(13)的通解为 $y = \varphi(x, C_1, C_2, \cdots, C_n)$, 如要求方程(13)满足初始条件(21)的特解, 可将条件(21)依次代入通解表达式, 可得

$$\begin{cases} \varphi(x_0, C_1, C_2, \cdots, C_n) = y_0; \\ \varphi'(x_0, C_1, C_2, \cdots, C_n) = y_0'; \\ \quad\quad\quad \cdots \\ \varphi^{(n-1)}(x_0, C_1, C_2, \cdots, C_n) = y_0^{(n-1)}. \end{cases}$$

如能求得此方程组的一组解 C_1^*, C_2^*, $\cdots$, C_n^*, 那么将它代入通解表达式, 就得所给初值问题的特解.

$$y = \varphi(x, C_1^*, C_2^*, \cdots, C_n^*).$$

例 13.1.6　求方程 $y'' + 4y = 0$ 满足初始条件 $y\left(\dfrac{\pi}{6}\right) = 0$, $y'\left(\dfrac{\pi}{6}\right) = -4$ 的解.

解　方程的通解为

$$y = C_1 \cos 2x + C_2 \sin 2x,$$

求导后得

$$y' = -2C_1 \sin 2x + 2C_2 \cos 2x.$$

将初始条件代入上面二式, 得关于 C_1、C_2 的方程组

$$\begin{cases} \dfrac{C_1}{2} + \dfrac{\sqrt{3}}{2} C_2 = 0; \\ -\sqrt{3} C_1 + C_2 = -4. \end{cases}$$

解之得

$$C_1 = \sqrt{3}, \quad C_2 = -1.$$

故所求初值问题的解为

$$y = \sqrt{3}\cos 2x - \sin 2x.$$

13.1.4 微分方程及其解的几何意义

考虑一阶微分方程(15),即

$$\frac{\mathrm{d}y}{\mathrm{d}x} = f(x, y),$$

其中 $f(x, y)$ 是平面区域 D 内的连续函数. 设函数 $y = \varphi(x)$ 是方程在区间 (a, b) 上的一个解,那么这个解的图像是 xOy 平面上的一条光滑曲线,而且此曲线上任一点 $p(x, y)$ 处切线的斜率都等于 $f(x, y)$. 这条曲线,就称为方程(15)的积分曲线,而方程的通解 $y = \varphi(x, C)$ 就表示了 xOy 平面上一单参数积分曲线族.

现在在区域 D 内的每一点 $P(x, y)$ 处都作一单位向量 $\boldsymbol{u}(p)$,使 $\boldsymbol{u}(p)$ 的斜率恰等于 $f(x, y)$. 这样,由微分方程(15)就可产生一向量场,这个向量场就称为微分方程(15)所对应的线素场,而微分方程的积分曲线,就是这样的光滑曲线,它在任一点处的切线方向都与线素场在该点处的方向相一致,解微分方程的初值问题(20),就是求方程(15)通过给定点 (x_0, y_0) 的积分曲线.

那么在什么条件下初值问题(20)的解,即过点 (x_0, y_0) 的积分曲线存在且唯一? 对此,我们有下面的定理:

定理13.1.1 若函数 $f(x, y)$ 及其偏导数 $\dfrac{\partial f}{\partial y}$ 在平面区域 D 内连续,则 $\forall (x_0 y_0) \in D$,初值问题(20)的解存在且唯一,而且此解所表示的积分曲线可以向左或向右延伸,直到与区域 D 的边界无限接近.

例 13.1.7 设有方程

$$\frac{\mathrm{d}y}{\mathrm{d}x} = x^2 - y^2,$$

(1)求解的存在唯一性区域;

(2)画出相应线素场示意图.

解 (1)因为 $f(x, y) = x^2 - y^2$,$\dfrac{\partial f}{\partial y} = 2y$ 在整个平面 $\mathbf{R}^2$ 上连续,所以由定理 1.1,对任一 $(x_0, y_0) \in \mathbf{R}^2$,方程满足初始条件 $y(x_0) = y_0$ 的解都存在且唯一,而且相应的积分曲线可以一直延伸到无穷.

(2)因为在双曲线 $x^2 - y^2 = R^2$ 上各点处线素场的方向都相同,斜率都等于 R^2,所以这些双曲线

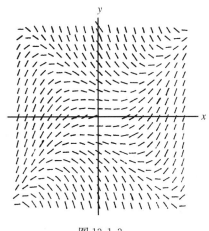

图 13.1.3

是该线素场的"等方向线". 取不同的 R,就可以画出线素场不同的"等方向线",这样就可画出线素场的示意图(图 13.1.3).

注意,积分曲线可以一直延伸到无穷,并不意味着函数 $y = \varphi(x)$ 的存在域是整个 $(-\infty, +\infty)$. 例如,在例 13.1.4 中,方程满足初始条件 $y(2) = 1$ 的积分曲线是

$$y = \frac{1}{x-1} \quad (x > 1),$$

它可以向左或向右一直延伸到无穷,但 x 的取值范围是 $(1, +\infty)$.

习　题　13.1

1. 指出下列微分方程的阶数:

(1) $\dfrac{\mathrm{d}y}{\mathrm{d}x} = x + y^2$;

(2) $\dfrac{\mathrm{d}^2 y}{\mathrm{d}x^2} - 3\dfrac{\mathrm{d}y}{\mathrm{d}x} + y = 0$;

(3) $y^3 \dfrac{\mathrm{d}^2 y}{\mathrm{d}x^2} = x + y$;

(4) $y^{(4)} + y^{(2)} = 0$.

2. 验证给出的函数是否是相应微分方程的解,其中 C 为任意常数.

(1) $y' = -\dfrac{x}{y}$, $x^2 + y^2 = C$;

(2) $xy' + y = \cos x$, $y = \dfrac{\sin x}{x}$;

(3) $xy' - y = x\mathrm{e}^x$, $y = x\left(\displaystyle\int \dfrac{\mathrm{e}^x}{x}\mathrm{d}x + C \right)$;

(4) $y'' = x^2 + y^2$, $y = x + \dfrac{1}{x}$.

3. 验证 $x = -\dfrac{10^5}{(100+t)^2}$ 是方程 $\dfrac{\mathrm{d}x}{\mathrm{d}t} = -\dfrac{2x}{100+t}$ 满足初始条件 $x(0) = -10$ 的解.

4. 给定二阶方程 $\dfrac{\mathrm{d}y}{\mathrm{d}x} = x + 1$,

(1) 求出它的通解;

(2) 求满足初始条件 $y(1) = 0$ 的解;

(3) 求与直线 $y = 3x + 1$ 相切的积分曲线.

5. 判断下列方程在什么样的区域上保证初值问题解存在且唯一:

(1) $y' = x^3 + y^3$;

(2) $y' = \sqrt{|y|}$;

(3) $y' = x + \ln y$;

(4) $y' = \ln x + y$.

§13.2　初等积分法

所谓微分方程的初等积分法,就是设法将方程的解用初等函数或初等函数的积分来表示.但这并不是对每个微分方程都能做到的.事实上,只有少数方程才能用初等积分法求积.不过这些方程及其解法虽然很简单,也很特殊,但却是最基本的,而且在实际问题中也经常会出现.因此,掌握这些方程的解法是非常必要的.

13.2.1　变量分离方程

下面形式的方程称为变量分离方程:

$$\frac{\mathrm{d}y}{\mathrm{d}x} = f(x)\varphi(y). \tag{1}$$

这里 $f(x)$ 和 $\varphi(y)$ 分别是区间 $[a, b]$ 和 $[c, d]$ 上的连续函数.现在来说明方程(1)的解法.

假定函数 $y = y(x)$ 是方程(1)在区间 $[a, b]$ 上的解,那么由解的定义,$\forall x \in$

$[a,b]$,

$$y'(x) = f(x)\varphi(y(x)).$$

如果 $\varphi(y) \neq 0$,就得

$$\frac{y'(x)}{\varphi(y(x))} = f(x),$$

积分后可得

$$\int \frac{y'(x)}{\varphi(y(x))} \mathrm{d}x = \int f(x)\mathrm{d}x + C.$$

在左边积分中,令 $y = y(x)$,那么由不定积分的换元公式得

$$\int \frac{\mathrm{d}y}{\varphi(y)} = \int f(x)\mathrm{d}x + C, \tag{2}$$

把(2)式作为确定 y 是 x 的隐函数关系式,那么在(2)式两端求导后即知,对任一常数 C,由(2)所确定的隐函数 $y = y(x)$ 为方程(1)的解,因此(2)就是(1)的通解或通积分.

此外,如果有某个 $y_0 \in [c,d]$,使 $\varphi(y_0) = 0$,那么常数函数 $y = y_0$ 是方程(1)的一个特解.

例 13.2.1　解方程 $\dfrac{\mathrm{d}y}{\mathrm{d}x} = \dfrac{y}{x}$.

解　当 $y \neq 0$ 时,将变量分离,得到

$$\frac{\mathrm{d}y}{y} = \frac{\mathrm{d}x}{x}.$$

两边积分,即得 $\ln|y| = \ln|x| + C_1$,

或　　　　　　　　$|y| = C_2|x| \quad (C_2 = \mathrm{e}^{C_1} > 0)$,

即　　　　　　　　$y = Cx \quad (C = \pm C_2 \neq 0)$.

它是方程的通解. 另外,$y = 0$ 也是方程的解. 注意,如在上式中 C 等于零,那么就得解 $y = 0$,所以原方程的一切解可表示为

$$y = Cx, \; C \text{ 为任意常数}. \qquad\qquad \square$$

例 13.2.2　设有方程 $\dfrac{\mathrm{d}y}{\mathrm{d}x} = y^2 \cos x$,试求:

(1)方程的通解;

(2)满足初始条件 $y(0) = 1$ 的特解;

(3)满足初始条件 $y(0) = 0$ 的特解.

解　(1)将变量分离,得到 $\dfrac{\mathrm{d}y}{y^2} = \cos x\, \mathrm{d}x \quad (y \neq 0)$,

积分后得

$$-\frac{1}{y} = \sin x + C$$

或　　　　　　　　　$$y = -\frac{1}{\sin x + C}.$$

这就是所要求的方程通解,其中 C 为任意常数.

此外,方程还有特解 $y=0$.

(2) 将初始条件 $x=0$, $y=1$ 代入通解表达式,可得 $C=-1$,所以所给初值问题的解为

$$y=\frac{1}{1-\sin x}.$$

(3) 如果将初始条件 $x=0$, $y=0$ 代入通解,将得不到 C 的有限值,但容易看出,解 $y=0$ 满足初始条件 $y(0)=0$,故它即为所求的特解. □

例 13.2.3 试解人口增长模型逻辑斯谛方程

$$\frac{\mathrm{d}p}{\mathrm{d}t}=\alpha p-\beta p^2, \ p(t_0)=p_0.$$

解 当 $p(\alpha-\beta p)\neq 0$ 时,有

$$\frac{\mathrm{d}p}{\alpha p-\beta p^2}=\mathrm{d}t.$$

对上式两端求积分,注意

$$\int\frac{\mathrm{d}p}{\alpha p-\beta p^2}=\frac{1}{\alpha}\int\left(\frac{1}{p}+\frac{\beta}{\alpha-\beta p}\right)\mathrm{d}p=\frac{1}{\alpha}(\ln|p|-\ln|\alpha-\beta p|+C),$$

便得

$$\frac{p}{\alpha-\beta p}=C\mathrm{e}^{\alpha t},$$

或

$$p=\frac{\alpha C\mathrm{e}^{\alpha t}}{1+\beta C\mathrm{e}^{\alpha t}},$$

将初始条件 $p(t_0)=p_0$ 代入上式可得

$$C=\frac{p_0}{\alpha-\beta p_0}\mathrm{e}^{-\alpha t_0}.$$

这样就得逻辑斯谛方程初值问题的解:

$$p(t)=\frac{\alpha p_0\mathrm{e}^{\alpha(t-t_0)}}{(\alpha-\beta p_0)+\beta p_0\mathrm{e}^{\alpha(t-t_0)}}=\frac{L}{1+A\mathrm{e}^{-\alpha(t-t_0)}},$$

其中

$$L=\frac{\alpha}{\beta}, \ A=\frac{L-p_0}{p_0}. \quad \square$$

由上式知,$p(t)$ 是严格单调递增函数,而且当 $t\to+\infty$ 时,其极限值为

$$\lim_{t\to+\infty}p(t)=L=\frac{\alpha}{\beta}.$$

据文献记载,美国和法国曾利用这个公式预测人口的变化,结果是相当符合实际的. 例如,在美国 1850 ~ 1940 年间每十年的人口统计数如下表(人口数单位:百万):

年份 t	1850	1860	1870	1880	1890	1900	1910	1920	1930	1940
$p(t)$	23.2	31.4	38.04	50.21	62.90	75.99	92.02	105.74	122.87	131.7
$\frac{1}{p}\frac{dp}{dt}$		0.0245	0.0244	0.0242	0.0205	0.0192	0.0161	0.0145	0.0106	

其中 $\dfrac{\mathrm{d}p}{\mathrm{d}t}$ 的数值可利用 4.7 节中的数值微分公式

$$\frac{\mathrm{d}p}{\mathrm{d}t} \approx \frac{p(t+10)-p(t-10)}{20}$$

求得,将上述数据在 p,$\dfrac{1}{p}\dfrac{\mathrm{d}p}{\mathrm{d}t}$ 平面上用点表示可得图 13.2.1

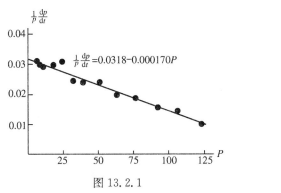

图 13.2.1

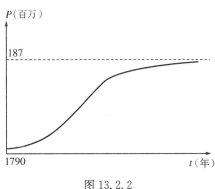

图 13.2.2

从图上可看出,这些点基本上位于一条直线上,即 $\dfrac{1}{p}\dfrac{\mathrm{d}p}{\mathrm{d}t}$ 近似地为 p 的线性函数. 利用最小二乘法可得

$$\frac{1}{p}\frac{\mathrm{d}p}{\mathrm{d}t}=0.0318-0.000170p.$$

再利用 1790 年时的人口总数 3.9(百万) 这一数据就得

$$p(t) \approx \frac{187}{1+47\mathrm{e}^{-0.0318(t-1790)}}.$$

$p(t)$ 的图像如图 13.2.2 所示.

利用这个模型算出的预测人口数在 $1790 \sim 1840$ 年期间与实际人口数的最大偏差在 3% 左右,效果是比较好的. 但从 1950 年起,预测人口数与实际人口数偏差明显增大,这说明有必要寻找新的数学模型来预测未来人口的增长情况.

13.2.2 齐次方程

下面形式的方程称为齐次方程:

$$\frac{\mathrm{d}y}{\mathrm{d}x}=f\left(\frac{y}{x}\right). \tag{3}$$

为解方程(3),可作变量代换

$$y=x \cdot u(x), \tag{4}$$

其中 u 为新的未知函数. 将(4) 代入(3),得

$$x\frac{\mathrm{d}u}{\mathrm{d}x}+u=f(u), \tag{5}$$

此为变量分离方程,当 $f(u)-u \neq 0$ 时,分离变量可得

$$\frac{\mathrm{d}x}{x} = \frac{\mathrm{d}u}{f(u) - u},$$

积分后得

$$\ln |x| = \int \frac{\mathrm{d}u}{f(u) - u} + C_1.$$

如记 $\varphi(u) = \int \dfrac{\mathrm{d}u}{f(u) - u}$,那么

$$x = C\mathrm{e}^{\varphi(u)} \qquad (C \neq 0),$$

再代回原来的变量,就得原方程的通积分

$$x = C\mathrm{e}^{\varphi\left(\frac{y}{x}\right)},$$

这里 C 为不等于零的任意常数.

此外,如果有 u_0 使 $f(u_0) - u_0 = 0$,则 $u = u_0$ 为方程(5)的解,从而 $y = u_0 x$ 为方程(3)的一个特解.

例 13.2.4 解方程 $\dfrac{\mathrm{d}y}{\mathrm{d}x} = \dfrac{x + y}{x - y}$.

解 将方程化为

$$\frac{\mathrm{d}y}{\mathrm{d}x} = \frac{1 + \dfrac{y}{x}}{1 - \dfrac{y}{x}},$$

令 $y = xu$,并代入上式,就得 $x\dfrac{\mathrm{d}u}{\mathrm{d}x} + u = \dfrac{1 + u}{1 - u}$,即

$$x\frac{\mathrm{d}u}{\mathrm{d}x} = \frac{1 + u^2}{1 - u}.$$

分离变量得

$$\frac{1 - u}{1 + u^2}\mathrm{d}u = \frac{\mathrm{d}x}{x},$$

两端积分后得

$$\arctan u - \frac{1}{2}\ln(1 + u^2) + C_1 = \ln |x|,$$

即 $$|x|\sqrt{1 + u^2} = C\mathrm{e}^{\arctan u} \quad (C > 0),$$

将 $u = \dfrac{y}{x}$ 代入上式,就得原方程的通积分:

$$\sqrt{x^2 + y^2} = C\mathrm{e}^{\arctan\frac{y}{x}}.$$

如果用极坐标 $x = r\cos\theta$,$y = r\sin\theta$,则通解可表示为

$$r = C\mathrm{e}^{\theta}.$$

其中 C 为非负的任意常数,它是一族对数螺线. □

例 13.2.5 我们知道,抛物线有如下的光学性质:在其焦点处设置一点光源,那么由点光源射出的光线经抛物镜面反射后成为一束平行于抛物线对称轴的平行光线. 现在问:

具有这种光学性质的曲线是否一定是抛物线?

解　设点光源在坐标原点,并取 x 轴平行于反射光线方向(图 13.2.3).曲线 $\Gamma: y = y(x)$ 具有所述光学性质,即由 O 点射出的光线经 Γ 反射后,反射光线平行于 x 轴.

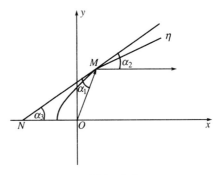

图 13.2.3

设 $M(x, y)$ 为曲线 Γ 上的任意一点,过 M 作 Γ 的切线交 x 轴于 N,则切线 MN 的方程为

$$Y - y = y'(x)(X - x).$$

令 $Y = 0$,就得到点 N 的坐标: $N\left(x - \dfrac{y}{y'},\ 0\right)$. 由假设,光线的入射角等于反射角,所以图中的 $\alpha_1 = \alpha_2$.又因反射光线平行于 x 轴,所以 $\alpha_2 = \alpha_3$,从而,$\alpha_1 = \alpha_3$,$\triangle NOM$ 为等腰三角形. 这样,$|OM| = |ON|$,即

$$\sqrt{x^2 + y^2} = \left| x - \frac{y}{y'} \right|,$$

或

$$\frac{\mathrm{d}x}{\mathrm{d}y} = \frac{x}{y} \pm \sqrt{1 + \left(\frac{x}{y}\right)^2}.$$

这是齐次方程(将 y 看成自变量),令 $\dfrac{x}{y} = u$ 或 $x = yu$,代入上式,得

$$y \frac{\mathrm{d}u}{\mathrm{d}y} + u = u \pm \sqrt{1 + u^2},$$

即

$$\pm \frac{\mathrm{d}u}{\sqrt{1 + u^2}} = \frac{\mathrm{d}y}{y},$$

积分后得 $\pm \ln(u + \sqrt{1 + u^2}) = \ln|y| + C_1$.　　　　　　　　　　　　(6)

当(6)式左端取正号时,有

$$u + \sqrt{1 + u^2} = C_2|y|,\ C_2 = \mathrm{e}^{C_1} > 0,$$

将 $u = \dfrac{x}{y}$ 代入上式,得

$$\frac{x}{y} + \frac{\sqrt{x^2 + y^2}}{|y|} = C_2|y|,$$

或

$$\pm x + \sqrt{x^2 + y^2} = C_2 y^2,$$

化简后得 $C_2^2 y^2 = \pm 2C_2 x + 1$,

即

$$y^2 = 2C\left(x + \frac{C}{2}\right),\ C = \pm\frac{1}{C_2} \neq 0.$$　　　　　　　　　(7)

当(6)式左端取负号时,同样可得(7).(7)是以原点为焦点的抛物线,因此只有抛物线才具有上述光学性质.　□

将抛物线(7)绕 x 轴旋转得旋转抛物面. 此时若在焦点 O 处放置一点光源, 那么点光源的光线经旋转抛物镜面反射后成为一束平行光线, 它具有良好的方向性. 这也是在制造探照灯时, 总将反射镜面制成旋转抛物面的原因.

13.2.3　一阶线性方程

形如

$$\frac{\mathrm{d}y}{\mathrm{d}x} = p(x)y + q(x) \tag{8}$$

的方程称为一阶线性方程, 其中 $p(x)$、$q(x)$ 为区间 $[a, b]$ 上的连续函数.

当 $q(x) = 0$ 时, 方程成为

$$\frac{\mathrm{d}y}{\mathrm{d}x} = p(x)y, \tag{9}$$

它称为方程(8)所对应的齐次线性方程, 而当 $q(x) \not\equiv 0$ 时, (8)称为一阶非齐次线性方程.

齐次线性方程(9)是变量分离方程. 当 $y \neq 0$ 时, 分离变量后得

$$\frac{\mathrm{d}y}{y} = p(x)\mathrm{d}x,$$

两端积分后得

$$\ln|y| = \int p(x)\mathrm{d}x + C_1,$$

或

$$y = C\mathrm{e}^{\int p(x)\mathrm{d}x},$$

其中 $C \neq 0$ 为任意常数. 此外, $y = 0$ 也是方程的解, 所以(9)的一切解为

$$y = C\mathrm{e}^{\int p(x)\mathrm{d}x}, \tag{10}$$

其中 C 为任意常数. 为了求得非齐次线性方程(8)的通解, 可用常数变易法. 即将(10)中的常数换作新的未知函数 $C(x)$,

$$y = C(x)\mathrm{e}^{\int p(x)\mathrm{d}x}, \tag{11}$$

将(11)代入方程(8), 得

$$C'(x)\mathrm{e}^{\int p(x)\mathrm{d}x} + C(x)\mathrm{e}^{\int p(x)\mathrm{d}x}p(x) = p(x)C(x)\mathrm{e}^{\int p(x)\mathrm{d}x} + q(x),$$

或

$$C'(x) = q(x)\mathrm{e}^{-\int p(x)\mathrm{d}x}.$$

积分后得

$$C(x) = \int q(x)\mathrm{e}^{-\int p(x)\mathrm{d}x}\mathrm{d}x + C.$$

将上式代入(11), 便得一阶线性方程(8)的通解

$$y = \mathrm{e}^{\int p(x)\mathrm{d}x}\left[C + \int q(x)\mathrm{e}^{-\int p(x)\mathrm{d}x}\mathrm{d}x\right]. \tag{12}$$

现在考虑一阶线性方程的初值问题

$$\begin{cases} \dfrac{\mathrm{d}y}{\mathrm{d}x} = p(x)y + q(x); \\ y(x_0) = y_0. \end{cases} \tag{13}$$

其中 $x_0 \in [a, b]$，y_0 为任意给定的实数. 为了求初值问题(13)的解，先将(12)写成定积分的形式：

$$y = e^{\int_{x_0}^{x} p(t)dt} \left[C + \int_{x_0}^{x} q(t) e^{-\int_{t_0}^{t} p(s)ds} dt \right].$$

其中 C 为待定常数. 将初始条件 $y(x_0) = y_0$ 代入上式，即得 $C = y_0$. 这样，当 $p(x)$、$q(x)$ $\in C[a, b]$ 时，$\forall x_0 \in [a, b]$ 及 $y_0 \in \mathbf{R}$，初值问题(13)在区间 $[a, b]$ 上存在唯一解

$$y(x) = e^{\int_{x_0}^{x} p(t)dt} \left[y_0 + \int_{x_0}^{x} q(t) e^{-\int_{t_0}^{t} p(s)ds} dt \right]. \tag{14}$$

公式(12)和(14)是不必记忆的，只需记住常数变易法的解题过程就可以了.

例 13.2.6　解方程 $\dfrac{dy}{dx} + y \tan x = \sin 2x$.

解　用常数变易法，先考虑对应齐次方程

$$\frac{dy}{dx} + y \tan x = 0.$$

当 $y \neq 0$ 时，分离变量后得

$$\frac{dy}{y} = -\tan x \, dx$$

积分之，得

$$\ln |y| = \ln |\cos x| + C,$$

或
$$y = C \cos x.$$

其中 C 为任意常数. 将 C 换成函数 $C(x)$，即作变量代换

$$y = C(x) \cos x, \tag{15}$$

并代入原方程，可得

$$[C'(x) \cos x - C(x) \sin x] + C(x) \cos x \tan x = \sin 2x,$$

化简后得 $C'(x) = 2 \sin x$，所以

$$C(x) = \int 2 \sin x \, dx = -2 \cos x + C,$$

代入(15)式就得方程的通解

$$y = C \cos x - 2 \cos^2 x,$$

其中 C 为任意常数.　　　　　　　　　　　　　　　　　　　　□

在例 13.1.2 中已导出了受空气阻力的自由落体运动方程：

$$\frac{d^2 s}{dt^2} + \frac{k}{m} \frac{ds}{dt} = g.$$

注意物体的运动速度 $v = \dfrac{ds}{dt}$，所以上式可以化为

$$\frac{dv}{dt} + \frac{k}{m} v = g. \tag{16}$$

这是关于 v 的一阶线性方程.

例 13.2.7 求下面初值问题的解：

$$\begin{cases} \dfrac{\mathrm{d}v}{\mathrm{d}t} + \dfrac{k}{m}v = g; \\ v(0) = 0. \end{cases}$$

解 由对应的齐次方程

$$\frac{\mathrm{d}v}{\mathrm{d}t} + \frac{k}{m}v = 0,$$

得

$$v = C \cdot \mathrm{e}^{-\frac{k}{m}t},$$

作变量代换，得 $v = C(t)\mathrm{e}^{-\frac{k}{m}t}$，
并代入方程(16)，就得

$$C'(t)\mathrm{e}^{-\frac{k}{m}t} - \frac{k}{m}C(t)\mathrm{e}^{-\frac{k}{m}t} + \frac{k}{m}C(t)\mathrm{e}^{-\frac{k}{m}t} = g,$$

或

$$C'(t) = g\,\mathrm{e}^{\frac{k}{m}t}.$$

积分后得

$$C(t) = \frac{mg}{k}\mathrm{e}^{\frac{k}{m}t} + C,$$

故方程(16)的通解为

$$v = \frac{mg}{k} + C\mathrm{e}^{-\frac{k}{m}t}.$$

由初始条件 $v(0) = 0$ 得 $0 = \dfrac{mg}{k} + C$，从而

$$C = -\frac{mg}{k},$$

所求初值问题的解为

$$v = \frac{mg}{k}\left(1 - \mathrm{e}^{-\frac{k}{m}t}\right). \tag{17}$$

（17）就是受空气阻力自由落体运动速度的变化规律. 在第二章中提到的雨滴下落速度就是一个具体例子. 从(17)可得

$$\lim_{t \to +\infty} v(t) = \frac{mg}{k},$$

它是下落物体的极限速度.

13.2.4 全微分方程和积分因子

现在考虑微分形式的一阶方程

$$2xy^3\mathrm{d}x + 3x^2y^2\mathrm{d}y = 0,$$

它是变量可以分离的方程，所以可以用 2.1 中的方法求解. 但若仔细观察这个方程可以发现：其左端正好是函数 $\Phi(x, y) = x^2y^3$ 的全微分，所以它可以化为

$$d\Phi(x,y)=0,$$

即
$$d(x^2y^3)=0,$$

从而得

$$x^2y^3=C,$$

它就是原方程的通积分.

一般地,对于一阶常微分方程

$$M(x,y)dx+N(x,y)dy=0, \tag{18}$$

如果存在一个可微函数 $\Phi(x,y)$,使得(18)式的左端为 Φ 的全微分:

$$d\Phi(x,y)=M(x,y)dx+N(x,y)dy, \tag{19}$$

那么方程(18)就叫作全微分方程.此时(18)可化为

$$d\Phi(x,y)=0,$$

从而

$$\Phi(x,y)=C. \tag{20}$$

(20)就是方程(18)的通积分,而函数 $\Phi(x,y)$ 就叫作方程(18)的一个原函数.

当然,并不是每个形如(18)的方程都是全微分方程.事实上,在第十二章中已证明:如果 $M(x,y)$、$N(x,y)$ 在矩形 $R:a<x<b,C<y<d$ 内连续可微时,(18)式左端为某个函数 $\Phi(x,y)$ 全微分的充要条件是

$$\frac{\partial M}{\partial y}=\frac{\partial N}{\partial x}, \tag{21}$$

而且可取

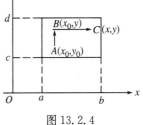

图 13.2.4

$$\Phi(x,y)=\int_{(x_0,y_0)}^{(x,y)}Mdx+Ndy. \tag{22}$$

因为条件(21)满足时,(22)中的线积分与路径无关.所以如取图 13.7 中的积分路径 ABC,便有

$$\Phi(x,y)=\int_{x_0}^x M(x,y)dx+\int_{y_0}^y N(x_0,y)dy,$$

这样,全微分方程(18)的通积分为

$$\int_{x_0}^x M(x,y)dx+\int_{y_0}^y N(x_0,y)dy=C. \tag{23}$$

为了求全微分方程(18)满足初始条件 $y(x_0)=y_0$ 的解,可将 $x=x_0$、$y=y_0$ 代入(23)式,求得 $C=0$,所以方程(18)满足初始条件 $y(x_0)=y_0$ 的解为

$$\int_{x_0}^x M(x,y)dx+\int_{y_0}^y N(x_0,y)dy=0.$$

例 13.2.8　设有方程 $xy(3xy+4)dx+2x^2(xy+1)dy=0$,求:

(1)方程的通解;

(2)方程满足初始条件 $y(-1)=3$ 的特解.

解　(1)因为 $M(x,y)=3x^2y^2+4xy$,$N(x,y)=2x^3y+2x^2$ 在整个 xy 平面上连续可微,且

$$\frac{\partial M}{\partial y}=6x^2y+4x=\frac{\partial N}{\partial x},$$

所以这个方程是全微分方程. 不妨取 $x_0 = y_0 = 0$, 那么由(23), 方程的通解为

$$\int_0^x (3x^2y^2 + 4xy)\mathrm{d}x + \int_0^y (2x^3y + 2x^2)\big|_{x=0}\mathrm{d}y = C,$$

即
$$x^3y^2 + 2x^2y = C.$$

(2) 将初始条件 $y(-1) = 3$, 即 $x = -1$, $y = 3$ 代入通积分表达式可得
$$C = (-1)^3 \cdot 3^2 + 2(-1)^2 \cdot 3 = -3,$$

所以满足初始条件 $y(-1) = 3$ 的解为
$$x^3y^2 + 2x^2y + 3 = 0. \qquad \square$$

现在考虑方程

$$y\mathrm{d}x - x\mathrm{d}y = 0, \tag{24}$$

容易验证它不是全微分方程, 但是乘以 $\dfrac{1}{y^2}$ 后所得的方程

$$\frac{y\mathrm{d}x - x\mathrm{d}y}{y^2} = 0$$

可化为 $\mathrm{d}\left(\dfrac{x}{y}\right) = 0$, 为全微分方程, 从而得通积分

$$\frac{x}{y} = C.$$

许多方程都会出现这种情况: 方程本身不是全微分的, 但乘上一个适当的函数后, 就成为全微分方程. 这个乘上的函数, 就称为原方程的一个积分因子. 函数 $\dfrac{1}{y^2}$ 就是方程(24)的一个积分因子.

求微分方程的积分因子, 除少数特殊情形外, 一般是很困难的. 有兴趣的读者, 可参考有关微分方程的专门教材.

习　题　13. 2

1. 求下列方程的通解

(1) $\dfrac{\mathrm{d}y}{\mathrm{d}x} = \dfrac{1+y^2}{xy + x^3y}$;

(2) $\dfrac{\mathrm{d}y}{\mathrm{d}x} = 1 + x + y^2 + xy^2$;

(3) $\dfrac{\mathrm{d}y}{\mathrm{d}x} - \mathrm{e}^{x-y} + \mathrm{e}^x = 0$;

(4) $y'\sin y\cos x + \cos y\sin x = 0$;

(5) $y\ln x\,\mathrm{d}x + x\ln y\,\mathrm{d}y = 0$;

(6) $(y^2 + xy^2)\mathrm{d}x + (x^2 - yx^2)\mathrm{d}y = 0$.

2. 求下列初值问题的解:

(1) $x\,\mathrm{d}x + y\mathrm{e}^{-x}\,\mathrm{d}y = 0$, $y(0) = 1$;

(2) $\dfrac{x}{1+y}\mathrm{d}x - \dfrac{y}{1+x}\mathrm{d}y = 0$, $y(0) = 2$.

3. 解下列方程:

(1) $y' + \dfrac{y}{x} = x$;

(2) $y' + y\cos x = \dfrac{1}{2}\sin 2x$;

(3) $\dfrac{\mathrm{d}y}{\mathrm{d}x} - \dfrac{1}{1-x^2}y = 1 + x$, $y(0) = 1$;

(4) $xy' + y = \mathrm{e}^x$, $y(1) = 2$.

4. 解下列方程：

(1) $2xy\mathrm{d}x + (x^2 - y^2)\mathrm{d}y = 0$；

(2) $\dfrac{y}{x}\mathrm{d}x + (y^2 + \ln x)\mathrm{d}y = 0$；

(3) $\dfrac{3x^2\,4y}{y^2}\mathrm{d}x - \dfrac{2x^3 + xy}{y^3}\mathrm{d}y = 0$；

(4) $(\_ + y)\mathrm{d}x + (x - y)\mathrm{d}y = 0$，$y(0) = 0$.

5. 从 5℃ 的冰箱中取出一瓶橙汁放在 20℃ 的房间中，5 分钟后橙汁的温度已升到 10℃，问 20 分钟后橙汁的温度是多少？

6. 设质量为 m 的物体在空气中由静止开始下降，若空气的阻力为 kv^2，其中 v 为物体的速度，求物体位移 s 与时间 t 的关系.

§13.3　高阶微分方程的初等解法

在上一节里，我们介绍了一阶方程的一些初等解法，但在许多实际问题中，还会遇到二阶或二阶以上的微分方程. 二阶或二阶以上的微分方程称为高阶微分方程，在这一节里我们将介绍一些高阶方程，特别是高阶线性微分方程的解法. 因为线性微分方程在物理、力学和工程技术中应用非常广泛，而且也是研究更复杂的非线性微分方程的基础.

13.3.1　一些简单高阶方程的解法

解高阶方程的基本方法是降阶，即通过适当的变量代换，将原方程逐渐降为一阶方程. 下面以二阶方程 $y'' = f(x, y, y')$ 为例，举一些简单例子说明之.

例 13.3.1　解微分方程 $y'' = 2y' + x$.

解　令 $z = y'$，则方程可化为

$$z' = 2z + x,$$

这是一阶线性方程. 解之得

$$z = -\left(\frac{x}{2} + \frac{1}{4}\right) + C\mathrm{e}^{2x}.$$

将 $z = y'$ 代入上式，得

$$y' = -\left(\frac{x}{2} + \frac{1}{4}\right) + C\mathrm{e}^{2x},$$

积分后便得原方程的通解

$$y = -\left(\frac{x^2}{4} + \frac{x}{4}\right) + C_1\mathrm{e}^{2x} + C_2,$$

其中 $C_1 = \dfrac{1}{2}C, C_2$ 为任意常数. ☐

一般地，不显含 y，即形如 $y'' = f(x, y')$ 的二阶方程，都可以通过代换 $z = y'$ 化为一阶方程.

例 13.3.2　解微分方程 $y'' + \omega^2 y = 0$.

解　令 $y' = p$，那么

$$y'' = \frac{\mathrm{d}p}{\mathrm{d}x} = \frac{\mathrm{d}p}{\mathrm{d}y}\frac{\mathrm{d}y}{\mathrm{d}x} = p\,\frac{\mathrm{d}p}{\mathrm{d}y},$$

代入原方程便得

$$p\frac{\mathrm{d}p}{\mathrm{d}y}+\omega^2 y=0,$$

这是关于 p 和 y 的一阶方程,而且是变量分离方程.解这个方程可得

$$p=\pm\sqrt{C^2-\omega^2 y^2},$$

将 $p=y'$ 代入上式,得 $\dfrac{\mathrm{d}y}{\mathrm{d}x}=\pm\sqrt{C^2-\omega^2 y^2}$ 或 $\dfrac{\mathrm{d}y}{\sqrt{C^2-\omega^2 y^2}}=\pm\mathrm{d}x$,积分后得

$$\frac{1}{\omega}\arcsin\frac{\omega}{C}y=\pm x+C',$$

于是有

$$y=\frac{C}{\omega}\sin(C'\pm\omega x) \text{ 或 } y=C_1\cos\omega x+C_2\sin\omega x,$$

C_1、C_2 为任意常数.

一般地,缺 x 的方程

$$F(y,y',y'')=0$$

都可通过变量代换 $y'=p$,利用 $y''=p\dfrac{\mathrm{d}p}{\mathrm{d}y}$,将它化为关于 y 和 p 的一阶方程

$$F(y,p,p\frac{\mathrm{d}p}{\mathrm{d}y})=0.$$

例 13.3.3 (悬链线方程)设有一完全柔软且不能伸缩的细线悬挂在两个定点 A 和 B 之间,在自身的重力作用下处于平衡状态.试求此时细线的形状.

解 取坐标系如图 13.3.1 所示,其中 x 轴表示水平方向,y 轴垂直向上,点 A、B 的坐标分别为 (x_1,y_1) 和 (x_2,y_2).今假定 ρ 为细线的线密度,$T(x)$ 为曲线上点 $P(x,y)$ 处的张力,张力位于曲线过 P 点的切线方向上.

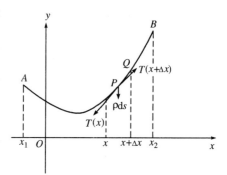

图 13.3.1

现在,在曲线弧 $\overset{\frown}{AB}$ 上任取一段 $\overset{\frown}{PQ}$,其中 P 和 Q 的坐标分别是 $(x,y(x))$ 和 $(x+\Delta x,y(x+\Delta x))$,弧 $\overset{\frown}{PQ}$ 的长为 Δs.那么弧 $\overset{\frown}{PQ}$ 上受到的力有重力 $\rho\Delta s$ 和位于点 P 和 Q 的张力 $T(x)$ 和 $T(x+\Delta x)$.现在由在水平方向和垂直方向的平衡条件得

$$T(x+\Delta x)\cos[\theta(x+\Delta x)]-T(x)\cos\theta(x)=0, \tag{1}$$
$$T(x+\Delta x)\sin[\theta(x+\Delta x)]-T(x)\sin\theta(x)-\rho\mathrm{d}s=0. \tag{2}$$

其中 θ 为曲线在点 $p(x,y)$ 处的切线与 Ox 轴的夹角.由等式(1)知,曲线上任一点处的水平张力为常数,即

$$T(x)\cos\theta(x)=H,\quad H \text{ 为常数},$$

代入(2)便得

$$H\tan[\theta(x+\Delta x)]-H\tan\theta(x)-\rho\mathrm{d}s=0,$$

或
$$y'(x+\Delta x)-y'(x)=\frac{\rho}{H}\sqrt{(\Delta x)^2+(\Delta y)^2}.$$

上式两端除以 Δx，再令 $\Delta x\to 0$，就得

$$y''(x)=\frac{\rho}{H}\sqrt{1+y'^2(x)}. \tag{3}$$

这是一个类似于例 9 的二阶方程. 令 $z=y'$，就可降为一阶方程：

$$z'(x)=\frac{\rho}{H}\sqrt{1+z^2},$$

分离变量并积分得

$$z=y'(x)=\sinh\left(\frac{\rho}{H}x+C_1\right).$$

再积分一次，便得方程(3)的通解：

$$y=\frac{H}{\rho}\cosh\left(\frac{\rho}{H}x+C_1\right)+C_2, \tag{4}$$

这里 C_1、C_2 为任意常数. 因为曲线过点 A、B，所以满足条件

$$y(x_1)=y_1,\ y(x_2)=y_2. \tag{5}$$

将条件(5)代入(4)，得

$$\begin{cases}\dfrac{H}{\rho}\cosh\left(\dfrac{\rho}{H}x_1+C_1\right)+C_2=y_1;\\[2mm]\dfrac{H}{\rho}\cosh\left(\dfrac{\rho}{H}x_2+C_1\right)+C_2=y_2.\end{cases} \tag{6}$$

由此可确定通解(4)中的常数 C_1、C_2. 注意，条件(5)不是初始条件，而称为边界条件. 特别，如果点 A，B 在同一水平线上，并取坐标系如图 13.3.2 所示，其中 A，B 的坐标分别为 $(-a,y_0)$，(a,y_0) 而 $y_0=\dfrac{H}{\rho}\cosh\dfrac{\rho}{H}a-\dfrac{H}{\rho}$. 那么由边界条件(6)可得

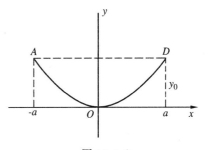

图 13.3.2

$$C_1=0,\ C_2=y_0-\frac{H}{\rho}\cosh\left(\frac{\rho}{H}a\right)=-\frac{H}{\rho},$$

于是相应的解为

$$y=\frac{H}{\rho}\cosh\left(\frac{\rho}{H}x\right)-\frac{H}{\rho}.$$

显然，此时 $y(0)=0$，$(0,0)$ 为曲线的最低点，又利用双曲余弦函数的泰勒公式，

$$y\approx\frac{H}{\rho}\left[1+\frac{1}{2}\left(\frac{\rho}{H}x\right)^2\right]-\frac{H}{\rho}=\frac{\rho}{2H}x^2.$$

这说明当 x 很小时，悬链线近似于一条抛物线，在工程技术中就经常用抛物线近似代替悬链线.

　　还应注意的是，为了完全确定方程，尚需求出其中的水平张力 H，这就必须利用另外的条件，如细线的总长度为已知，等等.

13.3.2 线性微分方程及其解的性质

如果一个微分方程关于未知函数及其各阶导数都是线性的,那么这种方程便称为线性微分方程. 二阶线性微分方程的一般形式为

$$y'' + p(x)y' + q(x)y = f(x), \tag{7}$$

其中 $p(x)$、$q(x)$ 和 $f(x)$ 是区间 $[a, b]$ 上有定义的连续函数,当(7)中的 $f(x) \equiv 0$ 时,便得方程

$$y'' + p(x)y' + q(x)y = 0, \tag{8}$$

方程(8)称为方程(7)所对应的齐次方程;而当 $f(x) \not\equiv 0$ 时,方程(7)便称为非齐次线性方程.

在许多实际问题中,都会遇到线性微分方程,例如,受空气阻力的自由落体位移函数 $x(t)$ 所满足的方程

$$m \frac{d^2 x}{dt^2} = mg - k \frac{dx}{dt},$$

就是二阶非齐次线性微分方程.

线性微分方程(7)或(8)的解总是存在的,事实上,我们可以证明下面的定理:

定理 13.3.1 若 $p(x)$、$q(x)$ 和 $f(x)$ 是区间 $[a, b]$ 上的连续函数,那么 $\forall x_0 \in [a, b]$ 和 y_0、$y_1 \in \mathbf{R}$,初值问题

$$\begin{cases} y'' + p(x)y' + q(x)y = f(x), \\ y(x_1) = y_0, \ y'(x_0) = y_1, \end{cases}$$

的解在区间 $[a, b]$ 上存在且唯一.

现在讨论线性微分方程解的性质. 先考虑齐次线性方程(8). 设 $y_1(x)$、$y_2(x)$ 是齐次线性微分方程(8)的两个解,那么 $\forall x \in [a, b]$,

$$y''_1(x) + p(x)y'_1(x) + q(x)y_1(x) = 0,$$
$$y''_2(x) + p(x)y'_2(x) + q(x)y_2(x) = 0.$$

将上面两式分别乘以常数 C_1、C_2 再相加,并利用导数的线性性质,就得

$$(C_1 y_1(x) + C_2 y_2(x))'' + p(x)(C_1 y_1(x) + C_2 y_2(x))'$$
$$+ q(x)(C_1 y_1(x) + C_2 y_2(x)) = 0,$$

这说明

$$y(x) = C_1 y_1(x) + C_2 y_2(x), \tag{9}$$

也是齐次线性微分方程(8)的解.

在表达式(9)中含有两个任意常数,那么自然会问,(9)是否就是方程(8)的通解? 这不一定,例如,如取 $y_2(x) = 2y_1(x)$,那么(9)便成为

$$y = (C_1 + 2C_2)y_1(x),$$

这时 $C_1 + 2C_2$ 实际上已合并成为一个任意常数,而相应的解当然不能成为方程的通解. 从上面的分析可以看出,解的表达式(9)要能成为方程(8)的通解,函数 $y_1(x)$、$y_2(x)$ 的比不能为常数. 为了进一步讨论方程(8)解的性质,我们先介绍函数组的线性相关和线性无关的概念:

定义 13.3.1 设 $y_1(x), y_2(x), \cdots, y_m(x)$ 为区间 $[a,b]$ 上的 m 个函数. 如果存在一组不全为零的常数 $C_1, C_2, \cdots, C_m$ 使

$$C_1 y_1(x) + C_2 y_2(x) + \cdots + C_m y_m(x) \equiv 0,$$

那么便称函数组 $y_1(x), y_2(x), \cdots, y_m(x)$ 在区间 $[a,b]$ 上线性相关,否则便称为线性无关.

显然,当 $m=2$ 时,函数 $y_1(x)$、$y_2(x)$ 在区间 $[a,b]$ 上线性无关的充要条件是它们的比在区间 $[a,b]$ 上不为常数.

现在我们可以给出下面的定理:

定理 13.3.2 设二阶齐次线性方程(8)的解 $y_1(x), y_2(x)$ 在区间 $[a,b]$ 上线性无关,那么方程(8)的通解为

$$y = C_1 y_1(x) + C_2 y_2(x),$$

而且上述通解包括了方程(8)的一切解,其中 C_1、C_2 为任意常数.

例 13.3.4 设有方程

$$y'' - y = 0.$$

(1) 验证 $y_1 = e^x$ 和 $y_2 = e^{-x}$ 是方程在 **R** 内的解;

(2) 求方程的通解.

解 因为

$$y''_1 = (e^x)'' = e^x = y_1,$$

所以 $y_1 = e^x$ 是原方程在 **R** 上的解,同理可验证 $y_2 = e^{-x}$ 也是原方程在 **R** 上的解.

(2) 因为

$$\frac{y_1(x)}{y_2(x)} = e^{2x} \neq \text{常数},$$

所以 $y_1(x)$、$y_2(x)$ 在 **R** 上线性无关. 由定理 13.3.2,方程的通解为

$$y_1 = C_1 e^x + C_2 e^{-x},$$

且它包括了方程的一切解. □

现在再讨论非齐次线性方程(7)解的性质,对此有下面的定理:

定理 13.3.3 设 $y^*(x)$ 为二阶非齐次线性微分方程(7)的一个特解,$C_1 y_1(x) + C_2 y_2(x)$ 为对应齐次线性微分方程(8)的通解,那么非齐次线性微分方程(7)的通解为

$$y = y^*(x) + C_1 y_1(x) + C_2 y_2(x). \tag{10}$$

证 将(10)代入方程(7)的左端,就有

$$\begin{aligned}
&y'' + p(x)y' + q(x)y \\
&= [y^* + C_1 y_1 + C_2 y_2]'' + p(x)[y^* + C_1 y_1 + C_2 y_2]' \\
&\quad + q(x)[y^* + C_1 y_1 + C_2 y_2] \\
&= [y^{*''} + p(x)y^{*'} + q(x)y^*] + [(C_1 y_1 + C_2 y_2)'' \\
&\quad + p(x)(C_1 y_1 + C_2 y_2)' + q(x)(C_1 y_1 + C_2 y_2)] \\
&= f(x) + 0 = f(x).
\end{aligned}$$

所以表达式(10)的右端为非齐次线性方程(7)的解. 因为在(10)中含有两个独立的任意常数,所以它是方程(7)的通解. □

所以,求非齐次线性微分方程的通解步骤是:

(1) 先求出对应齐次方程两个线性无关的特解 $y_1(x)$ 和 $y_2(x)$;

(2) 再求非齐次方程本身的一个特解 $y^*(x)$;

(3) 根据(1)、(2)即可写出所求的通解(10).

例 13.3.5 求方程 $y'' - y = 3e^{2x}$ 的通解.

解 由例 13.3.4,对应齐次方程的通解为

$$y = C_1 e^x + C_2 e^{-x}.$$

又容易验证 $y^* = e^{2x}$ 为原方程的一个特解,所以所求的通解为

$$y = e^{2x} + C_1 e^x + C_2 e^{-x}. \qquad \square$$

13.3.3 常系数齐次线性方程的解法

在齐次线性微分方程中,如果未知函数及其各阶导数的系数都是常数,就称为常系数线性微分方程. 二阶常系数齐次线性方程的一般形式为

$$y'' + ay' + by = 0, \tag{11}$$

其中 a、b 为常数,现在我们来讨论这类方程的解法.

我们知道,一阶齐次线性方程

$$y' + ay = 0,$$

实际上是变量可以分离的方程,它有形如 e^{-ax} 的特解. 这就启发我们方程(11)可能有下面形式的特解:

$$y = e^{\lambda x}, \tag{12}$$

其中 λ 为待定常数. 将(12)代入方程(11)得

$$\lambda^2 e^{\lambda x} + a\lambda e^{\lambda x} + b e^{\lambda x} = 0,$$

因为 $e^{\lambda x} \neq 0$,所以

$$\lambda^2 + a\lambda + b = 0. \tag{13}$$

这样,如果函数 $y = e^{\lambda x}$ 为方程(11)的解,那么其中的常数 λ 必须满足方程(13). 反之,如果 λ 为方程(13)的根,那么函数(12)也必定是微分方程(11)的一个解. 方程(13)便称为微分方程(11)的特征方程,它的根称为微分方程(11)的特征根. 于是求常系数齐次线性方程(11)的解便归结为求代数方程(13)的根.

现在根据特征方程(13)根的不同情况分别讨论之.

(1) 特征方程有两个不相等的实根 λ_1,λ_2.

此时 $e^{\lambda_1 x}$,$e^{\lambda_2 x}$ 是方程(11)的两个特解,而且

$$\frac{e^{\lambda_1 x}}{e^{\lambda_2 x}} = e^{(\lambda_1 - \lambda_2)x} \neq 常数,$$

所以这两个解线性无关. 根据定理3.2,方程(11)的通解为

$$y = C_1 e^{\lambda_1 x} + C_2 e^{\lambda_2 x}. \tag{14}$$

(2) 特征方程有一对共轭复根 $\alpha \pm \beta i$,

此时 $e^{(\alpha \pm \beta i)x}$ 仍是方程(11)的两个特解,并且是线性无关的,所以方程的通解为

$$y = C_1 e^{(\alpha+\beta i)x} + C_2 e^{(\alpha-\beta i)x}.$$

但这个解是复数形式的. 为了得到实数形式的解, 可利用定理13.3.2, 事实上由欧拉公式

$$e^{(\alpha+\beta i)x} = e^{\alpha x}(\cos \beta x + i \sin \beta x);$$

$$e^{(\alpha-\beta i)x} = e^{\alpha x}(\cos \beta x - i \sin \beta x).$$

将这两个解相加除以 2, 再相减除以 $2i$, 便得

$$\frac{e^{(\alpha+\beta i)x} + e^{(\alpha-\beta i)x}}{2} = e^{\alpha x} \cos \beta x;$$

$$\frac{e^{(\alpha+\beta i)x} - e^{(\alpha-\beta i)x}}{2i} = e^{\alpha x} \sin \beta x.$$

由定理 2, $e^{\alpha x} \cos \beta x$ 和 $e^{\alpha x} \sin \beta x$ 也是 方程(11)的两个特解, 而且它们的比显然不是常数, 所以也是线性无关的. 这样, 方程(11)的通解可表示为

$$y = e^{\alpha x}(C_1 \cos \beta x + C_2 \sin \beta x). \tag{15}$$

（3）特征方程有重根 λ_1.

由前面的讨论, 此时只能得到方程(11)的一个特解

$$y_1 = e^{\lambda_1 x}.$$

为了得到另外的特解, 可作变量代换 $y = u(x) e^{\lambda_1 x}$,
将它代入原方程(11)可得

$$[u''(x) + 2\lambda_1 u'(x) + \lambda_1^2 u(x)] e^{\lambda_1 x} + a[u'(x) + \lambda_1 u(x)] e^{\lambda_1 x} + b u(x) e^{\lambda_1 x} = 0,$$

或

$$u''(x) + (2\lambda_1 + a) u'(x) + (\lambda^2 + a\lambda + b) u(x) = 0. \tag{16}$$

但 λ_1 是特征方程(13)的二重根, 所以 $\lambda_1^2 + a\lambda_1 + b = 0; 2\lambda_1 + a = 0$.
将它们代入(16)式, 就得

$$u''(x) = 0,$$

因此可取

$$u(x) = x.$$

这样就得方程的另一个特解

$$y_2(x) = x e^{\lambda_1 x}.$$

显然 $y_1(x) = e^{\lambda_1 x}$ 和 $y_2(x) = x e^{\lambda_1 x}$ 是线性无关的, 所以此时方程的通解为

$$y = C_1 e^{\lambda_1 x} + C_2 x e^{\lambda_1 x},$$

或

$$y = (C_1 + C_2 x) e^{\lambda_1 x}. \tag{17}$$

这样, 常系数齐次线性方程(11)的通解总可以用代数方法求得.

例 13.3.6　解微分方程 $y'' - 6y' - 16y = 0$.

解　微分方程的特征方程为

$$\lambda^2 - 6\lambda - 16 = 0,$$

解之得特征根 $\lambda_1 = 8, \lambda_2 = -2$.
因此方程的通解为

$$y = C_1 e^{8x} + C_2 e^{-2x}. \qquad \square$$

例 13.3.7 解微分方程 $y'' + y' + 3y = 0$.

解 相应的特征方程为

$$\lambda^2 + \lambda + 3 = 0,$$

特征根为 $\lambda_{1,2} = \dfrac{-1 \pm \sqrt{1-12}}{2} = -\dfrac{1}{2} \pm \dfrac{\sqrt{11}}{2}i$.

因此方程的通解为

$$y = e^{-\frac{1}{2}x} \left[C_1 \cos \frac{\sqrt{11}}{2}x + C_2 \sin \frac{\sqrt{11}}{2}x \right]. \qquad \square$$

例 13.3.8 解方程 $4y'' + 12y' + 9y = 0$.

解 相应的特征方程为

$$4\lambda^2 + 12\lambda + 9 = 0.$$

解之得 $\lambda_1 = \lambda_2 = -\dfrac{3}{2}$,

所以方程的通解为

$$y = (C_1 + C_2 x)e^{-\frac{3}{2}x}. \qquad \square$$

以上解法可以推广到任意阶常系数齐次线性方程中去. 设有 n 阶常系数线性齐次方程

$$y^{(n)} + a_1 y^{(n-1)} + \cdots + a_{n-1}y' + a_n y = 0, \tag{18}$$

其中 $a_1, a_2, \cdots, a_n$ 为常数. 如果能求得方程(18) 的 n 个线性无关特解 $y_1(x), y_2(x),$ $\cdots, y_n(x)$, 那么它的通解为

$$y = C_1 y_1(x) + C_2 y_2(x) + \cdots + C_n y_n(x). \tag{19}$$

现在我们来求方程(18) 形如 $y = e^{\lambda x}$ 的特解. 将 $y = e^{\lambda x}$ 代入(18), 可得

$$\lambda^n + a_1 \lambda^{n-1} + \cdots + a_n = 0, \tag{20}$$

反之, 当 λ 为上面方程的根时, 函数 $e^{\lambda x}$ 即为方程(18) 的一个特解. 这样, 求线性微分方程(18) 的特解便归结为求代数方程(20) 的根. n 次代数方程(20) 便称为微分方程(18) 的特征方程, 它的根称为方程(18) 的特征根.

和二阶方程相类似, 根据特征根 λ 的不同情况可得方程(18) 的特解如下:

(1) λ 为单实根. 对应了方程(18) 一个特解

$$y = e^{\lambda x};$$

(2) λ 为 s 重实根. 对应了方程(18) s 个特解:

$$y_1 = e^{\lambda x}, \quad y_2 = x e^{\lambda x}, \quad \cdots, \quad y_s = x^{s-1} e^{\lambda x};$$

(3) λ 为单复根 $\alpha + \beta i$. 由于 a_i 为实数, (20) 为实系数代数方程, 所以 $\bar{\lambda} = \alpha - \beta i$ 也是特征根, 此时一对共轭复根 $\alpha \pm \beta i$ 对应了方程(18) 两个特解.

$$y^* = e^{\alpha x} \cos \beta x, \quad y^{**} = e^{\alpha x} \sin \beta x;$$

(4) λ 为 s 重复根 $\alpha + \beta i$. 此时 $\bar{\lambda} = \alpha - \beta i$ 也是方程的 s 重复根, 一对 s 重共轭复根 $\alpha \pm \beta i$ 对应了方程(18) $2s$ 个特解:

$$y_1^* = e^{\alpha x} \cos \beta x, \qquad\qquad y_1^{**} = e^{\alpha x} \sin \beta x;$$

$$y_2^* = x\,\mathrm{e}^{ax}\cos\beta x\,, \qquad\qquad y_2^{**} = x\,\mathrm{e}^{ax}\sin\beta x\,;$$

$$\cdots\cdots \qquad\qquad\qquad \cdots\cdots$$

$$y_s^* = x^{s-1}\,\mathrm{e}^{ax}\cos\beta x\,, \qquad\qquad y_s^{**} = x^{s-1}\,\mathrm{e}^{ax}\sin\beta x\,.$$

这样,对于常系数齐次线性微分方程(18),只要求得了它的所有特征根,就可以得到它的 n 个特解,而且可以证明这 n 个特解是线性无关的,从而就求得了它的通解.

例 13.3.9　解方程 $4y^{(4)} + 4y^{(3)} + y'' - 6y' + 2y = 0$.

解　对应的特征方程为

$$4\lambda^4 + 4\lambda^3 + \lambda^2 - 6\lambda + 2 = 0\,,$$

或

$$(2\lambda - 1)^2(\lambda^2 + 2\lambda + 2) = 0\,,$$

所以特征根为 $\lambda_1 = \dfrac{1}{2}$(二重根),$\lambda_{2,3} = -1 \pm i$.

这样就得原方程的四个特解:

对应于 λ_1,有 $\mathrm{e}^{\frac{1}{2}x}$,$x\,\mathrm{e}^{\frac{1}{2}x}$;

对应于 $\lambda_{2,3}$ 有 $\mathrm{e}^{-x}\cos x$,$\mathrm{e}^{-x}\sin x$.

原方程的通解为

$$y = (C_1 + C_2 x)\mathrm{e}^{\frac{1}{2}x} + \mathrm{e}^{-x}(C_1\cos x + C_2\sin x)\,. \qquad\qquad \square$$

13.3.4　常系数非齐次线性方程的解法

二阶常系数非齐次线性方程的一般形式为

$$y'' + ay' + by = f(x)\,, \tag{21}$$

根据上面的讨论,它所对应的齐次方程的通解可以用代数方法求得. 因此由定理 13.3.3,只要再求得方程(21)本身的一个特解 y^*,就可以得到它的通解.

求非齐线性方程(21)一个特解的方法很多,其中最常用的是待定系数法,即当 $f(x)$ 为某种特殊类型的函数时,可以预先确定方程(21)特解的函数类型,其中当然包含一些待定的参数,然后将这个预解表达式代入原方程,确定其中的待定参数,便得所要的方程特解. 在这里,根据函数 $f(x)$ 的特征预先确定特解的函数类型,是关键. 在实际问题中经常遇到的 $f(x)$ 是下面两种类型的函数:

(1) $f(x) = p_m(x)\mathrm{e}^{ax}$;

(2) $f(x) = \mathrm{e}^{ax}\left[p_m^{(1)}(x)\cos\beta x + p_m^{(2)}(x)\sin\beta x\right]$,

其中 $p_m(x)$,$p_m^{(1)}(x)$,$p_m^{(2)}(x)$ 等是 x 的次数不超过 m 的多项式. 现在我们讨论当 $f(x)$ 为上述两种类型函数时,方程(21)特解的函数类型.

先假定 $f(x) = p_m(x)\mathrm{e}^{ax}$. 因为指数函数与多项式乘积的各阶导数仍是该指数函数与一多项式的乘积,而且多项式的次数不变. 因此,此时原方程可能有下面形式的特解:

$$y^* = Q(x)\mathrm{e}^{ax}\,, \tag{22}$$

其中 $Q(x)$ 也是一个多项式,其次数和系数待定. 注意

$$y^{*\prime} = \left[Q'(x) + \alpha Q(x)\right]\mathrm{e}^{ax}\,,$$

$$y^{*\prime\prime} = \left[Q''(x) + 2\alpha Q'(x) + \alpha^2 Q(x)\right]\mathrm{e}^{ax}\,.$$

数学分析(下册)

因此将(22)代入方程(21),可得
$$Q''(x)e^{\alpha x}+(2\alpha+a)Q'(x)e^{\alpha x}+(\alpha^2+a\alpha+b)Q(x)e^{\alpha x}=f(x).$$
而 $f(x)=p_m(x)e^{\alpha x}$, $e^{\alpha x}\neq 0$,所以得
$$Q''(x)+(2\alpha+a)Q'(x)+(\alpha^2+a\alpha+b)Q(x)=p_m(x). \tag{23}$$
注意上式右端为 m 次多项式,所以左端也必定是 m 次多项式.所以

(1) 当 $\alpha^2+a\alpha+b\neq 0$,即 α 不是方程的特征根时,$Q(x)$ 也必定是 m 次多项式,设为 $Q_m(x)$:
$$Q_m(x)=b_0x^m+b_1x^{m-1}+\cdots+b_m,\ b_0\neq 0,$$
将上式代入(23)式左端后,比较等式两边 x 同次幂的系数,就可逐一确定系数 b_0, b_1, $\cdots$, b_m. 因此,此时原方程有下面形式的特解:
$$y^*(x)=Q_m(x)e^{\alpha x},$$
这里 $Q_m(x)$ 为待定 m 次多项式.

(2) 当 $\alpha^2+a\alpha+b=0$ 但 $2\alpha+a\neq 0$,即 α 是方程的单特征根时,(23)式成为
$$Q''(x)+(2\alpha+a)Q'(x)=P_m(x),$$
所以 $Q(x)$ 可取作常数项为零的 $(m+1)$ 次多项式,即
$$Q(x)=xQ_m(x).$$
此时原方程有下面形式的特解:
$$y^*(x)=xQ_m(x)e^{\alpha x},$$
其中 $Q_m(x)$ 为 x 的待定 m 次多项式.

(3) 当 $\alpha^2+a\alpha+b=0$, $2\alpha+a=0$,即 α 是方程的二重特征根时,(23)式成为
$$Q''(x)=p_m(x),$$
所以 $Q(x)$ 可以取为常数项与一次项都为零的 $m+2$ 次多项式,即
$$Q(x)=x^2Q_m(x).$$
而原方程有下面形式的特解:
$$y^*(x)=x^2Q_m(x)e^{\alpha x},$$
其中 $Q_m(x)$ 为 x 的待定 m 次多项式.

现在假定
$$f(x)=e^{\alpha x}[p^*_{m_1}(x)\cos\beta x+p^{**}_{m_2}(x)\sin\beta x],$$
通过和前面相类似的讨论,即知方程有下面形式的解:
$$y^*(x)=x^k e^{\alpha x}[Q^*_m(x)\cos\beta x+Q^{**}_m(x)\sin\beta x],$$
其中 k 当 $\alpha\pm\beta i$ 不是特征根时,值为零;当 $\alpha\pm\beta i$ 为特征根时,值为1. 而 $Q^*_m(x)$、$Q^{**}_m(x)$ 为待定的 m 次多项式,$m=\max(m_1, m_2)$.

例 13.3.10 解微分方程 $y''-3y'+2y=e^{-x}$.

解 对应齐次方程的特征方程为
$$\lambda^2-3\lambda+2=0,$$
特征根为 $\lambda_1=1$, $\lambda_2=2$.
所以对应齐次方程的通解为

190

$$y = C_1 e^x + C_2 e^{2x}.$$

由于 $\alpha = -1$ 不是特征根,所以原方程有特解

$$y^*(x) = A e^{-x},$$

其中 A 为待定常数. 将上式代入原方程有

$$(-1)^2 A e^{-x} - 3(-1) A e^{-x} + 2A e^{-x} = e^{-x},$$

化简后得 $6A = 1$, $A = \dfrac{1}{6}$.

所以原方程有特解

$$y^* = \frac{1}{6} e^{-x},$$

所求通解为

$$y = C_1 e^x + C_2 e^{2x} + \frac{1}{6} e^{-x}. \qquad \square$$

例 13.3.11　解方程 $y'' + 5y' - 6y = 2x e^x$.

解　容易算出对应齐次方程的特征根为 -6 和 1,相应通解为

$$y = C_1 e^{-6x} + C_2 e^x.$$

因 $f(x) = 2x e^x$, $\alpha = 1$ 为单重特征根,所以原方程有下面形式的特解:

$$y^* = x(Ax + B) e^x = (Ax^2 + Bx) e^x,$$

其中 A、B 为待定常数. 将上式代入原方程,并注意

$$y^{*\prime} = [Ax^2 + (2A + B)x + B] e^x,$$
$$y^{*\prime\prime} = [Ax^2 + (4A + B)x + 2A + 2B] e^x,$$

及 $e^x \neq 0$,便得恒等式

$$14Ax + (2A + 7B) = 2x,$$

比较等式两边 x 同次幂的系数,得方程组

$$\begin{cases} 14A = 2, \\ 2A + 7B = 0. \end{cases}$$

所以 $A = \dfrac{1}{7}$, $B = -\dfrac{2}{49}$.

所求非齐次方程的特解为

$$y^* = \left(\frac{x^2}{7} - \frac{2}{49} x \right) e^x,$$

通解为

$$y = C_1 e^{-6x} + C_2 e^x + \left(\frac{1}{7} x^2 - \frac{2}{49} x \right) e^x. \qquad \square$$

例 13.3.12　求下面初值问题的解:

$$\begin{cases} x'' - 2x' + x = t^2 e^t, \\ x(0) = 0,\ x'(0) = 1. \end{cases}$$

解　对应齐次方程的特征根为 1,且是二重根,所以对应齐次方程的通解为

$$y = (C_1 + C_2 t) e^t.$$

因 $f(t)=t^2 e^t$，$\alpha=1$ 为二重根，所以原方程有下面形式的特解：
$$x^*(t)=t^2(At^2+Bt+C)e^t.$$
将它代入原方程，注意
$$x^{*\prime}(t)=[At^4+(4A+B)t^3+(3B+C)t^2+2Ct]e^t;$$
$$x^{*\prime\prime}(t)=[At^4+(8A+B)t^3+(12A+6B+C)t^2$$
$$+(6B+4C)t+2C]e^t,$$
并约去 e^t，便得
$$12At^2+6Bt+2C=t^2,$$
比较等式两边同次幂系数，得 $A=\dfrac{1}{12}$，$B=0$，$C=0$.

所以
$$x^*(t)=\frac{t^4}{12}e^t,$$
原方程的通解为
$$x(t)=(C_1+C_2t)e^t+\frac{t^4}{12}e^t.$$
再将初始条件 $x(0)=0$，$x'(0)=1$ 代入上式，可得
$$C_1=0,\ C_1+C_2=1.$$
解之得 $C_1=0$，$C_2=1$. 所以初值问题的解为
$$x(t)=\left(t+\frac{t^4}{12}\right)e^t.$$

$\Box$

例 13.3.13 弹簧振动. 设有一个自然长度为 l，弹性系数为 C 的弹簧上端固定，下端悬挂一质量为 m 的重物 M 而处于平衡状态. 把重物 M 自平衡位置点 O 向下拉至与点 O 距离为 x_0 的点处放开，于是重物受弹簧弹性力作用作上下振动，求弹簧的振动规律.

解 建立坐标系如图 13.3.3 所示，其中平衡点 O 取作为坐标原点. 假定在时刻 t 物体 M 离 O 点的位移为 $x(t)$，物体运动时受到的介质阻力与它的速度成正比，比例系数为 μ. 又设弹簧的静止伸长为 λ_0，在时刻 t 时的伸长为 λ，那么
$$\lambda=\lambda_0+x.$$

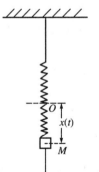

图 13.3.3

物体 M 在时刻 t 时受到的作用力有：重力 mg，介质阻力 $\mu\dfrac{\mathrm{d}x}{\mathrm{d}t}$，外力 $f(t)$ 和弹簧恢复力 F_1，其中
$$F_1=C\lambda=C(\lambda_0+x)=C\lambda_0+Cx=mg+Cx.$$
于是由牛顿第二运动定律
$$m\frac{\mathrm{d}^2x}{\mathrm{d}t^2}=mg-(mg+Cx)-\mu\frac{\mathrm{d}x}{\mathrm{d}t}+f(t),$$
或
$$m\frac{\mathrm{d}^2x}{\mathrm{d}t^2}+\mu\frac{\mathrm{d}x}{\mathrm{d}t}+Cx=f(t),\tag{23}$$

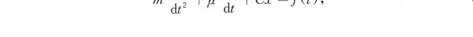

此为二阶非齐次线性方程. 如果没有外力作用, 则得二阶齐次线性方程

$$\frac{\mathrm{d}^2 x}{\mathrm{d}t^2} + \frac{\mu}{m}\frac{\mathrm{d}x}{\mathrm{d}t} + \frac{C}{m}x = 0. \tag{24}$$

先考虑没有外力的情形. 若记

$$\delta = \frac{\mu}{2m},\ \omega^2 = \frac{C}{m},$$

那么方程 (24) 可写成

$$\frac{\mathrm{d}^2 x}{\mathrm{d}t^2} + 2\delta\frac{\mathrm{d}x}{\mathrm{d}t} + \omega^2 x = 0. \tag{25}$$

此方程的特征方程为

$$\lambda^2 + 2\delta\lambda + \omega^2 = 0,$$

特征根为 $\lambda_{1,2} = -\delta \pm \sqrt{\delta^2 - \omega^2}$.

当 $\delta > \omega_0$ 时, $\lambda_{1,2}$ 为相异实根, 因此方程 (25) 的通解为

$$x(t) = C_1 \mathrm{e}^{\lambda_1 t} + C_2 \mathrm{e}^{\lambda_2 t}.$$

此时弹簧不会产生振动现象, 注意此时 $\lambda_1, \lambda_2 < 0$, 所以有

$$\lim_{t \to +\infty} x(t) = 0. \tag{26}$$

当 $\delta = \omega$ 时, $\lambda_1 = \lambda_2$ 为重根, 所以方程 (25) 的通解为

$$x(t) = (C_1 + C_2 t)\mathrm{e}^{-\delta t},$$

此时弹簧仍不会发生振动现象, 且极限等式 (26) 仍成立.

当 $\delta \neq 0$ 且 $\delta < \omega$, 即在小阻尼的情形,

$$\lambda_{1,2} = -\delta \pm \sqrt{\omega^2 - \delta^2}\ i = -\delta \pm \omega_0 i,$$

为一对共轭复根, 其中 $\omega_0 = \sqrt{\omega^2 - \delta^2}$. 于是方程 (25) 的通解为

$$x(t) = \mathrm{e}^{-\delta t}(C_1 \cos \omega_0 t + C_2 \sin \omega_0 t),$$

或

$$x(t) = A\mathrm{e}^{-\delta t}\sin(\omega_0 t + \alpha), \tag{27}$$

其中 $A = \sqrt{C_1^2 + C_2^2}$, $\sin \alpha = \dfrac{C_1}{\sqrt{C_1^2 + C_2^2}}$. 这个解所确定的是振幅 $A\mathrm{e}^{-\delta t}$ 随时间衰减的自由

振动, 其图像如第六章中的图 6.3.3 所示.

如果在方程 (25) 中 $\delta = 0$, 即不计介质阻力, 那么方程便化为

$$\frac{\mathrm{d}^2 x}{\mathrm{d}t^2} + \omega^2 x = 0,$$

其通解为

$$x = A\sin(\omega t + \alpha),$$

它表示弹簧作无阻尼自由振动, 也简称为简谐振动.

上面我们考虑的是弹簧的自由振动, 即在振动过程中没有外力作用, 如果在振动过程中有外力作用, 则称为强迫振动, 现在假定作用于物体上的外力为周期力

$$f(t) = Q\sin pt,$$

那么这时弹簧的振动方程为

$$\frac{\mathrm{d}^2 x}{\mathrm{d}t^2} + 2\delta \frac{\mathrm{d}x}{\mathrm{d}t} + \omega^2 x = q\sin pt, \tag{28}$$

根据前面的讨论,它有形如

$$x^*(t) = M\cos pt + N\sin pt \tag{29}$$

的特解,其中 M、N 为常数,将它代入(28)并比较同类项系数,可求得

$$M = \frac{2\delta pq}{(\omega^2 - p^2)^2 + 4\delta^2 p^2}, \quad N = \frac{q(\omega^2 - p^2)}{(\omega^2 - p^2)^2 + 4\delta^2 p^2}.$$

代入(29)并和差化积后得

$$x^*(t) = B\sin(pt - \beta),$$

其中

$$B = \frac{q}{\sqrt{(\omega^2 - p^2)^2 + 4\delta^2 p^2}}, \quad \beta = \arctan\frac{2\delta p}{\omega^2 - p^2}. \tag{30}$$

这样,方程的通解为

$$x(t) = A\mathrm{e}^{-\delta t}\sin(\omega_0 t + \alpha) + B\sin(pt - \beta). \tag{31}$$

在上式中可以看到,当 $t \to +\infty$ 时,第一项很快地趋向于零.因而当 n 充分大时

$$x(t) \approx B\sin(pt - \beta),$$

即可将弹簧看作在作与外力同频率的周期振动.

13.3.5 幂级数解法

从前面的介绍可以看到,对于常系数线性微分方程可以用代数方法求出它的通解,但此法不适用于变系数方程.对于变系数方程,除极少数外,大部分都不能用初等方法求解,下面我们介绍幂级数法,利用这个方法能求出一些变系数方程的幂级数解.

设有二阶线性方程

$$y'' + p(x)y' + q(x)y = 0, \tag{32}$$

那么我们可以证明:当 $p(x)$、$q(x)$ 在点 $x = x_0$ 的邻域内可以展开为幂级数时,方程(32)有下面形式的幂级数解:

$$y = a_0 + a_1(x - x_0) + a_2(x - x_0)^2 + \cdots + a_n(x - x_0)^n + \cdots. \tag{33}$$

为了确定其中的系数 $a_0, a_1, \cdots, a_n, \cdots$ 可将(33)代入方程(32),同时将方程(32)中的函数 $p(x)$、$q(x)$ 在点 x_0 处展开成幂级数.再经过幂级数运算并比较等式两边同次幂系数后,就可依次求得诸系数 $a_0, a_1, a_2, \cdots$,从而求得方程(32)的幂级数形式解.

例 13.3.14 用幂级数法解 Airy 方程 $y'' = xy$ $(-\infty < x < +\infty)$.

解 因 $p(x) = 0$, $q(x) = -x$,所以它有下面形式的幂级数解

$$y = a_0 + a_1 x + a_2 x^2 + \cdots + a_n x^n + \cdots, \tag{34}$$

对(34)逐项求导得:

$$y' = a_1 + 2a_2 x + \cdots + na_n x^{n-1} + (n+1)a_{n+1}x^n + \cdots;$$

$$y'' = 2a_2 + 3 \cdot 2a_3 x + \cdots + n(n+1)a_{n+1}x^{n-1} + (n+1)(n+2)a_{n+2}x^n + \cdots.$$

代入原方程得

$$2a_2 + 3 \cdot 2a_3 x + \cdots + (n+1)(n+2)a_{n+2}x^n + \cdots$$
$$= a_0 x + a_1 x^2 + \cdots + a_{n-1}x^n + \cdots,$$

比较等式两端同次幂系数即得

$$2a_2 = 0;$$
$$3 \cdot 2a_3 = a_0;$$
$$4 \cdot 3a_4 = a_1;$$
$$\cdots$$
$$(n+1)(n+2)a_{n+2} = a_{n-1};$$
$$\cdots$$

由此不难推出

$$a_{3n+2} = a_{3(n-1)+2} = \cdots = a_2 = 0;$$

$$a_{3n+1} = \frac{a_{3n-2}}{(3n+1) \cdot 3n} = \cdots = \frac{a_1}{(3n+1) \cdot (3n) \cdot (3n-2) \cdot (3n-3) \cdots 7 \cdot 6 \cdot 4 \cdot 3};$$

$$a_{3n} = \frac{a_{3n-3}}{3n(3n-1)} = \cdots = \frac{a_0}{(3n)(3n-1)(3n-3)(3n-4) \cdots 6 \cdot 5 \cdot 3 \cdot 2}.$$

所以 Airy 方程的幂级数解为

$$y = a_0 \left[1 + \sum_{n=1}^{\infty} \frac{x^{3n}}{(3n)(3n-1)(3n-3)(3n-4) \cdots 6 \cdot 5 \cdot 3 \cdot 2} \right] +$$
$$a_1 \left[x + \sum_{n=1}^{\infty} \frac{x^{3n+1}}{(3n+1)(3n) \cdot (3n-2)(3n-3) \cdots 7 \cdot 6 \cdot 4 \cdot 3} \right].$$

由比值判别法容易验证上式中的两个幂级数在 $(-\infty, +\infty)$ 上收敛. 由于其中的 a_0、a_1 可取任意常数,所以它是方程的通解.

习　题　13.3

1. 求下列方程的通解:

(1) $y'' + 2y' - 8y = 0$;

(2) $y'' + 3y' = 0$;

(3) $y'' - 5y = 0$;

(4) $2y'' + 3y' - 2y = 0$;

(5) $y'' - 8y' + 16y = 0$;

(6) $4y'' + 12y' + 9y = 0$;

(7) $y'' + y' + y = 0$;

(8) $y'' + 3y' + 4y = 0$;

(9) $y''' - y' - 6y = 0$;

(10) $y^{(4)} + 3y^{(3)} + 5y'' + 5y' + 2y = 0$.

2. 求下列初值问题的解:

(1) $y'' - 3y' + 2y = 0$, $y(0) = 1$, $y'(0) = -1$;

(2) $y'' + 6y' + 9y = 0$, $y(1) = 2$, $y'(1) = 3$;

(3) $y'' + y' + 3y = 0$, $y'(0) = 1$, $y'(0) = 0$;

(4) $y'' + y = 0$, $y\left(\frac{\pi}{2}\right) = 1$, $y'\left(\frac{\pi}{2}\right) = 2$.

3. 求下列方程的通解:

(1) $y'' + 3y' - 10y = 2$;

(2) $y'' - y' - 20y = 3e^x$;

(3) $y'' + 3y' + 2y = x e^{-x}$;

(4) $y'' + 4y' + 4y = (x+1)e^{2x}$;

(5) $y'' - 6y' + 9y = x e^{3x}$;

(6) $y'' + y' + y = \sin x$;

(7) $y'' - 8y' + 7y = 3x^2 + 7x + 8$;

(8) $y'' - 2y' + 4y = (x+2)e^{3x}$.

4. 求下列方程的幂级数解：

(1) $y'' - xy' - y = 0$；

(2) $y'' - 2xy' - 4y = 0$，$y(0) = 0$，$y'(0) = 1$.

5. 火车沿水平的道路运动. 火车的重量为 P，机车的牵引力为 F，阻力为 $W = a + bv$，其中 a、b 是常数，v 是火车的速度. 试确定火车的运动规律 $s = s(t)$，设 $t = 0$ 时，$s = 0$，$v = 0$.

6. 一重 50 克的物体使一根弹簧拉长 10 厘米. 在弹簧上端作用一 $10\sin 2t$ 克·厘米／秒^2 的周期力，阻力与速度成正比，比例系数为 $100\sqrt{17}$，求该物体的运动方程.

§13.4* 一阶微分方程组

13.4.1 一阶微分方程组的基本概念

前面我们介绍了微分方程的一些初等解法. 在这些微分方程中，只含有一个未知函数. 但在许多实际问题中，经常会遇到两个或两个以上未知函数的方程组. 例如，若已知平面上运动质点 $M(x, y)$ 的速度 v，求质点的运动规律，此时速度矢量，如设为

$$\boldsymbol{v} = (v_x, v_y) = (P(x, y, t), Q(x, y, t)),$$

那么就得含有两个未知函数 $x = x(t)$，$y = y(t)$ 的方程组：

$$\begin{cases} \dfrac{\mathrm{d}x}{\mathrm{d}t} = P(x, y, t), \\ \dfrac{\mathrm{d}y}{\mathrm{d}t} = Q(x, y, t). \end{cases} \tag{1}$$

在方程组(1)中，由于出现的未知函数的导数是一阶的，所以称为一阶微分方程组. 一阶方程组(1)在区间 $[a, b]$ 上的解，是指这样一组函数

$$\begin{cases} x = x(t), \\ y = y(t), \end{cases}$$

它使得在区间 $[a, b]$ 上有恒等式

$$\begin{cases} x'(t) = P(x(t), y(t), t), \\ y'(t) = Q(x(t), y(t), t). \end{cases}$$

而含有两个任意常数 C_1、C_2 的解

$$\begin{cases} x = x(t, C_1, C_2), \\ y = y(t, C_1, C_2), \end{cases} \tag{2}$$

称为(1)的通解. 如果通解用隐函数表达

$$\begin{cases} \Phi_1(x, y, t, C_1, C_2) = 0, \\ \Phi_2(x, y, t, C_1, C_2) = 0, \end{cases} \tag{3}$$

那么(3)就称为方程组(1)的通积分.

在许多实际问题中，还经常要求出方程组(1)满足条件

$$x(t_0) = x_0, \quad y(t_0) = y_0 \tag{4}$$

的解，这种条件也称为初始条件. 求方程满足初始条件(4)的解的问题，就称为初值问题.

如果在方程组(1)中，函数 $P(t, x, y)$ 和 $Q(t, x, y)$ 是关于 x、y 的线性函数，那么

（1）便称为一阶线性方程组，它的一般形式是

$$
\begin{cases}
\dfrac{\mathrm{d}x}{\mathrm{d}t} = a_{11}(t)x + a_{12}(t)y + f_1(t), \\[2mm]
\dfrac{\mathrm{d}y}{\mathrm{d}t} = a_{21}(t)x + a_{22}(t)y + f_2(t),
\end{cases}
\tag{5}
$$

其中 $a_{ij}(t)$，$f_i(t)$ 是区间 $[a，b]$ 上的连续函数；而方程

$$
\begin{cases}
\dfrac{\mathrm{d}x}{\mathrm{d}t} = a_{11}(t)x + a_{12}(t)y, \\[2mm]
\dfrac{\mathrm{d}y}{\mathrm{d}t} = a_{21}(t)x + a_{22}(t)y,
\end{cases}
\tag{6}
$$

便称为（5）所对应的齐次线性方程组．

现在设

$$
\begin{cases} x = x_1(t), \\ y = y_1(t), \end{cases} \text{和} \begin{cases} x = x_2(t), \\ y = y_2(t), \end{cases}
\tag{7}
$$

为齐次线性方程组（6）的两个解，那么和二阶齐次线性方程解的性质相类似，下面的定理成立：

定理 13.4.1　如果（7）为齐次线性方程组（6）的两个解，那么对任意常数 k_1，k_2，函数组

$$
\begin{cases} x = k_1 x_1(t) + k_2 x_2(t), \\ y = k_1 y_1(t) + k_2 y_2(t). \end{cases}
$$

也是方程组（6）的一个解．

再引进函数组的线性相（无）关性．如果存在不全为零的常数 k_1、k_2，使 $\forall t \in [a，b]$ 有

$$
\begin{cases} k_1 x_1(t) + k_2 x_2(t) = 0, \\ k_1 y_1(t) + k_2 y_2(t) = 0, \end{cases}
$$

那么便称（7）中的两个函数组是线性相关的，否则就称为线性无关．

定理 13.4.2　如果齐次线性方程组（6）的两个解

$$
\begin{cases} x = x_1(t), \\ y = y_1(t), \end{cases} \text{和} \begin{cases} x = x_2(t), \\ y = y_2(t), \end{cases}
$$

在区间 $[a，b]$ 上线性无关，那么方程（6）的通解为

$$
\begin{cases} x = C_1 x_1(t) + C_2 x_2(t), \\ y = C_1 y_1(t) + C_2 y_2(t), \end{cases}
\tag{8}
$$

其中 C_1、C_2 为任意常数．

对于非齐次方程组（5），则有下面的定理：

定理 13.4.3　如果

$$
\begin{cases} x = x^*(t), \\ y = y^*(t), \end{cases}
$$

为非齐次线性方程组（5）的一个特解，（8）为对应齐次线性方程（6）的通解．那么方程（5）

的通解为

$$\begin{cases} x = C_1 x_1(t) + C_2 x_2(t) + x^*(t), \\ y = C_1 y_1(t) + C_2 y_2(t) + y^*(t). \end{cases} \tag{9}$$

13.4.2　常系数齐次线性方程组的解法

定理 13.4.2、13.4.3 指出,要求齐次线性方程组(6)的通解,只要找出它的两个线性无关特解就可以了. 但在一般情形,求出两个线性无关的特解也是很困难的,只有少数是例外,例如,当所有的 $a_{ij}(t)$ 均为常数时.

在(5)或(6)中,当所有 a_{ij} 均为常数的方程组称为常系数线性微分方程组. 现在我们来讨论常系数齐次线性方程组

$$\begin{cases} \dfrac{\mathrm{d}x}{\mathrm{d}t} = a_{11} x + a_{12} y, \\ \dfrac{\mathrm{d}y}{\mathrm{d}t} = a_{21} x + a_{22} y, \end{cases} \tag{10}$$

的解法.

和二阶常系数齐次线性方程相类似,我们来求方程组(10)下面形式的特解:

$$\begin{cases} x = A\mathrm{e}^{\lambda t}, \\ y = B\mathrm{e}^{\lambda t}, \end{cases} \tag{11}$$

其中 λ, A, B 为待定常数. 为此,将(11)代入方程(10),并约去 $\mathrm{e}^{\lambda t}$,可得

$$\begin{cases} (a_{11} - \lambda)A + a_{12}B = 0, \\ a_{21}A + (a_{22} - \lambda)B = 0. \end{cases} \tag{12}$$

因为 A、B 不全为零,所以关于 A 和 B 的线性齐次方程组(12)存在非零解,由线性代数知,它的系数行列式必须等于零,即

$$\begin{vmatrix} a_{11} - \lambda & a_{12} \\ a_{21} & a_{22} - \lambda \end{vmatrix} = 0, \tag{13}$$

或

$$\lambda_2 - (a_{11} + a_{22})\lambda + (a_{11}a_{22} - a_{12}a_{21}) = 0. \tag{14}$$

方程(13)或(14)就叫作微分方程组(10)的特征方程,它的根称为特征根. 设 λ^* 为方程(14)的根,那么将它代入(12),就得关于 A 和 B 的线性齐次方程组,此时该方程组的系数行列式等于零,所以必定存在非零解,设为 A^*、B^*. 这样就得齐次线性微分方程组(10)的一个特解:

$$\begin{cases} x = A^* \mathrm{e}^{\lambda^* t}, \\ y = B^* \mathrm{e}^{\lambda^* t}. \end{cases} \tag{15}$$

如果使用线性代数的语言,那么解(15)中的 λ^* 是方程组系数矩阵

$$\begin{pmatrix} a_{11} & a_{12} \\ a_{21} & a_{22} \end{pmatrix}$$

的特征值,而 $(A^*, B^*)^T$ 就是该矩阵对应于特征值 λ^* 的特征向量.

现在根据特征方程(14)两个根的三种可能情况分别讨论.

(1) 特征方程(14)有两个不同的实根 λ_1、λ_2. 此时可得方程组(10)的两个特解:

$$\begin{cases} x = A_1 e^{\lambda_1 t}, \\ y = B_1 e^{\lambda_1 t}, \end{cases} \text{和} \quad \begin{cases} x = A_2 e^{\lambda_2 t}, \\ y = B_2 e^{\lambda_2 t}. \end{cases}$$

这两个解是线性无关的,因此方程组(10)的通解为

$$\begin{cases} x = C_1 A_1 e^{\lambda_1 t} + C_2 A_2 e^{\lambda_2 t}, \\ y = C_1 B_1 e^{\lambda_1 t} + C_2 B_2 e^{\lambda_2 t}. \end{cases}$$

(2) 特征方程(14)有一对共轭复根 $\alpha \pm \beta i$,

此时同样可得方程组(10)的两个特解:

$$\begin{cases} x_1 = A_1 e^{(\alpha+\beta i)t}, \\ y_1 = B_1 e^{(\alpha+\beta i)t}, \end{cases} \text{和} \begin{cases} x_2 = A_2 e^{(\alpha-\beta i)t}, \\ y_2 = B_2 e^{(\alpha-\beta i)t}. \end{cases}$$

这里 $A_1 = a_1 + a_2 i$,$B_1 = b_1 + b_2 i$ 都是复数,而且 $A_2 = \overline{A_1}$,$B_2 = \overline{B_1}$. 这两个解都是复解,为了得到实解,可利用定理 13.4.1. 事实上此时

$$\begin{cases} x_1^* = \dfrac{1}{2}(x_1 + x_2) = Re\, x_1 = e^{\alpha t}(a_1 \cos \beta t - a_2 \sin \beta t), \\ y_1^* = \dfrac{1}{2}(y_1 + y_2) = Re\, y_1 = e^{\alpha t}(b_1 \cos \beta t - b_2 \sin \beta t), \end{cases}$$

和

$$\begin{cases} x_2^* = \dfrac{1}{2i}(x_1 - x_2) = Im\, x_1 = e^{\alpha t}(a_2 \cos \beta t + a_1 \sin \beta t), \\ y_2^* = \dfrac{1}{2i}(y_1 - y_2) = Im\, y_1 = e^{\alpha t}(b_2 \cos \beta t + b_1 \sin \beta t), \end{cases}$$

为方程的两个实数解,而且它们是线性无关的. 所以方程的通解为

$$\begin{cases} x = e^{\alpha t}[C_1(a_1 \cos \beta t - a_2 \sin \beta t) + C_2(a_2 \cos \beta t + a_1 \sin \beta t)], \\ y = e^{\alpha t}[C_1(b_1 \cos \beta t - b_2 \sin \beta t) + C_2(b_2 \cos \beta t + b_1 \sin \beta t)], \end{cases}$$

其中 C_1、C_2 为任意常数.

(3) 特征方程(14)有重根 λ,

此时从(15)只能得到一个特解

$$\begin{cases} x = A e^{\lambda t}, \\ y = B e^{\lambda t}. \end{cases} \tag{16}$$

现在来求方程组与上述解线性无关的另一特解. 如果根据解二阶齐次线性方程的经验,去求下面形式的解:

$$\begin{cases} x = A t e^{\lambda t}, \\ y = B t e^{\lambda t}. \end{cases}$$

将会导致失败. 事实上,此时必须求下面形式的特解

$$\begin{cases} x = (A_1 + B_1 t) e^{\lambda t}, \\ y = (A_2 + B_2 t) e^{\lambda t}. \end{cases} \tag{17}$$

在实际计算时,没有必要分开去求形如(16)和(17)的解,而只需将(17)式直接代入原方程,约去 $e^{\lambda t}$ 并比较同类项系数后即可得关于 A_1、A_2、B_1、B_2 的四个齐次线性方程. 在这四个方程中,只有两个是独立的,于是这个齐次线性方程组的基础解系实际包含了两个独立任意常数. 将这组包含两个独立任意常数的解 A_1、A_2、B_1、B_2 代入(17)式,那么所得的表达式就是微分方程组(10)的通解.

例 13.4.1 解方程组

$$\begin{cases} \dfrac{\mathrm{d}x}{\mathrm{d}t} = x + 2y, \\ \dfrac{\mathrm{d}y}{\mathrm{d}t} = 4x + 3y. \end{cases}$$

解 特征方程为

$$\begin{vmatrix} 1-\lambda & 2 \\ 4 & 3-\lambda \end{vmatrix} = 0,$$

或

$$\lambda^2 - 4\lambda - 5 = 0.$$

解之得特征根 $\lambda_1 = -1$,$\lambda_2 = 5$.

即原方程组有两个相异实特征根. 对应于 $\lambda_1 = -1$,方程有形如

$$\begin{cases} x_1 = A e^{-t}, \\ y_1 = B e^{-t}, \end{cases}$$

的特解,将它代入原方程后可得

$$\begin{cases} (1+1)A + 2B = 0, \\ 4A + (3+1)B = 0 \end{cases} \quad \text{即} \quad \begin{cases} A + B = 0, \\ A + B = 0. \end{cases}$$

这个方程组有无限多个非零解,取其中之一,例如 $A = 1$,$B = -1$,便得微分方程组的一个特解:

$$\begin{cases} x_1 = e^{-t}, \\ y_1 = -e^{-t}. \end{cases}$$

对应于 $\lambda_2 = 5$;原方程组有形如

$$\begin{cases} x_2 = A e^{5t}, \\ y_2 = B e^{5t}, \end{cases}$$

的解,将它代入原方程组便得

$$\begin{cases} (1-5)A + 2B = 0, \\ 4A + (3-5)B = 0 \end{cases} \quad \text{即} \quad \begin{cases} -4A + 2B = 0, \\ 4A - 2B = 0. \end{cases}$$

这个方程组也有无限多个非零解. 取其中之一,例如 $A = 1$,$B = 2$,便得微分方程组的另一个特解

$$\begin{cases} x_2 = e^{5t}, \\ y_2 = 2e^{5t}. \end{cases}$$

这样,我们便得到了原方程组两个线性无关的特解,它的通解则为

$$\begin{cases} x(t) = C_1 e^{-t} + C_2 e^{5t}, \\ y(t) = -C_1 e^{-t} + 2C_2 e^{5t}. \end{cases}$$

例 13.4.2　试解方程组
$$\begin{cases} \dfrac{\mathrm{d}x}{\mathrm{d}t} = 3x - 4y, \\[2mm] \dfrac{\mathrm{d}y}{\mathrm{d}t} = x - y. \end{cases}$$

解　相应的特征方程为
$$\begin{vmatrix} 3-\lambda & -4 \\ 1 & -1-\lambda \end{vmatrix} = 0,$$

或
$$\lambda^2 - 2\lambda + 1 = 0,$$

解之得 $\lambda = 1$，为二重根. 故原方程组有下面形式的解:
$$\begin{cases} x = (A_1 + A_2 t)\mathrm{e}^t, \\ y = (B_1 + B_2 t)\mathrm{e}^t. \end{cases} \tag{18}$$

将上式代入原方程组可得
$$\begin{cases} (A_1 + A_2 t + A_2)\mathrm{e}^t = 3(A_1 + A_2 t)\mathrm{e}^t - 4(B_1 + B_2 t)\mathrm{e}^t, \\ (B_1 + B_2 t + B_2)\mathrm{e}^t = (A_1 + A_2 t)\mathrm{e}^t - (B_1 + B_2 t)\mathrm{e}^t. \end{cases}$$

约去 e^t 并整理后可得
$$\begin{cases} (2A_2 - 4B_2)t + (2A_1 - A_2 - 4B_1) = 0, \\ (A_2 - 2B_2)t + (A_1 - 2B_1 - B_2) = 0. \end{cases}$$

比较等式两边同次幂的系数，便得
$$\begin{cases} 2A_2 - 4B_2 = 0, \\ A_2 - 2B_2 = 0, \\ 2A_1 - A_2 - 4B_1 = 0, \\ A_1 - 2B_1 - B_2 = 0. \end{cases}$$

在这四个方程中，显然只有第一和第三(或第二和第四)两个方程是相互独立的. 由此可得
$$\begin{cases} A_1 = 2B_1 + B_2, \\ A_2 = 2B_2. \end{cases}$$

如命 $B_1 = C_1$，$B_2 = C_2$，那么 $A_1 = 2C_1 + C_2$，$A_2 = 2C_2$，代入 (18) 式，便得原方程组的通解:
$$\begin{cases} x(t) = (2C_1 + C_2)\mathrm{e}^t + 2C_2 t\mathrm{e}^t, \\ y(t) = C_1 \mathrm{e}^t + C_2 t\mathrm{e}^t. \end{cases} \qquad \square$$

上面所介绍的方法，对含有 3 个或 3 个以上未知函数的常系数齐次线性方程组也是适用的，这里不再作进一步的讨论了.

习 题 13.4

1. 解下列微分方程组：

(1) $\begin{cases} \dfrac{\mathrm{d}x}{\mathrm{d}t} = 2x + y; \\[2mm] \dfrac{\mathrm{d}y}{\mathrm{d}t} = 3x + 4y. \end{cases}$ (2) $\begin{cases} \dfrac{\mathrm{d}x}{\mathrm{d}t} = x + y; \\[2mm] \dfrac{\mathrm{d}y}{\mathrm{d}t} = 3y - 2x. \end{cases}$

(3) $\begin{cases} \dfrac{\mathrm{d}x}{\mathrm{d}t} = 3x - 2y; \\[2mm] \dfrac{\mathrm{d}y}{\mathrm{d}t} = 2x - 2y. \end{cases}$ (4) $\begin{cases} \dfrac{\mathrm{d}x}{\mathrm{d}t} = 3x - 4y; \\[2mm] \dfrac{\mathrm{d}y}{\mathrm{d}t} = x - y. \end{cases}$

2. 求下面初值问题的解：

(1) $\begin{cases} \dfrac{\mathrm{d}x}{\mathrm{d}t} = 2x - y; \\[2mm] \dfrac{\mathrm{d}y}{\mathrm{d}t} = 3x - 2y, \quad x(0) = 1, \, y(0) = 2. \end{cases}$ (2) $\begin{cases} \dfrac{\mathrm{d}x}{\mathrm{d}t} = 3x + 7y; \\[2mm] \dfrac{\mathrm{d}y}{\mathrm{d}t} = x - y, \quad\quad x(0) = 1, \, y(0) = 0. \end{cases}$

第 13 章　复 习 题

1. 解下列微分方程：

(1) $(1+x)y' + 1 = 2\mathrm{e}^{-y}$；

(2) $2x\sqrt{1-y^2}\,\mathrm{d}x + y\mathrm{d}y = 0$；

(3) $(y^3 - x^3)y' = x^2 y$；

(4) $y' = \dfrac{1}{x\cos y + \sin 2y}$；

(5) $xy'\ln x - y = x^3(3\ln x - 1)$；

(6) $2x(y\mathrm{e}^{x^2} - 1)\mathrm{d}x + \mathrm{e}^{x^2}\mathrm{d}y = 0$.

2. 解下列微分方程：

(1) $1 + y'^2 = 2yy''$

(2) $y''^3 + xy'' = 2y'$；

(3) $2y'^2 = (y-1)y''$, $y(1) = 2$, $y'(1) = 0$；

(4) $y''^2 + 4y' = 4xy''$, $y(0) = 0$, $y'(0) = -1$.

3. 若函数 $f(x)$ 二阶连续可导，且满足

$$\int_0^x (x + 1 - t)f'(t)\mathrm{d}t = x^2 + \mathrm{e}^x - f(x),$$ 求 $f(x)$.

4. 试讨论 λ 为何值时，方程 $y'' + \lambda y = 0$ 存在满足边界条件 $y(0) = y(1) = 0$ 的非零解，并求出这些非零解.

5. 设有方程 $y'' + py' + qy = 0$

(1) 当 p、q 满足什么条件时，此方程的所有解在 $(-\infty, +\infty)$ 上有界；

(2) 当 p、q 满足什么条件时，此方程的一切解当 $x \to +\infty$ 时，都趋于零.

6. 一子弹以速度 $v_0 = 200\mathrm{m/s}$ 打进一厚度为 10cm 的板，然后穿过板以速度 $v_1 = 80\mathrm{m/s}$ 离开它，设板对子弹的阻力与运动速度平方成正比，求子弹穿过板所需的时间.

7. 设某地区的总人数为 N，当时流行一种传染病，得病人数为 x，设传染病人数的扩大率与得病人数的乘积成正比，试讨论传染病人数的发展趋势，并以此解释对传染病人进行隔离的必要性.

8. 考古学家常用 ^{14}C 测定法去估计文物的年代. 长沙马王堆一号墓 1972 年 8 月出土时，测得出土木炭标本的 ^{14}C 平均原子蜕变数为 29.78 次/分，而新砍伐相同木材烧成的木炭中，^{14}C 平均原子蜕变数 38.

37 次 / 分.已知^{14}C 的半衰期为 5568 年.

　　(1) 假定生物体死亡时^{14}C 的含量为 x_0,求在时刻 t,生物体中^{14}C 的存量 $x(t)$;

　　(2) 假定在时刻 t 时,^{14}C 原子的平均蜕变数为 $x'(t)$.试将 t 用 $x'(0)$ 和 $x'(t)$ 表示;

　　(3) 根据上面测定的数据估计马王堆一号墓的大致年代.